TRAITÉ PRATIQUE

D'HYGIÈNE

INDUSTRIELLE ET ADMINISTRATIVE

II

Librairie de J. B. Baillière et fils.

ANNALES D'HYGIÈNE PUBLIQUE

ET

DE MÉDECINE LÉGALE

PAR MM.

Adelon, professeur de médecine légale à la Faculté de médecine, etc.

Andral, membre de l'Institut, professeur de pathologie à la Faculté de médecine, médecin de l'hôpital de la Charité.

Boudin, médecin en chef de l'hôpital militaire de Vincennes.

Brierre de Boismont, docteur en médecine, directeur d'un établissement d'aliénés.

Chevallier, chimiste, membre du Conseil de salubrité, etc.

Devergie (Alph.), médecin de l'hôpital Saint-Louis, membre de l'Académie de médecine, du Conseil de salubrité, etc.

Gaultier de Claubry, membre de l'Académie de médecine.

Guérard, membre du Conseil de salubrité, médecin de l'Hôtel-Dieu.

Mêler, inspecteur général des services sanitaires, membre du Comité consultatif d'hygiène publique en France.

Michel Lévy, médecin inspecteur du service de santé, directeur de l'École impériale de médecine militaire du Val-de-Grâce.

Pietra Santa (De), médecin (par quartier) de S. M. l'Empereur, médecin des prisons de la Seine.

Tardieu (Amb.), professeur agrégé de médecine légale à la Faculté de médecine de Paris, médecin de l'hôpital Lariboisière, membre du Comité consultatif d'hygiène publique.

Trébuchet (A.), chef du bureau sanitaire à la préfecture de police, membre du Conseil de salubrité, membre de l'Académie de médecine.

Vernois (Maxime), médecin consultant de l'Empereur, médecin de l'hôpital Necker, membre du Conseil de salubrité.

Villermé, membre de l'Institut, de l'Académie de médecine.|

ON NE S'ABONNE QUE POUR UN AN

PRIX DE L'ABONNEMENT : pour Paris. . . . . 18 fr.
—   —   pour les départements (*franco*). 20
—   —   pour l'étranger (*franco*). 24

PREMIÈRE SÉRIE. — Collection complète de 1829 à 1853; il ne reste plus que quelques exemplaires, 50 vol. in-8, avec pl. . . . . 450 »

On peut se procurer séparément les dernières années : prix de chaque année, composée de deux volumes. . . . . 18 »

Table par ordre alphabétique des matières et des noms d'auteurs, 1829 à 1853, tomes I à L. Paris, 1855, in-8, 136 pages. 3 50

La DEUXIÈME SÉRIE commence avec le numéro de janvier 1854; elle paraît régulièrement tous les trois mois par cahier de 15 à 16 feuilles in-8 d'impression (environ 250 pages), avec des planches gravées pour tous les cas où elles sont nécessaires à l'intelligence du texte.

PARIS. — IMP. SIMON RAÇON ET COMP., RUE D'ERFURTH, 1.

TRAITÉ PRATIQUE

D'HYGIÈNE

INDUSTRIELLE ET ADMINISTRATIVE

COMPRENANT

L'ÉTUDE DES ÉTABLISSEMENTS INSALUBRES, DANGEREUX ET INCOMMODES

PAR

LE Dᴿ Maxime VERNOIS

MÉDECIN CONSULTANT DE L'EMPEREUR,
MEMBRE TITULAIRE ET VICE-PRÉSIDENT DU CONSEIL D'HYGIÈNE PUBLIQUE ET DE SALUBRITÉ DE LA SEINE,
MÉDECIN DE L'HÔPITAL NECKER, OFFICIER DE LA LÉGION D'HONNEUR.

—

TOME DEUXIÈME

F - Z

—

PARIS

CHEZ J. B. BAILLIÈRE ET FILS

LIBRAIRES DE L'ACADÉMIE IMPÉRIALE DE MÉDECINE

RUE HAUTEFEUILLE, 19

LONDRES	NEW-YORK
HIPPOLYTE BAILLIÈRE	BAILLIÈRE BROTHERS
219, Regent-Street	440, Broadway

MADRID, BAILLY-BAILLIÈRE, 11, CALLE DEL PRINCIPE

—

1860

TRAITÉ PRATIQUE
D'HYGIÈNE
INDUSTRIELLE ET ADMINISTRATIVE

FAIENCE. Voir *Céramique* (*Industrie*).

FALSIFICATION.

Les falsifications sont une des plaies de l'industrie, et elles constituent souvent un grand danger en hygiène publique. — Je ne veux et ne dois m'occuper ici sommairement que de celles qui touchent aux substances alimentaires, ou qui sont d'un usage très-habituel. L'autorité n'a coutume de les poursuivre que quand elles ont été constatées et démontrées par les conseils d'hygiène. Je n'indiquerai pas cependant les moyens de les reconnaître : ce serait faire un cours de chimie. Je dirai simplement les moyens le plus fréquemment employés pour les produire, et le signalement de ces causes mettra rapidement tout expert sur la voie qu'il devra suivre pour les rechercher et les établir. Je rappellerai seulement qu'il est un précepte dont on ne devra jamais se départir, c'est celui, dans un rapport légal et officiel, de donner des analyses complètes qualitatives, sinon quantitatives, aidées souvent des caractères physiques et microscopiques de la substance.

Je vais donner la liste alphabétique des principales substances le plus ordinairement falsifiées, avec l'indication des moyens le plus souvent mis en usage pour produire cette fraude.

Beurre. — Fécule de pommes de terre, farine de blé, lait durci au feu, suif de veau, sels de plomb.

Bière. — Feuilles et écorces de buis, feuilles de ménianthe, fleurs de tilleul, gentiane, têtes de pavots, bois de gaïac, jus de réglisse, — jusquiame, graines de paradis, coque du Levant, poivre d'Espagne, — acides sulfurique et picrique, — strichnine, — sels de cuivre et de plomb, — eau, — mélasse, — sel de cuisine, — alun.

Blé. — Eau, — mélange de farines de légumineuses.

Boissons fermentées. — Acides sulfurique et hydrochlorique au lieu d'acide tartrique.

Café. — Graines pulvérisées de beaucoup de plantes (iris, pseudo-acarus, astragalus beticus, arachis hypogæa), pois chiches, — avoine, — seigle, — haricots, — lupin, — pois, — fèves, — orge, — maïs, — glands, — châtaignes, — fougère, — chicorée sauvage, — betterave, — carotte, — sel marin, — sels de cuivre, — silex en poudre.

Chicorée. — Pain torréfié, — marc de café, — sable, — brique rouge pulvérisée, — noir animal épuisé, — poussière de semoule, — débris de vermicelle, — eau, — mélasse, — terre, — glands torréfiés, — déchets et résidus de distilleries de betteraves, — graminées torréfiées.

Cidre. — Chaux, — craie, — alcool, — sucre de fécule, — cassonade, — vinaigre, — fruits secs, — cannelle, — sels de plomb.

Confitures. — Confitures de groseille, — pectine colorée avec du suc de betterave rouge, — sirop de framboise, — gélatine, — confitures d'abricots, — melons, — potirons.

Figues. — Mouillage dans l'eau dans le but d'augmenter leur poids.

Graisse. — Farine, — alun, — natron, — chaux.

Huiles. — *Huile de colza.* — Addition d'huile d'œillette, de cameline, de lin, de ravison et d'huile de baleine, huile de suif (acide oléique). — *Huile d'olives*, avec addition d'huile d'œillette, de farine, de noix, d'arachide, — graisse de volaille.

Lait. — Eau, — sucre de fécule, — farine, amidon ou fécule, dextrine, — infusions de matières amylacées, — matières gommeuses, — jaunes et blancs d'œufs, — sucre de canne, caramel, cassonade, — gélatine, — ichthyocolle, — jus de réglisse, — carottes cuites, — débris de cervelle de veau, — sérum de sang, — divers sels (bicarbonate de soude, surtout).

Légumineuses. — Mouillage des graines ou de la farine.

Pain. — Pommes de terre, — plâtre, — alun, — sulfate de zinc et de cuivre, — carbonate d'ammoniaque, — carbonate et bicarbonate de potasse, — carbonate de magnésie, — carbonate de chaux, — terre de pipe, — borax, — albâtre en poudre, — sel de morue, — salep et poudres féculentes de toute nature.

Poivre. — Riz moulu, — poudre de moutarde teinte avec du rouge de Saturne, — grains de navette, — farine de seigle, — pâte faite des tourteaux de chènevis et de la racine de pyrèthre pulvérisée.

Vin. — Cidre, — poiré, — alcool, — sucre, — mélasse, — acide tartrique, acétique, tannique, — craie, plâtre, — alun, — sulfate de fer, — carbonate de potasse, de soude, — matières colorantes *étrangères*, amandes amères. — La question de savoir si les *vins* plâtrés et ceux qui sont additionnés de *vins de couleurs* doivent être considérés comme *falsifiés* a été diversement résolue par les auteurs et les tribunaux.

Vinaigre. — Eau, acides sulfurique, chlorhydrique, nitrique, tartrique et oxalique, — semences de moutarde, — poivre long, — pyrèthre, — garou, — graines de paradis, — piment de la Jamaïque, — vinaigres inférieurs, de glucose et de bière, — vinaigre de bois ou acide pyroligneux, — sel de cuisine, — acétate de chaux. (Voir, pour plus de détails, Chevallier, *Traité des falsifications*.)

FÉCULE DE POMMES DE TERRE.]

Fécule de pommes de terre (Blanchiment de). Voir *Amidonniers*.
Fécule de pommes de terre (Fabrique de). Voir *Amylacées (Matières)*.
Sirop de fécule. Voir *Amylacées (Matières)*.]

FER (Industrie du).

Le fer se trouve quelquefois à l'état métallique dans la nature; mais c'est presque exlusivement de son oxyde et de son carbonate qu'on l'extrait.

On le trouve dans le commerce sous trois états principaux : 1° le fer doux; 2° l'acier; 3° la fonte; ces trois états du fer présentent des propriétés bien distinctes.

Le fer doux est malléable, ductile, d'une densité égale à 7,78 environ, plus tenace qu'aucun autre métal, car un fil cylindrique de deux millimètres de diamètre ne se rompt que sous une charge de deux cent cinquante kilogrammes. Le fer ne fond qu'à la température la plus élevée de nos fourneaux; il se ramollit avant de se fondre et peut en cet état se souder facilement à lui-même. Le fer est facilement oxydable, surtout à l'air humide, qui contient toujours de l'acide carbonique; il est facilement attaqué par les acides, mais conserve l'éclat que peut lui donner le polissage ou l'usure, si on le met au contact d'une dissolution alcaline. Le fer renferme 1/2 pour 100 de carbone, au delà il est fortement aciéreux; avec 1 à 2 pour 100 il constitue l'acier.

Le fer pur *s'obtient en fondant dans un creuset réfractaire* du fil de fer d'archal extrêmement fin avec un peu d'oxyde de fer et du verre; l'oxyde de fer grille le carbone, le silicium et le phosphore qui y sont contenus; il reste un culot de fer pur d'un blanc d'argent. Le fer pur peut encore être obtenu en réduisant un de ses oxydes par l'hydrogène ou le protochlorure, mais ce fer n'a pas d'application industrielle; il est phosphorique, s'il n'a pas été suffisamment chauffé.

Le minerai de fer varie beaucoup selon les localités; il ne doit être ni sulfuré, ni arséniqué, ni phosphoré, parce que le fer qui en serait retiré serait cassant au plus haut degré et impropre aux usages ordinaires de ce métal.

L'hématite cristallisée, la limonite ou minerai amorphe, l'oolithe, sont les variétés d'oxyde de fer les plus abondantes. La Suède emploie avec succès le minerai magnétique, qui donne à ses fers une juste renommée pour la fabrication de l'acier. On emploie beaucoup en Angleterre le carbonate de fer, qui donne des produits de première qualité.

Les minerais de fer précités sont facilement réduits par l'hydrogène et l'oxyde de carbone; on conçoit dès lors que la plus grande difficulté consiste à les séparer de leur gangue; il faut donc rendre celle-ci aussi fusible que possible, en y ajoutant du calcaire si elle est siliceuse, et de la silice si elle est calcaire, de manière que le verre qui en résulte préserve le fer de toute oxydation ultérieure. Généralement il y a aussi de l'alumine dans le minerai, cette alumine entre en combinaison avec la silice ainsi qu'une partie de l'oxyde de fer pour former le *laitier*. L'emploi de la chaux donne plus de fer, mais demande des minerais plus riches et plus de combustible; c'est dans la méthode catalane qu'on en trouve surtout l'application; quand les minerais contiennent du manganèse, la *scorie* ou le *laitier* est beaucoup plus fusible, ce qui permet de diminuer la quantité de chaux.

Préparation des minerais. — Les minerais purs sont employés tels qu'on les extrait; les minerais en grains sont exposés à l'air pour laisser déliter l'argile et les pyrites qui peuvent y être contenues; *on les lave ensuite* en les faisant osciller dans l'eau dans des paniers à claire-voie, suspendus à l'aide d'une perche élastique, ou par l'emploi des patouillets. Assez souvent aussi on grille ou calcine les minerais oxydés ou carbonatés pour *étonner* les gangues, dégager les matières volatiles qui y sont contenues, telles que les matières bitumineuses et même l'acide carbonique; on opère en tas à l'air ou dans des fours intermittents ou continus analogues à ceux qui servent à la cuisson de la chaux; on ne chauffe pas au delà du rouge, pour empêcher toute réaction, et on laisse aussi longtemps que possible les minerais à l'air, pour les débarrasser de toute trace de soufre.

Forges catalanes et corses.

L'extraction du fer malléable se fait en une seule opération par la méthode catalane; le fer qui en résulte est d'excellente qualité, très-propre à fabriquer des pièces résistantes et des aciers de cémentation. On ne peut employer cette méthode que pour des minerais très-riches, par conséquent rares ; elle nécessite une main d'œuvre et offre des difficultés bien plus considérables que les autres procédés de fabrication ; elle emploie un peu moins de charbon ; les conditions favorables à son exploitation se trouvent dans les pays de montagnes, tels que la Corse, les Pyrénées.

Cette forge est composée d'un *creuset* ou *feu*, formé par une cavité quadrangulaire de soixante-dix centimètres de profondeur, appuyée contre un mur. Ce creuset est en pierres reliées avec de l'argile, le fond est garni d'une sole en granit, les parois ont des formes un peu différentes les unes des autres.

Une tuyère inclinée de quarante degrés reposant sur la partie supérieure de la paroi latérale amène l'air dans le foyer ; cet air est lancé par une *machine soufflante*. Cette machine, nommée *trompe d'air* dans l'Ariége, se compose d'un bassin supérieur alimenté par l'eau d'une source, de deux tuyaux en bois creusés intérieurement et de six mètres de hauteur environ qui viennent du fond de ce bassin dans une caisse inférieure. Cette caisse, qui forme la troisième pièce principale de l'appareil, porte deux ouvertures, l'une placée au bas, l'autre supérieure, que surmonte un tube terminé par le porte-vent de la tuyère. L'orifice supérieur des tuyaux est rétréci en entonnoir par des planches maintenues à l'aide de tringles ; la partie inférieure constitue l'*étranguillon* ou resserrement à la hauteur duquel les tuyaux portent des trous inclinés appelés *aspirateurs*.

L'eau du bassin, venant à entrer dans les tubes verticaux par les étranguillons, entraîne l'air extérieur qui passe par les ouvertures latérales, l'eau tombe sur une banquette placée dans la caisse inférieure, où elle s'écoule par un orifice situé au-dessous, tandis que l'air se dégage par la base. A l'aide de coins maintenus par des leviers, on peut régler l'ouverture des étranguillons, et par conséquent la chute de l'eau et celle de l'air.

C'est dans ce foyer que, à l'aide d'arrangements particuliers, on dispose du minerai dans le côté droit et du charbon dans le côté gauche; il ne faut pas laisser refroidir le foyer, si l'on vient de faire une opération, parce qu'alors on utilise la chaleur acquise par les parois. Le feu est activé faiblement au commencement, on l'augmente progressivement, le minerai se réduit au fur et à mesure; on ajoute du minerai et du charbon à mesure que la réduction s'opère. Il se forme de l'oxyde de carbone, par suite de la combinaison de l'acide carbonique provenant de la combustion avec le charbon incandescent; c'est cet oxyde de carbone qui réduit l'oxyde de fer; une partie de l'oxyde de fer se combine avec la gangue et coule au fond du creuset, on la fait sortir par une petite ouverture pratiquée au bas de la face postérieure du foyer. Après six heures de chauffe convenablement dirigée on a un *massé* ou fer spongieux incandescent.

Ce *massé*, retiré du feu, est porté sous un marteau en fonte de six cents kilogrammes environ, monté sur un manche en hêtre mis en mouvement au moyen de cames en fer disposées sur un arbre de roue hydraulique; ce marteau bat de cent à cent vingt-cinq coups par minute; il frappe sur une enclume solidement fixée dans le sol. A l'aide d'un coin, on divise le *massé* en deux portions dès que le marteau en a fait sortir la scorie; les deux moitiés, appelées *massoques*, sont allongées en parallélipipèdes, qu'on divise à leur tour en deux *massouquettes* que l'on étire en barres.

Le foyer corse en diffère en ce qu'il n'est pas en maçonnerie, mais formé de gros charbons et même de minerai; l'opération est du reste à peu près la même que pour la forge catalane proprement dite.

Forges de grosses œuvres, c'est-à-dire où l'on fait usage de moyens mécaniques pour mouvoir soit les marteaux, soit les masses soumises au travail, avec four à réverbère (2ᵉ classe). — 5 novembre 1826.

Forges à bras où l'on fabrique de grosses pièces, des essieux de voiture, et où l'on brûle une grande quantité de houille (2ᵉ classe). — Ordonnance de 1831.

DÉTAIL DES OPÉRATIONS. — Ces opérations sont très-variées et ne sauraient être indiquées d'une manière spéciale. Elles consistent surtout dans la fabrication des machines à vapeur, des grands réservoirs en tôle boutonnés, — des appareils qu'on emploie pour le travail mécanique des usines de toutes espèces, etc., etc.

CAUSES D'INSALUBRITÉ. — Aucune.

CAUSES D'INCOMMODITÉ. — Beaucoup de fumée.

Danger d'incendie par les flammèches.

Bruits des marteaux à main ou des marteaux pilons.

Ébranlement du sol.

Bruit du ventilateur soufflant.

PRESCRIPTIONS. — Selon les localités, mais surtout dans l'intérieur des villes, faire enfermer les ventilateurs soufflants dans des cabanes en plâtre, et en planches fermées par une porte à deux parois, dans l'intervalle desquelles on mettra du son ou de la sciure de bois.

Enfermer les forges dans des lieux clos et couverts (selon les lieux).

Pour atténuer le bruit des marteaux pilons, voir les prescriptions ordonnées aux *batteurs d'or* et fabricants de boutons à l'aide de moutons.

Selon les localités, permettre ou défendre la fabrication de grandes pièces de chaudronnerie.

Fondeurs au creuset (3ᵉ classe). — 14 janvier 1815.

Les fonderies où l'on ne se sert que du four au creuset sont en général les moins importantes, au point de vue de l'espace occupé et de la grande quantité des matériaux sur lesquels on a opéré. — La sole de ces fours contient au centre un creuset de dimensions et de nature variables. — Le creuset peut être en *plombagine*, c'est-à-dire, dont la pâte contient du graphite ; il est très-résistant à l'action du feu et à celle de beaucoup de corps. — On remplace souvent le graphite par du coke grossièrement pulvérisé. — D'autres fois, il est purement argileux, — perméable ou rendu imperméable (*porcelaine*). — Comme toutes les substances oxydantes agissent chimiquement sur les creusets, on a construit des creusets dits *brasqués*, pour s'opposer à ces effets. On leur donne cette propriété en les enduisant à l'intérieur d'une préparation qui y fixe une couche de trois à quatre millimètres de charbon en poudre. — La cavité intérieure doit être lisse et luisante. — Au fond, on laisse une couche de brasque de dix millimètres.

Usages. — C'est dans ces fours à creuset que dans l'intérieur des villes on fond le cuivre destiné à la fabrication d'une foule d'objets d'art ou d'utilité domestique. — On y fond l'or et l'argent, — on y traite les anciens galons, — les boutons, — les fragments de cuivre doré, etc., etc.

Causes d'insalubrité. — Aucune.

Causes d'incommodité. — Odeur et vapeurs métalliques, mais peu considérables.

Poussière.

Prescriptions. — Construire le fourneau en fer et briques.

Isoler le fourneau et la cheminée des murs mitoyens.

Élever la cheminée de deux mètres au moins au-dessus du faîte des toits voisins.

Surmonter le fourneau d'une large hotte afin de recueillir complétement la fumée et la poussière.

Limiter le nombre des fourneaux.

Bien aérer l'atelier.

Couvrir de plâtre tous les bois apparents.

Déterminer la nature du combustible et ne permettre en général que l'usage du coke ou d'un combustible qui ne donne pas plus de fumée que le bois.

Donner des autorisations limitées.

S'enquérir avec soin de la nature des métaux qui sont traités et exiger une double hotte et une cheminée plus haute, dans le cas où l'on fondra des métaux qui s'oxydent et dont l'oxyde est très-volatil. (Voir *Fonderie de fer* pour les *étuves* et le *moulage*.)

Fonderie en grand au fourneau à réverbère (2ᵉ classe). — 14 janvier 1815.

Les fours à réverbère sont destinés à la fonte des minerais et mattes grillées de cuivre, des minerais de plomb et d'é-tain, etc., etc. — Ces fours sont de forme variée selon le degré de température dont on a besoin. Ils sont quelquefois adossés deux à deux. — Construits en briques réfractaires, ils offrent, comme d'autres fours, une large sole, où sont reçus les minerais, soit à fondre, soit à griller, — après qu'ils ont été préalablement chauffés et desséchés sur la voûte du four. Du fond de la sole part une espèce de cheminée par où s'engagent les gaz produits, et qui pénètrent dans les chambres à condensation, situées à la partie supérieure du four. Ces chambres, en nombre variable, sont terminées par l'ouverture de la cheminée haute qui porte dans l'atmosphère les produits gazeux ou non condensés. On y ajoute souvent une ou deux tuyères, pour recevoir le courant d'air, qui doit habituellement être très-énergique et qui s'opère sous une pression variable.

Causes d'insalubrité. — Fumée et vapeurs dangereuses, sur-tout dans ceux où l'on traite le plomb, le zinc, le cuivre.

Causes d'incommodité. — Voir *Four à la Wilkinson*.

Prescriptions. — Voir *Fonte des métaux*.

Exiger d'autant plus l'isolement du four et l'élévation de la cheminée, qu'on y traitera plus particulièrement le cuivre, le plomb et le zinc.

Recueillir dans des chambres de condensation les fumées métalliques ou arsenicales qui sont produites pendant le gril-lage des minerais. (Voir *Fonderies de fer*, pour le moulage et et l'étuve.)

Fonderie de chaînes en fer goudronné pour la marine (1ʳᵉ classe).

Ces fabriques, qui se sont quelquefois établies spécialement pour la production des chaînes, agissent en tous points comme les grandes fonderies de fer. — Il s'y ajoute un inconvénient de plus, c'est celui de l'emploi du goudron, qu'on étend sur le fer pour le préserver de l'oxydation.

Causes d'insalubrité. — Danger d'incendie.

Causes d'incommodité. — Noirets s'échappant de la machine.

— Fumée abondante.

— Odeur de goudron se répandant très-loin.

Prescriptions. — Surmonter le cubilot de fonderie d'une cheminée de quinze mètres au moins à partir du sol, fermée à la partie supérieure, ouverte sur les parties latérales, afin de retenir dans la cheminée les poussiers venant du cubilot.

— Ne pratiquer le goudronnage que pendant la nuit, dans une chambre close, munie d'une cheminée d'aérage partant du plafond. (Voir, au mot *Résineuses* (*Matières*), l'article *Chaînes*, *Câbles goudronnés*.)

Fonderie au fourneau à la Wilkinson (3ᵉ classe). — 9 février 1825.

Ces fourneaux sont habituellement établis dans les grandes fonderies de fer et là où l'on a besoin d'une élévation considérable de la température. Ils sont presque toujours accompagnés d'une étuve pour le *séchage* et le *flambage* des moules. Mais ces diverses parties sont étudiées à l'article *Fonderie de fer*, *Fonderie de bronze*.

Causes d'insalubrité. — Vapeurs souvent nuisibles, provenant de la décomposition des métaux dans lesquels il entre souvent de l'arsenic (pyrites arsenicales).

Causes d'incommodité. — Fumée.

Bruit des soufflets.

Danger d'incendie par les flammèches ou petites escarbilles incandescentes qui s'échappent de la cheminée, qui a toujours besoin d'un très-fort tirage.

Prescriptions. — Isoler les fourneaux des murs mitoyens par un espace de trente-cinq centimètres au moins.

Placer les fourneaux sous une hotte assez large pour que les manipulations des bains métalliques puissent être exécutées au-dessous d'elle.

Surmonter cette hotte d'une cheminée spéciale, toute en maçonnerie, ou la faire communiquer avec une cheminée dont la section *minimum* soit au moins de un quart de mètre carré (vingt-cinq centimètres sur vingt-cinq centimètres), et qui s'élève à une hauteur qui dépasse de deux mètres au moins le faîtage des maisons voisines dans un rayon de cinquante mètres.

Disposer dans l'intérieur de la cheminée une voûte ou des plaques de fonte destinées à arrêter les flammèches.

Quand l'établissement est isolé, ne donner à la cheminée qu'une hauteur modérée, afin que les escarbilles incandescentes tombent dans l'intérieur même de l'usine.

Ne laisser aucune matière susceptible de s'enflammer au pourtour de ces fours.

Avoir un appareil soufflant qui fasse peu de bruit.

Couvrir l'atelier où sont les fourneaux.

Indiquer toujours dans les autorisations le nombre des fourneaux et la nature du combustible employé.

Consulter, s'il y a lieu, l'instruction sur les fonderies en fer et sur les cas où elles sont soumises à la loi du 21 avril 1810, sur les mines.

(Voir *Fonderie de fer* pour le *moulage*, l'*étuve* et le *coulage*.)

Cubilots (fours à la Wilkinson) (2ᵉ classe). — 9 février 1825.

Détail des opérations. — Pour obtenir de la fonte dite de *seconde fusion*, qui est beaucoup plus homogène, on refond la fonte de première dans de grands cubilots en briques réfractaires de trois à quatre mètres de hauteur, maintenues par des plaques en fonte qui leur donnent la forme de prismes octogonaux; une couche de sable ou de scories de forge concassées sépare les briques des plaques de fonte. Ce fourneau, dit à la Wilkinson, est posé sur une maçonnerie et sur une plaque de fonte qui lui sert de fond, maintient le revêtement latéral et la maçonnerie à la partie supérieure. Cette plaque est recouverte de deux ou trois rangs de briques et d'une couche d'argile en pente qui correspond au creuset du haut fourneau. A l'aide de deux tuyères on peut porter la température à un degré aussi élevé que le commande la fonte; on allume avec du charbon de bois embrasé, on jette peu à peu du coke, et on donne le vent. Quand la combustion est en bon train, on charge des couches alternatives de fonte et de charbon, en rendant la fusion aussi rapide que possible, pour éviter l'altération qui arriverait infailliblement si la fonte restait trop longtemps devant les tuyères ; quand le cubilot contient assez de matière fondue, on coule.

Les fourneaux à réverbère sont plus économiques, donnent de meilleurs produits et en plus grande quantité.

La fonte contient jusqu'à 4 et 5 pour 100 de carbone ; elle contient presque toujours du silicium, quelquefois même des traces de soufre et de phosphore ; ses variétés sont :

1° La fonte blanche, qui est très-dure et forme une combinaison bien caractéristique du fer et du carbone ; on l'obtient par un refroidissement brusque ;

2° La fonte grise ou douce, qui a une dureté bien moindre, et qui présente une cassure grise avec des petites paillettes noirâtres qui ne sont autre chose que du graphite ;

3° La fonte lamelleuse, dont le carbone ne se sépare point ; elle provient des minerais spathiques, manganésifères, et présente une cassure cristalline à larges lames brillantes ;

4° La fonte truitée, dans laquelle le graphite s'est séparé par points assez régulièrement espacés et offre des taches grises.

Les propriétés chimiques de la fonte sont celles du fer, mais ses propriétés physiques sont bien différentes : elle n'est ni malléable ni ductible, offre une densité moindre et un point de fusion moins élevé.

Hauts fourneaux, régis par la loi du 21 avril 1810 (1re classe). — 14 janvier 1815.

Le haut fourneau se compose de deux troncs de cône réunis par leurs bases ; le tronc supérieur s'appelle *cuve*, il est revêtu à l'intérieur de briques réfractaires et de couches de *laitier*, puis de briques qui en forment le revêtement le plus extérieur. L'ouverture de la cuve porte le nom de *gueulard* ; sa cheminée, appelée *gueule*, offre plusieurs portes pour le chargement du minerai et du charbon.

Le cône inférieur s'appelle les *étalages* ; il est formé de briques réfractaires ou de pierres quartzeuses, très-difficilement fusibles et capables de résister aux températures les plus élevées ; les *étalages* se relient à la *cuve* par un raccordement cylindrique; ils se terminent par l'*ouvrage*, cylindre formé de briques réfractaires où se trouve le creuset, dont la section horizontale est rectangulaire. La paroi de l'*ouvrage*, qui s'arrête à quelques décimètres au-dessus du creuset, porte le nom de *tympe*.

Le fond du creuset est formé par une pierre quartzeuse au-dessous de laquelle sont des ouvertures qui donnent un libre accès à l'air pour empêcher l'humidité ; trois des parois du creuset sont le prolongement des parois de l'ouvrage; la quatrième est une pierre prismatique appelée *dame*, et placée en avant de la *tympe*. La partie du fourneau sur laquelle se trouvent la tympe et la dame est la partie antérieure du fourneau. La paroi opposée est la paroi postérieure ; les deux autres sont les parois latérales; dans ces trois dernières parois sont engagées les trois tuyères qui amènent l'air dans le fourneau.

Les tuyères sont placées dans des embrasures ou *costières* qui aboutissent à des galeries destinées à la circulation des ouvriers et à la surveillance des tuyères; elles sont coniques, en fonte ou en cuivre, à double enveloppe dans laquelle circule un courant d'eau froide pour empêcher leur fusion; la paroi qui leur est opposée s'appelle le *contre-vent*.

La machine soufflante est composée d'un grand cylindre de fonte dans lequel se meut un piston de fonte, dont la surface cylindrique est garnie de tresses en chanvre ou de cuir embouti. Cette machine est munie de quatre ouvertures latérales, deux au couvercle supérieur, et deux au couvercle inférieur, toutes les quatre munies d'un clapet : le piston agit comme dans les pompes aspirantes et foulantes: en s'abaissant, il fait le vide dans la partie supérieure du cylindre, en même temps qu'il repousse l'air de la partie inférieure; en se relevant, il refoule l'air de la partie supérieure dans la tuyère, en même temps qu'il fait entrer de l'air dans la partie inférieure par le vide qu'il tend à y établir. La force qui met en mouvement ce piston est une machine à vapeur ou une chute d'eau.

Le feu est commencé par le creuset avec des fagots, puis on charge par le geulard; enfin on emploie du charbon de bois ou du coke, jusqu'à ce qu'il n'y en ait qu'une charge suffisante pour y placer une couche uniforme de minerai : on charge ensuite par couches alternatives de charbon et de minerai; ce n'est qu'au bout de quelques jours que cette charge doit atteindre la quantité maximum, qui reste la même pendant toute la durée de la mise en train.

La gangue, devant se séparer du métal fondu, doit être fusible; or, comme ni le quartz ni le silicate d'alumine ne sont fusibles, si ce n'est en se combinant à l'oxyde de fer, pour former un silicate double, qui causerait une grande perte, on ajoute de la *castine*; c'est du carbonate de chaux, qui, se combinant à la silice, donne un verre fusible et bien facilement séparable de la masse. S'il n'y avait que du quartz, il faudrait ajouter, outre la castine, un peu d'argile; réciproquement, si les minerais sont calcaires, il faut ajouter de l'argile.

Il est bien préférable de chauffer au charbon de bois plutôt qu'au coke : le premier donne une faible quantité de cendres facilement vitrifiables; le second, au contraire, en donne beaucoup, *fournit du soufre* provenant des pyrites qu'il renferme à peu près constamment, mais que l'emploi d'une quantité de *castine* plus considérable et d'une chaleur plus élevée ferait, il est vrai, passer presque en totalité dans le *laitier*. Les hauts fourneaux chauffés au bois ont dix mètres environ d'élévation; les hauts fourneaux chauffés au coke atteignent jusqu'à dix-huit mètres de hauteur et demandent des machines soufflantes très-puissantes.

La température la plus élevée du fourneau a lieu dans l'*ouvrage*, parce que la combustion du charbon s'effectue devant une masse énorme d'oxygène; l'acide carbonique produit par la combustion de charbon et de l'oxygène arrive avec l'azote de l'air dans les *étalages*. L'acide carbonique, se trouvant en présence du charbon à la température du rouge blanc et du minerai, se change en oxyde de carbone, double par conséquent de volume et produit une absorption de chaleur; la *cuve* n'a plus alors que la température rouge dans sa partie inférieure, l'oxyde de carbone réagit sur le minerai pour le ramener à l'état métallique et passer lui-même à l'état d'acide carbonique. La *castine*, se décomposant à cette température, fournit aussi de l'acide carbonique, de sorte que le *mélange gazeux qui sort du fourneau est presque complétement formé d'acide carbonique, d'oxyde de carbone, d'azote et d'hydrogène carboné* provenant du combustible; on peut allumer ce gaz au sortir de la cheminée; il brûle en donnant beaucoup de chaleur et une flamme qui persiste indéfiniment.

A l'endroit où le fer se réduit, il n'y a pas une chaleur suffisante pour le fondre et le séparer de sa gangue; le charbon, l'oxyde de fer et la castine ont déjà complétement perdu leur eau, la castine même a perdu de son acide carbonique.

Quand les charges arrivent dans les étalages, la chaux se combine à la gangue du minerai et aux cendres du combustible. pour former des silicates qui fondront dans l'ouvrage. Le fer déjà réduit se combine au carbone, parce qu'il est dans une atmosphère très-peu oxydante et que son séjour y est assez prolongé; il y a même combinaison de quelques traces de silice. Quand la gangue et le métal arrivent dans l'ouvrage, ils se trouvent à une température excessivement élevée, ils se liquéfient et coulent dans le creuset; il faut que cet écoulement soit prompt pour qu'il n'y ait pas oxydation du fer et combinaison avec la silice. Le laitier surnage la fonte dans le creuset et s'écoule quand il a atteint le niveau de la dame.

Coulées. — Fonte de première fusion. — Pour avoir en lingots ou *gueuses* la fonte obtenue, on pratique sur le sol de l'usine une série de canaux latéraux qui communiquent avec le trou de coulée pratiqué dans la dame, qui est bouché avec un tampon d'argile. A l'aide d'un ringard on donne issue au métal en fusion, puis on empêche tout écoulement en replaçant le tampon d'argile avec une tige de fer.

Au lieu de couler en gueuses, on peut couler des pièces grossières et d'un poids considérable; ces objets sont dits en fonte de première fusion; on coule même des grilles, plaques, marmites, etc..., à l'aide d'une poche en fer garnie intérieurement d'argile, que l'on remplit de fonte puisée au creuset.

Tréfilerie de fer. Voir *Tréfilerie de métaux.*
Acétates de fer, azotate de fer.
Azotate liquide de fer (Fabrique d') (2ᵉ classe, assimilée au dérochage).

Acétate de protoxyde de fer.

DÉTAIL DES OPÉRATIONS. — L'acétate de protoxyde de fer est vert à l'état de dissolution, et blanc en masse cristalline rayonnée, quand on l'a fait cristalliser à l'abri de l'air.

On l'obtient par double décomposition de l'acétate neutre de plomb par le sulfate de protoxyde de fer, exempt de sulfate de sexquioxyde.

On peut l'avoir aussi en abandonnant à lui-même un mélange d'acide acétique et de tournures de fer, à l'abri de l'air, ou bien par le sulfure de fer hydraté et l'acide acétique. Une quantité suffisante de ces deux corps mise dans un acétate suroxydé ramènerait celui-ci à l'état d'acétate de protoxyde, ce qui est dû à l'*hydrogène sulfuré qui se dégage pendant l'opération.* Ce sel pur n'est guère employé en teinture, on le laisse toujours se suroxyder, ou on le prépare à l'air directement.

Acétate de sesquioxyde de fer.

DÉTAIL DES OPÉRATIONS. — L'acétate de sesquioxyde ou pyro·lignite de fer, encore connu sous les noms de *pyrate de fer*, *bouillon noir* (voir *Acide pyroligneux*), est toujours à l'état liquide dans le commerce ; sa dissolution se prend en gelée quand on l'évapore et ne cristallise point.

On l'obtient dans des tonneaux de six cents litres, munis de cannelles en bois et remplis de vieille ferraille sur laquelle on verse de l'acide brut marquant cinq degrés et demi. Au bout de huit à dix jours l'acide marque douze degrés ; *il se dégage de l'hydrogène*, et il se forme de l'acétate de fer. La liqueur est soutirée trois fois, et reversée trois fois sur la ferraille, enfin évaporée jusqu'à quatorze degrés dans des chaudières en cuivre avec de la ferraille ; la liqueur est portée à l'ébullition, et, quand elle marque quinze degrés, on la verse dans des cuviers où elle s'éclaircit par le repos; on la décante au moyen d'une cannelle ou d'un syphon.—C'est le *bouillon noir* employé en teinture.

Quand on emploie, comme on l'a dit, l'acide brut provenant d'une première distillation, la ferraille se recouvre peu à peu de goudron et devient inattaquable ; il faut alors retirer la ferraille, la mettre en tas, *y mettre le feu et détruire ainsi le goudron par le feu. Cette opération donne lieu à une quantité considérable de fumée noire et d'odeur désagréable.* C'est pour l'éviter qu'on a conseillé et mis en pratique l'emploi de l'acide redistillé, qui ne donne lieu à aucun enduit goudronneux.

On a proposé de se servir des vapeurs acides provenant directement de la décomposition du bois, et de les condenser dans de grands cuviers, en présence de la tournure de fer.

Azotate de protoxyde.

Détail des opérations. — L'azotate de protoxyde de fer s'obtient par différents procédés :

1° En dissolvant dans l'acide azotique étendu et froid du protosulfure de fer; il se dégage de l'hydrogène sulfuré ;

2° En faisant passer un courant d'hydrogène sulfuré dans de l'azotate de sesquioxyde de fer ;

3° En dissolvant à froid du fer dans de l'acide azotique faible; il se fait en même temps de l'azotate de sesquioxyde de fer, et même de l'azotate d'ammoniaque ;

4° En précipitant une dissolution de protosulfate de fer par l'azotate de plomb ; il se fait du sulfate de plomb insoluble et de l'azotate de fer.—Ces deux derniers procédés sont les plus employés.

Azotate de sesquioxyde.

Détail des opérations. — Ce sel s'obtient :

1° En dissolvant du sesquioxyde de fer dans l'acide azotique;

2° En attaquant à chaud du fer par de l'acide azotique en excès. Il y a *grand dégagement de vapeurs nitreuses.*

Ce sel est cristallisable.

Usages. — On l'emploie dans la fabrication des toiles peintes et pour la composition des noirs d'application.

Causes d'insalubrité. — Aucune.

Causes d'incommodité. — Dégagement de vapeurs nitreuses (hypoazotiques.) Production de gaz hydrogène sulfuré.

Prescriptions. — Voir, au mot *Cuivre* (*Industrie du*), l'article *Dérochage*.

Rouge de Prusse, oxyde rouge de fer (Fabrique à vases ouverts de)
(1re classe). — 14 janvier 1815.
Rouge de Prusse (Fabrique à vases clos de) (2e classe). — 14 janvier 1815.

Ce produit, nommé encore *rouge d'Angleterre*, *rouge indien*, ou *rouge à polir*, *colcotar*, se trouve cristallisé dans la nature sous le nom de *fer oligiste*, *fer spéculaire*...

Détail des opérations. — On l'obtient comme résidu du sulfate de protoxyde, et, mieux, du sulfate de sesquioxyde de fer calciné pour avoir l'acide de Nordhausen.

Si l'on soupçonnait qu'il contînt du sous-sulfate de peroxyde par insuffisance de calcination, on le traiterait par une calcination faible d'un alcali, on le laverait longtemps, et on le porphyriserait.

On se le procure à l'état cristallin, comme produit spécial, en fondant du sulfate de protoxyde de fer desséché avec 42 pour 100 de son poids de sel marin; la décomposition s'opère, il se forme de l'oxyde de fer et du sulfate de soude qu'on enlève par des lavages répétés. En cet état, il est très-dur, analogue en cela au corindon, dont il a la forme.

On l'obtient encore plus fin et moins dur, en précipitant le sulfate de sesquioxyde de fer par le carbonate de soude; il est jaune, et, par une calcination ménagée, il devient rouge et d'une dureté suffisante pour certains polissages.

Pour obtenir très-fins ces différents colcotars, on les broie et sépare par lévigation. Les plus calcinés sont les plus durs, et servent au polissage de l'acier, des glaces; maintenus longtemps au feu, ils deviennent sensiblement violets.

L'or, l'argent, les glaces, les métaux en général, *sont polis* avec le colcotar.

Pour obtenir un colcotar très-fin et très-propre au *polissage*,
on prend une solution de sulfate de protoxyde de fer, faite
avec de l'eau bouillante, on y verse une solution concentrée et
chaude d'acide oxalique, jusqu'à cessation de précipité. On lave
le précipité jusqu'à ce que les liqueurs ne soient plus acides.
Cet oxalate de fer décomposé en vase clos par la chaleur donnerait du fer pyrophorique, qui, à l'air, donnerait un colcotar
très-fin. Pour l'obtenir de cet oxalate, on le décompose à l'air
dans une chaudière de fer, par la chaleur et l'agitation.

Il reste une poudre rouge veloutée, et il se dégage beaucoup
*d'acide carbonique et d'oxyde de carbone, ce qui montre qu'il faut
opérer cette décomposition en plein air ou sous une bonne cheminée.*

A Paris, il est souvent obtenu ainsi : on traite le sulfate de
peroxyde de fer, préalablement dissous dans l'eau, sur l'acide
azotique destiné à peroxyder la base. — On sépare, par décantation, du liquide qui surnage et qui est vendu après concentration, le dépôt de sulfate de peroxyde formé, et on calcine celui-
ci, qui est le *rouge à polir*.

On peut par les mêmes moyens arriver à avoir de l'oxyde
d'étain propre aux polissages les plus parfaits, en remplaçant le
sulfate de fer par le protochlorure d'étain dissous dans l'eau
acidulée d'acide chlorhydrique: même dégagement de gaz.

Causes d'insalubrité. — Exhalaisons nuisibles à la végétation
quand on fabrique avec le sulfate de fer (couperose verte).
Vapeurs nitreuses. Écoulement d'eaux insalubres.

Causes d'incommodité. — Odeur fort désagréable.

Prescriptions. — Opérer sous le manteau d'une cheminée de
trente mètres de hauteur, protégée en avant par un rideau
mobile, ou par une porte en planches, et mise en communication avec la cheminée du fourneau d'évaporation.

Faire parvenir les gaz produits pendant le travail dans la
cheminée du foyer à travers un chenal contenant de la chaux
humide.

Dans le cas où l'on ne recueillerait pas l'acide anhydre qui se
dégage dans l'opération, le dissoudre dans des récipients remplis d'eau.

Faire arriver à l'égout par un caniveau en pierre toutes les eaux de fabrication, qui ne devront jamais imprégner le sol ni de l'atelier ni de la rue.

Garnir le vase dans lequel la dissolution de protoxyde de fer est additionnée d'acide nitrique d'un couvercle communiquant par sa partie supérieure avec d'autres vases en partie remplis d'une dissolution de sulfate de protoxyde, afin d'absorber les vapeurs acides.

Opérer la calcination du sulfate de protoxyde de fer dans des appareils disposés de manière à permettre la condensation des vapeurs d'acide sulfurique, qu'il est dans l'intérêt de l'industriel de recueillir, et non pas dans un four avec issue des vapeurs par la cheminée servant également à la sortie des produits de la combustion.

Sulfate de fer et de zinc (Fabrication du), lorsqu'on forme ce sel de toutes pièces, avec l'acide sulfurique et les substances métalliques (2ᵉ classe). — 14 janvier 1845.

On le nomme encore *vitriol* ou *couperose verte*, *vitriol martial* ou *romain*.

Détail des opérations. — On l'obtient directement en traitant le fer par l'acide sulfurique dilué; on emploie souvent les copeaux provenant du rabotage ou de la tournure du fer, on utilise l'acide sulfurique qui a servi à l'épuration des huiles de colza. Cet acide est versé dans une chaudière de cuivre à angles arrondis, on y jette par portions la ferraille; il se fait un dégagement d'hydrogène pendant tout le temps de l'ébullition, et, le gaz hydrogène qui se dégage étant infect, on a soin de le faire passer dans une cheminée de bon tirage, afin de ne pas incommoder le voisinage. On pourrait utiliser la chaleur que produit l'hydrogène en le brûlant dans le foyer; il faudrait pour cela lui faire traverser un serpentin condensateur, et interposer en avant du foyer plusieurs toiles métalliques pour empêcher la propagation de la flamme. Quand la concentration est suffisante, on laisse déposer dans une cuve, et on décante un ou deux jours après pour faire cristalliser; on fait écouler les eaux mères en enlevant des bâtons faisant l'office de bondes sur le fond de la cuve :

les eaux mères sont reportées dans la chaudière de fabrication.

On obtient aussi de grandes quantités de sulfate de fer dans la préparation de l'alun, par la désagrégation des schistes pyriteux et alumineux. (Voir *Alun*, t. I, p. 229.)

On en retire aussi du sulfure de fer provenant de la calcination des pyrites pour obtenir du soufre ou de l'acide sulfureux qu'on change en acide sulfurique. Ce sulfure exposé à l'air humide se délite, et après quelques mois on le lessive pour en retirer par évaporation des cristaux de sulfate.

Usages. — On l'emploie en teinture, pour les tons noir, gris, olive et violet, dans la fabrication de l'encre, à la désinfection des matières fécales ou ammoniacales et à un grand nombre d'autres usages. On le laisse quelquefois se suroxyder à l'air avant de s'en servir; et, pour éviter un dépôt de sous-sulfate, on l'acidule; le sulfate de sesquioxyde n'est presque jamais employé seul, si ce n'est dans les laboratoires de chimie.

Causes d'insalubrité. — Dégagement de gaz hydrogène impur, — chargé de principes odorants et souvent de vapeurs d'acide sulfurique.

Causes d'incommodité. — Fumée. Buée venant des chaudières d'évaporation. Écoulement des eaux de fabrication (eaux acides). Gaz infects.

Prescriptions. — Opérer dans des cuves et chaudières fermées et sous un manteau qui porte les vapeurs et gaz produits dans une cheminée haute de vingt-cinq à trente mètres, si l'on ne préfère les brûler en les faisant passer à travers le foyer.

Conduire les buées produites dans la cheminée du foyer.

Ne point laisser couler sur la voie publique les eaux de fabrication, sans les avoir neutralisées.

Si la fabrication est importante, faire construire un gazomètre qui recevra le gaz, — et le brûler convenablement.

Sulfate de fer et d'alumine. — **Extraction de ces sels des matériaux qui les contiennent tout formés, et transformation du sulfate d'alumine en alun** (3e classe). — 15 octobre 1810. — 14 janvier 1815.

Détail des opérations. — On a proposé de le fabriquer de toutes pièces avec l'acide sulfurique des chambres et l'argile brune de Vanves, ou même une argile blanche tirée d'Angleterre. — Il remplace ainsi économiquement l'alun composé. (Voir *Alun*.)

Causes d'incommodité. — Odeur. — Fumée. — Buée.

Dégagement de gaz acide sulfureux, quand la durée du grillage se prolonge.

Prescriptions. — Opérer le grillage des schistes alumineux dans un endroit isolé, et loin de toute habitation.

Placer des toiles ou des paillassons autour des tas, afin d'empêcher la dispersion des vapeurs.

Faire arriver dans une cheminée haute les buées produites par l'évaporation des lessives.

Fer-blanc. Voir, au mot *Étain (Industrie de l')*, l'article *Étamage des métaux*, t. I, p. 629.

Fer galvanisé. Voir, au mot *Étain (Industrie de l')*, l'article *Étamage des métaux*, t. I, p. 632.

FEUILLES D'ÉTAIN. Voir *Étain (Industrie de l')*, t. I, p. 638.

FEUILLES D'OR (Fabrique de). Voir *Batteurs de métaux*, t. I, p. 274.

FEUTRAGE (Fabrique de).

Feutres vernis (Fabrique de). Voir *Chapeaux (Fabrique de)*, t. I, p. 388.

Feutres goudronnés. Voir, au mot *Résineuses (Matières)*, l'article *Goudron*.

FIEL DE VERRE. Voir *Céramique (Industrie)*, t. I, p. 372.

FLEURS ET FEUILLES ARTIFICIELLES (Fabrique de) (non classé).

Cette fabrication n'offre d'inconvénients que dans l'emploi de certaines couleurs et dans quelques détails de l'industrie elle-même. Voir à l'article *Arsenic* les dangers auxquels sont exposés les apprêteurs d'étoffe et par suite tous les ouvriers qui travaillent les feuilles faites avec des toiles mal préparées. Il en est de même pour les fabricants d'herbes artificielles.

Il y a cependant un détail qu'il est important de signaler, c'est le *diamantage* des feuilles. On appelle feuilles et fleurs *diamantées* celles qui offrent à l'œil un aspect micacé brillant, imitant la rosée du matin, et l'éclat des rayons lumineux. Cet effet est obtenu de la manière suivante. Immédiatement après qu'on a passé les *feuilles à la cire*, et pendant que cet enduit est encore chaud et légèrement ramolli, on les soumet à la poussière venue d'un tamis très-fin agité à leur surface. Cette poussière est faite avec des perles de verre broyées en poudre très-ténue. L'air ambiant reste chargé de cette poussière, et l'ouvrier qui fait ce travail est exposé à des ophthalmies, des coryzas, des laryngites et des bronchites. Ce sont des accidents comparables à ceux que ressentent les aiguiseurs, les tailleurs de pierre, etc., etc. — On devrait prescrire que le diamantage fût opéré en vases clos et recommander aux ouvriers de porter un masque qui couvrit toute la figure.

FILATURES.

Filature de cocons. Voir *Cocons*.

Filature de laines. Voir *Laines*.

FONDERIES.

Fonderie d'antimoine (3e classe, par assimilation à la fonte des caractères d'imprimerie).

Il s'est établi dans le nord de la France quelques usines spéciales pour cette fonte. — Le but est de réduire l'antimoine destiné à la fabrication de la poterie anglaise.

DÉTAIL DES OPÉRATIONS. — La fonte s'opère comme celle des caractères d'imprimerie.

CAUSES D'INSALUBRITÉ ET D'INCOMMODITÉ. — Dégagement de quelques vapeurs arsenicales, produites par les parcelles d'arsenic que contient toujours la gangue, et qui se volatilise pendant la fusion.

Dégagement d'acide sulfureux.

PRESCRIPTIONS. — Aérer largement l'atelier de fusion.

Ne couler les matières que sous le large manteau d'une cheminée en maçonnerie plus ou moins élevée, selon les localités.

Diminuer le dégagement de l'acide sulfureux pendant le travail, en ajoutant à la fonte de 40 pour 100 de fragments de fer et de charbon en poudre.

Fonderie de bronze et de cuivre (2ᵉ classe). — 14 janvier 1815.

Le cuivre pur n'est presque jamais employé au moulage, il fond à une température très-élevée et ne donne jamais qu'une matière peu liquide, d'une coulée difficile. Ses alliages principaux sont : le cuivre jaune ou laiton, formé d'environ 30 à 40 de zinc pour 66 de cuivre; le maillechort, qui est aussi malléable, ductile, formé de 50 de cuivre, 25 de zinc et 25 de nickel, avec des traces de fer quand on veut le rendre plus blanc, plus dur et plus cassant. Le bronze qui contient 10 à 20 d'étain pour 80 de cuivre, le métal de cloches qui contient 20 à 22 d'étain pour 78 de cuivre; tous ces alliages sont plus fusibles et plus faciles à mouler que le cuivre pur.

Détail des opérations. — La fusion de ces alliages s'opère ordinairement dans des creusets réfractaires en argile ou en plombagine; on chauffe au coke ou au charbon de bois; on active souvent ce feu à l'aide d'un soufflet; la cheminée est presque toujours assez élevée pour donner seule un tirage suffisant. Chaque creuset est placé sur une brique réfractaire posée sur la grille du foyer, et entouré de tous côtés par le charbon incandescent.

Au-dessus du foyer, sous la cheminée, est un repère qui sert à chauffer préalablement au rouge les fragments d'anciens alliages destinés à charger le creuset. Avant la coulée, l'ouvrier sépare une couche impure à demi scorifiée et agite la masse avec un bâton de bois vert qui réduit la faible quantité d'oxyde dissoute dans le bain; cela fait, il coule.

Les cloches sont moulées sur place, avec du sable, au moyen d'un noyau; je ne puis entrer dans le détail de leur fabrication, je dirai seulement que le poids doit être en rapport avec les dimensions et les épaisseurs aux différents points, afin d'en obtenir les notes qu'on désire. Il faut bien se garder d'introduire du plomb dans l'alliage, parce qu'il perdrait de sa sonorité. Cette addition de plomb rendrait la coulée plus facile.

Je ne détaillerai pas les autres alliages employés dans les

arts, ni la mise en couleur des bronzes, ni le bronzage artificiel qui s'applique aussi au laiton, etc.; je dirai ici que la fonte du bronze doit s'opérer dans le moins de temps possible, pour éviter l'oxydation, qui est plus rapide pour les alliages que pour les métaux simples. C'est pour cela qu'on se sert de fours à réverbère à sole elliptique, et pour la fonte des cloches de fourneaux circulaires, sans cheminée, dont la voûte est simplement percée d'ouvertures pour laisser échapper la fumée, parce qu'il n'y a pas nécessité d'employer une température aussi élevée.

Document relatif aux fonderies de cuivre.

INSTRUCTION DU CONSEIL D'HYGIÈNE PUBLIQUE ET DE SALUBRITÉ DU DÉPARTEMENT DE LA SEINE POUR LES OUVRIERS FONDEURS EN CUIVRE.

Depuis un certain temps, et à diverses reprises, les ouvriers fondeurs en cuivre ont adressé aux patrons des réclamations relatives à l'emploi du poussier de charbon pour saupoudrer les moules. Ces réclamations portent principalement sur la nécessité où ils se trouvent d'aspirer, en grande quantité, une poussière très-fine de charbon qui, en pénétrant dans les poumons, leur occasionne, disent-ils, d'abord une certaine gêne de la respiration, et, à la longue, des affections plus graves. Le conseil d'hygiène publique et de salubrité du département de la Seine a été chargé d'examiner la valeur de ces réclamations, de rechercher les causes des inconvénients dont se plaignent les ouvriers, et d'indiquer, autant que possible, les moyens propres à les faire disparaître, ou du moins à les atténuer. Le conseil appelle donc toute l'attention des patrons sur les instructions suivantes, dont ils sauront, mieux que personne, saisir le sens pratique et réaliser les avantages.

On se sert pour l'opération du moulage de poussier de charbon de bois ou de fécule. Cette dernière substance, dont l'emploi remonte à deux années environ, a remplacé en tout ou en partie, dans un certain nombre d'ateliers, le poussier de charbon. Cette substitution paraît présenter des avantages sous le rapport de la salubrité comme sous celui de la propreté. On évitera les inconvénients auxquels a donné lieu l'usage du charbon, et surtout des poussiers impurs, en observant les prescriptions suivantes :

1° Les fondeurs devront employer du poussier pur de charbon de bois (on peut accorder 3 à 7 pour 100 de matières étrangères non combustibles par incinération, c'est un moyen suffisamment exact);

2° Les ouvriers devront avoir soin de ne pas secouer, outre mesure, sur leurs moules, le sac ou tamis qui contient le poussier de charbon. Le tamis devra toujours être couvert;

3° Comme il importe que les ouvriers, dans l'opération de la fusion de métaux et alliages, soient soustraits aux émanations et poussières métalliques, les fourneaux devront, à cet effet, être surmontés d'une hotte communiquant avec une cheminée, d'une section assez large, et procurant un tirage suffisant;

4° Le flambage devra être effectué dans des locaux séparés et munis d'une cheminée spéciale. Ainsi les travailleurs ne seront pas exposés à l'action nuisible de la fumée de la résine employée à l'opération dont il s'agit;

5° La ventilation, qui est de tous les moyens hygiéniques le plus efficace, devra être très-active dans les ateliers, et sera établie selon le mode le plus convenable à la disposition des lieux : on ne saurait donc recommander d'une manière absolue un système plutôt qu'un autre;

6° Enfin, on ne saurait trop engager les ouvriers à se laver fréquemment, afin d'entretenir leur corps aussi proprement que le permettent leurs travaux.

Telles sont les principales précautions que le conseil d'hygiène publique croit pouvoir recommander et qu'il juge capables d'apporter un remède efficace aux inconvénients signalés par les ouvriers fondeurs en cuivre.

Les membres de la commission,

Henri Fournel, Combes, Bruzard, Vernois, rapporteur.

Lu et approuvé dans la séance du 7 avril 1855.

Le vice-président, Boussingault; le secrétaire, Ad. Trébuchet.

Vu et approuvé, le préfet de police, Pietri.

Fonderie de caractères d'imprimerie. Voir *Plomb (Industrie du)*.
Fonderie de fonte de fer.

Détail des opérations. — La fonderie de la fonte s'exécute dans des cubilots; j'ai décrit leur forme dans la fabrication de la fonte; on emploie souvent avec économie des fours à réverbère. Ces fours à réverbère ont un foyer sur lequel on brûle de la houille, une sole inclinée vers le foyer dans la partie basse de laquelle se réunit la fonte, et dont la surface égale trois fois celle de la grille.

Les *poches* de coulée sont en fer, garnies à leur intérieur d'argile pour les faire servir plus longtemps; les plus grosses, contenant jusqu'à dix mille kilogrammes de métal fondu, sont manipulées à l'aide de grues et d'un mécanisme spécial.

Fonderie d'or. Voir *Or*.
Fonderie de plomb. Voir *Plomb (Industrie du)*.
Fonderie de zinc. Voir *Zinc*.

Le zinc de la Silésie semble préférable à celui de la Vieille-Montagne pour tout ce qui a rapport au moulage; on emploie du sable fin mêlé à du charbon en poudre pour confectionner les moules; pour les petites pièces destinées à imiter le bronze, on se sert de moules en fer.

Détail des opérations. — On fond le zinc dans un creuset fait avec moitié d'argile crue et moitié d'argile cuite; on le maintient au rouge obscur, à cause de la facile volatilité de ce métal, qui fond, comme on sait, vers trois cent soixante degrés [1].

Fonte émaillée. Voir *Céramique (Industrie)*, t. I, p. 361.

Fonte des graisses. Voir *Gras (Industrie des corps)*.

FOURNEAUX ET FOURS.

Fourneaux de faïence et de terre, Poêles. Voir *Céramique (Industrie)*, t. I, p. 364.

Fourneaux (Hauts).
Fourneaux à réverbère. } Voir *Fer (Industrie du)*.
Fourneaux à la Wilkinson.

Fours à chaux. Voir *Chaux*, t. I, p. 396.

Fours à coupelle. Voir *Fer (Industrie du)*, et *Essayeurs*, t. I, p. 619.

Fours à cuire les bouteilles. Voir *Céramique (Industrie)*, t. I, p. 373 et 375.

Fours à cuire les cailloux. Voir *Céramique (Industrie)*, t. I, p. 356.

Fours d'étendage. Voir *Céramique (Industrie)*, t. I, p. 376.

Fours à glaces. Voir *Céramique (Industrie)*, t. I, p. 375.

Fours à pipes. Voir *Céramique (Industrie)*, t. I, p. 369.

Fours à porcelaine. Voir *Céramique (Industrie)*, t. I, p. 367.

Fours à vitres. Voir *Céramique (Industrie)*, t. I, p. 376.

FROMAGES EN GRAND (Dépôts de) dans les villes (3e classe).
— 14 janvier 1815.

Causes d'insalubrité. — Aucune.

Causes d'incommodité. — Odeur très-désagréable.

Prescriptions. — N'opérer ces dépôts que dans des caves.

Ne point les faire communiquer avec la voie publique.

Aérer les caves par une cheminée d'appel qu'on fera monter jusque sur les toits et par des soupiraux ouverts sur la cour intérieure de la maison.

Ne jamais verser sur la voie publique les eaux du lavage des fromages.

Ne jamais permettre une trop grande accumulation de mar-

---

[1] Pour les causes d'insalubrité, d'incommodité, et les prescriptions relatives à la fonderie des métaux, voir, au mot *Fer (Industrie du)*, l'article *Hauts fourneaux, Fourneaux à réverbère*, etc.

chandises dans les boutiques ouvertes sur la voie publique. — Les bien ventiler.

FRUITS A L'EAU-DE-VIE (INDUSTRIE DES). Voir *Conserves de substances alimentaires*, t. I, p. 470.

FULMINANTES (MATIÈRES). Voir *Poudres (Industrie des)*.

GALIPOT. Voir *Résineuses (Matières)*.

GALONS ET TISSUS D'OR ET D'ARGENT (BRULERIES EN GRAND DES). Voir *Brûleries*, t. I, p. 345.

GAZ D'ÉCLAIRAGE.

Gaz (Ateliers où l'on prépare les matières grasses propres à la production du) (2ᵉ classe). — 31 mai 1833.

Ces matières peuvent être de natures très-diverses. Toutes les huiles, toutes les substances oléagineuses, servent à la préparation du gaz. Ces préparations n'ont rien d'insalubre par elles-mêmes, mais l'accumulation d'une grande quantité de matières inflammables constitue un véritable danger pour la salubrité.

CAUSES D'INSALUBRITÉ.—Danger d'incendie.

CAUSES D'INCOMMODITÉ.—Odeurs de matières rances et grasses.

Vapeurs produites pendant la fusion des corps gras.

Fumée.

PRESCRIPTIONS. — Isoler l'usine.

Placer les chaudières à fusion sur des fourneaux construits en briques réfractaires. — Couvrir ces chaudières.

Mettre sous une hotte qui communique avec une cheminée dont la hauteur variera de dix à quinze mètres, à partir du sol.

Placer au dehors de l'atelier des chaudières l'ouverture des foyers et cendriers.

Ne laisser aucune partie de bois apparente. — Les recouvrir de plâtre. — N'éclairer les ateliers qu'avec des lampes de sûreté, ou derrière des verres dormants.

Aérer et ventiler les ateliers.

N'y brûler aucun débris de tonneaux gras.

Gaz hydrogène (Grands établissements d'éclairage par le), tant les usines où le gaz est fabriqué que les dépôts où il est conservé (2ᵉ classe). — 10 août 1824.

DÉTAIL DES OPÉRATIONS. — Le gaz hydrogène qui sert à l'éclairage est un mélange d'hydrogène proto et bicarboné et de divers autres gaz que l'on cherche à lui enlever autant qu'il est possible.

L'hydrogène pur ne donne une flamme éclairante qu'autant qu'il tient en suspension des matières solubles, combustibles ou non; il en est de même du gaz d'éclairage, qui ne doit son éclat qu'à la quantité variable de carbone qui brûle dans sa flamme.

On obtient le gaz en soumettant à la distillation pyrogénée des matières très-riches en carbone et en hydrogène et contenant peu ou pas d'oxygène; les matières grasses, huileuses, résineuses, bitumineuses, la houille surtout, sont propres à la fabrication du gaz.

Gaz de la houille.

La houille qui sert à la fabrication du gaz doit être aussi peu chargée de bisulfure de fer qu'il est possible; elle doit être desséchée, parce qu'elle donne alors plus de gaz; la quantité en est d'autant plus grande qu'elle est plus grasse et plus riche en hydrogène libre, c'est-à-dire en hydrogène en excès pour former de l'eau avec l'oxygène qu'elle contient toujours.

DÉTAIL DES OPÉRATIONS. — La décomposition de la houille a lieu dans des espèces de demi-cylindres en fonte grise ou en argile, fermés à l'une de leurs extrémités, ouverts à l'autre; ayant les angles arrondis; le diamètre en est de soixante-six centimètres; la hauteur trente-trois centimètres; la longueur d'environ deux mètres; les cornues de fonte coûtent plus cher que celles d'argile, elles se carburent, s'oxydent, se ramollissent assez facilement, et durent moins longtemps que celles d'argile. Ces dernières ne présentent pas ces inconvénients; mais, d'un autre côté, elles résistent moins aux changements de température, s'incrustent plus facilement, ce qui apporte souvent une hésitation dans leur emploi. Ces cornues sont placées horizontalement et chauffées au rouge cerise clair, pendant toute la durée de la distillation, par un seul foyer qui sert pour deux, trois, et même cinq, mais plus généralement par deux foyers pour cinq cornues; on les charge de houille quand elles sont chauffées au rouge, puis on adapte un obturateur garni d'argile qu'on serre à l'aide d'une vis de pression. La distillation dure de trois à quatre heures; il n'y aurait pas avantage à la prolonger au delà à cause de l'emploi du combustible qu'il faudrait augmenter pour n'obtenir qu'une faible quantité de gaz. La tête de la cornue, c'est-à-dire la portion qui sort du fourneau et se termine par l'obturateur, porte le tuyau qui donne issue au gaz.

On chauffe avec de la houille ou du coke; on entretient la combustion avec de l'air chauffé dans des tubes en fonte ou mieux en terre à creusets qu'on dispose dans des carneaux où passent les produits de la combustion avant de se rendre à la cheminée. Quand la décomposition est complète, on enlève l'obturateur, le coke incandescent ne doit pas donner de flamme, on le retire à l'aide de longs crochets en fer, et on le fait tomber dans une brouette en fer qui sert à le porter au dehors; on l'étend sur le sol et on l'éteint avec quelques seaux d'eau. Le tirage du foyer est déterminé par une cheminée de trente-trois mètres, quelquefois même d'une hauteur plus considérable. L'emploi de l'air chaud appliqué à la combustion présente, outre l'avantage d'une grande économie de combustible, celui de ne pas porter à une température aussi élevée la cheminée et la maçonnerie qui succède au foyer, ce qui les endommagerait fortement. Par l'emploi de ces fours, on brûle environ le tiers du coke produit pour obtenir tout le gaz qu'on peut avantageusement retirer.

Fabrication spéciale du coke. — Le coke qui résulte de la décomposition de la houille par le procédé précédent est peu dense, et, bien qu'utilisable quand la chaleur n'a pas besoin d'être très-élevée, il ne peut être appliqué au chauffage des locomotives et à la réduction des minerais; aussi était-on obligé de laisser perdre le gaz et d'opérer dans de grands fours pour obtenir un coke propre à ces derniers emplois; parce qu'alors la pression qu'exerce la masse sur elle-même ne peut pas être vaincue par celle exercée par le dégagement du gaz et qu'elle ne se soulève pas; d'ailleurs, la décomposition y est beaucoup plus lente que dans les cornues ordinaires. Le coke obtenu par le procédé suivant est très-dense et d'un prix plus élevé que celui des cornues; le gaz qui est produit est de bonne qualité, mais en quantité moindre.

Le four présente une longueur de sept mètres, une largeur de sept mètres quatre-vingts centimètres, une hauteur de quatre-vingts centimètres. La sole est en pente d'environ trente centimètres; pour faciliter le dégagement, les parois de ce four sont chauffées à l'aide du gaz produit et d'un foyer supplémentaire entretenu au coke ou à la houille. Les produits de la combustion du foyer parcourent toute la surface intérieure de la sole, redescendent par des carneaux inclinés pour se rendre à une cheminée traînante qui est commune à tous les fours disposés dans le même massif. Une cheminée centrale placée sur chaque four sert au chargement de la houille et au dégagement des gaz.

Les extrémités des fours sont terminées chacune par une porte à coulisse, qu'on peut lever à volonté à l'aide d'un treuil mobile sur des galets roulants sur deux rail-ways, soutenus par des montants de fer.

Quand on commence une opération, on chauffe au rouge la sole du four, on soulève les portes à coulisses, et, à l'aide d'un grand entonnoir en tôle, on déverse dans le four un waggon de houille, dont on fait basculer la caisse comme autour d'une charnière à l'aide d'une roue dentée; ce waggon glisse sur un chemin de fer solidement soutenu qui règne au dessus de tous les fours. Cinq waggons déversent successivement cinq mille kilogrammes de houille, qu'on étend au fur et à mesure de leur introduction à l'aide de grands rables en fer; puis on enlève l'entonnoir de tôle, on le remplace par un obturateur pesant garni de lut argileux pour empêcher toute perte de gaz.

La distillation commence aussitôt; les gaz et les vapeurs se

rendent par un tube horizontal placé à la partie supérieure de
la cheminée centrale du four et vont dans un *barillet* commun
à tous les fours. L'opération est terminée en soixante-douze
heures; on enlève le coke à l'aide de repoussoirs montés sur des
galets roulant sur les rails d'un chemin de fer. Ces repoussoirs
entrent dans le four, dont on a enlevé les deux portes à l'aide
d'engrenages, et la plate-forme chasse devant elle tout le coke,
qui vient tomber à l'autre porte, où on l'éteint avec de l'eau.
Quand le four est ainsi débarrassé, on procède à un nouveau
chargement et à une nouvelle opération. On ne recueille presque jamais le gaz quand on fabrique le coke, parce qu'on l'emploie
au chauffage des fours, ou à la production de la vapeur pour
faire fonctionner les appareils.

Pendant cette distillation, il se dégage de l'eau, de l'hydrogène
proto-carboné et bicarboné, de l'hydrogène libre, de l'oxyde de
carbone, de l'azote, des carbures d'hydrogène plus ou moins
condensables, du colcotar ou goudron minéral, des sels ammoniacaux, du sulfure de carbone, de l'hydro-sulfate de chaux,
du coke.

Le tube qui sert au dégagement du gaz des cornues vient
plonger dans un cylindre commun à tous les fours, appelé
barillet, contenant de l'eau destinée à empêcher toute communication entre les cornues et le reste de l'appareil, et à éviter
l'accès de l'air dans les réservoirs de gaz. Ce barillet condense
une partie de l'eau et du goudron; il est muni d'un trop-plein
pour maintenir le liquide à un niveau constant et laisser écouler
l'excès qui arrive constamment.

La pression que supportent les cornues est quelquefois de
vingt et trente centimètres d'eau, à cause de la pression qui
résulte de ce que les tubes plongent de quelques centimètres
dans le barillet, de celle qui provient du frottement du gaz dans
l'appareil, et de la pression du gazomètre lui-même. On ob-
vierait à ces inconvénients en plaçant les usines dans les parties
basses des villes : cette disposition diminuerait la pression
qu'exerce la colonne d'air qui existe souvent entre les fabriques
de gaz et les localités éclairées par l'usine; on atténnuerait en

même temps les pertes *qui résultent de fuites des cornues à travers lesquelles le gaz comprimé s'échappe sans profit.*

Comme il arrive quelquefois que ces usines ne peuvent être placées de manière à éviter cette surcharge de pression, on emploie des moyens mécaniques pour aspirer le gaz au fur et à mesure de sa production afin de le faire rendre au gazomètre. La force nécessaire à la marche de ces appareils est fournie par la chaleur perdue des fours qui servent à chauffer les cornues; la *cagniardelle* est un de ces appareils; on le remplace dans quelques usines par trois grandes cloches métalliques qui, par un mouvement alternatif de soulèvement et d'abaissement, aspirent le gaz et le refoulent dans un autre tube et de là dans un barillet, puis dans le *régulateur,* enfin dans les *appareils d'épuration.* Pour empêcher qu'un vide partiel se fasse dans les cornues par une aspiration trop rapide, on fait usage d'un régulateur à eau.

Épuration physique. — Le gaz sorti du régulateur passe dans des réfrigérants où il se refroidit et se dépouille de la plus grande partie des matières liquéfiables qu'il contient encore, et au nombre desquelles sont l'eau, les sels ammoniacaux et les produits goudronneux.

Ces appareils sont de diverses formes et de nature variable, selon les usines. Plusieurs fabricants font un mystère de leurs moyens d'épuration; souvent ils sont formés d'une série de longs tubes en fonte, ayant la forme d'un V renversé, qui sont fixés à la partie supérieure de caisses qui forcent le gaz à passer d'une série de tuyaux dans une autre. Pour obtenir un gaz mieux épuré qu'il ne l'est ordinairement au sortir des réfrigérants, on le fait passer dans un grand cylindre en fonte séparé en deux cases par une cloison verticale; chaque case est surmontée d'un large trou d'homme destiné à remplir le cylindre de coke; on ferme ensuite avec des obturateurs. Le gaz qui vient des réfrigérants est obligé de passer dans ce cylindre en suivant les deux cases, qui communiquent entre elles à la partie inférieure. Le coke fait l'office d'un filtre. Il retient les globules de diverses natures qui flottent dans le gaz, celui-ci sort par un

tube à la partie supérieure et va dans les épurateurs à chaux et
à plâtre.

Épuration chimique. — Elle a toujours pour but, quel que soit
le procédé, de dépouiller le gaz hydrogène carboné des gaz étrangers avec lesquels il peut se trouver mélangé et qui proviennent
ordinairement de la décomposition des pyrites sulfureuses que
l'on rencontre dans la houille. Voici les principaux procédés :

1° Le sulfhydrate et le carbonate d'ammoniaque se trouvant
avec l'acide sulfhydrique en quantité *notable* dans le gaz qui
a subi une première épuration physique, on s'est servi depuis
longtemps, pour l'en priver, de lait de chaux; on fait usage
maintenant de grandes caisses en tôle ou en fonte, divisées
en deux compartiments contenant des claies espacées, sur
lesquelles on place huit à dix centimètres de chaux hydratée
pulvérulente. Le gaz arrive par la partie inférieure et se
trouve obligé de filtrer dans les deux séries de claies avant de
se rendre au gazomètre. Les caisses d'épuration sont fermées
par un couvercle dont les bords plongent dans une rainure remplie d'eau pour intercepter toute introduction d'air; ces couvercles sont mobiles à l'aide d'une chaîne passant sur une poulie
et s'enroulant sur un treuil; on les soulève chaque fois que l'on
veut renouveler la chaux.

On a substitué à cet appareil simple quatre appareils semblables, disposés autour d'un réservoir à cloche qui permet
d'isoler un des quatre épurateurs en faisant communiquer les
trois autres entre eux, de telle sorte que l'on peut renouveler la
chaux de l'épurateur libre; pour cela, on a divisé le réservoir
central en cinq compartiments, et, à l'aide de positions que l'on
change suivant les communications à établir, on force le gaz à
traverser les six cases des trois épurateurs avant d'aller au
gazomètre.

Le secret du fabricant consiste dans la disposition par laquelle
il multiplie les contacts de la chaux, soit sèche, soit liquide,
avec les gaz résultant de la distillation du charbon.

2° A l'emploi de la chaux, qui n'offre pas une purification
complète, on a associé le chlorure de manganèse, et, à défaut

de celui-ci, le sulfate de fer ou de manganèse. Les sels ammoniacaux sont entièrement décomposés par les sels métalliques avant d'arriver à la chaux; celle-ci ne développe plus dans le voisinage des usines une odeur incommode et insalubre lors du nettoyage des caisses et du transport des résidus, parce qu'elle n'agit plus sur les sels ammoniacaux et n'en dégage plus l'ammoniaque. L'épurateur au chlorure de manganèse ou à tout autre sel se trouve entre le réfrigérant et l'épurateur à la chaux; la solution marque dix degrés ou douze degrés; elle est contenue dans trois vases cylindriques en fonte fermés, disposés en étages, et agités sans cesse mécaniquement afin d'empêcher tout dépôt, de présenter au gaz qui arrive par l'épurateur le plus inférieur une plus grande surface et de le dépouiller plus complétement.

Après un certain temps de service, on soutire les liqueurs des épurateurs par un robinet placé près du fond du plus inférieur, on les laisse déposer dans le réservoir et on décante le liquide pour l'évaporer de manière à obtenir par refroidissement du chlorhydrate d'ammoniaque qu'on peut livrer au commerce.

3° On a appliqué à l'épuration du gaz le sulfate de chaux, et, par économie, les plâtres de démolition réduits en poudre dans un moulin en fonte; il décompose le carbonate d'ammoniaque, forme du sulfate d'ammoniaque non volatil à la température ordinaire et du carbonate de chaux insoluble. — On mêle ce sulfate de chaux humide avec un dixième de son volume de coke mouillé, on dispose ce mélange par couches sur des claies qu'on place dans des caisses. Ces caisses sont traversées par le gaz immédiatement après sa sortie de la colonne à coke. L'épuration se fait assez bien pour que le papier de curcuma ne soit plus rougi par le gaz, ce qui indique l'absence d'une matière alcaline. On change le plâtre chaque fois que le papier de curcuma rougit au contact du gaz, et on lessive méthodiquement pour en retirer du sulfate d'ammoniaque.

4° On a proposé et mis depuis en pratique un procédé dans lequel on emploie du sulfate de chaux mélangé d'oxyde de fer obtenu en précipitant l'oxyde de fer de son sulfate par la chaux, agitant à l'air le mélange pâteux qui en résulte pour laisser suroxyder le fer; dans ce cas, il n'y a besoin que d'un système d'épuration, le sulfate de chaux opère comme dans le cas précédent, l'oxyde de fer attaque l'acide sulfhydrique, forme du sulfure de fer, isole du soufre et de l'eau ; on lessive la masse pour en retirer les sels ammoniacaux, et on expose à l'air le résidu pour le laisser sulfatiser et l'employer comme précédemment.

5° On peut rapprocher de ce dernier procédé l'emploi d'un mélange de sulfate de plomb et d'oxyde de plomb ; il se formerait de la même manière du sulfate et du carbonate d'ammoniaque avec un peu de cyanure et de sulfure de plomb, à cause des acides cyanhydrique et sulfurique libres.

L'épuration du gaz est d'une haute importance pour la santé publique comme pour la qualité du gaz. En le privant de son ammoniaque, on augmente son pouvoir éclairant en même temps que l'on empêche ses effets désastreux sur notre économie. L'hydrogène sulfuré que lui enlève la chaux est par lui-même infect et très-dangereux; en brûlant, il donnerait de l'acide sulfureux, qui est aussi délétère; d'un autre côté, la présence des vapeurs sulfureuses dans le gaz d'éclairage serait la cause de la destruction facile des peintures à la céruse dans les établissements qu'il éclaire; on sent combien il y a nécessité de le faire disparaître entièrement. On peut joindre encore à ces résultats la non-obstruction des tuyaux par les sels ammoniacaux, puisqu'on les condense au fur et à mesure de leur production; le moindre danger des eaux de citerne par l'infiltration des eaux ammoniacales; la faible odeur du gaz, puisqu'il n'a plus que celle des huiles pyrogénées, qui n'exerce aucune action délétère; on a même rendu presque inodores les résidus de la désinfection à la chaux; enfin les sels ammoniacaux retirés de cette épuration en compensent largement les frais.

La houille n'est pas le seul corps qui sert à la production du gaz d'éclairage : le bois l'a précédée dans cet emploi, mais on n'y a plus recours maintenant. L'une des matières qui sert et a servi le plus est l'huile; on comprend qu'il n'y a pas économie à obtenir du gaz avec des substances premières qui pourraient donner seules un éclairage assez parfait sans leur faire subir une opération coûteuse.

Gaz de l'huile ou des substances oléagineuses.

On se sert d'huiles de poisson brutes, d'huiles de graines, de térébenthine, de naphte, des résidus de savonneries, des eaux savonneuses. L'appareil consiste en une cornue à gaz, contenant du coke destiné à diviser l'huile, pour en accélérer la décomposition en multipliant la surface; l'huile tombe en filet réglé par un robinet d'un réservoir à niveau constant. L'huile, forcée de traverser le coke incandescent, se décompose, et le gaz qui en résulte vient se rendre au gazomètre par un tube en pente pour laisser écouler l'huile non décomposée qui serait entraînée par le gaz. La température doit être constante : trop faible, elle empêche la décomposition de l'huile; trop élevée, elle décarbure trop fortement le gaz et diminue considérablement son pouvoir éclairant.

Le gaz produit n'a pas besoin d'être épuré. — On le fait passer par un réfrigérant pour reprendre l'huile qu'il pourrait encore contenir.

Le gaz provenant de la décomposition des eaux savonneuses alimente la ville de Reims.

Gaz de résine (gaz Light).

La résine, à une chaleur rouge, donne en abondance un gaz d'un pouvoir éclairant double de celui du gaz obtenu des autres substances. Il ne contient pas de matière sulfureuse, et n'agit donc pas sur les peintures, — il n'altère ni les *becs* ni les métaux. Il y a deux ou trois méthodes pour l'obtenir. Voici la plus usitée. La résine, déposée avec les huiles volatiles des opérations précédentes dans un réservoir chauffé par la chaleur perdue du four, se liquéfie complétement, et filtre à travers une gaze métallique, tombe par un robinet dans un entonnoir et de là dans une cornue à gaz contenant du coke incandescent.

Les produits de la décomposition passent dans des réfrigérants qui condensent les huiles volatiles non décomposées et vont ensuite dans un gazomètre.

Gaz de l'eau.

On a fabriqué avec succès le gaz d'éclairage en se servant de l'hydrogène de l'eau et le chargeant d'une huile volatile à une *haute température*. L'appareil se composait de trois cornues verticales; l'eau arrivait par la partie supérieure de la cornue gauche, la traversait, remontait par la deuxième cornue en traversant le charbon de bois incandescent contenu dans chacune d'elles. Le gaz qui se produisait traversait la troisième cornue, dans laquelle il rencontrait l'huile de schiste, ou de houille, qui se décomposait en coulant le long de chaînes de fer. Les gaz se rendaient au gazomètre après avoir traversé des réfrigérants. — On remplace avantageusement l'eau par un courant de vapeur d'eau que fournit une chaudière chauffée par la chaleur perdue du four. On prive le gaz obtenu de l'acide carbonique qu'il contient en le faisant passer sur de la chaux, et mieux encore sur du carbonate de soude, qu'il change en bicarbonate.

Le gaz obtenu *par la vapeur d'eau surchauffée* a besoin d'être très-bien préparé, sans quoi il contient quelquefois jusqu'à 35 pour 100 d'oxyde de carbone, dont le dégagement est très-dangereux. — Il n'a pas d'*odeur*, mais ce caractère peut constituer un péril, en n'annonçant pas les *fuites*. On pourrait y remédier en y mélangeant une certaine proportion d'un carbure d'hydrogène. — L'usage de ce gaz offre encore d'autres inconvénients, c'est par exemple d'être, quand il est mélangé à l'azote de l'air, plus léger que l'air lui-même, — de passer là où d'autres gaz passent peu ou ne passent pas du tout. Une ventouse constamment ouverte devrait être pratiquée à la partie supérieure de tous les appartements où l'on se servirait de ce gaz. — Enfin sa puissance d'éclairage est inférieure à celle du gaz de houille. Si celle-ci est égale à 9, celle du gaz à l'eau est égale à 5 seulement.

Ces trois dernières sortes de gaz ne présentent ni sulfure ni
ammoniaque, puisque les matières premières ne sont ni sulfu-
rées ni azotées; il n'y a pas d'épuration à faire, et leur emploi
est éminemment favorable à la conservation des peintures et
au travail dans les ateliers des matières métalliques comme
l'argent, etc.

Gaz portatif.

Afin d'éviter l'emploi de longues conduites de gaz qui finissent toujours par présenter quelques fuites coûteuses et dangereuses, on a cherché à transporter le gaz et à l'amener sur
des voitures dans les établissements où il doit être consommé.
On s'est servi d'enveloppes imperméables qui contenaient le
gaz, et à l'aide d'une espèce de filet on le comprimait pour le
faire passer dans le gazomètre particulier.

Pour faire occuper un volume moindre au gaz destiné au
transport, on le renferme dans des cylindres en cuivre épais,
terminés par des calottes sphériques dont les clouures sont
étamées pour préserver de toute fuite; ces cylindres sont
essayés sous une pression de soixante atmosphères, bien qu'ordinairement ils n'en doivent pas supporter une supérieure à
trente-cinq; sous une pression de trente-deux atmosphères,
on réduit à un volume de trente-cinq litres onze cent vingt
litres de gaz de la houille; comme il faut un volume de gaz
de l'huile trois fois moins considérable pour produire le
même effet, on voit qu'il est avantageux de se servir de ce
dernier gaz. La compression s'exécute à l'aide d'une pompe
foulante dont le corps de pompe est rempli d'huile pour
rendre parfait l'ajustage du piston et empêcher toute fuite;
l'huile absorbe du gaz tant qu'elle n'est pas saturée, elle peut
être entraînée par le gaz, mais elle se dépose dans ⌣ tube à
boule et n'arrive pas jusqu'au cylindre. Ce gaz coûte trois fois
plus cher que le gaz ordinaire, mais il a une puissance éclairante trois fois plus grande. Cela tient à la nature du charbon
employé, qui est un schiste bitumineux d'Écosse, le *boghead*.

Gaz-feu.

Sous le nom de gaz-feu, on a voulu substituer au gaz hydrogène carboné de l'éclairage actuel le gaz oxyde de carbone,
dans le double but de l'éclairage et du chauffage, — d'où le
nom de gaz-feu ; mais l'usage de ce gaz offre trop de danger,
en cas de fuite. On a construit depuis quelques années des
appareils à chauffage de toute nature destinés à être alimentés
par le gaz d'éclairage ordinaire, ou par le gaz portatif. On peut,
comme cela se pratique en Amérique et en Angleterre, faire
toute espèce de cuisine avec le gaz et chauffer même les appartements. Dans ce cas, tous les appareils et conduites de gaz
sont sévèrement soumis à l'accomplissement de tous les règlements sur la matière.

Gaz riche.

C'est un gaz fabriqué avec les produits de la distillation du
boghead mêlé à la sciure de bois. — Il offre plus de sécurité
que le gaz portatif. — Il jouit d'un pouvoir éclairant remarquable. — Ne contient pas de soufre. — Il y a une usine de ce
gaz à la gare de Choisy-le-Roi (Seine), chemin de fer d'Orléans.

On consultera avec beaucoup de fruit sur la fabrication du
gaz en général le rapport fait au conseil municipal de Paris sur
la question du *Gaz d'éclairage* (1854). C'est un modèle pour
tout ce qui touche à cette question. On y a fixé ainsi les conditions du pouvoir éclairant :

« Le gaz doit être tel, que, sous une pression ordinaire, il
donne pour les becs de l'éclairage public les intensités de lumière ci-après : Première série, consommant cent litres à
l'heure, 0,77 de l'éclat d'une lampe carcel brûlant quarante-
deux grammes d'huile à l'heure. — Deuxième série, consommant cent quarante litres à l'heure, 1,10 de l'éclat d'une lampe
carcel brûlant quarante-deux grammes d'huile à l'heure. —
Troisième série, consommant deux cents litres à l'heure, 1,72
de l'éclat d'une lampe carcel brûlant quarante-deux grammes
d'huile à l'heure.

CAUSES D'INSALUBRITÉ. — Danger d'explosion.

Danger d'asphyxie, si les appareils ne sont pas bien clos.

CAUSES D'INCOMMODITÉ. — Odeurs désagréables.

Fumée.

Odeurs fétides pendant l'extraction et le transport des résidus des cuves et des eaux d'épuration du gaz.

Dégagement de vapeurs ammoniacales et d'acide sulfureux.

Infiltrations ammoniacales dans les citernes, les puits voisins, sous les pavés des voies publiques et dans les cours des
habitations particulières.

Odeur des carbures.

PRESCRIPTIONS. — Éloigner toutes ces usines des centres de population, et les reléguer hors des villes. — Ne faire de concessions à ce principe que dans les cas rares où il y a à la fois besoin de quantités considérables de gaz et conditions de pente
de terrains impossibles à obtenir par l'éloignement. (Voir toutes
les prescriptions imposées par les ordonnances de police.)

Et, de plus, — dans tous les cas où le gaz éclairera de
grandes réunions d'hommes (casernes, hôpitaux), conduire au
dehors les produits de la combustion, et disposer les becs dans
une lanterne de manière que la lumière ne frappe qu'obliquement la vue des hommes.

Avoir partout des robinets de sûreté. — Les disposer de
façon qu'on puisse les faire agir rapidement sans besoin de
clef ou autre moyen détaché et éloigné d'eux.

Dans toutes les fabriques, absorber les hydro-carbures
produits. — On se sert avantageusement dans ce but, dans les
fabriques de gaz *portatif* obtenu à l'aide d'un charbon très-riche
(le boghead), du résidu de sa propre combustion. — Quand ce
boghead est entièrement brûlé, il est blanc et peut en outre
servir aux mouleurs en bronze, à l'égal du poussier de charbon
ou de la fécule. Il est formé en grande partie de poudre alumi-
neuse.

Placer les compteurs à gaz dans un endroit *isolé, aéré et
ventilé*, qui dispense de se servir d'une lampe de sûreté; —

par conséquent constamment tenu à distance de toute espèce de foyer de chaleur et de lieux où seraient placées ou accumulées des substances facilement combustibles.

Prescrire, quand cela sera jugé convenable, la position, près des compteurs ou réservoirs de gaz, d'un appareil propre à signaler les fuites de gaz. Cet appareil peut être un manomètre à mercure mis en rapport avec les conduits de gaz. Si l'on arrête l'écoulement du gaz, son accumulation et l'augmentation de pression font monter la colonne de mercure ;—elle baisse si le gaz brûle. — Elle reste stationnaire s'il y a une fuite. —Les appareils *Perrin* et cherche-fuite Mackau sont utiles dans toutes les maisons éclairées par le gaz, au point de vue de l'hygiène et de la sécurité publiques.

Soit dans les grandes usines, soit dans les habitations particulières, éloigner toujours l'un de l'autre le générateur de vapeur et les compteurs ou réservoirs à gaz. (Voir gazomètre.)

Dans la distribution du gaz, au milieu des villes, veiller à garantir les arbres des promenades publiques des effets délétères du gaz.

Prescriptions spéciales pour le gaz portatif. —Surveillance très-grande à exercer sur les voitures de transport pour les maintenir dans un parfait état de solidité.

Munir ces voitures d'un frein résistant, destiné à les empêcher de se mouvoir au moment du déchargement du gaz.

Établir le réservoir à gaz selon les règles imposées aux gazomètres placés dans les habitations privées.

Remplacer les anciens gazomètres à soufflet par des gazomètres métalliques en fer ou en zinc, qui offrent une bien plus grande solidité et mettent plus sûrement à l'abri des fuites de gaz et des chances d'accidents.

Gaz hydrogène (Petits appareils domestiques pour fabriquer le) destiné à fournir au plus dix-huit becs d'éclairage, et tout gazomètre en dépendant d'une capacité de sept mètres cubes au plus (3ᵉ classe). — 25 mars 1838. — 27 janvier 1846.

Mêmes dispositions en petit que les grands gazomètres.

Causes d'insalubrité. — Aucune.

CAUSES D'INCOMMODITÉ. — Danger d'explosion.

Fumée.

PRESCRIPTIONS. — Isoler complétement le gazomètre, — soit en le plaçant dans un lieu entièrement aéré, soit en l'entourant d'une cloison en matériaux incombustibles (c'est le cas où le gazomètre se trouve établi dans un atelier, une cour, un rez-de-chaussée).

On peut ne pas exiger l'entourage en briques, quand il est placé *seul* dans une cave.

L'isoler d'une manière absolue du fourneau ainsi que de tous les appareils de chauffage des divers établissements où il se trouve.

Pratiquer deux ouvertures aux entourages de briques ou de maçonnerie qui circonscrivent le gazomètre. — L'une, d'entrée de l'air, inférieure, — l'autre de sortie, supérieure. — Celle-ci sera telle qu'elle permette une aération suffisante (quarante à cinquante centimètres carrés par exemple). — La prise d'air peut s'effectuer par une baie établie sur la porte d'entrée, et ayant trente centimètres de hauteur sur la largeur de la porte.

Si le gazomètre est placé dans une cave très-spacieuse, l'entourer d'une cloison en briques, qui communique directement avec l'air extérieur; sans l'intermédiaire de la cave.

Fermer à clef la porte de la cloison d'entourage. Ne laisser cette clef qu'à la disposition de la personne chargée de la surveillance du gazomètre.

Établir le gazomètre en tôle. (Les toiles rendues imperméables ne le sont jamais complétement, et, en permettant l'accès de l'air, favorisent la formation de mélanges explosibles. — Le zinc s'oxyde et se perfore. — Il entre en fusion, et sa combustion est dangereuse.)

Maintenir le gazomètre dans une position verticale par trois tuteurs placés sur ses côtés.

Munir chaque gazomètre d'un manomètre à eau.

Tenir le gazomètre toujours en charge, de telle sorte que le manomètre exprime un centimètre de pression.

Ne donner au gazomètre qu'une forme cylindrique. — Rejeter toute forme anguleuse.

Veiller à ce que la cuve soit étanche. Elle peut par tolérance être en bois ; mais, pour remédier au défaut de surveillance sur *son bon état*, la placer toujours dans une autre cuve ou auge en maçonnerie.

Gazomètres dépendant des grands établissements d'éclairage par le gaz hydrogène (2ᵉ classe). — 20 août 1824. — 20 mars 1838.

On désigne sous le nom de gazomètres les grandes cloches qui servent de récipients au gaz fabriqué dans les usines et qui lui donnent une pression constante destinée à obtenir un écoulement régulier ; ces cloches sont en tôle rivée et goudronnée pour les préserver de l'oxydation et des fuites ; chacune d'elles plonge dans un réservoir nommé *cuve*. On dispose ordinairement de plusieurs gazomètres, afin de pouvoir faire les réparations sans arrêter complétement le travail.

On a construit dans certains cas des cuves à double enveloppe, dont l'intervalle compris entre les deux surfaces cylindriques est seul rempli d'eau. C'est dans cet espace que plonge le gazomètre ; les tubes d'arrivée et de sortie se courbent aussitôt leur arrivée sous la cloche. Ces cuves n'ont pas d'avantages bien réels, sauf peut-être celui de leur facile réparation.

La cloche est maintenue par des contre-poids retenus à l'aide de chaînes et appuyés sur des colonnes, afin d'empêcher que le gaz ne supporte une trop grande pression et de pouvoir régler celle-ci. Les tubes d'arrivée et de sortie du gaz montent au-dessus de la surface de l'eau de la cuve, mais cette disposition peut occasionner des fuites en désagrégeant la maçonnerie autour des tuyaux.

Les cordes que l'on emploie à la suspension des cloches sont le plus souvent en fil de fer ; il faut les peindre chaque année au minium et à l'huile de lin pour prévenir leur oxydation, qui, en diminuant leur solidité, pourrait en amener la rupture.

Gazomètre à tubes articulés.

On fait usage dans un petit nombre d'usines d'un moyen de suspension qui évite les inconvénients précédents : l'appareil suspenseur du gazomètre est formé de deux tubes articulés pouvant se plier facilement ; l'un de ces tubes sert à l'introduction du gaz, l'autre à sa sortie ; ils sont munis de soupapes qu'on peut lever à l'aide d'une crémaillère, selon que l'on veut donner issue au gaz d'un côté ou de l'autre.

Gazomètre à télescope ou à tirage.

Ce gazomètre a une cloche formée de deux ou de plusieurs parties cylindriques superposées et emboîtées l'une dans l'autre, à l'instar du tube d'une lunette de spectacle. C'est une capacité extensible, la moitié supérieure s'agrafe tout autour de l'autre moitié par ses bords relevés en rigole circulaire, et la soulève quand le gaz vient à prendre un volume suffisant. Quand la moitié inférieure vient à sortir de l'eau, le gaz ne peut pas s'échapper par cette rigole si l'on a soin de lui donner une hauteur un peu plus grande que celle que marque la pression du gaz intérieur exprimée en centimètres d'eau. La cloche a une ascension déterminée par des poulies qui roulent sur des plates-bandes en fer fixées sur les montants de la cuve.

Ce gazomètre présente l'avantage de pouvoir être placé dans les endroits où les excavations profondes sont difficiles; il n'exige qu'une colonne d'eau peu élevée, et diminue d'autant la pression, et, par conséquent, les chances d'infiltration dans le sol du liquide infect de la citerne. On entoure la cloche d'un mur afin d'éviter la pression latérale du vent; on connaît le volume du gaz recueilli par un contre-poids supporté par une chaîne fixée à la partie supérieure du gazomètre et qui passe sur deux poulies avant de suspendre le contre-poids devant une règle graduée.

Quand la hauteur à donner à la cloche est très-grande relativement à la profondeur de la cuve, on forme la cloche avec trois, quatre cylindres agrafés et même plus, dont le dernier seulement a la forme d'une calotte, de telle sorte que, lorsqu'il n'y a point de gaz, cette calotte est au niveau de la cuve et les cylindres sont emboîtés l'un dans l'autre. A mesure que le gaz arrive, les cylindres sont soulevés successivement par le plus élevé, que des poulies fixées sur des montants guident dans sa course.

Distribution du gaz. — Le gaz sort du gazomètre par un tube qui se divise en ramifications et qui porte un manomètre destiné à indiquer et à faire corriger, s'il y a lieu, la pression sous laquelle s'écoule le gaz, et un compteur qui a pour but de *rendre sensibles les fuites*, par l'excès de dépense qu'il présenterait sur le gaz consommé. Ces tuyaux sont en tôle étamée intérieurement, et recouverts extérieurement de mastic bitumineux incrusté de sable, les bords sont garnis d'une lame de plomb qui rend l'assemblage plus parfait; cet assemblage a lieu avec des vis et écrous, le tout est recouvert de bitume. — On se sert dans bien des localités de tubes en fonte, et même en grès et en verre, mais on ne peut donner à ces derniers un diamètre considérable. Les tuyaux de distribution dans les appartements sont en plomb ou en fer étiré. Les tuyaux de plomb sont facilement aplatis, percés et fondus, *ce qui occasionne des explosions très-dangereuses.* Les tubes en fer sont reliés entre eux par des vis, ils ne sont pas facilement détruits; on pourrait les remplacer dans les endroits humides par des tubes en étain.

La mauvaise construction des cuves des gazomètres et les infiltrations qui en sont la conséquence ont souvent donné lieu à des accidents graves, et quelquefois mortels, pour les ouvriers chargés de les réparer pendant leur séjour au fond de ces cuves. — La cause en était peut-être due à de l'acide carbonique dégagé du sol par suite de l'acide acétique accumulé qui se produit dans les opérations, et par son mélange avec quelques principes volatils (benzine, ou carbure d'hydrogène). Ce n'est pas assurément de l'hydrogène carboné, car le gaz ne saurait séjourner au fond de la cuve; serait-ce de l'acide sulfhydrique? Quoi qu'il en soit, les cas de mort ont été déterminés par une asphyxie comparable à celle qui se produit dans les *cuves* à vin.

CAUSES D'INSALUBRITÉ. — Parfois danger d'asphyxie pour les ouvriers en réparant les cuves, ou quand il y a des fuites.

CAUSES D'INCOMMODITÉ. — Odeurs désagréables.

Fumée se répandant au voisinage.

Dangers d'explosions.

PRESCRIPTIONS. — Isoler complétement le gazomètre de toute espèce de bâtiments.

Le construire entièrement en tôle de fer.

Rendre parfaitement étanche la cavité dans laquelle il est plongé.

Le séparer par un mur épais en briques du fourneau à distillation.

Donner à celui-ci une cheminée d'appel de cinquante centimètres de section au moins.

Fixer l'étendue et la capacité du gazomètre.

Construire les fosses en moellons avec béton, chaux hydraulique et ciment romain, afin de s'opposer aux infiltrations.

Éclairer les ateliers d'épuration avec des lampes de sûreté.

N'y laisser aucun bois apparent.

Renfermer dans des vases bien clos, jusqu'au moment de leur emploi ou de leur transport, les eaux ammoniacales et la chaux provenant des ateliers d'épuration, ne jamais les répandre sur le sol.

Si cela devient nécessaire, désinfecter les eaux des gazomètres : cela peut se faire avec les résidus de la fabrication de l'eau de Javelle ou la solution de sulfate de fer. (Il suffit de trois litres de résidu de Javelle pour un hectolitre de résidu de gazomètre, et trente grammes de sulfate de fer pour un hectolitre *idem.*)

(Voir, pour plus de détails, les instructions réglementaires.)

Compteurs à gaz.

La vente et la distribution à domicile des différents gaz employés à l'éclairage public ou particulier ont donné lieu à la création d'un certain nombre de moyens de vérification destinés à s'assurer quelquefois de la nature et de la pureté du produit vendu, d'autres fois, et c'est le cas le plus fréquent, de la quantité journalière du gaz fourni et dépensé. Je dois dire ici quelques mots des compteurs à gaz; car, au point de vue de l'hygiène publique, ils constituent presque un danger permanent d'explosion et d'incendie, s'ils ne sont à la fois bien construits, bien placés et bien manœuvrés. Ils sont en général constitués par un mécanisme qui permet, à l'aide de rouages bien mesurés, de déterminer chaque jour la quantité de gaz employé. Ces compteurs sont soumis à la surveillance de l'autorité et doivent être *poinçonnés*. — On fabrique des compteurs de trois, cinq, dix, deux cents litres et au delà; la quantité de gaz débité par heure est donc de trente-six litres pour trois becs, six cents pour cinquante becs, etc., etc., la capacité des compteurs étant réglée sur le nombre des brûleurs qu'ils doivent alimenter, en prenant pour type de la dépense de chacun d'eux une consommation de cent vingt litres à l'heure.

Un compteur ne doit jamais être placé dans un endroit obscur et resserré, mais au contraire dans un lieu apparent : on l'entourera d'une cage en bois, pour préserver ses robinets de toute cause d'incendie, et on laissera toujours à la chambre où il est placé des ouvertures libres communiquant avec l'air extérieur, afin qu'en cas de fuite le gaz ait une issue facile et prompte.

(Consulter, pour le service de ces compteurs, Martel, *Manuel de la salubrité*, etc., etc., 1859, page 89.)

Documents relatifs à l'industrie des gaz d'éclairage.

I. AVIS RELATIF A L'ÉCLAIRAGE PAR LE GAZ ET AUX PRÉCAUTIONS A PRENDRE DANS SON EMPLOI, ANNEXÉ A L'ORDONNANCE DU 31 MAI 1842.

Pour que l'emploi du gaz n'offre dans l'éclairage aucun inconvénient, il importe que les becs n'en laissent échapper aucune partie sans être brûlée.

On obtiendra ce résultat en maintenant la flamme à une hauteur modérée (huit centimètres au plus), et en la contenant dans une cheminée en verre de seize à vingt centimètres de hauteur.

Les lieux éclairés doivent être ventilés avec soin, même pendant l'interruption de l'éclairage, c'est-à-dire qu'il doit être pratiqué dans la partie supérieure quelques ouvertures par lesquelles le gaz puisse s'échapper au dehors, en cas de fuite ou de non-combustion.

Sans cette précaution, le gaz non brûlé s'accumule dans la pièce, et peut occasionner des asphyxies, des explosions et des incendies.

Les robinets doivent être graissés de temps à autre intérieurement, afin d'en faciliter le service et d'en éviter l'oxydation.

Pour l'allumage, il est essentiel d'ouvrir d'abord le robinet principal et de présenter la lumière successivement à l'orifice de chaque bec, au moment même de l'ouverture de son robinet, afin d'éviter tout écoulement de gaz non brûlé.

Pour l'extinction, il convient d'abord de fermer le robinet principal intérieur, et ensuite chacun des becs d'éclairage. Dans tous les lieux où les robinets extérieur et intérieur ne seraient pas encore liés entre eux, conformément aux prescriptions de l'article 15 de l'ordonnance qui précède, le robinet intérieur doit être fermé au moment de l'extinction, même après la fermeture du robinet extérieur, pour que le lendemain, au moment de l'ouverture du robinet extérieur, le gaz ne s'échappe pas dans l'intérieur.

Dès qu'une odeur de gaz donne lieu de penser qu'il existe une fuite, il convient d'ouvrir les portes ou croisées pour établir un courant d'air, et de fermer le robinet intérieur.

Il est nécessaire d'en donner avis simultanément au constructeur de l'appareil et à la compagnie qui fournit le gaz, afin que la fuite soit réparée immédiatement.

Le consommateur doit s'abstenir de rechercher lui-même la fuite avec du feu ou de la lumière.

Dans le cas où, soit par imprudence, soit accidentellement, une fuite de gaz aurait été enflammée, il conviendra, pour l'éteindre, de poser dessus un linge imbibé d'eau.

Le consommateur doit toujours s'abstenir de toucher au robinet extérieur et à la porte qui le ferme, ce robinet devant être manœuvré exclusivement par les agents de la compagnie qui fournit le gaz.

Lorsqu'on exécute dans les rues des travaux d'égouts, de pavage, de trottoirs ou de pose de conduites d'eau, les consommateurs au-devant desquels ces travaux s'exécutent feront bien de s'assurer que les branchements qui leur fournissent le gaz ne sont point endommagés ni déplacés par ces travaux, et dans le cas contraire, d'en donner connaissance à la compagnie d'éclairage et à l'administration.

Le conseiller d'État, préfet de police, G. Delessert.

II. ORDONNANCE DU ROI PORTANT RÈGLEMENT SUR LES ÉTABLISSEMENTS D'ÉCLAIRAGE PAR LE GAZ HYDROGÈNE. (Du 27 janvier 1846.)

Louis-Philippe, etc.

Sur le rapport de notre ministre secrétaire d'État au département de l'agriculture et du commerce;

Vu l'ordonnance royale du 20 août 1824, et notre ordonnance du 25 mars 1838, concernant les établissements d'éclairage par le gaz hydrogène;

Vu l'avis du comité consultatif des arts et manufactures;

Notre conseil d'État entendu ;

Nous avons ordonné et ordonnons ce qui suit :

1. Les usines et ateliers où le gaz hydrogène est fabriqué, et les gazomètres qui en dépendent, demeurent rangés dans la deuxième classe des établissements dangereux, insalubres ou incommodes, sauf dans les cas réglés par les deux articles suivants.

2. Sont rangés dans la troisième classe les petits appareils pour fabriquer le gaz, pouvant fournir au plus, en douze heures, dix mètres cubes et les gazomètres qui en dépendent.

3. Sont également rangés dans la troisième classe les gazomètres non attenants à des appareils producteurs, et dont la capacité excède dix mètres cubes.

Ceux d'une capacité moindre pourront être établis après déclaration à l'autorité municipale.

4. Les ateliers de distillation, tous les bâtiments y attenant et les magasins de charbon dépendant des ateliers de distillation, même quand ils ne seraient pas attenants à ces ateliers, seront construits et couverts en matériaux incombustibles.

5. Il sera établi à la partie supérieure du toit des ateliers, pour la sortie des vapeurs, une ou plusieurs ouvertures surmontées de tuyaux ou cheminées, dont la hauteur et la section seront déterminées par l'acte d'autorisation.

6. Aucune matière animale ne pourra être employée pour la fabrication du gaz.

7. Le coke sera éteint à la sortie des cornues.

8. Les appareils de condensation devront être établis en plein air, ou dans des bâtiments ventilés à la partie supérieure, à moins que la condensation ne s'opère dans des tuyaux enfouis sous le sol.

9. Les appareils d'épuration devront être placés dans des bâtiments ventilés au moyen d'une cheminée spéciale, établie sur la partie supérieure du comble, et dont la hauteur et la section seront déterminées par l'acte d'autorisation.

Le gaz ne sera jamais conduit des cornues dans le gazomètre sans passer par les épurateurs.

10. Tout mode d'éclairage autre que celui des lampes de sûreté est formellement interdit dans le service des appareils de condensation et d'épuration, ainsi que dans l'intérieur et aux environs des bâtiments renfermant des gazomètres.

11. Les eaux ammoniacales et les goudrons produits par la distillation qu'on n'enlèverait pas immédiatement seront déposés dans des citernes exactement closes et étanches, et dont la capacité ne devra pas excéder quatre mètres cubes.

Ces citernes seront construites en pierres ou en briques, à bain de mortier hydraulique, et enduites d'un ciment pareillement hydraulique ; elles devront être placées sous des bâtiments couverts.

12. Les goudrons, les eaux ammoniacales et les laits de chaux, ainsi que la chaux solide sortant des ateliers d'épuration, seront enlevés immédiatement dans des vases ou dans des tombereaux hermétiquement fermés.

13. Les résidus aqueux ne pourront être évaporés, et les goudrons brûlés dans les cendriers et dans les fourneaux, qu'autant qu'il n'en résultera à l'extérieur ni fumée ni odeur.

14. Le nombre et la capacité des gazomètres de chaque usine seront tels, que, dans le cas de chômage de l'un d'eux, les autres puissent suffire aux besoins du service.

Chaque usine aura au moins deux gazomètres.

15. Les bassins dans lesquels plongent les gazomètres seront complétement étanches; ils seront construits en pierres ou en briques, à bain de mortier hydraulique, ou en bois; si les bassins sont en bois, ils devront être placés dans une fosse en maçonnerie.

Si les murs s'élèvent au-dessus du sol, ils auront une épaisseur égale à la moitié de leur hauteur.

Les cuves ou bassins au niveau du sol seront entourés d'une balustrade.

16. La cloche de chaque gazomètre sera maintenue par des guides fixes, de manière à ne pouvoir jamais, dans son mouvement, s'écarter de la verticale.

Elle sera, en outre, disposée de manière que la force élastique du gaz dans l'intérieur du gazomètre soit supérieure à la pression atmosphérique. La pression intérieure du gaz sera indiquée par un manomètre.

17. Les gazomètres d'une capacité de plus de dix mètres cubes seront entièrement isolés, tant des bâtiments de l'usine que des habitations voisines, et protégés par des paratonnerres dont la tige aura une hauteur au moins égale à la moitié du diamètre de gazomètre.

18. Tout bâtiment contenant un gazomètre d'une capacité quelconque sera ventilé au moyen d'ouvertures pratiquées dans la partie supérieure, de manière à éviter l'accumulation du gaz en cas de fuite. Il sera, en outre, pratiqué dans son pourtour plusieurs ouvertures qui devront être revêtues de persiennes.

19. Un tube de trop-plein, destiné à porter le gaz au-dessus du toit, sera adapté à chaque gazomètre établi dans un bâtinent.

Si le gazomètre est en plein air, le tube pourra être remplacé par quatre ouvertures de un ou deux centimètres de diamètre, placées à huit ou dix centimètres de son bord inférieur, et à égale distance les unes des autres.

20. Ne pourront être placés dans les caves que les gazomètres de dix mètres cubes au plus, non attenants à des appareils producteurs ; ces caves devront être exclusivement affectées aux gazomètres. Elles seront convenablement ventilées au moyen de deux ouvertures placées l'une près du sol de la cave, l'autre dans la partie la plus élevée de la voûte. Cette dernière ouverture sera surmontée d'un tuyau d'évaporation dépassant le faîte de la maison.

21. Le premier remplissage d'un gazomètre ne pourra avoir lieu qu'après vérification faite de sa construction, et en présence d'un agent délégué par l'autorité municipale.

22. Les récipients portatifs pour le gaz comprimé devront être en cuivre ou en tôle de fer; ils seront essayés à une pression double de celle qu'ils doivent supporter dans l'usage journalier, et qui sera déterminée par l'acte d'autorisation.

23. Le gaz fourni aux consommateurs sera complétement épuré. La pureté sera constatée par les moyens qui seront prescrits par l'administration.

24. Les usines et appareils mentionnés ci-dessus pourront, en outre, être assujettis aux mesures de précaution et dispositions qui seraient reconnues utiles dans l'intérêt de la sûreté ou de la salubrité publique.

25. L'ordonnance royale du 20 août 1824, et notre ordonnance du 25 mars 1838, concernant les établissements d'éclairage par le gaz hydrogène, sont rapportées.

III. ORDONNANCE CONCERNANT LES CONDUITES ET APPAREILS D'ÉCLAIRAGE PAR LE GAZ DANS L'INTÉRIEUR DES HABITATIONS. (Du 27 octobre 1855.)

Nous, préfet de police,

Considérant,... (comme à l'ordonnance du 31 mai 1842), avec cette addition.

Considérant, en outre, que la recherche des fuites par le flambage est une cause fréquente de graves accidents, et qu'il est d'autant plus important de l'interdire, du moins dans la plupart des cas où il est employé, qu'il existe pour la recherche des fuites des moyens dont l'expérience a démontré les avantages au double point de vue de la salubrité et de la sûreté publique;

Vu : 1° Les rapports du conseil d'hygiène publique et de salubrité du département de la Seine, et notamment ceux du 26 mai 1854, sur le nouveau mode de rechercher les fuites par la compression de l'air, et du 12 octobre 1855;

2° Les rapports de l'inspecteur général de la salubrité et de l'architecte commissaire de la petite voirie;

3° La loi des 16-24 août 1790;

4° Les arrêtés du gouvernement du 12 messidor an VIII et 3 brumaire an IX, et la loi du 10 juin 1853;

5° L'ordonnance de police du 31 mai 1842,

Ordonnons ce qui suit :

I. (Comme à l'article 5 de l'ordonnance du 31 mai 1842), avec cette addition :

Cette déclaration devra indiquer le nom de l'entrepreneur chargé des travaux.

II. (Comme à l'article 6 de ladite ordonnance.)

III. (Comme à l'article 8 de ladite ordonnance.)

IV. (Comme aux articles 10 et 11 de ladite ordonnance.)

V. (Comme à l'article 14 de ladite ordonnance), avec cette addition :

Ce coffre sera fermé par une porte en métal dont la compagnie seule aura la clef.

Il est expressément défendu de toucher à la porte du coffre et à l'appareil qui y est renfermé, ces pièces devant être manœuvrées exclusivement par les agents de la compagnie qui fournit le gaz.

VI. Dans le cas où l'éclairage d'une localité serait suspendu, la porte du coffre sera recouverte d'une plaque en métal fixée avec vis, afin que l'agent de la compagnie ne puisse plus l'ouvrir.

VII. Le robinet extérieur sera pourvu d'un appendice disposé de telle sorte, ou construit de manière que le consommateur ne puisse pas ouvrir ce robinet pour se donner le gaz sans l'action préalable de la compagnie.

Un agent de la compagnie rendra ledit robinet libre à l'heure où l'éclairage doit commencer, et le fermera de nouveau à l'heure où l'éclairage doit cesser.

VIII. Des doubles clefs du robinet et de la porte seront déposées chez les commissaires de police.

IX. (Comme à l'article 19 de l'ordonnance du 31 mai 1842), avec cette addition au commencement de l'article :

Les tuyaux de conduite et autres appareils devront rester apparents dans tout leur développement.

X. (Comme à l'article 16 de ladite ordonnance.)

XI. (Comme à l'article 21 de ladite ordonnance.)

XII. (Comme à l'article 23 de ladite ordonnance.)

XIII. Il est défendu de rechercher les fuites par le flambage, excepté dans les lieux en plein air ou parfaitement ventilés.

Chaque entrepreneur d'éclairage par le gaz et chaque fabricant d'appareils devra avoir à sa disposition les appareils nécessaires pour rechercher les fuites sans employer le flambage.

Ces instruments devront être préalablement approuvés par nous et être constamment en bon état.

Les appareils d'éclairage actuellement existants, et ceux qui seront placés à l'avenir, devront, en outre, être munis des ajutages et raccords nécessaires pour que l'administration puisse à tout instant et sans aucun retard s'assurer que les appareils ne présentent pas de fuites.

XIV. La compagnie qui aura reçu avis d'un accident sera tenue d'envoyer immédiatement un agent sur les lieux.

XV. (Comme à l'article 9 de l'ordonnance du 31 mai 1842.)

XVI. La présente ordonnance et l'instruction y annexée seront imprimées sur les polices d'abonnement d'éclairage au gaz délivrées per les compagnies.

XVII. (Comme à l'article 28 de l'ordonnance du 31 mai 1842.)

XVIII. L'ordonnance de police du 31 mai 1842 est rapportée.

XIX. (Comme à l'article 30 de ladite ordonnance.)

XX. (Comme à l'article 31 de ladite ordonnance.)

GÉLATINE.

GENIÈVRE. Voir *Alcool*, t. I, p. 208.

GLACES.

GLUCOSE (Fabrique de). Voir *Sucres (Industrie des)*.

GOUDRONS. Voir *Résineuses (Matières)*.

GRANIT ARTIFICIEL. Voir *Bitumes*, t. I, p. 283.

GRAPHITE. Voir *Combustibles (Industrie des)*, t. I, p. 448.

GRAVURE SUR CRISTAL ET SUR VERRE. Voir *Céramique (Industrie)*, t. I, p. 379.

GRAS (Industrie des corps).

Extraction des corps gras contenus dans les eaux savonneuses des fabriques (2ᵉ classe). — 20 septembre 1828.

Détail des opérations. — Le traitement à froid des eaux savonneuses est aujourd'hui adopté presque partout, pour remplacer l'emploi de la chaleur, mais il n'est pas exempt d'odeurs désagréables. (Voir *Graisse des Eaux savonneuses*, t. II, p. 57 et au mot *Lavoirs (Industrie des)*, *traitement des eaux de savon*.)

Causes d'insalubrité. — Danger d'incendie.

Causes d'incommodité. — Odeurs très-désagréables, même à froid, quand on décante lentement l'eau-vanne des cuves.

Écoulement d'eau sujette à se décomposer et à devenir fétide.

Prescriptions. — Placer toutes les cuves dans un atelier fermé, — pavé, bitumé, — ou dallé.

Le surmonter d'une cheminée haute.

Recevoir les eaux avant leur expulsion dans un bassin de dépôt complétement étanche. — Les traiter par la chaux, avant de les sortir de l'usine, afin de les priver de toute acidité.

Paver, daller ou bitumer le sol de l'atelier des presses.

Ne lui donner pour ouverture que la porte ou des ouvreaux placés près du sol. — Il sera surmonté d'une haute cheminée d'appel.

Graisses à feu nu (Fonte des) (1re classe). — 31 mai 1833.

Graisses (Fonte des) en vases clos et au bain-marie, en chaudières à double fond (2e et 3e classe).

DÉTAIL DES OPÉRATIONS.—Les opérations de la fonte des graisses sont analogues à celles de la fonte du suif. (Voir pour le détail l'article *Fonte du suif*). Les anciens procédés de la fonte à *feu nu* ont été remplacés par la fonte au bain-marie, ou par l'action des acides et des alcalis.

La fonte des graisses vertes est celle surtout qui donne le plus de mauvaise odeur. On doit en rapprocher la fonte des graisses de cuisine qui contient toujours beaucoup de débris de matières animales en fermentation; c'est celle qui, sous le nom de *regrattine*, est recueillie chez les restaurateurs.

Toutes ces graisses sont maintenant fondues à la vapeur. Les graisses de cuisine, avant d'être soumises à cette action, sont mélangées à de la sciure de bois et livrées à la presse qui en extrait le plus de matières grasses ; le résidu forme de larges tourteaux, formés de graisse et de sciure de bois, qui sont vendus pour engrais. La graisse est reportée aux chaudières.

Quand on opérait à feu nu, la chaleur nécessaire pour obtenir le déchirement des vésicules ou alvéoles du tissu graisseux, réagissant sur le tissu et sur la graisse elle-même, les *altérait* par l'action d'une température dont rien ne réglait le degré et donnait naissance à des produits pyrogénés dont l'odeur infecte se répandait à de grandes distances. Dans l'action du bain-marie ou de la vapeur d'eau, comme sous l'influence des acides ou des alcalis, les membranes ne peuvent s'attacher aux parois des vases et se décomposer à la chaleur de leur contact. Il ne se forme pas de matières pyrogénées, car la température se maintient dans la limite de cent degrés, et, de plus, l'ammoniaque qui sert habituellement de véhicule aux émanations odorantes est saturée et fixée par une partie de l'acide. Il n'y a pas de *cretons* à la suite de ces traitements, et le travail des *boulées* se trouve supprimé. (Voir *Fonte de suif*.)

La fonte sans l'intermédiaire de l'eau n'a lieu que pour les graisses qui ont déjà subi un premier degré de fusion, et surtout quand on veut en mélanger plusieurs sortes ensemble.

Graisse d'asphalte.

On fabrique sous le nom de *graisse d'asphalte* une matière employée dans l'est de la France au graissage des essieux de voitures et de quelques machines ; c'est un mélange d'huile de pétrole et d'huile de naphte avec du savon gris. On emploie même en Suisse une graisse qui semble de l'huile de pétrole épaissie par de la chaux.

Graisse des eaux savonneuses.

Dans le traitement des laines, on fait subir à celles-ci un graissage avec des huiles d'olive et un dégraissage avec du savon ; les eaux provenant de ce traitement sont décomposées par l'*acide sulfurique ;* on recueille la matière grasse surnageante ; on la fait déposer au bain-marie, on la décante ; on peut, par expression encore, retirer de la matière grasse du dépôt, en opérant d'abord à froid, puis à chaud, s'il est nécessaire.

Les graisses de Turcoing proviennent d'un graissage et d'un dégraissage semblables, mais le beurre remplace l'huile d'olive.

Autrefois, pour débarrasser la laine du suint, on la mettait dans de l'urine putréfiée étendue de trois fois son poids d'eau. Dans ce procédé, — on maintient le bain à quarante ou cinquante degrés, en ayant soin de remuer de temps en temps. Après une demi-heure de digestion, on rince à grande eau.

C'est sans doute l'ammoniaque dégagée qui saponifie la matière grasse et facilite son enlèvement.

Ce procédé, qui donne lieu à un dégagement continu d'odeurs putrides, est *maintenant abandonné* pour être remplacé par une simple dissolution de savon dont les inconvénients sont bien moindres, au moins pendant le travail. Voir *Lavoirs* (*Industrie des*).

Graisse d'os.

Les os que l'on destine à la fabrication de la gélatine et du noir animal peuvent être avantageusement privés de la graisse qu'ils renferment. Cette graisse existe surtout dans les parties les plus spongieuses qu'avoisinent les extrémités des os ; on sépare celles-ci des parties cylindriques et dures, propres à la fabrication des objets de tabletterie ; puis on divise les os ordinaires en fragments, à l'aide d'une hachette.

Les os doivent être frais ; ils ne donneraient presque point de graisse, s'ils avaient subi une dessiccation préalable, parce que la matière grasse aurait remplacé l'eau incorporée dans le tissu osseux, et qu'elle ne pourrait s'en séparer que par une longue ébullition. On place ces os dans une chaudière de fonte, on les fait bouillir dans l'eau en les remuant de temps en temps pour faciliter la séparation des globules de graisse ; tant que ceux-ci arrivent à la surface, on les agite à l'aide d'une cuiller peu profonde ; puis on remplace les os épuisés par de nouveaux. (Voir *Suif d'os.*)

Graisse noire.

Sous ce nom, on connaît dans les arts le produit de la concrétion par la chaux des huiles de goudron, de bitume et de résine. — On distille la résine avec 5 à 10 pour 100 de chaux pour neutraliser l'acide acétique qui se forme pendant la distillation ; on concrète le produit distillé avec 2 à 5 pour 100 de chaux. Comme cette graisse coule facilement quand elle est échauffée, on a augmenté considérablement la dose de chaux, mais alors on a donné lieu à la production *incommode* et nuisible d'une *grande quantité de cambouis.*

Graisse muciligne.

On a modifié cette fabrication en distillant la résine toute seule, séparant les premiers produits acides et aqueux, et concrétant les derniers avec 10 de suif, 10 de talc et 5 pour 100 de chaux. L'huile est versée dans un tonneau muni d'un agitateur, on y ajoute le suif fondu, puis le talc, enfin la chaux, et on coule dans des caisses. Le suif empêche la graisse de durcir et le talc de couler.

Graisses pyrogénées (Distillation des matières grasses mêlées aux résines pour former certaines graisses du commerce) à feu nu (1ᵉ classe, par assimilation au travail des résines). — Voir *Huiles (Industrie des)*, *Huile de térébenthine*.

DÉTAIL DES OPÉRATIONS. — Les graisses impures, celles qui sont retirées des eaux savonneuses, du dégraissage des laines, mélangées à une certaine proportion de résine, sont distillées dans le but d'obtenir un certain nombre de produits onctueux — auxquels en général on donne le nom de *graisses pour les voitures*. — Elles sont toutes destinées à faciliter le mouvement des rouages et se rapprochent des huiles dans lesquelles on a depuis quelques années incorporé une certaine proportion de caoutchouc. — Ces distillations se font souvent dans la même usine où se pratique la fonte des graisses. — Et comme on agit quelquefois à *feu nu*, il en résulte tous les inconvénients de la fonte des graisses impures unis à ceux des odeurs de la résine.

Les résines sont en effet soumises, dans des chaudières, à une forte température. Elles se décomposent et fournissent, par l'effet de la chaleur et par suite de diverses réactions, — 1° un dégagement de vapeurs aqueuses provenant de l'eau hygrométrique de la substance; — 2° de l'acide carbonique; — 5° beaucoup de gaz hydrogène; — 4° une certaine quantité d'huile pyrogénée. Il ne reste dans la cornue qu'une petite quantité de carbone d'un brillant remarquable. Il y a donc des produits gazeux non utilisés et d'autres produits condensés et fixes, principalement l'huile pyrogénée, qui apparaît après la vapeur d'eau, d'abord très-fluide, incolore, mais bientôt jaunâtre, puis brune, noire, et d'une consistance progressive. Ces derniers produits, mélangés à des quantités variables de talc, de chaux, etc., etc., forment cette matière brune consistante à laquelle, dans le commerce, on donne le nom de *graisse pour voitures*.

D'autres fois, on épure au moyen du filtre des huiles brutes; on les mélange avec du saindoux, des huiles de palme et de coco, et on en fait une autre espèce de graisse pour voitures.

CAUSES D'INSALUBRITÉ. — Danger d'incendie.

Odeurs très-mauvaises, se répandant au loin pendant le travail à *feu nu* des graisses vertes ou impures.

CAUSES D'INCOMMODITÉ. — *Pour les graisses pyrogénées* : odeurs très-incommodes.

Fumée épaisse.

Dégagement de produits gazeux pyrogénés.

Pour le traitement des eaux savonneuses :

Dégagement d'un peu d'acide sulfureux pendant le traitement par l'acide sulfurique.

Très-peu d'odeur.

PRESCRIPTIONS. — Interdire d'une manière absolue la fonte à *feu nu* et faire disparaître de l'usine toute cuve qui pourrait servir à cet usage.

Ne permettre la fonte qu'au bain-marie, à la vapeur, par les acides étendus et par les alcalis.

N'opérer que dans des chaudières parfaitement closes, munies d'un couvercle à charnière, d'une soupape de sûreté et d'un indicateur qui marque exactement le niveau d'eau.

Surmonter la chaudière d'une hotte qui soit terminée par un conduit qui s'élève de quinze mètres au moins au-dessus du toit.

Placer en dehors des ateliers et magasins les ouvertures des cendriers et foyers.

Autant que possible, brûler la fumée et détruire les vapeurs produites en opérant dans des appareils disposés de telle manière que les vapeurs soient reçues par des tuyaux ouverts dans un col dépassant le couvercle de la chaudière et conduites sous la cheminée où la fumée fait appel à la vapeur.

Ne jamais brûler les tourteaux de sciure de bois provenant de l'épuration des graisses vertes ou de cuisine.

Ne jamais conserver de graisse en magasin que selon un temps qui sera déterminé d'après l'importance de la fabrique.

Verser toutes les eaux de lavage dans des tinettes bien closes, et les porter à l'égout le plus prochain, le soir seulement.

Laver et nettoyer tous les tonneaux vides.

Ne jamais brûler les bois gras de ces tonneaux.

Paver, daller ou bitumer le sol des ateliers avec pente convenable pour l'écoulement facile des eaux.

Tenir constamment fermées les portes et fenêtres de l'atelier pendant la fusion.

Pour les graines pyrogénées spécialement :

Éloigner l'usine de toute habitation.

Prescrire une cheminée haute de vingt à vingt-cinq mètres d'élévation, destinée à porter très-haut dans l'atmosphère les vapeurs produites.

Brûler tous les gaz combustibles en les faisant traverser le foyer.

Agir en vases clos.

Avoir dans l'usine une pompe à incendie.

Graisse végétale (Distillation de la) (3e classe).

DÉTAIL DES OPÉRATIONS. — Il s'est établi sur quelques points de la France et de l'Angleterre (1853) une nouvelle industrie qui a pour but la fonte ou mieux la distillation des matières grasses végétales. (Beurre de noix d'Angleterre, huile de palme, huile de coco.)

Ces graisses mélangées à de la sciure de bois sont distillées par suite de deux opérations. Par la première, on les fond à la vapeur ; et par condensation dans un serpentin, on obtient de la stéarine, de la margarine et de l'oléine.

La deuxième opération consiste dans des lavages à l'acide sulfurique étendu. — On sépare l'oléine de la stéarine par des presses hydrauliques, à chaud ou à froid. — Les goudrons qui restent s'échappent par un robinet placé au bas de l'appareil.

CAUSES D'INSALUBRITÉ. — Aucune.

CAUSES D'INCOMMODITÉ. — Odeur du goudron. — Dégagement d'un peu d'acide sulfureux.

PRESCRIPTIONS. — Opérer en vase clos, sous le manteau d'une cheminée à bon tirage, s'élevant de deux mètres au-dessus des cheminées voisines.

Ne laisser en aucun temps exposée à l'air, en dehors des magasins, la graisse fabriquée.

Ne jamais garder de dépôts de tourteaux, — ni les brûler.
— Les faire enlever très-fréquemment.

Bien ventiler l'atelier.

Ne pas faire écouler d'eaux acides sur la voie publique.

Brûler les gaz produits en les faisant passer au travers du foyer.

GRÈS. Voir *Céramique (Industrie)*, t. I, p. 364.

GRILLAGE.

Grillage des fils de coton au gaz hydrogène. Voir *Coton*, t. I, p. 495.

Grillage des pyrites et des sulfures. Voir *Soufre*.

GUANO et **URATES** (Fabrique et dépôts de). Voir *Engrais*, t. I, p. 604.

GUTTA-PERCHA. Voir *Étoffes (Industrie des)*, t. I, p. 666.

HARENGS (Saurage des). Voir *Conserves de substances alimentaires (Industrie des)*, t. I, p. 471.

HAUTS FOURNEAUX. Voir *Fer et Fonte (Industrie des)*, t. II, p. 13.

HERBES (Cuisson en grand des). Voir *Conserves des substances alimentaires (Industrie des)*, t. I, p. 472.

HONGROYEURS. Voir *Cuirs (Industrie des)*, t. I, p. 527.

HOUILLE. Voir *Combustibles (Industrie des)*, t. I, p. 446.

HUILES (Industrie des).

Épuration des huiles au moyen de l'acide sulfurique (2ᵉ classe). — 14 janvier 1815.

DÉTAIL DES OPÉRATIONS.—Pour épurer les huiles, c'est-à-dire les séparer de la matière mucilagineuse qui les trouble, on a recours en général à la filtration qui se pratique de diverses manières.

1° On a d'abord fait usage de filtres à charbon animal : on plaçait une couche de sable de cinq centimètres d'épaisseur sur une cloison percée de trous fins, fixée à la moitié d'un tonneau, on recouvrait cette couche de sable de soixante centimètres de charbon et celle-ci de sable fin, puis de sable plus gros ; l'huile traversait graduellement ces couches, y déposait son mucilage, la matière extractive, et la plus grande partie de l'odeur désagréable que lui communiquaient ces matières. Il suffisait alors de laver ce filtre à l'eau bouillante, pour entraîner toute la matière étrangère qui sert ensuite à fabriquer des savons.

2° Pour la dépuration de l'huile de colza et celle de lin, on peut employer le procédé suivant : on fait *bouilloter* ces huiles pendant une à deux heures sur un feu doux, on y jette des croûtes de pain réduites en charbon; on conserve cette huile à la cave, où elle se dépouille rapidement des substances étrangères en suspension.

3° On y substitue quelquefois des filtres de coton : on se sert alors de cuviers coniques, à double fond percé de trous de même forme, dans lesquels on introduit du coton : il faut le recouvrir de matières poreuses (tourteaux d'œillette, paille, charbon, sciure de bois), afin d'en prolonger l'action.

4° On emploie aussi comme agent d'épuration la mousse ; on la tasse sur une hauteur de six à huit centimètres, et on la recouvre de tourteaux d'œillette.

5° On fait usage de l'eau ordinaire, qu'on agite vivement avec six fois son poids d'huile ; on obtient ainsi un liquide trouble par suite de l'interposition de l'huile, mais, après deux jours de repos, l'huile est complétement séparée; l'eau s'est précipitée avec la matière mucilagineuse. L'eau de mer donne, dit-on, un résultat encore plus parfait.

3° L'argile a été employée avec succès à l'épuration des huiles : on la délaye dans l'eau, on la mêle intimement avec l'huile; en sept à huit jours, l'épuration est parfaite.

7° Depuis 1790, on connaît le procédé d'épuration par l'acide sulfurique; on le pratiquait ainsi : on mêle intimement à l'huile 2 pour 100 de son poids d'acide sulfurique, il se forme des flocons noirs qui augmentent pendant un certain temps. Quand ce dépôt cesse, on étend l'huile de deux fois son volume d'eau, on bat le mélange, et le sature par la chaux ou mieux par la craie; le sulfate se dépose avec le mucilage.

8° On fait usage de soude et de potasse caustique (par les cendres et la chaux,) mais il y a saponification d'une partie de l'huile et par conséquent perte. Ce procédé est inférieur.

9° Le plus employé des procédés d'épuration est celui qui

consiste dans l'action de l'acide sulfurique et du charbon; on l'exécute dans un atelier à température à peu près constante pour éviter la gelée. Pour cent kilogrammes d'huile de colza ou de navette, on ajoute deux kilogrammes ou un peu moins d'acide sulfurique à soixante-cinq ou soixante-six degrés. On mêle le tout dans un tonneau de six à sept hectolitres (on opère sur cinq cents kilogrammes environ,) et on agite le mélange avec une espèce de rame en bois d'un mètre soixante centimètres à deux mètres; peu à peu l'huile se colore, il se forme des flocons noirâtres, et après quarante ou quarante-cinq minutes d'agitation, on ajoute quatre litres d'eau bouillante, et on agite de nouveau pendant vingt minutes : on laisse alors reposer le tout pendant sept ou huit jours, en ayant soin pendant les douze ou dix-huit premières heures d'agiter d'heure en heure.

L'huile vient nager à la surface de l'eau acide et du dépôt qui occupe la partie la plus inférieure du tonneau ; mais elle est encore troublée par des particules charbonneuses très-ténues provenant de l'action de l'acide sulfurique. On soutire par un bouchon inférieur l'eau acide et le dépôt, et au moyen d'un robinet latéral ou d'un siphon, on décante l'huile pour la filtrer comme il va être dit.

L'agent de filtration est le charbon réduit en fragments de la grosseur d'un pois à celle d'une noisette et séparés de toute poussière. On prend ordinairement un tonneau étroit et haut, défoncé par un bout, dont le fond porte un trou fermé par un bouchon : on y place un double fond en tôle de moyenne épaisseur, percé de beaucoup de trous qu'on recouvre d'une flanelle croisée très-forte, bien tendue et cousue sur les bords. Ce double fond est distant du fond du tonneau de dix centimètres environ et repose sur une grosse tresse de paille bien serrée et faisant le tour du fond sans boucher l'entrée du robinet inférieur. On place sur ce double fond huit centimètres d'épis de blé battus, on les serre suffisamment, on met par-dessus une couche de trois centimètres de charbon pilé fin et du charbon graduellement plus gros, de manière à former une épaisseur de vingt centimètres ; on recouvre cette dernière couche avec un double fond en bois percé de trous de la grosseur du petit doigt, afin qu'en versant l'huile on ne dérange aucunement le charbon.

L'huile est répandue sur ce filtre ; elle en sort limpide ; on est quelquefois obligé de la passer sur un feutre pour l'avoir d'une netteté irréprochable.

Le résidu de l'épuration et toutes les lies d'huile sont mis dans un tonneau muni d'un robinet à la partie inférieure ; on verse de l'eau bouillante et à plusieurs reprises sur ces résidus ; on agite vivement le tout, et, après un repos suffisant, on fait écouler l'eau par le robinet. On recommence les lavages tant que l'eau est sale et acide. On obtient ainsi une huile grasse qui peut servir à fabriquer des savons.

On a proposé d'épurer les huiles par l'acide sulfurique, et de les battre avec (2 kil. 200 pour douze cents kilogrammes) de l'éther, de laisser reposer le mélange et de le filtrer (brevet de 1842, Colin de Cancey) ;

Par la craie, l'acide sulfurique et l'eau bouillante : ce procédé est mauvais ;

Par le chlorure de chaux, il donne des huiles incolores, mais en même temps un dépôt analogue à la margarine ; ce procédé présente de graves inconvénients, car il y a altération de l'huile ;

Par l'exposition de l'huile au soleil : cela amène la décoloration partielle seulement.

Enfin, on épure spécialement l'huile de baleine par le tannin, qui enlève la matière gélatineuse, et par le chlorure de chaux, qui la décolore ; on se débarrasse de la chaux par l'acide sulfurique et l'eau.

Je terminerai ces indications par celle de deux procédés importants.

1° *Procédé Roard pour obtenir l'huile de colza et d'autres.* — On écrase au moyen des meules, comme par le procédé ordinaire ; on humecte la poudre avec un liquide composé d'une partie d'acide chlorhydrique et de quatre parties d'eau. On

abandonne ce mélange à lui-même pendant vingt-quatre heures,
et on retire, par expression, sans avoir besoin de chauffer, une
quantité d'huile plus grande et de meilleure qualité que par les
autres procédés. Un simple lavage suffit pour rendre l'huile
parfaite. On ne dit pas si la quantité obtenue en plus vaut mieux
que la perte que l'on subit par l'altération du tourteau.

2° *Procédé de M. Cossus.* — Un nouveau procédé d'épuration
de M. Cossus dégage complétement l'huile de tous les principes
hétérogènes, et, en lui donnant plus de corps, la rend plus apte
à l'éclairage.

On sait qu'en sortant du pressoir les huiles de colza renferment des matières azotées qui nuisent à la combustion et ter-
nissent l'éclat de la lumière. Pour remédier à ces inconvénients,
on a eu recours à l'épuration; mais, telle qu'elle se pratique
aujourd'hui, l'épuration laisse beaucoup à désirer. Par chaque
cent kilogrammes d'huile, on ajoute un kilogramme et demi
d'acide sulfurique et quinze kilogrammes d'eau naturelle. On
agite ce mélange, et, après l'avoir laissé se reposer le temps
nécessaire, on le filtre à travers de la sciure de bois. On obtient
ainsi une huile qui renferme toujours des parties aqueuses.
De là des petillements dans la lampe, des bris répétés de verres,
des émanations fréquentes de mauvaise odeur. Mais ce n'est
pas tout. L'huile ainsi épurée charbonne presque toujours et
produit de la fumée; elle encrasse les lampes, oxyde les métaux
et laisse des déchets au fond des vases où on la resserre; enfin,
lorsque la soirée se prolonge, il faut rafraîchir la mèche, sous
peine de n'y voir plus clair.

Le procédé découvert par M. Cossus offre des résultats beaucoup plus satisfaisants. Son huile dure davantage et produit
une lumière plus intense. Essayée par l'économat du chemin
de fer d'Orléans, elle a donné au photomètre quatre-vingts
degrés contre soixante-cinq degrés que donne l'huile épurée par
les procédés ordinaires. Elle a fourni en outre 18 pour 100 de
plus de durée. A ces avantages, qui assurent le succès de la
nouvelle méthode et doivent faire baisser le prix de l'éclairage,
il faut en ajouter d'autres que les consommateurs sauront sans

doute apprécier. L'huile de M. Cossus n'engendre pas de fumée; on peut souffler la lampe sans qu'elle laisse de l'odeur; on peut allumer la mèche plusieurs fois de suite sans la couper ; elle n'est donc pas susceptible de se charbonner ; elle n'oxyde pas les métaux, ne laisse pas de résidus au fond des vases et ne crasse pas les lampes. Ces résultats sont évidemment supérieurs, et donnent au nouveau procédé un véritable caractère d'utilité publique. Ayant visité avec soin l'usine que M. Cossus vient d'organiser à la Villette, je vais entrer dans quelques détails sur les errements de sa pratique.

On verse l'huile dans un dépotoir, puis, au moyen de robinets, on la distribue dans les cuves à épuration ; ces cuves sont en tôle et contiennent environ deux mille kilogrammes ; elles n'ont rien à redouter des acides; car la nouvelle méthode les repousse absolument. L'épurateur est une sorte de schiste provenant des mines de Ménat (Puy-de-Dôme); ces schistes se composent en grande partie d'albumine, de lignite, de fer, de cuivre, de soufre et d'huile ; le bitume n'y est qu'à l'état de traces. Après les avoir extraits de la carrière, on les carbonise dans des vases clos, durant vingt-quatre heures. La réduction est de 55 pour 100. Ainsi carbonisés, on les passe sous une meule à blé et on les blute; ils reviennent alors à huit centimes le kilogramme, rendus à la Villette.

Les schistes s'emploient dans la proportion de huit kilogrammes pour cent kilogrammes d'huile. On peut aussi les mélanger avec de la tourbe carbonisée de la même manière à raison de 10 pour 100. On emploie cette dernière toute seule sur le pied de 15 pour 100.

Aussitôt que les cuves sont pleines, on les chauffe de soixante à quatre-vingts degrés, et on met l'épurateur ; on agite pendant douze à dix-huit heures, au moyen de pelles mues par la vapeur. On lâche ensuite les cuves dans des réservoirs à décanter. Cette opération dure cinq à six jours ; de là, —l'huile est dirigée vers des filtres qui sont complétement nouveaux.

Ces filtres se composent d'une caisse ayant un mètre cube, dans laquelle, pour multiplier les surfaces, on installe cin-

quante châssis en fer. Ces châssis sont recouverts de chaque
côté de lés de toile métallique sur lesquels on met des tissus de
soie, de laine ou du feutre. Ils sont tous indépendants les uns
des autres, et se trouvent munis d'un petit tube par lequel s'é-
chappe le liquide. Lorsqu'un châssis vient à se déranger, on
ferme le tube, et l'opération continue avec les autres. Le nettoyage du filtre n'a lieu que tous les trois mois. On comprend
que, ainsi disposé, cet appareil fournisse des huiles plus limpides,
plus dégagées de matières hétérogènes. Celles-ci sont reçues
dans des fûts en tôle que l'on peut employer impunément, vu
l'absence d'acides. Les autres fabricants épurateurs ne pourraient se servir de ces fûts que peu de temps.

Les résidus solides qui restent dans les caisses à décanter,
après avoir été mis sous toile, sont pressés fortement, afin d'en
extraire l'huile. Cette huile, loin d'être des fécès, comme dans le
procédé ancien, est de qualité supérieure, parce qu'elle est
restée plus longtemps au contact de l'épurateur. Le rendement
sous la presse est de 7 pour 100 de tout le liquide en fabrication. Les fécès ou fibrines qui restent sont dans la proportion
de deux tiers pour 100, et le résidu solide de huit un tiers
pour 100. Ce résidu, après avoir subi certaines préparations,
trouve un débouché avantageux dans la teinturerie et dans la
peinture. On peut encore, à l'état brut, s'en servir pour l'a-
mendement des terres.

Les huiles de colza épurées par la nouvelle méthode peuvent
servir à la préparation des laines. Cet emploi offre une économie
de plus de moitié comparativement à l'emploi des huiles d'o-
lives. Déjà quelques essais ont été faits à Reims, et les résultats
en sont favorables.

Enfin, l'épurateur Cossus peut également servir à désinfecter
les vieilles huiles rances et à les rendre comestibles. Cet usage
offre un grand intérêt pour le midi de la France.

Saponification de l'huile des résidus de l'épuration à l'aide de la chaux, à la température de l'eau bouillante (2ᵉ classe, par assimilation à l'épuration des huiles).

DÉTAIL DES OPÉRATIONS. — Ces opérations n'ont pas plus d'inconvénients que celle de l'épuration. Elles se pratiquent, soit isolément, soit dans la même usine où se fait l'opération elle-même. Dans une chaudière placée sur un fourneau entièrement en maçonnerie et contenant environ douze hectolitres, on verse cinq hectolitres d'eau de chaux et autant de résidu d'huile, qui traversent un treillis en fil de fer qui sert de filtre. On fait bouillir le mélange pendant une à deux heures; on ménage ensuite le feu et on ajoute une certaine quantité d'eau dans le but de refroidir les matières et d'en opérer la séparation, en raison de la différence de leur densité. Pendant ce repos, l'ouvrier soutire, à l'aide d'un robinet placé à peu de distance du fond de la chaudière, une grande quantité d'eau, jusqu'à ce que celle-ci paraisse mélangée d'un peu d'huile. On jette l'eau de *soutirage*. On met dans la chaudière une nouvelle dose d'eau de chaux, on active le feu, et l'ébullition continue jusqu'à parfaite saponification de l'huile. L'opération terminée, les impuretés gagnent la partie de la chaudière placée au-dessous du robinet et les autres substances se séparent.—Aucune décomposition n'a lieu pendant l'ébullition prolongée des substances, à cause de la quantité d'eau qui se trouve constamment dans la chaudière et qui maintient la température des liquides à un degré inférieur à celui qui serait nécessaire pour la décomposition des huiles.

CAUSES D'INSALUBRITÉ. — Aucune.

CAUSES D'INCOMMODITÉ. — Dégagement de vapeurs d'eau et de buées entraînant avec elles l'odeur des huiles sur lesquelles on opère.

Écoulement considérable d'eaux de travail.

PRESCRIPTIONS. — Opérer sur un fourneau solidement construit en maçonnerie.

Placer la chaudière sous une hotte dont le sommet communique avec une cheminée haute de quinze à vingt-cinq mètres, et porte dans l'atmosphère toutes les buées odorantes.

Munir la chaudière d'un couvercle métallique à charnière.

Donner à la cheminée une section et un tirage suffisants.

Pendant le travail, fermer les ouvertures donnant sur la rue.

Ne point déverser les eaux de *soutirage* sur la voie publique; mais, à l'aide d'un conduit souterrain, les mener à l'égout le plus voisin.

Ne jamais traiter les résidus d'huiles animales.

Huile anglaise.

Sous ce nom, on vend dans le commerce des huiles obtenues de la manière suivante :

DÉTAIL DES OPÉRATIONS. — On met dans des bacs des huiles communes de pieds de cheval et de colza. On y amène la vapeur, qui barbote au milieu du liquide qu'il s'agit d'épurer. — On décante et on filtre. — On introduit dans une grande chaudière. — On chauffe à feu nu. — On laisse refroidir et reposer. — La graisse qui se dépose et reste sur les filtres est vendue aux marchands de dégras. — Ces filtres conservent et donnent une odeur nauséabonde.

Huile d'aspic. Voir *Huile de térébenthine.*
Huile de baleine. Voir *Huile de poisson.*
Huile de colza mélangée au caoutchouc (Fabrique d') pour les machines des chemins de fer (2e classe, par assimilation).

Le mélange du caoutchouc aux huiles ou à la graisse pour en composer des préparations spéciales destinées à huiler les machines constitue depuis quelques années une nouvelle branche d'industrie. Déjà (voir, au mot *Gras* (*Industrie des corps*), l'article *graisse* pour les voitures), j'ai indiqué un certain nombre de formules en usage. Le mélange du caoutchouc à l'huile exploité en grand a donné lieu à l'établissement de plusieurs usines. Toutes opèrent à peu près de la manière suivante :

DÉTAIL DES OPÉRATIONS. — On introduit dans une chaudière de l'huile de colza (première goutte) ; on y ajoute 6 pour 100 de caoutchouc en rognures très-divisées. Pendant une heure on chauffe à feu nu, puis l'on recouvre la chaudière et l'on porte la température jusqu'à deux cent quarante degrés, — on prolonge ensuite la cuisson pendant sept heures environ. — Puis on soutire et l'on fait refroidir et filtrer, en faisant passer l'huile obtenue par une série de cuves juxtaposées.

Le produit obtenu est très-recherché, parce qu'il ne graisse pas les rouages ; il peut donner une économie de 25 pour 100 sur l'usage de l'huile de pieds de bœuf.

Le feu est entretenu par un combustible formé de trois quarts coke et un quart charbon de Charleroi.

Causes d'insalubrité. — Aucune.

Causes d'incommodité. — Vapeurs odorantes et nauséabondes par suite de la décomposition de l'huile et la production d'huile volatile empyreumateuse.

Danger du feu.

Prescriptions. — Opérer en vases clos.

Couvrir le fourneau d'une large hotte qui recueille toutes les vapeurs produites et les porte dans une cheminée haute de vingt-cinq à trente mètres, — et construite en briques.

Au besoin, selon les localités, exiger que le travail n'ait lieu que la nuit.

Ne transporter les huiles fabriquées que dans des vases bien clos.

Ventiler convenablement l'atelier.

Avoir une pompe à incendie et de l'eau en abondance à la disposition de l'usine.

Huiles essentielles. Voir *Huile de térébenthine.*
Huile de foie de morue. Voir *Huile de poisson.*
Huile à graisser pour les filatures (Fabrique d') (3ᵉ classe).

Détail des opérations. — On opère la fonte, au bain-marie, de suifs déjà épurés (ce qui est sans inconvénients) et de graisses de coco — provenant des colonies, — à une température qui ne dépasse pas cent degrés. — Le suif épuré fourni par les fondeurs arrive en pains de cinq à six kilogrammes. On en introduit une certaine quantité dans des tonneaux posés debout sur un de leurs fonds. Puis l'on fait arriver de l'eau bouillante

dans ces tonneaux jusqu'à ce qu'ils soient pleins. On les abandonne pendant vingt-quatre heures. Le suif, qui s'est fondu,
puis figé en masses molles, est extrait et mis dans des sacs de
coutil.— On le soumet alors à l'action d'une forte presse qui en
extrait l'oléine en partie liquide, seule matière utilisée pour
l'onction des machines. — La stéarine isolée dans les sacs es
rendue aux fondeurs de suif, pour servir à la fabrication des
chandelles de première qualité. — C'est en ajoutant à l'oléine
une certaine quantité de graisse de coco, mélange qui s'opère à
une très-basse température, qu'on obtient ce produit recherché
par les filateurs et les mécaniciens.

Causes d'insalubrité. — Aucune.

Causes d'incommodité. — Odeurs parfois désagréables pendant la fonte.

Danger du feu.

Odeur produite par l'accumulation des matières grasses dans
les magasins.

Prescriptions. — Agir en vases clos. — Au bain-marie.

Ne jamais opérer à *feu nu*.

Ventiler convenablement les magasins.

Recouvrir le fourneau à fusion, ou l'atelier où sont rangées
les tonnes où se traite le suif par la chaleur, d'une large hotte
qui recueille toutes les émanations et les dirige dans une cheminée haute de dix à vingt mètres, selon les localités.

Ne jamais déverser sur la voie publique les eaux de cuisson,
mais, à l'aide d'un conduit souterrain, les mener à l'égout le
plus prochain.

Éloigner le magasin aux corps gras de l'atelier à fusion.

Avoir une pompe à incendie.

**Huiles de graines oléagineuses, de noix, d'olives (Fabrique d') dans
les villes** (5e classe). — 14 janvier 1815. Voir *Moulin à huile*, t. II, p. 80.

Huiles de graines oléagineuses.

Pour extraire les huiles de graines oléagineuses, on commence par séparer de celles-ci, au moyen d'un tarare, toutes
les graines étrangères. Cela fait, on écrase la graine pour l'em-

pêcher de glisser sous les meules qui doivent terminer le broyage.

La machine employée à ce concassage se compose de deux cylindres en fonte, bien tournés, et maintenus à une distance réglée l'un de l'autre; ils se meuvent l'un par l'autre, c'est-à-dire que le mouvement donné à l'un se transmet à l'autre au moyen d'un engrenage. On porte les grains concassés sous la meule : celle-ci est verticale, se meut sur une auge circulaire et par son poids considérable écrase les grains. Cet appareil est mû comme tous ceux de l'huilerie, le plus habituellement par le vent, comme dans le Nord, ou plus généralement par l'eau ou la vapeur ou par des chevaux.

Au sortir de la meule, on peut les exprimer et en retirer de l'*huile vierge* (huile de *froissage*, huile de *fleur*), dont le parfum et la saveur sont exquis. On *chauffe* alors *la graine*, pour coaguler l'albumine et faciliter la sortie d'une plus grande quantité d'huile ; on emploie une chaudière peu profonde, en fonte, munie d'un agitateur mécanique; on a soin d'ajouter un peu d'eau pour rendre plus douce l'action de la chaleur. Cette chaudière porte les noms de *chauffoir*, *poyelle* ou *po êle ;* elle est chauffée à feu nu ou à la vapeur.

Quand la graine est suffisamment chauffée, on la met dans un sachet de laine, lequel est placé sur une étoffe de crin ou *étreindelle* façonnée en bandes; on la soumet à l'action d'une presse à vis, à coin ou hydraulique. Cela fait, on enlève les bords du tourteau, lesquels n'ont point subi une pression suffisante ; on les repasse sous la meule et les traite comme la graine pour en retirer l'huile qu'ils retiennent.

L'huile se dépure par le repos. Le dépôt noirâtre qu'elle donne après un certain temps constitue les *crasses d'huile.*

Une des huiles les plus répandues et fabriquées en plus grande quantité est l'huile de colza. — C'est cette huile épurée qui se vend en général à Paris, sous le nom d'huile à brûler. — Ainsi *huile à brûler* et *huile de colza épurée* sont, dans l'*usage*, deux expressions qui se valent. Cependant, dans d'autres départements que celui de la Seine, on brûle l'huile de noix, l'huile de faînes (hêtre). — Elle doit toujours être épurée, et il faut considérer comme une falsification l'addition ou le mélange de toute autre huile de qualité inférieure. Ainsi, à Paris, le mélange de l'huile de lin à l'huile de colza doit être défendu, et constitue une fraude, — fraude qui nuit à la bourse du consommateur, puisque l'huile de lin vaut un tiers moins cher que l'huile de colza et graisse ensuite les rouages beaucoup plus rapidement, à cause de la propriété siccative dont elle est douée.

En Amérique (à New-York), on brûle depuis quelques années beaucoup d'huile de ricin épurée. Elle donne une clarté très-belle. Mais, en France, le prix élevé de cette huile n'en permet pas l'emploi.

On peut, à l'aide de l'ammoniaque, reconnaître la falsification de la plupart des huiles. Au lieu de donner une pâte homogène, unie, elle fournit un précipité *granulé*, avec l'huile d'amandes douces, si celle-ci contient plus d'un cinquième d'huile d'œillette; — avec de l'huile de lin, si elle contient de l'huile de chènevis; — donnant avec l'huile de colza pure une pâte très-blanche, celle-ci devient jaunâtre si l'huile de colza est mélangée à l'huile de moutarde.

Huile de noix.

L'huile de noix alimentaire s'extrait à froid, en passant au moulin les amandes récoltées bien mûres, et soumettant la pâte qui en résulte à une pression énergique. La première expression donne l'*huile vierge*. Quand on a retiré les tourteaux de la presse, on les émiette et les fait cuire comme le grignon des olives, et on remet la pâte dans des sacs pour en retirer par une nouvelle pression l'*huile seconde* ou l'huile cuite, qui est colorée, d'une odeur forte, et qu'on emploie dans les arts et surtout dans la fabrication suivante.

L'huile de noix cuite *pour l'usage des arts* s'obtient, comme celle de lin, en soumettant à une haute température l'huile seconde, *enflammant le liquide*, le laissant brûler pendant une demi-heure; on remue souvent la matière et recouvre le vase pour éteindre la flamme. L'huile refroidie a acquis la consislance de la térébenthine molle, elle a perdu un huitième de son poids environ; on la désigne sous le nom de *vernis;* elle sert à préparer l'encre d'impression ou d'imprimerie *noire* avec le noir de fumée, et *rouge* avec le vermillon seul ou mêlé au carmin. (Voir *Encre d'imprimerie,* t. I, p. 600.)

Huile d'olives.

Les olives sont le fruit de l'olivier (*olea Europæa*), qu'on cultive dans le midi de la France. Pour en extraire l'huile, on les récolte dans leur état de maturité parfaite ; moins mûres, l'huile serait en moindre quantité, mais d'un goût exquis, ce qui constitue l'huile fine. Les olives qui doivent fournir l'huile à savon sont récoltées très-mûres, en novembre et décembre.

DÉTAIL DES OPÉRATIONS. — *Procédé usité en Espagne.* — Les Catalans se servent d'un moyen assez grossier, qui consiste à récolter leurs olives presque noires, à les mettre en tas pour qu'elles s'échauffent, fermentent; peu à peu elles perdent leur eau de végétation; on les exprime ensuite, mais longtemps après le moment le plus favorable.

Procédé usité dans le midi de la France. — On récolte en pleine maturité, en novembre; on porte les olives dans un cellier sur lequel on a placé des sarments recouverts d'un peu de paille, afin de permettre l'écoulement de l'eau de végétation, qui est noire; il s'établit une *sorte de fermentation,* et les olives tendent de plus en plus à moisir. Après un séjour de quinze à quarante-cinq jours dans le cellier, on les porte dans le *grunel,* ou case dans laquelle elles attendent leur passage au moulin. Là, on les réduit en pâte au moyen d'une meule, et on place cette pâte dans des *cabas* en sparterie ou scoufins, lesquels sont empilés et soumis à l'action d'une presse puissante.

L'huile qui s'écoule par cette première pression est l'huile vierge; on la recueille dans des cuves en pierres ou trégeos; on desserre la presse, on enlève les cabas, on divise la pâte et ajoute dans chacun d'eux cinq litres d'eau bouillante avant de leur faire subir une deuxième pression; l'eau bouillante facilite la sortie de l'huile; on recommence sur le résidu de cette seconde pression une nouvelle addition d'eau bouillante, et une nouvelle pression, et ce, autant de fois qu'il semble pouvoir encore en fournir. On brûle ces tourteaux, ou mieux, on les porte au moulin de recense qui sera décrit plus loin.

L'huile est placée dans des jarres vernissées, elle vient pure à la surface de l'eau laiteuse; on sépare celle-ci et on la fait arriver dans une espèce de citerne nommée *enfer*, où elle fournit encore une certaine quantité d'huile. L'huile décantée est mise dans de nouvelles jarres ou dans des fosses cimentées appelées *piles*, quand on en a une grande quantité.

Ce n'est point ici le lieu de décrire les nombreuses formes de pressoirs dont on fait usage dans cette industrie; il faut cependant indiquer un procédé d'extraction dans lequel on ne fait point usage de cabas. On opère de la manière suivante :

On établit des cylindres ou tambours de cinquante centimètres de hauteur environ sur quarante-cinq centimètres de diamètre, en douves très-épaisses, cerclées solidement; on pratique sur une largeur de trente-trois centimètres environ des cannelures de un centimètre et demi, de manière à laisser huit ou neuf centimètres sans cannelures sur les deux côtés. On applique dans tout l'intérieur du cylindre une plaque de tôle percée de trous comme ceux d'un crible très-fin, en laissant une entaille pour permettre l'écoulement du liquide qui se rendra dans chaque cannelure. On met ordinairement sept cylindres semblables sur la plate-forme de la presse, et dans chacun d'eux on place un morceau de toile dans lequel on dépose une quantité mesurée d'olives. Cela fait, on pose dans chaque cylindre un piston de bois dur de même diamètre et de quarante-trois centimètres de hauteur; on recouvre ces pistons au moyen d'une ou de deux planches, et à l'aide de la presse on transmet à tous une pression égale. L'huile sort par les petits trous pratiqués dans la plaque de tôle, coule le long des cannelures pour arriver sur la plate-forme du pressoir, et de là dans des cuviers.

Quand on a retiré tout ce qu'on peut d'une première pression, on enlève les pistons, on remue la pâte avec un trident de fer pour y introduire une certaine quantité d'eau bouillante, afin d'obtenir le reste de l'huile par une nouvelle pression.

Les tourteaux provenant des diverses expressions par les procédés ordinaires sont encore imprégnés d'huile; on les traite dans des ateliers spéciaux appelés *recenses* ou *moulins de recense*.

Dans ces ateliers, on étend les marcs sur des planchers, on en prend successivement par partie pour les faire écraser dans une cuve en pierre, dans laquelle se meut autour d'un axe vertical une meule ordinairement en granit de un mètre soixante centimètres de hauteur sur vingt centimètres d'épaisseur. Au bout d'un certain temps de broyage, on fait arriver peu à peu de l'eau sur le mélange ; la meule ne cesse point de tourner; les débris de fruits, l'huile, les diverses parties écrasées de l'amande, sont entraînés par le courant d'eau dans des réservoirs; ils constituent le *grignou noir*.

Quand on croit les résidus de noyaux à peu près épuisés, on ouvre une soupape placée au fond de la cuve et on laisse écouler le *grignou blanc* pour en séparer la faible quantité d'huile qu'il retient, et qui vient surnager l'eau des réservoirs où s'effectue le dépôt. Dès que toute la matière a évacué la cuve, on ferme la soupape et on recommence une nouvelle opération.

L'huile et une partie des résidus viennent surnager les réservoirs dans lesquels s'est rendu le grignou noir ; à l'aide d'un bâton on amène cette pâte dans un des coins du réservoir ; on la jette dans un baquet au moyen d'une poêle à manche court et percée de trous assez fins ; enfin, on vide ces baquets dans une chaudière. *On cuit la pâte liquide jusqu'à ce que la vapeur soit blanche et épaisse*, et on soumet le produit de l'évaporation à la presse dans des cabas. — On remue de temps à autre le dépôt des réservoirs pour en obtenir une nouvelle matière qu'on concentre et cuit comme la première, afin d'en retirer une nouvelle quantité d'huile; les tourteaux *servent de combustible* pour la chaudière d'évaporation : on retire un seizième d'une huile verte facile à saponifier.

CAUSES D'INSALUBRITÉ. — Aucune.

CAUSES D'INCOMMODITÉ. — Bruit assourdissant, régulier et con-tinuel des presses à coins, qui fonctionnent nuit et jour.

Odeurs. — Vapeurs de la chaudière où chauffent les huiles.

Danger du feu, s'il y a accumulation de matières.

Ébranlement des habitations.

PRESCRIPTIONS. — Voir celles imposées aux usines ou métiers où l'on se sert de marteaux, de presses ou de moutons, de meules.

Demander, s'il y a lieu, la suspension du travail pendant la nuit, selon les localités.

Isoler complétement les presses des murs mitoyens, à l'aide d'une tranchée de un mètre de profondeur sur cinquante centi-mètres de largeur, et de poutrelles assises sur des dés en ma-çonnerie.

Cheminée plus haute de cinq mètres que celles des maisons voisines.

Ne laisser jamais écouler sur la voie publique les eaux de fa-brique.—Les conduire par un aqueduc souterrain à l'égout le plus voisin.

Ne point brûler les tourteaux.

Huile de houille. Voir *Huile de résine.*

Cuisson de l'huile de lin en grand (1re classe). — 31 mai 1833.

DÉTAIL DES OPÉRATIONS. — La cuisson de l'huile de lin a lieu surtout pour être employée dans l'industrie des toiles vernies. C'est une opération des plus désagréables, à cause de l'odeur âcre et nauséabonde qui se dégage de la haute température à laquelle elle est soumise (cent cinquante degrés). C'est surtout vers la fin de l'opération que les vapeurs sont détestables. Il ne faut pas aller au delà d'un certain degré, car alors il se développe des produits qui altèrent la pureté de l'huile cuite. La cuisson se fait ordinairement dans des chaudières en fonte ou en fer, soit à l'air libre, ce qui est très-incommode, soit en vases clos.

On peut encore fabriquer de l'huile de lin cuite dans un pot de terre vernissé ; on fait bouillir l'huile pendant trois à six heures, on écume avec soin et on l'enlève du feu quand elle a

pris une couleur rougeâtre. L'oxyde de plomb entre partiellement en dissolution et l'autre partie se réduit à l'état métallique, sans doute, en cédant son oxygène aux éléments de l'huile.
Du reste, une simple agitation de l'huile de lin avec une solution d'acétate de plomb augmente ses propriétés siccatives.

Dans les grands établissements de cuisson d'huile, on brûle
les gaz produits en les faisant passer dans des cloches rougies
par une température très-élevée ; mais cette opération demande
un feu soutenu et beaucoup d'oxygène en excès pour brûler
les vapeurs.—Sans cela, il y aurait plus d'inconvénients que
d'avantages. — Mieux vaut faire passer les gaz par le foyer et
lancer le reste dans une cheminée très-haute.

Comme les peintures préparées par ce procédé noircissent à
la lumière, on a proposé de lui substituer le suivant : on chauffe
l'huile de lin jusqu'à une certaine température dans un vase de
cuivre, on l'enlève du feu, on y ajoute goutte à goutte, en remuant continuellement, douze à quinze grammes d'acide azotique concentré : il se fait un grand dégagement de vapeurs
hypoazotiques ; on laisse reposer et on conserve pour l'usage le
produit décanté.

L'huile de lin cuite est souvent par *confusion* vendue sous le
nom de *vernis*; elle ne tache plus alors le papier et peut être
étendue sur les cuirs. — Cette erreur ne doit pas être commise.

Sous le nom de taffetas imperméables, on désigne souvent
des étoffes rendues imperméables par des couches successives
d'un vernis d'huile de lin lithargyrée

Sous le nom de caoutchouc des huiles, on désigne le produit
analogue au caoutchouc, qu'on obtient en faisant bouillir longtemps l'huile de lin avec de l'acide azotique étendu. On en fait
des instruments de chirurgie.

La cuisson des huiles a lieu habituellement dans la même
usine où l'on fabrique les cuirs ou toiles vernis. — Il faut surtout être sévère contre cette industrie, qui donne naissance à des
odeurs bien plus désagréables que celle de la fabrication et de
l'application du *vernis*.

CAUSES D'INSALUBRITÉ. —Danger d'incendie.

Odeurs et vapeurs détestables.

Danger des préparations de plomb pour les ouvriers.

Causes d'incommodité. — Vapeurs très-désagréables pendant la cuisson, et surtout à la fin de cette opération.

Dégagement considérable de vapeurs hypo-azotiques, quand on emploie l'acide nitrique.

Prescriptions. — Éloigner ces établissements de toute habitation, et placer le four à cuisson dans l'endroit le plus isolé de la fabrique.

Opérer en vases clos (appareil de M. Payen), dans des chaudières en fer munies d'un couvercle en tôle à charnières.

Brûler les gaz produits de manière qu'il ne s'en échappe que de très-faibles quantités et que l'odeur dans l'usine soit à peine sensible.

Bien ventiler l'atelier.

Opérer sous un large manteau qui conduise toutes les vapeurs dans une cheminée de hauteur variable, selon les localités.

Ouvrir le foyer en dehors de la chambre où se fait l'opération.

Moulins à huile (Huiles de lin) dans les villes (3ᵉ classe). 14 janvier 1815.

L'huile de lin est une huile grasse, difficilement congelable, plus légère que l'eau, soluble dans l'alcool et l'éther; on l'extrait par expression des graines de lin réduites en poudre.

Détail des opérations. — L'huile de lin, comme les autres huiles extraites des graines oléagineuses, est obtenue, soit à l'aide de meules, soit à l'aide de la pression d'une ou plusieurs batteries de pilons sur des coins qui pressent la graine dans une cuve de fonte.

Un robinet placé à la partie inférieure de la cuve permet d'en soustraire l'huile au fur et à mesure de sa production.

On façonne ensuite les résidus de la fabrication en tourteaux.

On peut opérer sans bruit à l'aide de presses muettes. (Voir *Huiles extraites des graines oléagineuses*.)

Usages. — On l'emploie en peinture, parce qu'elle est éminemment siccative, c'est-à-dire qu'elle se résinifie promptement en absorbant l'oxygène de l'air; on augmente encore beaucoup cette faculté en la faisant bouillir avec 7 à 8 pour 100 de litharge et souvent avec du sulfate de zinc.

CAUSES D'INSALUBRITÉ. — Aucune.

CAUSES D'INCOMMODITÉ. — Bruit des pilons. — Ébranlement du sol.

Odeur de l'atelier.

Odeur du magasin où sont entassés les tourteaux.

PRESCRIPTIONS. — Près des habitations, permettre les moulins à presses muettes.

Dans le cas de presse à batteries de pilons, isoler le moulin des habitations voisines.

Ne tolérer le travail que pendant le jour seulement.

Isoler entièrement les presses à pilons des murs mitoyens, à l'aide d'une tranchée de un mètre de profondeur, sur cinquante centimètres de largeur, et de poutrelles assises sur des dés en maçonnerie.

Donner à la cheminée cinq mètres d'elévation au-dessus des bâtiments voisins les plus élevés.

Y faire pénétrer le tuyau sortant de la hotte placée au-dessus du foyer où sont chauffées les graines.

Ne point laisser couler les eaux de fabrication sur la voie publique. — Les mener jusqu'à l'égout voisin par un conduit souterrain.

Huile de naphte. Voir *Huile de pétrole*, t. II, p. 81.

Huile de noix. Voir *Huiles de graines oléagineuses*, t. II, p. 72 et 74.

Huile d'olives. Voir *Huiles de graines oléagineuses*, t. II, p. 75.

Huile de pétrole (Fabrique de l') (1re classe, par assimilation à la fabrication des huiles de térébenthine. — 27 octobre, avis du comité consultatif des arts et manufactures. — 23 novembre 1849, décision ministérielle.

Le *pétrole* brut est un bitume naturel, liquide, onctueux, rougeâtre ou brun noirâtre, d'une odeur très-tenace, il est très-combustible. Soumis à la distillation, il donne de l'asphalte comme résidu, et une huile incolore nommée pétrolène, qui bout à deux cent quatre-vingts degrés et distille facilement. On en trouve à Gabian (Hérault), et au puits de la Dège, près Clermont-Ferrand; il en vient beaucoup de la mer Caspienne. Le pétrolène ou huile de pétrole sert à l'éclairage et à la préparation des vernis.

Huile de naphte. —Le *naphte* naturel est aussi un bitume liquide, d'un jaune clair qui donne après distillation et rectification une huile de naphte incolore bouillant à quatre-vingt cinq degrés, qui a pour densité, 0,758. Aussi l'emploie-t-on avec succès à la conservation du sodium et du potassium. L'Italie et les bords de la mer Caspienne fournissent tout celui du commerce.

Mêmes dangers, mêmes inconvénients, mêmes prescriptions que pour la fabrication de l'huile de térébenthine. (Voir *Huile de térébenthine*, t. II, p. 97.)

Huile de pieds de bœuf et de cheval (Fabrique de l') (1re classe). —
15 octobre 1810. — 14 janvier 1815.

L'*huile de pieds de bœuf*, est presque incolore, elle reste liquide, même au-dessous de zéro et peut se conserver longtemps sans s'altérer ; aussi est-elle fabriquée en assez grande quantité pour graisser les coussinets de machines.

Détail des opérations. — On l'obtient en enlevant les poils et les sabots des pieds de bœuf, en écrasant ensuite la partie inférieure de la jambe, puis la faisant bouillir dans l'eau.

Ces matières premières sont en général amenées deux fois par semaine de l'abattoir; on les lave immédiatement à grande eau, on les dépèce et on les jette dans les cuves; on se sert le plus souvent d'un courant de vapeur d'eau pour élever la température au degré voulu.

Pendant l'ébullition, l'huile se sépare et vient surnager : on l'enlève et la laisse déposer quelque temps avant de l'employer.

On retire *des pieds de chevaux* une huile très-estimée; il suffit de faire bouillir dans l'eau les pieds de chevaux pendant un temps suffisamment long; l'huile se sépare, surnage ; on l'enlève après refroidissement.

Cette huile a trouvé un débouché considérable dans le graissage des machines, dans l'assouplissement du cuir dont les *bourreliers* font usage; les *émailleurs* l'emploient aussi parce qu'elle est très-fluide et brûle sans fumée.

Causes d'insalubrité. — Parfois, odeurs putrides par la négligence des fabricants.

Causes d'incommodité. — Mauvaise odeur causée souvent par l'amas de débris ou de matières premières en fermentation putride.

Buée pendant la cuisson.

Vapeurs désagréables.

Prescriptions. — Opérer dans un atelier couvert.

Placer au-dessus des cuves un large manteau qui recueille toutes les vapeurs produites et les porte dans une cheminée de hauteur variable selon les localités.

Paver, daller ou bitumer l'atelier.

Y établir un puits convenable pour les eaux, qui devront être conduites dans une citerne étanche, d'où elles seront extraites en vases clos, sans jamais être jetées sur la voie publique ou envoyées à l'égout prochain.

Ne jamais conserver aucunes matières animales susceptibles de se putréfier : les livrer tout de suite aux industries qui les utilisent.

Ne brûler aucun débris de fabrication.

Huile de poissons et huile de foie de morue et de baleine (Fabrique d') (1re classe). — 15 octobre 1810. — 14 janvier 1815.

Détail des opérations. — Les huiles de dauphin, de baleine, et plusieurs autres analogues, sont des huiles grasses, pouvant fournir des savons; on les retire de la panne de ces cétacés; il suffit de la faire bouillir dans de grandes chaudières contenant de l'eau; la matière grasse vient surnager, on la sépare. L'huile brute de baleine laisse facilement déposer par le froid une matière grasse solide formant 5 à 10 pour 100 de la masse totale.

On peut débarrasser la matière solide de la matière liquide en la fondant à la vapeur dans un cuvier, y ajoutant 1 à 2 pour 100 d'acide chlorhydrique, agitant et laissant refroidir le plus lentement possible; la matière solide se rassemble à la surface avec plus de consistance; l'huile liquide est ensuite traitée par

1 pour 100 de soude caustique; il se forme une espèce de savon avec les matières colorantes; on filtre, il reste une huile claire.

Les huiles de morue, de raie et d'autres poissons de ce genre sont extraites par expression des foies, qui en fournissent d'assez grandes quantités; on opère à froid quand on veut un produit incolore; mais, dans les mers du Nord, on laisse les foies en tas pendant quelque temps, de manière à leur faire éprouver un commencement de fermentation, souvent même une sorte de putréfaction; puis on les chauffe à une température assez élevée et on en retire par expression une huile brune, d'une odeur et d'une saveur des plus désagréables. L'huile de poisson du commerce est l'huile extraite par ce moyen des foies d'un grand nombre d'espèces de poissons.

On a proposé d'extraire l'huile des harengs en les faisant bouillir dans l'eau, et enlevant l'huile après refroidissement du liquide : on a proposé aussi d'employer les résidus comme engrais, en les pressant d'abord, puis les desséchant pour les conserver.

L'extension que depuis un certain nombre d'années a prise le commerce de l'huile de foie de morue demande quelques détails spéciaux.

On commence pour ainsi dire l'opération de l'extraction de cette huile sur le lieu même de la pêche, dans les mers du Nord. Les foies enlevés aux morues sont placés dans des tonnes qu'on remplit ordinairement au deux tiers de leur capacité. Pendant les deux ou trois mois que dure la pêche, ces foies se décomposent et fermentent tellement, qu'à l'arrivée au port, malgré la précaution qu'on avait eue de laisser une ouverture près de la bonde et de ne les emplir qu'aux deux tiers, les tonnes ne contiennent quelquefois que très-peu de chose. Dans cet état, on les conduit sous des hangars bien aérés. — Elles y sont placées debout; défoncées par le haut, rangées en ligne et laissant entre elles un espace suffisant pour la circulation. Là, elles sont de nouveau abandonnées à elles-mêmes et sans qu'on agite leur contenu; et au fur à mesure que l'huile surnage on l'extrait avec des cuillers. — C'est l'extraction à *froid*. Au bout d'un mois à six semaines, l'opération est terminée. Quand toute l'huile a été recueillie, les tonnes ne contiennent plus que de l'eau et les résidus parenchymateux de foie en putréfaction. Cette eau répand une odeur très-fétide quand on l'agite. Les éléments organiques qu'elle renferme en font un bon engrais. Quelquefois on extrait l'huile à *chaud*. On place alors dans des chaudières les résidus des tonnes. — On chauffe à feu nu, et l'on extrait l'huile par les procédés ordinaires. Cette opération donne lieu à des odeurs très-désagréables. Elle doit être prohibée.

Causes d'insalubrité. — Odeur putride provenant des débris des matières organiques atteintes par la fermentation, — et se developpant surtout au moment où l'on extrait les eaux des cuves à macération.

Danger du feu.

Causes d'incommodité. — Odeur détestable quand on agit à *chaud* et à *feu nu*.

Écoulement d'eaux putrides.

Prescriptions.—Applicables à la fabrique des huiles de poisson et spécialement de l'*huile de foie de morue*.

Proscrire d'une manière absolue le traitement à *chaud* et à *feu nu*, et faire disparaître de l'usine toute chaudière pouvant servir à cet effet.

Paver, daller ou bitumer l'atelier où sont placées les tonnes.

Les enfermer dans des ateliers munis de manteaux ou de hottes qui comprennent sous leur étendue toutes les tonnes,—et qui recueillent toutes les vapeurs qui se dégagent. — Terminer cette hotte par un tuyau d'appel à large section qui condense toutes les émanations dans une cheminée haute de trente mètres.

Établir des ventouses le long du toit.

N'autoriser l'ouverture de l'usine qu'à la condition qu'il y ait une quantité d'eau suffisante de puits ou de citerne pour pratiquer les lavages nécessaires.

Disposer le sol de l'atelier de manière à donner aux eaux un écoulement facile et convenable.

Les recevoir dans une fosse étanche qui aura au moins la capacité d'un hectolitre. — On y pratiquera à la partie latérale, à trente centimètres du fond, une ouverture de dix centimètres de diamètre qui restera hermétiquement fermée pendant la fabrication et la vidange des tonneaux, et qui ne sera ouverte que pour livrer passage aux eaux de lavage qui se rendront par un conduit souterrain maçonné dans l'égout le plus voisin.

Revêtir les murs séparant les propriétés voisines d'un contre-mur en pierres dures fondé à quarante centimètres au-dessous du parement avec lequel il formera corps et élevé de un mètre cinquante centimètres au-dessus de ce parement. N'employer pour ce contre-mur que du ciment de cendrée.

Tenir les portes et fenêtres de l'atelier complétement fermées pendant le travail de vidange des fosses.

Ne jamais laisser couler sur la voie publique les eaux de lavage ou de macération.

Ne jamais conserver dans l'établissement aucun débris putréfié.

Ne jamais brûler rien qui provienne des débris desséchés ou des tonnes hors de service.

Mettre tous les résidus en barils hermétiquement fermés et les transporter hors la fabrique dans le plus court délai possible.

Pour la fabrication des *huiles de poisson*, opérer en chaudières couvertes, sous la hotte d'une vaste cheminée qui porte haut dans l'atmosphère les vapeurs et buées odorantes produites. — Mettre en dehors de l'atelier de fabrication les ouvertures des foyers et cendriers.

Avoir une pompe à incendie.

Huile de résine et de houille (1re classe, par assimilation à la fabrication de l'huile de térébenthine).

Huile de résine et de houille, quand on distille seulement les huiles pour en obtenir le gaz, ou les résines elles-mêmes, dans le même but (2e classe). — Décision ministérielle du 28 octobre 1837.

Fabrication de l'huile de résine.

DÉTAIL DES OPÉRATIONS. — Cette huile est un mélange de quatre principes liquides, volatiles à diverses températures, obtenu en distillant la colophane à feu nu. On place celle-ci dans la cucurbite d'un alambic en fer ou en cuivre; on chauffe; il passe de l'eau et de l'huile essentielle; on sépare ces deux corps quand, tout en conservant la même température, on ne recueille plus rien. Après cette séparation, on continue vivement le feu; il se dégage de l'hydrogène peu carboné et il passe à la distillation de l'eau acide en faible quantité et une forte proportion d'huile; on peut pousser la distilation jusqu'à ce qu'il ne passe plus rien. Mais, pour ne pas endommager les cucurbites, on ne décompose que les neuf dixièmes de la résine et on cesse le feu. On soutire le résidu liquide à l'aide d'un tuyau de vidange; ce résidu est analogue par ses propriétés à la colophane et se vend plus cher.

Douze cents kilogrammes de colophane donnent par ce traitement quatre-vingt-dix litres d'huile essentielle, huit cent vingt litres d'huile volatile fixe et cinquante kilogrammes de brai gras.

L'huile est épurée sur place; on la mêle intimement avec 5 pour 100 de carbonate de soude sec et en poudre; pendant qu'elle est encore chaude, on tire à clair après repos. Cette huile de résine ne peut servir à l'éclairage direct, parce qu'elle donne en brûlant une quantité considérable de noir de fumée. Elle sert quelquefois à des peintures extérieures, et à faire des graisses pour les machines; elle peut donner un gaz d'éclairage très-brillant.

On fabrique encore l'huile de résine, 1° en distillant celle-ci seule ou avec 10 pour 100 de chaux.— 2° En rectifiant l'huile obtenue sur 20 pour 100 de chaux. — 3° En l'agitant dans des appareils convenables avec 6 pour 100 d'acide sulfurique, et recommençant deux fois ce traitement. — 4° En la mélangeant avec 5 pour 100 de noir animal ou de charbon végétal et un carbonate alcalin; enfin la filtrant sur du noir animal. Cette huile est propre à être brûlée dans les lampes; les résidus d'alambic mêlés à de la chaux servent à lubrifier les machines.

Cette fabrication a lieu soit en grand, soit en distillant directement pour produire le gaz ou l'huile de résine.

La première opération offre les inconvénients de la fonte ou de l'épuration des résines. — Elle se pratique au moyen d'un grand vase de fer présentant deux ouvertures à sa partie supérieure. Par l'une s'introduit la résine et se retirent les résidus. — Par l'autre passent les produits de la distillation, qui vont se condenser dans des récipients pleins d'eau. Les produits de la distillation sont une huile d'abord limpide et volatile comme l'essence de térébenthine et qui devient ensuite de plus en plus épaisse et colorée. Dans tout le cours de cette distillation, la production de cette huile est accompagnée d'une odeur forte et désagréable, et il se dégage en même temps beaucoup de gaz inflammable. Le résidu est une matière charbonneuse d'une masse peu considérable, relativement au volume de la résine employée, et que l'on n'enlève qu'après un certain nombre d'opérations (une opération, quand on agit sur douze à quinze cents kilogrammes de résine, dure ordinairement plusieurs jours). Indépendamment des inconvénients que présentent les épurations de résine et qui sont les mêmes pour les distillations, ces établissements présentent de grandes chances d'incendie, par la possibilité d'explosions qui peuvent avoir lieu dans quelques parties de l'appareil. — Par les fuites dans le foyer. — Au moyen de fissures que peut présenter le vase à distillation. — Par l'obligation où l'on est de déboucher la cornue et de la recharger avant son entier refroidissement. — Enfin par l'accumulation de matières combustibles dans le voisinage du foyer.

L'opération qui consiste à distiller les résines pour en obtenir le gaz ou à distiller les huiles de résine dans le même but, offre moins de dangers. Ces opérations se font dans des cornues en fer. — Mais les quantités qui sont soumises à la distillation sont toujours moins considérables. — La mauvaise odeur, les chances d'incendie et d'explosion, sont moindres.

Usages. — On se sert de ces huiles pour remplacer, dans les peintures grossières et dans la confection du mastic des vitriers, l'huile de lin, dont le prix est plus élevé. C'est pour augmenter sa propriété siccative qu'on la soumet à l'action de la chaleur, en présence du peroxyde de manganèse. On filtre à froid et on chauffe à une douce température.

CAUSES D'INSALUBRITÉ. — Danger d'incendie pour causes multiples.

CAUSES D'INCOMMODITÉ. — Odeurs et vapeurs empyreumateuses fort désagréables.

Dégagement de gaz inflammable. (Gaz hydrogène proto et bicarboné. — Hydrogène. — Acide carbonique. — Carbures volatils).

PRESCRIPTIONS. — (Toutes celles applicables à la fabrication des huiles de térébenthine.)

Ne pas autoriser plus de deux alambics de cent kilogrammes de capacité.

Faire rendre les produits de la distillation dans des condensateurs placés en dehors du lieu où sont établis les alambics et fourneaux.

Séparer les magasins du local des appareils à distillation.

Rectification des huiles de houille.

On peut rectifier ces huiles par simple distillation, en séparant les produits à différents moments de l'opération, de manière à obtenir des huiles propres aux divers usages. Généralement on commence par les traiter avec 1 pour 100 d'*acide sulfurique* concentré, on bat le mélange pendant deux heures et on le laisse reposer : en ajoutant une certaine quantité d'eau après l'action de l'acide et battant de nouveau, on peut déjà séparer une huile beaucoup plus pure par simple décantation. C'est cette huile qu'on rectifie avec 4 pour 100 de chaux dans de petites cornues en fer, placées sur deux rangs parallèles, sur un fourneau allongé. Un serpentin, *qui débouche au dehors de l'atelier pour éviter l'inflammation des vapeurs perdues* par le foyer, sert à recueillir le nouveau produit. Une deuxième rectification, qui ne donne presque lieu à aucune perte, rend le produit bien supérieur.

On a proposé un grand nombre de modifications à ce procédé; voici une des principales.

A la suite de la chaudière à distiller le goudron est un générateur de vapeur chauffé par la chaleur perdue du foyer de l'alambic et prolongé en colonne surmontée par un réservoir; ce dernier porte une soupape qui règle à une pression constante la vapeur du générateur, en donnant issue à tout excès.

De ce réservoir part aussi un tube qui porte la vapeur dans la double enveloppe de trois chaudières successives, fermées, ayant chacune le cinquième de la surface de la chaudière principale. Ces trois chaudières successives communiquent à leur partie supérieure par des tubes; elles contiennent le liquide à rectifier.

La dernière chaudière correspond à un réfrigérant de Liebig, formé par deux tubes concentriques, entre lesquels circule un courant d'eau froide.

Il résulte de cette disposition que, en même temps que l'on chauffe l'alambic pour obtenir l'huile brute, on produit une certaine quantité de vapeur à quatre atmosphères environ, c'est-à-dire à cent quarante-cinq degrés, qui sert à rectifier l'huile brute. En chauffant d'abord la première chaudière de rectification, on dégage les produits les plus volatils, qui vont se condenser entièrement dans les deux suivantes ; mais peu à peu celles-ci s'échauffent suffisamment pour laisser distiller la plus grande quantité de l'huile volatisée dans la première. La température des chaudières s'élève à un tel point, que la distillation marche dans toutes les trois, surtout dans la première, de sorte que la plus éloignée du point d'arrivée de la vapeur contient les produits les plus volatils, lesquels passent peu à peu dans le condensateur.

Causes d'insalubrité. — Danger d'incendie.

Causes d'incommodité. — Mauvaise odeur des eaux d'épuration et des résidus des opérations.

Eaux chargées de matières susceptibles de se décomposer.

Prescriptions. — Isoler les ateliers construits en matériaux incombustibles.

Opérer sous le manteau de larges cheminées dans des chaudières fermées et surmontées d'un entonnoir qui conduise les vapeurs odorantes dans une cheminée haute.

Ne jamais écouler sur la voie publique les eaux de décantation.

— Les faire parvenir par un canal souterrain à l'égout le plus voisin.

Quand on traite à froid, la première prescription n'a pas lieu d'être faite.

Isoler avec soin du fourneau toutes les matières combustibles.

Ne rien brûler des tonneaux à huile, ni de sciure de bois ayant servi à l'épuration.

Ne faire aucun dépôt d'huiles sans y être autorisé spécialement.

Avoir une pompe à incendie.

Huile rousse (Fabrique d'), extraite des cretons et débris de graisses à haute température (1ʳᵉ classe). — 14 janvier 1815.

Détail des opérations. — Ces opérations donnent toujours lieu à la production d'odeurs très-désagréables. A l'article Fabrique de *Dégras*, t. I, p. 525, ou d'huile épaisse à l'usage des tanneurs, on peut lire les inconvénients attachés à cette industrie. Ici, les matières premières varient, mais leur nature et leur emploi sont aussi incommodes. C'est par suite de la décomposition des matières grasses à une haute température, dans des chaudières en fonte ou en fer, que les odeurs détestables se répandent dans l'atmosphère. La fabrication de ces huiles n'offre rien de particulier à signaler. (Voir, au mot *Suifs* (*Industrie des*), l'article *Cretonniers*.)

Causes d'insalubrité. — Danger d'incendie.

Causes d'incommodité. — Odeurs détestables pendant la fonte des matières.

Prescriptions. — Toutes celles appliquées à la fabrication des huiles de résine et à celle de térébenthine pour la ventilation et la construction des ateliers.

Huile de schiste (Fabrique d') (souvent 1ʳᵉ classe, et, par exception, 2ᵉ, par assimilation).

Rectification de l'huile de schiste (1ʳᵉ classe, si la fabrique de rectification est considérable; 2ᵉ si elle a peu d'importance).

Détail des opérations. — Les schistes bitumineux ont été traités pour fournir par distillation sèche des carbures liquides que l'on peut appliquer à l'éclairage, comme ceux de la houille. On a d'abord opéré la distillation dans des cornues cylindriques et verticales en fonte. On les *chargeait* par le haut et on retirait les résidus par la base ; les produits étaient condensés comme à l'ordinaire.

On a substitué à ces cornues des cônes creux emboîtés en tôle, l'intervalle qu'ils laissent entre eux permettant de chauffer l'intérieur, puis l'extérieur, de manière à faire pénétrer la chaleur jusqu'au centre, ce qui était difficile avec les cornues. Les produits peuvent être rectifiés comme ceux de la houille, mais cette industrie prospère peu parce que ses produits sont plus chers que ceux de la houille.

On distille ainsi beaucoup d'espèces de schistes, et il faut, quand il s'agit d'accorder des autorisations, bien déterminer la nature du schiste qui sera travaillé, car il y en a qui donnent des odeurs très-désagréables. — Il y a dans l'industrie un schiste venant d'Angleterre dont les vapeurs sont si intolérables qu'il conviendra toujours d'en proscrire la distillation. Habituellement l'odeur est limitée dans un espace très-restreint; telle est celle produite par le *Boghead*, schiste argileux et bitumineux d'Écosse (bitume, soixante-dix-sept, — argile, vingt-deux, — eau, un sur cent). Le schiste d'Écosse ne contient pas de goudron, mais quelques traces de matières résineuses. — Le schiste du Dorshire donne 22 pour 100 d'huile. — Celui d'Écosse cinquante-six, et quarante-sept quand il est rectifié.

La fabrication de l'huile de schiste par la distillation des schistes, quelques précautions que l'on prenne, donne toujours lieu à de très-mauvaises odeurs, et devrait toujours être placée dans la première classe.

Il n'en est pas de même de la rectification ou de l'épuration de cette huile, quand toutefois elle n'est pratiquée que sur une petite échelle. La classification de la fabrique dépend alors des quantités d'huiles rectifiées par jour. — Dans le premier cas, on peut assimiler l'épuration d'une petite quantité à un établissement de deuxième classe. Dans le deuxième, l'accumulation d'une grande quantité de produits inflammables et l'odeur donneront lieu à des chances d'incendie qui placeront cette industrie dans la première classe. En effet, les vapeurs produites sont trois fois plus lourdes que l'air. Quand elles retombent sur terre, elles peuvent nuire à la végétation, et, si elles atteignent un foyer incandescent, déterminer un incendie.

CAUSES D'INSALUBRITÉ. — Quelquefois action délétère sur la végétation environnante, produite par la poussière noire qui s'attache aux feuilles et par l'huile essentielle qui bouche les pores du végétal. — Cette action n'est pas toujours facile à constater.

CAUSES D'INCOMMODITÉ. — Odeur le plus souvent limitée à l'atelier de la fabrique, mais pouvant être portée au loin par le vent.

Odeur produite au moment du chargement et du déchargement des cornues.

Odeur au moment du soutirage et du transport des résidus goudronneux, — dont on répand toujours sur le sol une certaine quantité.

Fumée épaisse et noire.

Odeur fétide des résidus.

PRESCRIPTIONS. — Isoler l'atelier de distillation.

Couvrir en fer la partie de l'atelier qui est au-dessus des cornues. — Faire supporter le dôme par des colonnes en fer.

Faire partir des cucurbites des conduits souterrains chargés de mener à des caisses en fer-blanc les produits obtenus.

Surmonter les caisses d'un pavillon assez large et bien clos, de façon qu'à l'instant où la matière bouillante y pénètre les vapeurs odorantes qui s'en échappent puissent s'élever librement et se condenser à l'instant contre les parois froides du pavillon.

Recevoir dans des étouffoirs le coke qui sort des cornues.

Ne pas jeter les eaux de fabrique sur la voie publique ni dans les cours d'eau, surtout s'il y a sur leur trajet des fabriques d'impression sur étoffes.

Brûler avec beaucoup de précautions sous la hotte des fourneaux à cornues les résidus de la rectification de l'huile.

Fermer toutes les portes et croisées de l'atelier au moment où l'on charge et décharge les cornues.

Avoir une pompe à incendie.

Faire évaporer les eaux de lavage sous le cendrier.

Proscrire tout puisard.

Huile de schiste (Dépôts d') et de divers liquides oléo-schisteux ou d'alcool (2ᵉ classe, par assimilation à ceux d'huile de térébenthine).

Huile de schiste (Dépôts d') en petite quantité (un à deux litres), soumis à la simple surveillance de l'autorité locale. — Décision ministérielle du 5 décembre 1849.

Sous le nom d'*huiles de schistes bitumineux* il existe un assez grand nombre de produits qu'il faut au moins énumérer, parce qu'ils sont pour la plupart tenus en dépôt et vendus pour l'éclairage. Presque tous sont plus ou moins mélangés à des huiles essentielles ; il en résulte qu'ils doivent à juste raison être classés comme l'huile de térébenthine elle-même.

Ces liquides combustibles, dont les dépôts et l'usage habituel doivent être surveillés et réglementés, sont : l'*huile de schiste* (voir sa composition et préparation) ; le *gazogène* (liquide Robert), mélange en proportions à peu près égales d'alcool et d'essence de térébenthine très-rectifiée ; le *gaz liquide*, analogue au précédent, mais moins concentré ; l'*oléide gaz*, mélange de goudron et d'esprit de bois ; l'*essence de pétrole* (voir sa préparation et *Alcool*).

Tous ces liquides, très-prompts à s'enflammer, ont souvent donné lieu à des accidents graves, par suite de la mauvaise construction des appareils d'éclairage et par la négligence des personnes qui s'en servent. Il y a donc lieu de prescrire des mesures très-sévères sur les conditions à observer pour le dépôt et pour l'usage habituel à titre de matière combustible employée à l'éclairage.

Causes d'insalubrité. — Danger d'incendie, — et danger de brûlures souvent mortelles par suite de l'emploi de ces huiles dans l'éclairage habituel des habitations.

Causes d'incommodité. — Odeurs désagréables produites pendant la combustion.

Vaporisation de la portion des huiles essentielles mêlée au mélange, — et danger d'asphyxie ou de feu.

Prescriptions. — Ne jamais instituer de dépôts *en grand*

(c'est-à-dire, contenant au delà de vingt-cinq à trente litres) dans l'intérieur des villes.

Les disposer sous des hangars isolés des habitations, — aérés, ventilés et établis de manière que les marchandises soient abritées du midi.

Ne conserver ces liquides que dans des bidons, estagnons, ou autres vases métalliques cylindriques en tôle galvanisée avec bouchons en cristal et à vis, hermétiquement fermés. — Jamais dans des dames-jeannes ou des vases de verre.

Si le dépôt a lieu dans une cave ou magasin fermé, construire ce magasin en matériaux incombustibles, et recouvrir tous les bois apparents d'une triple couche d'enduit formé de craie, de gélatine et d'alun, à nu.

Avoir constamment dans ce magasin, ou près de lui, une quantité de terre ou de sable fin proportionnée a l'importance du dépôt et destinée à absorber les épanchements de liquide ou à l'éteindre s'il était enflammé.

Conduire les liquides, de l'usine à l'entrepôt, dans des tonneaux ou barriques à parois épaisses entièrement cerclés de fer.

Pour les dépôts d'huile de schiste spécialement, il faudra éviter d'ouvrir les croisées vers les habitations voisines, à cause de la mauvaise odeur.

Établir une cheminée d'appel dans chaque chambre ou pièce de dépôt.

Ne jamais y pénétrer qu'avec des lampes de sûreté.

Avoir une pompe à incendie.

Ne permettre aux épiciers ou débitants d'avoir en dépôt que un ou deux estagnons de la capacité de dix à douze litres.

Leur imposer l'obligation d'enfermer ce liquide dans une pièce séparée et d'y avoir constamment vingt-cinq centimètres cubes de sable fin. Leur recommander la plus grande précaution à l'instant du transvasement pour le débit.— Ne le faire jamais près d'une lumière.

Quant aux marchands d'appareils et de lampes spécialement destinés à l'usage de ces liquides combustibles, n'autoriser que les lampes dont le réservoir n'aura qu'un seul et même orifice pour recevoir l'huile et pour y placer la mèche. De cette façon on sera assuré que la lampe sera forcément éteinte au moment où on l'emplira de liquide.

Ne laisser vendre au public que des lampes ainsi construites, et sur lesquelles sera inscrite la recommandation expresse des précautions à prendre dans l'usage de ces liquides combustibles.

Huile de térébenthine et huile d'aspic (Distillation en grand de l') (1re classe). — 15 octobre 1810. — 14 janvier 1815. Voir *Térébenthine.*

Détail des opérations. — L'huile d'aspic ou de spic volatile est retirée de la grande lavande (*lavendula spica.*) Pour l'obtenir, on emploie le moyen général d'extraction des huiles volatiles : on place la plante dans la cucurbite d'un alambic avec de l'eau, on ajuste et on lute le chapiteau ; on adapte un réfrigérant, on chauffe et reçoit les produits distillés dans un récipient florentin. Il se forme deux couches : l'une inférieure, c'est de l'eau très-aromatique ; l'autre, qui surnage, est onctueuse, d'une saveur âcre, d'une odeur très-forte, c'est l'huile volatile.

Cette huile volatile laisse déposer, comme beaucoup d'autres, une huile solide analogue au camphre.

Usages. — Elle sert en parfumerie, et possède les mêmes propriétés que les autres essences ; c'est-à-dire, qu'elle peut être employée à dissoudre les résines et se mêler aux corps gras.

Causes d'insalubrité. — Danger d'incendie.

Danger d'asphyxie et d'empoisonnement *spécifique* par les vapeurs de cette essence sur les ouvriers, si les ateliers de fabrication ou de dépôt ne sont pas bien aérés.

Causes d'incommodité. — Odeur désagréable.

Prescriptions. — Disposer tous les appareils à distillation dans un atelier dont la partie supérieure se termine par une cheminée d'appel à fort tirage, s'élevant à vingt-cinq ou trente mètres au-dessus du sol.

Plafonner en plâtre l'atelier de distillation.

Élever la cheminée à vingt ou vingt-cinq mètres, selon les localités.

Daller ou bitumer le sol des ateliers.

Donner aux eaux un écoulement facile et qui ne gêne jamais la voie publique.

Placer l'ouverture des foyers et des cendriers en dehors de l'atelier à distillation.

Ventiler énergiquement cet atelier.

Y avoir constamment une quantité *de sable fin* en rapport avec l'importance de la fabrique, en cas d'incendie.

N'éclairer les ateliers qu'à l'aide de lampes de sûreté ou de lumières placées derrière des verres dormants.

Construire les ateliers et magasins en matériaux incombustibles.

Huile de térébenthine et autres huiles essentielles (Dépôts en grand d') (2e classe). — 9 février 1825.
Huile de térébenthine et autres huiles essentielles (Dépôts d') en petite quantité (quelques litres) (ne sont soumis qu'à la surveillance de la police locale. — Décision du ministre du commerce du 5 décembre 1849).

Causes d'insalubrité. — Danger d'incendie par suite des accidents divers qui peuvent mettre le feu aux huiles et aussi par suite de la volatilisation de ces liquides dans les magasins où l'incendie peut se développer très-rapidement, si l'on y pénètre sans lampe de sûreté.

Parfois danger d'explosion.

Causes d'incommodité. — Odeur souvent pénétrante et désagréable.

Prescriptions. — Construire en maçonnerie ou matériaux incombustibles les caves ou magasins de dépôt.

Y pratiquer une cheminée d'appel, et bien ventiler.

Limiter toujours la quantité des huiles à garder en dépôt, selon l'importance de l'industrie et la disposition des lieux.

Ne jamais pénétrer dans les caves ou magasins de dépôt, en l'absence du jour, que muni d'une lampe de sûreté.

Paver, daller ou bitumer le sol des magasins.

Avoir toujours près du dépôt du sable fin en quantité relative avec l'importance du dépôt. (Voir, au mot *Résineuses* (matières), l'article *Térébenthine*.)

HYDROCARBURES.

Les hydrocarbures d'hydrogène, comme la benzine, par exemple, sont très-employés dans les arts. Un de leurs usages les plus récents consiste à les placer près des *compteurs à gaz*, dans un appareil appelé *carburateur*, pour augmenter dans une notable proportion le pouvoir éclairant du gaz. C'est donc un véritable appareil d'éclairage, pouvant donner lieu à des accidents d'explosion, et ils ne doivent fonctionner qu'après avoir été examinés et reçus par l'autorité.

HYDRO-FLUORIQUE (Acide). Voir *Acides*, t. I, p. 155.

IMPERMÉABLES (Étoffes et tissus). Voir *Étoffes* (*Industrie des*), t. I, p. 653.

IMPRESSION.

Impression sur étoffes. Voir *Étoffes* (*Industrie des*), t. I, p. 646.

Impression sur toiles vernies. Voir *Étoffes* (*Industrie des*), t. I, p. 653.

IMPRIMERIE (Fonderie de caractères d'). Voir *Plomb* (*Industrie du*).

INCENDIES SPONTANÉS.

Les conseils d'hygiène sont souvent saisis de la question de l'incendie spontané d'un certain nombre de substances, et chargés de déterminer dans ces cas si le feu a pu se déclarer seul, et quelles sont les prescriptions à imposer aux détenteurs de ces matières.

Le fait de l'incendie spontané de plusieurs substances est incontestable ; ce sont surtout des matières très-oxydables ; je puis citer le fer en limaille et le soufre mélangés,—les pyrites sulfureuses et arsenicales, certaines houilles contenant des sulfures de fer qui deviennent sulfates,—l'alun préparé avec les pyrites, etc., etc. Ces substances jouissent de la propriété d'absorber l'oxygène de l'air et de l'eau. Réduites en poudre, entassées dans un lieu humide, elles s'échauffent et s'enflamment spontanément. — Les dépôts de ces matières doivent donc être surveillés, et on doit : 1° Limiter à une faible quantité la masse des substances de cette nature ; 2° ne point les déposer dans un lieu humide.

INDIGOTERIES (EXTRACTION DE L'INDIGO, DU POLYGONUM TINCTO-
RIUM) (2ᵉ classe). — 14 janvier 1815.

Cet art, autrefois essayé en France, ne se pratique plus.

IODE ET BROME (EXTRACTION DE L'). Voir, au mot *Acides*, l'article *Annexe, produits chimiques.*, t. I, p. 176.

Extraction de l'iode.

DÉTAIL DES OPÉRATIONS. — L'iode se retire des eaux mères des
sels provenant de l'incinération des varechs qui ne veulent plus
cristalliser. Il est à l'état d'iodure de potassium ; on le trouve répandu dans un grand nombre de plantes marines ; dans quelques
sources naturelles, dans certaines roches (à Saxon, en Suisse),
et à l'état d'iodure d'argent cristallisé ; certaines houilles donnent
dans les usines à gaz des eaux contenant de l'iode. C'est un
corps cristallisé en paillettes, près de cinq fois plus pesant que
l'eau, presque insoluble dans l'eau ; on l'emploie dans l'industrie à faire de l'iodure de potassium et à différents usages en
photographie. Il se colore en bleu au contact de l'amidon hydraté.

Le brome a la même origine, il est en bien moindre proportion dans les eaux mères des varechs ; il est liquide, rouge-
brun, trois fois plus dense que l'eau, peu soluble dans l'eau,
mais soluble, comme l'iode, dans l'alcool et l'éther.

Les sels provenant de l'incinération des varechs ou goëmons
sont mis à cristalliser ; on en retire par différentes cristallisa-
tions et refroidissements convenables le sulfate de potasse, le
chlorure de sodium et le chlorure de potassium qui y sont contenus.

Quand les eaux mères sont concentrées à cinquante-cinq degrés, on les sature par l'acide sulfurique, qui décompose le car-

bonate de potasse et de soude, on sépare les cristaux, on filtre, et on étend d'eau la liqueur.

C'est alors qu'on y fait passer un courant de chlore jusqu'à saturation, on substitue ainsi le chlore à l'iode qui se dépose ; il faut prendre garde de faire agir trop longtemps le chlore; il se ferait des chlorures d'iode qui en se volatisant donneraient lieu à une perte considérable. L'iode précipité est recueilli, puis séché entre des feuilles de papier gris ; on le place alors dans des cornues disposées dos à dos et chauffées dans un bain de sable : l'iode volatilisé se rend dans un vaste récipient en terre, muni d'un tube de sûreté qui sert à dégager la vapeur de l'eau retenue par l'iode.

La soude brute donne jusqu'à trois parties d'iode pour mille parties.

Extraction du brome.

DÉTAIL DES OPÉRATIONS. — Quand on a précipité l'iode et qu'on l'a séparé des eaux mères, on évapore celles-ci dans des vases de plomb munis de chapiteaux, pour éviter de lancer dans l'atelier des vapeurs de chlore dont la présence est dangereuse ; on les mêle ensuite à du bioxyde de manganèse et à de l'acide sulfurique ; on distille à soixante-quatre degrés, et on recueille le brome volatilisé et condensé dans un récipient contenant de l'acide sulfurique ; le brome se précipite et ne répand pas de vapeurs délétères, parce que cet acide le surnage.

L'iodure et le bromure de potassium qu'on fabrique dans l'industrie sont faits par le procédé suivant :

On sature par la potasse caustique l'iode ou le brome, de manière à ne conserver qu'une teinte paille à la liqueur. On évapore à siccité le mélange d'iodure et d'iodate, ou de bromure et bromate, et on le chauffe au rouge dans un creuset pour transformer l'iodate et le bromate en iodure et bromure ; cette décomposition est parfaite quand aucun phénomène d'ébullition ou d'effervescence ne se manifeste plus à la surface de la masse fondue.

Causes d'insalubrité. — Action toxique dangereuse pour les ouvriers qui respirent les vapeurs de brome et d'iode.

Causes d'incommodité. — Toutes celles attachées à la séparation des sels cristallisables.

Prescriptions. — Bien ventiler l'atelier.

Opérer sous un fourneau à large hotte surmontée d'une cheminée d'appel.

Placer dans l'atelier où se répandent les vapeurs de brome un flacon contenant du chloroforme : les émanations de ce corps, mélangées à celles du brome, se combinent, font disparaître presque complétement l'incommodité des premières vapeurs et donnent lieu à une odeur très-supportable, surtout quand la ventilation est bien entretenue.

ISSUES D'ANIMAUX (Cuisson d'). Voir les mots *Abattoirs*, *Échaudoirs*, t. I, p. 174.

LABORATOIRES.

Laboratoire de chimistes et pharmaciens (3ᵉ classe, par assimilation).

Les opérations qui s'y pratiquent ne sont jamais insalubres, et en somme sont peu incommodes, parce que les produits préparés le sont toujours en très-petites quantités à la fois.

Causes d'insalubrité. — Aucune.

Causes d'incommodité. — Quelquefois vapeurs et odeurs désagréables.

Écoulement d'eaux acides ou odorantes.

Prescriptions. — Isoler le fourneau des murs mitoyens.

Opérer sous une hotte terminée par une cheminée de hauteur variable selon les localités.

Ne jamais écouler sur la voi . publique ou dans les égouts les eaux acides du laboratoire, sans les avoir neutralisées. (Voir au mot *Cuivre* (*Industrie du*), article *Dérochage*, t. I, p. 566.)

Bien ventiler le laboratoire.

En éloigner toute matière facilement combustible.

Faire déclarer l'usage du laboratoire et la nature des produits qu'on se propose d'obtenir.

(Voir lois et décrets sur les établissements dangereux, insa-

lubres ou incommodes, l'ordonnance du 12 février 1806, concernant les ateliers, manufactures ou *laboratoires*, t. I, p. 4.)

Laboratoire de produits chimiques pour la photographie (3ᵉ classe, par assimilation).

Détail des opérations. — Les laboratoires de produits chimiques spécialement destinés à la photographie, quand ils sont
bien disposés, ne donnent pas lieu à plus d'inconvénients que
les laboratoires de pharmacie. Il faut seulement que l'industriel
déclare quels sont les produits qu'il veut fabriquer, ceux qu'il
achète tout faits et qu'il tient en magasin, et ceux qu'il purifie
lui-même. (Voir, pour modèle de laboratoire de ce genre, celui
de M. Roseleur, 6, rue de Javelle, à Grenelle, banlieue de Paris.)

Causes d'insalubrité. — Aucune, — quand on brûle ou condense les gaz produits pendant les diverses opérations.

Causes d'incommodité. — Odeurs de quelques gaz.

Fumée des fourneaux.

Écoulement des eaux de laboratoire.

Prescriptions. — Exiger qu'on donne la liste exacte des produits à préparer et obliger l'industriel à ne pas s'en écarter.

Lui imposer l'obligation d'avoir beaucoup d'eau à sa disposition.

De construire son étuve selon les règles.

De diriger les eaux de lavage et de travail, non acides, par
un conduit souterrain dans l'égout le plus voisin.

De condenser et brûler toutes les vapeurs.

De porter au dehors par une cheminée de hauteur variable,
selon les localités, les vapeurs qui n'auront pas été brûlées.
Voir, pour le reste, l'article *Laboratoire de chimistes*, t. II,
p. 100.

LAINE.

Battage. Voir *Battage de la laine*, t. I, p. 269.

Débourrage. Voir *Débourrage de la laine*, t. I, p. 272.

Désuintage. Voir *Désuintage de la laine*, t. I, p. 581.

Filature de la laine dans les grandes villes (3ᵉ classe).

Détail des opérations. — Elles sont nombreuses et variables,
selon la nature des substances employées. — Elles ne sont in-

commodes que par l'accumulation des matières premières et par le bruit des rouages mécaniques. C'est dans leur intérieur qu'il faut surtout veiller à ce qu'il n'arrive aucun accident par suite des engrenages.

CAUSES D'INSALUBRITÉ. — Aucune.

CAUSES D'INCOMMODITÉ. — Bruit des métiers. — Température élevée des ateliers.

Odeur des matières animales ou végétales accumulées dans les magasins. Dégagement d'oxyde de carbone dans l'air.

Poussières répandues constamment dans l'atelier et agissant souvent d'une façon funeste sur l'appareil respiratoire des ouvriers.

PRESCRIPTIONS. — Fermer les croisées et portes donnant sur la voie publique.

Aérer les magasins.

Établir dans les ateliers de travail des cheminées d'appel à tirage très-énergique.

Au besoin, faire porter aux ouvriers un petit appareil en grille métallique qui mette la figure à l'abri des filaments organiques disséminés dans l'air et de leur action fâcheuse sur les muqueuses de l'appareil respiratoire et des autres muqueuses.

Dans tous les ateliers de cette nature imposer l'établissement d'un ventilateur très-énergique.

Ne jamais laisser amasser et se corrompre des débris de matières organiques.

LAIT (INDUSTRIE DU).

Les nombreux documents rapportés ici suffisent pour éclairer le côté *pratique* de l'étude du lait au point de vue de l'hygiène publique. La surveillance la plus active doit être exercée sur la vente de cette denrée, et à l'égal du pain, de la viande, des fruits et des liquides, comme le vin et les principales boissons fermentées. On verra à l'article *Nourrices* (bureau de), que c'est en m'appuyant sur les mêmes principes que j'ai pro-

posé de soumettre ces établissements à l'inspection directe et
sévère de l'autorité.

Documents relatifs à l'industrie du lait.

I. PREMIER RAPPORT GÉNÉRAL SUR LES DIVERSES QUESTIONS RELATIVES AU COMMERCE
DU LAIT, PRÉSENTÉ AU PRÉFET DE POLICE PAR UNE COMMISSION DU CONSEIL DE
SALUBRITÉ DE LA SEINE COMPOSÉ DE MM. PAYEN, PRÉSIDENT; BOUCHARDAT,
BUSSY, CHEVALLIER, MATTHIEU, TRÉBUCHET, VERNOIS ET BOUDET, RAPPOR-
TEUR. (Du 30 avril 1857.)

Monsieur le préfet,

Vous avez depuis longtemps soumis à une surveillance incessante le
commerce du lait livré à la consommation dans le ressort de votre administration. Par vos ordres, de nombreux échantillons de lait ont été saisis
et analysés; de là des procès multipliés suivis de condamnations plus ou
moins sévères; de là aussi une amélioration plus ou moins notable dans la
qualité du lait vendu à Paris.

En même temps que vous vous efforciez ainsi de réprimer les falsifications
d'une substance alimentaire également précieuse pour toutes les classes de
la population, vous demandiez au conseil de salubrité son avis sur les divers moyens employés pour reconnaître ces falsifications, montrant ainsi au
commerce du lait que, si vous invoquiez les sévérités de là loi contre les
fraudes avérées, vous vous préoccupiez aussi avec une juste sollicitude de la
sécurité du commerce loyal.

Cependant les sages mesures prises par votre administration ont vivement ému les marchands de lait qui approvisionnent la capitale, particulièrement ceux qui en font le commerce sur une grande échelle, et six d'entre
eux ont adressé à plusieurs reprises à M. le ministre du commerce des réclamations longuement motivées.

Ces réclamations vous ont été transmises par le ministre, et vous avez
demandé l'avis du conseil de salubrité sur les diverses questions qu'elles
soulèvent.

A cet effet, une commission choisie dans le sein du conseil a été chargée
d'examiner toutes les questions d'hygiène publique et de salubrité relatives
au commerce du lait, et d'apprécier les différents moyens de constater et de
réprimer les fraudes dont ce commerce est l'objet.

Cette commission, composée de :

M. Payen, président; M. Boudet, secrétaire; MM. Baube, Bouchardat,
Boudet, Bussy, Chevallier, Mathieu, Payen, Trébuchet et Vernois, a consacré
quatre séances à l'étude approfondie des questions qui lui étaient soumises;
c'est le résultat de ses délibérations qu'elle a l'honneur, monsieur le préfet,
de vous exposer dans le rapport suivant qu'elle a adopté à l'unanimité.

La commission, prenant en considération les observations consignées dans
les pièces diverses qui lui ont été remises, tels que rapports, mémoires, bro-

chures, etc., et tenant compte particulièrement des propositions énoncées par les marchands de lait en gros dans leurs mémoires au ministre du commerce, s'est occupée d'abord de préciser les diverses questions qui intéressent le commerce du lait, afin de pouvoir y répondre successivement dans un ordre méthodique.

Voici le programme que la commission s'est tracée à elle-même :

1° La science est elle aujourd'hui fixée sur la composition du lait pur et sur les variations que cette composition peut éprouver suivant les provenances du lait, suivant les saisons et les diverses causes naturelles qui peuvent la modifier?

2° La science possède-t-elle des moyens certains de constater les fraudes dont le lait peut être l'objet?

Ces moyens sont-ils de nature à être décrits dans une instruction générale et officielle qui pourrait être publiée par l'administration?

3° Existe-t-il un instrument capable de faire reconnaître d'une manière immédiate et absolue si du lait est pur, ou s'il a été plus ou moins falsifié?

Quelle est la valeur du lacto-densimètre pour la vérification du lait?

4° Existe-t-il, pour les entrepositaires et les marchands en gros qui reçoivent le lait des nourrisseurs et fermiers, un moyen de se mettre à l'abri des poursuites imméritées pour des fraudes auxquelles ils seraient étrangers, en faisant attribuer ces fraudes à leurs véritables auteurs?

5° Le lait écrémé, et ainsi privé d'une partie de la matière grasse qu'il contient naturellement, doit-il être considéré comme du lait falsifié et, comme tel, exclu du commerce loyal?

6° Quelle marche l'administration doit-elle suivre pour que la vérification de la falsification du lait livré au commerce puisse assurer la répression de la fraude, sans compromettre la sécurité du commerce loyal?

Telles sont, monsieur le préfet, les questions que la commission s'est posées et qui lui ont paru résumer tous les points sur lesquels votre administration pouvait avoir besoin de connaître l'opinion du conseil de salubrité.

Première question. — « La science est-elle aujourd'hui fixée sur la composition du lait pur et sur les variations que cette composition peut éprouver suivant les provenances du lait, suivant les saisons et les diverses circonstances naturelles qui sont capables de le modifier? »

Pour répondre à cette question, la commission a pensé qu'il était utile d'entrer dans quelques détails sur la composition du lait et sur les moyens employés par les chimistes pour déterminer les proportions des éléments dont il est formé.

Le lait de vache, tel que l'animal le fournit à l'état naturel, se compose d'eau et de matières solides et fixes, c'est-à-dire incapables de se volatiliser et de s'altérer sous l'influence d'une température de cent degrés.

Il contient, en outre, un principe aromatique qui se révèle à l'odorat, mais dont la nature et le poids n'ont pas été déterminés.

Les matières fixes sont essentiellement formées de beurre, de sucre de lait, que l'on désigne aussi sous le nom de lactine ou de lactose, de caséine et d'albumine, de sels, et d'une très-faible portion de matières extractives.

Lorsqu'on soumet un poids donné de lait, cent grammes par exemple, à l'évaporation au bain-marie, l'eau qui fait naturellement partie du lait s'évapore, et on obtient un résidu qui représente l'ensemble des matières fixes qui entrent dans sa composition.

La relation entre le poids de l'eau et le poids des matières fixes dont se composent cent parties de lait pur a été établie par de très-nombreuses expériences, exécutées dans des contrées très-différentes et par des chimistes dignes de confiance, qui ont constaté les variations extrêmes qu'elle peut offrir et déterminé les chiffres qui en sont la représentation moyenne.

Le lait étant un composé d'eau et de matières fixes qui augmentent la densité de l'eau, on a imaginé un instrument nommé lacto-densimètre ou pèse-lait, qui fait connaître la densité du lait et donne ainsi, dans certaines conditions, des indications précieuses sur sa richesse plus ou moins grande en matières fixes.

Après avoir déterminé le rapport des proportions d'eau et des matières fixes contenues dans le lait qu'on veut examiner, et apprécié sa densité à l'aide du lacto-densimètre, il reste à faire l'analyse des matières fixes elles-mêmes, c'est-à-dire à constater les proportions de beurre, de lactine, de caséine, d'albumine et de sels dont elles se composent.

La détermination de beurre peut être faite, soit directement au moyen de l'éther sulfurique, qui le dissout sans agir sur les autres substances qui l'accompagnent, soit au moyen du *butyromètre* de M. Marchand, de Fécamp, qui donne des indications comparables entre elles, lorsqu'on l'emploie avec les précautions recommandées par l'auteur.

Le *polarimètre* de Soleil [1], ou le procédé de M. Poggiale, fondé sur la *réduction du tartrate cupro-potassique par la lactine*, et mieux encore l'*analyse immédiate*, font connaître avec certitude la proportion de lactine contenue dans le lait.

La caséine et l'albumine offrent entre elles la plus grande analogie de composition chimique et de propriétés alimentaires.

La détermination de chacune de ces substances prise isolément ne présente pas d'intérêt, au point de vue du commerce du lait; il suffit de constater le poids de leur ensemble, et ce poids peut être apprécié, soit par des expériences directes, soit en retranchant du poids des matières fixes que le lait a fournies celui du beurre et de la lactine; la différence représente le poids de la caséine, de l'albumine et des sels.

Le poids particulier des sels du lait est toujours très-faible, eu égard surtout à celui des autres éléments ; cependant il peut être utile à connaître, lorsqu'on soupçonne que des substances minérales ont été introduites dans ce liquide : on le constate en incinérant le résidu de son évaporation.

Ainsi, l'analyse chimique peut démontrer avec certitude et précision les

---

[1] Le *sacharimètre* de M. Ed. Becquerel, employé par MM. Vernois et Al. Becquerel.

proportions d'eau et de matières fixes dont le lait se compose, les proportions de beurre, de lactine, de caséine, d'albumine et de sels qu'il renferme.

Elle permet ainsi d'apprécier non-seulement le rapport entre la quantité d'eau qu'il contient et celles des matières fixes qui en forment la partie essentielle et alimentaire, mais encore les rapports qui existent entre les proportions de beurre, de lactine, de caséine et d'albumine dont se composent ces matières fixes, et les variations que ces rapports peuvent éprouver sous l'influence des causes naturelles.

En résumé, la commission, répondant à la première question de son programme, affirme que la science est aujourd'hui suffisamment fixée « sur la composition du lait pur et sur les variations que cette composition éprouve suivant les provenances du lait, suivant les saisons et les diverses circonstances naturelles qui sont capables de la modifier. »

Deuxième question. — « La science possède-t-elle des moyens certains de constater les fraudes dont le lait peut être l'objet ?

« Ces moyens sont-ils de nature à être décrits dans une instruction générale et officielle qui pourrait être publiée par l'administration ? »

Si le lait était un composé d'eau et de matières fixes associées dans des proportions invariables, la constatation des fraudes dont il est l'objet serait très-simple : il suffirait aux experts de déterminer les proportions d'eau et de matières fixes de chaque échantillon de lait soumis à leur examen pour décider s'il y a, ou non, falsification, et dans quelles proportions la falsification a été pratiquée.

Malheureusement, il n'en est point ainsi : la composition du lait varie suivant les races d'animaux, suivant leur âge, leur nourriture, leur état de santé et de vigueur à l'époque du vêlage. Cependant des expériences multipliées, faites dans des contrées différentes, ont permis d'établir avec certitude la composition moyenne du lait de bonne qualité et les variations extrêmes que cette composition peut présenter.

On sait d'ailleurs que, parmi les éléments du lait, le plus constant dans ses proportions est la lactine, et que les chiffres représentatifs de l'albumine et de la caséine varient beaucoup plus que ceux du beurre; on sait enfin que, si l'addition de l'eau au lait abaisse le chiffre des matières fixes en totalité et celui de chacun de leurs éléments, sans changer leur rapport des proportions, la soustraction de la crème réduit spécialement la proportion du beurre, sans influencer beaucoup celle de l'albumine et de la caséine, et sans modifier notablement celle de la lactine. L'examen de ces circonstances diverses fournit aux experts des indications suffisantes pour qu'ils puissent apprécier avec certitude les modifications frauduleuses que le lait peut éprouver, soit par l'addition de l'eau, soit par la soustraction de la crème, soit enfin par la soustraction de la crème et l'addition de l'eau ; et ce sont là les modifications les plus fréquentes, presque les seules que leur offre le lait rendu à Paris.

L'introduction dans le lait de substances étrangères peut être dévoilée à son tour par divers procédés qui ne laissent à la fraude aucune chance d'impunité.

La science possède donc des *moyens certains* de constater les fraudes dont le lait peut être l'objet. Mais ces moyens sont-ils *de nature à être décrits* dans une instruction générale et officielle qui pourrait être publiée par l'administration? C'est ce que nous allons examiner maintenant.

L'exposé qui précède des procédés généraux de l'analyse du lait montre que cette analyse est une opération compliquée, délicate et telle, qu'elle ne peut être confiée qu'à des chimistes exercés. Les ouvrages spéciaux, l'expérience et le tact qui s'acquièrent dans les laboratoires, leur suffisent pour résoudre les différents problèmes que peut leur offrir l'examen du lait; ils n'ont pas besoin d'une instruction générale et officielle qui les guide dans leurs recherches.

Cette instruction serait-elle nécessaire pour les nourrisseurs et marchands de lait? Bien loin d'en admettre l'utilité à ce point de vue, la commission estime qu'elle aurait des inconvénients réels.

Et en effet, qu'est-ce que le public, qu'est-ce que l'administration demande aux nourrisseurs et aux marchands de lait, si ce n'est de fournir du lait tel que la vache le donne, sans manipulation et surtout sans mélange? N'est-il pas vrai d'ailleurs que les marchands de lait doivent, comme tous les autres marchands, connaître leur marchandise et qu'ils la connaissent réellement, qu'ils la jugent à l'aspect et à la dégustation avec une certitude suffisante? Or est-il besoin pour cela d'une instruction spéciale?

Ces industriels sont-ils des chimistes? Ont-ils les connaissances nécessaires pour faire des analyses du lait, et n'auraient-ils pas droit de se plaindre si on imposait à leur commerce des conditions telles, qu'ils ne pourraient les remplir qu'en déterminant chimiquement la qualité de leur marchandise? Quel usage pourraient-ils donc faire d'une instruction officielle, si ce n'est des moyens d'échapper aux investigations de la science, de tendre des piéges à la sagacité des experts, de se renfermer rigoureusement dans les conditions précises qui auraient été imprudemment fixées dans cette instruction?

Qu'on le remarque bien, d'ailleurs, aucune règle absolue ne peut être établie pour l'appréciation du lait. Ce n'est pas seulement, en effet, d'après la proportion des matières fixes contenues dans le lait que les experts doivent établir leur opinion, quand il s'agit de falsification; la détermination de chacun des éléments dont ces matières se composent est aussi indispensable, et leur jugement doit résulter d'une appréciation comparative de toutes les données de l'analyse.

La considération des minima, soit pour les matières fixes prises dans leur ensemble, soit pour chacun de leurs éléments, ne doit pas être absolue. Certaines considérations spéciales, certains détails de l'analyse, peuvent exercer une grande influence sur les conclusions à en tirer, et il est fort heureux qu'il en soit ainsi, que, par la nature même des choses, une certaine habitude d'appréciation soit acquise à l'expert et que les règles de son jugement ne puissent pas être renfermées dans des limites très-précises, car, s'il en était autrement, il serait à craindre que les marchands déloyaux abaissassent la richesse du lait au minimum, et que les efforts de l'administration, pour améliorer cette marchandise, ne servissent qu'à la réduire uniformément à cette qualité inférieure.

D'après toutes ces considérations, la commission regarde la publication d'une instruction générale et officielle sur l'essai du lait comme une chose inutile et même dangereuse.

Troisième question. — « Existe-t-il un instrument capable de faire connaître d'une manière immédiate et absolue si du lait est pur ou s'il a été plus ou moins falsifié ?

« Quelle est la valeur des indications du lacto-densimètre pour la vérification du lait ? »

La commission déclare qu'elle ne connaît aucun instrument capable d'indiquer à lui seul et directement si du lait est pur ou s'il a été plus ou moins falsifié. Le lacto-densimètre lui-même, le plus simple et l'un des plus précieux moyens d'estimer la valeur du lait, est loin de remplir cette condition. Cet instrument mesure la densité du lait, et, cette densité se trouvant en général, et jusqu'à un certain point, proportionnelle à la quantité de matières fixes contenues dans le lait pur, elle donne dans des conditions spéciales la mesure de sa richesse; ses indications sont même certaines et à l'abri de toute objection, lorsqu'elles accusent un lait d'une densité très-faible, mais il n'en est pas ainsi lorsque la densité du lait est au-dessus du minimum, car alors plusieurs circonstances peuvent tromper l'observateur. La densité du lait est augmentée par une addition de sucre, de gomme et de quelque autre substance également soluble, elle augmente également à mesure qu'on le dépouille du beurre par le baratage ou qu'on l'écrème, à tel point qu'on peut barater le lait ou l'écrémer et ensuite l'étendre d'eau, c'est-à-dire le falsifier doublement, sans modifier sa densité.

En d'autres termes, si le lait à examiner n'est point altéré, s'il offre les caractères d'un mélange uniforme, il peut être soumis avec confiance à l'épreuve du lacto-densimètre. Lorsque cet instrument accuse un degré inférieur à la densité *minimum* du lait pur, on peut avoir la certitude que le lait examiné est falsifié; mais, dès qu'il accuse un degré supérieur au minimum, son témoignage perd sa valeur, puisqu'il ne peut signaler aucune différence entre du lait pur et du lait plus ou moins baraté ou écrémé, ou même écrémé et étendu d'eau.

En un mot, les fraudes signalées par le lacto-densimètre sont certaines, mais il est loin d'indiquer toutes les fraudes, et il n'est pas susceptible d'une application générale.

Quatrième question. — « Existe-t-il pour les entrepositaires et les marchands de lait en gros qui reçoivent le lait des nourrisseurs et des fermiers, un moyen de se mettre à l'abri de poursuites imméritées pour des fraudes auxquelles ils seraient étrangers en faisant attribuer ces fraudes à leurs véritables auteurs. »

Cette question est délicate. La sécurité de marchands loyaux, la conscience des juges appelés à prononcer des condamnations contre les détenteurs de lait falsifié, se trouvent également intéressées à son examen. La commission en a fait l'objet d'une discussion approfondie.

Les marchands de lait en gros, qui chaque jour reçoivent du lait d'un grand nombre de nourrisseurs ou de fermiers établis dans des localités différentes, pour l'expédier sans retard à Paris par les chemins de fer, font ressortir les difficultés d'un examen sérieux de toutes ces marchandises de provenances si diverses. A les entendre, la falsification n'est pas leur œuvre : ils sont trompés eux-mêmes par les producteurs, et le temps, les moyens, tout leur manque pour reconnaître les fraudes dont ils sont les premières victimes. A cette allégation, la commission peut répondre d'abord par un fait qui a été judiciairement constaté il y a quelques années.

Un marchand de lait en gros envoyait chaque jour à Paris par un chemin de fer, trois mille litres de lait; ces trois mille litres étaient le produit régulier du mélange de deux mille cinq cent litres de lait pur et cinq cent litres d'eau. L'analyse chimique l'a démontré, et ses résultats se sont trouvés parfaitement d'accord avec les livres d'entrée et de sortie des marchandises, car ils constataient que chaque jour l'établissement recevait deux mille cinq cent litres de lait et en expédiait trois mille litres.

Or, si, en opérant sur une aussi vaste échelle, on a pu pratiquer la fraude avec une aussi parfaite régularité, n'est-il pas évident qu'on aurait pu facilement prendre le temps d'examiner le lait de chaque provenance avant que de l'expédier.

La surveillance des chefs des grands établissements n'est donc pas impossible, et, la qualité du lait n'étant pas plus difficile à reconnaître à l'aspect et au goût que celle des autres liquides alimentaires, le lacto-densimètre pouvant aussi fournir des indications précieuses, un inspecteur exercé pourrait certainement distinguer les fournitures de mauvaise qualité et les refuser au moment de la livraison.

Il est d'ailleurs une autre et précieuse ressource qui, judiciairement employée, peut donner aux entrepositaires du lait une sécurité complète : c'est la marque d'origine, et déjà l'expérience en a sanctionné l'usage.

M. Charlier, vétérinaire bien connu pour d'importants travaux et fondateur de la laiterie Taranne, reçoit dans cet établissement du lait de vaches bretonnes ; ce lait lui est expédié par le producteur, dans des vases fermés au moyen d'un mécanisme aussi simple qu'ingénieux et qui permet au lait de s'échapper sans qu'il soit possible d'y introduire aucun liquide étranger.

Par ce moyen, ce producteur reste seul responsable de la pureté du lait qu'il livre, jusqu'à son arrivée à la laiterie.

L'octroi de Paris n'a pas hésité à se prêter à l'application de ce système, et les commis, après avoir reconnu la nature de la marchandise, établissent la clôture des vases avec une marque officielle.

Ainsi les moyens ne manquent pas pour faire remonter la responsabilité des falsifications de lait à leurs véritables auteurs, et pour garantir aux marchands honnêtes une entière sécurité.

Cinquième question. — « Le lait baratté ou écrémé, et ainsi privé d'une partie de la matière grasse qu'il contient naturellement, doit-il être considéré comme falsifié, et, comme tel, exclu du commerce loyal? »

Cette question n'est pas nouvelle, et déjà elle a été résolue par les ordonnances de police de 1701 et de 1742, qui n'ont pas été abrogées et qui interdisent la vente du lait écrémé.

La commission adopte sans hésiter cette jurisprudence.

Le lait est un des aliments les plus parfaits que la nature ait donnés à l'homme; il contient tous les éléments nécessaires à l'entretien de l'organisme, puisque seul il suffit à la nourriture et au développement de l'enfant pendant la première année de son existence. Les diverses substances qui entrent dans sa composition s'y trouvent dans des proportions parfaitement appropriées à l'alimentation, et l'harmonie de ces proportions ne peut pas être modifiée sans inconvénient. Or cette harmonie est détruite dès que le lait est baraté ou écrémé, c'est-à-dire dépouillé d'un de ses éléments les plus précieux, la matière grasse ou le beurre.

Cependant, si l'usage de la crème est entré dans les habitudes de la population, ne faut-il pas, dira-t-on, que le lait écrémé puisse être vendu? Il constitue encore un élément très-nourrissant, et il serait déplorable qu'il ne pût pas être utilisé.

A cette objection il est facile de répondre que le lait écrémé peut être employé pour la nourriture des animaux et la fabrication du fromage; qu'autoriser sa vente, ce serait introduire dans les usages de la population un aliment de qualité inférieure et augmenter les difficultés, assez grandes déjà, de la surveillance du commerce du lait.

Ce n'est pas d'ailleurs à l'administration à aller au-devant d'une pareille innovation; elle doit attendre au moins, pour décider si elle doit admettre en principe la vente du lait écrémé, que les réclamations du commerce la mettent en demeure de se prononcer à ce sujet; et, jusqu'ici, aucune réclamation ne lui ayant été adressée à ce sujet, la commission est d'avis qu'il est convenable de réserver cette question.

Sixième question. — « Quel système l'administration doit-elle adopter pour que la vérification du lait livré au commerce de Paris puisse assurer la répression de la fraude, sans compromettre la sécurité du commerce loyal? »

Deux systèmes différents ont été proposés; dans l'un de ces systèmes, les commissaires de police ou leurs suppléants seraient chargés d'exercer une surveillance directe sur le lait, de le soumettre à la dégustation et à l'épreuve du lacto-densimètre chez les débitants, de verbaliser contre ceux dont la marchandise aurait fourni dans ces épreuves un résultat défavorable, et d'adresser les échantillons saisis à des experts compétents, pour qu'ils en fissent l'analyse.

Dans l'autre système, qui est précisément celui que l'administration a suivi depuis deux ans, les commissaires de police ou leurs suppléants n'ont à intervenir que pour prélever des échantillons de lait chez les débitants, en s'attachant plus particulièrement à ceux contre lesquels ils peuvent avoir quelques motifs de suspicion, et pour adresser ces échantillons aux experts chimistes.

Le premier de ces systèmes a déjà été mis en pratique ; c'est lui qui a été principalement suivi dans les départements. On peut dire, en sa faveur, qu'il permet d'exercer sur le commerce du lait une surveillance plus complète ; que l'analyse du lait étant une opération assez longue et très-délicate, le nombre des échantillons analysés par des experts est nécessairement limité, et que la répression doit être moins efficace lorsqu'on se contente de saisir au hasard un certain nombre d'échantillons de lait que lorsqu'on soumet ce liquide à un contrôle, moins sérieux il est vrai, mais beaucoup plus général.

Ces considérations n'ont pas prévalu dans le sein de la commission ; elle pense qu'il y a de très-graves inconvénients à confier à des agents étrangers à la science des essais qui, si simples qu'ils paraissent, réclament cependant une habitude d'observation qui leur manque nécessairement ; que l'autorité de la science doit se trouver ainsi souvent compromise ; que, d'ailleurs, l'épreuve de la dégustation exécutée par des agents non exercés doit être le plus souvent illusoire, et que, celle du lacto-densimètre se trouvant en défaut lorsqu'il s'agit d'un lait écrémé et étendu d'eau, il serait facile aux marchands, si le premier système était adopté, de s'assurer l'impunité tout en se livrant à la falsification du lait.

Mieux vaut, dans l'opinion de la commission, un petit nombre d'expériences vraiment concluantes et à l'abri de toute contestation, qu'un plus grand nombre d'essais sans valeur et sans portée.

N'est-il pas évident, d'un autre côté, que la juste susceptibilité du commerce loyal se trouve mieux ménagée lorsque les agents de l'autorité se bornent à prélever indistinctement et par une mesure générale de surveillance des échantillons de lait chez les débitants, que s'ils se livrent sous les yeux du public, dans le lieu même du débit, à la dégustation et au pesage du lait, et verbalisent, sur la foi de leurs propres expériences, contre les marchands qu'ils soupçonnent de fraude ? Enfin, et c'est une considération qui doit avoir beaucoup de valeur aux yeux de l'administration quand il s'agit d'un simple prélèvement d'échantillons, il n'est aucun agent de police qui ne soit capable de s'acquitter de cette mission avec le soin qu'elle exige ; s'il s'agit au contraire d'un examen dont les conséquences peuvent avoir une certaine gravité, il ne peut être confié qu'à un agent supérieur, et celui-ci, ne pouvant suffire à sa tâche, la néglige bientôt et laisse tomber la mesure en désuétude.

La commission constate d'abord, monsieur le préfet, que le système qui retient les agents de police ou qui restreint leur rôle au prélèvement des échantillons de lait et laisse exclusivement aux experts chimistes le soin de les apprécier, a été pratiqué depuis deux ans dans le ressort de votre administration, et qu'il a produit d'excellents résultats.

Le prélévement des échantillons de lait étant fait au hasard, une crainte salutaire plane sur tous les marchands de lait, et la certitude des résultats de l'examen auquel ces échantillons sont soumis ne leur laisse aucune chance d'échapper aux sévérités de la loi, s'ils sont vraiment coupables de fraude.

En conséquence, la commission se prononce en faveur de ce système.

Conclusions. — En résumé, monsieur le préfet, la commission est d'avis :

1° Que la science est suffisamment fixée sur la composition du lait pur et sur les variations que cette composition peut éprouver suivant les provenances du lait, suivant les saisons et les diverses causes naturelles qui peuvent la modifier, pour éclairer l'administration sur les mesures à prendre ;

2° Que la science possède des moyens certains de constater les fraudes dont le lait peut être l'objet ;

3° Qu'elle ne connaît aucun instrument capable d'indiquer *à lui seul* et directement si du lait est pur ou s'il a été plus ou moins falsifié ; que le lacto-densimètre est un instrument *utile* pour la vérification du lait; qu'il peut démontrer certaines fraudes, mais qu'il est bien loin de pouvoir les signaler *toutes*, et qu'il n'est pas susceptible d'une application générale ;

4° Que les marchands de lait peuvent soumettre le lait qui leur est livré par les producteurs à un contrôle suffisant pour se mettre à l'abri de poursuites imméritées, et que, d'ailleurs, la marque d'origine leur offrirait un moyen de faire remonter la responsabilité des fraudes à leurs véritables auteurs ;

5° Que le lait écrémé est dépouillé ainsi d'une partie du beurre qu'il contient naturellement, et qu'il doit continuer à être considéré comme falsifié, et, comme tel, exclu du commerce loyal;

6° Que la marche adoptée par l'administration pour la répression des fraudes dont le lait est l'objet est la plus simple et la plus rationnelle que l'on puisse suivre aujourd'hui.

Enfin la commission croit devoir déclarer qu'elle considère comme un devoir pour les experts chargés de reconnaître les falsifications du lait de ne prendre aucune conclusion, quand il s'agit d'appeler sur les prévenus les sévérités de la loi, sans avoir soumis chaque échantillon à une *analyse complète* et sans avoir discuté tous les résultats de cette analyse.

Signé : BOUCHARDAT, BOUDET, VERNOIS, BAUBE, PAYEN, MATHIEU, TRÉBUCHET, CHEVALLIER et BUSSY.

Lu et approuvé dans la séance du 15 mai 1857.

Le vice-président, *signé :* SOUBEIRAN.

Le secrétaire, *signé :* TRÉBUCHET.

II. DEUXIÈME RAPPORT DE LA COMMISSION DU LAIT A M. LE PRÉFET DE POLICE; RAPPORTEUR, M. BOUDET. (Du 21 août 1857.)

Monsieur le préfet,

La commission du conseil de salubrité qui a eu l'honneur de vous adresser, le 1er mai dernier, un rapport sur les diverses questions soulevées par les commerçants de lait en gros, à l'occasion de poursuites exercées contre quelques-uns d'entre eux, a examiné avec une grande attention les obser-vations dont ce rapport a été l'objet de la part de M. le ministre du com-merce ; elle s'empresse d'y répondre et de vous exposer les faits et les expé-riences sur lesquels sont fondées les opinions qu'elle a émises.

La commission doit faire remarquer d'abord qu'elle a dû considérer la composition du lait et ses variations extrêmes, non pas d'une manière absolue, mais au point de vue du commerce et de l'alimentation publi-que, qui ne doivent admettre que du lait de bonne qualité et recueilli dans des conditions régulières ; qu'elle a dû exclure par conséquent des éléments de son appréciation le lait provenant de traites fractionnées, le lait de vaches malades, trop récemment vélées, soumises à un régime in-suffisant, affaiblies par la fatigue ou placées dans d'autres conditions acci-dentelles.

Une autre circonstance qui mérite encore d'être signalée, c'est que le lait livré au commerce, celui surtout qui est expédié à Paris dans les wag-gons des chemins de fer, par les marchands en gros, est le produit du mélange de lait d'origine diverse, qu'il doit, en conséquence, présenter une composition moyenne et se trouver à l'abri des circonstances fort rares et en quelque sorte exceptionnelles qui peuvent faire que la composition du lait d'une vache isolée se rapproche beaucoup des limites *minima* que l'ex-périence a dû faire admettre.

Le lait normal a été analysé par un grand nombre de chimistes, et les résultats qu'ils ont obtenus s'accordent d'une manière satisfaisante ; ceux dont les analyses ont particulièrement servi de base aux opinions émises par la commission sont : MM. Chevallier et Henry, Hailden, Lecanu, Simon, Doyère, Vernois et Becquerel, Poggiale, et MM. Bussy et Boudet, qui, à l'occasion des recherches que vous leur avez confiées sur le lait livré à la consommation des habitants de Paris, ont analysé un très-grand nombre d'échantillons, d'origine certaine, recueillis, soit à Paris même, dans une vacherie, soit autour de Paris, à cinq et six lieues à la ronde, dans des loca-lités différentes et dans l'arrondissement de Mantes.

La commission a pris aussi en grande considération les analyses publiées par MM. Boussingault et Lebel, Quevenne, Playfair, Vernois et Becquerel, Joly et Filhol ; mais ces analyses, ayant été faites dans des conditions spé-ciales, n'ont pas dû être invoquées ici pour établir la composition ordinaire du lait. Elles démontrent toutefois, et c'est là un fait de la plus grande importance dans la question dont il s'agit, que les variations que le lait peut présenter, suivant son âge et le régime auquel les vaches sont sou-mises, ne sont pas aussi considérables qu'on aurait pu le supposer et qu'elles rentrent à peu près dans les mêmes limites que celles du lait fourni par les vaches traites dans les conditions ordinaires.

Or il résulte des analyses de MM. Chevallier et Henry, Hailden, Lecanu, Simon, Doyère, Poggiale, qui ont opéré sur des laits recueillis dans les con-ditions ordinaires, tant en France qu'en Allemagne et en Angleterre, que la composition du lait normal peut être représentée par les chiffres suivants :

COMPOSITION DE 100 PARTIES.	EAU.	MATIÈRES FIXES EN TOTALITÉ.	CASÉINE.	BEURRE.	LACTINE.	EXTRATIF ET SELS.
Moyenne.	86 67	13 33	4 88	3 45	4 44	0 66
Maximum.	84 80	14 30	7 20	4 38	5 95	0 75
Minimum.	87 60	12 40	3 00	2 75	2 80	0 60

D'autre part, MM. Bussy et Boudet ont obtenu les résultats suivants :

Lait des environs de Mantes résultant de l'analyse de huit échantillons recueillis dans différentes localités.

COMPOSITION DE 100 PARTIES.	EAU.	MATIÈRES FIXES EN TOTALITÉ.	BEURRE.
Moyenne.	86 93	13 07	3 77
Maximum.	84 17	15 83	5 82
Minimum.	88 50	11 50	2 85

Lait recueilli dans une vacherie, rue de l'Égout-Saint-Germain, à Paris, résultant de l'analyse de neuf échantillons.

COMPOSITION DE 100 PARTIES.	EAU.	MATIÈRES FIXES EN TOTALITÉ.	CASÉINE, EXTRACTION ET SELS.	BEURRE.	LACTINE.
Moyenne.	87 22	12 78	3 47	3 87	5 43
Maximum.	86 62	13 38	4 50	4 52	5 84
Minimum.	88 08	11 92	2 22	3 12	5 10

Laits recueillis du 8 au 14 mars 1856 dans dix-sept localités différentes aux environs de Paris : Vaugirard, — Vitry, — barrière d'Italie, — Batignolles, — Villeneuve-Saint-Georges, — Longjumeau, — Chaville, — Sèvres, — Essonne, — Champigny, — Charenton, — Maisons-Alfort, — Chelles, — Saint-Germain-en-Laye, — Montlhéry, — Courtdimanche, près Pontoise, — Boissement, près Pontoise, résultant de l'analyse de trente-cinq échantillons.

COMPOSITION DE 100 PARTIES.	EAU.	MATIÈRES FIXES EN TOTALITÉ.	CASÉINE, MATIÈRES EXTRACTIVES ET SELS.	BEURRE.	LACTINE.
Moyenne.	86 42	13 58	4 14	4 00	5 43
Maximum.	83 88	16 12	8 05	5 68	6 10
Minimum.	88 24	11 76	1 14	2 658	4 526

En résumé ces nombreuses analyses donnent les résultats suivants :

Moyenne pour 100 parties de lait.

EAU.	MATIÈRES FIXES EN TOTALITÉ.	CASÉINE, MATIÈRES EXTRACTIVES ET SELS.	BEURRE.	LACTINE.
86 67	13 33	5 54	3 45	4 44
86 93	13 07	» »	3 77	» »
87 22	12 78	3 47	3 87	5 43
86 42	13 58	4 14	4 00	5 43

Maximum pour 100 parties de lait.

EAU.	MATIÈRES FIXES EN TOTALITÉ.	CASÉINE, MATIÈRES EXTRACTIVES ET SELS.	BEURRE.	LACTINE.
87 60	14 50	7 95	4 38	5 95
88 50	15 83	» »	5 82	» »
88 08	13 38	4 50	4 52	5 84
88 24	16 12	8 05	5 687	6 10

Minimum pour 100 parties de lait.

EAU.	MATIÈRES FIXES EN TOTALITÉ.	CASÉINE, MATIÈRES EXTRACTIVES ET SELS.	BEURRE.	LACTINE.
84 80	12 40	3 60	2 75	2 80
84 17	11 50	» »	2 85	» »
86 62	11 92	2 2?	3 12	5 10
83 88	11 76	1 14	2 658	4 52

La commission, s'appuyant sur la grande analogie que ces résultats présentent entre eux et avec ceux qui ont été obtenus par MM. Boussingault et Lebel, Quevenne, Lyon, Playfair, Schuber, Vernois et Becquerel, Joly et Filhol, dans des conditions spéciales pour l'âge du lait et le régime des vaches, et prenant en considération les données annexées[1] extraites de l'ou-

[1] Extrait de l'ouvrage sur le lait, de MM. Bouchardat et feu Th. Quevenne.

Moyenne de vingt-trois analyses de lait de vache pour 100 grammes, par MM. Bouchardat et feu Quevenne.

Beurre.	3 85
Caséum brut.	4 07
Lactine, matières extractives et sels solubles.	5 39
TOTAL.	**13 31**

Minimum pour le beurre et le poids total des matières fixes.

Beurre.	2 68
Caséum.	3 81
Lactine et sels solubles.	5 28
TOTAL.	**11 77**

vrage encore inédit de MM. Bouchardat et Quevenne, fournies par MM. Bussy
et Boudet, à la suite d'expériences très-nombreuses instituées précisémen
dans le but d'apprécier la composition moyenne du lait consommé à Paris
et les variations extrêmes que cette composition peut offrir dans les conditions ordinaires, remarquant d'ailleurs que les *minimum* sont représentés
par quelques rares échantillons, tandis que le plus grand nombre des autres
se rapprochent beaucoup de la composition moyenne, a regardé et regarde
comme suffisamment établi que le lait de vache se compose en moyenne et
en nombres ronds de :

EAU.	MATIÈRES FIXES EN TOTALITÉ.	CASÉINE, MATIÈRES EXTRACTIVES ET SELS.	BEURRE.	LACTINE.
87	13	4 00	4 00	5 00

Et que la limite minima *peut être fixée à :*

| 88 50 | 11 30 | » » | 2 70 à 3 00 | 4 50 |

La commission déclare toutefois que la limite *minima* qu'elle indique
pour les éléments du lait ne peut pas être considérée comme une limite
absolue propre à fixer le terme où commence la fraude ; qu'il ne suffit pas
qu'un lait contienne plus de 11-50 de matières fixes ou de 2-70 de
beurre, ou de 4-50 de lactine, pour être reconnu exempt de fraude et irréprochable, et que le jugement des chimistes experts, chargés de la vérifi
cation du lait, doit résulter d'une appréciation comparative de toutes les
données de leurs analyses ; qu'ainsi, par exemple, on peut considérer comme
falsifié, non-seulement tout échantillon de lait qui n'aura pas fourni pour
l'ensemble des matières fixes qu'il contient un poids supérieur à 11-50,
mais encore tout échantillon, qui, donnant plus de 11-50 de ces matières,
ne contiendrait pas au moins 2-70 de beurre et 4-50 de lactine.

Ne peut-il pas arriver en effet qu'un lait riche en matières fixes et contenant une proportion moyenne de beurre, puisse être fortement écrémé
et réduit ainsi à une proportion de beurre inférieure à 2-70 pour 100, tout
en conservant une proportion de matières fixes supérieure à 11-50. Dans
ces cas, la fraude, c'est-à-dire, la soustraction de la crème serait signalée
par le chiffre du beurre, et son auteur serait justement condamné comme
coupable d'avoir dénaturé sa marchandise, bien que le lait qu'il aurait
fourni contînt des proportions de matières fixes et de lactine supérieures
au minimum.

D'autre part, supposons qu'un lait riche en matières fixes et en beurre,
et contenant une proportion moyenne de lactine, ait été additionné d'eau
dans des proportions telles que le poids des matières fixes et du beurre n'ait
pas été abaissé par cette addition au-dessous du *minimum*, tandis que la

proportion de lactine, au contraire, s'y trouve inférieure à 4-50 ; ne sera-t-on pas autorisé à conclure que ce lait a été additionné d'eau et qu'il a été l'objet d'une manipulation frauduleuse , puisque sa proportion de lactine est devenue inférieure au minimum?

Ainsi, comme la commission l'a exposé dans son premier rapport, l'analyse complète du lait, la connaissance qu'elle donne aux experts des proportions de chacun de ses éléments, et la discussion attentive de ces proportions, leur permet de suivre les falsifications de ce liquide dans toutes les conditions qu'elles peuvent présenter et de les constater dans des limites très-étendues.

La commission insiste d'ailleurs sur cette considération que, surtout pour le beurre et les matières fixes, le lait ne peut approcher des limites *minima* que dans des circonstances exceptionnelles et lorsqu'il est fourni par des vaches isolées; qu'en conséquence, ces limites ne peuvent pas être invoquées en faveur des marchands de lait en gros, qui ne livrent jamais au commerce que des laits mélangés provenant de plusieurs vaches.

La fraude une fois reconnue, pour en apprécier et en mesurer l'importance, on compare la proportion de matières fixes ou de beurre, ou de lactine du lait analysé avec les proportions correspondantes des mêmes éléments dans le lait de composition moyenne, et on détermine par un simple calcul la quantité d'eau qui devrait être introduite dans du lait de composition moyenne, ou de beurre qui devrait en être soustrait par l'écrémage, pour le réduire à la composition du lait examiné.

Soit, par exemple, un lait qui n'a fourni à l'analyse que 10 pour 100 de matières fixes au lieu de 13 que représente la moyenne, on établit la proportion suivante :

$$100 \text{ de lait} : 13 :: x : 10.$$
$$\text{Et on trouve} : x = 17.$$

Ce qui veut dire que le lait qui a fourni 10 de matières fixes était vraisemblablement formé de soixante-dix-sept parties de lait pur de composition moyenne et de vingt-trois parties d'eau, ou de cent parties de lait pur et de trente parties d'eau.

Après avoir présenté ses observations sur les bases d'appréciation de la qualité du lait adoptées par la commission, M. le ministre du commerce se préoccupe des précautions qui doivent être prises par les agents chargés du prélèvement des échantillons du lait, pour que ces échantillons représentent exactement la composition moyenne du lait contenu dans les vases où il est puisé. Ces précautions n'ont pas moins préoccupé la commission elle-même et votre administration. Elles sont une des conditions essentielles d'expertises concluantes; aussi, avant de mettre en pratique le système de surveillance et de vérification qu'elle applique depuis deux ans au commerce du lait, votre administration avait-elle, dans une circulaire spéciale, recommandé expressément à MM. les commissaires de police de mélanger très-exactement le lait dans chaque vase, par agitation, et, au besoin, par voie de transvasement, avant d'en prélever échantillon, et leurs procès-verbaux con`statent qu'ils se conforment très-exactement à cette prescription.

> *Signé* : Payen, Vernois, Trébuchet, Boudet, Bouchardat, Bussy,
> Baube, Mathieu.

Lu et approuvé dans la séance du 21 août 1857.

Le vice-président, *signé* Soubeiran : le secrétaire, *signé* Trébuchet.

III. Ordonnance du lieutenant général de police, portant réglement sur la vente et distribution du lait. (Du 20 avril 1742.)

1. Faisons défenses aux brasseurs de vendre leurs drèches lorsqu'elles sont vieilles et corrompues, et aux regrattiers et nourrisseurs de vaches, chèvres et ânesses, d'en acheter sous quelque prétexte que ce soit, à peine de deux cents livres d'amende, pour chaque contravention, tant contre les vendeurs que contre les acheteurs, et de punition corporelle tant contre les uns que contre les autres; dont les maîtres seront garants et responsables pour leurs domestiques.

2. Défendons pareillement aux amidonniers de vendre le marc de leur amidon, et aux nourrisseurs de vaches, chèvres et ânesses, de l'acheter, sous les mêmes peines de deux cents livres d'amende, et de punition corporelle, tant contre les uns que contre les autres; lesquels seront en outre civilement responsables de tous les inconvénients qui pourraient en arriver.

3. Disons que tous ceux qui apportent du lait de la campagne à Paris, que les détaillants et détailleresses qui en font commerce ne pourront en exposer en vente que de bonne qualité et sans mélange; leur défendons d'y mettre de l'eau, ni des jaunes d'œufs, à peine de deux cents livres d'amende pour chaque contravention.

4. Faisons défenses aussi, sous les mêmes peines, de vendre du lait aigre ou corrompu, et généralement toute sorte de lait nuisible à la santé. Enjoignons à ceux qui le vendent, de se servir de mesures de jauge et de se conformer à cet égard aux ordonnances.

IV. Ordonnance concernant la vente du lait dans Paris [1]. (Du 23 messidor an VIII — 12 juillet 1800.)

Le préfet de police,
Informé des abus qui se commettent dans la vente du lait ;
Considérant que cette denrée étant d'un usage presque universel, et surtout d'une nécessité indispensable pour les enfants, il importe d'en assurer la sanité et la fidélité dans la distribution, et par conséquent de faire revivre les dispositions des anciens règlements de police relatifs à ce genre de commerce; qu'il importe également d'obliger tous ceux qui s'y livrent de se servir exclusivement des nouvelles mesures de capacité,

---

[1] Voir l'ordonnance du juillet 1813.

Ordonne :

1. Il est défendu à toutes personnes vendant du lait d'en déposer, sous tel prétexte que ce soit, dans des vaisseaux de cuivre, à peine de confiscation et de trois cents francs d'amende. (Déclaration du 13 juin 1777, art. 1.)

2. Il est pareillement défendu d'exposer en vente du lait aigre, écrémé, mélangé avec de l'eau, de la farine et des jaunes d'œufs, et autres corps étrangers, à peine de deux cents francs d'amende pour chaque contravention. (Ordonnance du 20 avril 1742, art. 3.)

3. Les marchands sont tenus de se servir des mesures nouvelles et légales, à peine d'être poursuivis conformément à la loi du 1er vendémiaire an IV.

4. Il sera fait l'inspection la plus exacte chez les nourrisseurs de vaches, et tous autres faisant le commerce du lait.

Il sera fait de semblables visites au sujet des laitières qui vendent dans les places publiques et les rues.

5. Il sera pris envers les contrevenants aux dispositions ci-dessus telles mesures de police administrative qu'il appartiendra; ils seront, en outre, poursuivis conformément à la déclaration du 13 juin 1777, à l'ordonnance du 20 avril 1742, à la loi du 1er vendémiaire an IV, et autres qui leur seront applicables.

6. La présente ordonnance sera imprimée, publiée et affichée partout où besoin sera. Elle sera envoyée aux autorités qui doivent en connaitre, aux commissaires de police et aux préposés de la préfecture, pour que chacun, en ce qui le concerne, tienne exactement la main à son exécution.

Le préfet de police, Dubois.

V. ORDONNANCE CONCERNANT LA VENTE DU LAIT. (Du 20 juillet 1813.)

Nous, Étienne-Denis Pasquier, officier de la Légion d'honneur, commandeur de l'ordre impérial de la Réunion, baron de l'Empire, conseiller d'État, chargé du quatrième arrondissement de la police générale, préfet de police du département de la Seine et des communes de Saint-Cloud, Sèvres et Meudon, du département de Seine-et-Oise, etc.

Vu les articles 2, 23 et 26 de l'arrêté du gouvernement du 12 messidor an VIII, et l'article 1er de celui du 3 brumaire suivant,

Ordonnons ce qui suit :

1. Il est défendu de mettre dans des vaisseaux de cuivre le lait qui doit être exposé en vente, à peine de confiscation et de trois cents francs d'amende. (Déclaration du roi du 13 juin 1777, art. 1.)

2. Il ne doit être exposé en vente que du lait de bonne qualité et sans mélange, à peine de deux cents francs d'amende. (Ordonnance de police du 20 avril 1742, art. 3.)

3. Les marchands de lait sont tenus de se servir de mesures dûment vérifiées et poinçonnées.

4. Les contraventions seront constatées par des procès-verbaux qui nous seront adressés.

5. Il sera pris envers les contrevenants aux dispositions ci-dessus, telles mesures de police administrative qu'il appartiendra, sans préjudice des poursuites à exercer contre eux devant les tribunaux, conformément aux lois et aux règlements.

6. La présente ordonnance sera imprimée, publiée et affichée.

Les sous-préfets des arrondissements de Saint-Denis et de Sceaux, les maires et adjoints des communes rurales du ressort de la préfecture de police, les commissaires de police, l'inspecteur général de police, les officiers de paix, le commissaire des halles et marchés, les inspecteurs des poids et mesures, et les préposés de la préfecture de police sont chargés, chacun en ce qui le concerne, de tenir la main à son exécution.

Le conseiller d'État, préfet de police, Baron PASQUIER.

LAMINAGE DES MÉTAUX (1re classe, à cause des fourneaux).
Voir, au mot *Fer*, l'article *Fourneaux à la Wilkinson*.

DÉTAIL DES OPÉRATIONS. — Le laminage est une opération qui a pour but de réduire en feuilles ou en barres les métaux déjà obtenus fondus ou martelés.

Un train de laminoir se compose de deux équipages formés chacun par deux cylindres horizontaux, superposés et cannelés ou non, selon que l'on veut obtenir une surface modelée ou unie; le cylindre supérieur reçoit son mouvement du cylindre inférieur au moyen d'un engrenage qui le fait tourner en sens contraire. S'il s'agit de barres, on les étire entre des cylindres cannelés *dégrossisseurs*, puis on les passe entre des cylindres à surface unie ou cylindres *finisseurs*. Pour engager les barres incandescentes entre les cylindres, on les pose d'abord sur le *tablier*; c'est une plaque de fonte qui vient à la hauteur de la séparation des deux cylindres; un ouvrier la prend avec des pinces et l'engage dans le laminoir; un autre ouvrier la saisit de la même manière quand elle paraît de l'autre côté pour la repasser comme auparavant.

S'il s'agit de feuilles, on a deux trains de laminoirs : l'un sert de dégrossisseur, l'autre de finisseur; ce dernier est tourné avec un soin tout particulier; des lames plates, chauffées au rouge pour le fer, s'étendent de plus en plus à mesure qu'on les passe entre les cylindres ; on obtient, après un nombre de passages suffisants, des feuilles qu'il suffit de rogner à la ci-

saille pour les livrer au commerce. Il faut recuire les métaux
que l'on veut laminer chaque fois qu'ils commencent à s'écrouir
et deviennent élastiques ; ce *recuit* s'obtient en portant les
barres ou les feuilles à une température rouge ; on y a forcément recours pour le fer, le cuivre, le laiton, le zinc, etc.

Quand il s'agit d'obtenir des feuilles très-minces, on superpose plusieurs feuilles, on les passe dans un laminoir dont le cylindre supérieur se meut en vertu de l'impulsion que lui communique le cylindre inférieur.

Laminage du cuivre.

Les fourneaux destinés à chauffer au rouge les lingots de cuivre qui doivent être laminés en feuilles sont très-longs et
larges, à cause des dimensions que l'on donne souvent à ces
feuilles. Les lingots sont empilés en croix, chauffés jusqu'au
rouge sombre et passés au laminoir un grand nombre de fois,
en ayant soin de les recuire chaque fois que la compression a
rendu le cuivre trop dur pour s'étendre davantage ; ce *recuit*
s'opère dans le même fourneau.

Pour dépouiller les feuilles de cuivre de l'oxyde dont elles
se sont recouvertes pendant le laminage, on les trempe pendant
quelques jours dans une fosse pleine d'urine, puis on les expose
sur la sole du fourneau de chaufferie ; l'ammoniaque semble se
combiner d'abord avec l'oxyde de cuivre et le réduire ensuite sous
l'influence de la chaleur. Les feuilles sont ensuite frottées avec
un morceau de bois, trempées dans l'eau chaude pour détacher
l'oxyde encore adhérent, enfin redressées au laminoir.

Laminage du zinc.

Avant de laminer le zinc, il faut le fondre et le couler en
plaques. Cette fusion s'opère dans de grandes chaudières en
fonte, très-épaisses, disposées sur un four à réverbère ; ces
chaudières sont rapidement détruites, parce qu'elles se combinent au zinc, forment un alliage très-dur et peu fusible qui
adhère aux parois, tandis que la masse intérieure n'en contient
que fort peu.

C'est par la présence de quelques grains de cet alliage dans le zinc que celui-ci devient difficile à laminer, parce qu'en se séparant ces grains laissent des trous dans la feuille.

Les plaques doivent être laminées à une température de cent vingt à cent cinquante degrés ; on les chauffe dans un four à réverbère chaque fois qu'elles sont trop refroidies ; les feuilles doivent passer aussi avec une température de cent vingt degrés, qui empêche le zinc d'être cassant et rend son laminage beaucoup plus prompt et plus parfait. Pour réchauffer les cylindres, on y passe de temps en temps des plaques à cent cinquante degrés ; quand les feuilles sont devenues assez minces, on les passe par huit pour les achever, puis on les ébarbe à l'aide d'une cisaille. (Voir *Zinc*.)

Laminage du plomb.

Lorsque l'on veut du plomb en feuilles, on le coule ordinairement en plaques sur une table et on le lamine à froid. Quelquefois on le coule sur une table en pierre légèrement inclinée, mais il faut éviter de donner à la feuille au delà de cinq à six millimètres, pour éviter qu'elle ne fendille la table par excès de chaleur. Quand on veut obtenir par le coulage des feuilles minces, on les coule sur une toile de coutil graissée avec du suif, bien tendue et inclinée d'environ un sixième ; le plomb doit, dans tous les cas, n'avoir qu'une température peu élevée au-dessus de son point de fusion, un papier plongé dans sa masse ne doit pas prendre feu. Voir *Plomb* (*Industrie du*.)

CAUSES D'INSALUBRITÉ. — Danger du feu. (Voir celles des établissements où il y a des cubilots. — Les *hauts fourneaux*.)

CAUSES D'INCOMMODITÉ. — Pour le laminage en feuilles minces, bruit des presses et moutons.

PRESCRIPTIONS. — Toutes celles imposées aux batteurs d'or, etc., etc., aux fabricants de boutons, estampeurs, etc., etc. (Voir *Batteurs d'or*, t. I, p. 274.)

Documents relatifs au laminage des métaux.

I. LETTRES PATENTES SUR LES LAMINOIRS-PRESSES, ETC. (Du 28 juillet 1783.)

1. A compter du jour de la date de ces présentes, il sera libre à tous entrepreneurs de manufactures, ainsi qu'aux orfévres, horlogers, graveurs, fourbisseurs et autres ouvriers qui travaillent et emploient les métaux, d'avoir chez eux, les presses, moutons, laminoirs, balances et coupoirs qui leur seront nécessaires, à la charge par eux d'en obtenir la permission....

4 et 5. Ces deux articles forment l'article 10 de l'ordonnance du 4 prairial an IX (24 mai 1801).

6. Il doit être procédé extraordinairement contre tous ceux qui l'emploieraient à fabriquer des médailles, des jetons ou des espèces d'or, d'argent, de billon ou de cuivre, soit au coin du royaume, soit à celui d'un prince étranger, pour les faire punir comme faux monnayeurs. Il en est usé de même à l'égard de ceux chez lesquels il se trouve quelques carrés, poinçons ou autres instruments propres à la fabrication desdites monnaies, médailles ou jetons. Les maîtres sont personnellement responsables de tous les abus de cette nature, commis par leurs ouvriers ou compagnons.

7. Les graveurs, serruriers, etc., qui contreviennent aux dispositions de l'article 4 de l'arrêté précité, doivent être condamnés à mille francs d'amende, et à la confiscation des ouvrages pour la première fois, et à de plus grandes peines en cas de récidive.

8. Ceux qui emploient lesdites machines sont soumis aux visites de la police.

II. EXTRAIT DU REGISTRE DES DÉLIBÉRATIONS DES CONSULS DE LA RÉPUBLIQUE. LAMINOIRS, MOUTONS, PRESSES, BALANCIERS ET COUPOIRS (3 germinal an IX, — 24 mars 1801.)

Les consuls de la République, sur le rapport du ministre des finances, le conseil d'État entendu,

Arrêtent :

1. Les dispositions des lettres patentes du 28 juillet 1783, qui obligent les entrepreneurs de manufactures, orfévres, horlogers, graveurs, fourbisseurs et autres artistes et ouvriers qui font usage de presses, moutons, laminoirs, balanciers et coupoirs, à en obtenir la permission, seront exécutées selon leur forme et teneur.

2. Cette permission sera délivrée, savoir : dans la ville de Paris, par le préfet de police ; dans les villes de Bordeaux, Lyon et Marseille, par les commissaires généraux de police ; et dans toutes les autres villes de la république, par les maires de l'arrondissement.

3. Ceux qui voudront obtenir lesdites permissions seront tenus de faire élection de domicile, de joindre à leur demande les plans figurés et l'état des dimensions de chacune desdites machines dont ils se proposeront de faire usage. Ils y joindront pareillement des certificats des officiers municipaux

des lieux dans lesquels sont situés leurs ateliers ou manufactures, lesquels certificats attesteront l'existence de leurs établissements et le besoin qu'ils pourront avoir de faire usage desdites machines.

4. (Forme l'article 7 de l'ordonnance du 4 prairial an IX (24 mai 1801.)

5. (Forme l'article 8 de ladite ordonnance.)

6. Les ministres de la police générale, de la justice et des finances sont chargés, chacun en ce qui le concerne, de l'exécution du présent arrêté, qui sera inséré au *Bulletin des Lois*.

III. ORDONNANCE CONCERNANT L'USAGE ET L'EMPLOI DES LAMINOIRS, MOUTONS, PRESSES, BALANCIERS ET COUPOIRS. (Du 4 prairial an IX — 24 mai 1801.)

Le préfet de police,

Vu l'arrêté des consuls, en date du 3 germinal dernier, concernant la fabrication, la vente et l'emploi des laminoirs, moutons, presses, balanciers et coupoirs ;

Ordonnons ce qui suit :

1. L'arrêté des consuls, en date du 3 germinal dernier[1], concernant la fabrication, la vente et l'emploi des laminoirs, moutons, presses, balancier et coupoirs, sera imprimé, publié et affiché;

2. Ceux qui se servent de ces instruments ne pourront continuer à en faire usage sans en avoir obtenu la permission du préfet de police.

Ils lui adresseront, à cet effet, une pétition énonciative de leurs noms, prénoms, professions et demeures, ainsi que des lieux où sont situés leurs manufactures ou ateliers ; ils remettront cette pétition aux commissaires de police de leur division, avec les plans figurés et l'état des dimensions de chacune de leurs machines.

3. Les commissaires de police prendront des renseignements tant sur l'existence des établissements où des laminoirs, moutons, presses, balanciers et coupoirs sont employés, que sur la nécessité pour les pétitionnaires d'en avoir à leur usage. Ils en dresseront procès-verbal qui contiendra leur avis, et l'enverront, avec toutes les pièces, au préfet de police.

4. Ceux qui, pour l'exercice de leur profession, auront besoin de pareilles machines, ne pourront en faire usage qu'après en avoir obtenu la permission.

Pour l'obtenir, ils se conformeront aux dispositions de l'article 2 ci-dessus.

Ils seront tenus, en outre, d'indiquer les personnes qui devront leur fournir lesdites machines.

5. Les permissions seront enregistrées par les commissaires de police, sur des registres ouverts à cet effet. Mention de cet enregistrement sera faite sur lesdites permissions.

6. Ceux qui changeront de domicile sans sortir de leur division, en aver-

---

[1] Voir cet arrêté à l'appendice.

tiront le commissaire de police. Ceux qui changeront de division en pré-viendront les commissaires de leur ancien et de leur nouveau domicile.

7. Il est défendu aux graveurs, serruriers, forgerons, fondeurs et autres, de fabriquer des laminoirs, moutons, presses, balanciers et coupoirs.

Ils pourront néanmoins en fabriquer pour les manufacturiers, orfévres, horlogers et tous autres, qui leur justifieront d'une permission du préfet de police.

Dans ce cas, ils se feront remettre ladite permission et ne la rendront qu'à l'instant où ils livreront les machines fabriquées.

Le tout à peine de mille francs d'amende et de confiscation. (Article 7 des lettres patentes du 28 juillet 1783.)

8. Les graveurs, forgerons, serruriers ou autres, qui auraient actuelle-ment en leur possession des laminoirs, moutons, presses, balanciers et cou-poirs, ne pourront les conserver qu'à la charge d'en faire leur déclaration, conformément à l'article 2, et ils ne pourront les vendre sans une permis-sion, sous les peines portées par les lettres patentes rappelées ci-dessus.

9. Ceux qui voudraient cesser de faire usage de ces machines seront tenus d'en faire leur déclaration, et ils ne pourront les vendre qu'à ceux qui seraient munis d'une permission du préfet de police.

10. Ceux qui auront obtenu la permission d'avoir chez eux des laminoirs, moutons, presses, balanciers et coupoirs, seront tenus de les placer dans leurs ateliers aux endroits les plus apparents, et sur la rue, autant que faire se pourra, en observant toutefois de les tenir dans des endroits fermant à clef lorsqu'ils ne s'en serviront pas.

Il leur est défendu d'en faire usage avant cinq heures du matin et après neuf heures du soir, comme aussi de les employer à tout autre travail que celui qu'ils auront indiqué dans leur déclaration, sous peine de révocation des permissions accordées, et d'être contraints à déposer leurs machines à la préfecture de police.

11. Les commissaires de police et officiers de paix feront des visites chez les manufacturiers, orfévres, horlogers, graveurs, fourbisseurs, serruriers, forgerons, fondeurs, ferrailleurs, ouvriers et tous autres, à l'effet de sur-veiller l'exécution des dispositions ci-dessus.

Le préfet de police, DUBOIS.

LAQUES (FABRICATION DES) (3ᵉ classe). — 14 janvier 1815.

On désigne sous le nom de *laques* des couleurs matérielles formées par la combinaison d'une matière colorante organique avec une base terreuse ou métallique ; l'alumine est la base la plus employée ; l'oxyde d'étain et la chaux viennent après.

Ces laques sont des couleurs généralement moins solides que celles qu'on peut retirer des matières premières en se servant d'une autre forme ; on emploie de nombreux procédés de préparation ; on les modifie selon la nature de la substance.

Laque de garance.

DÉTAIL DES OPÉRATIONS. — Pour avoir la *laque de garance*, on fait macérer deux parties de garance dans huit parties d'eau froide : on jette la garance sur des toiles, on l'exprime et on recommence trois fois de suite la même opération. Le résidu est mis en digestion pendant trois heures, à la chaleur du bain-marie, avec une solution d'une partie d'alun pour douze parties d'eau. Le liquide filtré est précipité par une solution de carbonate de soude qu'on ajoute par fractions ; en séparant les différentes parties dans le cours de la précipitation, on aurait des nuances variées. L'alumine s'est précipitée dans cette opération en entraînant avec elle le principe colorant.

On remplace quelquefois le carbonate de soude par le borate qui donne un beau produit ; on se sert aussi du charbon sulfurique ou de la *garancine* pour obtenir la laque ; par l'emploi de ces derniers produits on a une laque privée de la teinte fauve que lui communique souvent la matière huileuse qu'elle retient.

Laque de Fernambouc.

La *laque de Fernambouc* s'obtient d'une manière analogue, la crème de tartre remplace le carbonate de soude, et c'est l'alun qui sert à la précipitation. L'emploi du protochlorure d'étain avive la couleur de cette laque et de presque tous les rouges.

Laque carminée.

La *laque carminée* se fait avec le résidu de la fabrication du carmin. — On fait bouillir ce résidu dans l'eau pure, on y ajoute l'eau-mère du carmin ; quand l'ébullition est achevée, on y verse une solution contenant un poids d'alun double de celui du résidu, et quelques gouttes de chlorure d'étain. On filtre le tout et on précipite la laque au moyen du carbonate de soude ; on agite constamment, on fait égoutter et sécher en trochisques à l'ombre.

Il existe un grand nombre de laques et de modifications pour les obtenir. Je ne parlerai ici que des *laques françaises*, qui constituent une industrie particulière.

Laques françaises.

Le nom de *laques françaises* a été appliqué aux ouvrages en carton recouverts d'un beau vernis et de figures dorées, qui nous venaient autrefois de la Chine, et que l'on fabrique maintenant en France.

Il faut se rappeler ici qu'il y a deux sortes de cartons : le carton de pâte et le carton des cartiers; ce dernier formé de feuilles de papier superposées. (Voir *Cartonnier*, t. I, p. 361.)

Le *carton de pâte* dit *papier mâché* est seul employé pour les formes arrondies ; au lieu de colle de farine on emploie pour le coller le *parum* ou colle forte avec de la ratissure de peau. Ce mélange délayé et cuit sert à coller les feuilles de carton de cartiers et à imprégner la pâte du carton de pâte à l'aide d'une douce chaleur; on moule cette pâte et on fait sécher les pièces à l'étuve ou même à l'air libre, s'il fait chaud. Les moules sont ordinairement en plâtre ou en bois ; dans ce cas on les forme de plusieurs pièces croisées pour éviter leur déformation, on les imprègne même d'huile au feu pour les durcir.

Les pièces sèches sont très-dures, on les passe à l'huile de lin rendue siccative par la litharge, additionnée d'essence de térébenthine, d'alun. On y plonge les pièces pendant qu'elle est encore très-chaude, ou, si le trempage est impossible, on l'étend très-chaude au moyen d'éponges ou de pinceaux et on fait sécher. On recuit ensuite avec du karabé pur (*vernis au succin*), et on applique les apprêts.

Les apprêts sont de la terre d'ombre et du blanc calcinés, broyés d'abord à l'eau, puis avec un vernis au karabé (succin), contenant très-peu d'essence. Les pièces enduites sont séchées dans un four extrêmement chaud pour faire pénétrer le vernis dans tout le carton et le rendre imperméable. On ponce et on vernit.

Usages. — On fabrique ainsi des vases Médicis, des panneaux, des candélabres, des tabatières, etc.

On peut rapprocher aussi de cette industrie celle qui consiste à appliquer des morceaux de nacre de perle sur des petits meubles ou objets d'ornements préalablement enduits d'un vernis épais. On les met à l'étuve afin de donner au vernis une consistance convenable et de faire adhérer ensemble les parties accolées. On polit au sortir de l'étuve, on décore au pinceau, et on applique une dernière couche de vernis.

CAUSES D'INSALUBRITÉ. — Aucune.

CAUSES D'INCOMMODITÉ. — Odeur du vernis.

Danger du feu.

Eaux de macération. — Eaux alcalines qui ont servi à la dissolution des matières colorantes.

Quelquefois amas de matières résineuses.

Fumée des fourneaux.

Buées.

PRESCRIPTIONS. — Isoler le fourneau.

Le recouvrir d'une hotte qui recueille toutes les vapeurs et les dirige dans une cheminée qui dépasse de deux mètres le faite des toits voisins.

Bien ventiler l'atelier.

Ne pas fabriquer le vernis dans les ateliers, à moins d'une autorisation spéciale. (Voir *Fabrique de vernis.*)

Conserver dans une armoire séparée les bouteilles de vernis dont on peut faire usage.

Ne point laisser couler sur la voie publique les eaux alcalines avant d'être rendues neutres et limpides.

Sans cela les porter à l'égout voisin.

Emmagasiner isolément les matières résineuses, s'il en existe, de manière à éviter les incendies.

S'il y a une étuve, l'isoler convenablement du four.

LARD (ATELIERS A ENFUMER LE). Voir *Conserves de substances alimentaires (Industrie des)*, t. I, p. 462.

LAVAGE ET SÉCHAGE D'ÉPONGES. Voir *Éponges*, t. I, p. 612.

LAVOIRS (INDUSTRIE DES). — BLANCHIMENT DE TOUTE NATURE. — BUANDERIES.

Blanchiment des toiles par l'acide muriatique oxygéné (2ᵉ classe). — 15 octobre 1810. — 14 janvier 1815.

Blanchiment des tissus par le chlore (2ᵉ classe). — 14 janvier 1815. — 5 novembre 1826.

Blanchiment par les chlorures alcalins (3ᵉ classe). — 5 novembre 1826.

Le blanchiment constitue une série d'opérations qui ont pour but de donner aux matières textiles la blancheur avec laquelle nous sommes habitués à les employer aux usages domestiques. Le coton n'a pas besoin de traitements aussi énergiques que le lin et le chanvre, bien qu'il soit soumis à une série d'opérations au moins aussi multipliées et aussi longues.

DÉTAIL DES OPÉRATIONS. — *Marquage, ébullition dans l'eau, et grillage.* — Les pièces sont marquées avec une encre indélébile ou avec des fils de garance; puis mises dans l'eau que l'on porte à l'ébullition, pour enlever la plus grande partie des matières solubles. Les pièces sont ensuite grillées. (Voir article *Grillage des tissus*, t. I, p. 495.)

Macération ou fermentation. — La macération a pour but de dépouiller les toiles de cette espèce de *parement* ou *paron* dont on les imprègne pour faciliter le tissage et qui s'oppose à l'action des liquides sur les fils. Ce paron est formé de colle-forte ou d'amidon, d'empois, de résine, d'un alcali, d'une matière grasse; ou y joint quelquefois du chlorure de calcium pour maintenir la moiteur des chaînes, mais il a l'inconvénient de faire piquer les toiles. On dispose les tissus par ordre de finesse pour leur faire subir une *fermentation* dans des cuves avec de l'eau à vingt-cinq degrés environ. Si la toile contient peu de parement, on y délaye une matière fermentescible, de la farine de seigle ordinairement; cette opération dure de vingt-quatre à trente-six heures. Il ne faut pas la prolonger au delà du temps nécessaire, de peur d'arriver à la *fermentation putride*, qui altérerait le tissu.

Traitement par l'eau de chaux au lieu de fermentation. — On a bien souvent substitué l'eau de chaux bouillante à la fermentation pour dissoudre le paron; il se forme un savon de chaux avec la matière grasse. Il faut tenir le tissu sans cesse mouillé pour éviter son altération; on ne court pas ainsi les dangers d'une trop longue fermentation. On n'a pas *non plus* à *redouter le dégagement d'acide acétique ou carbonique, ainsi que l'odeur qui les accompagne*; et l'on n'a pas besoin de les saturer par un alcali, chose bien souvent nécessaire dans le procédé précédent.

Lavage. — Le lavage succède à la fermentation, il est nécessaire pour séparer la plus grande partie des matières crasseuses autre que la matière colorante, qui sera l'objet d'une autre opération. Il se faisait autrefois uniquement à bras d'hommes, aujourd'hui on se sert plus généralement de machines. Tantôt ce sont des séries de cylindres dont le supérieur est cannelé, tandis que l'autre est uni; les toiles passent entre ces différents cylindres en traversant chaque fois une nappe d'eau; tantôt ce sont des battoirs au nombre de trois ou de quatre, mis en mouvement au moyen des bras ou de la vapeur; la toile reçoit un filet d'eau continu en même temps qu'elle passe sous les battoirs.

Lessivage ou coulage de la lessive. — Le lessivage ou coulage de la lessive a lieu avec une lessive ou dissolution de potasse ou de soude rendue caustique par la chaux; il faut connaître la richesse alcalimétrique des matières que l'on emploie, afin d'en régler la quantité pour chaque opération. La potasse et la soude doivent provenir de matières bien calcinées afin d'éviter toute coloration; le lessivage a pour but de dissoudre les savons de chaux, de cuivre (provenant des peignes et du paron), mais il n'y parvient pas toujours avec un succès complet.

Appareils et moyens divers mis en usage. — L'ancien appareil se compose d'une chaudière de tôle légèrement conique dont le bord supérieur affleure celui de la maçonnerie. A côté se trouve un cuvier dans le fond est garni de traverses de bois ou de sarments de vigne pour éviter le tassement et faciliter la filtration; un trou placé à la partie inférieure et latérale reçoit une bonde ou une cannette pour laisser écouler la lessive dans la chaudière. Les toiles sont pliées et placées en couches successives, on verse sur chacune d'elles une certaine quantité de lessive avant de disposer les autres. Quand le cuvier est presque plein, on achève de remplir l'espace qui reste avec de la lessive seulement : on tasse au moyen de sabots, et on recouvre le tout avec plusieurs doubles de grosse toile. On verse continuellement de la lessive chaude sur le cuvier, jusqu'à ce qu'elle en sorte presque au même degré, ce qui n'arrive qu'après plusieurs heures.

Dès 1718, on faisait usage, dans l'Inde, de la vapeur d'eau pour blanchir les toiles de coton. On les imprégnait d'abord de fiente de vaches, on les plaçait sur de grandes chaudières, on les soumettait à une lessive caustique, puis à la vapeur.

On a fait élever la lessive caustique sur le cuvier au moyen de la vapeur, par simple pression. (Bardel, 1801), et l'on s'est servi aussi de pompes particulières. (Widmer, 1804.)

Par circulation d'eau chaude. — On a mis et on met encore en pratique le lessivage par circulation d'eau chaude, comme elle a lieu pour le chauffage. On a modifié la chaudière en la faisant complétement close et munie d'une soupape de sûreté; on met dedans une lessive caustique : un tube part d'une faible distance du fond de la chaudière, passe à travers la paroi supérieure, se courbe pour se rendre au-dessus de la cuve; quand on chauffe, il se produit une quantité de vapeurs bientôt suffisante pour élever, par la pression qu'elle exerce, l'eau de la chaudière dans le tube et de là dans la cuve. La cuve, étant complétement close et résistante, communique par sa partie inférieure avec la chaudière, ce qui donne lieu à une circulation intermittente, dont les intermittences sont d'autant plus rapprochées que l'on arrive davantage vers la fin de l'opération, ce qui est nécessaire.

Une modification a été apportée à ce procédé (Bardel 1825) : elle consiste à placer directement le cuvier sur la chaudière, la lessive s'élève jusqu'à la surface supérieure et retombe sur les toiles en forme de pomme d'arrosoir.

Par condensation de la vapeur. — On a imaginé de tasser légèrement les toiles dans un cuvier et de faire arriver assez de lessive pour qu'elles en soient recouvertes. Un tube partant d'une chaudière amène de la vapeur qui se condense, porte bientôt la lessive à l'ébullition; il faut retenir les toiles au moyen d'une claire-voie faite avec des solives, afin que le soulèvement des toiles n'ait pas lieu par les mouvements dus à l'ébullition.

Précautions. — Les toiles que l'on immerge dans la lessive ne doivent pas être complétement sèches ni complétement mouillées, parce qu'elles seraient plus difficilement ou inégalement pénétrées; il faut qu'elles soient dans un certain état de moiteur. Le refroidissement et le chauffage des cuves doivent être gradués pour éviter de fixer la matière colorante au lieu de la dissoudre. Il faut renouveler souvent la lessive afin de ne laisser venir à sec aucune partie des tissus au dehors, et d'éviter une action trop énergique de l'alcali, c'est-à-dire, la désagrégation complète du tissu.

Bain acide. — Afin de réagir sur la matière résineuse, qui laisse au tissu une teinte opaline, que les chlorures alcalins n'en lèveraient pas, on a recours à un bain acidule. Dans la Flandre, dans le Hainaut, on se sert de lait aigri étendu, de lait de beurre avec son caillé; le fromage semble jouer un rôle, et ce procédé donne même les meilleurs résultats pour les dentelles, batistes, etc. L'acide sulfurique étendu de deux cent cinquante fois son volume d'eau, quelquefois moins suivant le tissu, remplace presque partout le lait aigri; les toiles doivent être complétement immergées dans ce bain acide, parce que si une partie se trouvait hors du bain l'eau s'évaporerait et l'acide détruirait promptement la matière textile. L'acide chlorhydrique, qu'on substitue souvent à l'acide sulfurique, agit aussi bien et présente moins de dangers. Le bain acide sert tant qu'il n'est pas trop coloré.

Là se termine quelquefois le blanchiment; on le parfait au moyen d'un savonnage ou d'un bain de savon qui rend au fil sa souplesse primitive.

Mais le plus souvent on a recours au blanchiment sur le pré, ou aux chlorures décolorants.

Exposition sur le pré. — Le pré est formé de bandes séparées par des canaux ou fosses remplis d'eau; l'herbe doit être assez grande pour laisser circuler l'air et empêcher l'affaissement complet des toiles; si l'herbe n'est pas assez haute, on arrose de temps en temps avec une eau limpide et aussi pure que possible, et on retourne souvent les toiles. On sait que c'est à la lumière qu'il faut attribuer le blanchiment, parce qu'elle favorise l'oxydation de la matière colorante, et peut-être bien sa destruction complète en eau et acide carbonique; on l'alterne avec des lessives alcalines. La rosée et la neige, auxquelles on a fait jouer un grand rôle, ne semblent agir que par la grande quantité d'oxygène quelles renferment, en même temps que leur eau remplit l'office d'un arrosage. Un nouveau lavage termine le blanchiment. Il ne reste plus qu'à azurer et à apprêter.

Apprêt. — L'*apprêt* se fait avec de la gomme, de la dextrine, du salep, de la fécule; enfin, avec une matière pouvant donner de l'empois, auquel on ajoute le plus souvent l'*azur*. Les toiles y sont plongées, et, à mesure qu'elles sont bien imprégnées, on les enroule sur un cylindre au moyen d'une manivelle et on les fait sécher.

Azurage. — L'*azur* est ordinairement du sulfate d'indigo, ou du tournesol.

Séchage. — Les séchoirs sont de plusieurs sortes :

1° *Séchoir à air libre.* Ce sont des pyramides quadrangulaires en charpente et assez élevées pour qu'on puisse y développer les pièces dans toute leur longueur en les faisant reposer par leur moitié sur un rouleau de bois. L'air arrive par des persiennes que l'on peut ouvrir et fermer à volonté suivant la direction du vent et l'exposition naturelle du séchoir.

2° *Séchoir à air chaud.* Ils sont parfaitement clos; *l'air était autrefois chauffé à sa partie inférieure par des poêles;* on fait arriver maintenant l'air chaud, par des bouches ouvertes au niveau du sol du séchoir; l'air chaud, plus léger que l'air froid, s'élève, et, tenant une plus grande quantité de vapeurs d'eau, acquiert un volume plus grand, ce qui active son ascension en le rendant plus léger. Il s'établit un courant d'air chaud ascendant, et un courant d'air saturé d'humidité qui se refroidit et se précipite au dehors par des ouvertures inférieures et se rend dans l'atmosphère par plusieurs cheminées plus élevées que les séchoirs.

3° *Séchoirs à la vapeur.* — Ces séchoirs sont chauffés par la vapeur que l'on fait circuler dans des tuyaux en tôle qui ont assez de pente pour ramener l'eau condensée dans la chaudière.

4° *Par ventilation* forcée mécaniquement.

5° *Au moyen de cylindres* tournant autour d'un axe horizontal, dans lesquels on fait passer un courant de vapeurs suffisant pour maintenir la surface du cylindre à une température convenable. Les pièces mouillées, ou roulées sur des tambours, viennent passer successivement sur tous ces cylindres ; elles sont guidées par des fils sans fin. On emploie jusqu'à dix cylindres chauffés par la vapeur.

La *compression* mécanique est aussi très-heureusement employée pour enlever aux tissus la plus grande partie de l'eau qui les mouille. On diminue ainsi la quantité de combustible.

Une dernière opération à faire subir aux toiles est celle du calandrage et du maillage.

Calandrage. — Le *calandrage* est une opération mécanique qui a pour but de comprimer fortement la surface des toiles pour la rendre unie et lisse et boucher les interstices des mailles.

Maillage. — Le *maillage* consiste à plier les toiles en plusieurs doubles de manière à former une forte épaisseur, à les arranger sur une table bien polie, souvent en marbre, et *à les battre avec de gros maillets de chêne.*

Calandrage au moyen de rouleaux. — Le passage du linge avec un fer chaud est une sorte de calandrage. On opère en grand au moyen de deux cylindres de hêtre, autour desquels on enroule le linge encore humide; on place ces rouleaux entre deux planches très-unies et solides : l'inférieur fixe, le supérieur mobile et formant le fond d'une caisse qu'on charge à mille kilogrammes. A l'aide d'un petit nombre d'allées et venues qu'on fait subir à cet appareil on obtient le résultat cherché ; c'est la pression qui s'exerce successivement sur toute la surface du rouleau qui donne le *lustrage.*

On a remplacé ce procédé par celui-ci : on fait usage de trois cylindres superposés ; celui du milieu, plus petit que chacun des deux autres, est métallique, les deux autres en bois ; un moteur quelconque imprime le mouvement à ces cylindres. L'étoffe pénètre entre le cylindre moyen et le cylindre inférieur, puis repasse entre le cylindre supérieur et le cylindre moyen ; c'est-à-dire sort par le chemin opposé à celui de son entrée. Un courant de vapeur chauffe le cylindre moyen, elle arrive par son tourillon, qui est creux. Après ce *lustrage* on mesure et on plie les toiles.

Blanchiment par le chlore.

Dans une chambre de huit mètres de longueur, quatre mètres cinq centimètres de large, trois mètres de haut, divisée dans sa longueur en trois compartiments au moyen de traverses supportées par des montants fixées au plafond on fait arriver un courant de chlore. Toute cette chambre est tapissée d'une couche de ciment épaisse de trois centimètres ; les traverses, portant des chevilles distantes de trois centimètres et demi, sont peintes avec trois couches de peinture à l'huile. Le chlore est produit par la méthode ordinaire au moyen du peroxyde de manganèse, de l'acide sulfurique et du chlorure de sodium, ou simplement du peroxyde de manganèse et de l'acide chlorhydrique.

Les pièces de lin ou de chanvre sont mises pendant douze heures dans l'eau tiède, puis pendant une heure dans un bain de savon gras bouillant, enfin au foulon. Cela fait, on les lessive avec une solution de potasse à demi-degré jusqu'à ce que l'eau sorte presque aussi chaude que lorsqu'on la coule ; on emploie toujours une lessive neuve ; on foule de nouveau, on lave à grande eau, et on accroche les pièces aux chevilles de l'appareil qui a été décrit ; on ferme la porte, on scelle les carreaux avec de la terre glaise et l'on fait arriver le chlore dans la chambre par des tuyaux de plomb. Les proportions de matières à employer varient avec les dimensions de la chambre et la nature du tissu. — Quand on a laissé les toiles pendant douze à seize heures dans la chambre, après quatre heures environ de dégagement de chlore, *on ouvre les carreaux et la porte*, et on n'entre que deux heures après pour retirer les pièces, qu'on met aussitôt dans un bain froid acidulé de un quatre-vingtième d'acide sulfurique; on les retire, on les presse au foulon, puis à une lessive à un degré. On recommence ordinairement trois fois l'exposition au chlore et à la lessive, même davantage si le blanchiment n'est pas assez beau.

Au-dessous des tuyaux d'introduction du chlore se trouvent des conduits qui reçoivent l'eau qui pourrait avoir été entraînée avec du chlore, et les égouttures des toiles : ces conduits débouchent dans un tonneau placé au dehors; on les ferme pendant le travail et on les ouvre pour donner issue au liquide quand l'opération est terminée.

Blanchiment par les chlorures décolorants.

Les toiles de coton se blanchissent par un moyen peu différent : on les fait tremper pendant quatre heures dans de l'eau tiède, on les retire et les nettoie exactement pour les tenir plongées pendant dix-huit heures dans une lessive de soude caustique marquant un degré et demi. Cela fait, on passe les pièces dans un bain de chlorure de chaux; c'est au moyen de cylindres qu'on obtient une série de passages dans l'air et dans le bain. Au septième on les fait circuler entre deux rouleaux presseurs et on les met tout imprégnées de chlorure dans de grandes caisses de bois blanc, où on les laisse six à huit heures. Avec les cylindres, on repasse les pièces dans un bain d'acide sulfurique à trois degrés, afin de dégager le chlore et opérer une réaction vive et dernière; on met en tas pendant une demi-heure, enfin on lave. — On recommence une ou deux fois la même série d'opérations. — On a proposé d'additionner le bain de chlorure de chaux d'eau de chaux claire pour atténuer l'action du chlore sur les dessins coloriés et diminuer de moitié la richesse de la liqueur acide.

La cause qui a généralement fait abandonner les deux procédés précédents est celle-ci : on ne pouvait pas enlever toute trace de chlore à moins de lavages alcalins longtemps prolongés, ce qui n'avait presque jamais lieu d'une manière absolument suffisante; le chlore se combinait au tissu, se substituait à son

hydrogène ou s'en emparait pour former de l'acide chlorhydrique et altérer profondément la ténacité du tissu.

Autres méthodes de blanchiment.

On fait quelquefois usage de la vapeur à haute pression, on
opère avec elle une sorte de déplacement du liquide alcalin dont
on a d'abord imprégné le tissu.

On fait aussi usage d'eau bouillante pure ou chargée de matières alcalines, à simple ou à haute pression ; tantôt le liquide
s'introduit par le haut, tantôt par le bas de la cuve ; de là de
nombreuses dispositions d'appareils.

On a mis en pratique un procédé de blanchiment au moyen
du sulfure de chaux obtenu par de la chaux, du soufre et de
l'eau bouillante. On donne alternativement aux toiles un bain
de sulfure et un de chlorure de chaux.

On se sert souvent pour blanchir d'une solution de carbonate
de potasse ou de soude, parfois même de ces alcalis rendus
caustiques par la chaux. Après le traitement alcalin on passe les
toiles dans une eau tenant en suspension du charbon de bois légèrement pulvérisé fin; il semble que le charbon agisse comme décolorant. Le charbon est facilement enlevé par des lavages; on
passe ensuite dans une eau savonneuse, et on expose sur le pré.

De même que le dessuintage des laines se fait quelquefois par
l'urine putréfiée, on a aussi appliqué au blanchiment des toiles
les matières fécales et surtout celles de la vache et des bêtes à
cornes en général. On délaye ces matières dans l'eau, on décante la liqueur après repos, et on s'en sert, soit à chaud, soit
à froid, en guise de lessive. Par des lavages et des expositions
sur le pré on fait facilement disparaître la matière colorante
de la lessive et du tissu. — On a modifié ce procédé en conseil-
lant d'ajouter une certaine quantité de chaux à la bouse délayée,
pour diminuer sa couleur propre, augmenter l'énergie de la
liqueur, et lui donner la faculté de se conserver plus longtemps.

Les mousselines se blanchissent au moyen d'une ébullition
dans une faible dissolution de potasse, d'un lavage à l'eau pure,
d'une ébullition dans l'eau de savon, puis d'un séjour dans de

l'acide sulfurique très-faible, enfin d'une deuxième ébullition dans l'eau de savon. L'étoffe n'a pas encore acquis le degré de blancheur qu'on est dans l'habitude de lui donner ; on parvient à ce degré de perfection au moyen des chlorures de potasse, de chaux, alternant avec des bains bouillants d'eau de savon. Quand le tissu est très-délicat, on n'emploie pas de potasse pour le premier traitement, on se sert d'eau de savon.

Les batistes (toiles fines de lin) se blanchissent par un procédé très-peu différent.

CAUSES D'INSALUBRITÉ. — Aucune.

CAUSES D'INCOMMODITÉ. — Fumée dans les grands établissements.

Buée abondante.

Dégagement de vapeurs chlorées (Blanchiment par chlorures alcalins).

Danger d'incendie, — à l'occasion des séchoirs à air chaud.

Écoulement des eaux de lavage, acides ou alcalines.

PRESCRIPTIONS. — Brûler la fumée, — bien aérer les ateliers.

Porter la buée très-haut dans l'atmosphère, à l'aide de cheminées hautes, — après avoir reçu cette buée sous de grandes hottes.

Bien luter les cuves et les appareils, dans le blanchiment par les chlorures alcalins.

Surveiller avec soin les appareils de chauffage près des séchoirs à air chaud.

Donner aux eaux de lavage des tissus un écoulement facile, ne jamais les laisser stagner, soit dans les cours de l'usine, soit sur la voie publique.

Les neutraliser si elles sont acides.

Si l'usine n'est pas parfaitement isolée, ne donner aux ateliers aucune ouverture sur la voie publique ou du côté des voisins.

Blanchiment des tissus et des fils de soie et de laine par le gaz ou par l'acide sulfureux (2ᵉ classe). — 5 novembre 1826.

Pour opérer le blanchiment des tissus de toile, de lin, de chanvre, de coton, on emploie le chlore : ce gaz peut-être obtenu en délayant du chlorure de chaux du commerce dans de l'eau, en amenant la bouillie dans une tourie contenant de l'eau et de l'acide sulfurique. Il se forme du sulfate de chaux, le chlore se dégage et passe par des tubes en caoutchouc dans des cuves en bois, fermées, où se trouve le coton, — etc., etc.; on ferait peut-être mieux de se servir des hypochlorites alcalins; mais ce réactif a l'inconvénient d'exercer sur les corps d'origine animale une action nuisible; il les colore en jaune, les rend cassants, les détruit facilement.

L'*acide sulfureux* le remplace parfaitement alors et n'en a pas les désavantages.

DÉTAIL DES OPÉRATIONS. — Les objets soumis à l'action de l'acide sulfureux sont humectés, placés dans une chambre bien close dans laquelle on fait arriver l'acide sulfureux gazeux pendant un temps proportionné à la nature des objets; souvent, on le produit dans la chambre elle-même par la combustion du soufre en des terrines placées dans différents points ; quand l'opération est terminée, on chasse l'acide sulfureux à l'aide d'une puissante ventilation *avant d'y pénétrer*.

On emploie souvent, avec avantage, au moins quant à la beauté des produits, un sulfite alcalin à dose titrée.

C'est ainsi qu'on opère le blanchiment de la laine, de la soie, de l'ichthyocolle, des membranes animales (baudruche), des éponges, des plumes, de la gomme adragante, de la paille des céréales pour les chapeaux de femme, des cordes à instruments, de la gélatine, et même de l'amidon; il est bien entendu qu'après cette opération on lave à grande eau les corps qui ont subi ce traitement, car il se formerait bientôt de l'acide sulfurique qui les attaquerait.

CAUSES D'INSALUBRITÉ. — Émanations acides.

CAUSES D'INCOMMODITÉ. — Vapeurs d'acide sulfureux, agissant sur la végétation environnante.

Action sur la muqueuse des voies de la respiration et des yeux, chez les ouvriers qui pénètrent dans les chambres où se dégage l'acide sulfureux. — Action sur la peau des mains, ramollissement de l'épiderme avec décoloration, rides, soulèvement, et quelquefois destruction de cette membrane, surtout au pouce et à l'index de chaque main.

Odeur sulfureuse.

PRESCRIPTIONS. — Construire la cheminée destinée aux fumigations sulfureuses de façon qu'aucune fuite ne laisse échapper les vapeurs acides au dehors. La surmonter par un tuyau d'appel alimenté à l'aide d'ouvraux placés à la partie inférieure de l'atelier.

Établir au sommet de la pièce une ventouse mobile communiquant avec une cheminée qui puisse porter haut dans l'atmosphère, les vapeurs d'acide sulfureux, quand, l'opération étant terminée, on ouvre cette soupape.

Pratiquer latéralement des ouvertures qui puissent activer la ventilation et faire disparaître les vapeurs.

Ne pénétrer dans les chambres que quand le gaz est en partie dissipé.

Veiller à la santé des ouvriers.

Blanchisseries, buanderies et lavoirs qui en dépendent, quand il n'y a pas un écoulement constant des eaux (2e classe). — 14 janvier 1815. — 5 novembre 1826.

Blanchisseries, buanderies et lavoirs, quand l'écoulement des eaux se fait bien (3e classe). — 5 novembre 1826.

Blanchisseries à la vapeur (3e classe, par assimilation).

DÉTAIL DES OPÉRATIONS. — Afin d'éviter des répétitions, je renvoie, pour le détail de tout ce qui concerne ces industries, à ce que j'ai déjà dit à l'article *Blanchiment* des tissus et surtout à ce qui est si bien exposé dans l'extrait du rapport de M. Humbert, sur le lavoir Napoléon, rue du Temple, à Paris. (Voir *documents relatifs à l'industrie des lavoirs.*)

Buanderies et blanchisseries.

CAUSES D'INSALUBRITÉ. — Accumulation des eaux savonneuses dans des mares, dans des tonneaux, et décomposition de ces eaux.

Action de ces eaux sur les terrains qu'elles parcourent, à la campagne surtout.

Dégagement de produits sulfurés dont l'odeur est détestable et peut devenir insalubre.

Causes d'incommodité. — Buée venant des chaudières à lessive. Écoulement considérable d'eau.

Inconvénients du blanchiment et du blanchissage. — Les personnes chargées du blanchiment, et celles qui s'occupent du blanchissage du linge domestique (dans ce dernier cas ce sont presque exclusivement des femmes) sont continuellement *exposées à l'action des buées des chaudières à lessive.* Pendant le savonnage, les lavages nombreux, *elles ont les mains et les bras mouillés,* souvent même une partie du corps, ce qui produit un refroidissement continu, empêche toute transpiration et porte un grand préjudice à leur santé. J'ai cependant vu dans plusieurs localités du Midi, à *Lunel*, par exemple, les blanchisseuses laver presque en tout temps au milieu de la rivière, le corps à demi plongé dans l'eau, *même pendant les époques des règles,* sans être jamais incommodées. Dans les grands établissements, ce travail est souvent exécuté par des hommes qui se revêtent d'un long *tablier de cuir,* qui les *préserve* en grande partie; les cuviers ou réservoirs de lavage sont à hauteur d'appui, ce qui leur évite cet accroupissement perpétuel sur une couche toujours humide. — Il arrive souvent aussi que dans les classes pauvres le linge, *rapporté tout mouillé sur les bras ou sur les épaules,* est desséché sur des cordes dans le domicile même, ce qui sature le faible espace que comprend le logement d'une humidité toujours préjudiciable.

Il faut considérer comme un grave inconvénient l'habitude qu'ont *certains établissements de jeter les eaux de lessive et les eaux de savonnage sur la voie publique ou dans des fosses sans issue.* Elles s'y putréfient rapidement et projettent au loin leur odeur insupportable. J'ai donné à l'article *Graisse des eaux savonneuses,* (*Industrie des corps gras,* t. II, p. 55) le moyen de les utiliser ; j'ajouterai ici que, décomposées par l'acide sulfurique, et à l'aide de la matière grasse obtenue qui est désagrégée à son tour dans des cornues à gaz, elles peuvent fournir un éclairage parfait. La ville de Reims est éclairée par ce procédé.

Dans les campagnes, il y a d'autres précautions à prendre toutes les fois qu'il n'existe ni égouts ni cours d'eau où les résidus des lessives et des liquides savonneux puissent se rendre.

Dans ce cas, les blanchisseurs ne devront jamais laisser couler leurs eaux sur la voie publique; car la présence du savon, jointe aux sulfates du sol parcouru, donne lieu à des eaux très-putrescibles et qui dégagent des vapeurs d'hydrogène sulfuré très-fétides. Ces eaux altèrent le sol par infiltration dans une grande étendue de terrain, et sont pour les riverains, et pour toute une commune souvent, des causes d'insalubrité et d'incommodité très-réelles. L'autorité doit alors, usant de son droit, défendre la jetée de ces eaux sur la voie publique, — comme aussi leur réserve dans des citernes ou des mares intérieures. On doit prescrire de les recueillir dans des tonneaux et de les porter chaque soir loin des habitations, au lieu de la voirie publique de la localité. Une fois au moins par an, quand l'eau circulant à ciel nu peut se rendre dans un égout, ordonner le curage à vif-sol et à vif-bord des ruisseaux, et le nettoyage régulier à grande eau, chaque jour, de toutes les rigoles d'irrigation ou de décharge où pénètrent et circulent ces eaux.

Les eaux savonneuses, dans l'intérêt des blanchisseurs, ne devraient jamais être perdues. — Traitées par l'acide sulfurique, elles forment un magma qui se vend très-bien et d'où l'on extrait les corps gras.

PRESCRIPTIONS. — Bitumer le sol de la blanchisserie ou le daller.

Hourder les murs à deux mètres de hauteur, à la chaux et au ciment hydrofuge.

Faire écouler les eaux, selon les localités, dans des conduits souterrains ou simplement à ciel ouvert, mais dans des ruisseaux bien entretenus, jusque dans l'égout ou le cours d'eau le plus prochain.

Briser les glaces l'hiver.

Couvrir les chaudières avec de larges couvercles à soupape, et faire arriver la buée sous une hotte communiquant avec la cheminée de la machine, ou par un tuyau particulier suffisamment exhaussé.

Ventiler convenablement toutes les pièces de l'usine.

S'il y a une essoreuse, la placer dans une chambre isolée.

Ne jamais étendre le linge sur la voie publique.

Avoir une quantité d'eau suffisante à sa disposition.

Lavoirs publics.

CAUSES D'INSALUBRITÉ. — Odeurs très-insalubres dans le cas où il n'y a pas écoulement permanent des eaux, — suites de la décomposition des eaux savonneuses.

CAUSES D'INCOMMODITÉ. — Mares d'eaux stagnantes et infectes.

Fumée des fourneaux.

Buées considérables venant des cuves.

Humidité du sol.

Action sur la santé des ouvriers et ouvrières (douleurs rhumatismales).

Danger d'humidité pour les maisons voisines.

Écoulement considérable d'eaux colorées, sales et savonneuses, sur la voie publique. — Formation de glaces.

PRESCRIPTIONS. — *Pour les lavoirs à écoulement non permanent.* — Recevoir les eaux dans une citerne étanche. — Vider ces eaux une ou deux fois par semaine, la nuit, — et deux fois par an, au moins, désinfecter la citerne. — En principe, quand il s'agit d'autorisations nouvelles, les refuser, s'il n'y a pas un écoulement constant des eaux.

Du reste, mêmes prescriptions que dans le cas suivant.

Pour les lavoirs à écoulement constant des eaux. — (Dans les villes.)

Diriger les eaux par des caniveaux souterrains vers l'égout le plus prochain. — Si cela n'est pas possible, en cas d'absence d'égout, balayer chaque jour le ruisseau. — Avoir à la disposition du lavoir une source abondante d'eau, de manière à entretenir le ruisseau en bon état de propreté.

Imposer l'obligation de briser les glaces pendant l'hiver.

Quant aux lavoirs publics établis dans l'intérieur des villes, prescrire tout autour de l'établissement et selon l'état et la destination des maisons voisines, l'établissement d'une cloison qui sépare le lavoir du mur mitoyen par un espace de quinze à cinquante centimètres. Cette cloison doit régner dans toute la hauteur du mur mitoyen.

Prendre *extérieurement* l'air qui doit circuler entre cette cloison et les maisons voisines.

Construire ce contre-mur en briques et chaux hydraulique.

Dans les cas où cette mesure ne peut être prise, le long des *gros* murs de séparation, construire à la hauteur d'un mètre une cloison en briques de Bourgogne de onze centimètres d'épaisseur, hourdée en ciment romain. — Quelquefois se borner à une couche de ciment de la hauteur d'un mètre, dans tout le pourtour du lavoir.

Élever la cheminée de la machine à vapeur ou du bouilleur à trois mètres au-dessus des maisons voisines, dans un rayon de cinquante mètres.

Recouvrir la chaudière d'un couvercle métallique à charnière. — Le surmonter au centre d'un tuyau qui porte la buée sous une hotte communiquant avec la cheminée.

Ventiler convenablement tout l'atelier de travail.

Maintenir entre chaque place l'espace voulu (un mètre).

Quand il n'y a pas d'essoreuse, établir un séchoir, à l'air libre en été, et à circulation d'air chaud en hiver.

Paver, daller ou bitumer le sol. — Le tenir toujours en parfait état de propreté, en ménageant une pente convenable pour l'écoulement des eaux.

L'enlèvement des eaux savonneuses résultant des lavoirs ou blanchisseries, soit surtout dans les villes, soit dans les villages, dans le cas où il n'existe aucun égout ni cours d'eau qui puisse recevoir ces eaux, constitue une des causes les plus ordinaires et les plus graves d'insalubrité. Je l'ai déjà dit plus haut, il faut alors, ou traiter les eaux par la chaux,—ou les jeter en irrigation sur les terres, — ou les vendre pour en extraire les matières grasses, — mais ne jamais en permettre le séjour sur la voie publique, ni la perte dans des *puisards :* on pourra quelquefois ordonner la construction de citernes, —d'où ces eaux seraient extraites, à jour et heures fixes, *traitées* par la *chaux;*

mais, dans ce cas, il ne faudrait jamais les écouler dans des cours
d'eau ou des étangs. Elles tueraient tout le poisson. (Voir *Eaux
savonneuses (Extraction des corps gras des)*, à l'article *Gras
(Industrie des corps)*, t. II, p. 55.

Lavoirs des blanchisseuses de profession (sur bateaux à lessive)
(3e classe). — 5 novembre 1826.

Ces bateaux doivent être très-surveillés par l'administration
municipale. — Outre toutes les mesures intérieures de propreté
et de salubrité, il faut veiller à ce que l'abord en soit *facile* et
dépourvu de tout danger de chute. — Ces bateaux doivent être
couverts pendant l'hiver et convenablement ventilés en été.
Enfin, la solidité du bateau doit être plusieurs fois par an constatée officiellement par l'architecte de la municipalité. On veil-
lera surtout à ce qu'aucune cause d'incendie ne puisse y exister.

Nota. Aucun bateau à lessive ne peut être aujourd'hui autorisé sur un cours d'eau sans un rapport préalable fait par
l'ingénieur chargé de l'inspection de la navigation.

Documents relatifs à l'industrie des lavoirs.

I. EXTRAIT DE L'ORDONNANCE DU 25 OCTOBRE 1840.

Art. 184. Les propriétaires de bateaux à lessive seront tenus d'établir
des chemins solides et bordés de garde-fous à hauteur d'appui, pour faciliter
l'accès de ces bateaux.

Les embarcations ou bateaux destinés à supporter les chemins devront
avoir au moins trois mètres de longueur sur deux mètres de largeur.

Art. 185. Les bateaux à lessive devront en tout temps être solidement
amarrés et munis de cordes, crocs, perches, etc., pour porter secours en
cas de besoin.

Dans le même but, un bachot muni de ses agrès devra toujours être attaché à chacun de ces établissements. Les propriétaires desdits bateaux
sont, en outre, tenus d'avoir constamment à bord de leurs établissements
un gardien bon nageur, agréé par l'administration, et une boîte de secours
en bon état.

Art. 186. Les bateaux à lessive ne pourront être modifiés dans leur construction sans une autorisation spéciale.

II. ORDONNANCE CONCERNANT LES BATEAUX A LESSIVE [1]. (Du 10 floréal an XIII — 9 mai 1805.)

Le conseiller d'État, chargé du quatrième arrondissement de la police générale de l'Empire, préfet de police, et l'un des commandeurs de la Légion d'honneur,

Vu les articles 2 et 31 de l'arrêté du 12 messidor an VIII,

Ordonne ce qui suit :

1. Il ne peut être établi dans Paris aucun bateau à lessive sans une permission du préfet de police.

2. Les permissions de tenir bateaux à lessive accordées jusqu'à présent sont révoquées.

3. Les propriétaires des bateaux à lessive seront tenus de se pourvoir de permissions dans un mois au plus tard, à compter du jour de la publication de la présente ordonnance.

Ils indiqueront dans leurs pétitions le nombre et les dimensions de leurs bateaux et l'emplacement qu'ils occupent.

4. Les permissions de tenir bateaux à lessive ne seront accordées qu'à condition qu'il y sera réservé des places où les indigents pourront laver leur linge sans payer aucune rétribution.

Le nombre de places sera fixé par le préfet de police, en proportion de la grandeur et du produit présumé des bateaux.

5. Il est défendu d'étendre du linge sur les berges.

Les pierres, tréteaux, planches, perches et autres ustensiles qui seraient placés sur les bords de la rivière pour laver, étendre ou sécher le linge, seront enlevés.

6. Il sera pris envers les contrevenants aux dispositions ci-dessus telle mesure de police administrative qu'il appartiendra, sans préjudice des poursuites à exercer contre eux par-devant les tribunaux, conformément aux lois et aux règlements qui leur sont applicables.

7. La présente ordonnance sera imprimée, publiée et affichée.

Les commissaires de police, l'inspecteur général du quatrième arrondissement de la police générale de l'Empire, les officiers de paix, l'inspecteur général de la navigation et des ports, et les autres préposés de la préfecture de police, sont chargés, chacun en ce qui le concerne, d'en surveiller l'exécution.

Le conseiller d'État, préfet de police, DUBOIS.

Lavoirs à laine (Établissements de) (3ᵉ classe). — 9 février 1825.

DÉTAIL DES OPÉRATIONS. — Avant de procéder au lavage, on trie les toisons suivant leurs qualités; on les bat sur des claies pour en faire sortir la poussière et une grande partie des ordures; enfin on les lave à chaud ou à froid.

[1] Voir l'ordonnance du 25 octobre 1840 (articles 184, 185 et 186).

Lavage à froid. — A froid, on se contente souvent de laver la laine sur le dos de l'animal lui-même, soit près la vanne de décharge d'un moulin; soit autant que possible dans une rivière courante, car on n'y arrive que difficilement dans des baquets, surtout pour les laines fines.

Lavage à chaud. — On emploie bien plus souvent le lavage à chaud; pour cela on remplit des cuviers d'eau chauffée à quarante-cinq degrés, on y fait tremper les toisons sans les remuer pendant dix-huit à vingt heures, et cette première eau devient le principal agent de dégraissage. On en remplit des chaudières que l'on chauffe à soixante-dix ou soixante-quinze degrés, on y plonge la laine par petites parties sans trop l'agiter, on la retire après quelques minutes d'immersion pour la laisser égoutter dans un panier placé au-dessus des chaudières, de manière à perdre le moins possible du liquide primitif.

La laine égouttée est apportée aux lavoirs, qui doivent être aussi rapprochés des chaudières que la nature des lieux le permet. Chaque laveur a sa place au lavoir; c'est un bateau, ou plus souvent c'est un tonneau défoncé par un bout, enterré à fleur du pavé tout près du bord de la rivière; devant lui sont deux paniers placés l'un dans l'autre, dont l'extérieur retient les flocons échappés du premier. Il promène la laine en divers sens sans la retourner, puis il la place sur des claies pour l'égoutter, enfin la fait sécher à l'ombre, sur un gazon bien serré et bien propre. D'autres fois, on presse la laine pour extraire l'eau et avec elle les impuretés qu'elle peut contenir. On fait quelquefois usage d'un séchoir ventilateur.

A défaut de rivière, on emploie un grand réservoir alimenté par un ruisseau qui le traverse, ce réservoir n'a que soixante-six centimètres d'eau, les ouvriers sont placés les uns à la suite des autres; le premier divise la laine, les autres la refoulent dans l'eau pour renouveler le plus possible le contact; des enfants les secondent dans les différentes manipulations de ce travail. La laine échappée aux ouvriers est retenue par une cage de bois dont le fond et les parois sont garnis d'un filet à mailles serrées. — On fait égoutter la laine, puis on la sèche comme précédemment.

En Suède, on lave à dos et à chaud avec une lessive de cendres ou de l'urine. Dans quelques pays, le lavage s'exécute à
dos et à chaud dans de grands cuviers; il ne présente aucun
danger pour les animaux.

Voir, pour plus de développements l'article *Désuintage* ou
dégraissage des laines, t. I, p. 581.

Quand on met des sels de soude dans les eaux de lavage, ces
sels, combinés avec les matières grasses, donnent un produit à
l'aide duquel on a fabriqué des gaz d'éclairage.

CAUSES D'INSALUBRITÉ. — Aucune.

CAUSES D'INCOMMODITÉ. — Écoulement considérable d'eaux sales,
quand on n'opère pas dans un cours d'eau.

Buées abondantes, quand on lave à chaud.

Danger du feu, quand on sèche à l'étuve.

PRESCRIPTIONS. — Paver, daller ou bitumer l'atelier où l'on
lave, à froid ou à chaud, quand on n'agit pas près d'un cours
d'eau.

Si l'on opère à chaud, sous un hangar ou dans un atelier, les
ventiler convenablement, et placer au sommet une cheminée
d'appel qui porte au dehors les buées produites, à l'aide d'une
cheminée de hauteur variable selon les localités.

Prendre pour le séchoir ou l'étuve toutes les précautions
nécessaires contre l'incendie.

Lavoirs de déchets de lin (3ᵉ classe).

DÉTAIL DES OPÉRATIONS. — Ces déchets sont lavés dans des
cuves, soit à froid, soit à chaud. Les eaux qui en résultent sont
recueillies dans des citernes.

CAUSES D'INSALUBRITÉ. — Aucune.

CAUSES D'INCOMMODITÉ. — Mauvaise odeur des eaux de lavage.

Odeur des parois de la citerne, quand elle n'est pas tenue en
bon état de propreté.

Buée pendant le lavage à chaud.

PRESCRIPTIONS. — Mettre aux chaudières un couvercle à charnière.

Les placer sous une hotte qui recueille toutes les buées produites et les porte dans une cheminée haute de quelques mètres seulement au-dessus des cheminées voisines.

Ne jamais laisser écouler les eaux de lavage sur la voie publique.

Les diriger dans une fosse étanche et les extraire deux fois par semaine, en vases clos, pour être livrés comme engrais.

Deux fois par an au moins curer la citerne et la désinfecter.

Documents relatifs à l'industrie des lavoirs.

I. EXTRAIT DU RAPPORT DE M. HUMBERT SUR LE LAVOIR NAPOLÉON (RUE DU TEMPLE). — MODE DE BLANCHISSAGE QUI Y EST PRATIQUÉ, ET BLANCHISSAGE EN GÉNÉRAL.

..... Dans les lavoirs publics de Paris, le blanchissage s'opère en général, aujourd'hui, de la manière suivante : chaque laveuse apporte au lavoir son linge disposé en paquets peu volumineux ; chaque paquet contient soit une paire de draps, soit six ou sept pièces de linge au plus, formant un volume à peu près équivalent à une paire de draps. Ce linge est cousu ensemble, de manière que chaque pièce reste aussi séparée que faire se peut. En arrivant, chaque laveuse jette son linge dans un cuvier plein d'eau froide, faisant ce qu'on appelle l'essangeage ou échangeage de son linge elle-même. Un numéro en zinc est attaché à chaque paquet, et un numéro semblable est remis à la laveuse ; puis tous les paquets sont mis dans un même cuvier, où en général le lessivage est fait par affusion de lessive. Divers procédés plus ou moins ingénieux sont mis en usage pour entretenir le courant de la lessive à travers le linge. Dans quelques lavoirs, des courants de vapeur sont établis en sens inverse, de manière à entretenir la chaleur et à hâter l'effet de la dissolution alcaline. La force de la lessive varie de trois à six degrés.

La lessive se coule la nuit ; le lendemain matin, les paquets sont remis à la laveuse, qui paye dix centimes pour chaque paquet ainsi lessivé, et opère elle-même le savonnage et le rinçage de son linge ; pour cela, on lui donne dans le lavoir, à raison de cinq centimes l'heure, une place, où elle a à sa disposition deux grands cuviers, un petit baquet, une planche à laver, un chevalet pour poser son linge à égoutter, et une boîte en bois pour se préserver de l'eau. Elle a l'eau froide à discrétion, mais elle se fournit elle-même de savon et elle paye cinq centimes chaque seau d'eau chaude ou de la lessive qui a servi la nuit précédente, et qu'elle va chercher elle-même à deux robinets disposés à cet effet.

Un séchoir à air libre, situé au sommet du lavoir, lui permet d'y placer son linge pour le sécher.

. . . .

Le blanchissage du linge comporte en général cinq opérations distinctes que nous examinerons successivement, savoir :

1° L'essangeage ou échangeage ;

2° Le lessivage ;

3° Le savonnage ;

4° Le rinçage ;

5° Enfin le séchage.

La première de ces opérations consiste simplement à laver le linge grossièrement, pour le débarrasser des impuretés les plus grossières qui y adhèrent, dans de l'eau froide, à laquelle on ajoute cependant quelquefois un peu de savon.

Dans de certains cas, surtout quand le blanchissage se fait à la vapeur, ainsi que nous l'avons vu pratiquer à la buanderie de l'École militaire, on supprime cette opération ; nous pensons que c'est à tort et qu'on devrait toujours échanger le linge, à moins qu'il ne soit très-peu souillé.

En effet, beaucoup de matières sont aussi solubles dans l'eau pure que dans les dissolutions alcalines ; quelques-unes même, telles que les matières calcaires, forment avec ces dissolutions des savons insolubles. Si on soumet le linge à l'action de la lessive avant de l'avoir débarrassé de ces matières et des impuretés les plus grossières, souvent à peine adhérentes au tissu et qu'un simple barbotage aurait enlevées, elles y pénètrent, salissent la lessive, qui souille les pièces de linge voisines, et y produit des taches que l'on ne peut plus enlever ensuite qu'en usant du savon et frottant fortement le linge, ce qui en détermine l'usure.

La deuxième opération, la lessive, est la plus importante du blanchissage ; elle consiste, comme on sait, à mettre en contact, dans des conditions favorables, le linge avec des dissolutions alcalines qui, en saponifiant les graisses, rendent solubles dans l'eau les matières dont l'étoffe est souillée et permettent ensuite de les enlever par le lavage.

Beaucoup de procédés sont en usage pour effectuer cette opération ; afin d'être à même de les apprécier et de les comparer, nous rappellerons sommairement les faits suivants, bien connus de tous ceux qui se sont occupés de cette question :

1° Une température de cent à cent dix degrés est nécessaire pour que la saponification puisse s'opérer complétement ;

2° A une température de trois à quatre cents degrés, tous les alcalis, même en dissolution faible, exercent une action destructive sur les fibres des tissus;

3° A une température même de cent degrés, les dissolutions trop concentrées (six ou sept degrés du pèse-lessive), surtout celles de soude ou potasse caustique, attaquent les tissus ;

4° Enfin on a reconnu que tout changement trop brusque de température du linge peut crisper les fibres textiles, et que, de plus, l'action d'un liquide bouillant ou d'un jet de vapeur sur le linge froid fixe et réunit en quelque sorte les matières animales et albumineuses, qui ne peuvent ensuite être enlevées que par l'emploi du savon et un frottement long et difficile. (*Remarques de MM. Herpin et Rouget de Lisle.*)

Ces principes vont nous servir de guides dans l'examen que nous allons entreprendre des diverses méthodes en usage.

Ainsi que nous avons eu occasion de le dire ci-dessus, en Angleterre, en

Belgique, en Hollande et dans une partie de l'Allemagne, le lessivage se borne à faire bouillir longtemps le linge dans de l'eau de savon. Ce procédé est long, dispendieux, et exige de nombreux lavages qui fatiguent les tissus par les frottements prolongés de ses fibres. Une foule de procédés mécaniques ont été inventés pour opérer ces longs lavages d'une manière économique ; mais tous ces procédés ont le grave inconvénient de faire frotter indistinctement toutes les parties des étoffes, qu'elles soient plus ou moins sales, soit les unes contre les autres, soit contre les parois des appareils, ce qui détermine une usure rapide.

Le savon, dit Berzélius dans son *Traité de chimie organique* (t. I, p. 371, éd. 1831), agit de deux manières :

1° Il forme une dissolution émulsive avec les corps qui se trouvent sur l'étoffe, et qui se dissolvent ainsi dans l'eau de savon.

2° En vertu de la faculté avec laquelle les sels dissous qui constituent le savon abandonnent leur alcali, qui, mis en liberté, réagit sur les impuretés qui salissent l'étoffe, ces impuretés s'unissent avec les alcalis pour donner naissance à des sels solubles. L'emploi direct des alcalis est donc évidemment plus économique que le savon, puisque dans les dissolutions alcalines, qui coûtent moins cher, les alcalis se trouvent immédiatement en contact avec les impuretés de l'étoffe, pour se combiner avec elles. A la vérité, à la température ordinaire, les carbonates de soude et de potasse dissolvent moins bien les impuretés, le dégagement de l'acide carbonique s'opérant moins facilement que la composition de l'oléate neutre ; mais, si on emploie le carbonate potassique à une température de cent degrés, l'acide carbonique est chassé par l'ébullition, et il produit le même effet que l'eau de savon.

Le seul avantage que présente l'eau de savon, c'est qu'elle n'altère pas le linge, comme le fait une dissolution alcaline, si elle est trop forte ou à une température trop élevée ; mais on peut éviter ces inconvénients, et, comme nous l'avons dit, le lavage prolongé du linge, après la lessive à l'eau de savon, est une autre cause d'usure inévitable.

Nous partageons donc l'avis de l'ingénieur anglais que nous avons cité plus haut, et nous pensons que ce n'est pas en Angleterre que nous devons chercher un modèle de blanchissage.

En France, en Italie, en Espagne, on emploie généralement pour la lessive les dissolutions alcalines, soit qu'on les obtienne par le lavage des cendres, soit qu'on les compose avec les sels de commerce, sous-carbonates de soude (cristaux de soude), sous-carbonates de potasse (potasse), sels de soude ou de potasse. On doit donner la préférence aux dissolutions des sous-carbonates. Avec le lavage des cendres, on ne connaît pas bien, en général, la nature et la quantité des sels qui composent la lessive dont on se sert.

Les sels de soude et de potasse du commerce étant composés de soude ou potasse caustiques et sous-carbonatées, les lessives ne peuvent être exactement les mêmes ; aussi est-il préférable d'employer les cristaux de soude (sous-carbonate de soude) ; ce sel, constant dans sa composition, offre le moyen certain d'obtenir des lessives au même degré, en dissolvant la même quantité dans l'eau. Pour plus de sûreté, on apprécie encore le degré de la solution alcaline au moyen d'un pèse-sel.

Quant au mode d'opérer, celui suivi depuis longtemps, en usage encore presque partout, surtout dans les campagnes, consiste à entasser le linge immédiatement après l'échangeage, et lorsqu'il est encore mouillé, dans un cuvier élevé sur un tréteau de cinquante à soixante centimètres, et percé sur le devant d'un trou de deux à trois centimètres de diamètre, qu'on ferme par un bouchon pendant le travail préparatoire; au-dessous de ce point se trouve, placé sur le sol, un autre cuvier beaucoup plus petit, destiné à recevoir le liquide qui s'écoulera du premier cuvier [1].

En plaçant avec soin le linge dans le grand cuvier, on met au fond le linge le plus fin, puis on accumule par-dessus le surplus du linge, en terminant par le plus grossier et le plus sale. Cela fait, on couvre le tout d'une toile grossière, en deux ou trois doubles, qu'on appelle, à Paris, charrier; sur ce charrier on répand une couche de cendres de bois, plus ou moins épaisse, selon la quantité de linge que contient le cuvier; cette couche se recouvre d'un autre charrier, et l'opération du coulage commence.

On fait chauffer dans un chaudron, qu'on remplit successivement à mesure qu'il se vide, une quantité d'eau assez considérable pour noyer en plein tout le linge du cuvier, occuper une bonne partie de la capacité du petit cuvier, et aussi la plus grande partie du chaudron qui est sur le feu. Aussitôt que l'eau du chaudron est bouillante, on la verse avec une écope sur le charrier qui couvre le cuvier, et l'on ôte le bouchon qui est à la partie inférieure. On remplit alors le chaudron d'une nouvelle quantité d'eau, qui, arrivée à l'ébullition, est encore versée sur le cuvier à lessive, jusqu'à ce que l'eau, après avoir traversé le cuvier et tout le linge qu'il contient, soit tombée dans le cuvier inférieur en assez grande quantité pour qu'il soit plein.

A partir de ce dernier moment, c'est l'eau de ce dernier cuvier qu'on remet dans le chaudron, pour la reporter au degré d'ébullition et continuer à arroser le cuvier à lessive. L'opération continue ainsi pendant le temps supposé nécessaire pour obtenir un bon lavage, temps qui n'est jamais moins de douze heures et qui va souvent jusqu'à dix-huit et plus. On connaît le but de cette opération : l'eau bouillante versée sur le charrier le traverse, dissout les sels alcalins contenus dans les cendres, traverse le linge qui s'y trouve, dissout en attaquant et entraînant les matières étrangères qui le salissent.

La lessive ayant beaucoup plus de force et de mordant en sortant du charrier qu'elle n'en conserve à mesure qu'elle pénètre dans les couches inférieures du linge, on conçoit pourquoi on met au sommet du cuvier le linge le plus sale et le plus grossier, et au bas les tissus les plus délicats et les moins sales. Mais il s'ensuit, d'un autre côté, que cette lessive, ne pouvant entraîner à travers toute la masse du linge toutes les ordures qu'elle a dis-

---

[1] Nous empruntons la description de cet ancien procédé à la notice de M. Dujardin d'Hardevilliers (*Revue de l'Exposition*).

soutes et entraînées des couches supérieures, en laisse une partie dans le linge qui est au bas du cuvier; de telle sorte qu'à la fin de l'opération tout le linge est à peu près également souillé et a besoin d'être également lavé et savonné. On doit remarquer, en outre, que si le linge n'a pas été arrangé avec un soin tout particulier dans le cuvier, il s'y formera des faux-fuyants dans lesquels des courants de lessive s'établiront; de telle sorte que certaines parties de la masse seront à peine atteintes par la lessive, qui coulera presque toute sur les mêmes pièces de linge, sur lesquelles elle laissera des traces qui ne s'effaceront que par un savonnage et un frottement long et difficile. Il suffit de se reporter aux principes que nous avons énoncés plus haut pour comprendre, en outre, combien cette méthode présente d'inconvénients. La lessive, qui, au commencement de l'opération, arrivera subitement bouillante sur les premières couches du linge froid et humide, aura l'inconvénient que nous avons signalé pour toute la masse de linge contenue dans le cuvier; le lessivage ne s'opérera jamais qu'à une température bien inférieure à celle de cent degrés, puisque c'est à cette température seulement que la lessive est prise dans le chaudron et qu'elle se refroidit nécessairement lorsqu'on la verse sur le charrier en traversant toute la masse du cuvier.

Enfin, les cendres de bois contenant des quantités très-variables et très-diverses de sels alcalins, on ne connaît jamais exactement la composition et la force de la lessive à laquelle on soumet le linge.

Dans ces derniers temps, beaucoup de procédés ont été inventés et mis en usage pour remédier aux inconvénients de cet ancien mode de lessivage. Nous avons déjà dit que la cendre est en général remplacée par des sous-carbonates de soude, et c'est là réellement un perfectionnement important.

Le cuvier inférieur a été supprimé et remplacé par le chaudron, destiné au chauffage de la lessive, et des moyens mécaniques ou la pression de la vapeur servent à élever la lessive bouillante et à la verser sur le haut du cuvier; mais ces perfectionnements, qui économisent la main-d'œuvre, ne remédient pas aux inconvénients majeurs que nous avons signalés.

Comme il est bien reconnu que, pour que le blanchissage soit complet et que le linge soit purifié de tous les miasmes morbides qu'il peut contenir, il faut absolument que la lessive soit bouillante, on a imaginé dans ces derniers temps de faire traverser toute la masse du linge par des courants ascendants de vapeur, tandis qu'il est traversé en sens inverse par les lessives. Mais les appareils inventés dans ce but sont chers et compliqués, et il est difficile d'éviter que les vides ménagés dans le linge pour les courants de vapeur ne servent de faux-fuyant à la lessive, dont l'effet n'est plus alors général.

L'examen que nous avons fait de ce mode de lessivage, même en employant les appareils les plus perfectionnés, parmi lesquels on doit ranger en première ligne ceux de Moque et Bouillon, nous a convaincu qu'il était inférieur, sous tous les rapports, au procédé connu sous le nom de blanchissage à la vapeur, dont il nous reste à nous occuper. Avant de passer toutefois à l'examen de ce procédé, encore peu répandu, comparativement à celui du lessivage par affusion de lessive, encore généralement appliqué et pour lequel des appareils divers sont en usage, il nous paraît utile de résumer les conditions que doivent remplir ces appareils pour mettre à même d'apprécier le mérite de chacun d'eux et de s'en servir convenablement. Il suffit pour cela de se rappeler les principes posés au commencement de ce chapitre.

L'appareil sera le meilleur possible : 1° si toute la masse du linge exposé à la lessive parvient à une température uniforme de cent dix degrés et ne se trouve en aucun point exposée à en subir une supérieure de cent dix ou cent quinze degrés;

2° Si tout le linge soumis à l'appareil y reçoit également la dissolution alcaline;

3° Si cette dissolution, employée d'abord à deux ou trois degrés du pèse-lessive, ne se concentre pas de manière à atteindre plus de force à la fin de l'opération.

4° Enfin, si la masse du linge s'y échauffe progressivement et si aucune partie ne s'y trouve exposée à un changement trop brusque de température. L'appareil le plus économique sera celui où, toutes ces conditions étant remplies, l'opération aura la plus courte durée. Le procédé de blanchissage à la vapeur consiste à plonger le linge que l'on veut nettoyer dans une dissolution alcaline convenablement dosée, de manière à l'en imprégner également; puis à l'exposer à un courant de vapeur qui, en élevant progressivement la température à cent degrés, détermine la saponification des matières grasses qui le salissent et les rende ainsi solubles dans l'eau; de telle sorte qu'il suffise après d'un simple rinçage pour les enlever. Ce procédé a été indiqué depuis longtemps comme le meilleur par les savants qui se sont occupés de cette matière.

Dès 1807, Chaptal, dans son *Traité de chimie appliquée aux arts* (t. III, page 67), disait à son égard :

« Cette manière de lessiver est sans doute la plus avantageuse ; elle est en même temps la plus économique. La chaleur constante qui est imprimée à toute la masse est de quatre-vingt-cinq à quatre-vingt-dix degrés, tandis que celle des lessives ordinaires n'est jamais que de soixante-dix à soixante-douze degrés.

« Toute la masse reçoit une action uniforme, tandis que, par la manière rdinaire de couler les lessives, il se fait de faux-fuyants où s'échappe le liquide, et une grande partie du linge est soustraite à son action. »

Après Chaptal, Berthollet, Cadet de Vaux, Curandeau et autres ont également préconisé ce procédé; et cependant il n'a commencé à se répandre un peu que dans ces dernières années. On ne doit pas toutefois attribuer à la routine seule le temps que ce procédé, si simple, si rationnel en principe, a mis à se populariser. Les premiers appareils employés étaient compliqués et dispendieux ; en général, on employait de la vapeur produite par des générateurs à haute pression; et cette vapeur, arrivant subitement sur le linge froid et humecté de lessive, le brûlait ou au moins coagulait les matières albumineuses et laissait le linge maculé de taches difficiles à enlever. Le préjugé que la vapeur brûlait le linge se répandit dans le public et en fit rejeter l'emploi. — En 1837, M. le baron Bourgnon publia une brochure qui jeta un grand jour sur le lessivage à la vapeur et contribua à en propager l'usage. Dans ces dernières années, les appareils se sont simplifiés. MM. Charles et Cie, surtout, profitant, vers 1844, des travaux de leurs devanciers, commencèrent à fabriquer et à livrer à l'industrie des appareils simples et commodes, et contribuèrent ainsi puissamment à étendre ce procédé. Enfin, en 1853, une commission nommée par le ministre de la guerre, pour étudier la question du blanchissage de l'armée, fit un rapport dans lequel on trouve le passage suivant :

« La commission, après diverses vérifications et expériences effectuées sur place, a constaté que le lessivage à la vapeur nettoie parfaitement le linge, ne brûle aucunement et assure la conservation, en ce sens, que l'emploi de la brosse et du battoir devient complètement inutile pour le lavage; la lessive est faite en beaucoup moins de temps que par le coulage ordinaire (six heures au lieu de vingt-quatre). »

Il y a donc, en définitive, économie de main-d'œuvre, de combustible et de savon, amélioration notable dans la propreté du linge et prolongation de sa durée. La puissance de la routine peut seule expliquer que le procédé du lessivage à la vapeur déjà préconisé par Chaptal, Cadet de Vaux, Curandeau, ait été aussi longtemps à se répandre.

Aujourd'hui, un assez grand nombre d'établissements hospitaliers et de bienfaisance sont pourvus d'appareils à vapeur de systèmes différents et en obtiennent de bons résultats.

Sur le rapport, un décret fut rendu le 10 décembre de la même année pour l'institution de buanderies militaires, et des appareils à vapeur ont été établis dans la plupart de ces buanderies, notamment à l'École militaire de Paris.

Nous avons visité cette dernière buanderie, et nous y avons vu fonctionner les appareils de la maison Charles et Cie, à l'aide desquels on blanchit, avec une grande économie, neuf cents kilogrammes de linge par jour. Ce qui précède nous paraît établir d'une manière incontestable la supériorité du procédé du blanchissage à la vapeur sur l'ancien mode de coulage. Il nous reste donc seulement à indiquer les précautions à prendre pour obtenir les meilleurs résultats de l'emploi de ce procédé.

Le linge doit, en général, être immergé à sec dans une dissolution de sous-carbonate de soude à deux et demi ou trois degrés au plus du pèse-lessive. On peut d'ailleurs, ici, proportionner la force de la dissolution alcaline à la nature et à l'état de saleté du linge, avantage que n'a pas l'ancien procédé.

Lorsque le linge est très-sale, on doit commencer par l'essanger, en ayant soin de le tordre pour enlever l'eau en excès, et il faut alors le plonger dans une dissolution un peu plus concentrée de sous-carbonate, afin qu'après son immersion le liquide accuse encore deux degrés et demi, ou trois degrés, au pèse-lessive

En général, comme nous venons de le dire, et pour le linge qui ne contient pas d'impuretés trop grossières, on se dispense de l'essangeage, et on plonge le linge bien sec dans un cuvier dans lequel on a préalablement mis autant de litres de la dissolution de sous-carbonate que l'on a de kilogrammes de linge sec à blanchir. On doit avoir soin de tremper le linge le moins sale et le plus fin le premier ; à mesure qu'une pièce a été bien imbibée de lessive on la place à égoutter, soit sur des barres de bois, soit sur une planche percée de trous au-dessus de la cuve à lessive ; de telle sorte que le linge le plus sale et le plus grossier, qui a été immergé le dernier, se trouve au-dessus, et soit par conséquent repris le premier pour être placé au fond de l'appareil à vapeur.

Tout le linge imprégné est alors placé l'un sur l'autre dans ces appareils, en ayant soin de ménager des vides pour la circulation de la vapeur ; dans les appareils de la maison Charles et C¹ᵉ, ces vides sont conservés au moyen de bâtons verticaux espacés de vingt-cinq centimètres à trente-cinq centimètres, entre lesquels on entasse le linge, et que l'on enlève quand le cuvier est rempli. Le haut de ces conduits de vapeur est fermé par une pièce de linge, et on fait arriver la vapeur, en ayant grand soin qu'elle n'arrive d'abord que modérément et à une température qui ne doit jamais dépasser cent à cent dix degrés. Dans les appareils de la maison Charles et Cⁱᵉ, la vapeur est produite peu à peu par un foyer allumé au-dessous du cuvier même, au fond duquel se trouve, sous un double fond qui supporte le linge, une chaudière contenant de l'eau pure ; quel que soit l'appareil qu'on emploie, il est très-important de veiller à ce que la vapeur s'introduise d'abord lentement, et sans être surchauffée, dans toute la masse du linge : cette vapeur, en se condensant, cède sa chaleur latente au linge et à la lessive qu'il contient et l'échauffe peu à peu.

Dès que toute la masse a atteint cent degrés, la condensation de la vapeur n'a plus lieu, et elle s'échappe autour du couvercle du cuvier, couvercle qui ne doit pas fermer hermétiquement et être trop pesant, afin que la vapeur ne s'élève pas dans l'appareil à une pression supérieure à celle de l'atmosphère. Lorsque la vapeur s'échappe ainsi, l'opération est terminée, il faut éteindre le feu, ou fermer les conduits qui introduisent la vapeur ; selon l'appareil dont on fait usage, le linge pourrait être retiré tout de suite et rincé, car la saponification des matières grasses doit être opérée, mais il est plus convenable d'attendre quelques heures pour retirer le linge du cuvier.

Ainsi que nous venons de le dire, lorsqu'on emploie le procédé du lessivage à la vapeur, le savonnage n'est pas indispensable, et, si l'opération a été bien conduite, il suffit de rincer le linge à l'eau pure pour qu'il soit parfaitement et complétement blanchi ; mais l'ancien mode de coulage laisse presque toujours sur le linge des taches qui n'ont pas été atteintes par la lessive ou des traces jaunes provenant des faux-fuyants qui se sont produits dans le cuvier, et qu'il faut enlever en frottant souvent pendant longtemps ces parties de tissus avec du savon.

La meilleure manière de faire cette opération est certainement de se

borner à froisser entre ses mains et avec du savon les parties du linge où
on aperçoit ces traces, jusqu'à ce qu'elles disparaissent; mais, comme cette
main-d'œuvre est longue et pénible et consomme beaucoup de savon, on a
cherché des moyens plus économiques et plus prompts de l'effectuer. Pour
faciliter et hâter l'opération, on se sert, suivant les divers usages locaux, de
brosses, de battoirs, ou de planches cannelées.

Hâtons-nous de dire que, si par ces auxiliaires on économise le savon et
le temps, on accélère considérablement l'usure du linge : le frottage du linge
entre deux plateaux cannelés, ou avec les mains contre une planche cannelée en forme de persienne, comme on le pratique dans le Jura et dans une
partie de l'est de la France, est certainement le moyen le plus destructif et
celui qui doit être le plus prohibé. La brosse de chiendent employée, à Paris,
par presque toutes les blanchisseuses a le même inconvénient, mais au
moins n'agit-elle que sur les endroits tachés, tandis que les planches cannelées et le battoir agissent sur toute la pièce de linge soumise à leur action.
Le battoir, dont on se sert presque partout en France, n'a pas un effet très-
funeste, s'il est employé avec intelligence et manié par une main exercée,
mais son emploi demande beaucoup d'adresse et d'habitude; si les coups
sont frappés obliquement, si le linge mouillé contient de l'air ou est mal
disposé sur la planche ou la pierre à laver, un seul coup de battoir peut y
causer de graves déchirures.

Dans ces derniers temps on a inventé beaucoup de machines à laver pour
remplacer l'emploi des brosses et des battoirs; chacun de ces appareils a été
beaucoup préconisé par son inventeur.

Comme nous l'avons déjà dit, ces machines, plus ou moins ingénieuses,
ont toutes le très-grave inconvénient de soumettre indifféremment toutes
les pièces de linge et toutes les parties de ces pièces, aussi bien celles sorties
propres du cuvier à lessive que celles qui sont le plus tachées, à une égale
friction ou compression, et, partant, une égale usure.

On parvient, il est vrai, à l'aide de ces machines, à nettoyer les tissus les
moins résistants sans les déchirer, mais non sans les user et sans diminuer
encore leur résistance; de sorte qu'on les rend sans trous à leurs propriétaires, mais ils cèdent au premier effort et se déchirent entre leurs mains
avec une désolante facilité.

La commission instituée en 1850 pour étudier les établissements de bains
et lavoirs publics a donné, planche XIV de son rapport imprimé, le dessin
d'un appareil dû à M. R. W. Jearrard, breveté en France et en Angleterre.
Cette machine, qui a paru à la commission remplir le mieux le but qu'on
se propose, consiste en une espèce de coffre présentant à l'intérieur l'aspect d'une auge ou cuve prismatique dont l'axe serait horizontal. Ce coffre
est fait de manière à tenir l'eau; c'est dans cette pièce que l'on place, avec
l'eau de savon, les objets à laver. Dans l'axe de cette auge, formant à peu
près un demi-cylindre, se trouve une pièce dite oscillateur, portant sur
deux tourillons et se manœuvrant au moyen d'une manivelle. Cet oscillateur
se compose d'un encadrement et de barreaux parallèles en bois posés à

claire-voie comme un râtelier. Sur chaque rive de l'auge, vers la partie supérieure, sont deux pièces de bois solidement fixées au coffre, qui forment deux joues ou saillies contre lesquelles l'oscillateur vient battre dans le mouvement alternatif qu'on lui imprime et qui limitent sa course quand il n'y a pas de linge dans l'appareil.

Deux râteliers mobiles, semblables à l'oscillateur, se fixent contre ces joues quand le linge est placé dans l'appareil, et on comprime alternativement contre ces deux pièces les deux paquets de linge placés de chaque côté de l'oscillateur, en imprimant, au moyen d'une manivelle, un mouvement alternatif à cet oscillateur. Quand l'eau de savon est trop sale, on la laisse écouler par un tuyau placé au fond de l'auge, et on la renouvelle.

Cet appareil doit, en effet, nettoyer très-bien le linge sans y déterminer une trop grande usure.

Nous avons vu nous-même fonctionner, à la grande buanderie de Saint-Denis, des machines dites lessiveuses, qui nettoient parfaitement le linge après sa sortie du cuvier de lessive, même avec l'eau pure et sans emploi de savon; mais, dans ces machines, comme la friction du linge contre lui-même et contre les parois de l'appareil remplace la compression alternative de l'appareil que nous venons de décrire, cela doit beaucoup plus user et détériorer les tissus. Pendant vingt minutes au moins, le linge est placé dans une roue ayant la forme d'un tambour, de deux mètres de diamètre et d'un mètre environ d'épaisseur, divisé en quatre compartiments par deux cloisons rectangulaires passant par le centre de la roue, qui, mue par une machine à vapeur, fait environ soixante tours par minute ou un tour par seconde.

Le linge est introduit par une porte placée pour chaque compartiment sur la tranche de la roue, et un courant d'eau chaude à quarante degrés environ est amené par un tuyau dont l'orifice correspond au sommet de la roue et pénètre dans chaque compartiment par une fente placée sur le côté, près de la circonférence. L'eau entre donc dans chaque compartiment et le remplit quand il se trouve au sommet de la roue ; elle en ressort quand il passe au point bas, de telle sorte que, pendant vingt minutes, le linge est malaxé dans un courant continu d'eau chaude.

Les deux appareils que nous venons de décrire suffisent pour donner une idée de tous ceux qui ont été inventés dans le même but, et il ne nous reste plus, pour compléter ce qui se rapporte au savonnage, qu'à parler des deux agents de cette opération, à savoir l'eau et le savon.

Tout le monde sait que l'eau de pluie est, à peu près, la seule complètement pure que l'on rencontre dans la nature ; aussi est-elle la plus propre au savonnage.

Les eaux des sources, surtout celles qui n'ont pas coulé à l'air libre, qui sont recueillies dans des puits, contiennent plus ou moins de sels terreux, qui, en se combinant avec le savon, en précipitent une partie, perdue ainsi en pure perte, et rendent d'ailleurs son action plus lente et plus difficile. Le choix de l'eau dont on doit se servir pour savonner a donc beaucoup d'importance. A Paris, les eaux mises en distribution par la ville et livrées aux concessionnaires peuvent se classer ainsi qu'il suit par ordre de priorité, savoir :

1° L'eau du puits artésien de Grenelle ;

2° L'eau de la Seine ;

3° L'eau de l'Ourcq ;

4° L'eau d'Arcueil ;

5° L'eau des sources du nord.

Les matières séléniteuses contenues dans les eaux des sources, et qui forment avec les savons des précipités insolubles, sont également précipitées par les sels de soude ; et, comme ces sels ont dans le commerce une valeur très-inférieure aux savons, il y a grande économie, lorsqu'on est obligé de se servir d'eaux plus ou moins chargées de ces sels, à y projeter, avant de s'en servir pour savonner, une petite quantité de sel de soude, ou, ce qui est plus convenable encore, d'y verser peu à peu une dissolution concentrée de ce sel, jusqu'à ce qu'on observe que cette dissolution ne se trouble plus[1].

Nous avons déjà eu occasion d'examiner, d'après Berzélius, le rôle que joue le savon dans le blanchissage du linge. On comprend, d'après ce que nous avons dit, que le savon n'étant pas en général un oléat neutre, mais contenant presque toujours l'alcali en excès, le plus caustique doit être celui qui agit le plus énergiquement. Mais ces savons sont mous et très-solubles ; or la qualité la plus recherchée par les blanchisseuses dans le savon qu'elles emploient est la dureté, car cette dureté leur permet de frotter sur les taches mêmes du linge, et, par conséquent, de ménager le savon en ne l'employant que sur les parties de l'étoffe où son action est utile.

Pour les torchons et les linges grossiers et très-sales, on emploie avec économie le savon noir ; mais son emploi laisse au linge une odeur désagréable qu'on n'a pas encore trouvé moyen d'enlever.

Quand le linge a été bien lessivé et bien savonné, toutes les saletés et toutes les matières grasses étant dissoutes, il n'y a plus qu'à les enlever par un lavage à l'eau pure : c'est cette opération qu'on appelle le rinçage. La seule condition à remplir pour rendre cette opération parfaite est de pouvoir agiter le linge dans une eau claire et abondante ; malheureusement, dans beaucoup de localités, et surtout dans la plupart des lavoirs de Paris qui ne sont pas situés sur la Seine, cette condition est difficile à remplir : le linge est rincé dans des bassins de petite capacité dans lesquels l'eau ne

[1] L'eau de puits est chargée de sels de chaux qui décomposent le savon au lieu de le dissoudre comme l'eau pure.

La chaux avec l'huile forme un savon calcaire qui, en grande partie, se fixe aux tissus. Une partie du savon calcaire et les autres matières grasses non saturées montent à la surface du liquide et fait croire à tort à une dissolution.

Il est possible de rendre économiquement l'eau de puits propre au savonnage, et ce, en ajoutant trente à trente-cinq grammes de sous-carbonate de soude (cristaux de soude) par hectolitre d'eau, lequel décompose les sels de chaux, qui, la plupart, se précipitent. Il suffit de couler, l'eau limpide sera propre au savonnage.

se renouvelle pas suffisamment ; aussi conserve-t-il très-souvent une odeur de lessive ou de savon très-désagréable, et reste-t-il dans ses fibres des matières étrangères qui peuvent dégager des miasmes nuisibles.

On conçoit combien il importe à l'hygiène publique, surtout pour les classes laborieuses, que le linge de plusieurs familles ne soit pas, ainsi que cela n'a que trop souvent lieu à Paris, rincé dans un même bassin où l'eau est stagnante ou ne se renouvelle qu'imparfaitement, de sorte que les impuretés ne soient souvent détachées, par la lessive et le savon, de certaines pièces d'étoffe, que pour être reportées sur d'autres.

Ne doit-on pas craindre que du linge ainsi blanchi, quoique plus propre en apparence, n'apporte dans les familles saines des germes morbides transmis dans le cuvier commun ?

Nous croyons devoir appeler sur ce point toute l'attention de ceux qu ont à examiner l'installation et l'économie des lavoirs publics.

Bien que l'opération du rinçage soit la plus simple de celles qui constituent le blanchissage, c'est sur elle, pensons-nous, que doit se fixer leur examen.

Il est extrêmement à désirer que, dans tous les lavoirs, on puisse faire sécher le linge promptement et à peu de frais ; aussi est-ce un des points qui ont le plus occupé la commission instituée en 1850.

Il est très-important, dit M. Darey dans son deuxième rapport, imprimé avec ceux des autres membres de la commission, que les laveuses puissent, sans augmentation sensible de frais, faire sécher promptement leur linge dans le lavoir, et ne soient pas condamnées à étendre sur des cordes, dans l'intérieur de la chambre unique dont elles disposent en général, le linge mouillé qu'elles rapportent péniblement à leur domicile.

Dans le premier rapport, MM. Trélat et Gilbert font remarquer, de leur côté, que « cette habitude qu'ont les femmes, de charger sur leurs épaules des masses humides quand elles viennent de s'échauffer à un rude travail doit causer de nombreuses maladies, et la nécessité où elles se trouvent d'étendre leur linge chez elles, dans des localités étroites, dépourvues d'air, ne présente que de nouvelles conditions d'insalubrité, ajoutées à celles qui existent déjà dans tant de logements d'ouvriers nécessiteux. »

La commission a étudié avec soin les moyens employés, tant en France qu'en Angleterre, pour obtenir un séchage prompt et économique.

Elle a fait à ce sujet plusieurs expériences, et, comme on trouvera dans les rapports de cette commission imprimés par ordre du gouvernement tous les détails possibles sur les séchoirs établis en France et en Angleterre, nous nous étendrons peu sur ce sujet.

La plus grande quantité de l'eau contenue dans le linge après le rinçage est ordinairement expulsée en le tordant ; mais cette opération a le grave inconvénient d'allonger, de déplacer et de desagréger les filaments du tissu. Elle a moins d'inconvénients quand elle s'exécute dans un filet ; mais on doit encore l'éviter autant que faire se peut, et la remplacer par l'essorage, qui consiste à substituer à la torsion du linge à la main une dessiccation partielle résultant d'un mouvement de rotation très-accéléré auquel on soumet les pièces, dans un espace annulaire, grillagé, mis en mouvement par un homme ou tout autre moteur. Cette petite machine, dont la vitesse à la circonférence extérieure est d'environ vingt mètres par seconde, produit d'excellents effets, et permet en dix minutes d'enlever à quarante ou quarante-cinq kilogrammes de linge tout l'excès d'eau qu'il renferme, de manière que le doigt ne soit pas sensiblement mouillé par son contact.

Lorsque le linge a été ainsi ramené, soit par la torsion, soit par l'essoreuse, soit par la presse, que quelques personnes préfèrent à l'essorage, à ce degré d'humidité, on achève la dessiccation, soit en l'étendant à l'air libre, soit dans des étuves chauffées à la vapeur ou à l'air chaud.

Nous ne pouvons que renvoyer aux rapports précités de la commission de 1850, pour la description des systèmes adoptés pour ces séchoirs, et nous citerons, comme spécimen, ceux établis au lavoir Napoléon et à la buanderie de l'École Militaire à Paris.

La nécessité d'étendre le linge pour le faire sécher exige beaucoup de place, de soins, et entraîne toujours une grande déperdition de chaleur; aussi plusieurs membres de la commission de 1850 ont-ils cherché s'il ne serait pas possible de faire sécher le linge en le plaçant en paquets dans des appareils chauffés à cent degrés et plus. Les expériences intéressantes qu'ils ont faites avec beaucoup de soin, et dont ils rendent compte, ont prouvé qu'à une température même très-élevée l'eau contenue dans l'intérieur des paquets ne se vaporise pas, tant le linge de la surface du paquet oppose d'obstacles au dégagement de la vapeur. Jusqu'à présent donc on n'a pu trouver encore le moyen d'opérer promptement le séchage du linge sans l'étendre.

En résumant à un point de vue pratique ce qui a été dit dans ce rapport, on voit que l'administration, qui s'est vivement préoccupée depuis quelques années de la nécessité des lavoirs publics, pour l'amélioration du sort de la classe ouvrière, devrait, pour rendre ces établissements aussi utiles que possible, y introduire des procédés plus perfectionnés que ceux qui y sont généralement suivis, et qui ont malheureusement trop souvent pour résultat la prompte détérioration du linge, si précieux à la classe laborieuse.

1° Avant tout, il faudrait s'opposer, autant que faire se pourrait, à ce que l'on employât des lessives corrosives, et pour cela les dissolutions devraient être faites toujours avec des cristaux ou carbonates de soude, et non avec la potasse ou la soude caustique, et jamais ces dissolutions ne devraient dépasser trois degrés ou trois degrés et demi du pèse-lessive.

2° Il faudrait encourager les lessives en commun préférablement aux petits ouvriers.

3° Le mode de lessivage à la vapeur, étant incontestablement, dans l'état actuel de l'industrie, le meilleur procédé, tant sous le rapport de l'économie que sous celui de la conservation du linge, devrait être efficacement encouragé.

4° Il faudrait proscrire, autant qu'on pourrait, les machines à laver, qui ont toutes, plus ou moins, l'inconvénient d'user uniformément les tissus qui leur sont soumis.

5° L'administration pourrait veiller et elle pourrait même contribuer, en accordant l'eau nécessaire, à ce que le rinçage puisse se faire dans une eau claire, abondante et souvent renouvelée.

6° Enfin, il faudrait encourager et favoriser les établissements où des essoreuses, où des presses et des séchoirs à air chaud seraient convenablement installés, afin que les ménagères qui usent du lavoir puissent emporter leur linge sec sans une grande perte de temps. Il ne nous appartient pas de déterminer comment et dans quelles limites l'administration peut et doit prévenir les abus que nous avons signalés et obtenir les améliorations qu'il était de notre mission d'indiquer.

Il nous paraîtrait difficile que dans les lois et les nombreux décrets qui, depuis 1789 jusqu'à nos jours, ont eu pour but de confier à l'administration municipale le droit de veiller à la police, à la salubrité, à l'hygiène et à la fidélité du débit des denrées, l'autorité ne se trouvât pas le droit de s'opposer efficacement et directement au mal, et d'interdire dans des établissements publics l'emploi de lessives corrosives et de procédés nuisibles. Lors même qu'il n'en serait pas ainsi, nous pensons que l'administration, de laquelle aujourd'hui plus que jamais on attend l'initiative de toute mesure qui tend au progrès profitable à la classe laborieuse, pourrait toujours, sans sortir de ses attributions actuelles, exercer sur l'industrie du blanchissage une salutaire influence.

Aux termes du décret du 11 octobre 1850, aucun lavoir public ne peut être ouvert sans une autorisation spéciale de l'administration; de plus, tout établissement de ce genre a besoin de recourir à l'administration municipale pour obtenir des concessions d'eau et de gaz, sans lesquelles il ne peut exister. Il serait donc facile, ce nous semble, de n'accorder l'autorisation d'ouvrir de nouveaux lavoirs qu'à la condition que dans ces établissements on n'emploierait ni lessives corrosives ni procédés reconnus nuisibles, et qu'ils resteraient soumis à une inspection spéciale pour toute infraction à ces conditions.

Enfin, pour ces nouveaux établissements comme pour ceux existants déjà, l'administration pourrait favoriser et encourager l'emploi des procédés reconnus les meilleurs, en accordant à ceux qui les mettraient en pratique des réductions plus larges sur les prix de l'eau et du gaz qui s'y consomment [1].

L'administration, qui se préoccupe tant depuis quelques années du bien-être de la classe laborieuse, ne laissera pas subsister plus longtemps, nous l'espérons, un mal réel que nous avons signalé avec d'autant plus de confiance que nous avons entrevu que le remède était possible.

[1] Le chiffre de ces réductions est toujours proposé, dans le département de la Seine, par le conseil d'hygiène, d'après le rapport spécial d'un de ses membres. La délibération municipale de Paris qui autorise ce mode de dégrèvement est du 28 novembre 1851.

M. V.

II. CONSEIL CENTRAL D'HYGIÈNE PUBLIQUE ET DE SALUBRITÉ (SEINE-INFÉRIEURE),
ANNÉE 1855. (Extrait.)

..... La propreté, le lavage de la surface de la peau, peuvent prévenir l'aggravation de certaines maladies qui font le désespoir de la médecine et encombrent les salles de nos hôpitaux.

Il existe d'ailleurs une foule de maladies de la peau qui n'ont pour cause que l'absence de bains et le contact permanent de poussières végétales ou minérales que soulèvent de nombreuses industries.

Le lavoir gratuit et à prix réduit, en favorisant le lavage plus fréquent des vêtements et du linge qui s'imbibe de la sueur, concourt évidemment au même but. La propreté du linge fera disparaître ainsi les fâcheux effets qu'exerce sur la santé la respiration des émanations fétides qu'exhale le linge sale, la peau étant un auxiliaire puissant des voies respiratoires.

L'emplacement choisi passage Dupont, à Saint-Sever, parut favorable : au milieu d'une population ouvrière considérable, ouvert le dimanche, il avait l'avantage de favoriser l'usage des bains le jour précisément où tous les travaux sont suspendus.

Huit cabinets de bains pour les femmes se trouvaient dans le bâtiment principal, au premier étage, avec les appartements et chambres du personnel de l'établissement ; le rez-de-chaussée contenait un lavoir, avec la buanderie et ses accessoires.

Un bâtiment annexe contenait dix-huit cabinets de bains pour les hommes.

L'eau des bains, amassée dans trois grands réservoirs, était chauffée dans l'un d'eux par une serpentine où circulait la vapeur d'échappement de la machine, et par celle qu'on pouvait emprunter au besoin dans la chaudière.

D'après les calculs de M. l'ingénieur des mines, cent mètres cubes d'eau, quantité nécessaire pour cent bains journaliers et le lavage de douze cents kilogrammes de linge par jour, peuvent facilement être obtenus d'un puits profond de huit mètres qui devait alimenter l'établissement ; au besoin, ce puits devait être en état de fournir trois cents mètres cubes d'eau.

L'eau de ce quartier ne dissout que difficilement le savon, au dire des propriétaires voisins ; c'était là une mauvaise condition pour l'action favorable des bains : l'ouvrier, dont le travail excite la transpiration, a la peau couverte d'un enduit gras qui demande des lotions alcalines, et ne rencontre pas ces avantages dans les lavages à l'eau calcaire.

Cet inconvénient, résultant de la qualité de l'eau, pouvait disparaître d'ailleurs par l'addition au bain d'une faible quantité de la lessive alcaline destinée au lavoir.

Les baignoires devaient être en cuivre étamé, choix que le conseil approuva.

La distribution des eaux devait se faire au moyen de robinets dont la manœuvre restait à la disposition des baigneurs.

Le chauffage des cabinets se pratiquait au moyen de bouches de chaleur. C'était là une excellente mesure pour éviter le passage brusque de la température du bain à celle de l'air extérieur, précaution d'autant plus sage que l'ouvrier n'est pas pourvu abondamment de linge chaud.

L'aération des bains de femmes devait se faire par de nombreuses fenêtres; celle des bains de l'annexe pour les hommes par des ouvertures pratiquées à la toiture; le conseil pensa qu'il était opportun de placer des évents communiquant avec l'air extérieur et s'ouvrant dans le sol de la galerie centrale.

Dans le lavoir, garni de vingt-quatre planches pour les laveuses, le conseil ne put que donner son approbation aux procédés employés, réunis avec une remarquable intelligence.

Le système adopté est celui proposé par Chaptal il y a cinquante ans.

Plus d'essangeage ni de savonnage; le lessivage n'avait plus besoin de coulages répétés; le linge, trempé dans une dissolution alcaline marquant deux degrés à l'aréomètre de Beaumé, puis soumis à l'action de la vapeur d'eau à cent degrés jusqu'à ce qu'il eût atteint cette température, était retiré du cuvier pour être rincé et ensuite séché.

Le lessivage étant fait en commun, le linge sale apporté dans la journée était pesé, divisé en deux lots, suivant son état de propreté, chaque lot trempé, macéré, et excuvé en commun. Ce linge, blanchi la nuit par les ouvriers de l'établissement, était remis le lendemain lessivé aux femmes à qui il appartenait, et qui allaient le rincer dans un grand lavoir où chacune avait sa place.

Le ministre de la guerre, qui a rendu obligatoire dans l'armée ce système pour les effets de troupe, n'évalue pas à moins de deux millions par an l'économie qui devait résulter de son adoption au profit de l'armée.

Peu à peu, il faut l'espérer, le raisonnement et l'expérience en populariseront l'usage dans les établissements particuliers; car, aux avantages qu'il présente, il joint encore celui de prolonger la durée du linge, évaluée au tiers de la consommation ordinaire.

Le linge devait être séché par paquets et non par pièces; si c'était un inconvénient, il était de peu d'importance.

Préoccupé de l'écoulement des eaux chargées d'impuretés, le conseil appela l'attention de l'autorité sur l'insuffisance des béthunes et sur les inconvénients résultant de la faible pente des ruisseaux du quartier Saint-Sever; si elles devaient être conduites dans des égouts, la nécessité se faisait sentir d'un curage hebdomadaire par un service d'égoutiers valides.

Il insista en outre sur l'opportunité d'établir une ventilation continue dans le local où serait momentanément le linge sale avant la mise en œuvre du blanchissage.

On avait organisé dans l'établissement une salle dite de garde, spécialement destinée aux enfants accompagnant leurs mères; mais le conseil ne crut pas à l'utilité réelle de cette création, en présence des crèches et des salles d'asile dont le quartier Saint-Sever est doté; le conseil vous en propose la suppression comme une dépense inutile.

Quelques détails accessoires ne nous paraissent pas ici sans importance, le prix d'abord :

Lessivage du linge gros et moyen, par kilogramme pesé. . 10 centimes.
—   pour le linge fin. . . . . 15 —
Séchage du linge lessivé dans l'établissement, par kilogr. 2 c. 1/2
Bain chaud sans linge. . . . . 20 centimes.
Bain froid sans linge. . . . . 10 —
Bain chaud avec linge. . . . . 25 —
Bain froid avec linge. . . . . 15 —

Le lundi, jour complétement gratuit, était réservé aux indigents.

III. CONGRÈS GÉNÉRAL D'HYGIÈNE DE BRUXELLES 1852. (Extrait.)

Quelles sont les règles à suivre pour l'établissement de bains et lavoirs publics dans les principaux centres de population et dans les petites villes?

La création des bains et lavoirs publics rentre spécialement dans le domaine de l'action des communes, des administrations de bienfaisance et des associations particulières, et mérite d'être encouragée par le gouvernement.

Les bains et lavoirs doivent, autant que possible, être réunis dans le même local, afin d'économiser la dépense, d'utiliser le même appareil de distribution d'eau pour alimenter les deux sections, et de simplifier le service de direction et de surveillance.

Le choix de l'emplacement doit être déterminé par les conditions suivantes :

A. Situation centrale;
B. Accès facile;
C. Modicité du prix du terrain;
D. Abondance et bonne qualité des eaux;

L'étendue et l'appropriation de l'établissement doivent être en rapport avec le chiffre et les besoins de la population qu'il est appelé à desservir, et calculé de manière à équilibrer autant que possible les recettes et les dépenses.

Il est aussi prudent de disposer l'établissement de manière à pouvoir être agrandi au besoin.

Dans les villes manufacturières, les bains et lavoirs pourraient être utilement rattachés à certaines usines faisant usage de machines à vapeur, qui fourniraient l'eau chaude nécessaire au service.

1° *Bains.* — Les bains seront divisés en deux classes, de manière à être mis à la portée de la petite bourgeoisie et des ouvriers.

Les bains destinés aux personnes de chaque sexe doivent être complétement séparés; leur nombre sera au moins deux fois plus considérable pour les hommes que pour les femmes.

La division affectée à celles-ci sera exclusivement desservie par des personnes de leur sexe.

Chaque baignoire sera disposée dans un cabinet particulier, formé au moyen de cloisons dont les matériaux seront, autant que possible, imperméables, d'une solidité suffisante et de nature à ne pas s'endommager par l'humidité.

Le sol du cabinet sera planchéié ou carrelé; dans ce dernier cas, il sera recouvert d'une natte ou d'un marchepied en bois à côté de la baignoire. Celle-ci sera de préférence en zinc, et en tous cas d'une matière susceptible d'être aisément et promptement nettoyée. L'alimentation et l'écoulement des eaux seront établis de manière à pouvoir s'opérer hors du cabinet.

Chaque cabinet sera garni du mobilier nécessaire.

La baignoire sera nettoyée et l'eau renouvelée pour chaque baigneur.

On pourra disposer quelques appareils pour les bains froids, de pluie ou de poussière d'eau.

2° *Lavoirs.* — La section des lavoirs comprendra :

A. Un certain nombre de compartiments ou loges, séparés latéralement par des cloisons en matériaux imperméables, de un mètre quatre-vingts centimètres à deux mètres de haut, de manière à isoler complétement chaque laveuse, et contenant chacun deux baquets munis de robinets, l'un pour l'eau chaude ou la vapeur, l'autre pour l'eau froide;

B. Un ou deux appareils à force centrifuge (hydro-extracteur ou essoreuse) destinés à opérer et à remplacer l'opération du tordage;

C. Un ou deux séchoirs à air chaud, ayant chacun un certain nombre de compartiments s'ouvrant perpendiculairement en glissant sur des rails, et munis de lattes ou barres en bois pour suspendre le linge;

D. Deux ou plusieurs tables à repasser, à plier le linge, un cylindre, un petit fourneau pour chauffer les fers à repasser, etc.

E. Un appareil pour laver le linge de la section des bains.

Le taux de la rétribution pour l'admission aux lavoirs doit être calculé, non pas en raison de la quantité d'effets apportés par chaque laveuse, mais proportionnellement à la durée du temps que chacune d'elles passe à l'établissement.

3° *Dispositions communes aux deux sections.* — L'établissement comprendra :

1° Une salle d'attente pour chaque section, et, s'il est possible, comme annexe à la section des lavoirs, un ouvroir pour le raccommodage du linge et des effets d'habillement;

2° Un bureau pour le payement et la délivrance des billets ou cartes d'admission;

3° Un logement pour le directeur ou le surveillant principal;

4° Les appareils nécessaires pour la production et la distribution de la vapeur, de l'eau chaude et de l'eau froide nécessaires aux deux sections;

5° Des magasins pour le combustible, le linge nécessaire au service des bains;

6° Un certain nombre de cabinets d'aisances séparés pour les deux sexes.

Il convient d'apporter un soin tout particulier à la ventilation de toutes les parties de l'établissement.

Les tarifs des prix ainsi qu'un règlement d'ordre intérieur seront affichés dans chaque local.

Des cartes d'admission aux bains et lavoirs pourraient être utilement distribuées par les industriels ou par les soins des bureaux de bienfaisance, des institutions charitables et des bienfaiteurs particuliers.

Dans les localités peu populeuses et dans les petites villes, l'établissement des bains et lavoirs peut subir certaines modifications et simplifications propres à diminuer à la fois les dépenses de premier établissement et les frais d'exploitation journalière. Ainsi il y aurait lieu :

A. De n'avoir qu'une classe de bains au lieu de deux;

B. De faire servir alternativement les bains pour les deux sexes, en leur assignant à cet effet des heures et des jours différents;

C. De réduire et de simplifier les appareils, de supprimer spécialement la machine à vapeur, en établissant, par exemple, le coulage du linge et le rinçage en commun;

D. De supprimer le logement du surveillant.

.   .   .   .

IV. LOI RELATIVE A LA CRÉATION D'ÉTABLISSEMENTS MODÈLES DE BAINS ET LAVOIRS PUBLICS. (Du 3 février 1851.)

Art. 1er. Il est ouvert au ministre de l'agriculture et du commerce, sur l'exercice 1851, un crédit extraordinaire de six cent mille francs, pour encourager, dans les communes qui en feront la demande, la création d'établissements modèles pour bains et lavoirs publics gratuits ou à prix réduits.

Art. 2. Les communes qui voudront obtenir une subvention de l'État devront : 1° prendre l'engagement de pourvoir, jusqu'à concurrence des deux tiers au moins, au montant de la dépense totale ; 2° soumettre préalablement au ministre de l'agriculture et du commerce les plans et devis des établissements qu'elles se proposent de créer, ainsi que les tarifs, tant pour les bains que pour les lavoirs.

Le ministre statuera sur les demandes, et déterminera la quotité et la forme de la subvention, après avoir pris l'avis d'une commission gratuite nommée par lui.

Chaque commune ne pourra recevoir de subvention que pour un établissement, et chaque subvention ne pourra dépasser vingt mille francs.

Art. 3. Les dispositions de la présente loi seront applicables, sur l'avis conforme du conseil municipal, aux bureaux de bienfaisance et autres établissements reconnus comme établissements d'utilité publique qui satisferaient aux conditions énoncées dans les articles précédents.

Art. 4. Au commencement de l'année 1852, le ministre du commerce publiera un compte rendu de l'exécution de la présente loi et de la répartition du crédit dont l'emploi aura été décidé dans le courant de l'année 1851.

V. CIRCULAIRE MINISTÉRIELLE DU 26 FÉVRIER 1851, RELATIVE A L'EXÉCUTION
DE LA LOI SUR LES BAINS ET LAVOIRS PUBLICS.

Monsieur le préfet, un crédit extraordinaire de six cent mille francs est
mis, par la loi du 3 février dernier, à la disposition de mon ministère pour
encourager la création d'établissements modèles de bains et lavoirs publics,
gratuits ou à prix réduits.

Cette loi est une nouvelle preuve de la sollicitude du gouvernement en
faveur des classes laborieuses ; aussi suis-je assuré à l'avance de l'empresse-
ment que vous mettrez à inviter les communes, les bureaux de bienfaisance
ou autres établissements reconnus comme établissements d'utilité publique
à satisfaire aux conditions de la loi, pour obtenir une part du crédit de six
cent mille francs.

Il importe, monsieur le préfet, de donner à la loi nouvelle la plus grande
publicité possible. Je vous recommande donc de prendre immédiatement
les mesures nécessaires à cet effet. Je vous engage à ne point vous borner
à la faire insérer dans le recueil des actes administratifs de votre préfecture;
je désire que vous la fassiez publier par voie d'affiche, surtout dans les
grands centres de population. Vous devez vous appliquer d'ailleurs à bien
faire comprendre aux autorités locales l'esprit dans lequel elle a été conçue,
le but important qu'il s'agit d'atteindre, et les moyens à l'aide desquels on
y est déjà parvenu dans un pays voisin.

Pour vous faciliter cette tâche, j'ai l'honneur de vous adresser, avec un
exemplaire de la loi, un volume dans lequel mon prédécesseur, M. Dumas,
a fait recueillir les documents les plus importants que l'administration possède sur cette matière ; vous y trouverez l'exposé des motifs de la loi, et ce
document vous mettra à même de vous pénétrer des considérations de divers ordres qui en recommandent l'objet à la sollicitude de tous les gens de
bien. Il y a toutefois, dans cet exposé, un point qui a cessé d'être d'accord
avec l'esprit de la loi votée : dans la pensée du gouvernement, la création
d'établissements modèles de bains et lavoirs ne devait avoir lieu que dans
les villes les plus populeuses; l'Assemblée nationale n'a pas partagé cette
manière de voir : elle a voulu que les plus petites communes pussent être
appelées à participer à la subvention que la loi permet d'accorder, si elles
consentaient à s'imposer les sacrifices nécessaires. Vous ne devrez donc pas
vous borner à signaler aux autorités des grandes villes les bienfaits que la
loi a pour but de procurer aux populations : il doit demeurer bien entendu
que les communes rurales, comme les communes urbaines, peuvent se mettre sur les rangs et présenter leurs projets.

Le volume que je vous transmets contient en outre les principaux rapports qui ont été présentés à la commission que mon prédécesseur avait. instituée, au mois de novembre 1849, par ordre de M. le président de la République, pour étudier les moyens de doter notre pays d'établissements de
bains et lavoirs pouvant rivaliser avec ceux que possède la Grande-Bretagne.
Il renferme également les rapports parvenus à mon administration sur les éta-

blissements formés et fondés en Angleterre, ainsi que les plans des principaux d'entre eux. Ces différeuts documents vous permettront de fournir aux
autorités locales ou aux architectes chargés de l'étude des projets des éclair-
cissements d'une grande utilité, notamment sur les tarifs, les dispositions
les plus convenables à adopter pour les constructions, l'établissement
des appareils d'essorage et de séchage, les mesures de police intérieure, etc.

La loi a indiqué les formalités particulières que les communes qui voudront obtenir une subvention de l'État auront à remplir; elles devront :

1° Prendre l'engagement de pourvoir, jusqu'à concurrence des deux tiers
au moins, au montant de la dépense totale;

2° Soumettre préalablement au ministre de l'agriculture et du commerce
les plans et devis des établissements qu'elles se proposent de créer, ainsi
que les tarifs, tant pour les bains que pour les lavoirs.

La commune devra justifier d'ailleurs, par la production de son budget,
qu'elle est dans une position financière qui ne lui permet pas de se charger
de la totalité de la dépense; il conviendra, de plus, que le conseil d'hygiène
publique et de salubrité de l'arrondissement soit toujours appelé à donner
son avis sur les projets présentés.

C'est seulement lorsque ces formalités essentielles auront été remplies
qu'il me sera possible de prendre l'avis de la commission que je suis tenu de
consulter, aux termes de la loi, avant de statuer sur les demandes, et de
déterminer la quotité et la forme de la subvention unique que la même
commune pourra recevoir, et qui ne pourra excéder vingt mille francs.

Vous pouvez être assuré, monsieur le préfet, que je ferai tout ce qui sera
en mon pouvoir pour que, en ce qui me concerne, les demandes soient exa-
minées avec la plus grande diligence; mais, bien que mon ministère soit
chargé de la distribution du crédit, il ne sera pas le seul, dans bien des cas,
à concourir à l'exécution de la loi. Les communes devant faire les deux tiers
au moins de la dépense, les demandes de subvention pourront se rattacher
souvent à des projets qui se compliqueront de questions d'emprunts, d'acquisitions de terrains et autres analogues, et l'intervention du ministre de
l'intérieur, celle même du conseil d'État, pourront devenir indispensables.
Il conviendra néanmoins que mon département reçoive d'abord toutes les
pièces de l'instruction, sauf à renvoyer au ministère de l'intérieur celles qui
le concerneraient, lorsqu'il aura été statué sur la valeur des projets et l'opportunité d'accorder une subvention. Je me réserve de demander à mon
collègue, M. Vaisse, de vouloir bien faire examiner d'urgence toutes les affaires communales qui se rattacheront à la création d'établissements modèles
de bains et lavoirs. Je vous recommande de veiller de votre côté, monsieur
le préfet, avec une attention toute particulière, à ce que les demandes que
vous aurez à me transmettre soient instruites d'une manière complète sur
tous les points sur lesquels l'administration centrale aura à prendre une décision.

Parmi les communes où la création d'un établissement modèle de bains et lavoirs publics présentera un caractère particulier d'utilité, il pourra s'en trouver qui ne seront pas en état de s'imposer les sacrifices nécessaires pour avoir droit à une subvention. La loi a prévu cette éventualité, en admettant les bureaux de bienfaisance et autres établissements reconnus comme établissements d'utilité publique à participer aux bénéfices de ces dispositions, aux mêmes conditions que les communes elles-mêmes, pourvu que le conseil municipal y donne son consentement. J'écris à M. le ministre de l'intérieur pour appeler son attention sur cette disposition, et pour lui demander de vouloir bien transmettre, en ce qui le concerne, les instructions qui pourraient en faciliter l'exécution.

La disposition que je viens de rappeler ne préjudicie en rien d'ailleurs au droit que possèdent les communes de concéder, pour un temps plus ou moins long à une compagnie particulière formée, soit dans un but industriel, soit dans un but de pure bienfaisance et au moyen de dons volontaires, la création des établissements dont il s'agit, comme elle pourrait le faire pour l'établissement d'une halle ou d'un abattoir; et, dans ce cas, les communes pourront seconder de plusieurs manières l'action de l'industrie privée ou des associations charitables : tantôt par des concessions d'eau gratuites, tantôt en fournissant les terrains sur lesquels les bains et lavoirs seraient construits, ou en ajoutant une subvention à celle qui serait accordée par l'État, ou bien encore par la garantie d'un minimum d'intérêt.

Dans les villes industrielles, il sera bon de rechercher quel parti on pourrait tirer des eaux de condensation provenant des machines à vapeur. Vous verrez par un des documents contenus dans le recueil que je vous envoie comment un ingénieur habile, soutenu par les seuls efforts de la charité privée, a su mettre à profit ces eaux de condensation pour créer dans la ville de Rouen un établissement qui a déjà rendu d'importants services à une partie de la classe pauvre de cette cité populeuse. C'est un exemple que vous ne devez pas manquer de signaler à l'attention des autorités des communes où il pourrait être imité, et je ne doute pas que les chefs d'industrie ne se montrent partout disposés à faciliter de tout leur pouvoir la réalisation des vues bienfaisantes de la loi.

Sur tous les points où cela pourra vous paraître utile, n'hésitez pas à nommer des commissions locales pour provoquer des souscriptions et s'associer aussi à l'intervention du gouvernement et au sacrifice des communes. Vous n'ignorez pas que lorsqu'un appel est fait par l'autorité ou par des associations charitables, dans l'intérêt d'une création utile, cet appel est presque toujours entendu. Ne craignez donc pas de recourir à tous les dévouements; le concours de la bienfaisance et de la charité, lorsqu'il s'agit de réaliser une pensée profondément philanthropique, ne saurait vous manquer.

Je termine, monsieur le préfet, en vous recommandant de me tenir exactement informé de la suite que vous aurez donnée à ces instructions; je vous promets, de mon côté, d'accorder une attention suivie aux communications et aux demandes que vous auriez à m'adresser. Il importe, en effet, de ne pas perdre de vue que mon département ne peut disposer du crédit dont il s'agit que pendant l'année 1851.

Veuillez m'accuser réception de cette circulaire. Recevez, etc.

Le ministre de l'agriculture et du commerce, *signé* Schneider.

VI. CIRCULAIRE MINISTÉRIELLE RELATIVE A L'ÉTABLISSEMENT DE BAINS ET LAVOIRS PUBLICS. (Du 30 avril 1852.)

Monsieur le préfet, une loi du 3 février1851 avait, sur la proposition du gouvernement, ouvert au ministère de l'agriculture et du commerce un crédit de six cent mille francs, destiné à encourager la création d'établissements modèles de bains et lavoirs publics, gratuits ou à prix réduits; des instructions vous ont été adressées à ce sujet, le 26 du même mois et dans le courant d'avril, avec plusieurs exemplaires d'un volume de documents et de plans destinés à servir de guide aux autorités locales et aux architectes pour l'élaboration des projets.

Ces instructions vous recommandaient de donner une grande publicité aux dispositions de la loi du 3 février, non-seulement par leur insertion dans le recueil des actes administratifs de votre préfecture, mais encore par voie d'affiches, et elles vous faisaient remarquer que les communes rurales pouvaient aussi bien que les communes urbaines être admises à participer à la distribution du crédit dans la proportion des sacrifices qu'elles voudraient elles-mêmes s'imposer.

Aux termes de la loi précitée et de la circulaire du 26 février 1851, les communes devaient pourvoir au tiers de la dépense; la subvention de l'État ne pouvait accorder plus de vingt mille francs, et elle ne devait s'appliquer qu'à un seul établissement, dans une même localité.

Un certain nombre de communes ont répondu à l'appel du gouvernement en produisant des projets d'importances diverses; mais les demandes de subvention étaient presque toutes dans des conditions que les prescriptions de la loi rendaient inadmissibles. La sollicitude du gouvernement étant demeurée ainsi sans effet, M. le président de la République, afin de conserver aux populations et d'étendre même les bienfaits de l'institution projetée, a, par un décret du 3 janvier dernier, reporté sur l'exercice de 1852 le crédit resté sans emploi.

Ce décret maintient la disposition qui a fixé le maximum de chaque subvention au tiers de la dépense à effectuer, mais la limite de vingt mille francs n'a pas été conservée. La subvention pourra désormais être égale au tiers de la dépense, à quelque somme qu'elle doive s'élever, et, de plus, l'administration sera libre de subventionner plusieurs entreprises dans une même commune.

Ces modifications permettront sans doute de fonder et de développer un genre d'établissement qui doit concourir puissamment au bien-être des populations ouvrières et des classes pauvres, auxquelles il est plus particulièrement destiné; vous ne manquerez pas, monsieur le préfet, de vous associer à la pensée du gouvernement, en provoquant, s'il en est besoin, auprès des conseils municipaux, l'adoption des mesures nécessaires pour que les communes où ces établissements doivent offrir le plus d'utilité puissent prendre part à la distribution des fonds de l'État; mais mon département a pensé qu'il fallait venir en aide à l'expérience des administrations municipales, et il a fait dresser, à diverses échelles, une collection de plans et d'instructions qui ont été adoptés par la commission instituée en exécution de la loi précitée du 3 février 1851. Chacun de ces programmes mentionne approximativement le chiffre de la dépense à laquelle son exécution donnerait lieu. Il pourra être étendu ou réduit suivant les besoins et les ressources des localités; il pourra même être modifié suivant les usages et le climat des diverses contrées de la France; mais, soit qu'il s'agisse de bains et lavoirs réunis, soit qu'il s'agisse de bains et lavoirs séparés, aucun projet ne pourra être accueilli s'il ne présente les avantages qui doivent résulter des procédés perfectionnés qu'indiquent les programmes.

Veuillez, je vous prie, monsieur le préfet, afin de prévenir des demandes qui ne pourraient être admises, vous attacher, dans vos instructions, à faire ressortir cette condition essentielle; vous rappellerez en outre aux autorités municipales que la gratuité d'un grand nombre de bains et de places proportionné au chiffre de la population pauvre doit être la conséquence de la subvention de l'État, et qu'il y aura ainsi à disposer, autant que possible, dans un quartier séparé, des baignoires et des places au lavoir pour les indigents. Je vous recommande, du reste, de faire examiner les projets des communes par un architecte et un ingénieur du département avant de m'en faire l'envoi. Leur rapport devra être joint à celui du conseil d'hygiène publique et de salubrité, et vous aurez soin d'y ajouter votre avis personnel.

Les autres pièces à produire sont celles qui suivent :

1° La délibération du conseil municipal, contenant, d'une part, l'évaluation des frais de premier établissement, et, d'autre part, l'indication des voies et moyens :

2° Les devis estimatifs ;

3° Le budget de la commune pour l'année 1852 ;

4° Le tarif des bains ou du lavage à prix réduits;

5° Un état approximatif des recettes et dépenses annuelles de l'exploitation projetée ;

6° L'engagement, de la part de la commune, de faire profiter des prix réduits tous les ouvriers dont la position justifierait cet allégement, et de délivrer, chaque mois, un nombre déterminé de cartes gratuites aux indigents.

Dans le cas où il serait d'une impossibilité absolue d'établir, pour ces derniers, des baignoires distinctes, il y aurait à leur assigner des jours et des heures réservés.

Si les communes avaient à recourir à des acquisitions qui rendissent nécessaire, nonobstant le décret du 25 mars 1852, l'intervention de l'administration centrale, vous auriez à m'adresser le dossier de l'affaire, avec l'indication de la quatrième division de mon ministère; celle-ci, après avoir, en ce qui la concerne, assuré l'accomplissement des formalités requises, transmettrait le dossier à la direction de l'agriculture et du commerce, chargée de me présenter ses propositions pour l'emploi du crédit destiné à encourager la construction des bains et lavoirs. Dans les autres circonstances, il vous appartiendra de préparer les moyens d'exécution avant de me transmettre les demandes de subvention.

Je vous informerai ensuite de la décision qui interviendra sur l'avis de la commission des bains et lavoirs. Mais, en aucun cas, et vous devez en prévenir les communes, les règles de l'administration financière ne permettraient d'ordonnancer par provision la subvention qui serait allouée. D'après la marche indiquée par le département des finances, cette subvention devra être divisée en trois portions égales qui seront ordonnancées et payées à mesure que les communes justifieront, par tiers, de l'avancement des travaux, de telle sorte que le dernier tiers de la subvention ne soit acquitté qu'après l'entier achèvement de l'établissement et sa réception en bonne forme.

Les mandats seront délivrés par vous, au nom du receveur municipal, et ce comptable, lors du payement, joindra à son acquit sur le mandat une quittance extraite de son journal à souche.

Le mandat de payement du premier tiers devra être accompagné de la décision qui aura alloué la subvention et d'un certificat du maire, visé par vous et constatant l'état des travaux, ainsi que leur avancement dans la proportion de l'à-compte à mettre en payement.

Enfin, le dernier mandat sera appuyé d'un certificat semblable, mais attestant l'entier achèvement de l'établissement.

Je vous prie, monsieur le préfet, de porter ces dispositions à la connaissance des communes qui solliciteront des subventions, après avoir pris communication des programmes ci-joints. M. le ministre des finances doit adresser des instructions dans le même sens à MM. les payeurs.

Si des projets de bains et lavoirs provenant de votre département ont été jugés inadmissibles, vous les trouverez annexés à la présente circulaire. Je vous serai obligé de vouloir bien les renvoyer aux communes qu'ils intéressent, afin qu'elles puissent les modifier conformément aux nouveaux programmes.

Je vous prie de vouloir bien rendre compte, dans le plus bref délai possible, des mesures que vous aurez prises pour faire profiter les populations ouvrières de votre département des bienfaits de la législation sur les bains gratuits ou à prix réduits.

Le ministre de l'intérieur, de l'agriculture et du commerce,

Signé DE PERSIGNY.

LIN.

Filature. Voir, au mot *Laine,* l'article *Filature de laine,* t. II, p. 102.

Lavoirs à déchets de lin. Voir *Lavoirs (Industrie des),* t. II, p. 149.

Rouissage. Voir *Chanvre.*

LITHARGE. Voir *Plomb (Industrie du),* t. I, p. 381.

LOGEMENTS ET ATELIERS INSALUBRES.

Cette question, qui touche de si près les intérêts industriels, a toujours été du ressort de l'hygiène publique et administrative. Les ateliers renferment en général des causes multiples d'insalubrité et d'incommodité. L'agglomération des ouvriers, la viciation de l'air qui en est la conséquence, et qui est déterminée par la malpropreté, le défaut d'aération convenable, et toutes les vapeurs odorantes, acides ou autres venant des diverses substances travaillées, le bruit incessant des mécaniques, les poussières variées, organiques ou inorganiques, la température souvent très-élevée, d'autres fois très-basse; toutes ces causes, à des degrés différents, constituent l'insalubrité ou l'incommodité des ateliers. A chaque industrie sont attachés tels ou tels dangers, à chacune d'en prévenir ou d'en atténuer les inconvénients. Cette question ne peut donc être traitée ici que d'une manière générale; les détails en sont épars dans cet ouvrage et spécifiés à chaque industrie particulière. C'est donc là et au mot *Machines à vapeur,* t. II, p. 181, qu'on devra rechercher tout ce qui a rapport à cet objet.

Les logements insalubres reconnaissent pour cause de cet état vicieux une partie des inconvénients que je viens de signaler. Je ne puis mieux faire, pour éclairer ce point d'hygiène, que d'insérer ici la loi et les instructions du conseil de salubrité de la Seine sur cette matière. On y trouvera la plupart des renseignements indispensables à connaître.

Documents relatifs aux logements et ateliers insalubres.

I. LOI RELATIVE A L'ASSAINISSEMENT DES LOGEMENTS INSALUBRES. (Des 19 janvier, 7 mars et 13 avril 1850.)

Art. 1er. Dans toutes les communes où le conseil municipal l'aura déclaré nécessaire par une délibération spéciale, il nommera une commission chargée de rechercher et indiquer les mesures indispensables d'assainissement des logements et dépendances insalubres mis en location ou occupés par d'autres que le propriétaire, l'usufruitier ou l'usager.

Sont réputés insalubres les logements qui se trouvent dans des conditions de nature à porter atteinte à la vie ou à la santé de leurs habitants.

Art. 2. La commission se composera de neuf membres au plus, et de cinq au moins.

En feront nécessairement partie un médecin et un architecte, ou tout autre homme de l'art, ainsi qu'un membre du bureau de bienfaisance et du conseil des prud'hommes, si ces institutions existent dans la commune.

La présidence appartient au maire ou à l'adjoint.

Le médecin et l'architecte pourront être choisis hors de la commune.

La commission se renouvelle tous les deux ans par parties ; les membres sortants sont indéfiniment rééligibles.

A Paris, la commission se composera de douze membres.

Art. 3. La commission visitera les lieux signalés comme insalubres ; elle déterminera l'état d'insalubrité et en indiquera les causes, ainsi que les moyens d'y remédier ; elle désignera les logements qui ne seraient pas susceptibles d'assainissement.

Art. 4. Les rapports de la commission seront déposés au secrétariat de la mairie, et les parties intéressées mises en demeure d'en prendre communication et de produire leurs observations dans le délai d'un mois.

Art. 5. A l'expiration de ce délai, les rapports et observations seront soumis au conseil municipal, qui déterminera :

1° Les travaux d'assainissement et les lieux où ils devront être entièrement ou partiellement exécutés, ainsi que les délais de leur achèvement ;

2° Les habitations qui ne sont pas susceptibles d'assainissement.

Art. 6. Un recours est ouvert aux intéressés contre ces décisions devant le conseil de préfecture, dans le délai d'un mois à dater de la notification de l'arrêté municipal ; ce recours sera suspensif.

Art. 7. En vertu de la décision du conseil municipal ou de celle du conseil de préfecture, en cas de recours, s'il a été reconnu que les causes d'insalubrité sont dépendantes du fait du propriétaire ou de l'usufruitier, l'autorité municipale lui enjoindra, par mesure d'ordre et de police, d'exécuter les travaux jugés nécessaires.

Art. 8. Les ouvertures pratiquées pour l'exécution des travaux d'assainissement seront exemptées, pendant trois ans, de la contribution des portes et fenêtres.

Art. 9. En cas d'inexécution, dans les délais déterminés, des travaux jugés nécessaires, et si le logement continue d'être occupé par un tiers, le propriétaire ou l'usufruitier sera passible d'une amende de seize francs à cent francs ; si les travaux n'ont pas été exécutés dans l'année qui aura suivi la condamnation, et si le logement insalubre a continué d'être occupé par un tiers, le propriétaire ou l'usufruitier sera passible d'une amende égale à la valeur des travaux, et pouvant être élevée au double.

Art. 10. S'il est reconnu que le logement n'est pas susceptible d'assainissement et que les causes d'insalubrité sont dépendantes de l'habitation elle-même, l'autorité municipale pourra, dans le délai qu'elle fixera, en interdire provisoirement la location à titre d'habitation.

L'interdiction absolue ne pourra être prononcée que par le conseil de préfecture, et, dans ce cas, il y aura recours de sa décision devant le conseil d'État.

Le propriétaire ou l'usufruitier qui aura contrevenu à l'interdiction prononcée sera condamné à une amende de seize à cent francs, et, en cas de récidive dans l'année, à une amende égale au double de la valeur locative du logement interdit.

Art. 11. Lorsque, par suite de l'exécution de la présente loi, il y aura lieu à la résiliation des baux, cette résiliation n'emportera en faveur du locataire aucuns dommages-intérêts.

Art. 12. L'article 463 du Code pénal sera applicable à toutes les contraventions ci-dessus indiquées.

Art. 13. Lorsque l'insalubrité est le résultat de causes extérieures ou permanentes, ou lorsque ces causes ne peuvent être détruites que par des travaux d'ensemble, la commune pourra acquérir, suivant les formes et après l'accomplissement des formalités prescrites par la loi du 3 mai 1841, la totalité des propriétés comprises dans le périmètre des travaux.

Les portions de ces propriétés qui, après l'assainissement opéré, resteraient en dehors des alignements arrêtés pour les nouvelles constructions, pourront être revendues aux enchères publiques, sans que, dans ce cas, les anciens propriétaires ou leurs ayants droit puissent demander l'application des articles 60 et 61 de la loi du 3 mai 1841.

Art. 14. Les amendes prononcées en vertu de la présente loi seront attribuées en entier au bureau ou établissement de bienfaisance de la localité où sont situées les habitations à raison desquelles ces amendes auront été encourues.

II. INSTRUCTION DU CONSEIL DE SALUBRITÉ DE LA SEINE CONCERNANT LES MOYENS D'ASSURER LA SALUBRITÉ DES HABITATIONS. (Du 10 novembre 1848.)

Causes de l'insalubrité des habitations.

La salubrité d'une habitation dépend en grande partie de la pureté de l'air qu'on y respire. Tout ce qui vicie l'air doit donc exercer une influence fâcheuse sur la santé des habitants.

L'air des habitations est principalement vicié par les causes suivantes : le séjour de l'homme et des animaux, la combustion des différentes matières employées au chauffage et à l'éclairage, les fuites du gaz, la stagnation et la décomposition des urines, des eaux ménagères, des immondices de toutes sortes, etc.

Effets de l'air vicié.

Les effets produits par l'altération de l'air des habitations sont toujours

graves. Tantôt ils consistent en accidents subits qui, comme l'asphyxie, peuvent mettre rapidement la vie en danger; tantôt ils se manifestent par des
maladies aiguës, meurtrières; tantôt enfin, se développant avec lenteur, et
par cela même excitant moins de défiance, ils ne deviennent apparents qu'a-
près avoir jeté de profondes racines et miné sourdement la constitution.
L'*étiolement,* et surtout les *maladies scrofuleuses,* appartiennent à ce dernier ordre d'effets. Enfin, c'est dans les habitations dont l'air est insalubre
que naissent et sévissent avec plus d'intensité certaines épidémies dont les
ravages s'étendent ensuite sur des cités entières.

Notons ici que l'insalubrité peut exister aussi bien dans certaines parties
des habitations les plus brillantes que dans les plus humbles demeures, et
que, d'un autre côté, les plus humbles demeures peuvent offrir les meilleures
conditions de salubrité.

Caractères que doit présenter l'air des habitations.

L'air des habitations doit être exempt de mauvaise odeur aussi bien que
celui des cours et des rues voisines; il ne faut pas oublier d'ailleurs que le
facile renouvellement de l'air est une condition essentielle de salubrité.

MOYENS D'ASSURER LA SALUBRITÉ DES HABITATIONS.

Ces résultats ne peuvent être obtenus que de la manière suivante :

Balayage.

Il faut balayer fréquemment, non-seulement les pièces habitées, mais encore les escaliers, corridors, cours et passages, en ayant soin de gratter les
dépôts de terre et immondices qui résistent à l'action du balai.

Lavage du sol.

Les parties carrelées, pavées ou dallées doivent être, en outre, lavées d'autant plus souvent que l'écoulement des eaux et l'accès de l'air extérieur seront
plus faciles; les planchers et les escaliers en bois doivent être essuyés après
le lavage. Le lavage, lorsqu'il entraîne à sa suite un état permanent d'humidité, est plus nuisible qu'avantageux.

Le plus ordinairement l'eau suffit pour ces lavages; mais, dans les circonstances d'infection et de malpropreté invétérées, il faut ajouter à l'eau
environ 1 pour 100 de son volume d'eau de Javelle[1].

---

[1] A défaut d'eau de Javelle, on peut employer le chlorure de soude (hypochlorite de
sonde), préparé, soit en faisant passer du chlore dans une solution de soude à huit ou neuf
degrés, soit en mélangeant un kilogramme de chlorure de chaux délayé dans quinze
litres d'eau avec un kilogramme de sel de soude (carbonate de soude) dissous dans cinq
litres d'eau. Ce mélange liquide, déposé, donne une solution claire qu'on peut employer
comme nous l'avons dit pour l'eau de Javelle.

Dans ces circonstances, les chlorures (ou hypochlorites alcalins) sont préférables aux
chlorures de chaux, car celui-ci laisse un composé très-hygroscopique (chlorure de calcium) qui, à la longue, entretiendrait dans les murs, carrelages, planchers, etc., une humidité permanente contraire à la salubrité.

Peinture et lavage des murs.

Quand les chambres d'habitation sont peintes à l'huile, on doit les laver de temps à autre, afin d'enlever la couche de matières organiques qui s'y déposent et s'y accumulent à la longue.

La peinture à l'huile des façades des maisons, des murs, des allées, des cours, des escaliers, des corridors, des paliers et même des chambres, est très-favorable à la salubrité. Cette peinture, qui s'oppose à la pénétration des murs par les matières organiques, assure en même temps leur durée; elle permet, en outre, les lavages dont il est parlé dans le paragraphe qui précède.

Grattage.

Dans le cas de peinture à la chaux, il convient d'en opérer tous les ans le grattage, et d'appliquer une nouvelle couche de peinture.

Papiers de tenture.

Pour ce qui est des chambres ornées de papiers de tenture, il est convenable, quand on les répare, d'arracher complétement le papier ancien, de gratter et reboucher les murs avant d'appliquer le papier nouveau.

Chambres à coucher dans les maisons particulières.

Il est important que le nombre de lits placés dans les chambres à coucher soit proportionné à la dimension de ces chambres, de telle sorte qu'il y ait au moins quatorze mètres cubes par personne, indépendamment des moyens de ventilation.

Aération.

Les cheminées concourent aussi efficacement que les fenêtres au renouvellement de l'air des habitations. Elles sont même indispensables dans les maisons simples en profondeur et qui n'ont d'ouverture que d'un seul côté. Les chambres où l'on couche devraient toujours en être pourvues, et il faut, pendant la saison chaude, s'abstenir de les boucher, surtout la nuit.

L'ouverture des fenêtres après le lever, les lits étant découverts, et pendant le balayage, est une bonne mesure de salubrité.

Produits gazeux de la combustion.

Les combustibles destinés à la cuisson des aliments ou au chauffage doivent être brûlés dans des appareils communiquant directement et librement avec l'air extérieur, tels que cheminées, poêles, fourneaux, munis d'une hotte, etc. Cette recommandation est surtout faite en vue des combustibles qui, tels que le coke et la braise, ne donnant pas de fumée, sont considérés à tort par beaucoup de personnes comme pouvant être impunément brûlés à découvert dans une chambre habitée. Ce préjugé a été la cause de graves accidents souvent suivis de la mort; il en est de même de la pratique toujours dangereuse de fermer complétement la clef d'un poêle ou la trappe inférieure d'une cheminée contenant de la braise enflammée, dans le but de conserver de la chaleur dans la pièce. On ne doit pas oublier, en effet, que la braise, pendant tout le temps qu'elle brûle, fournit une grande quantité de gaz asphyxiants.

Eaux ménagères.

Il est très-important de ne pas laisser accumuler les eaux ménagères dans l'intérieur des habitations, particulièrement pendant la saison chaude.

Les cuvettes destinées à l'écoulement de ces eaux doivent être garnies de *hausses* ou disposées de telle sorte, que les eaux projetées à l'intérieur ne puissent jaillir au dehors.

Il faut bien se garder de refouler à travers les ouvertures de la grille qui se trouve au fond des cuvettes les fragments solides dont l'accumulation ne tarderait pas à produire l'engorgement des tuyaux.

Quand les tuyaux sont extérieurs, il convient de s'abstenir pendant les gelées d'y verser les eaux ménagères : l'engorgement et même la rupture quelquefois pourraient en être la conséquence.

Enfin, lorsque l'orifice de l'un de ces tuyaux aboutit à une pierre d'évier placée dans une chambre ou dans une cuisine, on doit le tenir soigneusement fermé par un tampon ou par un siphon.

Il y a toujours avantage à diriger les eaux pluviales dans les tuyaux de descente de manière à les laver.

Dans tous les cas, quand ils exhalent une mauvaise odeur, on doit les désinfecter avec de l'eau contenant au moins 1 pour 100 d'eau de Javelle.

Une des pratiques les plus fâcheuses dans les usages domestiques, c'est celle de vider les urines dans les plombs d'écoulement des eaux ménagères. Il serait à désirer que cette habitude cessât partout où elle existe.

Ruisseaux.

Les ruisseaux des cours et passages qui reçoivent les eaux ménagères et les conduisent à ceux de la rue doivent être exécutés en pavés, pierres ou fonte, suivant les dispositions locales. Les joints doivent être faits avec soin et les pentes régulières de manière à permettre des lavages faciles et à empêcher toute stagnation d'eau.

Cabinets d'aisance.

La ventilation des cabinets d'aisance est d'une importance majeure. Quand ils sont étroits et mal aérés, l'odeur qui s'en exhale, surtout à certaines époques de l'année, peut donner lieu aux accidents les plus fâcheux. Il est toujours possible de prévenir ces accidents et de ventiler complétement ces cabinets, par des ouvertures ou par un tuyau d'évent convenablement disposés.

Lu et adopté dans la séance du conseil de salubrité, du 10 novembre 1848.

Le vice-président, GUÉRARD ; le secrétaire, DEVERGIE.

Vu et approuvé l'instruction qui précède pour être annexée à l'ordonnance de police concernant la salubrité des habitations du 20 novembre 1848.

Le préfet de police, Gervais (de Caen).

LUSTRAGE DES PEAUX. Voir *Cuirs* (*Industrie des*), t. I, p. 501.

MACHINES ET CHAUDIÈRES. (Pompes a feu.)

Machines et chaudières à haute pression, c'est-à-dire colles dans lesquelles la force élastique de la vapeur fait équilibre à plus de deux atmosphères, lors même qu'elles brûleraient complétement leur fumée (2ᵉ classe). — 15 octobre 1810. — 14 janvier 1815. — 29 octobre 1823. — 25 mars 1830.

Machines et chaudières à basse pression, c'est-à-dire fonctionnant à moins de deux atmosphères, brûlant ou non la fumée (3ᵉ classe). — Mêmes ordonnances.

Chaudières (2ᵉ et 3ᵉ classe). — 25 mars 1830.

Les machines à vapeur se divisent en deux classes principales : les machines à *haute pression* et les machines à *basse pression*; elles se composent toujours d'un générateur de vapeur et d'un mécanisme qui sert à donner le mouvement aux différents appareils.

Les chaudières à vapeur ont des formes variées qui présentent chacune des avantages particuliers; le foyer qui les chauffe est ordinairement placé au-dessous de la chaudière, et quelquefois à l'intérieur. Plus la surface de chauffe est grande, plus la quantité de vapeur produite avec un même poids de combustible sera grande; c'est dans ce but qu'on fait circuler quelquefois la flamme qui a déjà léché les parois de la chaudière dans des carneaux qui l'enveloppent de toutes parts, ou même traverser des tubes baignés dans le liquide de la chaudière.

Le tirage est donné au moyen d'une cheminée élevée pour les machines fixes, et, pour les locomotives, au moyen d'une cheminée de faible hauteur il est vrai, mais d'un tirage rendu puissant par la vapeur d'échappement qu'on lance par la cheminée.

Les chaudières de Newcomen sont hémisphériques, elles ont un fond bombé dont la concavité est tournée vers le foyer.

Au sortir de la sole, la flamme du foyer circule dans un carneau qui fait le tour de la chaudière et se rend ensuite à la cheminée.

On peut, par ce moyen, augmenter considérablement l'effet produit par le combustible dans les conditions ordinaires et produire avec ces chaudières une pression de quatre atmosphères environ.

La *chaudière de Watt* ou *en tombeau* est employée pour les basses pressions, elle est terminée à ses deux extrémités par des fonds plats : sa forme générale est celle d'un prisme à angles arrondis, souvent sa surface supérieure est demi-cylindrique. Le foyer et les carneaux sont presque toujours extérieurs.

La *chaudière cylindrique à bouilleurs* sert principalement à fournir la vapeur à haute pression. Elle est formée d'un long cylindre terminé à ses deux extrémités par des demi-sphères; elle porte, au moyen de tubulures, sur deux bouilleurs ou cylindres de même longueur, mais d'un diamètre beaucoup plus petit; ces bouilleurs sont terminés par des surfaces plates, munies de plaques à vis pour permettre le nettoyage. La flamme lèche d'abord les bouilleurs et circule autour du corps de la chaudière dans des carneaux extérieurs, puis se dirige vers la cheminée. Chaque bouilleur se rattache au corps de la chaudière par deux tubulures qu'on doit pouvoir démonter sans ébranler trop fortement la chaudière, afin de les remplacer facilement quand ils sont usés.

Les chaudières cylindriques sont quelquefois dépourvues de bouilleurs, et leur foyer est souvent intérieur; on les emploie généralement pour les machines de la force de quelques chevaux seulement.

Les *chaudières de bateaux à vapeur* sont tantôt des chaudières à tombeau, tantôt des chaudières à foyer et à tubes intérieurs, tantôt enfin des chaudières cylindriques à bouilleurs, qui sont presque forcément nécessaires quand on veut produire de la vapeur à haute pression.

Généralement ce sont de grandes chaudières carrées à foyer intérieur, à faible pression, dont on fait usage sur les bateaux ordinaires; le tirage est peu considérable à cause de la faible hauteur qu'on est obligé de donner à la cheminée; celle-ci, étant du reste en tôle, refroidit le gaz et contribue encore à diminuer le tirage. Les bateaux du Rhône ont des *chaudières tubulaires* à haute pression formées d'une seule boîte à feu renfermant trois foyers et portant à la suite trois corps de chaudières cylindriques et un réservoir de vapeur longitudinal situé au-dessus.

Les *chaudières de locomotives* se composent d'un foyer intérieur, de tubes calorifères, d'une enveloppe extérieure ou chaudière proprement dite, d'une boîte à fumée et de la cheminée. La boîte à feu a la forme d'un parallélipipède dont la partie inférieure est occupée par la grille; elle est toute en cuivre rouge, la partie placée vers l'arrière de la machine est percée d'une ouverture fermée par une porte qui sert au chargement du combustible; la paroi opposée, dite *plaque tubulaire*, est percée d'un assez grand nombre de trous dans chacun desquels est fixé un tube en laiton ou même en fer. La *boîte à fumée* se trouve à l'autre extrémité des tubes; elle communique avec la cheminée. Le ciel ou plafond du foyer supporte toute la pression intérieure, il est soutenu par des poutrelles ou des armatures en fer très-solides.

Les tubes calorifères ont de quatre à cinq centimètres de diamètre intérieur, leur épaisseur deux millimètres et demi environ, leur écartement quinze à vingt millimètres, leur surface de chauffe est égale de neuf à onze fois à celle du foyer. La chaudière est ordinairement surmontée d'un cylindre servant de réservoir et de prise de vapeur, qui augmente la capacité de la chaudière et empêche l'entraînement par la vapeur d'une trop grande quantité d'eau à l'état vésiculaire.

La boîte à fumée est l'espace intermédiaire entre l'extrémité des tubes et la cheminée; elle est munie d'une porte pour le nettoyage et la surveillance des tubes; elle a quelquefois une seconde porte pour vider les cendres.

La cheminée est en tôle, elle possède au plus une hauteur de quatre mètres vingt-cinq centimètres au-dessus des rails et porte un clapet qu'on peut facilement abaisser dans les stations pour arrêter tout tirage. Une grille placée dans la cheminée, et plus souvent dans la boîte à fumée, est destinée à retenir les flammèches qui pourraient occasionner des incendies.

Alimentation. — L'*alimentation des chaudières à vapeur* se fait par la machine elle-même, qui met en mouvement une pompe foulante, au moyen d'un excentrique : ces pompes sont à mouvement continu ou intermittent dans les machines fixes; et toujours à mouvement intermittent dans les locomotives et les locomobiles; très-souvent les tubes qui amènent l'eau dans la chaudière circulent dans le tube d'échappement de vapeur de manière à en utiliser la chaleur; le tube d'échappement traverse quelquefois sous la forme d'un serpentin le réservoir d'alimentation, auquel il cède sa température.

Appareils de sûreté. — A chacune des extrémités d'une chaudière à vapeur doit se trouver une soupape chargée d'un poids unique, agissant directement ou par l'intermédiaire d'un levier, de manière à avoir pour chaque centimètre carré de surface d'orifice de la soupape autant de fois mille trente-trois grammes que l'on veut obtenir d'atmosphères.

Un *manomètre à air libre* ou à *air comprimé* indique la pression de la vapeur dans la chaudière. On fait beaucoup usage maintenant du *manomètre Bourdon*, qui est moins sujet à se déranger, et par le faible espace qu'il occupe est le seul dont on puisse se servir dans les locomotives.

On a cherché à se servir d'un *thermomètre* pour apprécier la tension de la vapeur par sa température; on ne le faisait pas plonger directement dans la chaudière pour n'avoir pas de corrections à faire relativement à la pression, mais bien dans un tube métallique fermé, rentrant dans la chaudière et dont l'espace vide était rempli de limaille de cuivre. Ce moyen, quoique bon, n'est pas suffisamment sensible pour guider le chauffeur, et est peu commode du reste; aussi est-il à peu près complètement abandonné : ces appareils sont décrits dans tous les traités de physique et bien connus de tout le monde. On a abandonné l'usage des *plaques fusibles*, qui fondaient quand la tension et par conséquent la chaleur devenaient trop fortes; elles étaient un alliage de plomb, étain, et bismuth.

La chaudière doit conserver un niveau à peu près constant; des appareils servant d'*indicateurs de ce niveau* et de guide au chauffeur sont adaptés sur la chaudière. Ce sont souvent des *robinets indicateurs* placés les uns au-dessous, les autres au-dessus; enfin un dernier au niveau moyen que l'eau doit avoir dans la chaudière. Des *tubes indicateurs* en verre placés et mastiqués dans deux tubes de cuivre recourbés à angle droit, dont l'un est en communication avec la vapeur, et l'autre avec la partie inférieure de l'eau, servent à montrer directement le niveau de l'eau dans la chaudière.

Les *flotteurs* se composent habituellement d'une pierre ou meule cerclée en fer qui est presque équilibrée par un contrepoids : celle-ci s'élève ou s'abaisse avec le niveau de l'eau dans la chaudière ; un cadran sur lequel se meut une aiguille extérieure, mise en mouvement par la poulie sur laquelle s'appuie le contre-poids, indique le niveau de l'eau. Outre ces appareils, chaque chaudière porte encore un *flotteur d'alarme*, destiné à prévenir par un bruit aigu spontané l'abaissement trop considérable du niveau de l'eau dans la chaudière. Un flotteur analogue au précédent ferme à l'aide d'une tige métallique l'ouverture d'un *sifflet d'alarme*, tant que le niveau est suffisant; mais, si ce niveau vient à baisser, le flotteur le suit dans son mouvement d'abaissement, et l'orifice du sifflet devient libre; la vapeur, s'y engageant, produit un bruit des plus aigus et signale au chauffeur l'approche d'un danger auquel il doit porter remède en faisant fonctionner la pompe alimentaire.

Dépôt des chaudières. — Après un certain nombre de jours de travail, l'eau sans cesse évaporée et renouvelée a déposé dans la chaudière une partie de ses sels fixes, qui tantôt adhèrent aux parois de la chaudière, tantôt nagent d'une manière indéfinie dans le liquide. Il devient donc utile et nécessaire de vider la chaudière afin de la débarrasser de ces dépôts, qui nuisent à la conductibilité de la chaleur et exposent à des dangers d'explosions. En effet, ces dépôts pouvant isoler l'eau de la chaudière, celle-ci peut rougir, faire fendiller le dépôt, et, par

un contact subit de l'eau et de la paroi, déterminer la production d'une quantité de vapeur telle qu'elle fasse briser la chaudière. On a proposé, pour obvier à l'adhérence des dépôts, l'emploi d'une certaine quantité d'amidon, de fécule de pomme de
terre, d'argile, de protochlorure d'étain, enfin de toute substance qui, en divisant beaucoup la masse terreuse et s'interposant entre ses molécules, rend l'adhérence et la cristallisation
difficile et même impossible. Ces dépôts sont généralement des
sels de chaux, d'alumine, et de magnésie ; on ne peut pas avoir
recours à l'eau acidulée par l'acide chlorhydrique pour les dissoudre, parce qu'elle attaquerait le fer lui-même : on risquerait
beaucoup d'occasionner des fuites.

Eaux corrosives. — Quelquefois les eaux qu'on possède
jouissent de propriétés corrosives; il faut dans ce cas les rendre
inertes par la distillation ou par tout autre moyen connu. Ce
sont le plus souvent des sulfates et des chlorures que ces eaux renferment; ils attaquent le fer et abandonnent tout ou partie de leurs
bases, détruisent l'épaisseur de la tôle de fer et affaiblissent
considérablement la résistance des parois ; ces eaux sont surtout celles du voisinage des mines et proviennent parfois d'une
couche pyriteuse. On peut dans ce cas tâcher de substituer une
chaudière de cuivre à une de fer et introduire à l'intérieur de
la ferraille sur laquelle l'eau corrosive portera spécialement son
action destructive; on remplace quelquefois le fer par la craie
et même par le zinc; ce dernier coûte beaucoup plus cher.

On peut regarder comme une des causes principales d'explosion l'abaissement de niveau de l'eau dans la chaudière ; en
effet, la paroi qui n'est pas mouillée par le liquide peut rougir,
et, si l'on vient à donner immédiatement entrée dans la chaudière à une certaine quantité d'eau, celle-ci passe à l'état sphé-
roïdal, et, quand la paroi est suffisamment refroidie, donne lieu
à un dégagement subit de vapeur dont la tension devient si
grande, qu'elle fait éclater la chaudière.

Le feu doit toujours être réglé de la même manière, de façon à conserver une tension égale; on évite par ce moyen et
par une surveillance bien attentive tous les accidents qui peu-

vent résulter d'une trop faible quantité d'eau ou d'une trop forte tension. On conçoit en effet que dans ce dernier cas les soupapes, impuissantes à suffire à la trop grande production de vapeur, puissent avertir du danger, le retarder, mais ne point le détruire complétement.

Épreuves des appareils. — Les chaudières sont soumises avant tout service à des épreuves qui ont pour but d'en vérifier la résistance. Les chaudières, tubes bouilleurs, réservoirs en tôle ou en cuivre laminé sont essayés, sous une pression triple de celle qu'ils doivent supporter. La pression est quadruple quand ces appareils sont en fonte. Les chaudières à faces planes sont dispensées de l'épreuve quand la tension de la vapeur ne doit pas dépasser une atmosphère et demie. Les cylindres en fonte de machines à vapeur sont aussi essayés sous une pression triple de la pression maximum à laquelle ils seront soumis pendant le travail. L'épaisseur des chaudières est également réglée par la loi; je ne puis rapporter ici tous les règlements qui concernent l'établissement des machines fixes, locomobiles ou de navigation, à cause de leur multiplicité. Je dirai seulement que tous ces appareils reçoivent une plaque timbrée et estampillée, après avoir subi les épreuves légales, et qu'ils ne peuvent fonctionner sans cela.

Machines. — (Voir pour leur étude particulière les ouvrages spéciaux.)

Dans les premières machines à basse pression, l'effet produit était dû au vide qui se faisait sous le piston, et la *machine* était dite *à simple effet* ou *machine atmosphérique.* Ces machines se composaient d'un cylindre dans lequel se mouvait un piston qui transmettait son mouvement à un balancier ; deux robinets étaient attachés à la partie inférieure, on les ouvrait successivement pour produire l'action de la vapeur. Un de ces robinets donnait entrée à la vapeur, le piston atteignait bientôt la limite de sa course ; c'est alors qu'après avoir fermé le robinet de vapeur on ouvrait celui de condensation, c'est-à-dire celui qui donnait issue à la vapeur et aux produits de sa condensation partielle dans une autre chaudière contenant de l'eau froide. Cette raréfaction de la vapeur produisait un vide qui faisait réagir la pression atmosphérique sur le piston et le forçait à s'abaisser ; on fermait le robinet de condensation et donnait entrée nouvelle à la vapeur. Ces machines furent construites *à double effet* par Watt au moyen d'un *tiroir* donnant successivement entrée à la vapeur dans la partie supérieure et la partie inférieure, en laissant à la vapeur qui avait réagi une issue pour communiquer avec l'appareil condensateur. Le cylindre de ces machines est fermé aussi bien en haut qu'en bas, et, au lieu d'agir par la main d'un homme, fonctionne au moyen de la machine elle-même, à l'aide d'un excentrique.

Dans ces machines, la vapeur agissait pendant toute la durée de la course du piston, ce qui occasionait un choc, un ébranlement à toute la machine, surtout si l'on donnait une vitesse considérable; on a reconnu que l'on obviait à cet inconvénient et que l'on produisait le même travail en ne faisant arriver la vapeur que pendant la moitié, le tiers même de la course du piston, la vitesse acquise et la tension de la vapeur suffisant pour lui faire parcourir le reste de sa course; il en résulte que, la dilatation ou la tension de la vapeur diminuant à mesure que le piston s'élève ou s'abaisse, sa vitesse diminue aussi, et le choc devient presque nul : ces machines sont *dites à détente.*

Les machines à basse pression ont toujours un condensateur, elles fonctionnent avec la vapeur à demi-atmosphère environ ; tandis que les machines à haute pression n'ont pas nécessairement besoin d'un condensateur, et fonctionnent avec de la vapeur à une tension qui s'élève jusqu'à sept et huit atmosphères.

Les machines à vapeur ont leur cylindre tantôt simple, tantôt double, et alors l'un deux est plus petit et reçoit la vapeur qui a déjà fonctionné dans le premier; ce cylindre peut être vertical, horizontal, incliné, oscillant, tournant, etc., etc. Toutes ces dispositions et bien d'autres encore présentent des avantages dans des circonstances données qui les font préférer l'une à l'autre.

Un *volant* ou grande roue en fonte, d'un poids et d'un diamètre proportionnés à la puissance de la machine, sert dans la plupart des cas à en régulariser le mouvement. Un appareil dit *régulateur* sert à régler l'entrée de la vapeur par le tiroir et à donner à la machine par la machine elle-même une constance de vitesse toujours égale, malgré les faibles variations de la tension de vapeur, qu'un chauffeur, quelque habile qu'il soit, ne saurait empêcher complétement.

Contrôleur pour les chaudières à vapeur.

Dans toutes les enquêtes qui ont eu lieu à l'occasion de l'explosion des chaudières des machines à vapeur et dans toutes les discussions qui se sont élevées à ce sujet, ainsi que dans l'exposition de divers moyens qui ont été proposés pour prévenir ces explosions, on a semblé faire assez peu de cas des appareils automatiques destinés à donner avis de l'imminence de ces explosions, ou à en retarder les effets. On a assez généralement senti que, comme dans toute opération pratique, il ne faut pas avoir une confiance aveugle dans des moyens mécaniques, et qu'il n'y a que le contrôle incessant et l'œil vigilant des ouvriers chauffeurs, du contre-maître ou du maître lui-même, qui puissent offrir toute sécurité à cet égard.

Mais ici se présente une autre difficulté que voici : comment peut-on être certain que l'ouvrier qui dirige la chaudière a rempli à chaque instant du jour ses fonctions pénibles avec tout le zèle et tout le scrupule qu'on doit attendre de lui? Comment peut-on s'assurer que les principales opérations dont se compose la conduite d'une chaudière ont été exécutées avec toute l'attention désirable? Comme on le voit, cette difficulté est assez grave, d'autant plus qu'on ne connaît pas encore le moyen pratique pour la résoudre, et qu'il n'existe pas d'appareil sûr auquel on puisse confier ce contrôle.

Frappé des inconvénients de laisser ainsi les chaudières abandonnées au caprice des ouvriers chauffeurs, M. Mann, ingénieur en chef de l'usine à gaz de la ville de Londres, qui est chargé de l'inspection de plusieurs chaudières à vapeur fonctionnant jour et nuit, a imaginé un appareil fonctionnant jour et nuit, offrant une disposition simple pour contrôler d'une manière parfaite les opérations des hommes chargés du soin des chaudières. Cet appareil n'exige pas de leur part plus d'attention qu'ils n'en donnent à leurs opérations ordinaires, et n'ajoute rien à leur travail usuel et journalier; mais il est disposé de telle façon, que, toutes les fois qu'ils font jouer les robinets de vapeur et de niveau d'eau ordinaires et toutes les fois qu'ils négligent de les consulter, tout cela est enregistré et qu'on connaît quand ils font leur devoir ou quand ils n'y ont pas satisfait. L'appareil enregistre en outre, très-exactement, les phases de la pression de la vapeur à l'extérieur de la chaudière, de façon que, toutes les fois que ce mécanisme est appliqué, le chauffeur se trouve placé sous la surveillance complète de son supérieur.

Cet appareil, appliqué depuis un an dans l'usine dont il a été question, a déjà fourni des résultats fort avantageux; sans nul doute, il ne prévient pas les négligences coupables ou involontaires de la part des chauffeurs, mais il tient un registre tellement exact des actes et manœuvres de ces hommes, que rien n'est plus facile pour s'assurer de leur capacité ou de leur zèle; d'ailleurs, en le consultant à des intervalles déterminés, on peut, en outre, prévenir l'abaissement du niveau de l'eau dans les chaudières, abaissement qui est la cause de plus de quatre-vingt-dix explosions sur cent.

L'inventeur s'est particulièrement attaché à modifier la disposition du robinet de niveau d'eau et du robinet de vapeur afin de pouvoir tenir constamment en échec l'ouvrier chargé du soin de la chaudière ou des chaudières, à enregistrer en outre à certains intervalles de temps, par exemple, de demi-heure en demi-heure, au moyen d'un crayon qui marque sur un carton que fait tourner un mouvement d'horlogerie, la pression de la vapeur, et à indiquer enfin si les robinets ci-dessus ont été examinés aux intervalles indiqués.

Pour remplir ces conditions, M. Mann se sert d'un carton circulaire portant des divisions qui correspondent aux vingt-quatre heures de la journée; ce carton exécute une révolution complète pendant cet intervalle de temps. Des robinets de niveau d'eau et de vapeur de la chaudière part un tube de vapeur qui vient déboucher dans un cylindre de détente vertical composé de deux pièces ou moitiés unies par un tube de caoutchouc vulcanisé. A la moitié supérieure de ce cylindre, qui est ainsi libre de se lever sur celle inférieure, se rattache une tige qui, dans le haut, s'adapte dans une encoche pratiquée sur la face inférieure d'un levier dont le bras le plus court est articulé sur un support fixe, tandis que le bras le plus long est en rapport avec une barre armée dans sa partie supérieure d'un crayon, et libre de monter ou descendre sous l'influence du levier qui lui imprime l'un ou l'autre de ces mouvements. Le tube de vapeur est pourvu d'un robinet qui sert à fermer la communication avec l'appareil enregistreur si on le juge nécessaire, et l'extrémité inférieure de ce tube porte également, au-dessus du robinet de niveau d'eau, un robinet semblable. La seule voie de l'eau pour s'échapper du robinet de niveau ou de la vapeur du robinet de vapeur s'ouvre donc dans ce tube, dont une portion peut-être, si l'on veut, en verre. Voici, dans tous les cas, la marche de l'opération.

Le carton ayant été fixé et mis en rapport par son châssis avec le mouvement d'horlogerie, on ouvre le robinet de vapeur, et celle-ci, s'élançant dans le tube de vapeur et dans le cylindre, soulève la partie supérieure et mobile de celui-ci, et avec lui la tige, le levier et le crayon, en faisant décrire à ce dernier une ligne radiale qui part du centre du carton et s'élève à une hauteur qui dépend de la pression. Tant que la même pression se maintient dans la chaudière, le crayon reste à la même hauteur, et, en tournant, sous l'influence de l'horloge, ce crayon décrit une courbe. Supposons maintenant qu'il se soit écoulé une demi-heure : le chauffeur, en faisant jouer les robinets, ferme celui de vapeur et ouvre le robinet inférieur du tube de vapeur, celle-ci s'élance en conséquence de ce tube, et le crayon tombe en traçant une ligne qui converge vers le centre du carton. Puis après il ouvre le robinet d'eau qui s'en écoule, le referme, ouvre de nouveau le robinet de vapeur en laissant échapper celle-ci; enfin, il ferme le robinet au bas du tube de vapeur, celle-ci s'élance de nouveau par ce tube dans le cylindre, le crayon trace une autre ligne radiale, et ainsi de suite. On voit donc que toutes les inégalités dans la pression seront indiquées par les hauteurs ou les distances que les lignes tracées auront atteintes. Si le chauffeur a omis ou négligé d'exécuter ces opérations, c'est-à-dire, de vérifier le niveau de l'eau dans la chaudière à toutes les demi-heures, l'absence de la ligne radiale sur le carton indique cette négligence.

Il est évident que le carton peut-être disposé pour des intervalles autres que des demi-heures; que plusieurs cartons indicateurs de plusieurs chaudières peuvent être menés par un autre appareil enregistreur de la pression qu'on met en rapport avec les robinets de niveau d'eau et de vapeur.

Amélioration des chaudières à vapeur.

Le poids et le volume des chaudières à vapeur sont, ainsi que la quantité de combustible obligatoire, les seuls obstacles au développement de la navigation à vapeur. Les Américains, à bord d'un grand nombre de leurs navires, ont déjà diminué de moitié leurs chaudières, en les alimentant d'air par un ventilateur; mais de grandes pertes de calorique sont la conséquence de ce système.

M. Henri Carrey, officier de marine, vient d'inventer une nouvelle machine destinée, selon toute apparence, à éviter en grande partie la perte du calorique et à amoindrir le volume des chaudières dans des proportions plus considérables que celles du système américain.

Il est reconnu qu'un kilogramme de charbon contient un calorique suffisant pour vaporiser de douze à treize kilogrammes d'eau déjà chauffée à trente degrés. Cependant les meilleures chaudières marines n'obtiennent qu'environ sept kilogrammes de vapeur par kilogramme de charbon qu'elles brûlent. Cette vaporisation descend même à quatre kilogrammes lorsqu'on est forcé de pousser les feux en vue de produire beaucoup de vapeur à la fois, afin d'accélérer le mouvement de la machine. Ces résultats défectueux sont dus à la perte de chaleur qui se fait par suite : 1° de l'échappement des produits de la combustion imprégnés de chaleur, produits qui se perdent en abondance par la cheminée ; 2° d'une mauvaise combustion ; 3° du rayonnement. L'appareil proposé a pour but de diminuer, de supprimer même les pertes dues à ces deux premières causes, et d'amoindrir celles du rayonnement, peu importantes d'ailleurs relativement aux deux premières. L'appareil est basé sur certaines propriétés des toiles métalliques. Des expériences démontrent que ces toiles prennent la chaleur d'un courant d'air chaud qui les traverse et la restituent à un courant d'air froid venant en sens contraire, et qu'en outre elles n'opposent aucun obstacle au passage de l'air.

Ceci admis, M. Carrey l'applique de la manière suivante : un axe, supportant un paquet de toiles métalliques, ou un faisceau de petits tubes quadrangulaires formé par de minces bandelettes de métal jouissant des mêmes propriétés que les toiles, est placé dans la cheminée. Les produits gazeux qui se perdent par cette cheminée rencontrent ces toiles en s'échappant, et avant de se perdre dans l'atmosphère déposent sur elles tout le calorique qu'ils conservaient encore ; l'axe, par un mouvement de rotation continu, présente ces toiles à un courant d'air froid fourni par un ventilateur, et qui reprend presque tout le calorique qui vient d'être déposé sur les toiles. Ce même ventilateur le jette dans le foyer, qui se trouve ainsi alimenté par un courant d'air déjà pourvu d'un calorique considérable. Ce procédé, comme on le voit, est d'une application simple, facile, peu coûteuse ; cependant il obvie aux trois inconvénients principaux des chaudières actuelles ; quant à la perte du calorique faite par la cheminée, les toiles métalliques, en arrêtant la chaleur perdue par la cheminée, puis la restituant au foyer, diminuent d'autant la quantité de calorique nécessaire. Quant à la mauvaise combustion, le ventilateur injecte l'air dans le foyer et le divise d'une manière utile. Cet air chaud maintient constamment le foyer à la température nécessaire à la combustion, qui dans ce cas a besoin d'un volume moindre pour se produire. Enfin, quant au rayonnement, il diminue avec les dimensions de la chaudière.

Ce système promet en outre différents avantages appréciables : 1° la ventilation du navire ; 2° la suppression de la cheminée au-dessus du pont et une diminution considérable dans son diamètre ; 3° la suppression de la chaleur rayonnante de cette cheminée dans les batteries et le danger d'incendie occasionné quelquefois par le tuyau ; 4° une pression plus prompte et plus uniforme ; 5° enfin l'emploi de combustibles qui ne peuvent brûler dans les chaudières actuelles.

Tout semble indiquer que cet appareil recevrait également des applications dans les fours, les fourneaux, et tous les foyers généralement en usage dans l'industrie.

CAUSES D'INSALUBRITÉ. — Danger d'explosion et d'incendie.

CAUSES D'INCOMMODITÉ. — Fumée et chaleur de la machine. Dispersion de la vapeur.

Odeur du combustible.

Noirets ou particules noires s'échappant de la cheminée.

Bruit incessant du mouvement de la machine.

Accidents graves auxquels les machines et les engrenages exposent les ouvriers ou le public dans les divers ateliers.

PRESCRIPTIONS. — Voir les lois, ordonnances et arrêtés préfectoraux qui suivent.

Y ajouter, pour les ateliers où existent des mécanismes à rouages et engrenages, l'obligation de faire revêtir aux ouvriers des camisoles de tricot (laine ou coton), qui, en s'appliquant sur le corps, font éviter la *prise* des vêtements.

Faire déposer au public qui visite ces ateliers les châles, les manteaux, les robes à larges manches, comme étant une des causes les plus habituelles de tous les accidents.

Documents relatifs aux machines à vapeur et chaudières.

I. ORDONNANCE DU ROI RELATIVE AUX MACHINES ET CHAUDIÈRES A VAPEUR AUTRES QUE CELLES QUI SONT PLACÉES SUR DES BATEAUX. (Du 22 mai 1843.)

Louis-Philippe, etc.;

Sur le rapport de notre ministre secrétaire d'État au département des travaux publics;

Vu les ordonnances des 29 octobre 1823, 7 mai 1828, 23 septembre 1829 et 25 mars 1830, concernant les machines et chaudières à vapeur;

L'ordonnance du 22 juillet 1839 relative aux locomotives employées sur les chemins de fer ;

Les rapports de la commission centrale des machines à vapeur établie près notre ministre des travaux publics ;

Notre conseil d'État entendu ;

Nous avons ordonné et ordonnons ce qui suit :

1. Seront soumises aux formalités et aux mesures de sûreté prescrites par la présente ordonnance les machines à vapeur et les chaudières fermées dans lesquelles on doit produire de la vapeur.

Les machines et chaudières établies à bord des bateaux seront régies par une ordonnance spéciale.

TITRE PREMIER. — *Dispositions relatives à la fabrication et au commerce des machines ou chaudières à vapeur.*

2. Aucune machine ou chaudière à vapeur ne pourra être livrée par un fabricant si elle n'a subi les épreuves prescrites ci-après ; lesdites épreuves seront faites à la fabrique, sur la déclaration des fabricants, et d'après les ordres des préfets, par les ingénieurs des mines, ou, à leur défaut, par les ingénieurs des ponts et chaussées.

3. Les chaudières ou machines à vapeur venant de l'étranger devront être pourvues des mêmes appareils de sûreté que les machines et chaudières d'origine française, et subir les mêmes épreuves. Ces épreuves seront faites au lieu désigné par le destinataire dans la déclaration qu'il devra faire à l'importation.

TITRE II. — *Dispositions relatives à l'établissement des machines et chaudières à vapeur placées à demeure ailleurs que dans les mines.*

SECTION I. — *Des autorisations.* — 4. Les machines à vapeur et les chaudières à vapeur, tant à haute pression qu'à basse pression, qui sont employées à demeure partout ailleurs que dans l'intérieur des mines, ne pourront être établies qu'en vertu d'une autorisation délivrée par le préfet du département, conformément à ce qui est prescrit par le décret du 15 octobre 1810 pour les établissements insalubres et incommodes de deuxième classe.

5. La demande en autorisation sera adressée au préfet ; elle fera connaître :

1° La pression maximum de la vapeur, exprimée en atmosphères et en fractions décimales d'atmosphères, sous laquelle les machines à vapeur ou les chaudières à vapeur devront fonctionner ;

2° La force de ces machines exprimée en chevaux (le cheval-vapeur étant la force capable d'élever un poids de soixante-quinze kilogrammes à un mètre de hauteur, dans une seconde de temps) ;

3° La forme des chaudières, leur capacité et celle de leurs tubes bouilleurs, exprimées en mètres cubes ;

4° Le lieu et l'emplacement où elles devront être établies, et la distance où elles se trouveront des bâtiments appartenant à des tiers et de la voie publique ;

5° La nature du combustible que l'on emploiera ;

6° Enfin le genre d'industrie auquel les machines ou les chaudières devront servir.

Un plan des localités et le dessin géométrique de la chaudière seront joints à la demande.

6. Le préfet renverra immédiatement la demande en autorisation, avec les plans, au sous-préfet de l'arrondissement, pour être transmise au maire de la commune.

7. Le maire procédera immédiatement à des informations de *commodo* et *incommodo*; la durée de cette enquête sera de dix jours.

8. Cinq jours après qu'elle sera terminée, le maire adressera le procès-verbal de l'enquête, avec son avis, au sous-préfet, lequel, dans un semblable délai, transmettra le tout au préfet, en y joignant également son avis.

9. Dans le délai de quinze jours, le préfet, après avoir pris l'avis de l'ingénieur des mines, ou, à son défaut, de l'ingénieur des ponts et chaussées, statuera sur la demande en autorisation.

L'ingénieur signalera, s'il y a lieu, dans son avis, les vices de construction qui pourraient devenir des causes de danger et qui proviendraient soit de la mauvaise qualité des matériaux, soit de la forme de la chaudière ou du mode de jonction de ses diverses parties ; il indiquera les moyens d'y remédier, si cela est possible.

10. L'arrêté par lequel le préfet autorisera l'établissement d'une machine ou d'une chaudière à vapeur indiquera :

1° Le nom du propriétaire ;

2° La pression maximum de la vapeur, exprimée en nombre d'atmosphères, sous laquelle la machine ou la chaudière devra fonctionner, et les numéros des timbres dont la machine et la chaudière auront été frappés, ainsi qu'il est prescrit ci-après, à l'article 19 ;

3° La force de la machine exprimée en chevaux ;

4° La forme et la capacité de la chaudière ;

5° Le diamètre des soupapes de sûreté, la charge de ces soupapes ;

6° La nature du combustible dont il sera fait usage ;

7° Le genre d'industrie auquel servira la chaudière ou la machine à vapeur.

11. Le recours au conseil d'État est ouvert au demandeur contre la décision du préfet qui aurait refusé d'autoriser l'établissement d'une machine ou chaudière à vapeur.

S'il a été formé des oppositions à l'autorisation, les opposants pourront se pourvoir devant le conseil de préfecture contre la décision du préfet qui aurait accordé l'autorisation, sauf recours au conseil d'État.

Les décisions du préfet relatives aux conditions de sûreté que les machines ou chaudières à vapeur doivent présenter ne seront susceptibles de recours que devant notre ministre des travaux publics.

12. Les machines et les chaudières à vapeur ne pourront être employées

qu'après qu'on aura satisfait aux conditions imposées dans l'arrêté d'autorisation.

13. L'arrêté du préfet sera affiché pendant un mois à la mairie de la commune où se trouve l'établissement autorisé; il en sera, de plus, déposé une copie aux archives de la commune : il devra d'ailleurs être donné communication dudit arrêté à toute partie intéressée qui en fera la demande.

Section II. — *Épreuves des chaudières et des autres pièces contenant la vapeur.* — 14. Les chaudières à vapeur, leurs tubes bouilleurs et les réservoirs à vapeur, les cylindres en fonte des machines à vapeur et les enveloppes en fonte de ces cylindres, ne pourront être employés dans un établissement quelconque sans avoir été soumis préalablement, et ainsi qu'il est prescrit au titre premier de la présente ordonnance, à une épreuve opérée à l'aide d'une pompe de pression.

15. La pression d'épreuve sera un multiple de la pression effective, ou autrement de la plus grande tension que la vapeur pourra avoir dans les chaudières et autres pièces contenant la vapeur, diminuée de la pression extérieure de l'atmosphère.

On procédera aux épreuves en chargeant les soupapes des chaudières de poids proportionnels à la pression effective, et déterminés suivant la règle indiquée en l'article 24.

A l'égard des autres pièces, la charge d'épreuve sera appliquée sur la soupape de la pompe de pression.

16. Pour les chaudières, tubes bouilleurs et réservoirs en tôle et en cuivre laminé, la pression d'épreuve sera triple de la pression effective.

Cette pression d'épreuve sera quintuple pour les chaudières et tubes bouilleurs en fonte.

17. Les cylindres en fonte des machines à vapeur, et les enveloppes en fonte de ces cylindres, seront éprouvés sous une pression triple de la pression effective.

18. L'épaisseur des parois des chaudières cylindriques en tôle ou en cuivre laminé sera réglée conformément à la table n° 1 annexée à la présente ordonnance.

L'épaisseur de celles de ces chaudières qui, par leur dimension et par la pression de la vapeur, ne se trouveraient pas comprises dans la table, sera déterminée par la règle énoncée à la suite de ladite table; toutefois, cette épaisseur ne pourra dépasser quinze millimètres.

Les épaisseurs de la tôle devront être augmentées s'il s'agit de chaudières formées, en partie ou en totalité, de faces planes ou bien de conduits intérieurs, cylindriques ou autres, traversant l'eau ou la vapeur, et servant soit de foyers, soit à la circulation de la flamme; ces chaudières et conduits devront de plus être, suivant les cas, renforcés par des armatures suffisantes.

19. Après qu'il aura été constaté que les parois des chaudières en tôle ou en cuivre laminé ont les épaisseurs voulues, et après que les chaudières, les tubes bouilleurs, les réservoirs de vapeur, les cylindres en fonte et les enveloppes en fonte de ces cylindres, auront été éprouvés, il y sera appliqué

des timbres indiquant, en nombre d'atmosphères, le degré de tension intérieure que la vapeur ne devra pas dépasser; ces timbres seront placés de
manière à être toujours apparents après la mise en place des chaudières et
cylindres.

20. Les chaudières qui auront des faces planes seront dispensées de l'é-
preuve, mais sous la condition que la force élastique ou la tension de la vapeur ne devra pas s'élever, dans l'intérieur de ces chaudières, à plus d'une
atmosphère et demie.

21. L'épreuve sera recommencée sur l'établissement dans lequel les machines ou chaudières doivent être employées : 1° si le propriétaire de l'établissement le réclame ; 2° s'il y a eu pendant le transport ou lors de la mise
en place, des avaries notables; 3° si des modifications ou des réparations
quelconques ont été faites depuis l'épreuve opérée à la fabrique.

SECTION III. *Des appareils de sûreté dont les chaudières à vapeur doivent
être munies.*

§ 1er. *Des soupapes de sûreté.* — 22. Il sera adapté à la partie supérieure
de chaque chaudière deux soupapes de sûreté, une vers chaque extrémité
de la chaudière.

Le diamètre des orifices de ces soupapes sera réglé d'après la surface de
chauffe de la chaudière et de la tension de la vapeur dans son intérieur,
conformément à la table n° 2, annexée à la présente ordonnance.

23. Chaque soupape sera chargée d'un poids unique, agissant, soit directement, soit par l'intermédiaire d'un levier.

Chaque poids recevra l'empreinte d'un poinçon. Dans le cas où il serait
fait usage de leviers, ils devront être également poinçonnés. La quotité des
poids et la longueur des leviers seront fixées par l'arrêté d'autorisation men-
tionné à l'article 10.

24. La charge maximum de chaque soupape de sûreté sera déterminée en
multipliant un kilogramme trente-trois grammes par le nombre de centimètres carrés mesurant l'orifice de la soupape.

La largeur de la surface annulaire de recouvrement ne devra pas dépasser la trentième partie du diamètre de la surface circulaire exposée directement à la pression de la vapeur et cette largeur, dans aucun cas, ne
devra excéder deux millimètres.

§ 2. *Des manomètres.* — 25. Toute chaudière à vapeur sera munie d'un
manomètre à mercure, gradué en atmosphères et en fractions décimales
d'atmosphères, de manière à faire connaître immédiatement la tension de
la vapeur dans la chaudière.

Le tuyau qui apportera la vapeur au manomètre sera adapté directement
sur la chaudière, et non sur le tuyau de prise de vapeur ou sur tout autre
tuyau dans lequel la vapeur serait en mouvement.

Le manomètre sera placé en vue du chauffeur.

26. On fera usage du manomètre à air libre, c'est-à-dire ouvert à sa partie supérieure, toutes les fois que la pression effective de la vapeur ne dépassera pas quatre atmosphères.

On emploiera toujours le manomètre à air libre, quelle que soit la pression effective de la vapeur, pour les chaudières mentionnées à l'article 43.

27. On tracera sur l'échelle de chaque manomètre, d'une manière apparente, une ligne qui répondra au numéro de cette échelle que le mercure ne devra pas dépasser.

§ 3. *De l'alimentation et des indicateurs du niveau de l'eau dans les chaudières.* — 28. Toute chaudière sera munie d'une pompe d'alimentation, bien construite et en bon état d'entretien, ou de tout autre appareil alimentaire d'un effet certain.

29. Le niveau que l'eau doit avoir habituellement dans chaque chaudière sera indiqué à l'extérieur, par une ligne tracée d'une manière très-apparente, sur le corps de la chaudière ou sur le parement du fourneau.

Cette ligne sera d'un décimètre au moins au-dessus de la partie la plus élevée des carneaux, tubes ou conduits de la flamme et de la fumée dans le fourneau.

50. Chaque chaudière sera pourvue d'un flotteur d'alarme, c'est-à-dire, qu'il détermine l'ouverture d'une issue par laquelle la vapeur s'échappe de la chaudière, avec un bruit suffisant pour avertir, toutes les fois que le niveau de l'eau dans la chaudière vient à s'abaisser de cinq centimètres au-dessous de la ligne d'eau dont il est fait mention à l'article 29.

51. La chaudière sera, en outre, munie de l'un des trois appareils suivants : 1° Un flotteur ordinaire d'une mobilité suffisante ; 2° un tube indicateur en verre ; 3° des robinets indicateurs convenablement placés à des niveaux différents. Ces appareils indicateurs seront, dans tous les cas, disposés de manière à être en vue du chauffeur.

§ 4. *Des chaudières multiples.* — 32. Si plusieurs chaudières sont destinées à fonctionner ensemble, elles devront être disposées de manière à pouvoir, au besoin, être rendues indépendantes les unes des autres.

En conséquence, chaque chaudière sera alimentée séparément, et devra être munie de tous les appareils de sûreté prescrits par la présente ordonnance.

SECTION IV. — *De l'emplacement des chaudières à vapeur.* — 33. Les conditions à remplir pour l'emplacement des chaudières à vapeur dépendent de la capacité de ces chaudières, y compris les tubes bouilleurs, et de la tension de la vapeur.

A cet effet, les chaudières seront réparties en quatre catégories.

On exprimera en mètres cubes la capacité de la chaudière avec ses tubes bouilleurs, et en atmosphères la tension de la vapeur, et l'on multipliera les deux nombres l'un par l'autre.

Les chaudières seront dans la première catégorie quand ce produit sera plus grand que 15 ;

Dans la deuxième, si ce même produit surpasse 7 et n'excède pas 15 ;

Dans la troisième, s'il est supérieur à 3 et s'il n'excède pas 7 ;

Dans la quatrième catégorie, s'il n'excède pas 3.

Si plusieurs chaudières doivent fonctionner ensemble dans un même emplacement, et s'il existe entre elles une communication quelconque, directe ou indirecte, on prendra, pour former le produit comme il vient d'être dit, la somme des capacités de ces chaudières, y compris celle de leurs tubes bouilleurs.

34. Les chaudières à vapeur comprises dans la première catégorie devront être établies en dehors de toute maison d'habitation et de tout atelier.

35. Néanmoins, pour laisser la faculté d'employer au chauffage des chaudières une chaleur qui autrement serait perdue, le préfet pourra autoriser l'établissement des chaudières de la première catégorie dans l'intérieur d'un atelier qui ne fera pas partie d'une maison d'habitation. L'autorisation sera portée à la connaissance de notre ministre des travaux publics.

31. Toutes les fois qu'il y aura moins de dix mètres de distance entre une chaudière de la première catégorie et les maisons d'habitation ou la voie publique, il sera construit, en bonne et solide maçonnerie, un mur de défense de un mètre d'épaisseur. Les autres dimensions seront déterminées comme il est dit à l'article 41.

Ce mur de défense sera, dans tous les cas, distinct du massif de maçonnerie des fourneaux, et en sera séparé par un espace libre de cinquante centimètres de largeur au moins. Il devra également être séparé des murs mitoyens avec les maisons voisines.

Si la chaudière est enfoncée dans le sol, et établie de manière que sa partie supérieure soit à un mètre au moins en contre-bas du sol, le mur de défense ne sera exigible que lorsqu'elle se trouvera à moins de cinq mètres des maisons habitées ou de la voie publique.

37. Lorsqu'une chaudière de la première catégorie sera établie dans un local fermé, ce local ne sera point voûté, mais il devra être couvert d'une toiture légère qui n'aura aucune liaison avec les toits des ateliers ou autres bâtiments contigus, et reposera sur une charpente particulière.

38. Les chaudières à vapeur comprises dans la deuxième catégorie pourront être placées dans l'intérieur d'un atelier, si toutefois cet atelier ne fait pas partie d'une maison d'habitation ou d'une fabrique à plusieurs étages.

39. Si les chaudières de cette catégorie sont à moins de cinq mètres de distance, soit des maisons d'habitation, soit de la voie publique, il sera construit de ce côté un mur de défense tel qu'il est prescrit à l'article 36.

40. A l'égard des terrains contigus non bâtis appartenant à des tiers, si après l'autorisation donnée par le préfet pour l'établissement de chaudières de première ou de seconde catégorie, les propriétaires de ces terrains font bâtir dans les distances énoncées aux articles 36 et 39, ou si ces terrains viennent à être consacrés à la voie publique, la construction de murs de défense, tels qu'ils sont prescrits ci-dessus, pourra, sur la demande des propriétaires desdits terrains, être imposée aux propriétaires de la chaudière, par arrêté du préfet, sauf recours devant notre ministre des travaux publics.

41. L'autorisation donnée par le préfet, pour les chaudières de la première et de la deuxième catégorie, indiquera l'emplacement de la chaudière et la

distance à laquelle cette chaudière devra être placée par rapport aux habitations appartenant à des tiers et à la voie publique, et fixera, s'il y a lieu, la direction de l'axe de la chaudière.

Cette autorisation déterminera la situation et les dimensions, en longueur et en hauteur, du mur de défense de un mètre, lorsqu'il sera nécessaire d'établir ce mur, en exécution des articles ci-dessus.

Dans la fixation de ces dimensions, on aura égard à la capacité de la chaudière, au degré de tension de la vapeur et à toutes les autres circonstances qui pourront rendre l'établissement de la chaudière plus ou moins dangereux ou incommode.

42. Les chaudières de la troisième catégorie pourront aussi être placées dans l'intérieur d'un atelier qui ne fera pas partie d'une maison d'habitation, mais sans qu'il y ait lieu d'exiger le mur de défense.

43. Les chaudières de la quatrième catégorie pourront être placées dans l'intérieur d'un atelier quelconque, lors même que cet atelier fera partie d'une maison d'habitation.

Dans ce cas, les chaudières seront munies d'un manomètre à air libre, ainsi qu'il est dit à l'article 26.

44. Les fourneaux des chaudières à vapeur comprises dans la troisième et dans la quatrième catégorie, seront entièrement séparées par un espace vide de cinquante centimètres au moins des maisons d'habitation appartenant à des tiers.

45. Lorsque les chaudières établies dans l'intérieur d'un atelier ou d'une maison d'habitation seront couvertes, sur le dôme et sur les flancs, d'une enveloppe destinée à prévenir les déperditions de chaleur, cette enveloppe sera construite en matériaux légers, si elle est en briques, son épaisseur ne dépassera pas un décimètre.

TITRE III. — *Dispositions relatives à l'établissement des machines à vapeur employées dans l'intérieur des mines.*

46. Les machines à vapeur placées à demeure dans l'intérieur des mines seront pourvues des appareils de sûreté prescrits par la présente ordonnance pour les machines fixes, et devront avoir subi les mêmes épreuves. Elles ne pourront être établies qu'en vertu d'autorisations du préfet, délivrées sur le rapport des ingénieurs des mines.

Ces autorisations détermineront les conditions relatives à l'emplacement, à la disposition et au service habituel des machines.

TITRE IV. — *Dispositions relatives à l'emploi des machines à vapeur locomobiles et locomotives.*

SECTION Iʳᵉ. — *Des machines locomobiles.* — 47. Sont considérées comme locomobiles les machines à vapeur qui, pouvant être transportées facilement d'un lieu dans un autre, n'exigent aucune construction pour fonctionner à chaque station.

48. Les chaudières et autres pièces de ces machines seront soumises aux épreuves et aux conditions de sûreté prescrites aux sections II et III du

titre II de la présente ordonnance, sauf les exceptions suivantes pour celles de ces chaudières qui sont construites suivant un système tubulaire.

Lesdites chaudières pourront être éprouvées sous une pression double seulement de la pression effective.

On pourra, quelle que soit la tension de la vapeur dans ces chaudières, remplacer le manomètre à air libre par un manomètre à air comprimé, ou même par un thermomanomètre, c'est-à-dire par un thermomètre gradué en atmosphères et parties décimales d'atmosphères : les indications de ces instruments devront être facilement lisibles et placées en vue du chauffeur.

On pourra se dispenser d'adapter auxdites chaudières un flotteur d'alarme, et il suffira qu'elles soient munies d'un tube indicateur en verre convenablement placé.

49. Indépendamment des timbres relatifs aux conditions de sûreté, toute locomobile recevra une plaque portant le nom du propriétaire.

50. Aucune locomobile ne pourra fonctionner à moins de cent mètres de distance de tout bâtiment, sans une autorisation spéciale donnée par le maire de la commune. En cas de refus, la partie intéressée pourra se pourvoir devant le préfet.

51. Si l'emploi d'une machine locomobile présente des dangers, soit parce qu'il n'aurait point été satisfait aux conditions de sûreté ci-dessus prescrites, soit parce que la machine n'aurait pas été entretenue en bon état de service, le préfet, sur le rapport de l'ingénieur des mines, ou, à son défaut, de l'ingénieur des ponts et chaussées, pourra suspendre ou même interdire l'usage de cette machine.

SECTION II. — *Des machines locomotives.* — 52. Les machines à vapeur locomotives sont celles qui, en se déplaçant par leur propre force, servent au transport des voyageurs, des marchandises ou des matériaux.

53. Les dispositions de l'article 48 sont applicables aux chaudières et autres pièces de ces machines, sauf l'exception énoncée en l'article ci-après.

54. Les soupapes de sûreté des machines locomotives pourront être chargées au moyen de ressorts disposés de manière à faire connaître en kilogrammes et en fractions décimales de kilogrammes la pression qu'ils exerceront sur les soupapes.

55. Aucune machine locomotive ne pourra être mise en service sans un permis de circulation délivré par le préfet du département où se trouvera le point du départ de la locomotive.

56. La demande du permis contiendra les indications comprises sous les numéros 1 et 3 de l'article 5 de la présente ordonnance, et fera connaître de plus le nom donné à la machine locomotive et le service auquel elle sera destinée.

Le nom de la locomotive sera gravé sur une plaque fixée à la chaudière.

57. Le préfet, après avoir pris l'avis de l'ingénieur des mines, ou, à son défaut, de l'ingénieur des ponts et chaussées, délivrera, s'il y a lieu, le permis de circulation.

58. Dans ce permis seront énoncés :

1° Le nom de la locomotive et le service auquel elle sera destinée;

2° La pression maximum (en nombre d'atmosphères) de la vapeur dans la chaudière, et les numéros des timbres dont la chaudière et les cylindres auront été frappés;

3° Le diamètre des soupapes de sûreté;

4° La capacité de la chaudière;

5° Le diamètre des cylindres et la course des pistons;

6° Enfin le nom du fabricant et l'année de la construction.

59. Si une machine locomotive ne satisfait pas aux conditions de sûreté ci-dessus prescrites, ou si elle n'est pas entretenue en bon état de service, le préfet, sur le rapport de l'ingénieur des mines, ou, à son défaut, de l'ingénieur des ponts et chaussées, pourra en suspendre ou même en interdire l'usage.

60. Les conditions auxquelles sera assujettie la circulation des locomotives et des convois, en tout ce qui peut concerner la sûreté publique, seront déterminées par arrêtés du préfet du département où sera situé le lieu du départ, après avoir entendu les entrepreneurs et en ayant égard tant aux cahiers des charges des entreprises qu'aux dispositions des règlements d'administration publique concernant les chemins de fer.

TITRE V. — *De la surveillance administrative des machines et chaudières à vapeur.*

61. Les ingénieurs des mines, et, à leur défaut, les ingénieurs des ponts et chaussées sont chargés, sous l'autorité des préfets, de la surveillance des machines et chaudières à vapeur.

62. Ces ingénieurs donnent leur avis sur les demandes en autorisation d'établir des machines ou des chaudières à vapeur, et sur les demandes de permis de circulation concernant les machines locomotives; ils dirigent les épreuves des chaudières et des autres pièces contenant la vapeur; ils font appliquer les timbres constatant les résultats de ces épreuves, et poinçonner les poids et les leviers des soupapes de sûreté.

63. Les mêmes ingénieurs s'assurent au moins une fois par an, et plus souvent, lorsqu'ils en reçoivent l'ordre du préfet, que toutes les conditions de sûreté prescrites sont exactement observées.

Ils visitent les machines et chaudières à vapeur; ils en constatent l'état, et ils provoquent la réparation et même la réforme des chaudières et des autres pièces que le long usage ou une détérioration accidentelle leur ferait regarder comme dangereuses.

Ils proposent également de nouvelles épreuves, lorsqu'ils les jugent indispensables pour s'assurer que les chaudières et les autres pièces conservent une force de résistance suffisante, soit après un long usage, soit lorsqu'il y aura été fait des changements ou réparations notables.

64. Les mesures indiquées en l'article précédent sont ordonnées, s'il y a lieu, par le préfet, après avoir entendu les propriétaires, lesquels pourront, d'ailleurs, réclamer de nouvelles épreuves lorsqu'ils les jugeront nécessaires.

65. Lorsque, par suite de demandes en autorisation d'établir des machines ou des appareils à vapeur, les ingénieurs des mines ou les ingénieurs des

ponts et chaussées auront fait, par ordre du préfet, des actes de leur ministère de la nature de ceux qui donnent droit aux allocations établies par
l'article 89 du décret du 18 novembre 1810, et par l'article 75 du 7 fructidor
an XII, ces allocations seront fixées et recouvrées dans les formes déterminées par lesdits décrets.

66. Les autorités chargées de la police locale exerceront une surveillance
habituelle sur les établissements pourvus de machines ou de chaudières à
vapeur.

Titre VI. — *Dispositions générales.*

67. Si, à raison du mode particulier de construction de certaines machines
ou chaudières à vapeur, l'application à ces machines ou chaudières d'une
partie des mesures de sûreté prescrites par la présente ordonnance se trouvait inutile, le préfet, sur le rapport des ingénieurs, pourra autoriser l'établissement de ces machines et chaudières, en les assujettissant à des conditions spéciales.

Si, au contraire, une chaudière ou machine parait présenter des dangers
d'une nature particulière, et s'il est possible de les prévenir par des mesures
que la présente ordonnance ne rend point obligatoires, le préfet, sur le rapport des ingénieurs, pourra accorder l'autorisation demandée, sous les conditions qui seront reconnues nécessaires.

Dans l'un et l'autre cas, les autorisations données par le préfet seront
soumises à l'approbation de notre ministre des travaux publics.

68. Lorsqu'une chaudière à vapeur sera alimentée par des eaux qui auraient la propriété d'attaquer d'une manière notable le métal de ces chaudières, la tension intérieure de la vapeur ne devra pas dépasser une atmosphère et demie, et la charge des soupapes sera réglée en conséquence.
Néanmoins, l'usage des chaudières contenant la vapeur sous une tension
plus élevée sera autorisée, lorsque la propriété corrosive des eaux d'alimentation sera détruite, soit par une distillation préalable, soit par l'addition
de substances neutralisantes, ou par tout autre moyen reconnu efficace.

Il est accordé un délai d'un an, à dater de la présente ordonnance, aux
propriétaires des machines à vapeur alimentées par des eaux corrosives,
pour se conformer aux prescriptions du présent article; si, dans ce délai,
ils ne s'y sont point conformés, l'usage de leurs appareils sera interdit par
le préfet.

69. Les propriétaires et chefs d'établissement veilleront :

1° A ce que les machines et chaudières à vapeur, et tout ce qui en dépend, soient entretenues constamment en bon état de service;

2° A ce qu'il y ait toujours, près des machines et chaudières, des manomètres de rechange, ainsi que des tubes indicateurs de rechange, lorsque
ces tubes seront au nombre des appareils employés pour indiquer le niveau
de l'eau dans les chaudières;

3° A ce que lesdites machines et chaudières soient chauffées, manœuvrées
et surveillées suivant les règles de l'art.

Conformément aux dispositions de l'article 1384 du Code civil, ils seront responsables des accidents et dommages résultant de la négligence ou de l'incapacité de leurs agents.

70. Il est défendu de faire fonctionner les machines et les chaudières à vapeur à une pression supérieure au degré déterminé dans les actes d'autorisation, et auquel correspondront les timbres dont ces machines et chaudières seront frappées.

71. En cas de changements ou de réparations notables qui seraient faites aux chaudières ou aux autres pièces passibles des épreuves, le propriétaire en devra donner avis au préfet, qui ordonnera, s'il y a lieu, de nouvelles épreuves, ainsi qu'il est dit aux articles 63 et 64.

72. Dans tous les cas d'épreuves, les appareils et la main-d'œuvre seront fournis par les propriétaires des machines et chaudières.

73. Les propriétaires de machines ou de chaudières à vapeur autorisées seront tenus d'adapter auxdites machines et chaudières les appareils de sûreté qui pourraient être découverts par la suite, et qui seraient prescrits par des règlements d'administration publique.

74. En cas de contravention aux dispositions de la présente ordonnance, les permissionnaires pourront encourir l'interdiction de leurs machines ou chaudières, sans préjudice des peines, dommages et intérêts qui seraient prononcés par les tribunaux; cette interdiction sera prononcée par arrêtés du préfet, sauf recours devant notre ministre des travaux publics. Ce recours ne sera pas suspensif.

75. En cas d'accident, l'autorité chargée de la police locale se transportera sans délai sur les lieux, et le procès-verbal de sa visite sera transmis au préfet, et, s'il y a lieu, au procureur du roi.

L'ingénieur des mines, ou, à son défaut, l'ingénieur des ponts et chaussées se rendra aussi sur les lieux immédiatement, pour visiter les appareils à vapeur, en constater l'état, et rechercher la cause de l'accident; il adressera sur le tout un rapport au préfet.

En cas d'explosion, les propriétaires d'appareils à vapeur ou leurs représentants ne devront ni réparer les constructions ni déplacer ou dénaturer les fragments de la machine ou chaudière rompue, avant la visite ou la clôture du procès-verbal de l'ingénieur.

76. Les propriétaires d'établissements aujourd'hui autorisés se conformeront, dans le délai d'un an à dater de la publication de la présente ordonnance, aux prescriptions de la section III du titre II, articles 22 à 32 inclusivement.

Quant aux dispositions relatives à l'emplacement des chaudières énoncées dans la section IV du même titre, articles 33 à 45 inclusivement, les propriétaires des établissements existants qui auront accompli toutes les obligations prescrites par les ordonnances des 29 octobre 1823, 7 mai 1828, 23 septembre 1829 et 25 mars 1830, sont provisoirement dispensés de s'y conformer; néanmoins, quand ces établissements seront une cause de danger, le préfet, sur le rapport de l'ingénieur des mines, ou, à son défaut, de l'ingénieur des ponts et chaussées, et après avoir entendu le propriétaire de l'établissement, pourra prescrire la mise à exécution de tout ou partie des mesures portées en la présente ordonnance, dans un délai dont le terme sera fixé suivant l'exigence des cas.

77. Il sera publié, par notre ministre secrétaire d'État au département des travaux publics, une nouvelle instruction sur les mesures de précaution habituelles à observer dans l'emploi des machines et des chaudières à vapeur.

Cette instruction sera affichée à demeure dans l'enceinte des ateliers.

78. L'établissement et la surveillance des machines et appareils à vapeur qui dépendent des services spéciaux de l'État sont régis par des dispositions particulières, sauf les conditions qui peuvent intéresser les tiers, relativement à la sûreté et à l'incommodité, et en se conformant aux prescriptions du décret du 15 octobre 1810.

79. Les attributions données aux préfets des départements par la présente ordonnance seront exercées par le préfet de police dans toute l'étendue du département de la Seine, et dans les communes de Saint-Cloud, Meudon et Sèvres, du département de Seine-et-Oise.

80. Les ordonnances royales des 29 octobre 1823, 7 mai 1828, 23 septembre 1829, 25 mars 1830 et 22 juillet 1839, concernant les machines et chaudières à vapeur, sont rapportées.

81. Notre ministre secrétaire d'État au département des travaux publics est chargé de l'exécution de la présente ordonnance, qui sera insérée au *Bulletin des lois.*

ANNEXE A L'ORDONNANCE ROYALE DU 22 MAI 1843.

TABLEAU N° 1.

Table des épaisseurs à donner aux chaudières à vapeur cylindriques en tôle ou en cuivre laminé [1].

DIAMÈTRE DES CHAUDIÈRES.	NUMÉROS DES TIMBRES EXPRIMANT LES TENSIONS DE LA VAPEUR.						
	2 ATMOSPHÈR.	3 ATMOSPHÈR.	4 ATMOSPHÈR.	5 ATMOSPHÈR.	6 ATMOSPHÈR.	7 ATMOSPHÈR.	8 ATMOSPHÈR.
mètres.	millimètres	millimètres	millimètres	millimètres	millimètres	millimètres	millimètres
0,50	3,90	4,80	5,70	6,60	7,50	8,40	9,30
0,55	3,99	4,98	5,97	6,96	7,95	8,94	9,93
0,60	4,08	5,16	6,24	7,32	8,40	9,48	10,56
0,65	4,17	5,34	6,51	7,68	8,85	10,02	11,19
0,70	4,26	5,52	6,78	8,04	9,30	10,56	11,82
0,75	4,35	5,70	7,05	8,40	9,75	11,10	12,45
0,80	4,44	5,88	7,32	8,76	10,20	11,64	13,08
0,85	4,53	6,06	7,59	9,12	10,65	12,18	13,71
0,90	4,62	6,24	7,86	9,48	11,10	12,72	14,34
0,95	4,71	6,42	8,13	9,84	11,55	13,26	14,97
1,00	4,80	6,60	8,40	10,20	12,00	13,80	15,60

[1] Pour obtenir l'épaisseur que l'on doit donner aux chaudières, il faut multiplier le diamètre de la chaudière, exprimé en mètres et fractions décimales du mètre, par la

TABLEAU N° 2.

Table pour régler les diamètres à donner aux orifices des soupapes de sûreté[1].

SURFACE DE CHAUFFAGE DES CHAUDIÈRES.	NUMÉROS DES TIMBRES INDIQUANT LES TENSIONS DE LA VAPEUR.									
	1 1/2 ATMOSPHÈR.	2 ATMOSPHÈR.	2 1/2 ATMOSPHÈR.	3 ATMOSPHÈR.	3 1/2 ATMOSPHÈR.	4 ATMOSPHÈR.	4 1/2 ATMOSPHÈR.	5 ATMOSPHÈR.	5 1/2 ATMOSPHÈR.	6 ATMOSPHÈR.
mètres carrés.	centim.	centim.	centim.	centim.	centim.	centim.	centim.	centim.	centim.	centim.
1	2,493	2,063	1,799	1,616	1,479	1,372	1,286	1,214	1,152	1,100
2	3,525	2,918	2,544	2,286	2,092	1,941	1,818	1,716	1,650	1,555
3	4,317	3,573	3,116	2,799	2,563	2,377	2,227	2,102	1,996	1,905
4	4,985	4,126	3,598	3,232	2,959	2,745	2,572	2,427	2,305	2,200
5	5,574	4,613	4,023	3,614	3,308	3,069	2,875	2,714	2,578	2,459
6	6,106	5,054	4,407	3,958	3,624	3,362	3,149	2,973	2,823	2,694
7	6,595	5,458	4,760	4,276	3,914	3,631	3,402	3,211	3,045	2,910
8	7,050	5,835	5,089	4,571	4,185	3,882	3,637	3,433	3,260	3,111
9	7,498	6,189	5,398	4,848	4,438	4,117	3,857	3,651	3,458	3,299
10	7,882	6,524	5,690	5,110	4,679	4,340	4,066	3,838	3,645	3,478
11	8,267	6,843	5,967	5,360	4,907	4,555	4,265	4,025	3,823	3,648
12	8,635	7,147	6,253	5,598	5,125	4,754	4,454	4,204	3,993	3,810
13	8,987	7,439	6,487	5,827	5,334	4,949	4,636	4,376	4,156	3,965
14	9,325	7,720	6,732	6,047	5,536	5,138	4,811	4,541	4,312	4,124
15	9,654	7,990	6,968	6,259	5,730	5,316	4,980	4,701	4,464	4,259
16	9,970	8,253	7,197	6,464	5,918	5,490	5,143	4,840	4,610	4,399
17	10,277	8,506	7,418	6,663	6,100	5,659	5,302	5,004	4,752	4,534
18	10,575	8,533	7,633	6,841	6,277	5,825	5,455	5,149	4,890	4,666
19	10,865	8,993	7,842	7,044	6,449	5,982	5,605	5,290	5,024	4,794
20	11,147	9,227	8,046	7,227	6,616	6,138	5,750	5,428	5,154	4,918
21	11,423	9,454	8,245	7,389	6,780	6,289	5,892	5,561	5,282	5,040
22	11,691	9,677	8,439	7,580	6,939	6,437	6,031	5,692	5,406	5,158
23	11,954	9,894	8,629	7,750	7,095	6,582	6,167	5,820	5,527	5,274
24	12,211	10,107	8,814	7,917	7,248	6,723	6,299	5,845	5,646	5,388
25	12,463	10,316	8,996	8,080	7,397	6,862	6,420	6,069	5,763	5,499
26	12,710	10,520	9,174	8,240	7,544	6,998	6,556	6,188	5,877	5,608
27	12,952	10,720	9,349	8,397	7,776	7,132	6,681	6,306	5,989	5,715
28	13,190	10,917	9,520	8,551	7,828	7,262	6,804	6,422	6,099	5,819
29	13,423	11,110	9,689	8,703	7,967	7,391	6,924	6,535	6,207	5,922
30	13,653	11,300	9,855	8,851	8,103	7,517	7,043	6,648	6,313	6,024

II. INSTRUCTION DU 23 JUILLET 1843, POUR L'EXÉCUTION DE L'ORDONNANCE ROYALE DU 22 MAI 1843, RELATIVE AUX MACHINES ET CHAUDIÈRES A VAPEUR AUTRES QUE CELLES QUI SONT PLACÉES SUR DES BATEAUX.

L'ordonnance royale du 22 mai 1843 contient toutes les prescriptions réglementaires relatives à la fabrication, à la vente et à l'usage des chaudières et machines à vapeur qui sont placées ailleurs que sur des bateaux.

pression effective de la vapeur exprimée en atmosphères, et par le nombre fixe 18; prendre la dixième partie du produit ainsi obtenu, et y ajouter le nombre fixe 3; le résultat exprimera, en millimètres et en fractions décimales du millimètre, l'épaisseur cherchée.

[1] Pour déterminer les diamètres des soupapes de sûreté, il faut diviser la surface de chauffe de la chaudière exprimée en mètres carrés par le nombre qui indique la tension maximum de la vapeur dans la chaudière, préalablement diminué du nombre 0,412; prendre la racine carrée du quotient ainsi obtenu, et la multiplier par 2. 6; le résultat exprimera en décimètres et en fractions décimales du décimètre le diamètre cherché.

La présente instruction a pour objet de guider les fonctionnaires chargés d'appliquer cette ordonnance et d'en surveiller l'exécution, et aussi d'indiquer aux fabricants, aux propriétaires d'appareils à vapeur et à toutes les personnes intéressées, les moyens de satisfaire aux mesures prescrites, d'une manière simple, sûre et aussi économique que possible.

§ Iᵉʳ. — *Des épreuves des chaudières et autres pièces destinées à contenir de la vapeur.*

Les chaudières à vapeur, leurs tubes bouilleurs, les réservoirs de vapeur, les cylindres en fonte des machines à vapeur et les enveloppes en fonte de ces cylindres, ne peuvent être vendus et livrés sans avoir été soumis préalablement à une épreuve opérée à l'aide d'une pompe de pression.

Les épreuves doivent donc avoir lieu à la fabrique. Elles sont faites sur la demande du fabricant, par l'ingénieur des mines du département, ou, à son défaut, par l'ingénieur des ponts et chaussées désigné à cet effet.

Le fabricant préviendra le préfet du département, et, pour plus de célérité, il pourra écrire en même temps à l'ingénieur des mines ou des ponts et chaussées chargé de la surveillance des appareils à vapeur. L'ingénieur, aussitôt qu'il aura été prévenu par le préfet ou par le fabricant, prendra jour et heure pour que l'épreuve ait lieu dans le plus court délai possible. A cet effet, le fabricant fera par avance remplir d'eau les pièces à éprouver, préparera les plaques de fermeture des pièces, telles que les cylindres, enveloppes de cylindres, etc., disposera la pompe de pression, s'assurera qu'elle fonctionne bien, qu'elle est capable de produire la pression nécessaire, et que les tuyaux de communication peuvent la supporter; enfin, il sera convenable que l'épreuve ait été faite d'avance par le fabricant, afin que l'ingénieur trouve tout disposé pour procéder sans retard à l'épreuve légale.

Pour toutes les pièces assujetties aux épreuves, sauf les exceptions ci-après indiquées, la pression d'épreuve prescrite est triple de la pression effective de la vapeur.

Pour les chaudières et tubes bouilleurs en fonte, la pression d'épreuve est quintuple de la pression effective. (Art. 16 de l'ordonnance.)

Les chaudières qui ont des faces planes sont dispensées de l'épreuve, sous la condition que la pression effective de la vapeur ne dépasse pas une demi–atmosphère. (Art. 20.)

Les chaudières des machines locomobiles et locomotives qui seront construites suivant un système tubulaire peuvent être éprouvées sous une pression double de la pression effective. La pression double sera appliquée seulement aux chaudières tubulaires analogues à celles des machines locomotives ordinaires, c'est-à-dire qui seront traversées par un très–grand nombre de tubes d'un petit diamètre, dans lesquels circuleront la flamme et la fumée.

La pression effective de la vapeur est celle qui tend à rompre les parois des chaudières. Elle est donc égale à la force élastique ou à la tension totale de la vapeur, diminuée de la pression que l'air exerce extérieurement sur la chaudière; elle est limitée par la charge des soupapes de sûreté, qui lui sert de mesure.

L'article 18 de l'ordonnance détermine l'épaisseur du métal que devront avoir les parties cylindriques remplies d'eau ou de vapeur des chaudières construites en tôle ou en cuivre laminé, en raison de leur diamètre et de la pression effective de la vapeur.

Ainsi, avant de faire subir à une chaudière la pression d'épreuve réclamée par le fabricant, l'ingénieur devra s'assurer que l'épaisseur du métal pour chacune des parties cylindriques dont elle se compose est au moins égale à celle fixée par l'article 18; et, dans le cas où cette condition ne serait pas remplie, il ne devra essayer et timbrer la chaudière que pour une tension de la vapeur égale à celle qui correspondra à l'épaisseur de ses parois et à son diamètre.

On mesure l'épaisseur de la tôle sur le bord des feuilles assemblées à recouvrement. On aura soin de mesurer plusieurs feuilles, en divers points de la chaudière, en tenant compte, autant que possible, des effets du refoulement produit par le mattage, ainsi que de l'obliquité du plan suivant lequel sont coupées les feuilles de tôle. On peut aussi, lorsqu'il y a incertitude, mesurer l'épaisseur de la tôle sur les bords des tubulures des soupapes ou des orifices préparés pour recevoir les tuyaux qui sont ou seront adaptés à la chaudière.

Il est facile d'appliquer, dans chaque cas particulier, la table n° 1 annexée à l'ordonnance et la règle énoncée à la suite de cette table.

Soit, par exemple, une chaudière cylindrique à deux bouilleurs, dont le fabricant réclame l'épreuve pour une pression intérieure de cinq atmosphères. Si les diamètres du corps de la chaudière et de chacun des bouilleurs sont compris parmi ceux qui seront inscrits dans la première colonne à gauche de la table, on lira immédiatement dans la cinquième colonne de cette table, dont le titre est cinq atmosphères, les épaisseurs respectives les plus petites que devra avoir le métal de la chaudière et de chacun des bouilleurs pour que l'épreuve réclamée puisse être faite.

Si l'épaisseur du métal de la chaudière ou d'un bouilleur est inférieure à celle qui est inscrite dans la cinquième colonne, sur la même ligne horizontale que le nombre indiquant, dans la première, le diamètre de cette chaudière ou de ce bouilleur, on calculera quel est le numéro le plus élevé du timbre qui puisse être appliqué à la chaudière, en procédant comme dans l'exemple suivant :

Soit le diamètre d'une chaudière égal à 0^m,90; l'épaisseur de la tôle devra être au moins égale à 9 millim. 48 pour que cette chaudière puisse être éprouvée et timbrée pour cinq atmosphères. Si l'épaisseur réelle n'était que de 8 millim. 50, la table indiquerait tout de suite que la pression la plus élevée de la vapeur doit être comprise entre celle de quatre atmosphères, pour laquelle le minimum de l'épaisseur est de 7 millim. 86, et celle de cinq atmosphères. Le chiffre exact serait déterminé d'après la règle énoncée au bas de la table, ainsi qu'il suit :

e, désignant l'épaisseur de la chaudière en millimètres;

d, le diamètre intérieur de la chaudière exprimé en mètres;

n, la tension de la vapeur exprimée en atmosphères ou le numéro du timbre; la pression effective exprimée en atmosphères sera égale à $n-1$.

La règle établit entre les trois nombres, e, d, n, la relation exprimée par l'équation :

$$e = 1, 8, \, d \, (n, - 1) + 3 \, (a).$$

Dans l'exemple choisi, l'épaisseur $e = 8,50$; le diamètre $d = 0,90$; il s'agit de déterminer la tension ou le numéro du timbre; la valeur de n fournie par l'équation (a) est :

$$n = 1 + \frac{e - 3}{1,8 \, d}$$

$c - 3 = 8,50 - 3 = 5,50$
$1,8 \, d = 1,8 \times 0,90 = 1,62$
$\dfrac{e - 3}{1,8 \, d} = \dfrac{5,50}{1,62} = 3,39$
$n = 1 + \dfrac{e - 3}{1,8 \, d} = 4,39$

Le numéro du timbre s'obtient donc en retranchant le nombre fixe 3 de l'épaisseur de la tôle, divisant la différence par le produit du diamètre de la chaudière et du nombre fixe 1,8, et ajoutant une unité au quotient.

On trouve ainsi, dans l'exemple choisi, que le numéro du timbre ne peut pas dépasser 4,39; et, comme les timbres ne procèdent que par quarts d'atmosphère, la chaudière ne devrait être essayée et timbrée que pour quatre atmosphères un quart. Un calcul analogue devrait être fait, au besoin, pour les bouilleurs, et le plus petit de ces deux résultats obtenus donnerait la pression intérieure de la vapeur ou le numéro du timbre.

On détermine directement, par la règle énoncée à la suite de la table, ou, ce qui revient au même, par l'équation (a), les épaisseurs à donner aux parties cylindriques remplies d'eau ou de vapeur des chaudières en tôle ou en cuivre laminé, dont les diamètres ne se trouveraient pas dans la première colonne à gauche de la table.

L'épaisseur de la tôle ou du cuivre laminé ne doit d'ailleurs jamais dépasser quinze millimètres; et si une épaisseur plus forte était nécessaire, en raison du diamètre projeté d'une chaudière et de la tension de la vapeur, le fabricant devrait substituer à une chaudière unique plusieurs chaudières séparées, de diamètres plus petits.

L'ordonnance n'assigne pas de règle pour l'épaisseur des chaudières en fonte. La raison en est, que cette épaisseur est généralement supérieure à celle qui serait strictement suffisante pour supporter sans altération la pression d'épreuve quintuple de la pression effective. Néanmoins, avant d'essayer et de timbrer une chaudière en fonte, l'ingénieur devra vérifier son épaisseur aussi exactement que possible; et si cette épaisseur lui paraissait assez petite pour que le métal fût altéré par la pression à'épreuve, il devrait en référer au préfet, en lui faisant connaître la forme, les dimensions de la chaudière et la tension pour laquelle l'épreuve est réclamée, ainsi que l'origine et la qualité de la fonte; le préfet demanderait des instructions au ministre des travaux publics.

La résistance de la fonte à la rupture immédiate sous un effort de traction étant à peu près le tiers de la résistance à la rupture de la tôle ou du fer forgé, et la pression d'épreuve prescrite étant le quintuple au lieu du triple de la pression effective, on regardera comme suspecte toute chaudière en fonte de forme cylindrique dont l'épaisseur ne serait pas égale à cinq fois l'épaisseur prescrite pour les chaudières en tôle ou en cuivre laminé[1]. Au reste, on ne fabrique plus guère aujourd'hui de chaudières en fonte; elles sont plus chères que les chaudières en tôle à cause de la grande épaisseur qu'on est obligée de donner aux parois. Elles donnent lieu à une consommation plus grande de combustible, sont plus sujettes à rompre par des chocs ou des variations brusques de la température, et offrent enfin moins de sûreté contre les explosions. Leur usage est interdit sur les bateaux à vapeur; si l'ordonnance du 22 mai 1843 ne les a pas prohibées, c'est qu'il existe encore quelques anciennes chaudières de cette espèce, qu'il n'est pas à craindre que leur usage se répande dans l'industrie, et enfin qu'une surveillance constante et bien entendue a paru suffisante pour garantir la sûreté publique contre les chances d'explosion qui leur sont particulières.

L'ordonnance n'exige pas non plus de limite d'épaisseur pour les parois planes des chaudières dans lesquelles la pression inférieure de la vapeur doit dépasser une atmosphère et demie, ou pour les conduits intérieurs de forme cylindrique qui servent à la circulation de la flamme, et qui sont pressés par la vapeur du dehors au dedans, ou sur leur convexité. Elle se borne à prescrire que les épaisseurs de la tôle soient augmentées, et que les conduits de formes cylindriques, ainsi que les parois planes, soient renforcés par des armatures suffisantes. C'est ainsi, par exemple, que les parois planes des boîtes à feu des chaudières de machines locomotives sont consolidées par de très-fortes armatures en fer. Le soin d'apprécier si les épaisseurs des parois et les armatures sont suffisantes dans chaque cas est laissé à l'ingénieur ; il devra donc commencer par examiner la chaudière dans toutes ses parties, et ne procéder à l'épreuve que s'il juge qu'elle présente une solidité suffisante. Dans le cas contraire, il en référera au préfet, en lui adressant un rapport détaillé, accompagné d'un dessin détaillé de la chaudière et des armatures; le préfet demandera des instructions au ministre des travaux publics.

Pour les cylindres, les enveloppes de cylindres, les réservoirs de vapeur qui ne font pas partie de la chaudière, et, en général, pour toutes les pièces

---

[1] Un barreau de fonte, soumis à l'extension, rompt sous une charge de treize à quatorze kilogrammes par millimètre carré de la section transversale. La résistance absolue à la rupture par extension de fer en barre ou de la tôle est de quarante à quarante-cinq kilogrammes par millimètre carré. La fonte résiste beaucoup mieux à l'écrasement qu'à la rupture par extension.

qui reçoivent la vapeur sans être exposées à l'action du foyer, et qui ne doivent pas être pourvues la soupapes de sûreté, la soupape d'épreuve est appliquée sur la pompe de pression. Cette soupape doit être bien construite, et satisfaire aux conditions prescrites par l'article 24 de l'ordonnance pour les soupapes de sûreté des chaudières à vapeur ; ainsi, la largeur de la surface annulaire par laquelle le disque de la soupape s'applique sur les bords de l'orifice qu'il ferme, ne doit pas dépasser la trentième partie du diamètre de cet orifice, c'est-à-dire de la surface circulaire qui sera pressée par l'eau pendant l'épreuve ; si, par exemple, l'orifice recouvert par la soupape a un diamètre de trois centimètres, la largeur de la surface annulaire de recouvrement où de contact ne devra pas dépasser un millimètre ; pour un orifice dont le diamètre sera de deux centimètres, cette largeur ne devra pas dépasser deux tiers de millimètres.

Le levier, par l'intermédiaire duquel la soupape est chargée, doit être ajusté et monté avec précision, ainsi que l'axe autour duquel il tourne. La partie mobile de la soupape doit recouvrir l'orifice de la tubulure, à la manière d'un disque plan, et sans former bouchon, afin que l'eau puisse jaillir sur tout le pourtour de la soupape, pour peu que celle-ci soit soulevée. (Voir, pour plus de détail, l'article du § III, relatif à la construction des soupapes de sûreté.) D'après l'article 15, on doit procéder aux épreuves des chaudières en chargeant leurs soupapes de sûreté des poids convenables. Lorsqu'une chaudière sera pourvue de deux soupapes, il conviendra de caler l'une d'elles pendant l'épreuve, de manière qu'elle ne puisse pas se soulever, et de charger l'autre.

Il arrive quelquefois que les chaudières sont commandées par des fabricants de machines à vapeur qui se réservent d'y adapter eux-mêmes les soupapes de sûreté prescrites par les règlements. Si un fabricant réclame l'épreuve d'une chaudière qui n'est pas encore pourvue des soupapes de sûreté dont elle devra être munie, il y adaptera une soupape provisoire pour l'épreuve.

Il serait désirable que les chaudières composées de plusieurs parties distinctes, comme les chaudières à bouilleurs, fussent éprouvées, toutes les parties étant assemblées ; mais il n'y a pas lieu d'exiger que l'épreuve soit toujours faite de cette manière à la fabrique, parce que les chaudières qui doivent être placées dans des établissements éloignés sont généralement séparées en plusieurs parties, pour rendre leur transport plus facile, et ne sont montées et définitivement assemblées qu'après l'arrivée à destination.

Le fabricant pourra donc présenter à l'épreuve la chaudière en pièces séparées. Le corps de la chaudière sera alors éprouvé en chargeant une soupape adaptée à la chaudière même ; pour les bouilleurs, on se servira, comme soupape d'épreuve, de celle qui est adaptée à la pompe de pression. L'ingénieur expliquera, dans le procès-verbal qu'il adressera au préfet, comme il sera dit ci-après, si l'épreuve a été faite sur la chaudière entière ou séparément sur chacune de ses parties, et, dans le premier cas, si la chaudière doit être démontée de nouveau, après l'épreuve, pour être transportée.

Lorsque la soupape d'épreuve ne sera pas placée directement sur la pièce à éprouver, l'ingénieur s'assurera que les tuyaux qui mettent la pompe en communication avec cette pièce sont libres d'obstructions. Il vérifiera, dans tous les cas, si la soupape est bien ajustée et satisfait aux conditions indiquées quant à la largeur de la surface de recouvrement ; puis il calculera le poids dont elle devrait être chargée directement pour faire équilibre à la plus grande pression effective de la vapeur. Il multipliera ce poids par le nombre qui exprime le rapport voulu par l'ordonnance, suivant les cas, entre la pression d'épreuve et la pression effective. Enfin il déterminera la quotité du poids dont le levier de la soupape doit être chargé, pour produire sur celle-ci la pression d'épreuve, en tenant compte du poids de la soupape et de la pression du levier lui-même, ainsi que cela est expliqué à l'article 1er du § III de la présente instruction.

Le poids déterminé pour chaque cas étant suspendu au levier de la soupape d'épreuve, on foulera l'eau avec célérité, dans la pièce à éprouver, jusqu'à ce que la soupape se soulève. L'épreuve ne doit être regardée comme concluante et comme terminée que lorsque l'eau jaillit en une nappe mince et à peu près continue sur le pourtour entier de l'orifice de la soupape ; car, si celle-ci était mal ajustée, il pourrait s'échapper des filets d'eau sur quelques points du contour, bien avant que la limite de la pression d'épreuve eût été atteinte.

Pendant la durée de l'épreuve, l'ingénieur examine avec soin si la pièce éprouvée n'a pas de fuites, et si ses parois ne sont pas déformées par la pression. Quelques légers suintements entre les feuilles de tôle d'une chaudière ou même à travers les pores du métal d'une chaudière ou d'un cylindre ne sont point un motif suffisant pour regarder la pièce éprouvée comme défectueuse. Ces suintements, qui se manifestent assez fréquemment, avant même que la pression intérieure ait atteint la limite fixée par la charge des soupapes, peuvent être arrêtés par quelques coups de marteau. Des fissures dans le métal, par lesquelles aurait lieu une fuite un peu forte, une déformation sensible qui ne disparaîtrait pas aussitôt que l'épreuve serait terminée, sont les signes auxquels on reconnaît une pièce défectueuse. C'est principalement aux déformations de la pièce éprouvée que l'on doit faire attention, dans l'épreuve des chaudières qui sont à parois planes, ou concaves extérieurement, ou qui contiennent des tuyaux cylindriques pour la circulation de la flamme.

Quand la pièce aura supporté convenablement l'épreuve, l'ingénieur fera frapper devant lui, d'un timbre portant l'empreinte fixée par l'administration, une plaque ou médaille de cuivre sur laquelle sera gravé le nombre d'atmosphères mesurant la pression intérieure de la vapeur, et qui aura été fixée d'avance à la pièce éprouvée au moyen de vis en cuivre. L'empreinte sera apposée sur les têtes des vis arrasées préalablement à fleur de la plaque. Elle s'étendra en partie sur le métal de cette plaque.

Il est possible qu'une chaudière qui aura bien résisté à la pression présente cependant, en raison de sa forme et du mode de jonction de ses par-

ties, des vices de construction qui pourraient devenir des causes de danger.
A cet égard une chaudière est surtout défectueuse :

1° Lorsqu'il n'est pas possible de la nettoyer complétement des sédiments
vaseux ou incrustants que les eaux, même réputées les plus pures, aban-
donneront dans son intérieur en se vaporisant ;

2° Lorsque les communications existantes entre les bouilleurs, ou parties
de la chaudière qui seront exposées le plus directement à l'action du feu,
et l'espace occupé par la vapeur sont trop étroites ; ou disposées de manière que la vapeur formée dans l'intérieur des bouilleurs ne puisse pas
s'en dégager facilement pour arriver dans le réservoir de vapeur ;

3° Lorsque les joints des tubulures qui mettent en communication les diverses parties de la chaudière ne présentent pas une solidité suffisante, ou
lorsque cette solidité peut être détruite accidentellement.

Ainsi, par exemple, le mastic de fer dont on se sert quelquefois pour
garnir les joints des tubulures de communication entre les bouilleurs et la
chaudière, quoiqu'il puisse résister à la pression d'épreuve, ne doit pas
être regardé comme établissant entre les deux pièces réunies une jonction
suffisamment solide pour résister indéfiniment à la pression de la vapeur.
Ce mastic a d'abord l'inconvénient d'attaquer le fer sur lequel il est appliqué ;
c'est pourquoi on ne doit en faire usage que pour des tubulures épaisses en fonte
de fer, et non pour des tubulures en tôle. Il est, en outre, cassant, et son
adhérence, qui est fort énergique, peut être détruite accidentellement par
le déplacement de la chaudière ou par un choc. Il est donc indispensable,
quand on s'en sert, que les pièces assemblées soient, en outre, réunies par
des armatures en fer suffisamment fortes pour prévenir à elles seules la
disjonction, dans le cas même où l'adhérence due au mastic serait entièrement détruite.

Malgré les vices de construction que l'ingénieur pourrait remarquer, il
fera timbrer la chaudière qui aurait résisté à l'épreuve ; mais il aura soin
de signaler ces vices dans le procès-verbal d'épreuve dont il va être parlé.

Après avoir fait apposer l'empreinte du timbre, l'ingénieur dressera un
procès-verbal dans lequel seront indiqués :

1° La date de l'épreuve ;

2° Le lieu où elle a été faite ;

3° Le nom et la résidence du fabricant des pièces éprouvées ;

4° La nature, les formes et la dimension de ces pièces ; et, pour les chaudières, l'épaisseur du métal en millimètres, et leur capacité totale en mètres
cubes ;

5° La tension de la vapeur, en atmosphères, ou le nombre gravé sur la
surface timbrée ;

6° Le diamètre de l'orifice de la soupape d'épreuve, en centimètres, le
rapport des longueurs des bras du levier, et la charge en kilogrammes appliquée pour l'épreuve ;

7° L'usage auquel l'appareil est destiné ;

8° Le nom et le domicile de celui qui a commandé les pièces éprouvées ;

9° La destination définitive de ces pièces, c'est-à-dire la situation de l'établissement où seront placées les chaudières et autres pièces éprouvées, et le nom du propriétaire de l'établissement ;

10° Pour les chaudières qui seront formées de plusieurs parties réunies par des tubulures, le procès-verbal indiquera si l'épreuve a eu lieu sur la chaudière montée ou sur les parties séparées ;

Il contiendra les observations de l'ingénieur sur les vices de forme, de construction, ou tous autres qu'il aurait remarqués dans les chaudières ou autres pièces éprouvées.

Le procès-verbal sera transmis, sans délai, au préfet du département dans lequel l'épreuve aura été faite.

Dans le cas où la destination de la chaudière ou des autres pièces éprouvées serait pour un département autre que celui dans lequel l'épreuve a eu lieu, le préfet transmettrait immédiatement, à son collègue du département pour lequel les pièces sont destinées, une copie certifiée du procès-verbal d'épreuve.

Dans les départements où il existe des fabriques de chaudières et de machines, les procès-verbaux dont il est fait mention ci-dessus pourront être remplacés par un tableau à colonnes conforme au modèle A, joint à la présente instruction ; l'état des épreuves sera arrêté par l'ingénieur, à la fin de chaque mois, et transmis sans délai au préfet du département.

Le préfet extraira de ce tableau ce qui sera relatif aux pièces destinées à d'autres départements, et enverra les extraits certifiés par lui aux préfets de ces départements.

Il adressera en outre, tous les mois, au ministre des travaux publics, une copie de l'état des épreuves qui auront été faites dans son département.

§ II. — *De l'instruction des demandes.* — *Des autorisations d'appareils à vapeur*

Celui qui sera dans l'intention d'employer une chaudière fermée ou tout appareil à vapeur, pour un usage quelconque, adressera au préfet du département une demande en autorisation, qui devra contenir toutes les indications mentionnées dans l'article 5 de l'ordonnance : un plan des localités, et un dessin géométrique de la chaudière, avec échelle, devront y être annexés.

En cas d'omission de quelques-unes des indications nécessaires ou d'insuffisance des plans, le préfet en préviendra immédiatement le demandeur, et l'invitera à compléter sa pétition, conformément à l'article 5 de l'ordonnance.

Dès que la demande régulière lui sera parvenue, le préfet la transmettra au sous-préfet de l'arrondissement ; il l'invitera à faire procéder immédiatement, par le maire de la commune, aux informations de *commodo* et *incommodo*, et à lui renvoyer, avec ladite demande, le procès-verbal d'enquête, l'avis du maire et le sien, dans les délais prescrits par les articles 7 et 8.

Aussitôt après les avoir reçues, le préfet renverra toutes les pièces de l'affaire à l'ingénieur des mines, ou, à son défaut, à l'ingénieur des ponts et chaussées ; il y joindra la copie certifiée des procès-verbaux des épreuves, si elles ont été faites dans un autre département ; il invitera l'ingénieur à se transporter sur les lieux où l'appareil doit être établi et à lui adresser son avis sur la demande dans le plus court délai possible.

L'ingénieur vérifiera si les pièces de l'appareil ont été soumises aux épreu-ves prescrites par l'ordonnance, et sont revêtues des timbres constatant que ces épreuves ont été faites ; il devra renouveler l'épreuve de la chaudière et des autres pièces, dans les cas prévus par l'article 21. Il sera très-rarement utile d'éprouver de nouveau les cylindres, enveloppes de cylindres et autres pièces en fonte ou en tôle qui doivent recevoir la vapeur formée dans les chaudières ; mais on devra souvent renouveler l'épreuve des chaudières, notamment lorsqu'elles auront été éprouvées à la fabrique par parties sépa-rées, ou que les parties, assemblées pour subir l'épreuve à la fabrique, au-ront été de nouveau disjointes pour faciliter le transport à l'établissement : le démontage et le remontage de la chaudière comportent, en effet, des modifications du genre de celles qui sont mentionnées à l'article 21. Si les pièces de la chaudière n'ont pas été séparées, mais si les joints mastiqués des tubulures ont souffert pendant le transport et ont besoin d'être réparés ou refaits, l'épreuve devra également être répétée :

Pour les chaudières qui auront déjà servi dans un autre établissement, l'épreuve sera renouvelée :

1° Quand la date de la première épreuve constatée par les timbres sera incertaine ou qu'elle remontera à plus de trois ans ;

2° Quand les chaudières auront été démontées, réparées ou modifiées d'une manière quelconque depuis la première épreuve. L'ingénieur, dans ce cas, vérifiera préalablement, avec beaucoup de soin, l'épaisseur du mé-tal, surtout vers les points des parois qui ont été le plus exposés à l'action du feu ou à d'autres causes de détérioration ; il fera détacher les écailles d'oxyde et ne procédera à l'épreuve qu'après s'être assuré, autant qu'il est possible de le faire par une visite minutieuse, que la chaudière est suscep-tible d'un bon service.

Quant aux chaudières neuves qui auront été déjà essayées et timbrées, l'ingénieur examinera si elles n'ont pas des formes vicieuses, qui rendraient difficile l'enlèvement des dépôts de leur intérieur ou qui ne permettraient pas à la vapeur produite dans les parties exposées à l'action du feu de se dé-gager facilement pour arriver dans la partie supérieure formant réservoir de vapeur. Dans son rapport, il rendra compte au préfet des opérations aux-quelles il s'est livré ; il signalera les vices de construction qu'il aura consta-tés, et indiquera les moyens de les corriger ; il fera connaître à laquelle des catégories établies par l'article 33 appartient la chaudière du demandeur, et quelle est l'étendue de la surface de chauffe en mètres carrés ; il discu-tera les oppositions consignées dans le procès-verbal d'enquête, tant sous le rapport de la sûreté du voisinage que sous celui de l'incommodité que pour-rait causer la fumée ; enfin il terminera son rapport ou travail par un pro-jet d'arrêté tendant à accorder ou à refuser l'autorisation demandée.

Le rejet de la demande peut être motivé sur l'impossibilité de satisfaire aux conditions de l'ordonnance ou sur les dommages que l'établissement de l'appareil à vapeur causerait au voisinage, malgré les obligations particulières qui pourraient être imposées au demandeur.

Si l'ingénieur conclut à ce que l'autorisation soit accordée, il sera utile que le projet d'arrêté contienne, outre les indications dont il est fait mention à l'article 10, les principales dispositions de l'ordonnance rendues applicables au cas particulier dont il s'agit, afin que le demandeur soit parfaitement éclairé par la teneur seule de l'arrêté sur les conditions auxquelles il devra satisfaire.

Un modèle d'arrêté (B) est annexé à la présente instruction.

§ III. — *Des appareils de sûreté dont les chaudières doivent être pourvues.*

1° Des soupapes de sûreté.

Les diamètres des orifices des soupapes de sûreté sont réglés en raison de la surface de chauffe de chaque chaudière et du numéro du timbre, par la table n° 2 annexée à l'ordonnance, et la règle énoncée à la suite de cette table.

Cette règle est exprimée par l'équation suivante; dans laquelle d désigne le diamètre d'une soupape en centimètres, S la surface de chauffe de la chaudière, y compris les parties des parois comprises dans les carneaux ou conduits de la flamme et de la fumée exprimés en mètres carrés ; n le numéro du timbre exprimant en atmosphères la tension de la vapeur.

$$d = 2,6 \sqrt{\frac{s}{n-0,412.}}$$

L'expérience a fait voir qu'une seule soupape dont l'orifice avait un diamètre déterminé par la formule empirique précédente suffisait pour débiter toute la vapeur qui pourrait se former dans la chaudière, à la tension de n atmosphères, sous l'influence du feu le plus actif. Ainsi, quand une chaudière sera munie de deux soupapes ayant les dimensions prescrites et fonctionnant bien, on n'aura point à craindre que la tension de la vapeur dépasse la limite assignée, sauf peut-être le cas où l'eau, par suite d'un défaut d'alimentation, viendrait à atteindre des parois rouges.

Une soupape de sûreté bien construite et ajustée fonctionne avec un grand degré de précision, et elle est très-peu susceptible de se déranger. Au contraire, une soupape mal construite se dérange souvent, laisse fuir la vapeur avant de s'ouvrir, et se soulève sous des pressions qui varient entre des limites assez éloignées ; elle manque complétement de précision. Un des vices de construction les plus graves des soupapes de sûreté consiste en ce que la surface annulaire de contact entre le disque mobile de la soupape et le dessus du collet ou de la tubulure fermée par ce disque a une étendue beaucoup trop grande comparativement à la surface circulaire exposée à l'action directe de la vapeur. On comprend qu'alors les deux surfaces qui devraient se toucher ne s'appliquent pas exactement l'une sur l'autre, ce qui importe

de l'incertitude dans la mesure de la surface réellement pressée par la vapeur. Les phénomènes d'adhérence entre les deux surfaces polies et rodées
donnent lieu à une autre cause d'incertitude; enfin des corps étrangers
peuvent se loger entre les surfaces de contact, et le poli qu'elles ont reçu
d'abord s'altère d'autant plus facilement qu'elles sont plus grandes. C'est
pour éviter ces inconvénients que l'article 24 de l'ordonnance assigne des
limites à la largeur de la surface annulaire de recouvrement.

Les plus grandes largeurs que l'on pourra donner à ces surfaces sont les
suivantes :

DIAMÈTRES DES ORIFICES OU DES SURFACES EXPOSÉES DIRECTEMENT A L'ACTION DE LA VAPEUR.	LARGEURS CORRESPONDANTES QUE LES SURFACES DE RECOUVREMENT NE DEVRONT PAS DÉPASSER.
20 millimètres.	0,67 millimètres.
25 —	0,83 —
30 —	1,00 —
35 —	1,17 —
40 —	1,32 —
45 —	1,60 —
50 —	1,67 —
55 —	1,83 —
60 et au-dessus.	2,00 —

La réduction de largeur des surfaces annulaires de recouvrement exigera
que les disques mobiles et les leviers des soupapes soient guidés et ajustés
avec précision. La note C qui se trouve à la suite de cette instruction contient des détails étendus à ce sujet.

Chaque soupape doit être chargée d'un poids unique, agissant, soit directement, soit par l'intermédiaire d'un levier (article 23); la quotité du
poids et la longueur du levier doivent être réglés de manière que, le poids
étant placé à l'extrémité du levier, la soupape soit chargée de 1^k033 par
centimètre carré de surface de l'orifice et par atmosphère de pression effective. On déterminera la quotité du poids, en procédant comme dans l'exemple suivant :

Supposant qu'une soupape dont l'orifice a cinq centimètres de diamètre
doive être chargée pour une tension de la vapeur de quatre atmosphères,
ou une pression effective de trois atmosphères, on calculera d'abord la pression totale qui doit avoir lieu sur la soupape, ainsi qu'il suit :

On prendra le carré du diamètre de l'orifice de la soupape.

$$5 \times 5 = 25.$$

La surface de l'orifice est donc de vingt-cinq centimètres circulaires.

La pression d'une atmosphère qui est de 1^k033 sur un centimètre carré,
est de $1^k033 \times 0,7854 = 0^k811$ sur un centimètre circulaire.

La pression de trois atmosphères sur la surface de la soupape est donc
mesurée par le produit de 25 par 0,811 et par 3.

$$25 \times 0,811 \times 3 = 60^k75.$$

La charge directe doit être de 60ᵏ75.

On pèsera la soupape : soit son poids égal à un kilogramme.

On déterminera ensuite la pression que le levier exerce sur la soupape ; pour cela, on soulèvera ce levier avec le crochet d'une romaine ou d'un peson à ressort, en le saisissant par le point qui s'appuie sur la tige de la soupape ; si l'on trouve que la pression exercée par le levier, et qui sera accusée par le peson ou romaine, soit de trois kilogrammes, on aura 3 + 1 = 4, pour la partie de la charge due à la soupape et au levier. On retranchera cette somme de la charge totale calculée précédemment

$$60^k75 - 4 = 56^k75.$$

L'on aura 56ᵏ75 pour la partie de la charge directe que le poids doit exercer.

On mesurera avec soin les distances respectives de l'axe du levier :

1° Au point par lequel le levier s'appuie sur la tige de la soupape ;

2° A l'extrémité du levier où le poids sera placé. On prendra le rapport de la seconde distance à la première : on divisera la charge directe que le poids doit exercer par ce rapport : le quotient exprimera la quotité du poids qui devra être suspendu à l'extrémité du levier. Ainsi, si, dans l'exemple choisi, le rapport des bras du levier est celui de 10 à 1, on aura pour la quotité du poids :

$$\frac{56^k65}{10} = 5^k675.$$

Le nombre exprimant en kilogrammes la quotité du poids ainsi déterminé sera, après vérification, gravé sur le poids, et le timbre appliqué à côté de ce nombre. De même, la longueur totale du levier, en décimètres et fractions décimales de décimètres, sera gravée sur ce levier, et le timbre appliqué à côté de ce nombre. Les agents chargés de la surveillance des machines à vapeur n'auront ensuite qu'à vérifier une longueur et la quotité d'un poids qui seront connus par les inscriptions, pour s'assurer que les soupapes sont convenablement chargées.

Les soupapes des chaudières de machines locomotives sont pressées par des ressorts dont le mécanicien peut à volonté augmenter ou diminuer la tension. Une échelle divisée indique les charges ou tensions correspondantes aux diverses longueurs du ressort ; les manomètres ou thermomanomètres, dont ces chaudières sont pourvues, offriront aux ingénieurs un moyen facile de vérifier l'exactitude de la graduation.

2° Du manomètre.

L'expérience a fait voir que les manomètres à air comprimé sont tellement sujets à se détériorer, que la plupart des appareils de ce genre adaptés aux machines de chaudières à vapeur ne donnent plus, au bout de fort peu de temps, des indications exactes. C'est pourquoi l'ordonnance a prescrit l'usage de manomètres à air libre pour toutes les chaudières timbrées à cinq atmosphères et au-dessous. La prescription n'a pas été généralisée, parce qu'on a craint qu'en raison de leur longueur les manomètres à air libre susceptibles d'accuser des pressions supérieures à cinq atmosphères, ne pussent pas toujours être placés dans le local des chaudières. Lorsqu'il n'y aura aucune difficulté de ce côté, l'ingénieur devra toujours conseiller l'usage du manomètre à air libre, quelle que soit la tension de la vapeur; et le préfet pourra même le prescrire, sur le rapport de l'ingénieur, en vertu de la faculté que lui laisse l'article 67 de l'ordonnance, quand il le jugera utile à la sûreté publique.

On trouvera dans la note (D) la description d'un manomètre à air libre, à cuvette et à tube de verre, que la commission centrale des machines à vapeur a fait exécuter; cet appareil a l'avantage d'être d'une construction simple, d'une vérification facile, de fournir des indications exactes, et paraît peu susceptible de se déranger.

L'ordonnance permet de remplacer, pour les chaudières de machines locomobiles et locomotives, le manomètre à air libre par un manomètre fermé ou thermomanomètre.

La cause principale qui met hors de service, en très-peu de temps, les manomètres fermés consiste en ce que l'oxygène de l'air confiné dans la partie supérieure du tube est absorbé par le mercure; il en résulte d'abord que la graduation de l'instrument est faussée, et ensuite que les pellicules de mercure oxydé s'attachent à la paroi du tube en verre qu'elles salissent au point qu'on n'aperçoit plus l'extrémité de la colonne mercurielle.

Il est facile de construire des manomètres fermés qui soient exempts de ces inconvénients; il suffit, pour cela, d'introduire dans la chambre manométrique de l'air que l'on aura privé de son oxygène, en le faisant passer dans un tube en verre à travers de la tournure de cuivre métallique chauffée au rouge. Tous les fabricants d'instruments de physique sont à même d'exécuter cette opération.

Il est inutile d'ajouter qu'on doit employer du mercure pur, et éviter l'emploi des mastics gras.

Le thermomanomètre est un thermomètre à mercure construit de manière à accuser des températures qui vont jusqu'à deux cents degrés centigrade environ, et dont la tige est divisée en atmosphères et fractions décimales d'atmosphère, d'après les relations connues entre les tensions de la vapeur d'eau à son maximum de densité et les températures correspondantes. (Voir la table annexée à la note D.) La boule du thermomanomètre ne doit pas être plongée dans la vapeur de la chaudière, attendu que la pression fausserait les indications thermométriques. Elle est enfermée dans un tube de métal, fermé par le bas et rentrant dans la chaudière, aux parois de laquelle il est fixé par une bride, au moyen de vis et d'écrous; on remplit l'espace restant entre la boule et les parois du tube métallique avec de la limaille de cuivre ou tout autre corps bon conducteur du calorique.

Les ingénieurs pourront vérifier la graduation des manomètres à air comprimé et des thermomanomètres par comparaison, soit avec des thermomètres étalons dont la graduation aurait été vérifiée, soit avec des manomètres à air libre adaptés à des chaudières ordinaires, soit enfin avec une soupape très-bien ajustée et chargée par l'intermédiaire d'un levier s'appuyant sur un couteau. (Voir la note C.)

On pourrait encore, pour les thermomanomètres, vérifier deux divisions de l'échelle correspondante à des températures fixes, telles que celles des points d'ébullition, à l'air libre, de l'eau pure, et de l'essence de térébenthine pure et rectifiée; cette essence bout à cent cinquante-sept degrés du thermomètre centigrade. Pour ces vérifications, on fera bouillir le liquide dans un matras ou autre vase à long col, qui ne sera rempli qu'en partie : on tiendra le thermomanomètre plongé dans la vapeur qui occupera la partie supérieure et le col du vase, la boule étant en dehors du liquide en ébullition, et à une petite distance de sa surface.

3° Des indicateurs du niveau d'eau et du flotteur d'alarme.

La construction et la disposition des tubes indicateurs en verre, des robinets indicateurs et des flotteurs ordinaires, sont assez généralement connues pour qu'il soit inutile de les décrire ici. Il suffira de dire que les tubulures qui portent les tubes indicateurs en verre doivent être munies de robinets, qui permettent de nettoyer ces tubes, et de prévenir l'écoulement de la vapeur et de l'eau, en cas de rupture accidentelle du tube. Une chaudière devra être pourvue de l'un des appareils énumérés ci-dessus, et, en outre, d'un flotteur d'alarme destiné à avertir, par un bruit aigu, un chauffeur qui aurait négligé d'entretenir la chaudière convenablement remplie d'eau.

On a construit des flotteurs d'alarme de formes très-diverses. Tous consistent en un flotteur qui fait ouvrir, au moment où la surface de l'eau s'abaisse dans la chaudière jusqu'au niveau des carneaux, un petit orifice par lequel la vapeur jaillit sur les bords d'un timbre ou d'une lame métallique vibrante dont le bruit très-aigu ne peut manquer d'être entendu par le chauffeur et les ouvriers occupés dans le voisinage.

Les ingénieurs peuvent admettre tout instrument de ce genre dont l'effet sera certain. La note (E) renferme, comme exemple, la description d'un flotteur à sifflet, exécuté par les soins de la commission centrale des machines à vapeur, et qui peut être employé, quelle que soit la tension de la vapeur.

Pour les chaudières dans lesquelles la pression effective de la vapeur ne dépasserait pas une demi-atmosphère, on pourrait se dispenser de l'emploi d'un flotteur et placer simplement le sifflet d'alarme sur l'orifice supérieur d'un tuyau vertical de quatre à cinq centimètres de diamètre intérieur ouvert par le bas qui traverserait le dôme de la chaudière, et s'enfoncerait jusqu'au niveau au-dessous duquel la surface de l'eau ne devrait pas descendre. Sa longueur serait suffisante pour que la colonne d'eau, élevée dans son intérieur et comptée à partir du plan d'eau, fît équilibre à la pression effective que la vapeur ne devrait pas dépasser.

4° Des appareils alimentaires.

Les chaudières de machines à vapeur sont habituellement alimentées par des pompes mues par la machine; les unes sont à jeu continu, les autres à jeu intermittent. Lors même que le jeu est continu, l'alimentation ne peut être assurée qu'autant que la pompe est capable de fournir un volume d'eau plus grand que celui qui est dépensé en vapeur par la chaudière; il faut donc que l'étendue de la course du piston de la pompe alimentaire soit variable, à la volonté du mécanicien, ou que l'eau foulée par la pompe se divise en deux parties, dont l'une est admise dans la chaudière et l'autre retourne à la bâche. La quantité d'eau admise dans la chaudière est réglée par des mécanismes mis en jeu au moyen de flotteurs, ou par un robinet qui est à la disposition du chauffeur. Ce dernier moyen, combiné avec de bons indicateurs du niveau de l'eau, est peut-être le meilleur de tous. En tous cas, il est suffisant, pourvu que le chauffeur donne à la conduite de la chaudière l'attention convenable.

Lorsque le jeu de la pompe alimentaire est intermittent, le chauffeur ou mécanicien peut, à volonté, l'empêcher de fonctionner, soit en décrochant la tige du piston, soit en relevant le clapet d'aspiration, ou en fermant un robinet adapté au tuyau d'aspiration. Il ne doit pas négliger de faire jouer la pompe dès le moment où le niveau de l'eau, dans la chaudière, est descendu à la hauteur de la ligne d'eau tracée à l'extérieur, conformément à l'article 29. Il peut, d'ailleurs, profiter, pour alimenter, des instants où la tension de la vapeur accusée par le manomètre est un peu plus élevée qu'à l'ordinaire.

L'alimentation continue est préférable, sous le rapport de la sécurité; le tuyau de décharge d'une pompe à jeu continu peut même être disposé de manière à faire apercevoir les dérangements qui seraient survenus à cette pompe.

Dans les machines locomotives, l'alimentation des chaudières est toujours intermittente. Des robinets d'épreuve, adaptés aux tuyaux alimentaires, permettent aux mécaniciens de vérifier si les pompes ne sont pas dérangées et foulent de l'eau dans les chaudières.

Les chaudières à vapeur destinées au chauffage des habitations ou à d'autres usages, et qui ne sont pas jointes à des machines, sont alimentées par des retours d'eau ou des appareils appropriés à la nature des opérations que l'on exécute à l'aide de la vapeur. L'ingénieur devra, dans chaque cas, examiner la construction de ces appareils, en étudier le jeu et vérifier s'ils sont d'un effet certain; s'ils lui paraissent vicieux, il indiquerait les améliorations qui devraient y être apportées.

§ IV. — De l'emplacement des chaudières à vapeur.

Les dangers et les dommages qui peuvent résulter de la rupture ou de l'explosion d'une chaudière à vapeur sont d'autant plus graves que la masse d'eau échauffée et la pression de la vapeur sont plus grandes. L'ordonnance a, en conséquence, réparti les chaudières en quatre catégories pour les-quelles les conditions d'emplacement prescrites sont différentes.

Les grandes chaudières de la première catégorie devront être placées en dehors de toute maison d'habitation et de tout atelier, sauf l'exception mentionnée dans l'article 35. Les maisons d'habitation, la voie publique, situées dans les limites des distances prévues par l'article 36, seront protégées par des murs de défense; la toiture du local contenant la chaudière sera en matériaux légers, et n'aura aucune liaison avec les toits des ateliers et autres bâtiments contigus.

MM. les préfets doivent tenir la main à ce que les conditions d'isolement du local des chaudières de la première catégorie de toute maison d'habitation et de tout atelier ne soient point éludées. Ainsi l'isolement des ateliers ne serait qu'apparent, si le local de la chaudière était contigu aux ateliers, et n'en était séparé que par des murs mitoyens légers ou des murs solides, mais percés de larges ouvertures. Quand cette contiguïté existera, le mur mitoyen devra être très-solide et entièrement plein, sauf les ouvertures qui seraient indispensables pour le passage des tuyaux de vapeur ou des arbres de transmission de mouvement, dans le cas où les machines à vapeur seraient établies dans le même local que les chaudières.

Les chaudières de la première catégorie pourront être placées par exception dans l'intérieur des ateliers (art. 35), quand on voudra employer à leur chauffage une chaleur qui, autrement, serait perdue. Dans ce cas, les conditions prescrites par l'article 36, à l'égard des tiers et de la voie publique, seront toujours exigibles, et l'autorisation devra être portée à la connaissance du ministre des travaux publics.

Les chaudières de la deuxième catégorie pourront être placées dans l'intérieur d'un atelier qui ne fera pas partie d'une maison d'habitation ou d'une fabrique à plusieurs étages. Les murs de défense seront exigés vis-à-vis des maisons d'habitation et de la voie publique situées dans les limites de distances fixées par l'article 39.

Les chaudières de la troisième catégorie pourront aussi être placées dans l'intérieur d'un atelier qui ne fera pas partie d'une maison d'habitation ; les murs de défense vis-à-vis des maisons d'habitation et de la voie publique ne seront point exigés.

Enfin les chaudières de la quatrième catégorie ne seront soumises à aucune autre condition de local que celle d'être séparées par un intervalle de cinquante centimètres des murs mitoyens avec les maisons d'habitation voisines (article 44); elles pourront, d'ailleurs, être établies même dans un atelier qui ferait partie d'une maison d'habitation, et sans murs de défense.

La liberté très-étendue laissée aux propriétaires de chaudières à vapeur de la troisième et de la quatrième catégorie rend indispensable d'écarter de ces chaudières tous les objets ou matériaux d'un poids un peu considérable, qui pourraient aggraver les dommages résultant d'une explosion. Il est pourvu à cette nécessité par l'article 45.

L'article 41 laisse à MM. les préfets la faculté de déterminer la situation et les dimensions, en hauteur et en longueur, des murs de défense exigés par les articles 36, 39 et 40, pour les chaudières de la première et de la deuxième catégorie, ainsi que la distance de ces chaudières aux maisons d'habitation voisines et à la voie publique, et même la direction de leur axe. Ces divers points devront être traités avec soin dans le rapport de l'ingénieur. Il examinera si la position des chaudières indiquée par le propriétaire est celle qui, eu égard au local dont on dispose, offre le moins d'inconvénients pour le voisinage. Il déterminera la hauteur et la longueur des murs de défense, de manière que, en cas d'explosion, les débris de la chaudière rompue ne puissent atteindre les maisons voisines ou les personnes qui se trouveraient sur la voie publique. Enfin l'axe de la chaudière devra être, autant que possible, disposé parallèlement aux murs des habitations ou à la voie publique, parce que, en cas d'explosion, c'est ordinairement dans la direction de l'axe de la chaudière que les fragments sont lancés avec le plus de violence par l'action de la vapeur. L'ingénieur indiquera, sur le plan fourni par le demandeur, la situation de la chaudière et des murs de défense qu'il proposera au préfet d'exiger. Toutes les conditions définitivement prescrites par le préfet seront énoncées d'une manière détaillée dans l'arrêté d'autorisation.

§ V. — *Des machines employées dans les mines. — Des machines locomobiles et locomotives.*

L'établissement des chaudières dans l'intérieur des mines ne devra être autorisée que sous des conditions tout à fait particulières et appropriées à chaque localité, de manière que l'échappement de la fumée ainsi que l'aérage de la mine soient parfaitement assurés et qu'il n'y ait aucun danger d'incendie.

Les machines locomobiles et locomotives sont assujetties à des dispositions particulières qui sont assez détaillées dans le titre IV de l'ordonnance, pour que toute autre explication soit superflue.

§ VI. — *Dispositions générales.*

Les prescriptions de l'ordonnance sont applicables à presque toutes les chaudières à vapeur. Cependant il y en a quelques-unes qui, en raison de l'usage particulier auquel elles sont destinées, ou même de leurs dimensions et de leurs formes, peuvent être dispensées sans inconvénient d'une partie des mesures prescrites par l'ordonnance, soit purement et simplement, soit en les assujettissant à des conditions spéciales.

On peut citer comme exemples les chaudières qui sont employées dans beaucoup de buanderies des environs de Paris pour le lessivage du linge. Ces chaudières, qui ont une petite capacité, sont établies auprès et en contre-bas du cuvier qui contient le linge. Un tuyau qui plonge dans leur intérieur et s'ouvre à quelques centimètres du fond s'élève verticalement au-dessus des bords supérieurs du cuvier, se recourbe et se termine par un entonnoir renversé placé à l'aplomb de l'axe de ce cuvier. On emplit d'abord la chaudière de lessive; on chauffe; la lessive pressée par la vapeur s'élève dans le tuyau et vient se déverser sur le linge; la chaudière est presque complétement vidée. La lessive traverse le linge, arrive dans un espace libre ménagé au-dessous d'un grillage ou double fond, et retourne à la chaudière par un tuyau qui met celle-ci en communication avec le fond du cuvier, et qui est terminé par un clapet s'ouvrant du cuvier vers la chaudière.

Il est évident qu'il serait inutile d'adapter à des chaudières de ce genre ni soupapes ordinaires ni manomètres, puisque la pression de la vapeur y est limitée par la hauteur du large tuyau par lequel se déverse la lessive ; on ne peut non plus y adapter ni flotteur ordinaire, ni flotteur d'alarme, puisqu'elles sont destinées à se vider presque tout à fait par intervalles. Mais il faut que la lessive puisse retourner facilement du cuvier à la chaudière, et remplir celle-ci de nouveau. Il est nécessaire, pour cela, que ces chaudières soient pourvues d'une soupape atmosphérique qui s'ouvre de dehors en dedans, au moment où la chaudière s'est vidée, et qui ne se referme que lorsque la chaudière est remplie de nouveau à peu près complétement. Le jeu d'une semblable soupape peut être assuré par un flotteur disposé d'une manière particulière.

L'article 67 laisse à MM. les préfets la faculté de dispenser, sur le rapport des ingénieurs, certains appareils à vapeur d'une partie des prescriptions générales et de prescrire des mesures spéciales, dans des cas exceptionnels, comme celui que l'on vient de citer. Les arrêtés des préfets devront alors être soumis au ministère des travaux publics.

La destruction rapide et incessante des chaudières alimentées avec des eaux qui contiennent des acides libres ou des sels acides, comme celles qui sont extraites d'un grand nombre de puits de mines ou de carrières, donne lieu à des dangers que l'article 68 a pour but de prévenir. Cet article exige que les propriétés corrosives des eaux alimentaires soient neutralisées par une distillation préalable, ou par tout autre moyen reconnu efficace, toutes les fois que la pression effective de la vapeur dans la chaudière dépassera une demi-atmosphère. L'on pourra faire usage, dans ce cas, de machines à condenseurs fermés, ou neutraliser les eaux acides par des moyens chimiques que l'on fera connaître à l'ingénieur. Celui-ci devra s'assurer qu'ils sont efficaces, et rendra compte au préfet, dans son rapport, des expériences qu'il aura faites à cet effet et de leur résultat.

L'article 75 exige que les propriétaires d'appareils à vapeur fassent connaître immédiatement à l'autorité locale, c'est-à-dire au maire de la commune, les accidents qui seraient survenus ; le maire doit immédiatement se transporter sur les lieux, dresser un procès-verbal succinct des circonstances de l'accident, et le transmettre sans délai au préfet, qui ordonnera, s'il y a lieu, à l'ingénieur des mines, ou, à son défaut, à l'ingénieur des ponts et chaussées, de se transporter sur les lieux.

Si l'accident survenu est grave, s'il a occasionné des blessures, ou s'il y a eu explosion d'une chaudière ou autre pièce contenant la vapeur, le maire préviendra le propriétaire de l'appareil qu'il ne doit ni réparer les constructions, ni déplacer ou dénaturer les fragments de la pièce rompue,

avant la visite de l'ingénieur, qui, dans ce cas, sera ordonnée d'urgence par
le préfet.

§ VII. — *De la surveillance administrative.*

Dans leurs visites, les ingénieurs devront d'abord vérifier si les appareils
de sûreté des chaudières et les pompes alimentaires sont entretenus en bon
état. Ils examineront les chaudières elles-mêmes, et particulièrement celles
qu'un long usage ou certaines circonstances particulières, telles que le défaut
de soin, l'inhabileté du chauffeur, etc., leur feraient regarder comme sus-
pectes.

Si les chaudières présentent des vices apparents, ils en provoqueront la
réforme ou la réparation par un rapport au préfet. Quand l'inspection
extérieure ne suffira pas pour éclairer l'ingénieur au sujet d'une chaudière
suspecte, il demandera au propriétaire de faire renouveler l'épreuve, et, en
cas de refus de la part de celui-ci, il fera son rapport au préfet, qui ordonnera l'épreuve, s'il y a lieu (art. 64).

Les épreuves des chaudières en fonte de fer devront être renouvelées au
moins une fois chaque année.

Les ingénieurs et les agents placés sous leurs ordres veilleront à ce que
l'instruction pratique, en date du 22 juillet 1843, soit affichée dans le
local des chaudières ; ils s'assureront si les chauffeurs la comprennent et
s'ils se sont rendus familiers avec les précautions qui y sont recommandées.

Ils vérifieront si les chefs d'établissement ont à leur disposition les pièces
de rechange exigées par l'article 69, c'est-à-dire des tubes de rechange et
une petite quantité de mercure pour les manomètres à air libre et à tube
en verre, des tubes en verre pour les indicateurs du niveau de l'eau, enfin
des manomètres fermés ou des thermanomètres, quand il sera fait usage
de ces derniers instruments.

III. ORDONNANCE RELATIVE AUX MACHINES ET CHAUDIÈRES A VAPEUR AUTRES QUE CELLES QUI SONT PLACÉES SUR DES BATEAUX. (Du 6 novembre 1843.)

Nous, conseiller d'État, préfet de police,
Ordonnons ce qui suit :

1. L'ordonnance royale du 22 mai 1843, relative aux machines et chaudières à vapeur autres que celles qui sont placées sur des bateaux, et l'instruction de M. le ministre des travaux publics sur les mesures de précaution
habituelles à observer dans l'emploi des chaudières à vapeur, seront imprimées et affichées tant à Paris que dans les communes du ressort de la préfecture de police.

2. Le plan des localités et le dessin géométrique de la chaudière, prescrits
par l'article 5 de l'ordonnance royale précitée, devront être dressés sur une
échelle de cinq millimètres par mètre et être faits en double expédition. Le
plan des localités devra indiquer les détails de l'exploitation, c'est-à-dire la
désignation des fours, fourneaux, machines, foyers de toute espèce, réser-

voirs, ateliers, cours, puisards, etc., qui devront servir à l'établissement ; enfin les tenants et aboutissants aux ateliers dans lesquels doit fonctionner l'appareil à vapeur.

Le conseiller d'État, préfet de police, G. DELESSERT.

IV. ORDONNANCE CONCERNANT LES CYLINDRES SÉCHEURS, CHAUDIÈRES A DOUBLE FOND OU AUTRES VASES CLOS RECEVANT DE LA VAPEUR, ET LES CALORIFÈRES A EAU CHAUDE. (Du 15 juillet 1845.)

Nous, pair de France, préfet de police,

Vu l'ordonnance royale du 22 mai 1843, l'instruction ministérielle du 22 juillet suivant, et les instructions de M. le ministre des travaux publics des 11 février et 30 janvier 1845 ;

Vu les avis de M. l'ingénieur en chef des mines, chargé du service spécial des appareils à vapeur dans le ressort de notre préfecture ;

Considérant : 1° Qu'il est fait usage, dans un grand nombre d'ateliers, de *cylindres sécheurs*, de *chaudières à double fond*, ou autres vases clos qui reçoivent de la vapeur d'eau à une tension plus ou moins élevée ; que la rupture de ces vases peut être déterminée par la tension de la vapeur contenue dans leur intérieur, et donner lieu à des accidents graves dont il y a eu déjà plusieurs exemples ;

2° Que tous les appareils clos ou susceptibles d'être clos qui sont mis, soit à demeure, soit temporairement, en communication avec des chaudières à vapeur, doivent être, comme le sont ces chaudières mêmes, assujettis à la surveillance administrative et aux dispositions de l'ordonnance royale précitée du 22 mai 1843 ;

3° Qu'on fait usage pour le chauffage et la ventilation des édifices ou des habitations particulières, de *calorifères à eau chaude*, qui se composent de pièces contenant dans leur intérieur de l'eau à une température élevée, et dont les parois supportent par conséquent une pression égale à celle qu'exercerait la vapeur d'eau à cette température augmentée de celle qui est due à la hauteur de la colonne d'eau dont elles sont chargées ;

4° Que les foyers de ces calorifères consomment souvent une quantité de combustible assez considérable pour que la fumée puisse, dans certains cas, être incommode pour les habitants du voisinage ;

5° Que, sous ces deux rapports, les calorifères à eau chaude, soit qu'ils consistent en une série continue de vases remplis d'eau, ou en vases isolés, placés dans les diverses pièces d'un édifice et contenant de l'eau échauffée par la vapeur émanant d'une chaudière ordinaire, rentrent dans la catégorie des chaudières fermées dans lesquelles on doit produire de la vapeur, et doivent être, en conséquence, soumis aux règles prescrites pour ces derniers par l'ordonnance royale du 22 mai 1843 ;

6° Qu'en vertu de l'article 67 de l'ordonnance précitée il nous appartient de prescrire les conditions propres à prévenir les dangers ou les inconvénients que pourrait présenter l'usage des appareils ci-dessus dénommés ;

Ordonnons ce qui suit :

1. Nul ne pourra, à l'avenir, faire usage de cylindres sécheurs, chaudières à double fond pour évaporations ou chauffage, ou autres vases clos de forme quelconque qui seraient mis, soit temporairement, soit à demeure, en communication avec une chaudière à vapeur, ni établir de calorifères à eau chaude, sans une autorisation préalable délivrée par nous, conformément aux dispositions de l'ordonnance royale précitée du 22 mai 1843.

2. La demande qui nous sera adressée devra indiquer la forme, les dimensions des vases recevant la vapeur, le mode d'introduction de la vapeur dans leur intérieur et le mode d'émission, et l'usage auquel ces appareils seront destinés. S'il s'agit de *calorifères*, la demande fera connaître : 1° les dimensions de la chaudière et autres parties composant le calorifère; 2° la hauteur de la colonne d'eau existante au-dessus des parties les plus basses de l'appareil, et la pression maximum qu'auront à supporter les parois de l'appareil, exprimées en atmosphères et fractions décimales d'atmosphères; 3° la nature du combustible qui sera employé et la quantité approximative de ce combustible qui sera consommé par heure de chauffage; la demande sera, en outre, accompagnée d'un plan en double expédition, sur lequel seront indiquées les dispositions des diverses parties du calorifère et leur relation entre elles.

Les pièces des calorifères seront soumises, sur place, après la pose et avant qu'elles soient masquées par les boiseries ou parquets, à une pression d'épreuve triple de la pression maximum qu'elles auront à supporter lorsque l'appareil fonctionnera. Ces épreuves seront indépendantes des conditions que nous nous réservons de prescrire pour chaque cas particulier, en vue de prévenir les dangers qui pourraient résulter de l'établissement des calorifères, ainsi que les inconvénients de la fumée pour le voisinage.

5. Les propriétaires d'établissements actuellement existants, dans lesquels il y a des appareils du genre de ceux qui sont désignés dans l'article 1er de la présente ordonnance, nous adresseront, dans le délai de trois mois, une déclaration contenant les renseignements énoncés en l'article 2 ci-dessus.

Le pair de France, préfet de police, G. DELESSERT.

V. EXTRAIT DES COMPTES RENDUS DE 1849 DU CONSEIL D'HYGIÈNE DU NORD.

§ III. — *Des moyens préservatifs contre les accidents.*

2° Machines motrices.

Il est à regretter que l'ordonnance royale du 22 mai 1843, sur les appareils à vapeur, n'ait pas été suivie d'une autre ordonnance qui aurait traité des précautions à prendre relativement à l'appareil moteur proprement dit. Les faits n'ont pourtant que trop prouvé combien seraient utiles de nouvelles prescriptions sur cet objet; mais, dans l'état actuel des choses, la prudence et l'habileté du mécanicien peuvent seules conjurer le péril.

La cage de la machine doit avoir des dimensions suffisantes pour en rendre l'accès facile; il convient, en effet, qu'un espace libre d'au moins un mètre et demi, soit ménagé dans tous les sens autour de l'appareil pour en surveiller aisément tous les organes, exécuter en toute sécurité les diverses manœuvres destinées à en régulariser les fonctions, et enfin, pour opérer le nettoiement et l'huilage indispensables au bon entretien de toutes ses parties.

Les grosses pièces mobiles, et particulièrement la roue de volée, devront en outre être entourées de gardes-corps qui puissent en défendre l'approche. Il ne faut jamais surcharger une machine : pour ne pas tomber dans cet écueil, il est nécessaire de connaître exactement la force de l'appareil que l'on emploie ainsi que la résistance à vaincre, afin de ne pas faire exécuter à la machine motrice un travail exigeant une force supérieure à celle pour laquelle elle a été construite.

Quelques moyens ont été mis en usage pour prévenir le bris des machines.

Ainsi on a réussi à obvier à l'ascension de l'eau du condenseur et aux accidents qui en résultent, en ouvrant, pendant le temps d'arrêt, un robinet adapté au tuyau de communication entre le cylindre et la pompe à air : nous pensons que ce moyen, dont l'utilité pratique est incontestable, devrait faire l'objet d'une prescription de l'autorité.

On a aussi placé dans nos localités, sur la couverture des cylindres, une soupape destinée à l'évacuation de l'eau qui peut s'y trouver renfermée.

On a encore essayé de surchauffer la vapeur pour remédier à l'entraînement de l'eau, dont l'effet est si nuisible.

Enfin, pour prévenir les effets de la grande accélération de vitesse due au déclenchage général des métiers, on a imaginé le système de compensation, en vertu duquel la machine ralentit d'elle-même. Mais, relativement à l'immense majorité des appareils à vapeur qui n'en sont pas pourvus, il serait urgent de prescrire au chauffeur de diminuer l'orifice d'entrée de la vapeur avant le signal donné pour la sortie des ouvriers.

VI. EXTRAIT DES COMPTES RENDUS DE 1852 DU CONSEIL D'HYGIÈNE DU NORD.

Accidents occasionnés par les machines à vapeur.

. . . .

1° Surveillance des générateurs et tuyaux de vapeur, que détériore un usage prolongé;

2° Protéger efficacement les roues de volée, munir tous les appareils d'un compensateur pour obvier au danger du déclenchage général des métiers.

3° Recouvrir par des prolongements de poulies, de tambours ou autres moyens protecteurs, les boulons, les vis, clavettes, etc., destinés au raccordement des pièces mobiles, des arbres, par exemple, qui ne seraient autorisés que ronds et tournés;

4° Entourer l'arbre moteur de manchons ou de grillages destinés à prévenir les conséquences de la rupture;

5° Recouvrir d'un étui en bois, en tôle ou d'un grillage, les arbres verticaux à la hauteur de un mètre quatre-vingts centimètres, en les éloignant des lieux de passage;

6° Placer les arbres horizontaux assez haut pour les rendre inaccessibles, tout en réservant une distance de quarante centimètres du plafond, s'ils ne sont pas recouverts d'un étui;

7° Écarter les courroies des couloirs et les rejeter en dehors vers l'extrémité opposée des métiers; les maintenir par des guides en fer sur les poulies, d'où elles s'échappent facilement et où on ne peut les replacer qu'avec danger; éviter l'obliquité dans leur direction;

8° Recouvrir tous les engrenages qui commandent les mouvements divers des mécaniques, soit par des boîtes en fer, soit par des grillages, s'il y est besoin d'une surveillance continuelle;

9° Proscrire dans tous les ateliers : 1° le nettoiement des machines pendant la marche; 2° l'encombrement des ateliers, où les couloirs doivent posséder une largeur fixée par la loi (un mètre, par exemple);

10° Exiger dans tous les ateliers un costume approprié au genre de travail et l'exécution rigoureuse d'un règlement uniforme.

. . . .

1° Ces ateliers sont dangereux pour les ouvriers, si on ne prend pas toutes les précautions que l'expérience indique déjà et indiquera par la suite.

2° Ils sont souvent incommodes pour le voisin, par la poussière, par le bruit monotone et continu qu'on ne cherche jamais à diminuer, par l'ébranlement que subissent les maisons qui leur sont contiguës.

3° Leur insalubrité est souvent portée au dernier degré par l'encombrement, par la poussière, par le défaut d'aérage, et surtout, dans certains cas, par l'humidité, par les émanations fétides de matières organiques en décomposition.

. . . .

Le conseil prie M. le préfet :

1° D'ordonner une enquête minutieuse de la police toutes les fois qu'un accident aura lieu dans les usines où l'on emploie les moteurs intelligents, tels que les manèges, le vent, les chutes d'eau et la force élastique de la vapeur.

2° D'employer de nouveau tout son crédit près du gouvernement pour obtenir une législation protectrice des ouvriers employés dans les usines précitées, en faisant remarquer que le mode le plus simple et le plus efficace de réglementation serait d'ordonner leur classement parmi les établissements dangereux, incommodes ou insalubres, en les rangeant dans la troisième catégorie; qu'il y aurait aussi un grand avantage à prescrire que tous les constructeurs mécaniciens ne pourront désormais livrer, sous leur responsabilité, d'appareils dont les engrenages ne soient recouverts de manière à prévenir les accidents.

3° En attendant les bienfaits d'une législation uniforme pour toute l'étendue de l'empire, d'user des pouvoirs administratifs attribués à MM. les préfets par nos lois, pouvoirs élargis par le décret de décentralisation, en rue de veiller à la sécurité publique, et, dans ce but, de prendre un arrêté qui rende obligatoires pour les industriels, manufacturiers et constructeurs de machines, les dispositions employées dans quelques usines pour préserver les ouvriers des dangers qu'elles présentent, dispositions dont l'énoncé sommaire (comme il est indiqué plus haut) serait annexé à l'arrêté, sous réserve des améliorations que l'avenir pourrait faire connaître à ce sujet.

De prévenir en outre ces industriels et constructeurs que l'enquête ci-dessus, scrupuleusement exécutée par la police, pourra donner lieu, suivant les cas de négligence constatée, à une action déférée d'office aux tribunaux compétents, conformément aux termes des articles 319 et 320 du Code pénal, sans préjudice de l'action civile qui résulte de l'article 1383 du Code Napoléon.

. . . .

VII. COMPTES RENDUS DE 1854 DU CONSEIL D'HYGIÈNE DU NORD. (EXTRAIT DE LA CIRCULAIRE PRÉFECTORALE DU 19 JUIN 1853.

. . . .

(A l'occasion des accidents occasionnés par les moteurs mécaniques.)

..... Je citerai comme pouvant être les plus efficaces les précautions ci-après indiquées, qui ont été adoptées avec avantage dans plusieurs fabriques, où, depuis lors, il ne s'est plus produit d'accidents aussi graves.

1° Revêtement des arbres de transmission par des étuis ou enveloppes fixes en bois, en fer ou de toute autre matière.

2° Même entourage pour la partie des arbres horizontaux à proximité des poulies de commande.

3° Engrenages garantis au moyen de recouvrements fixes, métalliques ou en bois, à fermeture cadenassée ou vissée.

4° Courroies des métiers maintenues par des guides bien établis. Crochets placés près des poulies de commande pour empêcher l'enroulement autour des arbres, des courroies, lorsqu'elles sont sur le point de se distendre.

5° Emploi de perches en bois, ayant une tige horizontale à l'une des extrémités, pour tenir les courroies suspendues au moment des réparations et pour les replacer sur les poulies sans avoir besoin soit d'y toucher avec la main, soit de se servir d'échelle.

6° Métiers séparés des murs d'une manière suffisante pour laisser un libre passage aux ouvriers.

7° Escaliers avec rampes remplaçant les échelles à boujons plats, dont l'usage présentait de grands dangers.

8° Défense absolue de nettoyer ou graisser les métiers pendant leur marche.

9° Enfin, interdiction complète de faire sécher des matières au-dessus des générateurs.

MAGASINS A POUDRE. Voir *Poudres (Industrie des)*.

MAGASINS DE BOIS ET DE CHARBON. Voir *Combus-tibles (Industrie des)*, t. I, p. 456 et suiv.

MALTHE, ou **POIX MINÉRALE**, t. I, p. 280.

MAROQUINIERS. Voir *Cuirs (Industrie des)*, t. I, p. 533.

MASSICOT. Voir *Plomb (Industrie du)*.

MASTICS (Fabrique de) (3ᵉ classe). — 20 septembre 1828. Voir *Ardoises artificielles et Mastics de différents genres (Fabriques d')*, t. I, p. 255.

Les mastics sont des substances destinées à souder entre elles par voie d'adhérence des objets de même nature ou de nature diverse. Voici les principaux de ceux qui sont d'un usage industriel.

Mastic de fer.

Ce mastic sert à relier des pièces de fer entre elles, et en particulier les tuyaux ; il est formé de cinquante parties de li-maille de fer et mieux encore de fonte, d'une partie de sel am-moniac et d'une partie de soufre. On a reconnu que le soufre produisait une altération prompte du fer, et, comme la masse se solidifie parfaitement sans en faire usage, on le supprime presque toujours.

Mastic de minium.

Pour relier les différentes pièces d'une machine, et rendre les jointures hermétiques, on emploie un mastic préparé avec de l'huile de lin, du minium et de la céruse ; ce mastic sèche facilement.

Mastic des vitriers.

Il est destiné à empêcher l'air de passer entre les vitres et le châssis des fenêtres ; il est composé de céruse et d'huile sicca-tive.

Mastic de fontainier.

Ce mastic s'applique à chaud : il sert à rendre hermétique la fermeture de certains appareils On l'obtient en fondant ensemble de la colophane, du suif, du colcotar, auxquels on ajoute de la brique pilée.

Mastic de Dhil.

Il est imperméable et destiné surtout à réparer les cassures de la pierre et refaire les rejointements ; il est composé de huit à dix parties de brique pilée, une de litharge, et de l'huile de lin en quantité suffisante; pour éviter l'absorption trop prompte de l'huile, on mouille d'abord la pierre.

Un autre mastic analogue, hydraulique et très-dur, s'obtient en mélangeant dix parties de sable, une de chaux, quatre à cinq de craie, avec une certaine quantité d'huile de lin rendue plus siccative par la litharge.

Asphalte-mastic.

L'asphalte, qu'on peut à la rigueur considérer aussi comme un mastic, sert à recouvrir les trottoirs, les terrasses; elle est presque toujours unie à une forte proportion de sable pour la rendre plus dure, moins cassante et plus résistante aux agents atmosphériques. (Voir *Bitume.*) On peut rapprocher de ce corps l'espèce de mastic obtenu par la fonte, en chaudière, du goudron minéral (résidu de la distillation de l'huile bitumineuse), et son mélange au sable et à l'argile desséchée.

Gomme laque.

La gomme laque ou un mélange de chaux vive et de blanc d'œuf, ou un mélange intime de fromage blanc écrémé avec de la chaux vive, sont très-propres à raccommoder la porcelaine et la faïence.

Luts.

Parmi les luts employés généralement pour luter ou intercepter les fuites des appareils servant à la fabrication des produits chimiques, je citerai les suivants :

1° La farine de graine de lin malaxée avec un peu de colle de pâte et quelquefois un peu de suif; la pâte d'amandes remplace très-bien la farine de lin.

2° La limaille de fer et l'argile triturées avec une dissolution épaisse de gomme arabique.

3° Du papier sans colle trempé dans l'eau, puis broyé avec un peu d'argile et de farine.

4° De l'argile grasse mélangée avec de la chaux fraîchement éteinte et un peu de blanc d'œuf donne un ciment très-résistant qui peut servir à raccommoder la faïence.

5° Du plâtre cuit broyé avec de l'empois d'amidon.

6° De la farine de graine de lin, triturée avec de l'argile et du caoutchouc visqueux, obtenu par fusion, donne un lut qui résiste bien aux vapeurs acides.

7° Le caoutchouc fondu seul sert à graisser les robinets, les bouchons à l'émeri pour empêcher toute fuite ; le chlore et l'acide sulfurique bouillants ne l'attaquent pas sensiblement.

Causes d'insalubrité. — Aucune.

Causes d'incommodité. — Danger du feu, — dans quelques circonstances. (Voir, au mot *Huiles* (*Industrie des*), l'article *Huiles de lin*, t. II, p. 78.)

Odeurs désagréables—se répandant très-loin, pendant la fabrication et la cuisson dans la chaudière.

Danger de la manipulation dans les préparations de plomb pour la santé des ouvriers. (Voir *Plomb*.)

Prescriptions. — Construire le fourneau en briques.

Le surmonter d'une cheminée haute de quinze à vingt mètres, selon les localités.

Couvrir les chaudières d'un couvercle à charnières terminé à son sommet par un tuyau qui va rejoindre la cheminée du foyer et y porter toutes les vapeurs.

Placer cette chaudière sous une large hotte.

Bien ventiler l'atelier. Le daller ou bitumer.

Garder dans un magasin isolé les huiles de lin.

Placer au dehors de l'atelier de cuisson l'ouverture du foyer et le cendrier.

Avoir toujours dans l'atelier de cuisson un demi-mètre ou un mètre cube de sable fin (selon l'importance de la fabrique), en cas d'incendie.

MÉGISSERIES. Voir *Cuirs (Industrie des)*, t. I, p. 535.

MÉLASSE. Voir *Sucres (Industrie des)*.

MÉNAGERIES (1re classe). — 15 octobre 1810. — 14 janvier 1815.

Causes d'insalubrité. — Danger incessant de voir les animaux féroces s'échapper des cages.

Causes d'incommodité. — Odeur souvent insupportable. Cris et hurlements.

Prescriptions. — La surveillance des ménageries, soit qu'elles existent en permanence, comme dans les établissements publics d'histoire naturelle, soit qu'elles soient ambulantes, comme cela a lieu le plus ordinairement, appartient de droit à l'autorité locale.

Les cages doivent être établies solidement en bois résistant et en grilles de fer. Elles doivent s'ouvrir toutes sur une galerie servant de corridor, construite avec les mêmes précautions que les cages elles-mêmes, et disposée de façon que le public ne puisse d'aucun côté s'approcher des animaux ou en recevoir la moindre attaque ou la plus légère blessure.

Aucune permission de séjour ou d'exhibition des animaux ne peut être accordée avant que l'autorité locale ait fait constater le bon état du matériel de la ménagerie.

MÉTAUX.

Fonderie de métaux. Voir *Fer (Industrie du)*, t. II, p. 24.

Moulage des métaux. Voir t. II, p. 236.

Tréfilerie de métaux. Voir *Tréfilerie*.

MINIUM. Voir *Plomb (Industrie du)*.

MIROIRS EN CUIVRE ET EN ZINC (Fabrique de) (2e classe, par assimilation au dérochage).

Détail des opérations. — Quelques fabriques ont été établies pour la production et la vente en *grand* de miroirs en zinc et en cuivre, dits miroirs de soldats. — Les opérations qu'on fait subir aux lames de cuivre sont le décapage et le dérochage et l'action du polissoir. Cette industrie spéciale rentre donc pour ses inconvénients dans la classe des travaux que je viens de rap-

peler. Les cadres de ces miroirs sont faits avec une pâte composée de sciure de bois, de gélatine et de mélasse.

CAUSES D'INSALUBRITÉ. — Aucune.

CAUSES D'INCOMMODITÉ ET PRESCRIPTIONS. — Toutes celles dépendant du dérochage.

MORTIERS. Voir *Chaux*, t. I, p. 400.

MORUES (SALAISON ET SÉCHERIES DE). Voir *Conserves de substances
alimentaires* (*Industrie des*), t. I, p. 475.

MOUFFLES. Voir *Céramique* (*Industrie*), t. I, p. 353.

MOULAGE.

Moulage des corps. Voir *Embaumements* et *Moulage des corps*, t. I, p. 592.

Moulage des métaux.

Le moulage des métaux s'exécute presque toujours dans l'industrie dans des moules en sable bien homogène et rendu tel par
le broyage et le tamisage s'il ne l'est naturellement; ces deux
opérations se font presque constamment à bras d'hommes, et
rarement entre deux cylindres mus par une machine.

Les sables sont de différentes espèces, on les choisit toujours
un peu argileux et on les mélange souvent avec un peu de
poussier de houille pour les rendre plus poreux; si le sable est
trop argileux, on le recuit et le mêle à du poussier de charbon
au lieu de poussier de houille. Il existe des fabriques spéciales où
l'on prépare la *terre* et le *charbon* à mouler.

Le modèle est placé dans un châssis, recouvert par du poussier de charbon ou par de la fécule, afin de permettre une sortie
facile du sable que l'on tasse par couches successives. Les
châssis sont quelquefois en bois, plus souvent en fonte dans les
grandes usines; ils présentent sur leurs parois internes des
excavations destinées à servir de points d'appui aux moules. Le
modèle serré par le sable se détache à l'aide de légères se-
cousses qu'on imprime presque horizontalement.

Les moules sont passés presque toujours dans une étuve
chauffée par la chaleur d'un four qui sert à préparer le coke
pour ces cubilots, ou directement par un foyer placé au milieu
de l'étuve; autant que possible, il faudrait éviter d'employer

la fumée des fours, parce qu'elle recouvre les moules de noir et de suie.

Il faut, pour tous les moulages possibles, que la pièce soit divisée en autant de morceaux qu'il est nécessaire pour enlever le modèle sans briser tout ou partie du moule; les différentes pièces se rapportent à l'aide de chevilles, vis ou boulons. — Si les pièces sont cylindriques et creuses, on place dans le moule un noyau cylindrique, conique, ou même de forme diverse, parce qu'il n'a pas besoin de satisfaire à la condition précédente puisque c'est une pièce moulée; ces noyaux sont souvent exécutés dans un moule en métal, ils contiennent souvent du crottin de cheval pétri avec du sable, afin d'en diminuer la fragilité.

Moulage en coquille.

Quelquefois le coulage a lieu dans des moules en métal, ce qui a fait donner à cette méthode le nom de moulage en coquille. On ne l'emploie guère que pour les pièces qui doivent présenter une surface très-dure, comme les cylindres de laminoirs.

Fonderie et moulage des métaux.

Causes d'insalubrité. — Dégagement de vapeurs nuisibles. — (Pendant la fusion du cuivre, du plomb, vapeurs arsénicales.)

Gaz délétères.

Causes d'incommodité. — Fumée.

Poussière pendant le moulage (charbon, fécule ou bogheard), incommode, mais non nuisible. — Et pendant le travail des sables.

Étincelles et gaz entraînés par le gaz sortant des cubilots.

Odeur de soufre.

Éclat de la fonte (forges catalanes).

Prescriptions. — Voir les prescriptions faites pour les fourneaux à la Wilkinson, à réverbère, — au creuset.

Conduire les gaz qui s'échappent des cubilots, par un canal horizontal, dans une cheminée en briques s'élevant à quinze mètres de hauteur au moins au-dessus du sol et ayant à son orifice supérieur une section de un mètre carré au moins.

Diviser la cheminée, à sa base, en deux compartiments, par une cloison verticale, de manière que les gaz débouchant d'un côté de cette cloison puissent circuler en descendant jusqu'à la base de la cloison et passer au-dessous d'elle pour entrer dans le corps principal de la cheminée.

. Dans le cas où, malgré les précautions, les gaz sortant de la cheminée entraîneraient encore des étincelles enflammées, entretenir constamment une couche d'eau de vingt-cinq centimètres au moins de profondeur à la base de la cheminée, qui, dans cette prévision sera construite de manière à pouvoir retenir cette eau. — Cela pourra avoir lieu à l'aide d'une cuvette étanche de trente centimètres de profondeur au moins.

Recouvrir d'une couche de mortier toutes les parties de bois apparentes, dans l'atelier principal, dans l'étuve et l'atelier de coulage.

Ne pas laisser les ateliers à l'air libre.

Interdire dans les ateliers la fabrication du coke.

Ventiler et établir une cheminée à bon tirage dans la partie de l'atelier de coulage, pour porter au dehors toutes les émanations qui s'échappent à cet instant du travail de la fonte.

Daller ou bitumer l'endroit où se fait le *travail* de la terre à mouler. — Ne pas laisser séjourner l'eau sur le sol.

Construire l'étuve en matériaux incombustibles, — qu'elle soit petite ou grande.

L'isoler des murs mitoyens par le tour du chat (quinze à vingt centimètres).

Le fermer avec une porte en tôle. — Ne jamais la tenir ouverte pendant le *flambage*.

Opérer sous de larges hottes, communiquant avec une cheminée d'une section suffisante pour donner lieu à un tirage actif.

Brûler la fumée produite, dans les lieux où les ordonnances de police ont imposé cette obligation.

Laisser les industriels libres de se servir de poussier de charbon, pourvu qu'il soit pur, (on accorde de 3 à 7 pour 100 de matières étrangères) ou de fécule ou de boghead.

MOULINS.

Moulins à broyer le plâtre. Voir *Plâtre.*
Moulins à farine, dans les villes (2ᵉ classe). — 9 février 1825.

DÉTAIL DES OPÉRATIONS. — Elles consistent à moudre les grains. — Les moulins dits à l'*anglaise* ont presque partout remplacé aujourd'hui les anciens systèmes. Ils exposent bien moins les ouvriers à l'action de la poussière.

CAUSES D'INSALUBRITÉ. — Aucune.

CAUSES D'INCOMMODITÉ. — Bruit incessant.

Poussière pour les voisins et action de ces poussières sur les voies respiratoires des ouvriers.

PRESCRIPTIONS. — Sous aucun prétexte, ne pas obstruer la voie publique par les denrées et marchandises destinées au service de la meunerie.

Dans le mécanisme de l'usine, ne point user de machines produisant du bruit, — ou les entourer alors de tambours isolants qui en atténuent considérablement l'inconvénient.

Disposer la bluterie de façon que les voisins ne soient point incommodés par la poussière.

S'il y a un générateur de vapeur, se soumettre aux règlements en vigueur. (Voir *Machines à vapeur*, t. II, p. 181.)

Moulins à farine ou autres grains mus par le vent, dans la campagne.

Ces moulins ne sont pas classés. Leur isolement habituel met le voisinage en dehors des influences du bruit et de la poussière.

Au point de vue de la sécurité publique, il y a cependant quelques précautions qu'il serait bon de prendre, et que l'autorité devrait imposer. — Il y a en effet, pour de jeunes enfants, un danger réel dans le passage rapide des ailes de moulin jusqu'à terre. Un certain nombre d'accidents ont eu lieu. Il faudrait prescrire à tout meunier placé dans ces conditions d'entourer son moulin de barrières à un mètre de distance des ailes; de

cette façon, ni les hommes d'abord, ni les animaux ne pourraient être atteints. — En un mot, dans les grandes fabriques où se meuvent et jouent tant de rouages, et où tant de
graves blessures ont eu lieu, on a jugé indispensable de protéger les ouvriers et le public contre les engrenages, etc., etc.
Il faut agir de même contre les moulins à vent.

Documents relatifs aux moulins à farine.

Ordonnance du 2 décembre 1778.
Arrêté préfectoral du Nord du 12 juin 1812 (article 54 et suivants sur la
voirie), où la distance à laquelle doivent s'élever les moulins à vent est fixée
à sept mètres du milieu du chemin, — sous les peines pour les contrevenants de cent cinquante francs d'amende, de la démolition et de la confiscation des matériaux. (Voir *Fours à chaux* et décret impérial du 24 février
1812.)

Moulins à huile. Voir *Huiles (Industrie des)*.
Moulins à tan. Voir, au mot *Cuirs (Industrie des)*, l'article *Tanneries*, t. I, p. 541.
Moulins à vent. Voir *Moulins à farine*, t. II, p. 259.

MUREXINE ou **MUREXIDE.** Voir *Urique (Acide)*, t. I, p. 173.

NITRIQUE (Acide) (Fabrique d'). Voir *Azotique (Acide)*, t. I,
p. 148.

NITRO-BENZINE. Voir Benzine, t. I, p. 279.

NOIRS [1] (Industrie des).

**Charbon animal (Fabrication et revivification du), la fumée n'étant pas
brûlée** (1re classe). — 9 février 1825.
Charbon animal, la fumée étant brûlée (2e classe). — 9 février 1825. — 20 sep-
tembre 1828.
Calcination d'os d'animaux, fumée non brûlée (1re classe). — 9 février 1825.
Calcination d'os d'animaux, fumée brûlée (2e classe). — 9 février 1825. —
20 septembre 1828.
Noir d'ivoire et d'os (Fabrication du) lorsqu'on n'y brûle pas la fumée
(1re classe). — 15 octobre 1810. — 14 janvier 1815.
Noir d'ivoire et d'os quand on brûle la fumée (2e classe). — 15 octobre 1810.
— 14 janvier 1815.
Noir décolorant. — Noir animal.

Le charbon ou noir animal est le produit de la carbonisation
des os, à l'abri de l'air. Ce corps contient environ 12 pour 100

[1] Dans beaucoup de localités, les fabriques de noir animal sont réunies aux établissements où l'on pratique le débouillage des os.

de charbon azoté, 88 pour 100 de phosphate et de carbonate de chaux et de traces de fer; il doit son pouvoir décolorant uniquement au carbone qu'il renferme.

DÉTAIL DES OPÉRATIONS. — Pour l'avoir pur, ou débarrassé des sels de chaux, on le lave à l'eau chargée d'acide chlorhydrique qui les dissout complétement, puis à l'eau pure. Il faut éviter dans la carbonisation une température trop élevée qui, en agrégeant le phosphate, rend le charbon moins poreux et bien moins décolorant.

Fabrication sans condensation des produits volatils.

L'ancien procédé de fabrication consiste à *remplir d'os* à l'aide d'une pelle à roulettes, des pots cylindriques en fonte ou mieux des pots en terre à creusets de même forme et qui ne peuvent se détériorer au feu; ces pots sont empilés au nombre de cinq les uns sur les autres, de manière qu'ils se ferment l'un par l'autre, à l'exception du dernier sur lequel on pose un couvercle.

On élève la température jusqu'au rouge cerise et la maintient pendant six à huit heures; il faut peu de combustible, parce que les gaz qui se dégagent s'enflamment et continuent la combustion. On retire les cylindres à l'aide de crochets en fer, quand il ne se dégage plus de gaz, et on les remplace par d'autres, sans attendre le refroidissement du four. On porte alors les os carbonisés dans des meules, afin de les réduire en poudre très-fine.

On adosse quelquefois, par économie, deux et quatre fours, au milieu desquels on établit un four à *révivification*.

On a construit des fours qui servent en même temps à la révivification. Ces fours sont fermés d'un foyer à grille placé au milieu d'un four à voûte surbaissée de deux mètres de côté; deux portes antérieures servent à introduire et à retirer les vases de fonte ou de terre, au moyen de barres de fer encastrées dans la maçonnerie.

On chauffe au rouge, après avoir muré soigneusement les

portes d'introduction; les gaz qui se dégagent continuent presque seuls la combustion.

Les produits gazeux de la combustion se rendent par des carneaux, et un conduit ou cheminée, à des embouchures placées
sous les quatre grilles des foyers du four coulant à révivification.

Fabrication avec condensation des produits ammoniacaux.

Si l'on veut recueillir les *gaz ammoniacaux* qui proviennent
de la décomposition de la substance animale des os, on opère
cette carbonisation dans des cylindres ou cornues de fonte, on
lute soigneusement avec une terre argileuse les obturateurs;
on porte au rouge pendant un assez grand nombre d'heures;
puis on retire le charbon incandescent dans des étouffoirs où il
refroidit à l'abri de l'air.

Les produits gazeux de la combustion se rendent par un
tuyau dans un réfrigérant où le carbonate d'ammoniaque se
condense. Mais comme les sels ammoniacaux se retirent à
très-bas prix des eaux du gaz d'éclairage, on ne suit presque
plus ce procédé, qui coûte beaucoup plus de combustible que
le précédent : *Du reste, il répand beaucoup plus d'odeur infecte,*
et l'on est obligé de faire repasser les gaz non condensables
dans un nouveau foyer.

Quand le noir est refroidi, on le réduit en grains pour l'employer à la filtration, soit dans des moulins, soit en le faisant
passer dans des cylindres cannelés. La partie la plus fine a une
moindre valeur et ne peut servir qu'une fois comme décolorant;
on l'utilise ensuite comme engrais.

Noir animal (Révivification du), dans les villes, selon les procédés employés, et surtout quand on brûle la fumée (2ᵉ classe [1]).

DÉTAIL DES OPÉRATIONS. — Le noir en grains, *après avoir
servi* à décolorer un liquide, et c'est presque toujours à
décolorer les sirops qu'on l'emploie, peut recouvrer sa propriété décolorante en le privant, par des lavages à l'eau, des

---

[1] C'est par erreur que le texte de l'article 8 de l'ordonnance du 9 février 1825 porte
la 3ᵉ classe. Cette erreur a été rectifiée par l'article 5 de celle du 20 septembre 1828.

matières solubles, puis en le carbonisant de nouveau pour détruire les matières organiques dont il est imprégné. Les lavages s'opèrent à l'aide de divers mécanismes et constituent ce qu'on appelle des *lavages méthodiques.*

Comme la carbonisation dans des fours et des cylindres semblables à ceux de la fabrication primitive altérerait en l'agrégeant le noir en grains, on emploie des appareils coulants, moins chauffés que les précédents.

Premier procédé. — On se sert souvent d'un four en maçonnerie; dans son axe est un foyer surmonté d'une voûte; on y a encastré des tuyaux rectangulaires inclinés qui se relèvent et débouchent à la partie supérieure de la maçonnerie dans un bassin de tôle qui recouvre le four. Ce bassin plat est chauffé par des carneaux correspondant chacun aux intervalles de tuyaux, il sert à dessécher le noir lavé. On chauffe et fait couler le noir dans les tuyaux; après une demi-heure de chaleur rouge, on le laisse écouler dans des étouffoirs par les portes placées au bas de chacun des tuyaux.

Deuxième procédé. — Des vues d'économie ont fait construire et substituer au four précédent des fours révivificateurs de six mètres de hauteur, complétement en briques, ayant quatre foyers et plus, surmontés chacun d'une cheminée, offrant à des intervalles de quatre-vingts centimètres des diaphragmes à claire-voie en briques qui obligent la fumée à passer de l'un à l'autre; ils sont mobiles et assez larges pour pouvoir être réparés. La fumée, en sortant des cheminées, va chauffer des plaques de tôle où commence la dessiccation du noir.

Entre deux foyers sont disposés des carneaux de même hauteur que le four, et ayant pour les deux premiers mètres de haut, une section d'un décimètre sur une longueur d'un mètre; chacun de ces carneaux est divisé en quatre parties au moyen de registres distants d'un mètre à partir de la base; ce qui donne trois mètres de hauteur à la division supérieure. Le noir, lavé et desséché, est versé dans ces carneaux; on ouvre les registres supérieurs, puis on les ferme, et on ouvre ceux placés immédiatement au-dessous pour y faire tomber le noir; et, comme la division supérieure n'a que quatre-vingt-dix centi-mètres, il reste un vide qui sert de récipient aux gaz que l'on peut en faire sortir au dehors au moyen des registres. Quand on a rempli successivement les sections des carneaux, on chauffe au rouge, et, chaque fois que le noir atteint cette température, on le laisse écouler pour le remplacer par d'autre en ouvrant les registres. L'opération est continue et dure près d'une heure pour chaque cuite.

Pour dépouiller le noir du brillant qui provient de la carbo-nisation de la matière organique dont il est imprégné, on le soumet à un simple frottement entre deux meules suffisam-ment écartées, et l'on met de côté le noir fin qui provient du tamisage pour en faire du noir animalisé.

Troisième procédé. — On a proposé de revivifier le noir sans le carboniser de nouveau; on sait que le noir qui a servi ne cède ni à la chaux ni aux acides les principes colorants dont il est chargé, mais on peut les lui enlever par un séjour dans de l'eau contenant 1 à 2 pour 100 de carbonate de potasse ou de soude; la liqueur se colore, et il suffit de laver ensuite le noir à l'eau.

Usages. — Le noir animal ou noir d'os sert à la décolora-tion des sucres bruts dans les raffineries; il peut absorber la chaux et ses sels dissous dans l'eau, ainsi que l'iode, les sels de plomb, de cuivre, etc.; les alcaloïdes, tels que la strych-nine, la morphine, etc.; les gaz libres ou dissous dans l'eau, ce qui en fait un désinfectant énergique, car il absorbe facilement l'acide sulfhydrique; c'est pourquoi l'eau filtrée sur le noir animal et même sur le charbon ordinaire a besoin d'être aérée de nouveau.

Causes d'insalubrité. — Dégagement de gaz et d'odeur pen-dant la fermentation qu'on fait subir au charbon, pour qu'il se débarrasse du sucre qu'il contient (*acide acétique*).

Causes d'incommodité. — Odeur des produits pyrogénés déve-loppés pendant la calcination au rouge, même avec des appa-reils bien construits. — Écoulement des eaux de lavage.

Prescriptions. — Construire le fourneau en matériaux incombustibles, avec tour du chat, qui l'isolera de tout mur et de tout bois.

Élever la cheminée à vingt-cinq mètres.

Surmonter le fourneau d'une large hotte qui conduira toutes les vapeurs dans la cheminée.

Placer le charbon mis à dessécher sous une hotte à bon tirage.

Brûler les produits gazeux de la révivification, en les dirigeant sous la grille d'un foyer à ignition, et en les y faisant arriver à un état d'extrême division à travers une pomme d'arrosoir.

Noir d'ivoire.

C'est encore par la carbonisation en vases clos qu'on obtient le noir d'ivoire, dit de Cologne ou de Cassel.

Noir animalisé (1re classe). — 27 janvier 1851.

DÉTAIL DES OPÉRATIONS. — Le noir animalisé, qu'on emploie comme engrais, est un charbon azoté provenant *de la carbonisation des matières animales*. Le noir animal seul est peu efficace, il le devient beaucoup si on ne l'a pas privé de l'azote qu'il retient par une forte calcination; on sait que le phosphate de chaux seul agit peu sur les sels assez riches en phosphates. Le charbon ordinaire et surtout le noir animal jouissent de cette propriété, qu'en contact avec une matière organique putréfiable comme le sang, la chair, etc., ils n'empêchent pas sa décomposition, mais la ralentissent, et s'opposent à tout dégagement d'odeur putride; car ils absorbent les gaz à mesure de leur formation et permettent aux végétaux de se les assimiler au fur et à mesure qu'ils les condensent. C'est une combustion lente très-curieuse à étudier.

On se sert, dans ce but, de poussier noir animal, on le mêle aux déjections putrides, au sang; mais, pour suffire à la consommation, on fait artificiellement un charbon azoté.

On prend des terres argileuses et calcaires bien chargées de débris organiques; on les carbonise; *on les mêle aux matières fécales déjà presque désinfectées* avec une solution de sulfate de fer ou de zinc, ou même avec les eaux mères des sulfates de cuivre et de fer. Le mélange est rendu aussi parfait que possible; et les quantités employées doivent donner une pâte pulvérulente qu'il est facile de répandre sur le sol sans vicier l'air par des émanations putrides.

Ce procédé se résume donc dans les *opérations suivantes :*

1° Désinfection des matières fécales ou animales autres; 2° Extraction et transport de ces matières désinfectées à l'usine; 3° Transformation en engrais *inodore* (il ne l'est jamais complétement, ce qui tient à ce que la désinfection n'a presque jamais été opérée selon les règles voulues.) — Cette transformation a lieu par la désinfection produite à l'aide de deux solutions : l'*une* de sulfate de fer dans quatre à cinq fois son poids d'eau (dix kilogrammes de sulfate de fer pour une fosse de quarante mètres cubes), l'*autre* de savon commun (dix kilogrammes de savon pour trente litres). Cette solution doit être projetée dès que le mélange est opéré. — On jette le tout à la fois sur les matières. — Dans cette opération, il y a transformation instantanée des sels ammoniacaux volatils et sels ammoniacaux fixes; c'est-à-dire en sulfate d'ammoniaque et en oléates métalliques qui, n'émettant plus de gaz, ne répandent pas d'odeur. Cette fixation est indispensable au point de vue de l'engrais. — Sans cela l'ammoniaque libre serait un poison pour la végétation.

CAUSES D'INSALUBRITÉ. — Dégagement de vapeurs ammoniacales très-fétides, quand la fumée n'est pas brûlée.

Dégagement, par les fissures des marmites en fonte, de vapeurs ammoniacales, d'huile empyreumatique, de carbonate d'ammoniaque, de gaz hydrogène carboné et sulfuré, et de gaz acide carbonique (produits volatils de la carbonisation des os).

CAUSES D'INCOMMODITÉ. — Fumée.

Odeurs désagréables, même quand on brûle la fumée et condense les gaz.

Danger d'incendie.

PRESCRIPTIONS. — Entourer l'usine de murs.

Brûler la fumée. — Recouvrir la grille du four de coke incandescent, et la faire traverser par les produits volatils de la distillation des os.

Condenser les gaz.

· Fabriquer dans des cornues en fonte (vases clos).

Construire les fours en briques et fonte.

Surmonter les fours d'une large hotte et d'une cheminée haute en briques, (dimensions variables, selon les localités, dix à trente mètres.

Séparer les fours de la chambre à condensation.

Mettre à couvert les *engrais fabriqués* (noir animalisé).

Ne pas laisser séjourner dans l'usine les eaux grasses qui proviennent de la cuisson des chairs. — Les enlever *rapidement*, pour les livrer à l'agriculture.

N'emmagasiner que des os secs et ne se livrer à aucune opération d'équarrissage, — surtout la fonte des boyasses.

Faire suivre aux eaux provenant du lavage des noirs, après un dépôt préalable, la même direction que les eaux des fabriques de sucre ou autres analogues. — Par conséquent, ne pas laisser couler ces eaux sur la voie publique ou dans des cours d'eau sans y avoir été spécialement autorisé.

Neutraliser dans l'atelier le gaz ammoniacal produit par la décomposition des matières animales.

Commencer les opérations de calcination le soir, à neuf heures, tant qu'on n'aura pas trouvé le moyen de brûler économiquement les gaz et vapeurs toujours infects qui se dégagent peu de temps après l'allumage des feux.

Se servir de bois ou de coke pour combustible.

Limiter les approvisionnements d'*os secs* aux besoins de la fabrique.

Ne jamais conserver en tas des os humides, à moins qu'ils ne soient re couverts d'une couche de charbon de dix centimètres d'épaisseur au moins.

Noir de fumée (Fabrication du) (2ᵉ classe). — 15 octobre 1810. — 14 janvier 1815.

Détail des opérations. — On brûle des résines dans une ou plusieurs terrines placées au centre d'une chambre de très-petite dimension, et n'ayant qu'une ouverture étroite à sa partie supérieure. Le noir de fumée est condensé sur les parois de la chambre où sont tendues des toiles attachées à des châssis. Dans la grande généralité des fabriques il existe douze, quinze ou vingt cabinets de ce genre et même plus. Ils sont adossés les uns aux autres.

CAUSES D'INSALUBRITÉ. — Danger d'incendie.

CAUSES D'INCOMMODITÉ. — Fumée.

Odeur.

PRESCRIPTIONS. — Pratiquer au milieu du plancher de chacune des chambres une excavation garnie de fonte, destinée à recevoir les marmites qui contiennent le mélange de résine et de goudron.

Placer au-dessus de ces excavations un trépied d'un mètre de hauteur destiné à soutenir un chapiteau ou cône renversé d'un mètre de diamètre dans sa partie la plus large.

Placer sur un fourneau en briques, dans un bâtiment isolé de tout le reste de l'établissement la chambre en fonte où s'opère le mélange de résine et de goudron à l'aide de la chaleur. La recouvrir d'un couvercle à charnières propre à éteindre toute inflammation du mélange en cas d'incendie.

Avoir toujours dans la fabrique un ou deux mètres cubes de sable fin (selon l'importance de la fabrique).

Séparer les chambres où se produit la fumée par des cloisons faites en matériaux incombustibles, ayant au moins quarante centimètres d'épaisseur.

Couvrir l'établissement en briques et fer.

Construire, ou au moins doubler en tôle à l'intérieur les portes des chambres.

Construire et couvrir en matériaux incombustibles la galerie extérieure par laquelle on pénètre dans les chambres.

Éloigner des cabinets à fumée les magasins à goudron et à résine.

Limiter les quantités de ces matières premières à l'importance de la fabrique.

Exiger qu'il y ait toujours un puits ou une pompe dans la fabrique.

Noir minéral (Carbonisation et préparation des schistes bitumineux pour fabriquer le) (2ᵉ classe). — 31 mai 1853.

On trouve en Auvergne un schiste bitumineux très-facile à exploiter, donnant une cendre rouge ou rose par les faibles quantités de fer qu'il peut contenir.

Détail des opérations. — Pour le carboniser, on opère comme il a été dit pour le bois en meules ; parce qu'on ne pourrait guère utiliser sur place le bitume et le gaz que l'on obtiendrait si l'on opérait en vases clos ; on pulvérise facilement la masse charbonneuse et dure qui en résulte et qui jouit d'un grand pouvoir décolorant.

Ce charbon ne peut pas, comme le noir d'os, enlever la chaux au sucre ; d'ailleurs il contient toujours du protosulfure de fer provenant de la décomposition des pyrites dont on n'a pas pu le débarrasser complétement par un triage à la main, ce qui nuit beaucoup à son emploi. Tous les schistes bitumineux ne donnent pas un charbon jouissant de ces propriétés.

Causes d'insalubrité. — Aucune.

Causes d'incommodité. — Fumée.

Odeur désagréable.

Prescriptions. — Agir toujours loin des habitations.

Dans le cas où ces opérations auraient lieu près des habitations, placer les matières dans des fosses, et agir en vases clos.

Faire construire un four en briques.

Recueillir les gaz produits, les brûler ou les diriger dans une cheminée haute.

Recouvrir le fourneau d'une large hotte.

Avoir une cheminée haute de dix à quinze mètres.

Brûler la fumée.

Noirs employés en peinture (2ᵉ classe). — 14 janvier 1815.

Charbon de fusain. — Le charbon de fusain qu'on emploie à dessiner s'obtient en calcinant au rouge dans des marmites de fonte le bois de fusain ordinaire; il *faut laisser une issue aux gaz et aux vapeurs* de manière à ne pas faire éclater la chaudière.

Noir de pêche. — Le noir de pêche est obtenu en carbonisant des noyaux de pêche.

Noir de vigne. Noir d'Espagne. Noir d'Allemagne. — Le noir de vigne est retiré des sarments; le noir d'Espagne du liége: le noir d'Allemagne d'un mélange à proportions variables de râfles de raisin, de lies de vin, de noyaux, de râpures d'os, etc. On lave le charbon pour en séparer les sels solubles. Ces différents noirs présentent des nuances variables.

Noir de lampe. — Le noir de lampe est obtenu en brûlant des huiles ou graisses dans des quinquets à becs simples placés au-dessous d'une plaque de métal sur laquelle se dépose le carbone non brûlé; on le détache avec une carte, ou par l'agitation; on peut le calciner au rouge dans un creuset pour l'obtenir plus noir et privé de principes goudronneux hydrogénés.

Dans la fabrication en grand, des lampes sont disposées de manière à avoir un écoulement constant; elles brûlent sous des tubes qui communiquent à un gros tube commun qui condense la vapeur d'eau et les produits hydrogénés; la plus grande partie du noir ne s'y dépose pas, mais vient dans des sacs verticaux de grandes dimensions qui communiquent les uns avec les autres et sont munis d'obturateurs à leur partie inférieure; c'est par là qu'on retire le noir à l'aide d'une légère agitation.

Noir de fumée ordinaire par les résidus de la térébenthine. — Le noir de fumée, qui est à peu près identique au précédent, se retire de la combustion des résidus de la térébenthine ou de certaines matières grasses ou bitumineuses.

On fait brûler le goudron ou les résines de térébenthine dans un foyer, après les avoir placés dans une marmite de fonte; les produits charbonnés de la combustion se rendent dans une chambre cylindrique dans laquelle se meut un cône mobile en tôle percé à la partie supérieure; il sert de cheminée pendant l'opération, puis de racloir quand le dépôt sur les parois est suffisant ; en le laissant glisser, il détache le noir déposé sur les peaux de mouton qui tapissent les parois de la chambre.

Par la combustion imparfaite de la houille. — On fabrique aussi du noir plus grossier en brûlant imparfaitement la houille. La combustion s'opère dans un canal incliné communiquant à une grande chambre où l'eau, les matières goudronneuses et une partie du noir se déposent ; la condensation des particules de charbon se complète dans deux autres chambres, dont la dernière est surmontée d'une cheminée à tirage réglé. Quand la houille est transformée en coke, c'est-à-dire, quand elle ne ne donne plus de fumée, on la retire.

Quand on a produit une assez grande quantité de noir, on ferme le foyer après en avoir retiré le coke, et on le maçonne pour empêcher l'introduction de l'air ; on ouvre des orifices pratiqués dans la partie supérieure de la voûte ; un ouvrier entre alors par une porte latérale, met en tas le noir de fumée, puis il se retire.

On n'enlève le noir qu'après refroidissement complet, car on courrait le risque de *le voir s'enflammer spontanément à l'air* ; et on le dépose sur des dalles de pierre.

Causes d'insalubrité. — Aucune.

Causes d'incommodité. — Dégagement de fumée, de gaz et d'odeurs souvent fort incommodes.

Danger d'incendie par l'accumulation des matières résineuses et par la combustion de ces matières.

Prescriptions.—Dans les grandes fabriques, imposer toutes les précautions qui sont prescrites à ceux qui manipulent les essences. Voir *Essence de térébenthine* à l'article *Résineuses (Matières)*.

Placer les marmites en fonte qui contiennent le goudron sur un four surmonté d'une large hotte et d'une cheminée haute de dix à vingt-cinq mètres.

Dans les petites fabriques, avoir toujours un quart ou un demi-mètre cube de sable fin dans un tonneau en cas d'incendie.

Dans tous les cas, isoler convenablement (de un à trois mètres) les fours de la chambre où se concentre le noir et cou-

vrir les chaudières ou marmites, qui seront elles-mêmes séparées l'une de l'autre, avec un couvercle à bascule jouant librement.

Surmonter le four d'une large hotte, communiquant avec une
cheminée haute de dix à quinze mètres.

OCRE JAUNE (Calcination de l') POUR LE CONVERTIR EN OCRE ROUGE (5e classe). — 14 janvier 1815.

Sous le nom d'ocres, on comprend de nombreuses espèces
d'argiles contenant des proportions variables de sesquioxyde
de fer.

Détail des opérations. — Ces ocres sont *jaunes* si le sesquioxyde est hydraté, elles deviennent *rouges* si on leur fait subir
une calcination suffisante pour rendre cet oxyde de fer anhydre,
et *brunes* si elles contiennent en outre des traces de manganèse,
ou même de bitume. Cette calcination s'opère dans des fourneaux en briques et ne donne que peu de fumée.

On en connaît différentes sortes :

Sanguine.

C'est une ocre à texture compacte, facile à briser, douce au
toucher, tachant les doigts. On en trouve beaucoup en Allemagne, en Bohême : elle sert à faire les crayons rouges.

Pour préparer ces crayons, on débite la sanguine en parallélipipèdes, à l'aide d'une scie, ou bien on en fait une pâte en la
mêlant broyée avec un mucilage de gomme arabique, auquel on
ajoute quelquefois de l'eau de savon.

Bol d'Arménie.

Cette ocre, connue encore sous le nom de terre sigillée, terre
de Lemnos, nous venait autrefois du Levant avec des emprein-
tes; il y en a plusieurs sortes. On la tire maintenant des environs de Saumur et de Blois.

Ocres.

Ocre ordinaire. L'ocre jaune se trouve abondamment en
France dans le voisinage du Cher, de la Nièvre, et dans la Brie,

on l'obtient bien fine uniformément par lévigation. Elle est naturellement jaune; on la calcine pour l'avoir rouge.

Terre d'Ombre.

C'est une argile ocreuse très-estimée à cause de la pureté et de la finesse de son grain; elle est jaune brunâtre et devient d'un rouge sombre au feu. Elle vient de la province d'Ombrie en Italie et du Levant.

Terre de Sienne.

La terre de Sienne est une masse jaune brunâtre, sous forme de pains, à cassure luisante. Calcinée ou *brûlée*, elle devient d'un brun rougeâtre très-foncé. Elle vient de Sienne en Italie.

Brun de Prusse.

On emploie dans les arts, surtout dans la peinture, sous le nom de brun de Prusse, le sesquioxyde de fer, résidu de la calcination du bleu de Prusse. On l'obtient *en calcinant à l'air* des fragments de bleu de Prusse dans une cuiller de fer chauffée au rouge, sans pousser trop loin la calcination, de manière à obtenir une nuance plus belle.

Ces ocres servent dans la peinture fine et dans celle des bâtiments; on les emploie à la coloration des papiers de tenture et à divers autres usages.

Causes d'insalubrité. — Aucune.

Causes d'incommodité. — Fumée de fourneau.

Un peu d'odeur.

Prescriptions. — Recouvrir le fourneau d'une hotte large, qui recueillera toutes les vapeurs et les portera dans la cheminée du foyer, à tirage suffisant.

Élever la cheminée à deux ou trois mètres au-dessus des toits voisins.

OR (Fonderie d'). — **CHANGEURS** (3ᵉ classe, par assimilation aux fonderies au creuset). — 14 janvier 1815.

Détail des opérations. — Ces opérations sont celles de la fonte au creuset dans des limites restreintes. — Dans les grandes villes, presque tous les changeurs ont dans leur arrière-boutique un laboratoire où ils fondent habituellement un certain nombre de matières d'or et d'argent. Ils opèrent dans un creuset.

Causes d'insalubrité. — Aucune.

Causes d'incommodité. — Fumée du foyer.

Quelquefois, danger d'incendie, quand ils portent à un degré très-élevé la chaleur de leur fourneau.

Vapeurs métalliques pendant la fusion.

Eaux de laboratoire.

Eaux qui ont servi à éteindre la lingotière.

Prescriptions. — Construire le fourneau de fusion en fer et briques.

Ne jamais l'adosser à des murs mitoyens, l'en isoler par le tour du chat, ainsi que la cheminée elle-même.

Couvrir le fourneau d'une hotte qui puisse recueillir toutes les vapeurs produites.

Faire parvenir ces vapeurs, ainsi que les produits de la combustion du foyer, dans une cheminée élevée de deux mètres au moins au-dessus des toits voisins.

Mettre au pied du fourneau une plaque de fonte pour éviter l'incendie, en cas de chute de parties de combustible enflammé.

Paver, daller ou bitumer l'atelier de fonderie.

Ne jamais écouler d'eaux acides sur la voie publique avant de les avoir neutralisées par l'eau, la craie ou la chaux.

Limiter le nombre et la capacité des creusets.

Rendre incombustibles les pièces de bois de l'atelier, en les recouvrant de maçonnerie ou de tôle, ou d'une solution de silicate pierreux.

ORSEILLE.

Orseille (Fabrication de l') par l'urine (1re classe). — 14 janvier 1815.

Orseille (Fabrication de l') à vases clos et par des sels alcalins et l'eau ammoniacale (2e classe). — 6 mai 1849. — Arrêté du président de la République.

L'orseille est une matière colorante et tinctoriale d'un rouge violacé qu'on produit avec plusieurs espèces de lichens, entre autres, avec le *roccella tinctoria* et le *variolaria dealbata*, par l'action simultanée de l'air, de l'humidité et de l'ammoniaque. Les *variolaires*, nommés souvent *parelles*, en forment la plus grande partie, ils croissent sous les laves volcaniques ; on en fait la récolte l'hiver à l'aide d'un couteau à lame mince, par un temps de pluie, pour favoriser considérablement leur extraction ; la France en produit peu de bonne qualité, elle en importe beaucoup des pays méridionaux. Il faut les faire sécher pour empêcher la fermentation de s'y établir et de diminuer ainsi leur puissance tinctoriale ; on y arrive en les étendant en couches de cinq à six centimètres d'épaisseur dans un grenier bien aéré. On les débarrasse ensuite de la mousse qui s'y attache en les passant sur des étoffes à longs poils ; on les sépare des matières terreuses au moyen d'urine ou d'ammoniaque étendue.

Procédé par l'urine.

DÉTAIL DES OPÉRATIONS. — On commence par écraser les lichens avec addition d'eau au moyen de meules verticales ; on place mille kilogrammes de la pulpe qui en résulte dans une grande caisse en bois ou *barque*, on verse dessus cent vingt kilogrammes d'urine, et pendant quarante-huit heures on brasse le mélange de deux en deux heures, en maintenant la caisse exactement fermée dans l'intervalle. Le troisième jour de la mise en train, on ajoute cinq kilogrammes de chaux, cent vingt-cinq grammes d'alun et *autant d'acide arsénieux* (cette addition est tout à fait inutile), on en rend le mélange aussi intime que possible.

La chaux, agissant sans doute sur l'urine en décomposition, donne lieu à une fermentation, qui n'est due probablement qu'à l'ammoniaque dégagée ; il faut brasser avec un grand soin toutes les heures et même toutes les demi-heures, selon l'activité du mouvement intérieur, pour donner le contact de l'oxygène. On ajoute un kilogramme de chaux après deux jours de brassage, et on continue cette opération pendant quinze jours en prolongeant de plus en plus les intervalles, de manière à ne brasser que de six heures en six heures sur la fin de l'opération. En vingt-trois jours pour les lichens ordinaires, et en trente au moins pour ceux qu'on a choisis, on atteint le maximum d'intensité de coloration.

La substance pâteuse qui est le résultat de ce travail constitue l'orseille en pâte; on la conserve dans des tonneaux; sa teinte s'enrichit encore pendant un an, mais commence à s'altérer à la troisième année. Si on y ajoute de l'alun ou du chlorure d'étain, on avive sa couleur rouge; si on emploie un alcali, on la rend plus violacée.

La théorie qui explique l'action que l'ammoniaque joue dans cette circonstance est à peu près à faire; les uns la regardent comme une fermentation, d'autres, comme une réduction; l'ammoniaque n'aurait plus alors d'autres fonctions que de saponifier les matières grasses résinoïdes du lichen. Elle semble cependant transformer l'orcine du lichen en orcéine et produire la couleur *cramoisie* qui est si recherchée. La saison chaude est la seule pendant laquelle la fabrication est possible, le froid l'arrêtant complétement.

Procédé par l'ammoniaque.

L'ammoniaque à cent cinquante degrés a été proposée et mise en usage pour remplacer l'urine. On en obtient de bons résultats, mais il paraît que, si l'orseille préparée par ce moyen a une teinte plus vive, elle donne des couleurs qui ont moins de fond; ce qui oblige à faire usage d'urine au moins pour une partie du liquide. A l'ammoniaque pure étendue, on a substitué, sans profit pour la qualité, l'*esprit d'urine;* c'est le produit de la distillation de l'urine avec la chaux, en un mot, de l'ammoniaque impure.

Le *carmin d'orseille* est l'*extrait* desséché à une douce température; on l'obtient en épuisant par l'eau la pâte d'orseille.

Le *persio* est une orseille desséchée, livrée au commerce sous la forme d'une poudre violette.

Causes d'insalubrité. —Odeur fétide et putride de l'urine en fermentation.

Action de l'ammoniaque sur la santé des ouvriers (inflammation chronique des paupières et de la conjonctive).

Danger de l'emploi de l'acide arsénieux.

CAUSES D'INCOMMODITÉ. — Odeur des cuves à fermentation. Écoulement des eaux de fabrication.

PRESCRIPTIONS. — Ne pas proscrire l'emploi de l'urine d'une manière absolue.

Opérer toujours en vases clos et sous une hotte qui porte toutes les vapeurs et buées des cuves dans la cheminée du foyer, qui dépassera de deux mètres les toits voisins.

Aérer énergiquement l'atelier.

N'emmagasiner qu'une quantité de tonnes à urine en rapport avec l'importance de la fabrication.

Ne jamais ajouter d'acide arsénieux dans les cuves.

Daller ou bitumer le sol de l'atelier.

Faire écouler les eaux par des pentes convenables et à l'aide de conduits souterrains dans l'égout le plus voisin.

OS.

Os frais et neufs n'ayant pas subi de coctions (Blanchiment des) (1re classe, analogue à la fonte des suifs). Voir, pour le détail des opérations, l'article *Fonte des graisses*, t. II, p. 56, et *Dégraissage des os*, t. I, p. 578.

Os secs (Blanchiment des) pour les éventaillistes et les boutonniers (2e classe). — 14 janvier 1815.

DÉTAIL DES OPÉRATIONS. — Le blanchiment se fait de deux façons : ou par la vapeur (voir *Débouillage des os*, t. I, p. 578), ou par l'exposition des os à l'action de la rosée.

CAUSES D'INSALUBRITÉ. — Aucune.

CAUSES D'INCOMMODITÉ. — Odeur désagréable, dans le cas d'une accumulation des os.

Buées de la chaudière où les os sont traités par la vapeur.

PRESCRIPTIONS. — Opérer sous une hotte qui conduira les buées dans la cheminée du foyer, — élevée de deux mètres au-dessus des toits voisins.

Ne recevoir que des os parfaitement secs et décharnés.

Les disposer par petits tas, et non par masses considérables, où la fermentation pourrait se développer.

Ventiler convenablement l'atelier ou le hangar consacré au dépôt.

Os (Calcination des). Voir *Noirs (Industrie des)*, t. II, p. 240.

Os (Dépôts d'). Voir *Chiffonniers*, t. I, p. 404.

OUATE (FABRIQUE D') (2e classe, par assimilation aux dépôts de matières inflammables et aux filatures de coton. — Rapports du conseil d'hygiène de Douai. 1857).

DÉTAIL DES OPÉRATIONS. — La ouate est formée par du coton
réduit en poils à l'aide du battage et du détirage. On le carde
en le faisant passer sous le rouleau d'une machine à bras qui lui
donne la forme d'une large galette carrée. L'une des surfaces
est enduite à la brosse d'une solution de colle de Flandre. On
unit les deux galettes par le côté poilu, et on forme ainsi une
pièce de ouate. Ces pièces sont mises à sécher dans des étuves,
dont le mode de chauffage peut varier (Poêles, calorifères. —
Eau chaude). Quelquefois on prépare dans la fabrique la colle
dont on a besoin pour le lustrage.

On teint la ouate en noir, en bleu et en rose, par les procédés
ordinaires de la teinture.

CAUSES D'INSALUBRITÉ. — Danger d'incendie par l'accumulation
d'une grande quantité de matières inflammables, et par le feu,
qui prend souvent dans les séchoirs.

Danger pour les ouvriers de respirer un air chargé de particules et filaments très-déliés de coton. (Bronchites, tubercules
pulmonaires. — Hémorragies des voies respiratoires. — Ophthalmies et blépharites.)

CAUSES D'INCOMMODITÉ. — Bruit incessant des machines à battre
ou des mécaniques des ateliers.

Poussière abondante.

PRESCRIPTIONS. — Aérer convenablement les ateliers, y pratiquer une cheminée d'appel.

Ne point ouvrir l'atelier sur la rue ou les voisins pendant le
travail.

Prendre contre l'incendie toutes les précautions possibles.

Conseiller aux ouvriers de ne pas travailler constamment aux
mêmes détails de la fabrique, qui les exposent à respirer un
air impur. — Les changer de travail.

Pratiquer le séchage à l'aide de l'eau chaude ou de la vapeur d'eau passant dans des tuyaux métalliques, placer le foyer tout à fait en dehors des ateliers.

Les éclairer par des lampes à cheminée de verre, et placées derrière des châssis dormants. Le soir, ne circuler dans les ateliers qu'avec des lampes de sûreté à double toile métallique.

Dans les cas où l'on préparera la colle et la teinture, séparer les fourneaux des ateliers.

Interdire absolument l'entrée dans les ateliers, des pipes, cigares, allumettes chimiques et de toute matière en ignition.

Carreler ou bitumer les ateliers et couvrir d'une épaisse couche de plâtre, mortier ou ciment, toutes les parties visibles et combustibles des parois et plafonds.

Enlever les résidus de la colle, comme engrais, au fur et à mesure de leur production.

Ne déverser les eaux sur la voie publique qu'à l'état neutre ou légèrement alcalin, et limpides. A cet effet, des bassins d'une capacité de dix mètres cubes recevront les eaux de teinture et autres. Ces bassins seront disposés de manière à permettre la précipitation des matières en suspension et la filtration des liquides à travers une couche très-épaisse de tannée. Les eaux acides ou chargées de sels cuivreux ou autres doivent préalablement être décomposées par la chaux.

OUTRES EN PEAU DE BOUC (FABRIQUE D') (1re classe). — 24 décembre 1836. — Décision ministérielle.

DÉTAIL DES OPÉRATIONS. — Ces outres sont préparées au moyen d'un enduit en caoutchouc dissous par des éthers combinés.

Les opérations sont en tout point analogues à celles employées dans la fabrication des cuirs, des taffetas et toiles cirés et vernis.

CAUSES D'INSALUBRITÉ. — PRESCRIPTIONS. — Voir, au mot *Étoffes* (*Industrie des*), l'article *Toiles et tissus imperméables*, t. I, p. 646.

OXALIQUE (Acide). Voir *Acides*, t. I, p. 156.

OXYDE ROUGE DE FER. Voir, au mot *Fer* (*Industrie du*), l'article *Rouge de Prusse*, t. II, p. 19.

PANNES (Fabrique de). Voir, au mot *Briqueteries*, l'article *Tuiles*, t. I, p. 333, et, au mot *Céramique* (*Industrie*), l'article *Verrerie*, t. I, p. 370.

PAPIERS (Industrie des).

Papiers (Fabriques de) (2ᵉ classe). — 14 janvier 1815.

La matière première du papier est généralement ce qu'on désigne en chimie sous le nom de cellulose; le vieux linge, le coton, les cordes, les fils de lin, de chanvre, etc., sont employés à produire l'espèce de feutrage qui constitue le papier.

Papier de chiffons.

Détail des opérations. — *Triage.* — Les chiffons forment la plus grande partie de la matière première : on les sépare en blancs, demi-blancs et colorés; c'est le *triage* : on les trie encore selon qu'ils sont en chanvre, en lin ou en coton; ces derniers, donnant un papier d'une faible résistance quoique bien beau sous tous les autres rapports, n'entrent qu'en certaines proportions dans la pâte et en sont même exclus complétement dans certains cas. Les chiffons d'origine animale, comme ceux de soie ou de laine, n'entrent que dans le papier gris, parce qu'ils ne peuvent être blanchis par le chlore sans être détruits.

On enlève la poussière et les matières terreuses qui y adhèrent en les frottant sur une toile métallique, puis les jetant dans un blutoir tournant avec une vitesse de quinze à vingt tours à la minute.

Les chiffons sont découpés à la main; tous les efforts tentés pour y introduire l'emploi des machines n'ont abouti à aucun bon résultat.

Lavage ou lessivage. — Cette opération s'effectue à l'aide de dix ou vingt kilogrammes de soude caustique pour mille kilogrammes de chiffons. On verse dessus une quantité d'eau suffisante pour les humecter, puis on les met dans un cuvier ou appareil de lessivage chauffé par la vapeur à haute pression. On peut encore rendre l'opération plus économique en déplaçant la lessive par de l'eau bouillante, et la faisant servir à un deuxième lessivage qu'on termine par une lessive neuve. Plusieurs appareils fonctionnent en même temps afin de rendre l'opération continue; on lave les chiffons lessivés, on les laisse égoutter dans une caisse à double fond, puis on leur fait subir l'*effilochage*.

Il existe cependant encore un procédé de désagrégation des chiffons pour en obtenir de la pâte à papier, procédé qui fut seul mis en usage jusqu'à la fin du siècle dernier et qu'on emploie encore dans la plupart des petites fabriques. Il consiste dans le *pourrissage* des chiffons. Les chiffons, préalablement lavés avec de l'eau ordinaire, sont mis en tas dans le *pourrissoir*, et y sont laissés pendant un temps variable selon leur nature; la masse s'échauffe, il se produit des moisissures, et, si la fermentation est trop active, on l'arrête en remuant le tas, et on défait complétement celui-ci quand on juge l'opération terminée. Le pourrissage a surtout pour but de détruire les dernières traces de matières grasses qu'ils retiennent énergiquement; il ne faut pas le pousser trop loin, de peur d'avoir un déchet trop considérable et de détruire la ténacité des fibres.

L'*effilochage* consiste à amener les chiffons à n'être plus qu'un mélange de fibrilles comme la charpie, en évitant tout ce qui pourrait les briser.

Pour diviser les chiffons et les triturer, on a fait beaucoup usage du *moulin à maillets*. Ce moulin est formé d'une suite de *piles* ou espèces de mortiers creusés dans une pièce de chêne ou d'orme en nombre proportionné à la longueur de celui-ci. Les maillets sont en bois et au nombre de quatre à six pour chaque pile; ils sont mis en mouvement au moyen d'un arbre armé de cames qui soulèvent alternativement ces maillets pour les laisser retomber par leur propre poids sur les chiffons placés dans la pile avec une certaine quantité d'eau, constamment renouvelée. On a conservé le nom de piles aux machines qui exécutent maintenant ce travail.

La machine qu'on emploie ordinairement est une caisse de trois mètres de longueur terminée aux deux extrémités par un demi-cylindre formé de plaques de fonte boulonnées ; un dia-phragme longitudinal divise la caisse en deux canaux en laissant aux extrémités un espace aussi large que chaque canal pour donner un facile passage aux chiffons.

Sur l'un des côtés de la caisse, et perpendiculairement au diaphragme, repose l'axe d'un cylindre armé de lames divisées par paires et serrées avec un coin en bois ; au-dessous du cylindre est une platine en fonte, sorte d'encaissement rempli de lames parallèles boulonnées les unes contre les autres, au nombre de treize.

Le cylindre se meut avec une vitesse de cent quatre-vingt-dix à deux cent vingt tours environ à la minute, détermine le mouvement circulaire de l'eau, tandis que les chiffons qui s'engagent entre le cylindre et la platine se déchirent sans se couper, et se lavent sous l'influence continuelle d'un courant d'eau ; cette eau s'échappe par deux châssis en toile métallique placés en avant et en arrière du cylindre.

Blanchiment. — Les chiffons qui ont subi cette opération constituent le *défilé* ; on le soumet à un blanchiment au chlore gazeux ou au chlorure de chaux, en agissant lentement avec une dissolution étendue à basse température, afin de ne point désagréger les molécules des filaments. On se sert de cuves en maçonnerie à la chaux hydraulique tapissées en carreaux de faïence dure, ou de cuviers en bois, munis d'agitateurs ; dans ces derniers, le blanchiment suffisant est atteint en six ou cinq heures, tandis qu'il en faut jusqu'à vingt-quatre et quarante-huit par l'emploi des cuves à repos.

Quand on a recours au chlore gazeux, c'est dans le où on éprouve de grandes difficultés par les hypochlorites ; on fait alors déboucher le gaz au moyen d'un tube de plomb épais dans la partie supérieure d'une chambre où on a disposé le *défilé*. Celui-ci, suffisamment débarrassé de son eau d'interposition par une presse à deux cylindres, et cardé par un loup (cylindre armé de dents de fer), est placé sur des planches en étages sur lesquelles tombe le chlore. Après le blanchiment, le *défilé* est lavé pour lui enlever tout son chlore, ce qui est difficile ; on peut ici faire une des meilleures applications des sulfites alcalins, qui donnent un chlorure et un sulfate sans action sur la fibre.

Après le blanchiment vient l'*affinage*. Le *défilé* est remis dans les piles pendant deux ou trois heures ; on rapproche de plus en plus le cylindre de la platine, au moyen d'une vis de rappel, de manière à obtenir finalement une pâte susceptible d'être étendue d'une manière uniforme en couches aussi minces qu'on le désire. Cette pâte sert immédiatement à la fabrication du papier non collé ; tel est le papier d'impression ordinaire.

Si le papier doit être collé, c'est-à-dire, rendu imperméable à l'encre à écrire et au lavis, on colle les feuilles fabriquées quand le travail se fait à la main et la pâte elle-même si l'on se sert de machines.

Collage du papier à la mécanique. — Le collage de la pâte se fait avec un savon résineux, de la fécule et de l'alun ; — cent cinquante kilogrammes de résine finement pulvérisée sont mis dans une chaudière avec une lessive caustique obtenue au moyen de soixante-quinze kilogrammes d'eau et douze kilogrammes cinquante centigrammes de chaux ; on produit sept cent cinquante kilogrammes de savon résineux en trente minutes d'ébullition.

On prend soixante-quinze kilogrammes de ce savon, on le délaye dans cinq cents kilogrammes d'eau tiède, contenant vingt kilogrammes de fécule ; on fait passer dans le mélange un courant de vapeur d'eau qui élève l'eau à l'ébullition et distend considérablement la fécule. On verse le tout dans la pile, un quart d'heure après, on y ajoute une solution d'alun destinée à former une colle imperméable insoluble. C'est ce qu'on appelle la *colle végétale* ou *savon de résine*.

Papier à la mécanique. — La pâte à papier collé au savon de résine est conduite dans une grande cuve où elle est maintenue en suspension dans une grande quantité d'eau au moyen d'un agitateur mécanique. A l'aide d'un robinet on règle l'écoulement de la pâte sur le distributeur mécanique ; elle se tamise et s'épure dans des caisses, puis elle passe sur une toile mécanique sans fin, à tissu serré, qui se meut longitudinalement et laté-

ralement en frottant contre une rangée horizontale de rouleaux
destinés à bien répartir et feutrer la pâte. L'eau se sépare de la
pâte à mesure qu'elle se feutre davantage, et tombe dans
un réservoir d'où une danaïde la remonte aux caisses d'épuration.

La feuille qui a subi ce commencement de formation
passe sur une petite caisse garnie de rouleaux sur lesquels
s'appuie la toile métallique, et dans laquelle est opérée une aspiration continue par une pompe à air formée de trois cloches,
afin de dépouiller la feuille de la plus grande partie de l'eau
qu'elle retient encore. Le papier n'a encore que peu de consistance; il en prend davantage en passant entre deux cylindres
garnis de feutre maintenus humides par un courant d'eau qui
les nettoie en même temps qu'une lame de bois en exprime
l'excès. La feuille passe ensuite entre des cylindres *lisseurs* en
fonte, bien tournés et polis, puis entre des cylindres *sécheurs*,
chauffés à la vapeur, et, enfin, vient s'enrouler sur un dévidoir.

Il ne reste plus qu'à couper le papier selon les dimensions
voulues, et à le mettre en rames. Souvent le lissage ne se fait
que sur le papier en feuilles; on emploie des cylindres qu'on
fait appuyer fortement pendant leur rotation sur des feuilles
polies de laiton ou de zinc entre lesquelles on dispose le papier.

Papier à la main. — Quand on fabrique le papier à la main,
pour lui donner certaines qualités qu'on n'atteint pas à un si
haut degré par la machine, on réduit le chiffon en pâte, soit
par l'action du pilon, soit par celle de la pile qui a été décrite.

La pâte est maintenue en agitation dans l'eau par un agitateur à palettes tournant au moyen d'un axe horizontal; l'ouvrier
ouvreur ou *pinseur* y plonge sa forme ou *vergeure*; c'est un cadre
mince en bois de la dimension de la feuille, et qui est garni
d'une toile métallique; la pâte s'y applique, il en régularise
l'épaisseur au moyen d'un cadre mobile en bois. Le feutrage et
l'écoulement d'une partie de l'eau s'opèrent au moyen de mouvements qu'il imprime au cadre; puis il retourne le cadre sur un
feutre ou *flôtre* humide; un autre ouvrier, dit *coucheur*, place
les feutres en pile sous une presse, et, quand la compression a

eu lieu, il les soumet à une seconde compression sans interposition de flôtre, puis à une troisième, en changeant leur ordre de superposition, enfin il les étend sur des perches horizontales pour les faire dessécher.

Collage du papier à la main. — Le collage du papier à la main a lieu directement sur les feuilles ; on y emploie la gélatine ou colle forte provenant des peaux de lapin, des parchemins, des pieds de moutons et de chèvres.

On la fabrique sur place; on se sert de celle que le commerce livre sous forme de plaques minces, transparentes, qu'on fait distendre dans l'eau froide, puis dissoudre dans l'eau bouillante. A la dissolution de gélatine on ajoute le tiers d'alun du poids de la gélatine sèche, pour obtenir une colle plus résistante et plus imputrescible.

Les feuilles sont plongées par poignées en les tenant écartées par les doigts dans la dissolution de gélatine alunée, maintenue à vingt-cinq degrés ; puis on les étend sur des cordes tendues entre des bâtis qu'on élève pour laisser s'accomplir une dessiccation lente, mais pas trop, pour empêcher la putréfaction de la gélatine, ce qui arriverait facilement par les temps chauds, humides et orageux.

Pour enlever la teinte légèrement jaune que communiquent la colle et l'insuffisance du blanchiment, on mêle à la pâte une certaine quantité de bleu de Prusse, quelquefois du bleu de cobalt ou d'outre-mer, ou même de cendres bleues ; en forçant les doses on a du papier bleu d'azur. Pour donner frauduleusement, ou même dans un but avoué, un poids plus considérable au papier, on mêle à la pâte des quantités notables de sulfate de baryte, de sulfate de chaux, et même de sulfate de plomb : l'emploi de ce dernier surtout peut avoir de graves inconvénients: en tout cas, ces trois sels sont éminemment nuisibles à la conservation de la ténacité et de la beauté du papier.

Papier à filtrer.

Le papier à filtrer doit être formé de cellulose sensiblement pure, c'est-à-dire ne contenant pas de sels calcaires ou autres;

il doit être facilement perméable aux liquides. On emploie à sa fabrication des chiffons blancs de lin ou de chanvre de bonne qualité, on ne se sert que d'eau distillée de condensation de machines à vapeur; en Suède, le papier dit Berzelius est fabriqué avec l'eau provenant de la fonte des glaces ou des neiges. Jamais le papier à filtrer ne doit être collé.

Papier à calques.

Il est formé avec des fils de chanvre ou de lin écrus; on les réduit en une pâte nommée *verte*, on ne les blanchit point; l'acide pectique et les pectates qui restent interposés entre les fibres forment la matière transparente; le papier d'actions et de billets de banque est très-analogue.

Papier commun ou gris.

Le papier gris se fait avec un mélange de chiffons de couleur, avec des chiffons de laine et de soie non blanchis.

Papier d'intestins.

On emploie quelquefois les intestins à la fabrication du papier; il est dur, résistant, peu perméable à l'humidité, et sert à fabriquer les gargousses en Allemagne.

Carton.

Le carton est un papier épais formé d'une pâte obtenue en laissant pourrir, pendant quinze à trente jours, les vieux papiers et les rognures du neuf; on brise la pâte sous des meules dans une auge circulaire, on la met en forme sur un châssis à toile métallique, on soumet les feuilles à la presse entre les *flôtres* et les laisse sécher à l'air.

On a essayé d'en fabriquer avec les pulpes des pommes de terre ou de betteraves; on les épure avec de l'acide sulfurique étendu, on les lave, on les imprègne de 1 ou 2 pour 100 d'ammoniaque qui forme un pectate d'ammoniaque qui devient très-adhérent. Par l'addition de 8 ou 10 pour 100 de pâte de papier, on obtient un carton plus résistant, moins fragile. (Voir *Cartonniers*, t. I, p. 351.)

Carton-pierre.

Le carton-pierre est un mélange de pâte à papier, de ciment, d'argile et de craie ; on le coule dans des moules, il devient dur en se desséchant.

Divers autres papiers.

On a encore fait, en Amérique, du papier avec des rognures d'ivoire. — On en fait aussi avec un certain nombre de matières textiles (voir *Bulletin de la Société d'acclimatation*, mai, 1858, tome V, n° 5, page 199), — et avec le sparte ou alpha, le diss et la feuille de palmier nain recueillie en Algérie.

M. Hoffmann, de Londres, vient de publier sur le parchemin-papier de M. Gaine un long mémoire plein de curieux détails.

Cette substance présente dans la plupart de ses propriétés une telle analogie avec une membrane animale, que c'est à juste titre qu'on peut lui appliquer le nom de papier-parchemin ou de parchemin végétal. Par son aspect, elle ressemble beaucoup au parchemin animal, dont elle possède la nuance particulière, la translucidité, la même transformation de l'état fibreux à l'état corné, la cohésion, la souplesse, la disposition hygroscopique, etc. Plongée dans l'eau, elle présente tous les caractères des membranes animales, devient douce et mollasse, sans perdre de sa force, et ne laisse pas filtrer les liquides, qui la traversent toutefois par voie d'endosmose.

Quelques expériences ont été entreprises afin d'établir une comparaison entre cette matière et le parchemin animal. A cet effet, on a pris des bandes de ce papier et de parchemin de 22 millimètres 225 de largeur, et, autant qu'il a été possible, de même épaisseur, dont on a ramené les bouts l'un sur l'autre, puis qu'on a couchées sur un cylindre horizontal et arrêtées convenablement par les deux bouts sur le sommet de ce cylindre par des vis de pression. Chaque bande prenait donc ainsi la forme d'une boucle dans l'ouverture de laquelle on a placé un petit cylindre en bois en saillie des deux côtés de la bande d'environ 25 millimètres, et portant, au moyen de cordes arrêtées à chaque extrémité, un plateau qu'on a chargé de poids jusqu'à rupture de la bande. Une série d'expériences exécutées de cette manière a conduit à ce résultat, que le papier soumis à l'action de l'acide sulfurique, ainsi qu'il a été dit, acquiert environ cinq fois plus de force qu'il n'en possédait auparavant, et qu'à poids égaux le papier parchemin possède environ les trois quarts de la force du parchemin animal. On a remarqué en outre que les bandes de ce papier, prises dans des feuilles différentes d'un même papier, offraient une uniformité de force très-remarquable ; tandis que le parchemin animal, par suite même de son mode de fabrication, a présenté toujours une très-grande inégalité dans son épaisseur et des variations extraordinaires, même dans des bandes découpées dans une même peau.

Mais, si le parchemin végétal n'est pas, sous le rapport de la force, égal au parchemin animal, il le surpasse de beaucoup dans sa résistance à l'action des agents chimiques et spécialement de l'eau. Ainsi qu'on l'a déjà dit, le parchemin végétal, de même que le parchemin animal, absorbe l'eau et devient parfaitement doux et facile à plier, mais il peut rester en contact et même être bouilli dans ce liquide pendant des journées entières sans en être affecté le moins du monde, en conservant toute sa force et en reprenant son aspect primitif en séchant.

D'un autre côté, on sait avec quelle rapidité le parchemin animal est altéré par l'eau bouillante, dont l'action prolongée le convertit en gélatine. Même à la température ordinaire, le parchemin ordinaire est très-disposé, en présence de l'humidité, à éprouver une décomposition putride, tandis que le parchemin végétal, dans lequel il y a absence d'azote, corps puissant pour troubler l'équilibre chimique, peut être exposé à l'humidité sans éprouver le moindre changement dans son aspect ou ses propriétés. Il serait, en effet, difficile de trouver une matière papyracée douée d'une plus grande faculté de résister aux influences désagrégeantes de l'eau que le papier-parchemin.

Si l'on prend en considération la composition chimique de cette matière nouvelle, sa cohésion, la manière dont elle se comporte avec les dissolvants chimiques, surtout l'eau, tant à la température ordinaire qu'à celle de l'ébullition, il est clair que cette substance réunit en elle, à un degré remarquable, des conditions de permanence et de durée ; qu'on ne doit pas hésiter à déclarer que le parchemin végétal convenablement préparé est capable de résister à l'action du temps pendant bien des siècles, et que, dans diverses circonstances, il durera même plus longtemps que le parchemin animal.

Les moyens par lesquels on opère la transmutation du papier en parchemin sont les suivants :

Le procédé consiste à immerger le papier pendant quelques secondes dans de l'acide sulfurique étendu d'eau.

Pour obtenir un produit parfait, il faut apporter une grande attention à proportionner également l'acide et l'eau, et à calculer la durée de l'immersion, selon que la température est élevé ou basse.

Enfin, ce qui importe le plus, c'est, la réaction achevée, d'éliminer tout l'acide sulfurique, dont les moindres parties restées dans le papier causeraient tôt ou tard la destruction de ce dernier.

Pour arriver à un résultat complet, on opère sur le papier des lavages mécaniques et prolongés pendant longtemps ; ensuite on l'immerge dans une solution étendue d'ammoniaque caustique, et enfin on renouvelle les lavages à l'eau.

L'expérience a démontré que l'acide sulfurique ne produit aucun changement chimique dans la constitution du papier. Il ne fait que déterminer dans ses éléments une nouvelle disposition moléculaire.

Blanchiment du papier. — Il a lieu par différents procédés.— Par des fumigations, soit d'acide sulfureux, dans une chambre close, soit de chlore ; — mais il est difficile de régler l'action de ce gaz. Aussi préfère t-on l'employer en dissolution dans l'eau. Il faut éviter avec soin que les rayons directs ou réfléchis du soleil viennent à frapper le bain d'eau chlorurée. — Il en résulterait de l'acide chlorhydrique très-nuisible au tissu.—On substitue souvent à l'eau chlorurée les chlorures de chaux ou de soude, on en neutralise les traces que des lavages à l'eau n'auraient pas fait disparaître, au moyen d'une dissolution faible d'acide sulfureux ou d'un sulfite alcalin.

CAUSES D'INSALUBRITÉ. — Danger d'incendie.

CAUSES D'INCOMMODITÉ. — Odeur fétide provenant des amas de chiffons ou du *pourrissage*. Écoulement des eaux de lavage.

Odeurs et vapeurs de chlore pendant le blanchiment.

Buée des chaudières.

PRESCRIPTIONS. — Ne laisser écouler sur la voie publique les eaux de lavage des chiffons qu'après qu'elles auront séjourné dans un réservoir et déposé les matières organiques qu'elles tiennent en suspension.

Ne les diriger sur un cours d'eau *utilisé* qu'après les avoir tamisées ou filtrées à travers une couche de tan usé.

Opérer la cuisson des pâtes sous une hotte qui porte au dehors les buées produites.

Pendant le blanchiment par le chlore, diriger les vapeurs dans une cheminée à fort tirage et élevée de trois mètres au-dessus des cheminées voisines.

Dans le cas où l'on fabrique le chlore dans l'usine, se conformer aux prescriptions sur les fabriques de chlore. (Voir *Chlore*, t. I, p. 407.)

Construire les séchoirs en matériaux incombustibles, dans le cas où ils ne sont pas chauffés à la vapeur, et entourer les tuyaux d'un grillage.

Ne jamais introduire dans les pâtes aucune préparation de *plomb* destinée à augmenter le poids du papier; car dans ce cas il y a fraude. — Danger pour la santé des ouvriers et pour les consommateurs qui pourraient s'en servir pour envelopper des substances alimentaires.

Quant aux substances vénéneuses (*préparations arsenicales*) ou autres qui sont quelquefois usitées (voir *Papiers peints*, et ordonnance du 28 février 1853 sur les *sucreries coloriées*, etc., voir cette ordonnance à l'article *Sucres (Industrie des)*.

Je transcris ici un document important, et qui sera lu avec intérêt.

RAPPORT FAIT PAR UNE COMMISSION, EN 1856, AU CONSEIL D'HYGIÈNE DE L'EURE, SUR UNE DEMANDE DE MM. X..., TENDANT A FAIRE AUTORISER LE MAINTIEN DE LEURS APPAREILS A BLANCHIR LES CHIFFONS DANS LA PAPETERIE DE L'ESTRÉE, COMMUNE DE MUZY.

. . . .

Autrefois le chlore gazeux était produit par la réaction à chaud de l'acide hydrochlorique sur le peroxyde de manganèse. Les vases de grès contenant les réactifs étaient placés sur des fourneaux construits en plein air ; le gaz s'introduisait dans des caisses de bois, qui restaient fermées pendant le temps jugé suffisant pour que la décoloration des chiffons fût complète, et qui étaient ouverts ensuite sans précaution particulière ; ces caisses se trouvaient sous des hangars. Les inconvénients de ce système, encore usité dans beaucoup de papeteries, sont : en premier lieu, les explosions assez fréquentes des vases chauffés, qui répandent dans l'air des torrents de chlore gazeux ; en second lieu, le dégagement de chlore qui se produit, à hauteur d'homme, par les jointures imparfaites des caisses de bois, et surtout au moment où ces caisses sont ouvertes.

Le chlore gazeux est produit, à froid, par la réaction de l'acide hydrochlorique sur le chlorure de chaux ; il s'introduit dans une caisse de pierre dure dont les parois et les fonds supérieur et inférieur sont mastiqués par un ciment très-énergique.

La porte de chaque caisse, également en pierre, est lutée pendant toute la durée de l'action du chlore sur les chiffons ; on n'ouvre cette porte qu'après avoir fait fonctionner l'appareil d'évaporation dont on va décrire le jeu.

Tant que le chlore gazeux s'introduit par le tuyau dans la caisse pleine de chiffons, et tant que ce gaz agit sur la matière à décolorer, les cloches sont dans les positions respectives.

Avant d'ouvrir la porte, on soulève la cloche et on remet l'autre cloche en place ; cette manœuvre, qui se fait en moins de temps qu'il n'en faut pour la décrire, met l'intérieur de la caisse en communication avec la cheminée d'appel par le tuyau ; ensuite on enlève la cloche, ce qui permet à la pression atmosphérique de s'exercer par le tuyau sur le gaz que n'ont pas absorbé les chiffons. Ce gaz, en quantité toujours minime, attiré d'un côté et pressé de l'autre, s'échappe rapidement par la cheminée.

Après un temps indiqué par l'expérience, on peut ouvrir la porte sans qu'il s'exhale la moindre odeur de chlore de la masse renfermée dans la caisse.

Chacune des cloches est lutée à l'eau, le tuyau est mastiqué dans l'ouverture que présente le fond supérieur de la caisse.

L'appareil de production du chlore est aussi l'objet de précautions minutieuses pour éviter la déperdition du gaz. Le récipient du chlorure de chaux est recouvert d'une cloche en plomb à deux tubulures, lutée à l'eau sur l'orifice du récipient; le dessus de cette cloche forme cuvette, de telle sorte que l'on peut y luter également à l'eau le tube en plomb qui entre dans la caisse et une petite cloche en plomb que traverse le tube en gutta-percha venant du réservoir d'acide hydrochlorique. Enfin, le fond supérieur de la caisse qui supporte les deux vases est recouvert d'une cuvette en plomb pleine d'eau, qui garantit la pierre de l'action de l'acide.

La partie la plus négligée de tout cet appareil est l'orifice du réservoir d'acide hydrochlorique. Sans doute il ne faut pas qu'il soit hermétiquement fermé, pour que la pression atmosphérique puisse agir; mais il serait bon, au moins, d'y adapter un couvercle en terre cuite ou en bois, pour réduire autant que possible les émanations très-pénétrantes de l'acide.

Sauf cette addition, de peu d'importance, nous ne voyons pas qu'il y ait lieu d'apporter aucun changement à la disposition des appareils.

Quant aux inconvénients que présente le blanchiment en lui-même, nous ne pensons pas qu'ils soient sérieux ; les ouvriers que nous avons vus dans l'enceinte même des appareils, et dont un est attaché à l'établissement depuis plus de vingt ans, nous ont paru mieux portants que la plupart des ouvriers de fabrique; les attestations données par l'ancien fermier et par le fermier actuel de M. Maugars viennent à l'appui de notre observation.

Pour rendre compte, enfin, de nos impressions personnelles, nous dirons que, placés près de la propriété de M. Maugars, nous avons senti l'odeur du chlore, mais tellement légère, qu'elle n'était pas même désagréable

Nous n'avons trouvé de gênant que l'*émanation d'acide hydrochlorique*, mais nous ne l'avons senti que dans l'intérieur du bâtiment de blanchiment et au moment où nous avons visité les appareils placés sur les caisses.

Il est indispensable et très-facile d'*éviter le jet en rivière des résidus* de la production du chlore et de la minime quantité d'eau qui sert au lutage ou qui se trouve dans la cuvette, sur des caisses de pierre.

Il n'est pas possible d'empêcher le retour en rivière de l'eau qui sert à tenir la pâte en suspension dans les piles; mais l'expérience de trente ans prouve que ce retour est sans inconvénient, puisqu'il est continuel, et que ce n'est qu'en deux occasions et par des causes accidentelles reconnues qu'une certaine quantité de poisson a été détruite.

D'après ce qui précède, nous avons l'honneur de proposer au conseil d'émettre un avis favorable au maintien des appareils de blanchiment, en indiquant les prescriptions suivantes comme devant être introduites dans l'arrêté d'autorisation.

1° Le chlore gazeux sera produit à froid; les appareils destinés à la production de ce gaz seront placés au-dessus d'une cuvette en plomb remplie d'eau et reposant elle-même sur les caisses à blanchir; le tout sera renfermé dans un bâtiment qui ne pourra être ouvert que lorsque toutes les caisses seront fermées ou vidées.

2° Les caisses seront en pierre dure, dont les joints seront mastiqués avec le ciment le plus énergique; les portes, également en pierre dure, seront, à chaque mise en place, lutées complétement et dans tout leur pourtour avec de la terre glaise ou une composition également imperméable aux gaz.

Toutes les caisses communiqueront avec une cheminée d'appel ayant au moins quinze mètres de hauteur au-dessus du sol. Cette communication sera établie au moyen d'un tuyau dont le bras horizontal, engagé et mastiqué dans la paroi de la caisse, s'embranchera entre deux orifices, l'un extérieur et supérieur, l'autre intérieur et inférieur, dont chacun pourra être fermé par une cloche lutée d'eau. Un orifice muni d'une fermeture semblable sera ménagé dans le fond supérieur de chaque caisse.

3° Tout vase contenant de l'acide hydrochlorique sera fermé par un couvercle en bois ou en même substance que le vase. Tout récipient dans lequel s'opérera la réaction sera fermé par une cloche en plomb lutée à l'eau, et dont le dessus, formant cuvette, présentera deux tubulures; sur l'une d'elles s'adaptera, par un lutage à l'eau, l'extrémité supérieure d'un tuyau dont l'autre bout traversera une paroi de la caisse à blanchir et y sera mastiqué; sur l'autre tubulure s'adaptera, par un lutage à l'eau, une petite calotte en plomb que traversera le conduit inattaquable communiquant du réservoir d'acide hydrochlorique à l'intérieur du récipient.

4° Toutes les précautions seront d'ailleurs prises pour que le chlore gazeux ne puisse arriver à l'air libre que par le sommet de la cheminée d'appel, pour qu'il y arrive en aussi petite quantité que possible, enfin, pour que les caisses ne soient ouvertes que lorsque la matière à blanchir sera saturée de chlore et après que l'appareil de ventilation aura fonctionné pendant un temps suffisant, suivant les données de l'expérience.

5° Est formellement interdit tout jet à la rivière d'un produit chimique ou résidu quelconque, ainsi que de l'eau ayant servi au lutage ou ayant été contenue dans les cuvettes posées sur les caisses à blanchir. Ces substances ne pourront être jetées que dans une fosse à ce destinée et située au moins à cinquante mètres de la rivière, ou d'un de ses bras ou dérivés.

Pourront seulement être rendues à la rivière les eaux qui auront servi à tenir la pâte en suspension dans les piles, l'administration se réservant de prescrire ultérieurement, s'il y a lieu, les opérations nécessaires pour neutraliser les principes nuisibles que ces eaux pourraient conserver.

Papiers peints et papiers marbrés (Fabriques de) (3° classe). — 15 octobre 1810. — 14 janvier 1815.

DÉTAIL DES OPÉRATIONS. — Le papier destiné à recevoir des ornements peints est d'abord recouvert d'une teinte plate uniforme, formée principalement de craie à la colle; un ouvrier muni d'une large brosse étend la couleur, et des enfants qui le suivent en régularisent la couche. Si le fond est de couleur, comme les inégalités de surface seraient trop sensibles, on promène sur toute la surface de la feuille une brosse ronde et douce qui en égalise parfaitement le fond.

Pour redresser et aplanir le papier, on emploie une règle plate ou *lisse* qu'on passe sur la surface non peinte pour produire le *lissage*. Cette règle est formée d'un rouleau de cuivre de cent trente-cinq millimètres de longueur sur vingt-sept de diamètre, mobile sur des pivots et pressé par une longue pièce de bois flexible.

Les papiers de prix reçoivent avant l'impression le brillant ou satin au moyen d'une brosse et d'un mélange de sulfate de chaux ou d'alumine, et même de talc; cette brosse est à poils rudes et montée sur un genou qui lui permet d'être toujours à plat.

L'impression se fait sensiblement comme celle des étoffes; on emploie des rouleaux ou des planches composées, gravées en relief. La couleur est à l'état de boue liquide, ce qu'elle doit à la colle qui en forme l'excipient; comme il serait difficile de bien l'étaler avec un pinceau, on fait usage d'un *baquet;* c'est une caisse remplie d'eau sur laquelle repose un cadre en basane, qui conserve ainsi sa souplesse; on place sur cette basane les châssis mobiles en drap fin sur lesquels on égalise avec une brosse la couleur que chacun d'eux doit fournir aux planches.

L'impression s'opère en appliquant les planches sur les feuilles; la presse consiste en une longue perche, faisant office de levier, qu'on engage par une de ses extrémités sous une forte traverse, tandis qu'un enfant s'asseyant sur l'autre exerce sur la plauche une pression suffisamment énergique. A l'aide de *repères* on peut imprimer successivement différentes couleurs sur la même feuille; bien entendu, il faut autant de planches différentes.

Si la pièce n'est pas correcte après l'impression, l'ouvrier la corrige par le *pinceautage*, opération qui consiste à remplacer au pinceau la couleur qui manque. Cela fait, l'ouvrier et le petit aide ou *tireur* accrochent la pièce sur l'*étendoir*, ou perches fixées au plafond, et sur lesquelles on fait sécher les feuilles.

Les rouleaux que l'on emploie quelquefois sont surtout appliqués aux rayures et aux dessins de peu d'étendue; ils sont en cuivre ou en bois, gravés en relief et quelquefois en creux pour les pièces délicates. On les recouvre de couleur par un mouvement de va-et-vient sur un drap sans fin, convenablement tendu et plongé sensiblement dans la couleur, dont on enlève l'excès au moyen d'une racle. On préfère souvent les planches aux rouleaux, à cause de leur moindre prix, et de la difficulté que l'on a dans l'emploi des rouleaux à produire des dessins à couleurs multipliées.

Le *noir* est produit avec le noir d'os et de charbon; le *jaune* avec les chromates, l'ocre, les couleurs végétales (stil de grain, gaude...); le *rouge* avec l'extrait de bois de Brésil, le *violet* avec l'extrait de campêche; le *bleu*, avec le bleu de Prusse, les cendres bleues; le *vert*, avec différents mélanges de jaune et de bleu, avec les verts de Schéele, de Schweinfurst (voir *Arsenic*, fabrique d'abats-jour, t. I, p. 259); le *violet* avec les extraits privés de tannin, des bois de Lima et de Fernambouc; le *lilas*, avec le bois de campêche et le chlorure d'étain; la couleur *chamois*, avec l'oxyde de fer hydraté et l'ocre. Un grand nombre de couleurs employées dans cette industrie sont vénéneuses et réclament une grande circonspection dans leur emploi.

Il existe des fabriques de papiers dans lesquelles on a renoncé complétement à l'emploi de matières métalliques minérales toxiques. (Madame Luzé, 9, quai d'Austerlitz, à Paris.) Cet exemple devrait être imité.

Pour la préparation du papier arsénical (tue-mouche), voir *Arsenic*.

Sous les noms de *papier tontisse*, papier *velouté*, *soufflé*, on désigne le papier recouvert, en tout ou en partie, de tontures de drap ou de tontisses de laine ou de coton, de couleurs variables, mais ordinairement blanches.

Cette application se fit d'abord au pinceau; mais, outre la difficulté du travail, on n'obtenait facilement que des produits altérés par l'humidité et par les insectes.

La préparation du papier est celle qu'on fait subir aux papiers peints ordinaires; on fait seulement usage d'un *encollage* plus épais et plus consistant.

On dégraisse les tontures dans de l'eau de savon, sans dépasser une température de soixante degrés, on les lave à l'eau tiède, on les expose sur le pré, on les lave dans une dissolution d'acide sulfureux, enfin dans de l'eau pure.— Quand la tonture est sur le point d'arriver à une dessiccation parfaite, on la plonge dans le bain de teinture et on la sèche le plus promptement possible.

La tonture se fait au moyen d'une noix conique, taillée en lignes spirales, comme les râpes à tabac, roulant dans un cône creux garni de lames tranchantes. Au sortir du *moulin*, la tonture passe au *blutoir*; on recueille les parties qui ont le degré de finesse nécessaire au travail et repasse au moulin les parties grossières.

La tontisse est jetée dans une caisse de deux mètres et demi de long, plus étroite au fond qu'à la partie supérieure; cette caisse, ou *tambour*, jointe au matériel de l'imprimeur en papier peint, complète celui du papier velouté. La pièce imprimée déjà de diverses couleurs vient recevoir dans l'atelier d'impression des tontisses, au moyen d'une planche en relief, un mordant destiné à fixer la tontisse. Ce mordant ou *encaustique* est de l'huile de lin broyée avec du *blanc de céruse;* on y mêle souvent de l'essence de térébenthine pour en faciliter l'emploi et empêcher l'action destructive des insectes.

Le mordant est appliqué sur le drap du baquet à couleurs comme les couleurs; l'ouvrier l'étend sur sa planche et l'imprime sur la pièce aux endroits désignés par les repères. Quand il y a une certaine longueur de pièce imprimée au mordant, l'aide la couche dans le tambour ouvert, la saupoudre de tontisse à la main, et, quand la longueur de la pièce ainsi préparée atteint celle du tambour, il ferme le couvercle et avec deux baguettes longues frappe en cadence le fond en peau. La tontisse soulevée tombe très-divisée sur l'encaustique et le pénètre. L'aide soulève alors le couvercle, retire la pièce, la bat par derrière pour détacher l'excès de laine en poudre, et, quand toute la pièce a subi cette préparation, on la met sur l'étendoir.

On emploie des planches portant des couleurs en détrempe pour donner les ombres et les clairs aux dessins en velouté.

CAUSES D'INSALUBRITÉ. — Danger d'incendie, à cause de l'accumulation de matières inflammables et du séchoir.

CAUSES D'INCOMMODITÉ. — Emploi de substances vénéneuses (plomb et arsenic surtout), et danger pour la santé des ouvriers. — Poussière des tontisses.

Écoulement d'eaux chargées de principes toxiques.

PRESCRIPTIONS. — Prendre pour le séchoir toutes les précautions possibles contre l'incendie, quand il n'est pas chauffé à la vapeur. Placer le poêle sur une plaque de pierre. — L'entourer, ainsi que les tuyaux, quel qu'en soit le parcours, d'un grillage en fil de fer, distant de cinq à dix centimètres, afin que les papiers mis à sécher ne puissent jamais approcher du poêle ou des tuyaux.

Faire écouler les eaux (*non vénéneuses*) sur la voie publique après les avoir filtrées.

Garder à part les eaux chargées de substances toxiques, et ne jamais les écouler sur la voie publique, ou dans des cours d'eau. Les *neutraliser*, et les envoyer aux décharges publiques.

Employer toujours à l'état frais la colle d'empois. — Vieille, elle pourrait fermenter et donner lieu à de très-mauvaises odeurs.

Entretenir les caniveaux et ruisseaux dans un parfait état de service.

Aérer et ventiler les ateliers, surtout celui où se fait l'application des tontisses de laine ou de coton ou de drap, et où s'opère le *brossage* des papiers colorés avec le vert de Schweinfurst.

Dans ce dernier cas, conseiller aux ouvriers de se laver les mains, de se gargariser et mouiller les narines en sortant chaque jour de l'atelier.

Ne pas fabriquer de colle dans l'établissement.

Isoler complétement l'atelier de chauffage des couleurs pour la fabrication des papiers marbrés.

Dans le cas où l'on autoriserait une fabrique de vernis pour les besoins de l'établissement, la soumettre à toutes les prescriptions relatives à cet objet. Voir *Vernis* (*Fabrique de.*)

(Voir l'ordonnance sur les papiers colorés du 28 février 1855, à l'article *Sucres* (*Industrie des*).

Papier tue-mouche. Voir *Arsenic*, t. I, p. 259.

Brocheurs en grand. Voir t. I, p. 340.

Cartonniers (2ᵉ classe). — 15 octobre 1810. — 14 janvier 1815.

Détail des opérations. — Le carton grossier est le seul dont la fabrication puisse avoir des inconvénients. A l'article *Papier*, on peut voir les principaux détails de cette industrie. Cependant elle est très-souvent exercée en *petit*, soit dans les grandes villes, soit dans les campagnes. Elle nécessite un grand atelier muni d'un moulin à moudre la pâte, — d'une presse, — d'un séchoir et d'un magasin pour les matières qui servent à confectionner la pâte. Ces substances sont des vieux chiffons et des vieux papiers. On commence par le *triage*, puis par la *macération* dans une grande cuve. Il faut de toute nécessité avoir de l'eau en abondance à sa disposition. Quand la pâte est faite, on la met en moule ou en forme, puis on la soumet à la presse en interposant entre chacune des feuilles de carton une pièce de coton ou de laine. Ces feuilles sont ensuite placées au séchoir ou à l'étuve. Souvent à la campagne on les expose à l'air extérieur.

J'ajouterai quelques détails sur le carton de collage.

Il est souple, tenace, et formé en collant les unes sur les autres plusieurs feuilles de papier blanc ; quelquefois l'intérieur est constitué par des feuilles de papier gris. Ce carton se fabrique de la manière suivante.

On commence par faire le *mélage* du papier, c'est-à-dire qu'on dispose les feuilles en piles dans l'ordre de superposition qu'elles doivent occuper dans le carton, de manière à n'avoir qu'à les prendre successivement. Le *colleur*, ayant à sa droite le pot à colle et la brosse à longs poils de crin pour l'étendre, place vis-à-vis de lui une feuille de papier ordinaire pour garde sur un plancher de chêne, puis une feuille de papier blanc, étend une couche de colle, puis une feuille grise, puis une nouvelle couche de colle et deux feuilles blanches, dont l'une doit servir pour le carton suivant et n'adhérer aux précédentes que par les bords.

Quand on a ainsi collé une pile de carton, on la couvre avec une feuille ordinaire et on la soumet à l'action d'une presse à vis, en n'exprimant que lentement, de quart d'heure en quart d'heure, pour laisser une suffisante quantité de colle faire prise.

On *torche* les tas, au moyen d'un pinceau doux, mouillé, pour enlever les bavures de la colle au sortir de la presse. Ces feuilles de carton se nomment *étresses*; on les perce à quinze millimètres environ du bord pour les suspendre par trois, au moyen d'un fil de laiton de la grosseur d'une épingle, en évitant tout contact. — Quand le carton n'est pas destiné aux cartes à jouer, on les isole même complétement. On presse à la fin, pour lisser et prévenir toute déformation.

Cartonnages.

Ce carton est découpé suivant la forme à donner aux objets que l'on veut fabriquer : on taille en biseau les bords à superposer pour que les deux épaisseurs réunies ne dépassent sensiblement pas celle du carton lui-même. Quand la pièce est compliquée, les différentes parois sont appliquées sur un moule, on colle les bordures qui les réunissent et le papier qui doit les recouvrir. — Dans quelques ouvrages, le carton est embouti au marteau, d'autres fois il est gaufré à la presse, de manière à lui donner un aspect plus agréable.

Avec la pâte de carton, plus ou moins analogue à celle qui a été décrite, on fabrique aussi divers objets, comme des *boutons*, *tabatières*, etc., etc.

Causes d'insalubrité. —-Danger d'incendie par l'accumulation de matières combustibles.

Causes d'incommodité. — Odeur des vieux papiers et chiffons.

Odeur du carton macéré et buée qui s'échappe de la pâte qu'on fait bouillir.

Écoulement des eaux de macération.

Danger d'incendie dans le cas d'une étuve et à cause de l'accumulation de matières inflammables. (*Vieux chiffons, vieux papiers et carton fabriqué.*)

Prescriptions. —Ne jamais avoir de dépôt de chiffons au delà des besoins de la fabrique.

Daller, paver ou bitumer le sol de l'atelier.

Aérer énergiquement le magasin où seront déposés les chif. fons et débris de papier, avant ou après le triage.

Avoir suffisamment d'eau pour pratiquer la trempe, la ma. cération et le nettoyage de l'atelier.

Ne jamais jeter sur la voie publique les résidus putrides de la macération de la pâte.

Recevoir dans des vases ou dans un réservoir placé convena. blement les eaux qui s'écoulent de la presse.

Si l'on ne sèche pas les feuilles de carton dans les champs ou de grandes cours, mais dans des séchoirs ou étuves, construire les étuves en matériaux incombustibles, — avec porte doublée en tôle à l'intérieur.

Placer cette étuve loin du magasin aux chiffons et aux vieux papiers.

Tabatières en carton (Fabrication des) (2ᵉ classe). — 14 juillet 1815.

Voir l'article *Cartonniers*, t. II. p. 278.

Les prescriptions sont les mêmes.

Il faut surtout défendre la fabrication et l'usage des vernis, quand l'industriel n'y a pas été autorisé d'une manière spéciale.

PARCHEMIN.

Parcheminiers. Voir *Cuirs (Industrie des)*, t. I, p. 537.

Parchemin (Colle de). Voir *Colles (Industrie des)*, t. I, p. 426.

PATE PHOSPHORÉE. Voir *Phosphore*, t. II, p. 283.

PEAUX (TRAVAIL DES). Voir *Cuirs (Industrie des)*, t. I, p. 501.

PEIGNAGE EN GRAND DES CHANVRES ET LINS DANS LES VILLES (ATELIERS POUR LE) (2ᵉ classe). — 27 janvier 1837. — 28 mai 1838.

DÉTAIL DES OPÉRATIONS. — Le peignage en grand des chanvres et lins a lieu dans de vastes ateliers qui, il faut bien l'avouer, ne sont pas toujours disposés de manière à remédier aux inconvénients qu'il fait naître. Il se pratique soit au métier ou à l'aide de machines, soit à la main. Il a pour but de classer les fils de lin par nature et par longueur en écheveaux prêts à être livrés au commerce, et en même temps de les débarrasser d'une foule de matières étrangères qui en altèrent la pureté, la forme et le poids.

Causes d'insalubrité. — Poussière qui pénètre dans les voies aériennes des ouvriers travaillant à cette industrie et qui irrite les paupières et les yeux. — Elle peut donner lieu à des bronchites, des hémoptysies, des tubercules pulmonaires, des opthalmies, etc., etc.

Danger d'incendie lié à l'accumulation de matières végétales desséchées, — et à l'état d'une atmosphère chargée de substances organiques légères et déposées peu à peu en couches épaisses sur les murs et sur tout le mobilier.

Causes d'incommodité. — Bruit et poussière pour les voisins. Odeur nauséabonde.

Prescriptions. — Établir dans chaque atelier une large cheminée d'appel destinée à entraîner presque toute la poussière produite. Ventiler convenablement l'atelier.

Ne pas ouvrir les fenêtres donnant sur la voie publique ou sur les voisins pendant le travail.

Conseiller aux ouvriers de se laver fréquemment la figure, les yeux, et de se gargariser. — Et mieux encore de cesser ce travail dès qu'ils seront atteints d'opthalmie, de laryngite ou de bronchite rebelles. N'éclairer les ateliers qu'à l'aide de verres dormants ou de lanternes.

PEINTURE GALVANIQUE. Voir *Étain (Industrie de l'*), t. I, p. 633.

PÉRAS ARTIFICIELS. Voir *Combustibles (Industrie des*), t. I, p. 454.

PERLES.

Perles en verre (Fabrique en grand de) (2ᵉ classe, par assimilation au dérochage).

Détail des opérations. — Cette industrie, qui occupe un assez grand nombre d'ouvriers dans les villes de première classe, se pratique de la manière suivante.

Un nombre variable d'ouvrières sont rangées autour d'une

table. Chacune a une lampe d'émailleur à sa disposition. De la main droite elles présentent à la flamme de la lampe une baguette en verre de quelques millimètres d'épaisseur et de couleur variée, selon la coloration qu'on tient à donner aux perles. De la main gauche, armée d'une tige en cuivre très-mince et ronde, elles détachent un fragment de verre, devenu presque liquide à la chaleur de la lampe : par un mouvement léger de rotation imprimé à la tige de métal, le verre prend tout de suite une forme ronde : on le soustrait à l'action de la flamme, on coupe la tige à quelques millimètres de la perle, et on laisse refroidir. Cette opération se fait très-rapidement et permet d'obtenir ainsi, soit des perles, soit des épingles à tête de verre de couleur variée : celles-ci sont en général fixées sur des tiges d'acier. Jusqu'ici rien d'insalubre. Mais il faut enlever du centre des perles la portion de tige de cuivre qui y est restée enchâssée. Pour cela, on plonge ces perles dans un bain d'acide azotique qui dissout le métal, en donnant lieu comme le dérochage à la production d'une grande quantité de vapeur d'acide hypo-azotique.

Les perles peuvent alors être enfilées avec des fils en caoutchouc; on en expédie de très-grandes quantités au Brésil et au Pérou.

Les causes d'insalubrité et d'incommodité, ainsi que les prescriptions qui doivent être ordonnées en cette circonstance, sont toutes celles du dérochage. (Voir *Cuivre* (*Industrie du*), t. I, p. 580.)

On pourrait, à cause du travail du verre, rapprocher cette industrie de l'art céramique.

Perles fausses. Voir, au mot *Alcali*, le paragraphe *Usages*, t. I, p. 199.

On les fabrique à l'aide des particules brillantes, ou écailles qui se détachent du corps des *ablettes* et qu'on ramollit dans l'alcali, pour en composer ce qu'on nomme dans le commerce l'essence de perles d'Orient. — On applique cette préparation à la face interne des globes, etc, etc. L'emploi de l'alcali dans ce cas n'offre pas en général d'inconvénient.

PHOSPHORE (Industrie du).

Phosphore blanc (Fabriques de) (2ᵉ classe). — 5 novembre 1826.
Phosphore amorphe rouge (Fabriques de) (3ᵉ classe). — 1857.

Le phosphore ne se trouve guère dans la nature qu'à l'état d'acide phosphorique, en combinaison avec les bases. On le rencontre à l'état de phosphate de chaux naturel; on le trouve dans l'économie animale, dans le cerveau, dans l'urine, où Brandt le découvrit en 1669. — On l'extrait des os, qui le contiennent à l'état de phosphate de chaux.

Fondu à soixante ou quatre-vingts degrés, il devient *noir* si on le refroidit brusquement. — Il se colore en rouge à la lumière, même dans le vide. On le conserve sous l'eau non aérée, à l'abri de la lumière; il s'y recouvre souvent d'une croûte blanche qu'on croit un hydrate de phosphore. Il est éminemment cassant, s'il contient des traces de soufre.

Phosphore blanc.

Détail des opérations. — *Extraction*. — Depuis longtemps on a cessé de le retirer de l'urine, qui n'en donnait presque pas; il s'y trouvait à l'état de phosphate double de soude et d'ammoniaque. On emploie les os calcinés.

Calcination des os. — Pour calciner les os, on se sert souvent de fours coulants, semblables à ceux de la fabrication de la chaux, et l'on fait rendre les vapeurs et les gaz infects dans une haute cheminée.

Calcination dans un four coulant fumivore. — On a essayé avec succès de brûler les gaz de la calcination en se servant d'un four coulant cylindrique dont l'embouchure supérieure est rétrécie et garnie d'un manchon en fonte près du bas; des ouvertures en créneaux mettent en communication la capacité de ce four avec une galerie circulaire qui aboutit à la cheminée. Une grille à barreaux mobiles se trouve au foyer, on la charge de combustibles légers qu'on allume; la flamme passe dans la galerie circulaire par les créneaux avant d'arriver à la cheminée. On charge d'os riches en matières combustibles, et, quand il s'est établi une combustion régulière, on enlève un à un les barreaux, afin que les os brûlés tombent sur le sol en pente; on entretient le fourneau d'os nouveaux qu'on introduit par le manchon supérieur à mesure qu'on retire des os brûlés. La combustion s'opère d'une manière continue par les gaz provenant de la matière organique des os; ces gaz, obligés de traverser une masse incandescente, passent brûlés dans la cheminée sans entraîner d'odeur infecte. Les os calcinés contiennent 80 à 82 pour 100 de phosphate de chaux tribasique.

On pulvérise les os calcinés dans un moulin à meules verticales.

Il faut décomposer le phosphate par l'acide sulfurique, qui donnera du sulfate de chaux et du phosphate acide de chaux. Celui-ci est retiré par des lavages continus et décomposé par le charbon et donne le phosphore.

On opère la décomposition des os par l'acide sulfurique dans un cuvier garni de plomb, on met environ cent litres d'eau bouillante pour vingt kilogrammes d'acide et vingt kilogrammes d'os en poudre qu'on n'ajoute que peu à peu, pour laisser dégager l'acide carbonique; on opère avec des quantités semblables de matières tant que le permet la capacité du cuvier.

La matière maintenue chaude est abandonnée à elle-même pour parfaire la réaction. Au bout d'un temps assez long, on décante le liquide clair qui surnage, et qui forme le phosphate acide.

L'épuisement du sulfate de chaux contenant du phosphate acide mis en liberté a lieu avec les liqueurs faibles provenant de lavages de sulfate déjà presque épuisé. On opère souvent par filtration au lieu d'opérer par délayage.

Quand on a réuni les liqueurs provenant de ces lavages méthodiques, on les concentre jusqu'à cinquante degrés dans des cuviers en plomb, à l'aide de la vapeur d'eau circulant dans un serpentin. Le *sirop* obtenu est mêlé à 20 pour 100 de son poids de poussier de charbon et constitue ce que l'on nomme le *miel*. On enlève l'excès d'acide sulfurique et l'eau de ce *miel* en le chauffant dans une chaudière de fonte et l'agitant constamment.

Il faut graduellement arriver presque jusqu'au rouge brun.

On remplace quelquefois cette chaudière par une plaque de fonte chauffée dans un four à réverbère. Elle présente une plus grande surface d'évaporation; un maniement plus facile, et permet de lancer les gaz directement dans la cheminée.

Distillation. — Le produit sec pesant, friable, provenant de cette dessiccation est employé à remplir aux trois quarts de grandes cornues en terre à creuset, ou même en grès, *qu'on lute soigneusement d'argile et de crottin de cheval.* Ces cornues sont disposées sur deux rangs; un foyer placé en avant et au-dessous des carneaux donne une flamme qui vient sous les cornues et s'échappe au-dessus de chacune d'elles avant de se rendre sous une voûte générale et de là jusqu'à la cheminée.

Les becs des cornues s'adaptent dans des allonges en cuivre qui s'engagent dans des récipients en cuivre ou en plomb, *le tout parfaitement luté.* Le récipient a un couvercle qui donne issue aux gaz; il contient de l'eau qui sert à condenser le phosphore et à le préserver de l'air.

Le feu est conduit très-lentement d'abord; il se dégage de *la vapeur d'eau, de l'hydrogène, de l'oxyde de carbone;* ce n'est que plus tard, quand la température est très-élevée, que s'opère la décomposition et qu'il se dégage *de l'hydrogène phosphoré.* Il ne faut pas laisser trop s'échauffer les récipients et empêcher aussi l'engorgement du bec du récipient en le débarrassant des corps qui s'y condenseraient.

Purification. — L'opération dure environ soixante heures; il faut, à la fin de l'opération, que les cornues aient subi une température presque blanche qui les fait quelquefois s'affaisser sur elles-mêmes.

Quand la distillation est achevée, on rejette les cornues contenant du posphate neutre et un excès de charbon. On retire le phosphore brut des récipients, on le fond, on l'enveloppe dans une peau de chamois, et le place dans un baquet et dans l'eau maintenue à cinquante degrés sur une écumoire en cuivre; au moyen d'un levier, on l'exprime graduellement pendant qu'il est fondu, il passe à travers la peau et se rassemble au fond du vase.

Cette opération, dangereuse à cause de la projection possible du phosphore, se fait maintenant en filtrant le phosphore brut, fondu sous l'eau, à travers une couche de noir animal en grains. C'est un vase cylindrique en cuivre chauffé par un bain-marie, muni d'un tuyau d'écoulement à sa base et par lequel vient s'écouler le phosphore filtré et décoloré. De là, ce phosphore passe à travers une peau de chamois qui forme le faux fond d'un cylindre rempli d'eau, chauffé aussi au bain-marie et muni d'un tuyau par lequel il s'écoule encore fondu. Cet écoulement est rapide, parce qu'on exerce une pression à l'aide d'une pompe qui refoule de l'eau chaude à la partie supérieure.

On le refond sous l'eau pour le remettre en baguettes au moyen de tubes en verres coniques, soit par l'aspiration par la bouche, soit à l'aide d'une cuvette à robinets, ce qui est moins dangereux.

On retire environ 8 à 9 pour 100 de phosphore des os brûlés. Le maximum possible serait 11 pour 100.

Fabrication par le phosphate de plomb. — On a proposé et mis en pratique le procédé suivant pour la préparation du phosphore. On traite les os non calcinés par de l'eau aiguisée de un dixième d'acide nitrique; après macération de quelques jours, il ne reste plus qu'un cartilage qui peut servir à l'obtention de la gélatine. La liqueur acide est traitée par l'acétate neutre de plomb; on lave et sèche le précipité de phosphate de plomb; puis on le porte dans des creusets ou des fours à une température voisine du rouge pour le condenser sous un volume moindre de moitié. On l'a ainsi pulvérulent, dense et non fondu; mêlé à un sixième de charbon et distillé à la manière ordinaire, il donne du phosphore.

Fabrication par l'acide chlorhydrique et le phosphate des os. — On n'a pas encore appliqué en grand le procédé suivant à cause de la difficulté de se procurer des vases résistants à une forte chaleur dans de grandes dimensions.

On met dans un tube de porcelaine un mélange à parties égales de charbon et de cendre d'os; l'une des extrémités du tube est terminée par une allonge courbée à angle droit qui plonge dans un flacon d'eau froide faisant l'office de récipient. Un tube à gaz amène à l'autre extrémité un courant d'acide chlorhydrique gazeux bien desséché; on chauffe le tube au rouge vif avant de faire passer le courant d'acide; il se dégage par l'allonge de l'*oxyde de carbone* et des *vapeurs de phosphore* qui se condensent. On pourrait utiliser directement l'acide chlorhydrique provenant de la fabrication du sulfate de soude.

Procédé Hugo-Fleck. — On a proposé en 1857, dans le but d'augmenter le rendement, le procédé suivant de préparation du phosphore.

Les os, nettoyés, broyés et dégraissés autant que possible, sont mis en macération avec de l'acide chlorhydrique jusqu'à ce qu'on ait dissous toute la partie minérale et qu'il ne reste plus qu'un cartilage qu'on transforme en gélatine. La liqueur contient du chlorure de calcium et du biphosphate de chaux; on l'évapore dans des vases de terre vernie chauffés par le feu du four à phosphore, et l'évaporation est poussée jusqu'à trente-huit degrés Baumé; on retire alors les vases du feu pour les laisser refroidir, on obtient par refroidissement des cristaux de biphosphate de chaux; les eaux mères en fournissent une nouvelle quantité par évaporation. (L'acide phosphorique qui reste dans les dernières eaux mères est obtenu en saturant celles-ci par la chaux; on obtient du phosphate de chaux qu'on décompose avec le résidu des cornues par l'acide chlorhydrique, qui fournit une nouvelle quantité de biphosphate de chaux.)

Le biphosphate de chaux ne pouvant, à cause de sa grande solubilité, être lavé pour en séparer le chlorure de calcium, on le presse entre des toiles, ou mieux, on l'essore sur des plaques poreuses au-dessous desquelles on raréfie l'air; on le mélange ensuite avec un quart de son poids de charbon et on passe au tamis ce mélange avant de l'introduire dans les cornues. L'auteur recommande de subtituer aux cornues ordinaires les cylindres en argile appelés cornues à gaz, de les disposer comme celles-ci, au nombre de cinq dans un même foyer, enfin de faire arriver les tubes de dégagement dans un récipient commun, analogue au barillet des usines à gaz, dans lequel circule constamment un courant d'eau froide.

Causes d'insalubrité.— Danger d'incendie par l'inflammation des produits à l'air libre, et par son extension à l'usine.

Danger de brûlures pour les ouvriers.

Danger d'empoisonnement.

Causes d'incommodité. — Odeurs mauvaises.

Dégagement de vapeurs formées d'hydrogène, d'oxyde de carbone, d'hydrogène phosphoré, de sulfure de carbone, pendant la distillation.

Projection possible du phosphore pendant les manœuvres de la purification, par la rupture des cornues (ancien procédé).

Fumée pendant la calcination.

Prescriptions. — Opérer le mélange de la poudre d'os et de charbon avec l'acide sulfurique sous le manteau d'une cheminée haute de quinze à vingt mètres et d'un bon tirage.

Aérer énergiquement l'atelier de travail.

Ne pratiquer l'aspiration dans les tubes de verre qu'à l'aide d'un siphon contenant de l'eau chaude alcoolisée, dans une ampoule ou renflement, que traverseront nécessairement les vapeurs de phosphore, et qu'on renouvellera souvent.

Conserver le phosphore dans des vases en fer pleins d'eau, et les emmagasiner dans un lieu sec.

En cas de brûlure par le phosphore, avoir toujours de l'huile dans les ateliers, et y faire tremper les doigts ou les parties blessées.

Phosphore rouge.

Détail des opérations. — On a remarqué depuis longtemps que le phosphore prenait une couleur rouge sous l'influence de la lumière solaire, et que cette couleur se manifestait aussi dans les gaz azote, hydrogène et autres, comme dans l'air. Aussi ne peut-on croire à la formation d'un oxyde, mais bien à un changement d'état moléculaire.

Le phosphore amorphe ou phosphore rouge est le corps qui donne au phosphore ordinaire exposé à la lumière la couleur

qu'il y prend. Il est rouge brun, dur, au point de rayer facilement le spath d'Islande, il ne fond pas à deux cent cinquante
degrés : au delà de cette température il redevient phosphore
blanc. Sa densité est plus forte que celle du phosphore ordinaire; elle est de 2,10 environ. Il est insoluble dans les dissolvants ordinaires du phosphore, même dans le sulfure de carbone;
il ne brûle pas à l'air, si ce n'est à deux cent soixante degrés,
quand il repasse à l'état de phosphore; ordinairement, il ne s'enflamme pas par broyage avec le sucre et les matières organiques
analogues; *il n'est point vénéneux.* Il paraît ne pouvoir s'enflammer à l'air par frottement, qu'en présence du chlorate
de potasse.

Il faut, pour l'obtenir, maintenir pendant huit à douze jours
le phosphore ordinaire en vase clos à une température de cent
soixante-huit à cent soixante-douze degrés; la plupart des auteurs disent de deux cent trente à deux cent cinquante degrés,
et Schrotter lui-même qui l'a découvert.

Fabrication industrielle. — L'appareil se compose de trois
vases concentriques en fonte en forme de creusets. Le plus externe forme le bain-marie métallique, composé d'un alliage de
parties égales de plomb et d'étain; le plus interne contient le
phosphore; on place entre ces deux vases un troisième vase contenant du grès pilé pour servir de bain intermédiaire et faciliter
le maintien d'une chaleur constante.

On met quelquefois un quatrième vase en porcelaine, moins
bien ajusté dans le dernier vase de fonte, mais moins haut et
dans lequel on introduit le phosphore; ce vase de porcelaine
n'est pas absolument nécessaire.

Un couvercle en fonte, maintenu par une vis de pression
munie d'un étrier à trois branches, sert à fermer le vase intérieur en fonte. Ce couvercle porte un pas de vis dans lequel
vient s'enrayer un tube ou siphon plongeant dans le phosphore
par une de ses extrémités et dans un bain de mercure par
l'autre. Ce tube est muni d'un robinet pour intercepter la communication au moment où le refroidissement s'opérant le mercure tend à passer dans l'appareil; il a pour objet de servir de

tube de sûreté en laissant passer les gaz et empêchant l'air de s'introduire dans l'appareil.— *Quelquefois, par mesure de précaution, on ajoute un deuxième couvercle en fonte pour parer aux dangers d'une rupture.*

Pendant tout le temps de l'opération on chauffe à l'aide d'une lampe le tube ou siphon au-dessous de la courbure pour liquéfier le phosphore qui se trouve entraîné.

On commence par chauffer graduellement pour chasser l'eau et l'air qui adhèrent au phosphore; on arrive à obtenir des vapeurs qui s'enflamment à l'air; c'est une ou deux heures après qu'on élève à cent soixante-dix degrés la température et qu'on la maintient six à huit jours. Quand la matière est refroidie, on l'enlève, on la broie et la soumet à un lavage au sulfure de carbone, puis à une solution alcaline pour enlever tout le phosphore ordinaire.

On a proposé ce moyen pour éviter les chances d'inflammation et la fâcheuse présence de grandes quantités de vapeurs de sulfure de carbone dans l'atmosphère. On se fonde sur la différence de densité des deux modifications du phosphore. Le phosphore ordinaire ayant pour densité 1,77 et le phosphore amorphe 2,10, on emploie une solution de densité intermédiaire de chlorure de calcium, marquant 38 à 40° Baumé; on y place le phosphore amorphe brut, bien divisé; il se sépare en deux couches, l'une se précipite, c'est le phosphore amorphe; l'autre surnage, c'est le phosphore ordinaire.

Pour éviter autant que possible les chances d'inflammation, on opère dans une cornue ou un vase fermé; on y place le phosphore amorphe brut, on y introduit le sulfure de carbone, puis la solution de chlorure de calcium et on agite. Le sulfure de carbone dissout le phosphore ordinaire et vient surnager. Il faut rarement plus de deux ou trois lavages. On décante chaque fois le sulfure de carbone chargé de phosphore.

On peut aussi séparer le phosphore ordinaire du phosphore amorphe en exposant à l'air le produit pulvérisé, humide; le phosphore ordinaire s'acidifie, et il ne reste qu'à le laver à grande eau; on fait sécher le phosphore amorphe.

CAUSES D'INSALUBRITÉ. —Danger de rupture de l'appareil.

Danger d'inflammation et d'explosion des appareils.

CAUSES D'INCOMMODITÉ. — Dégagement de vapeurs de sulfure de carbone au moment du lavage.

Eaux de lavage.

PRESCRIPTIONS. — Opérer sous le manteau d'une cheminée comme pour la fabrication du phosphore blanc.

Ventiler très-activement l'atelier.

Procéder au lavage sous la hotte d'une cheminée et à vases fermés ou dans une cornue. — Y introduire successivement et avec beaucoup de précautions le phosphore, le sulfure de carbone et la lessive alcaline.

Décanter chaque fois le sulfure de carbone chargé de phosphore blanc.

Dans un article remarquable inséré dans les *Annales d'hygiène publique et de médecine légale* (octobre 1859), M. Gaultier de Claubry a parfaitement fait ressortir les dangers de l'usage du phosphore blanc, de la préparation du phosphore rouge et l'innocuité, comme à peu près la suffisance sous tous les rapports des allumettes *sans phosphore*. Il a de plus insisté sur les avantages qui résulteraient pour l'agriculture de la suppression des fabriques de phosphore *blanc* et *rouge*, en lui rendant directement et utilement tous les os qui lui sont enlevés par cette industrie.

Pâte phosphorée pour empoisonner les animaux.

L'administration tolère, et à tort, selon moi, la vente d'une pâte dite phosphorée, destinée à la destruction des animaux incommodes ou nuisibles.

Cette pâte est formée par le phosphore blanc divisé à chaud, au moyen d'une dissolution de gomme arabique, et mélangée ensuite à quelque substance alimentaire (farine, saindoux.)

Il peut arriver que des oiseaux de basse-cour, que du gibier dans les bois où on en a jeté pour tuer les renards et les loups, mangent des fragments de cette pâte et que leurs chairs en soient empoisonnées. Dans la campagne surtout et sur les marchés des villes, on peut vendre ces animaux, et l'on en comprend le danger.

J'appelle donc l'attention des conseils d'hygiène et des administrateurs sur cette tolérance, que je crois nuisible à la santé publique.

Allumettes chimiques (Fabrication d') (1re classe). — 27 janvier 1837. — 15 août 1841. — Décision ministérielle.

Allumettes préparées avec des poudres fulminantes (2e classe). — 25 juin 1823.

Allumettes préparées avec le phosphore amorphe (3e classe). — 1857-1858.

Briquets oxygénés phosphoriques (Fabrique de) (3e classe). — 5 novembre 1826.

Briquets phosphoriques.

Détail des opérations. — Quand le phosphore fut découvert, on en fit l'application à la fabrication des briquets dits phosphoriques; on inventa plusieurs procédés :

1° On fond, dans un petit tube de verre ou de plomb, une certaine quantité de phosphore; on le bouche avec un bouchon de même matière pour laisser le refroidissement s'accomplir. On s'en sert de la manière suivante : On prend une allumette simplement soufrée, on détache une petite parcelle de phosphore, on frotte vivement l'allumette sur un morceau de liége ou de feutre ; le phosphore s'enflamme, le soufre prend feu à son tour et fait brûler l'allumette. Souvent, pour donner plus d'action au phosphore, on le maintient fondu et on l'agite avec une tige de fer, de manière à le convertir partiellement en oxyde rouge ou mieux en phosphore rouge.

2° On fait aussi ces briquets en fondant du phosphore avec une matière qui n'a pas d'action sur lui, comme la silice, la magnésie, l'alumine, l'oxyde de fer; on mélange les matières intimement pendant le refroidissement. Si l'on plonge dans ces tubes un morceau de bois quelconque, qu'on l'expose à l'air, il prend feu immédiatement et fournit une combustion assez vive pour enflammer l'allumette.

Il faut avoir soin de tenir toujours ces briquets bien fermés pour éviter qu'au contact de l'air ils ne prennent feu spontanément.

Briquets oxygénés.

Aux briquets phosphoriques, on a substitué les briquets oxygénés :

1° On se sert d'allumettes soufrées, qu'on garnit d'une pâte dite *oxygénée*, formée de vingt-cinq parties de soufre, trente de chlorate de potasse, deux de lycopode, un cinquième de cinabre, le tout aggloméré et bien divisé dans une solution de quatre parties de gomme arabique et trois de gomme adragant. Une fois ce mélange desséché à l'extrémité de l'allumette, il suffit pour l'enflammer de la plonger dans de l'acide sulfurique, maintenu dans un flacon au moyen d'un pinceau d'amiante.

2° On modifie cette disposition incommode pour se procurer partout du feu en faisant une émulsion de phosphore avec une solution épaisse de gomme, en y ajoutant du chlorate de potasse et du bleu de Prusse pour colorer. Cette pâte, fixée et desséchée au bout des allumettes, produisait bien l'inflammation désirée, mais projetait des étincelles dangereuses en donnant lieu à une sorte d'explosion. On remplaça le chlorate par les azotates de plomb, de potasse, mais les dangers de la préparation furent bientôt établis par plusieurs explosions et accidents graves.

Allumettes.

Les allumettes ordinaires sont en bois de tremble, de pin ou de sapin; on le dessèche en bûches dans des fours à air chauffés à deux cents degrés environ, puis, on le scie de la longueur de l'allumette, de manière à former de petits cylindres. On découpe ceux-ci à l'aide d'un grand couteau fixé à une de ses extrémités, par une série de coups parallèles, puis croisés à angles droits, pour produire ces longs parallélipipèdes connus de tout le monde.

Soufrage. — Pour les soufrer, on les met en paquet de deux à trois mille au moyen d'un gros fil; on les trempe, sur une longueur de cinq à six millimètres, dans du soufre fondu, maintenu à une température de cent vingt ou cent trente degrés; on les secoue en les sortant du bain, afin d'enlever l'excès adhérent, si l'on fait simplement des allumettes soufrées.

Si on veut les rendre inflammables, on les soufre par cinq ou six cents seulement, on les laisse adhérer par la base, comme peut les produire le découpage; ou bien on les dispose dans des cadres pouvant contenir trente-deux rangées de quarante allumettes, maintenues par différents moyens; on serre le cadre après les avoir mis sur le même plan. On fait sécher ces cadres sur une plaque de fonte à deux cent cinquante degrés, et on les trempe dans un bain de soufre à cent vingt ou cent trente degrés.

Allumettes inflammables sans bruit.

Les allumettes soufrées sont rendues inflammables, en posant pendant un instant les cadres qui en sont garnis, sur une table de marbre couverte d'une épaisseur de trois millimètres environ d'une pâte demi-fluide à la gomme ou à la colle et qui est à peu près celle-ci :

	A la colle.		A la gomme.
Phosphore blanc. .	2,5	. . . .	2,5
Colle forte.	2,0	Gomme. . .	2,5
Eau.	4,5	. . . .	3,0
Sable fin.	2,0	. . . .	2,0
Ocre rouge.	0,5	. . . .	0,5
Vermillon.	0,1	. . . .	0,1
Ou bleu de Prusse. .	0,5	. . . .	0,5

Quand on se sert de gomme, on opère à froid sur le marbre, et à chaux avec la pâte à la colle; on fait l'émulsion de gomme et de phosphore ainsi qu'il suit :

Quand on emploie la colle forte, on la concasse, on la laisse gonfler dans l'eau, puis on la fond dans une espèce de cucurbite d'alambic chauffée au bain-marie. Dès que la colle est fondue et possède une température de cent degrés, on la pose sur un établi percé pour engager cet appareil, on y ajoute peu à peu le phosphore qui fond aussitôt. Pendant le refroidissement, on ajoute de plus en plus avec un morceau de bois garni de crins, de manière à obtenir une émulsion de phosphore très-divisé; on y incorpore le sable et la matière colorante, on étend cette pâte

sur le marbre, qu'on maintient à cette température au moyen
d'un bain-marie.

Les allumettes imprégnées de pâte sont laissées à l'air pendant trois heures pour les faire dessécher, puis on les met dans
une étuve; en une heure ou deux, les allumettes à la colle sont
desséchées, tandis qu'il faut vingt-quatre heures pour celles à la
gomme. Au sortir de l'étuve on les assemble en bottes, et on
les met en boîtes. Ce procédé dit à *la mécanique*, à cause de
la rapidité avec laquelle les allumettes sont fabriquées, est fort
défectueux, laisse se répandre dans l'atelier beaucoup de vapeur de soufre et de phosphore, et offre plus de chances d'incendie.

(Voir, dans les prescriptions, les détails des opérations.)

C'est pendant ces diverses manipulations que les ouvriers,
ceux surtout qui ont de mauvaises dents, deviennent malades.
MM. Boussingault et Chevallier n'ont jamais observé de cas de
nécroses des maxillaires chez les ouvriers attachés aux fabriques
de phosphore, où règne cependant une atmosphère chargée notablement de vapeurs phosphorées : il ne faut pas en être
trop surpris. En effet, les conditions sont là bien différentes de
ce qui se passe dans les ateliers de fabrication des allumettes
phosphoriques. Dans le premier cas, dans la production du
phosphore et dans les usines bien tenues, c'est à peine si l'on voit
quelques vapeurs : elles sont disséminées dans un espace d'air
considérable; car presque toutes les opérations se font *sous l'eau*,
même dans l'épuration du phosphore. L'industriel a intérêt à
ce qu'il en soit ainsi. Dans les fabriques d'allumettes, toutes les
manipulations (fabrique de la pâte, imprégnation des allumettes,
mise en boîte), tout se *fait à l'air*, et il y a un nuage constant de
vapeurs phosphorées répandues dans la très-petite quantité d'air
qui circule dans des ateliers d'une minime dimension. L'action
du phosphore doit donc être bien plus constante. Il faudrait rechercher si *l'air ozoné* auquel donne lieu le phosphore ne serait pas la cause, ou une des principales causes des accidents.

Allumettes sans soufre.

Les bois préparés et fixés dans leurs cadres sont chauffés de manière à acquérir vers le bout une teinte légèrement rousse, puis plongés dans une couche de trois millimètres d'acide stéa-rique fondu au bain-marie dans une bassine plate. On recouvre ces allumettes d'une pâte très-inflammable contenant un corps très-oxydé pour augmenter l'inflammation.

Phosphore blanc. 3,0
Gomme adragant. 0,5
Eau. 3,0
Sable fin. 2,0
Bioxyde de plomb. 2,0

Ces allumettes prennent feu plus rapidement sur leur lon-gueur, parce que la matière grasse propage plus facilement la flamme, en brûlant elle-même.

Allumettes bougies.

Les allumettes bougies sont garnies à leur extrémité avec la pâte qui vient d'être décrite; le bois y est remplacé par une bougie formée d'une mèche, dont les fils de coton qui la composent n'ont subi pour ainsi dire aucune torsion : on les tient fixées et écartées sur un grand cylindre sur lequel elles se déroulent en passant dans un bain de cire fondue. Quand ces mèches sont refroidies, on les étire dans une filière pour les rendre cylindriques, on les coupe de la longueur voulue, on écarte un de leurs bouts et on le garnit de pâte phosphorée au moyen des dispositions déjà décrites; ces allumettes ont pour avantage de donner une lumière très-vive pendant un temps beaucoup plus long que les autres, et de ne point dégager la détestable odeur d'acide sulfureux.

Allumettes au phosphore rouge ou amorphe.

Dans soixante grammes d'une solution de gomme, contenant la moitié de son poids de gomme, on délaye quarante grammes de chlorate de potasse pulvérisé, puis quarante grammes de phosphore rouge en poudre, enfin vingt-cinq grammes de verre pilé; le mélange intime de ces matières est étendu sur une table de marbre, selon une épaisseur de deux ou trois millimètres; il sert à imprégner les allumettes soufrées. Quand on fait usage de la gélatine, on la dissout dans l'eau à cinquante degrés, et pour soixante-quinze parties de colle visqueuse, on ajoute quarante grammes de chlorate pulvérisé, quarante grammes de phosphore amorphe et quinze à vingt grammes de verre pilé; le mélange est étendu sur un marbre chauffé à trente-cinq ou quarante degrés, au moyen de la vapeur d'eau d'un vase inférieur. Les allumettes sont séchées comme à l'ordinaire.

Le mélange du phosphore rouge avec le chlorate de potasse, pour former la pâte à allumettes, offre *des dangers sérieux d'inflammation, d'explosion même*. Un Suédois a imaginé d'isoler les deux éléments qui constituent ces allumettes : de fixer le phosphore rouge en poudre sur une carte spéciale et le chlorate à l'extrémité de l'allumette ; de la sorte on n'a pas à courir les risques d'une inflammation accidentelle; il suffit de frictionner l'allumette au chlorate de potasse sur la carte phosphorée, pour déterminer l'inflammation immédiate.

Les allumettes au phosphore amorphe des frères Coignet, de Lyon, sont faites par ce procédé. Il comprend deux méthodes : dans l'une, le mélange appliqué à l'allumette renferme le phosphore et le chlorate. — Dans l'autre, et qui est bien supérieure, la pâte adhérente à l'allumette ne contient que le phosphore rouge, et le chlorate est fixé sur une plaque isolée. Dans ce cas les incendies sont bien moins à redouter, car on a isolé l'un de l'autre l'agent d'oxydation (chlorate), et le corps à enflammer (phosphore).

Mais comme la préparation du phosphore rouge n'est pas tout à fait exempte de danger (déflagration), il serait à désirer qu'on ne fabriquât plus que des allumettes *sans phosphore*. Le fait est possible et déjà réalisé (avec un mélange de sulfure d'antimoine, de bioxyde de plomb et un peu de chlorate de potasse.)

Il existe un grand nombre de formules pour la préparation des allumettes fulminantes ou non. (Voir le mémoire de M. Tardieu, *Arch. d'hyg.* 1856.)

La substitution du phosphore *rouge* au phosphore *blanc* a opéré une révolution complète dans la fabrication des allumettes; seulement, il est à regretter qu'on ait été obligé de revenir à l'emploi du chlorate de potasse. Avec ces allumettes, cependant, chances d'incendie presque nulles. — Maladies des ouvriers annulées. — Empoisonnements volontaires ou accidentels rendus impossibles.

Ce qui va être décrit comme causes d'insalubrité et d'incommodité et indiqué comme *mesures*, n'a trait qu'aux allumettes préparées avec le phosphore *blanc*.

On fabrique depuis quelque temps des allumettes sans phosphore (blanc ou rouge), au moyen du chlorate de potasse additionné d'une petite quantité de bioxyde, d'oxysulfure de plomb... Ces allumettes ne sont point vénéneuses, et l'auteur, M. Canouille, assure que son procédé le met à l'abri des explosions que le chlorate mêlé à ces matières a toujours produites.

On a fabriqué depuis plus de vingt ans des allumettes dites *lucifères*, qui prenaient feu par simple frottement. Elles étaient faites avec un mélange de chlorate de potasse et de sulfure d'antimoine, mis en pâte avec de l'eau gommée, et dont une petite quantité était fixée à l'extrémité d'une allumette soufrée.

Au lieu de gomme, on a employé une dissolution de phosphore dans l'huile d'amandes douces, mais le moindre frottement, un rayon de soleil suffisaient pour déterminer l'inflammation de ces allumettes, aussi y a-t-on renoncé.

CAUSES D'INSALUBRITÉ. — Dangers d'incendie; — d'empoisonnement.

Nécrose des os maxillaires pour les ouvriers qui manipulent la pâte phosphorée. Avortements chez les femmes (ce fait a besoin d'être vérifié).

Explosions instantanées.

Accidents par les vapeurs d'acide arsénieux.

CAUSES D'INCOMMODITÉ. — Odeur souvent mauvaise quand il y a collection d'un grand nombre de paquets d'allumettes.

Odeur forte dans les ateliers.

Vapeurs d'acide sulfureux dans la fusion du soufre.

PRESCRIPTIONS. — Presque toutes sont indiquées dans les avis du Conseil de la Seine, relatés ci-après. Elles s'adressent à la fois au détail de la confection, au dépôt, à l'emmagasinement et au transport des produits. Je mentionnerai seulement les suivantes :

1° Pour les *allumettes fulminantes*.

Défendre l'emploi du phosphure de soufre.

Interdire dans la fabrication de la pâte l'addition de l'acide arsénieux.

N'autoriser la fabrication que dans un lieu isolé.

Permettre l'application de la pâte au centre des habitations. — Mais reléguer le mélange dans un atelier éloigné de toute demeure.

Défendre l'accumulation des matières fabriquées.

Conserver les allumettes dans des boîtes en cuir ou en bois. — Y introduire du son.

Lors du transport, déclarer la nature du produit.

Ventiler activement les ateliers.

2° Pour les *allumettes chimiques* ordinaires.

Défendre l'emploi du chlorate de potasse ou de tout autre sel rendant les mélanges explosibles.

Broyer à sec et séparément les matières premières.

Ne jamais préparer à la fois au delà de un kilogramme de matières mélangées de phosphore.

Conserver les matières à la cave, dans un vase plongé dans l'eau.

Construire l'atelier très-légèrement. — Le plafonner. — Sabler le sol. — L'isoler de toutes constructions. — Recouvrir de plâtre tous les bois apparents.

Limiter l'autorisation à cinq ans.

Séparer le soufroir de l'atelier du bottelage et de l'atelier de dessiccation des allumettes.

Fabriquer la pâte phosphorée dans un matras de cuivre au

bain-marie, à une température de soixante-quinze à quatre-vingts degrés.

Apporter les allumettes sèches à l'atelier du bottelage dans des caisses en métal ayant un couvercle en métal. Les enfermer dans des boîtes en bois ou en carton. — Les transporter dans des caisses en métal.

N'admettre dans les ateliers de trempe et de mise en boîte, que les ouvriers et ouvrières ayant de bonnes dents et les gencives très-saines.

Maintenir toujours *un* ou plusieurs tonneaux pleins d'eau dans les ateliers, — en cas d'incendie.

N'y laisser séjourner aucun débris d'allumettes de rebut.

3° Pour les *allumettes au phosphore rouge* ou *amorphe.*

Observer les mêmes précautions générales et spéciales pour la préparation de la pâte phosphorée, — et la conservation et l'usage du chlorate de potasse.

Transporter isolément les plaques et les allumettes chargées du chlorate.

Enfin, tant qu'on tolérera l'emploi du phosphore *blanc,* on a conseillé, dans le but de rendre presque impossibles les empoisonnements accidentels ou volontaires, d'ajouter à la pâte phosphorée soit un corps amer (coloquinte ou aloès), soit un émétique (tartre stibié). MM. Causse d'Albi et Chevallier ont fait de curieuses recherches à ce sujet. L'enduit aloétique de la pâte phosphorée ne l'expose pas à l'action de l'humidité.

En outre, il faudra toujours émettre le vœu de la suppression des fabriques d'allumettes au phosphore *blanc,* de leur remplacement par la fabrication avec le phosphore *rouge,* et enfin, par des allumettes qui ne contiendront plus de phosphore. Ces deux dernières préparations devront surtout être encouragées par l'autorité. Par arrêté du 27 avril 1858, le ministre de la guerre a recommandé l'emploi des allumettes au phosphore amorphe dans tous les établissements placés sous sa dépendance.

Il faudrait être très-réservé sur les nouvelles autorisations à accorder pour le *procédé ancien,* peut-être même refuser d'une manière absolue, s'il s'agit de fonder de nouveaux établissements où l'on se servirait du *phosphore blanc*. Je dois rappeler ici, qu'en Russie, par suite d'un arrêté du conseiller d'État Boutowski, les allumettes préparées au phosphore blanc sont *imposées* de manière à en rendre la vente plus onéreuse et plus difficile. C'est une mesure générale appliquée au débit de tous les *mauvais* produits, remplacés dans l'industrie par des méthodes perfectionnées et exemptes de tout danger. L'administration de notre pays devrait-elle imiter cet exemple?... Ce serait une prohibition détournée.

Documents relatifs à l'industrie des allumettes.

I. PRESCRIPTIONS DU CONSEIL DE SALUBRITÉ DE PARIS EN 1841.

§ ALLUMETTES CHIMIQUES.

. . . .
Le conseil a pensé que la fabrication des allumettes dites chimiques devait être soumise aux conditions suivantes :

1° Ne permettre les établissements de ce genre que dans les localités éloignées de constructions en matériaux très-combustibles, ou de magasins contenant des matériaux de ce genre, tels que chantiers de bois, menuiseries, magasins de fourrages, etc.;

2° Ne mêler le phosphore à la gomme que dans un local isolé de tous les autres ateliers ;

3° Ne faire sécher les allumettes que dans des étuves convenablement construites et dont les étagères soient en fer, ou en bois enduit d'une couche de matières non combustibles, telles que le plâtre ;

4° Ne conserver les allumettes qu'en boîtes et non en paquets ; les boîtes doivent être placées dans une pièce séparée des autres parties de l'atelier ;

5° Ne faire entrer, sous aucun prétexte que ce soit, de l'arsenic blanc, ou acide arsénieux, dans la pâte phosphorée ;

6° N'expédier les allumettes préparées qu'après avoir pris toutes les précautions déjà indiquées par le conseil, et qui sont relatées dans l'ordonnance de police du 21 mai 1838, concernant le transport des allumettes chimiques et amorces fulminantes.

A la fin de ce rapport, le conseil insista pour qu'une défense expresse fût renouvelée à tous les fabricants, relativement à l'emploi de l'arsenic, car plusieurs exemples d'empoisonnements avaient été la conséquence de cette pratique.

§ ALLUMETTES CHIMIQUES (DEUXIÈME PARTIE).

· ·

Conditions applicables à la préparation.

1° Le phosphore doit être divisé dans une solution aqueuse de gomme arabique, en se servant, pour opérer cette division, non pas d'un ballon en verre, mais d'un ballon en métal;

2° Le mucilage servant à la division du phosphore doit être presque liquide; il ne pourra être chauffé qu'au bain-marie d'eau;

3° Le chlorate de potasse sera broyé à part, en employant pour ce broyage un mucilage de gomme, sans qu'on y puisse ajouter de phosphore durant cette opération;

4° Le phosphore, divisé à l'aide de la gomme, sera ensuite mêlé au mucilage qui contient le chlorate de potasse, ainsi qu'au petit sable et au bleu de Prusse, ou à toute autre matière colorante. Ce mélange sera fait dans une terrine, avec une spatule en bois;

5° La pâte destinée à enduire les allumettes sera étendue sur une table de pierre ou de marbre. Cette pâte ne devra pas avoir plus de deux millimètres de hauteur. Cette couche de pâte servira à recouvrir l'extrémité des allumettes fixées dans les presses;

6° Les presses maintenant les allumettes enduites de pâte seront portées dans des étuves; là, elles seront fixées sur des râteliers construits en fer ou en bois rendu inflammable, par suite de son immersion prolongée dans une solution saline;

7° Le sol de l'étuve sera recouvert d'une couche de sable fin, de la hauteur de cinq centimètres;

8° Il en sera de même du sol de l'atelier où les allumettes sont retirées des presses, pour les mettre en vragues, paquets ou boîtes;

9° La division du phosphore, le broyage du chlorate avec la gomme devront être opérés dans une pièce complétement isolée de l'étuve, ainsi que des salles où les allumettes, en sortant de l'étuve, sont retirées des presses;

10° L'étuve ne devra pas contenir d'allumettes détachées des presses, soit même en boîtes où en vragues;

11° Il ne sera préparé, sous aucun prétexte, d'allumettes à friction, au moyen du mélange du soufre avec le phosphore, soit à sec, soit par l'intermédiaire de l'eau;

12° Il ne pourra, sous aucun prétexte, être introduit d'acide arsénieux, arsenic blanc, dans la préparation des allumettes.

Conditions applicables au transport des allumettes des fabriques dans les magasins.

1° Le transport ne doit avoir lieu que lorsque les allumettes sont renfermées dans des boîtes;

2° Ces boîtes ne pourront contenir au delà de mille allumettes;

3° Au cas où, par des causes particulières, les allumettes ne pourraient être mises en boîtes avant leur transport au magasin, elles devront être placées dans des boîtes en tôle, fermant à la manière d'un étouffoir. La contenance de ces boîtes ne pourra dépasser celle d'un hectolitre.

Conditions relatives à l'expédition.

1° Les allumettes destinées à l'expédition seront renfermées dans des boîtes ; chaque boîte n'en pourra contenir plus de deux cent cinquante ;

2° Les boîtes devront toujours porter la marque du fabricant ;

3° Les allumettes en vragues ou paquets ne pourront, sous aucun prétexte, être placées dans des caisses, pour l'expédition en province ou à l'étranger, à moins que ces caisses ne soient construites en fer-blanc ou tôle, ou laiton, ou en tôle galvanisée ;

4° Les caisses contenant les allumettes chimiques placées dans les boîtes de deux cent cinquante ne pourront être transportées par la voie des messageries, diligences et autres voitures destinées au transport des voyageurs ;

5° Les colis contenant les allumettes chimiques doivent être revêtus du timbre du commissaire de police du quartier ou de celui du maire de la commune habitée par la personne qui opérera l'expédition.

Conditions relatives à la vente.

1° Il ne sera pas vendu d'allumettes chimiques sur la voie publique ;

2° Il ne pourra être vendu de ces allumettes en paquets, mais seulement en boîtes.

II. PRESCRIPTIONS DU CONSEIL DE SALUBRITÉ DE PARIS EN 1845.

§ ALLUMETTES CHIMIQUES.

. . . .

Conditions générales relatives à la fabrication des allumettes à matières inflammables, avec ou sans bruit.

Emplacements et locaux des fabrications.

Les bâtiments destinés à la fabrication seront isolés ;

Les magasins et les ateliers seront établis au rez-de-chaussée.

La dessiccation et le coupage du bois ne pourront avoir lieu que dans un bâtiment séparé de tous les autres ateliers.

Magasins des matières premières.

Les magasins suivants seront séparés les uns des autres par un mur de refend ou par une cloison en briques.

1° Magasin du phosphore. — On tiendra le phosphore renfermé dans des boîtes de fer-blanc plongées dans un réservoir rempli d'eau et d'une contenance égale à cinquante fois au moins le volume des boîtes de phosphore.

On pourra sans inconvénient emmagasiner dans la même pièce la gomme trempée ou délayée ;

2° Magasin des provisions de chlorate, de gomme solide, de colle forte, de bleu de Prusse et de cinabre. — Ces substances seront renfermées dans des flacons, des barils ou des caisses.

3° Magasin pour les allumettes en blanc, les cartons et le papier.

4° Magasin de soufre en canons, si le soufrage des allumettes s'opère dans l'usine.

Ateliers distincts.

1° Atelier à la confection émulsive de la pâte de phosphore. — Il ne doit renfermer que des ustensiles adaptés à la préparation de la pâte, et en quantité nécessaire pour une seule opération.

On placera sur le sol de cet atelier un réservoir contenant au moins deux cent cinquante litres d'eau et pouvant servir de baignoire en cas d'accident.

Les produits liquides du broiement à l'eau seront réunis en un seul vase, pour former l'émulsion.

2° Atelier consacré au broiement du chlorure de potasse et des matières colorantes. — On disposera cet atelier dans le voisinage du premier.

3° Atelier pour le soufrage et la trempe des allumettes. — Il sera séparé, ventilé et convenablement construit en briques; on y rendra le service facile au moyen de deux baies, closes à volonté de deux portes en tôle.

4° Étuves pour le desséchement de la pâte inflammable. — Elles seront construites ou doublées et voûtées en briques, elles communiqueront par le haut avec une cheminée solide, s'élevant au-dessus des combles voisins. Les portes des étuves seront en tôle forte sur châssis en fer et s'ouvriront en dehors.

Un seul châssis de fer vitré doit éclairer l'étuve; il sera vertical et élevé de deux mètres au-dessus du sol extérieur. Un volet de tôle sur châssis de fer, de dimension égale au vitrage, sera tenu levé par une corde facile à brûler; de sorte que si les vitres venaient à être brisées, la flamme sortant par la baie brûlerait la corde; le volet s'abattant aussitôt, le passage serait fermé. Une disposition semblable sera ménagée dans chacun des conduits entre les étuves et une cheminée commune, afin que le feu puisse être étouffé spontanément.

Le sol des étuves sera recouvert constamment d'une couche de sable fin, épaisse de 0^m,04 à 0^m,05.

5° Atelier où l'on dégarnit les presses. — Les allumettes y seront retirées des caisses pour être immédiatement empaquetées. Cet atelier aura deux portes à la disposition des ouvriers; elles s'ouvriront en dehors.

Les allumettes sèches y seront réunies en des caisses de tôle, munies de couvercles, fermant à crochets; elles devront être portées dans des caisses closes jusqu'à l'atelier ci-après.

6° Atelier d'empaquetage et d'emballage.

Conditions relatives aux opérations.

Préparation de l'émulsion dite pâte de phosphore.

L'addition de la fleur de soufre dans l'émulsion du phosphore est formellement interdite.

L'émulsion doit se préparer ainsi : L'on apportera la solution de gomme, chauffée dans une pièce voisine à 75 ou 80 degrés centésimaux; on versera cette solution dans un matras de cuivre maintenu solidement dans l'ouverture circulaire d'une table ou d'un établi.

La fonte et le délayement du phosphore auront lieu par petites quantités ajoutées successivement dans le matras aux deux tiers empli de la solution gommeuse.

Le battage ne sera commencé qu'après la cessation des étincelles produites par le phosphore, c'est-à-dire quand la température du mélange sera descendue au-dessous de 60 degrés centésimaux.

Broiement des matières premières.

Le chlorate, si on l'emploie, doit être détrempé dans une solution de gomme, avant que d'être soumis au broiement à froid.

Les matières premières, les couleurs, les résines, etc., seront également broyées à part avec les mêmes précautions.

Soufrage et trempe.

Le fourneau servant à fondre le soufre et à chauffer le bout des allumettes doit être isolé. La chaleur sera transmise par l'intermédiaire d'un bain-marie contenant une solution de chlorure de zinc, ou d'un bain de sable.

La température du soufre liquéfié ne doit pas être portée au delà de 140 degrés centésimaux.

Un couvercle facile à poser permettra de fermer la chaudière et d'étouffer à l'instant même le feu qui prendrait au soufre par le contact accidentel d'un corps enflammé.

On peut se dispenser de l'établissement d'un bain-marie, si le fourneau est surmonté d'une hotte de tôle et d'une cheminée convenables, pour donner, en cas d'incendie, issue à la totalité des produits de la combustion du soufre.

Dessiccation de la pâte inflammable.

Les presses à contenir les allumettes seront de fer ou de tôle.

Les coussins séparant chaque rangée d'allumettes pourront être de carton et de laine réunis par la colle forte.

Les porte-presses, disposés autour des étuves, seront séparés, de deux en deux rangées verticales, au moyen de feuilles de tôle, fixées debout perpendiculairement au mur et au sol de l'étuve.

La porte de l'étuve doit rester ouverte pendant tout le temps qu'on y travaille.

Le chauffage des étuves doit se faire au moyen d'un calorifère à circulation d'eau.

Le foyer sera son extérieur.

Une gaine en briques ou en carreaux de plâtre introduira l'air autour et au bas de l'étuve, et devra ventiler ainsi en même temps que sécher.

Mesures générales.

Chaque soir, les débris d'allumettes, ou les allumettes de rebut, seront consumés par petites portions. Le foyer de ces combustions partielles sera placé dans un angle de mur de la cour de la fabrique, et si cela ne se pouvait pas, les débris seraient transportés, en vase clos, dans un local où les précautions ci-dessus énoncées seraient praticables.

Après la sortie des ouvriers, toutes les pièces de la fabrique seront visitées; on réunira dans des étouffoirs de tôle les allumettes tombées, et le sol sera soigneusement balayé.

Les feux seront éteints, et tous les foyers et cendriers seront fermés, soit avec des portes de tôle bien jointes, soit avec des briques.

Aucun approvisionnement de bois, de papiers, de cartons, de soufre ou d'autres matières combustibles, ne doit avoir lieu dans les ateliers ni dans les étuves.

Des rapports spéciaux feront connaître celles de ces mesures qui devront être appliquées entières, ou modifiées, dans les ateliers autorisés antérieurement.

Conditions communes aux fabricants et aux marchands.

Emballage et vente.

Les allumettes à mastics inflammables par frottement seront livrées dans des enveloppes closes, de bois, de carton ou de fer-blanc.

Il est défendu à tous les fabricants et marchands de réunir lesdites allumettes en paquets enveloppés en boites, qui en contiendraient chacun plus de quatre cents.

Tout transport, étalage ou mise en vente de ces allumettes, soit en boites, soit en vragues, sont rigoureusement prohibés.

PHOTOGRAPHIE (Fabrique d'objets pour la) et Fabrique de produits chimiques spécialement destinés a cette industrie (3ᵉ cl., par assimilation).

Détail des opérations. — Plusieurs fois, le conseil de la Seine a été consulté pour donner son avis sur les inconvénients que pourraient présenter certains établissements spéciaux, suffisamment indiqués par le titre de ce chapitre. L'extension extraordinaire qu'a prise depuis une dizaine d'années l'art de la photographie, explique la création d'ateliers exclusivement destinés aux objets requis par cette industrie. Les grandes villes seules en sont en général le siége. La fabrication des instruments de cuivre, des plaques, etc., etc., consiste habituellement à souder et étirer des lames d'argent avec des plaques de cuivre, à une température et sous une pression peu élevées. — Quelquefois, il s'y joint un laminoir.

Quant à la fabrication spéciale des produits chimiques mis en usage pour la photographie, voir article *Produits chimiques*, t. I, p. 176.

Causes d'incommodité. — Celles d'un atelier où se pratiquent le laminage et la soudure. — Fumée. — Bruit.

Prescriptions. — S'il y a un moteur à vapeur (voir *Machines à vapeur*, t. II, p. 181), ne prendre aucun point d'appui sur les murs mitoyens et disposer les supports des coussinets de manière que les murs n'éprouvent pas d'ébranlement sensible.

Aérer convenablement l'atelier.

Ne brûler que du coke, ou tout autre combustible ne donnant pas plus de fumée que le bois.

PICRIQUE (Acide). Voir *Acides*, t. I, p. 159.

PIPES (Fabrique de). Voir *Céramique* (*Industrie*), t. I, p. 360 et 364.

PLANTES MARINES (Combustion des). Voir *Soude*.

PLATRE (Industrie du).

Fours à plâtre permanents (2ᵉ classe, autrefois 1ʳᵉ). — 15 octobre 1810. — 20 juillet 1818.

On désigne sous le nom de *plâtre* le sulfate de chaux anhydre provenant de la calcination ménagée du *gypse* ou sulfate de chaux cristallisé contenant environ 20 pour 100 d'eau. — Le plâtre *cru* est de la chaux sulfatée mêlée à un peu de chaux carbonatée, que la cuisson réduit à de la chaux sulfatée anhydre unie à un peu de chaux vive. — Le plâtre reprend son eau de cristallisation quand on le gâche et donne lieu à une élévation sensible de température. La masse, d'abord liquide, se solidifie en cristallisant et prenant un volume considérable; il faut, pour que ce phénomène se produise, que le plâtre n'ait été cuit qu'à une température inférieure à deux cent cinquante degrés, car, au delà de ce terme, il ne reprend son eau de cristallisation qu'au bout d'un temps très-long et sans faire prise.

Le gypse en masse grenue ou en cristaux d'un volume considérable est calciné par les mêmes procédés.

On emploie généralement un four formé par trois murs supportant une charpente en bois ou en fer, suivant la hauteur à laquelle elle est placée ; on dispose entre ces murs une masse à peu près cubique de moellons en plâtre cru ; les plus gros forment, sur un carrelage de gypse en plaques minces, plusieurs voûtes construites à sec, c'est-à-dire, sans être reliées par un ciment quelconque. Ces voûtes ne sont séparées entre elles que par deux forts moellons servant de pieds-droits ; elles ont trente-cinq à quarante-cinq centimètres de largeur ou d'ouverture et une profondeur égale à celle du four. On superpose sur ces voûtes des moellons graduellement moins volumineux.

On entretient sous les voûtes un feu de branchages ou de bois sec. Quand la flamme a atteint la moitié de la hauteur de la masse, on charge de nouveau avec des pierres plus petites ; après douze heures de chauffe environ, quand la déshydratation est avancée, on bouche les ouvertures avec des moellons, on recouvre de gypse en menus fragments que la chaleur de la masse suffit à dépouiller d'eau.

La cuisson est souvent insuffisante pour les gros morceaux, on le reconnaît en ce qu'ils conservent à leur centre un noyau brillant ; presque toujours aussi leur surface est trop cuite et ne peut plus faire prise avec l'eau ; mais la masse ne doit présenter ni l'un ni l'autre de ces défauts, si la cuisson a été bien faite.

Le mode de cuisson du plâtre qui vient d'être décrit ressemble à celui déjà donné pour la fabrication de la chaux grasse au moyen des fours discontinus. — On emploie aussi les fours continus à foyer latéral qui ont été décrits également à propos de la chaux grasse, et, dans ce cas, on peut substituer au bois la houille, le coke...

Quelquefois, au lieu d'un foyer spécial, on utilise les embouchures de cheminées des fours à carboniser la houille (voir *Gaz*, fabrication du coke, t. II, p. 31). On règle la distribution des flammes à l'aide de registres et on fait arriver les produits de la combustion au moyen de conduites en maçonnerie sous une grille chargée de pierres à plâtre. Cette grille repose sur des moellons de gypse; les pierres qu'elle supporte sont graduellement dépouillées de leur eau; celle-ci passe avec les gaz de la combustion dans une grande cheminée commune à plusieurs fours semblables.

Pendant ces opérations il y a dégagement de vapeurs d'eau, d'un peu d'acide carbonique et production d'un peu de *soufre*, lorsqu'il renferme quelques filons de ce corps; mais celui-ci n'y existe pas à l'état de vapeur : mêlé à la fumée et traversant des masses en ignition, il est converti en gaz acide sulfureux.

Le plâtre cuit doit être broyé avant d'être livré à la consommation; on opère ce broyage tantôt au moyen de moulins en fonte à noix cannelée, analogues à de grands moulins à café, tantôt à l'aide de meules verticales en pierre, roulant dans une auge aussi en pierre. Au centre de cette auge est un crible ordinairement conique, à travers lequel le plâtre tombe dans les magasins; on a soin de le conserver à l'abri de l'humidité; au besoin même, on l'enferme dans des tonneaux pour l'empêcher de *s'éventer*, car en absorbant l'eau atmosphérique, il perd la faculté de faire prise.

Plâtre des mouleurs.

Pour fabriquer le plâtre des mouleurs, lequel doit se gâcher facilement, posséder une grande plasticité et une parfaite blancheur, on a recours au moyen suivant : on opère la cuisson dans des fours semblables aux fours de boulangers que l'on chauffe à peine au rouge brun; on enfourne la pierre en plaquettes choisies d'épaisseur à peu près égale et d'environ cinq centimètres. Avec l'habitude, on arrive facilement à donner au four le degré de température nécessaire à une calcination suffisante.

Plâtre aluné (produit breveté).

Le plâtre aluné diffère du plâtre ordinaire en ce qu'il fait prise plus lentement avec l'eau et possède une plus grande dureté : on emploie ordinairement des matières de premier choix à sa fabrication. On casse la pierre à plâtre en fragments assez petits; on en charge un four à réverbère, analogue au four à soude, et chauffé à l'air chaud; quand la cuisson est terminée, on laisse refroidir le plâtre, puis on le place dans de grandes caisses en bois et à claire-voie, que l'on plonge dans un bain d'eau contenant 10 pour 100 d'alun. Après quelques minutes d'immersion, on retire la caisse, on la laisse égoutter au-dessus du bain, et on la vide sur une aire préparée dans ce but. Ce plâtre est recuit dans le même four, mais à une température plus élevée que la première fois et qu'on pousse même jusqu'au rouge; après refroidissement on pulvérise.

On a perfectionné ce procédé en ne faisant qu'une seule cuisson; pour cela on mélange le plâtre cru et l'alun en poudre, on chauffe comme précédemment et on obtient le même résultat.

Stuc.

Le *stuc* est une pâte obtenue en délayant le plâtre récemment cuit et très-fin dans une solution de colle de Flandre, blanche, encore chaude, jusqu'à ce qu'on ait un produit assez mou. On y ajoute diverses matières colorantes quand le mélange est sec, on le polit à la pierre ponce, — puis avec la pierre à aiguiser et le tripoli (acide silicique mélangé à quelques matières étrangères, — alumine et oxyde de fer), — puis à l'eau de savon et à l'huile.

CAUSES D'INCOMMODITÉ. — Dégagement de vapeurs d'eau et d'un peu d'acide carbonique, — quelquefois de gaz acide sulfureux.

Dégagement de fumée et de vapeurs variables selon la nature du combustible employé.

Poussière quand on broie à la *demoiselle*.

Action sur la santé des ouvriers et sur la végétation, quand le four est très-rapproché à cause de la chaleur; à cent mètres, il n'y a pas d'inconvénients pour les jardins.

Bruit du battage ou du broyage.

PRESCRIPTIONS. — Les mêmes, quant à la disposition des fours que pour les fours à *chaux*. (Voir cet article, t. I, p. 396.) Engager à remplacer le broyage à la *demoiselle* par le broyage à la meule, qui diminue notablement la poussière et le bruit.

Permettre pour combustible, le bois, la houille, le coke, et un lignite abondant sur quelques points de la France, connu sous le nom de *charbon-pierre* (près Marseille, carrières de Belcodène, Saint-Savournin et Peypin), — qui est d'un prix très-peu élevé.

Moulins à broyer le plâtre, la chaux et les cailloux (2ᵉ classe). — 9 février 1825.

DÉTAIL DES OPÉRATIONS. — Ce travail peut être fait de deux manières, — par voie sèche et par voie humide. Cette dernière façon n'offre que fort peu d'inconvénients et pourrait certainement être placée dans la troisième classe.

Le plus habituellement, on emploie la voie sèche, à l'aide de meules, ou de batteries à pilons, qui ont l'inconvénient de donner beaucoup de poussière et de faire beaucoup de bruit.

On pourrait encore agir dans un tambour hermétiquement fermé.

CAUSES D'INSALUBRITÉ. — Souvent, action grave sur la santé des ouvriers et sur celle des habitants voisins, par suite de la grande quantité de poussière de silex ou autres répandues dans l'atmosphère (Ophthalmie, irritation chronique des muqueuses nasales, pharyngienne et pulmonaire), pendant le travail par voie sèche.

CAUSES D'INCOMMODITÉ. — Bruit incessant.

PRESCRIPTIONS. — Autant que possible, ordonner l'emploi de la *voie humide*, c'est-à-dire de mouiller le silex (c'est la poudre de silex qui est la seule véritablement dangereuse).

Par voie sèche, agir dans un tambour hermétiquement fermé.

Si cela ne peut avoir lieu, opérer à l'air libre, et dans un espace où l'air puisse être facilement renouvelé.

Si l'on agit dans un atelier, y pratiquer une cheminée d'appel à tirage énergique.

Faire porter un masque de toile métallique aux ouvriers, leur prescrire des lavages quotidiens de la figure en sortant de l'atelier.

Fermer toute ouverture donnant sur la voie publique pendant le travail.

Ne point adosser le moulin aux murs mitoyens.

Dépôts de plâtre dans les villes.

Dépôts de plâtre, quand le dépôt pour la vente a lieu dans une boutique ouverte sur la rue (2° classe).

Dépôts de plâtre, quand ce dépôt ou cette vente ont lieu dans le fond d'une cour (3° classe). — 1851.

Causes d'incommodité. — Poussière abondante produite par le tamisage et l'ouverture des sacs.

Bruit du battage.

Prescriptions. — Clore la devanture de la boutique.

Ne jamais secouer les sacs vides dans la rue.

Ne jamais encombrer la rue par l'amas de sacs ou de voitures.

Tenir le sol de la rue correspondant à la boutique ou celui de la cour en parfait état de propreté.

Dans le cas où l'on broierait le plâtre, pour le réduire en poudre plus fine, ne se livrer à cette opération que de huit heures du matin à sept heures du soir, et, dans ce cas, sur la rue, comme au fond de la cour, tenir fermées les ouvertures de l'atelier donnant sur la voie publique.

PLOCS DE COTON (Préparation des). Voir *Coton*, t. I, p. 494.

PLOMB (Industrie du).

Acétate de plomb (Fabrication de l'), sel de saturne (3° classe). — 14 janvier 1815.

Acétates de plomb. — Acétate neutre, ou sucre de saturne.

Détail des opérations. — Il se présente dans le commerce sous la forme d'aiguilles agrégées, efflorescentes, de saveur sucrée, puis styptique et soluble dans les sept dixièmes de leur poids d'eau.

Il rend plus combustibles le papier, le bois, le linge, le charbon ; il sert à faire l'acétate d'alumine des indienneries, le chromate de plomb, etc.

On l'obtient en saturant l'acide acétique de litharge, de manière à laisser la dissolution très-légèrement acide, évaporant et faisant cristalliser à la manière ordinaire. On se sert de cristallisoirs en faïence graissés légèrement pour mieux détacher les cristaux. On lui enlève la faible trace de cuivre qu'il tient de la litharge par un contact suffisant avec des lames de plomb.

Autrefois, on l'obtenait avec des lames minces de plomb et l'acide acétique avec le concours de l'air. Le plomb est fondu en lames, comme il est dit à la fabrication de la céruse hollandaise. Les lames de plomb sont mises dans des terrines avec un tiers de leur poids environ de vinaigre distillé, de manière à ce qu'elles ne plongent que partiellement dans le liquide; on les retourne de temps en temps pour faire oxyder le plomb baignant dans le liquide, et tant que les lames n'ont pas disparu ; on traite la dissolution pour la faire cristalliser ; cet acétate ne contient pas de cuivre.

Pour éviter les manipulations qui sont sans cesse à recommencer à cause des eaux mères que donnent toujours les procédés de fabrication ordinaires, on a mis en usage le mode opératoire suivant dans quelques fabriques d'Alsace. On distille le vinaigre, et, au lieu de condenser sa vapeur et de la saturer par la *litharge*, on reçoit cette vapeur dans une caisse contenant de la litharge, l'acide se sature au fur et à mesure et la vapeur d'eau se dégage seule. Quand la litharge est entièrement transformée en *acétate neutre*, on change la direction de la vapeur acide et on la fait arriver dans une nouvelle caisse. Pendant la saturation de celle-ci, la première s'est éclaircie par repos ; on en fait écouler le liquide décanté dans des cristallisoirs. *Les ouvriers n'ont presque jamais le contact des matières toxiques*, et les dangers ont presque disparu par l'emploi de ce procédé.

Acétate tribasique, ou extrait de saturne.

Ce sel incristallisable ou difficilement cristallisable s'obtient en faisant dissoudre à froid ou à chaud de l'oxyde de plomb à l'acétate neutre. C'est celui qui sert à la fabrication de la céruse de Clichy. — Il contient trois fois plus d'oxyde de plomb que le précédent.

On peut avoir un acétate plus riche encore en oxyde de plomb, en faisant dissoudre à l'acétate neutre tout ce qu'il peut d'oxyde de plomb à l'aide de la chaleur ; par refroidissement on a un acétate sexbasique sans emploi industriel.

L'acide acétique, le vinaigre, peuvent, au contact du cuivre, du plomb, devenir promptement vénéneux; on sait que la combinaison ne *s'effectue qu'en présence de l'air ;* aussi peut-on faire bouillir l'acide dans le cuivre, sans danger, parce qu'il n'y a pas dissolution d'oxygène, et il serait éminemment dangereux d'en laisser séjourner à froid pour les usages alimentaires.

En Angleterre, on permet encore d'épurer ou raffiner le sucre avec le sous-acétate de plomb. — Il en résulte un sucre plombifère. Ce procédé porte le nom de *Patent-Scofern.* — Malgré tous les soins apportés pour en faire disparaître les traces à l'aide de l'acide sulfureux et de la filtration, le sucre garde toujours du plomb. — Le plus défectueux vient des colonies anglaises. L'autorité devrait en prohiber l'entrée en France. Voir, au mot *Sucres (Industrie des)*, l'article *Raffinerie de Sucre.*

Causes d'insalubrité. — L'acétate de *plomb* seul peut donner lieu à des accidents, par suite du maniement de la litharge. (Voir *Plomb* et *Carbonate de plomb.*)

Prescriptions. — Pour la fabrication de l'acétate de plomb, la plupart de celles indiquées à l'article *Carbonate de plomb.*

Blanc de plomb ou de céruse (Fabrique de), carbonate de plomb (2ᵉ classe). — 15 octobre 1810. — 14 janvier 1815.

Il y a trois méthodes pour la fabrication de la céruse.

1° Ancien procédé (procédé hollandais).

Détail des opérations. — Le procédé hollandais, le plus anciennement employé, consiste essentiellement en ceci :

On fond des lames de plomb à l'aide d'une chaudière en fonte recouverte d'une hotte fermée et munie d'une porte à double vantaux à coulisses, pour que, dans la fusion des lames anciennes recouvertes de poussières plombifères, *il ne se répande aucune particule dans l'air ambiant.* — Les lames sont coulées dans des lingotières à fond plat ou creusées en sillons, de manière à présenter une grille à jour pour multiplier les surfaces, et pouvant être placées sur une table tournant sur pivot. Les lames laminées sont plus difficilement attaquables que les lames simplement fondues, et présentent moins de surface.

Ces lames sont ployées en spirales; elles doivent subir l'action de l'air, de l'acide acétique et de l'acide carbonique à une température de trente-six à soixante degrés.

L'acide acétique provoque l'oxydation du métal; il se forme de l'acétate neutre, puis, l'action oxydante continuant, de l'acétate tribasique que l'acide carbonique, provenant d'une source quelconque (et c'est le fumier en fermentation dans le procédé hollandais), précipite en céruse et forme de nouveau de l'acétate neutre. Celui-ci repasse à l'état basique et privé d'une partie de son oxyde par l'acide carbonique, et ainsi de suite.

Les fosses ou loges sont en maçonnerie; elles sont parfois d'un mètre au-dessus du sol; elles ont quatre mètres en carré à la base et six de hauteur. On y dépose une couche de fumier de quarante centimètres d'épaisseur et un lit de pots d'un litre contenant de 1/4 à 3/4 au plus, d'un vinaigre à bas prix, et une lame de plomb retenue au-dessus du liquide par des saillies.

On recouvre tout le lit de pots avec trois ou quatre couches de lames de plomb; on établit au-dessous de celles-ci un plancher en bois recouvert de fumier arrosé de vinaigre, on y place des pots et des lames comme pour la première couche.

L'air doit pouvoir circuler pour opérer la fermentation du fumier et obtenir la chaleur et l'acide carbonique nécessaires à l'o-
pération; aussi, on réserve alternativement d'un côté et de
l'autre des cheminées qui permettent une libre circulation à l'air.

Il faut trente à trente-cinq jours si on emploie du fumier, et
quarante-cinq jours si on opère avec du tan épuisé.

Le tan épuisé ne donnant pas de *vapeurs sulfhydriques comme
le fumier*, procure une céruse plus blanche et exempte de sulfure
de plomb.

Quand la fermentation est terminée, on démonte les couches;
et à l'aide d'un *monte-sac* on élève les plombs chargés de céruse.
Les lames sont étendues sur une toile sans fin et passent par un
mouvement continu entre des rouleaux de bronze cannelés; les
parties friables, c'est-à-dire les parties carbonatées tombent à
travers un blutoir dans un récipient contenant de l'eau; les
lames ainsi dépouillées servent comme des neuves, ou bien on
les refond si elles sont trop amincies. On a proposé de les ouvrir
sous l'eau par mesure de précaution.

Pulvérisation. — Une chaîne à godets élève la céruse du récipient à neuf moulins à meules horizontales; les produits à
broyer passent successivement dans sept de ces moulins; les
deux autres étant destinés à les suppléer dans le cas de réparation.

La pâte liquide qui résulte du broyage est tassée dans des
pots coniques d'un demi-litre et plus, où elle sèche à l'air ou
dans une étuve.

*La mise en poudre de ces trochisques a lieu en les faisant arri-
ver par une toile sans fin d'une trémie à un moulin à cannelures,
puis sur des tamis à brasses, d'où elles passent dans une caisse spéciale.*

*Tout le moulin est enveloppé d'une chambre qui communique
à une cheminée de fort tirage;* les poussières qui y sont entraînées peuvent encore être recueillies en injectant un jet de vapeurs qui les entraîne en se condensant.

Pour avoir de la céruse très-fine, on peut opérer par lévigation. On la broie souvent pour la livrer aux arts avec de l'huile

d'œillette à laquelle on ajoute de l'huile et de l'essence de térébenthine.

Procédé Thénard et Roard.

Procédé de Clichy. — Ce procédé consiste à faire de l'acétate de plomb tribasique et à enlever l'excès d'oxyde du sel neutre par un courant d'acide carbonique.

La cuve où s'opère la fabrication de sous-acétate de plomb contient environ deux cents hectolitres; on y met de l'acétate neutre et de la litharge en proportions voulues, on agite pour opérer la dissolution. Puis on fait passer le liquide dans une semblable cuve où le plomb métallique, le chlorure d'argent et les matières insolubles de la litharge se déposent. On décante dans un récipient d'environ neuf mille litres, fermé par un couvercle à agrafes et que traversent huit cents tubes sur vingt rangs et en rapport avec un tube commun, qu'une vis d'Archimède ou une cagniardelle remplit constamment d'acide carbonique. Ces tubes plongent d'environ trente-deux centimètres dans le sous-acétate liquide.

L'acide carbonique était fourni autrefois par la combustion du charbon de bois; on y a substitué économiquement la craie et le coke, qui fournissent abondamment de l'acide carbonique et donnent de la chaux grasse. Quand l'acide carbonique refoulé dans le liquide n'est plus absorbé, on décante l'acétate neutre qui surnage la céruse pour lui faire dissoudre de nouveau de l'oxyde de plomb et le faire servir à une nouvelle opération. La mise en poudre et la forme commerciale sont les mêmes que par le procédé hollandais.

Cette céruse est généralement moins divisée que la précédente et moins estimée : elle serait plus divisée si l'on opérait à chaud avec une solution plus concentrée.

Troisième procédé. Modification du deuxième. — Ce procédé consiste à humecter la litharge broyée avec 1 pour 100 d'acétate de plomb dissous, à faire traverser ce mélange par de l'acide carbonique provenant de la combustion du coke et de la craie ou autres carbonates de chaux, en ayant soin de produire dans le mélange une agitation continuelle. C'est la même théorie qui explique ce procédé et celui de Hollande, dont il se rapproche beaucoup.

Quatrième procédé. — Ce procédé, qu'on ne peut pratiquer économiquement que dans les endroits où le sulfate de plomb n'a presque aucune valeur, comme dans les indienneries où l'on fait de l'acétate d'alumine (par l'alun et l'acétate de plomb), consiste à changer le sulfate de plomb en carbonate.

Pour y arriver, on divise parfaitement le sulfate de plomb dans l'eau avec des billes ou des moulins broyeurs avec du carbonate de soude ou d'ammoniaque; il se forme du sulfate de soude ou d'ammoniaque et de la céruse; celle-ci est mêlée à environ 1 pour 100 d'acétate tribasique pour être livrée sous la forme ordinaire.

Céruse de Mulhouse.

On vend sous le nom de *céruse de Mulhouse* du sulfate de plomb mis sous forme de pain ou de poudre; on l'obtient dans les indienneries par double décomposition de l'alun par l'acétate de plomb; il se fait de l'acétate d'alumine et du sulfate de plomb.

Il est vénéneux quoique insoluble, et noircit comme la céruse au contact des émanations sulfureuses; il lui est inférieur parce qu'il couvre moins bien. On le mêle quelquefois à la céruse à cause de son plus bas prix.

Blanc de Krems, ou blanc d'argent.

C'est la plus belle céruse, choisie en écailles, du blanc le plus pur.

Blanc de Hollande.

Le *blanc de Hollande* est une couleur blanche formée par un mélange intime d'une partie de céruse et de trois parties de sulfate de baryte.

Blanc de Venise.

Il est formé d'une partie de céruse pour une partie de sulfate de baryte.

Blanc de Hambourg.

Il est formé d'une partie de céruse pour deux parties de sulfate de baryte.

Ces différents mélanges sont quelquefois frauduleusement substitués à la céruse pure, mais la fraude est heureusement facile à déceler. Le sulfate de baryte, ou *spath pesant, barytine*, n'a presque aucune valeur par lui-même, parce que la nature le fournit abondamment ; il est complétement insoluble et sans aucune propriété vénéneuse ; il possède cet avantage sur la céruse, c'est de ne point noircir au contact de l'hydrogène sulfuré ou des sulfures.

On a beaucoup diminué le danger de la fabrication du blanc de céruse, par le grand nombre de précautions que l'autorité a imposées aux directeurs d'usines de cette nature, et par les conseils donnés aux ouvriers et partout affichés.

Ces prescriptions et ces conseils sont presque tous définis dans les instructions des conseils d'hygiène. — Il y aura peu de chose à y ajouter.

Quoique la manipulation des préparations de plomb soit très-nuisible à la santé de l'homme et des animaux, on a cependant maintenu la fabrication du blanc de céruse dans la deuxième classe des établissements insalubres. — L'autorité elle-même n'a pas cru, en face de la diminution des cas de maladie et de la nécessité de l'emploi du carbonate de plomb dans l'industrie, en peinture, surtout, où elle ne peut être jusqu'à un certain point seulement remplacée par le blanc de zinc, devoir en proscrire l'usage. On peut, en peinture, se servir de l'oxyde d'antimoine, aussi bien que du carbonate de zinc, de l'oxychlorure de zinc (Sorel), ou même que du blanc de kaolin (argile blanche à porcelaine) pour remplacer le carbonate de plomb. — Il n'appartient donc qu'aux chefs d'ateliers de veiller à l'exécution rigoureuse des ordonnances et prescriptions.

USAGES. — L'usage des préparations diverses de plomb donne souvent lieu à des accidents qui sont signalés à l'autorité et renvoyés à l'examen des conseils d'hygiène.

Je citerai l'*enrobage de la soie* en botte (fraude destinée à augmenter son poids) par l'acétate de plomb, et qui peut empoisonner les ouvriers qui travaillent la soie et la portent souvent à la bouche.

La *clarification du cidre* et de la *bière* par le même sel qui a déterminé de très-graves maladies.

L'emploi du *blanc de céruse* dans l'art de remettre à neuf les dentelles souillées, soit pour faire disparaître les traces des doigts, soit pour dissimuler les raccordements des dessins. Dans cette opération, les ouvrières saupoudrent leur travail avec du carbonate de plomb réduit en poussière, et en respirent une grande quantité. (On a conseillé d'y substituer le sulfate de plomb non vénéneux, ou le sulfate de chaux).

L'usage des sels de plomb dans la peinture à l'huile.

Le travail des plumes teintes avec la muréxide à laquelle on ajoute comme mordant l'acétate de plomb.

Le travail de la tôle vernissée ; la pâte contenant beaucoup de litharge.

L'usage des tuyaux de plomb pour les conduits d'eau, de pluie surtout. (On devrait les remplacer par les tuyaux de plomb étamés.)

L'habitude d'envelopper le tabac dans des feuilles de *plomb*, ce qui donne lieu à des accidents. (Voir *Tabac.*)

L'emploi de *fard* contenant de l'acétate de plomb, a été accusé d'être nuisible.

Partout, en un mot, où il peut se produire du carbonate ou de l'oxyde de plomb hydraté. Je signalerai enfin l'inconvénient d'envelopper la poudre dans des feuilles de plomb. Avec le temps, il se forme du carbonate de plomb, l'enveloppe devient friable, et la poudre s'échappe et se perd.

Il n'y a que des précautions générales à indiquer contre la manipulation du plomb, et j'ai réuni dans un seul article tout ce qui a rapport au *plomb*.

Causes d'insalubrité. — Empoisonnement habituellement lent, de toute l'économie, par suite de l'absorption, par les voies respiratoires, par la peau et par le mélange aux aliments et aux boissons des sels de plomb.

Ordre, par degré de nocuité, des diverses parties de la fabrication du carbonate de plomb, où ce danger est imminent :

1° Épluchage ou battage des écailles du plomb recouvert de carbonate; — 2° Pulvérisation et blutage; — 3° Trillage des résidus; — 4° Séjour dans les étuves et les séchoirs; — 5° Manipulation de la céruse en pâte pour la mettre en pain; — 6° Embarillage; — 7° Exposition du plomb à la vapeur de l'acide acétique; — 8° Action de retirer le plomb des pots, après qu'il a séjourné dans cet acide.

Causes d'incommodité. — Dégagement de vapeurs et de poussières. — Bruits liés à la manipulation.

Exhalaisons nuisibles. — Dégagement d'acide carbonique, sous l'influence de la chaleur élevée à laquelle on soumet le carbonate de plomb adhérent aux lamelles.

Prescriptions. — Toutes celles contenues dans les instructions du conseil d'hygiène de la Seine.

Ventilation énergique des ateliers, et surtout de ceux où s'opère le battage, la pulvérisation, le blutage, la mise en pots, — par les procédés du colonel Paulin, — en faisant la prise d'air en dehors des ateliers. — Recouvrir d'une hotte avec bon tirage, la chaudière où s'opère la fonte du plomb. — Ne fondre que du plomb neuf, et couvrir le métal en fusion d'une couche de charbon végétal assez épaisse pour empêcher le contact direct de l'air avec le métal. — Opérer à la mécanique et dans des *appareils clos*, le battage, la mouture et le blutage.

Ces appareils devront être isolés des ateliers où séjournent les ouvriers occupés à d'autres travaux. — Ils seront recouverts, à leurs ouvertures, par des bandes de papier collé et vernis avec les vernis ordinaires ou au collodion.

Les ouvriers qui dépotent la céruse et la mettent en pain devront porter un masque qui couvre toute la figure, et des gants.

Tous les ouvriers de la fabrique auront une blouse de travail.

Ils ne prendront aucun repas dans les ateliers.

Avant de manger, et en sortant de la fabrique, ils se laveront la figure et les bras et mains avec de l'eau acidulée à l'aide de l'acide sulfurique (un gramme pour un litre d'eau).

On leur conseillera d'être propres et sobres, et d'éviter surtout les excès de liqueurs alcooliques. — On leur distribuera, toutes les fois que cela sera possible, des limonades sulfuriques et du lait en abondance. — On leur fera faire des lotions savonneuses, — et on leur donnera des bains sulfureux.

Toutes les fois que cela sera possible, il y aura un médecin attaché à la fabrique, qui la visitera plusieurs fois par semaine.

Quant aux autres accidents déterminés par l'absorption lente ou rapide des sels de plomb, dans les diverses industries, — il faudra, pour y remédier, s'adresser au secours ordinaire de la médecine.

Si des échantillons de liqueurs ou de produits soupçonnés de contenir du plomb sont soumis aux conseils d'hygiène, il s'agira de procéder à la recherche de ce sel par les moyens chimiques usuels. — On ne saurait ici les indiquer, à cause de la variété des échantillons qui peuvent être soumis à l'analyse, et des moyens alors aussi différents et variés qu'on devra employer.

Dans l'industrie dentellière, on a proposé de remplacer l'emploi du carbonate de plomb par le sulfate de plomb, dont l'action nuisible sur l'économie est très-faible, ou par le sulfate de chaux. Ce moyen doit être recommandé.

Défendre aux parfumeurs ou pharmaciens de débiter sous le nom de *blanc de fard* des préparations auxquelles est ajouté un sel de plomb.

Défendre la clarification des vins, cidres et bières, et le raffinage du sucre par les sels de plomb.

Poursuivre tout vendeur de *soies*, qui, dans le but d'augmenter le poids de la marchandise, les trempe dans l'*acétate de plomb*. Beaucoup d'ouvrières ont été malades par suite du travail de ces *soies*.

Défendre sur les navires l'usage de vases et ustensiles en plomb pour contenir des liquides et des aliments, vu qu'il faut attribuer très-probablement à la présence du plomb les accidents connus et décrits sous le nom de *coliques sèches*, etc.

Caractères d'imprimerie (Fonderie de) (3ᵉ classe). — 15 octobre 1810. — 14 janvier 1815.

Détail des opérations. — Les fonderies de caractères sont destinées à reproduire par la fusion dans des moules métalliques, qui servent très-longtemps, les différents signes employés dans la typographie.

Ces caractères doivent être identiquement semblables pour le même signe, conserver entre eux une distance rigoureusement constante, avoir leurs quatre faces d'équerre et une hauteur égale, afin que des deux côtés il n'y ait aucune saillie. C'est dans le but d'obtenir ces conditions physiques constantes que l'on a soin de comparer avec la plus grande attention les moules qui doivent servir à leur fonte.

Le métal qui forme les caractères doit se mouler facilement, et, par conséquent, n'avoir pas une grande tendance à cristalliser ; il doit être facilement fusible et peu oxydable ; parce que sans cela on n'obtiendrait que des résultats défectueux, souvent même aucun bon résultat. La dureté doit en être suffisante pour résister à l'écrasage, et pas trop grande, parce qu'il serait cassant, et que les opérations qui suivent la fonte devenant plus lentes, rendraient les caractères plus coûteux.

Le zinc, même en petite quantité, ne peut servir à cause de son point élevé de fusion et de sa grande oxydabilité au rouge. C'est le *plomb* durci par l'antimoine que l'on emploie ; l'alliage fait avec 15 pour 100 d'antimoine est plus fusible que le plomb lui-même ; il se dilate en se solidifiant, ce qui est d'une grande importance pour la beauté des caractères. On a proposé l'addition de 6 pour 100 d'étain pour rendre les caractères plus résistants, et même de 1 pour 100 de cuivre pour diminuer la tendance de l'étain à cristalliser.

L'arsenic pourrait aussi bien durcir le plomb que l'antimoine, mais son action sur l'économie l'a fait rejeter. D'ailleurs, l'alliage a une grande tendance à cristalliser.

On a proposé l'emploi de caractères très-durs et résistants, faits avec un alliage de zinc et d'étain, mais son oxydabilité et sa dureté qui mettaient obstacle à la retouche l'ont bientôt fait rejeter.

Le fourneau des fondeurs en caractères consiste dans un bâtis circulaire, élevé en briques ou moulé en argile d'une seule pièce; il supporte une cuiller en fonte divisée en six compartiments, parce qu'il est destiné à six ouvriers se servant la plupart du temps d'alliages différents appropriés à leur genre de travail. Les ouvriers sont disposés autour de ce fourneau; le feu est entretenu avec une grande régularité et alimenté avec du bois bien sec. On a cherché à remplacer le bois par la houille, et mieux par le coke, mais le feu est plus difficile à régulariser, et l'on a besoin d'une cheminée plus élevée qui donne un tirage plus puissant.

Le moule qui sert à couler les caractères est en fer, composé de deux pièces symétriques qu'il suffit d'ouvrir pour que le caractère se détache. Je n'entrerai pas dans le détail de description du moule et des moyens pratiques mis en usage pour produire les beaux caractères; je dirai seulement qu'on les coule d'une manière analogue aux balles de plomb, et qu'on leur fait subir un travail mécanique pour leur donner toute la perfection nécessaire. On doit rapprocher de cette industrie la fonte de l'antimoine. (Voir *Fonderie de métaux*, t. II, p. 24.)

Causes d'insalubrité. — Inconvénients de la manipulation du plomb.

Prescriptions. — Précautions générales contre ces inconvénients. (Voir t. II, p. 521.)

Laminage et fonte du plomb (2ᵉ classe). — 15 octobre 1810. — 14 janvier 1815.

Détail des opérations. — La fonte du plomb, pour le couler ensuite en lingots ou en saumons, se fait dans des chaudières ou dans des creusets, selon la pureté du métal que l'on traite. — Cette opération n'offre rien de compliqué.

Quant aux détails relatifs au laminage, — voir au mot *Laminage des métaux*, l'article *Laminage du plomb*, t. II, p. 123.

Causes d'insalubrité. — Vapeurs toxiques.

Effets sur la santé des ouvriers, mais à un degré bien moindre que dans la fabrication de la céruse.

CAUSES D'INCOMMODITÉ. — Odeurs souvent détestables, pendant la fonte des vieux plombs, à cause de la décomposition par la chaleur des matières organiques qui s'y trouvent associées.

Il en est de même dans la revivification des plombs et des déchets de peinture.

PRESCRIPTIONS. — Pour la fonte proprement dite, établir une large hotte au-dessus de la chaudière à fusion. — Faire communiquer cette hotte avec une cheminée de quinze à vingt mètres de haut.

Si les ouvriers demeurent dans l'atelier de fusion, entourer la chaudière d'un tambour à porte de tôle, mobile.

Pour la fonte des vieux plombs, établir *constamment* un tambour autour de la chaudière et faire parvenir les vapeurs produites dans le foyer du fourneau pour qu'elles y soient brûlées. — Cheminées de vingt à trente mètres pour porter très-haut les gaz produits qui entraînent avec eux le plomb oxydé volatilisé, qui sans cela se déposerait sur les toits et altèrerait les eaux de pluie et de citerne. On pourrait encore diriger les vapeurs par un chenal horizontal, terminé par une cheminée en poterie. — On obtiendrait un meilleur résultat en leur faisant traverser une succession de chambres dans lesquelles on ferait tomber une pluie d'eau acidulée.

Litharge (Fabrication de la) (1re classe). — 14 janvier 1815.
Massicot (Fabrication du), première préparation du plomb pour le convertir en minium (1re classe). — 14 janvier 1815.

DÉTAIL DES OPÉRATIONS. — On connaît plusieurs oxydes de plomb et modifications des oxydes de plomb.

Sous-oxyde noir.

Le sous-oxyde noir n'a pas d'usage à cause de sa facile décomposition ; il s'obtient en calcinant, à l'abri de l'air, l'oxalate de plomb.

Protoxyde — (Litharge-massicot).

Le protoxyde de plomb se présente sous deux états principaux : l'état hydraté et l'état anhydre.

Hydraté. — Il est blanc, légèrement soluble dans l'eau, surtout dans l'eau sucrée. Sans emploi, si ce n'est dans les analyses.

Anhydre. — Il constitue ce que l'on désigne sous les noms de litharge, massicot... Il est variable dans sa couleur, est soluble légèrement dans l'eau, surtout dans l'eau sucrée, et peut se combiner aux bases pour former des plombites.

Le massicot est le produit de l'oxydation à une température peu élevée à l'air du plomb fondu. Il est jaune sale et n'est produit que pour fabriquer le minium.

La litharge est produite par l'oxydation du plomb à l'air et à haute température, de manière à fondre l'oxyde. Elle se combine moins facilement à l'acide carbonique de l'air que le massicot et elle forme toujours un produit secondaire. Sous le nom de litharge d'argent, on désigne la litharge jaune, qui doit cette couleur à ce qu'on l'a refroidie brusquement. La litharge d'or, au contraire, est rougeâtre, et doit cette couleur à ce qu'on l'a refroidie lentement à l'air, et qu'il s'est formé un peu de minium.

La litharge fondue coule comme une huile; elle peut absorber l'oxygène de l'air, quand on la maintient en fusion, et si on ne prend garde de laisser refroidir lentement, la masse peut rocher et *donner lieu à des projections.*

On peut l'obtenir cristallisée et pure, en versant de l'azotate de plomb dans un lait de chaux bouillant ou en laissant refroidir une solution bouillante de plombite de chaux.

Industriellement, quand on vient d'obtenir le plomb brut ou plomb d'œuvre, on le soumet à la coupellation pour séparer l'argent qu'il renferme : on opère dans un fourneau à réverbère dont la sole est concave ; l'oxydation du plomb s'opère et la litharge produite vient par des rainures couler hors du fourneau. Les premières portions contenant de l'oxyde noir, ou mieux, du plomb divisé, sont mises de côté pour servir comme minerai (abstrich); les portions suivantes forment la litharge supérieure, les dernières portions sont moins pures. Le résidu de la coupellation est l'argent presque pur contenu dans le plomb brut.

Usages. —La litharge sert à la fabrication des sels de plomb; à rendre les huiles siccatives, à fabriquer la céruse; elle peut former des scellements avantageux.

Avec la litharge et le sel ammoniac fondus ensemble, on obtient, pour la peinture à l'huile, le *jaune minéral*, ou jaune de Cassel, ou jaune de *pain* ou de *Vérone*.

Oxyde puce, ou acide plombique.

Il est couleur puce, comme son nom l'indique; il se combine aux bases pour former des plombates.

Il enflamme le soufre par simple frottement; c'est un agent d'oxydation. On l'obtient en traitant le minium par l'acide azotique faible, et, faisant bouillir à plusieurs reprises; le protoxyde seul se dissout. On peut aussi l'obtenir en traitant le protoxyde en suspension dans l'eau par le chlore. Il y a d'autres moyens de préparation, inutiles à décrire ici, puisque ce corps n'a pas d'application industrielle.

Causes d'insalubrité. — Émanations dangereuses.

Et tous les autres accidents dépendant du plomb.

Prescriptions. — Surmonter les creusets destinés à la fonte d'une voûte qui conduira les vapeurs dans un large chenal allant à la cheminée, qui aura quinze mètres de hauteur.

Faire la coulée dans des vases de refroidissement sous le large manteau d'une cheminée haute.

Minium (Fabrication du), préparation du plomb pour les potiers, faïenciers, fabricants de cristaux, etc. (1re classe). — 15 octobre 1810. — 14 janvier 1815.

Minium.

Le minium est formé d'une combinaison de protoxyde de plomb avec le bioxyde ou acide plombique, dans lequel il y a excès d'oxyde de plomb.

Il est rouge ou orangé, peut se décomposer sous l'influence des acides en protoxyde qui se dissout et oxyde, puce qui reste : il redevient protoxyde sous l'influence de la chaleur en perdant de l'oxygène. — On peut le priver de l'excès d'oxyde de plomb qu'il contient toujours dans le commerce en le faisant

digérer quelque temps avec de l'acétate neutre de plomb; il se
forme un sous-acétate.

Mine orange.

La mine orange est un minium obtenu de l'oxydation à l'air du
carbonate de plomb par la chaleur; elle sert en peinture. Traitée
par l'acétate neutre de plomb, elle donne du minium pur.

DÉTAIL DES OPÉRATIONS. — Le minium ordinaire s'obtient en
oxydant le massicot à l'air. Pour obtenir ce massicot, on emploie du plomb bien pur; le plomb peut au besoin être purifié
par le moyen suivant : on le fond ou on le coule dans de longs
cylindres, on le brasse avec un bâton et le laisse reposer, on
décante la partie supérieure et on la met de côté pour les
usages métalliques ordinaires, car cette portion retient la plus
grande partie des métaux étrangers. Les deux tiers inférieurs
sont fondus sur la sole d'un four à réverbère, et agités avec un
râteau en fer pour renouveler les surfaces et repousser le massicot. Le plomb doit être maintenu au-dessous de 400 degrés,
pour éviter la fusion de l'oxyde; les dernières portions s'oxydent
difficilement, et sont mises de côté pour une nouvelle opération.

Le massicot obtenu est broyé dans des moulins semblables
à ceux qui ont été décrits pour la préparation de la céruse.

Pour séparer le plomb du massicot broyé, on prend l'oxyde
en suspension dans l'eau, et on le passe dans des tamis de toile
métallique fine, au-dessus de tonneaux contenant de l'eau.

Les résidus laissés sur les tamis et dépôts provenant des lavages et décantations sont calcinés comme le plomb. — L'oxyde
broyé, tamisé et lavé, est mis dans des terrines et porté à l'étuve
où il se dessèche; puis on le réduit en poudre et on le tamise
dans des trémies fermées hermétiquement comme pour la céruse.

Quand l'oxyde est ainsi préparé, on le place, par sept ou huit
kilogrammes, dans des caisses en fer battu, dans les fours qui
servent à la calcination du plomb; on n'empêche pas l'accès de
l'air, et on chauffe modérément. Le massicot absorbe peu à
peu l'oxygène de l'air, se transforme en minium; après plusieurs heures, on le retire du four et on l'y replace après avoir

bien mélangé les différentes parties. Le minium prend les noms de minium à deux, trois feux, selon qu'il a subi deux ou trois oxydations successives.

On peut éviter l'emploi des caisses en fer, en mettant simplement l'oxyde de plomb sur la sole. Il faut toujours prendre garde d'élever la température au delà de 400 degrés, de peur de fondre la masse et de décomposer le minium.

Usages. — Le minium sert à faire les émaux des faïenciers, différents travaux de peinture, et surtout les diverses espèces de cristal, flint-glass, etc., pour lesquels il doit être privé de tout oxyde de cuivre qui colorerait la masse vitreuse ; il sert aussi à faire des mastics de machines, etc.

Pour éviter les pertes de sucre que causent dans les produits du raffinage les *formes* en terre cuite, si perméables au sirop, on a proposé de les enduire intérieurement d'une couche de peinture faite avec la céruse, le minium et une huile siccative. Il faut proscrire ce procédé auquel on peut substituer un enduit, ou la terre de pipe, mêlée à l'oxyde de zinc, qui remplace sans danger la céruse.

Causes d'insalubrité. — Tous ceux du travail du plomb.

Mais particulièrement l'abord du fourneau, quand il n'est pas bien aéré, à cause des vapeurs qui se dégagent.

Danger du blutoir, par la poussière qu'il occasionne et répand dans l'air où se trouve l'ouvrier.

La mise en *baril* et le tassement.

Intoxication par la peau et les voies respiratoires.

Exhalaisons moins dangereuses que celles du massicot.

Prescriptions spéciales. — Conduire sous le manteau d'une cheminée haute de quinze à vingt mètres, les ouvertures des chauffes et de la sole où l'on élève la température du massicot.

Mettre l'ouverture supérieure du fourneau en communication avec un chenal horizontal de larges dimensions avant de se rendre à la cheminée de tirage.

Ventilation très-énergique.

Tirage excellent appliqué au fourneau à réverbère où le plomb se transforme en massicot, et celui-ci en minium.

Broyer le massicot entre des meules renfermées dans deux tambours à l'état de pâte liquide.

Ne pas charger la trémie directement, — mais y faire parvenir le minium sans pénétrer dans le hangar où est le blutoir.

Tenir le hangar bien fermé pendant le blutage, et n'y pénétrer qu'une heure après la fin des opérations.

Pour la mise en baril, prendre le minium à la pelle avec beaucoup de précautions. — L'asperger de temps en temps d'un peu d'eau, — et le faire arriver, par un plan incliné, du blutoir au baril, — en plein air.

Plomb de chasse (Fabrication du) (3ᵉ classe). — 15 octobre 1810. = 14 janvier 1815.

Détail des opérations. — Le plomb pur ne peut pas être employé à la fabrication des grains sphériques destinés à la charge des armes de chasse. Un millième d'*arsenic* suffit pour lui donner la propriété de se granuler; on emploie ordinairement trois millièmes pour le plomb doux, et jusqu'à huit millièmes pour les plombs aigres, ou de deuxième fusion, qui contiennent 4 à 6 pour 100 d'antimoine et trouvent un emploi dans cette fabrication ; quand le plomb contient plus de 3 pour 100 d'antimoine, on le ramène à cette quantité par du plomb pur. Trop d'arsenic donne une forme lenticulaire aux grains de plomb, pas assez leur fait prendre une forme aplatie et creuse sur le côté, ou même allongée en queue si la proportion en est très-faible.

La fusion de l'alliage s'opère dans une chaudière de fonte : on y met mille kilogrammes par exemple de plomb; on dispose sur les bords deux pelletées de terre et dix kilogrammes d'arsenic au milieu ; on ferme la chaudière avec un couvercle scellé avec un mortier ou ciment; on chauffe pendant trois ou quatre heures, et coule en lingots après avoir écumé le bain. C'est avec un ou deux de ces lingots, riches en arsenic, qu'on ajoute un métalloïde au plomb qui doit être granulé.

On remplace quelquefois cette méthode par celle-ci : on fond environ deux mille kilogrammes de plomb. On recouvre la surface du bain avec un peu de suif pour empêcher l'oxydation;

on enlève les crasses à mesure que la fusion s'opère; on ajoute du sulfure d'arsenic (réalgar) par fractions, en brassant continuellement et enlevant les crasses qui se forment tout d'abord. Les dernières crasses qui viennent nager à la surface du plomb servent à faire le filtre qui doit granuler le plomb et l'empêcher de prendre une forme allongée.

Pour opérer le granulage, on se sert de casseroles en tôle à fond plat, percées de trous bien ronds et sans bavures; de calibres qui varient avec la grosseur des grains que l'on veut obtenir. On emploie toujours trois passoires à la fois; on les place sur les grilles saillantes d'une espèce de réchaud triangulaire en tôle, placé immédiatement au-dessus de la chute. Ces passoires sont distantes l'une de l'autre et chauffées séparément par du charbon qui maintient le plomb à une température convenable pour la dimension du grain à fabriquer. On fait tomber le plomb d'une hauteur de trente mètres environ pour les dimensions ordinaires, et de cinquante mètres pour les plus gros échantillons; il faut ordinairement une tour construite exprès et ayant de trente à quarante mètres de haut, ayant un couloir placé à l'un de ses angles, au bas de laquelle se trouve une cuve à demi pleine d'eau acidulée, pour recevoir le plomb granulé.

Cela fait, on place les crasses dans la passoire, en les pressant suffisamment, on y verse du plomb en quantité telle que la vitesse donnée par la pression ne soit pas trop grande; les grains se forment nettement si l'opération marche bien, et donnent une colonne bien constante, si aucun courant d'air n'y apporte de dérangement. Les grains retirés de la cuve placée au bas de la tour sont séchés à l'air ou dans une étuve; on les passe dans des tamis percés de différentes grosseurs afin d'obtenir des grains identiques pour chaque numéro. On isole les grains défectueux par un plan incliné, au bas duquel roulent directement les grains ronds, tandis que les autres se déjettent de côté, ce qui permet de les séparer.

Quelques grains restent encore altérés et peu lisses; ils sont d'ailleurs tous ternes; on les soumet au *rôdage* et au *lustrage;*

pour cela, on les introduit dans un tonneau octogonal, mis en mouvement par un axe horizontal ; on y met six parties de plombagine pour cent mille kilogrammes de plomb, on tourne jusqu'à ce que les résultats soient parfaits.

CAUSES D'INSALUBRITÉ. — Aucune évidente, — puisque la manipulation n'est pas immédiate.

Bien rarement des accidents d'intoxication pour les ouvriers.

CAUSES D'INCOMMODITÉ. — Fumée du fourneau. — Vapeurs arsenicales de la chaudière à fusion. — Poussière métallique.

PRESCRIPTIONS. — Aérer vivement l'atelier. — Adapter une large hotte en maçonnerie au fourneau sur lequel s'opère la fusion de l'alliage. — Fermer la partie antérieure de ce fourneau par une porte en tôle. — Adapter à la chaudière de fonte un double couvercle et le luter convenablement avant d'allumer le feu. — Diriger les vapeurs du foyer et celles qui peuvent naître de la fusion dans une cheminée haute de quinze à vingt mètres et pourvue d'un fort tirage. — Construire le fourneau et l'atelier en briques et fer. — Pratiquer la mise en lingots sous une hotte. — Recommander aux ouvriers quelques lotions spéciales et les engager à mettre des gants pour opérer le *triage* et le *lissage*. — Exiger la présence du chef d'atelier lors de la fonte de l'alliage à l'arsenic.

Plomb (Crochets isolants pour la télégraphie, fabriqués avec les résidus de cristallerie, réduits en poudre, contenant du).

DÉTAIL DES OPÉRATIONS. — On trempe les crochets en fer dans une solution épaisse de gomme, et on les saupoudre à l'aide d'un tamis, avec la poudre des résidus des cristalleries, puis on les passe au feu. — Cette opération se répète plusieurs fois de suite : les ouvrières qui tamisent les tiges sont prises rapidement de tous les signes d'empoisonnement aigu par le plomb. — (Gengivites, salivations, — paralysie saturnine.)

PRESCRIPTIONS. — Les mêmes que pour la fabrication de la céruse. (Voir le Mémoire de M. Ladreyt de la Charrière, *Archives de médecine*, novembre 1859.)

Documents relatifs à l'industrie du plomb.

I. INSTRUCTION DU CONSEIL DE SALUBRITÉ CONCERNANT LES FABRIQUES DE BLANC DE PLOMB. (Du 14 avril 1837.)

Instruction sur les précautions à mettre en usage dans les fabriques de blanc de plomb, pour y rendre le travail moins insalubre.

Les fabricants qui entendent leurs intérêts doivent veiller à la santé de leurs ouvriers et prendre des précautions pour les mettre à l'abri des accidents qui, ordinairement, sont la suite du travail de la céruse ; ces précautions sont les suivantes pour le procédé hollandais :

Il faut :

1° Que le local destiné à la construction des ateliers soit vaste et bien disposé pour le renouvellement de l'air ;

2° Que l'atelier, dit la fonderie, soit construit de façon que les chaudières où l'on fond le plomb pour le réduire en lames, et où l'on refond le plomb en lames qui a été exposé dans les couches et qui n'a pas été attaqué, soient placées dans la hotte d'une cheminée ayant un tirage forcé ;

3° Que l'atelier d'épluchage, où l'on opère la séparation du plomb carbonaté de celui qui ne l'est pas, soit bien ventilé, soit en employant le tirage de la cheminée, soit par tout autre moyen, et qu'il en soit de même de l'atelier où l'on opère le battage pour détacher le plomb carbonaté des lames où il adhère encore.

Dans sa fabrique de Moulin-lès-Lilles, M. Lefèvre a fait établir un atelier spécial pour le battage du plomb ; cet atelier, peu large et très-long, est muni aux extrémités de portes qui donnent sur une cour, de manière à avoir un courant d'air, qui enlève rapidement par des fenêtres à bascules qui s'ouvrent dans le haut de l'escalier, les molécules les plus ténues de céruse qui se répandent dans l'atmosphère pendant le battage des lames de plomb ; M. Lefèvre n'a pu employer dans sa fabrique un appareil (un cylindre cannelé) qu'il a fait construire par M. Halette, dans le but de séparer le plomb carbonaté des lames non entièrement attaquées. Nous devons dire cependant que ce moyen est usité en Allemagne (voir l'ouvrage de M. Marcel, *Voyage dans l'empire d'Autriche*) ;

4° Que les ouvriers chargés du battage ne soient employés qu'à tour de rôle à cette manutention, regardée comme une des plus insalubres (cet usage est adopté à Moulin-lès-Lilles ; qu'ils soient munis de blouses et de gants ; enfin qu'ils aient la bouche et le nez couverts avec un mouchoir un peu humecté, ou, mieux encore, que ces ouvriers soient revêtus de l'appareil Paulin [1] ;

5° Que les meules destinées à réduire le blanc de plomb en poudre et à

---

[1] Cet appareil a pour but de permettre à un homme d'entrer et de travailler dans tout lieu infecté par une raison quelconque, et d'y séjourner pendant un temps indéterminé. Il peut également préserver les ouvriers des émanations malfaisantes que produisent une foule d'arts industriels. Il se trouve chez M. Guérin, rue du Marché-d'Aguesseau.

sec soient placées dans un atelier vaste, où la ventilation soit forcée; que les ouvriers qui placent le blanc de plomb sous les meules l'y posent le plus doucement possible, en évitant de faire de la poussière ;

6° Que les blutoirs soient isolés, entourés d'un bâtis en bois recouvert soit en plâtre, soit en papiers superposés et collés, soit encore d'une toile serrée et calandrée, de façon que la poudre la plus ténue ne puisse se frayer un passage et s'échapper des bâtis qui renferment le blutoir (un blutoir salubre a été décrit dans le Bulletin de la Société d'encouragement, tome XXV, page 212 et suivantes);

7° Que les ouvriers qui soignent les meules où l'on réduit en pâte la céruse, que ceux empotant et dépotant la céruse portent des gants pendant ce travail ;

8° Il faut, quand on met en baril les pains de céruse et qu'on secoue le tonneau pour opérer le tassement, couvrir la partie supérieure du tonneau pour que la poudre, soulevée par l'effet de la secousse, ne puisse se répandre dans l'atmosphère de l'atelier ;

9° Que les ouvriers ne prennent aucun repas dans les ateliers, et qu'ils soient forcés, avant de sortir le matin et le soir, de se laver les mains dans de l'eau aiguisée d'acide sulfurique, puis se les laver dans l'eau ordinaire. (Un gramme d'acide sulfurique pour un litre d'eau, ou une once pour trente-deux litres.)

10° N'admettre, autant que possible, dans les ateliers, que des ouvriers sobres et qui ne s'adonnent point à la boisson, et renvoyer ceux qui se livreraient à des excès ;

11° Il serait en outre nécessaire d'exiger des ouvriers cérusiers qu'ils eussent des blouses qui resteraient à l'atelier, et qui seraient lavées de temps en temps ;

12° Il serait utile qu'un médecin, pris dans la localité, fût chargé de la santé des ouvriers qui travaillent dans les fabriques de céruse ;

13° Il faudrait que les manufacturiers fissent tous leurs efforts pour combattre par le raisonnement l'insouciance de la plupart des ouvriers pour le danger ; insouciance qui, pour le conseil, est en grande partie cause de la gravité des accidents observés.

Les précautions que nous venons d'indiquer ici s'appliquent en grande partie aux fabriques de céruse par le procédé français; ces fabriques ont surtout besoin d'être aérées; la présence dans les ateliers d'une grande quantité d'acide carbonique, qui a entraîné avec lui de l'acétate de plomb, étant une des causes déterminantes des accidents observés dans ces fabriques.

CHEVALIER, rapporteur ; MARC, vice-président;
BEAUDE, secrétaire.

Approuvé par nous, conseiller d'État, préfet de police,

G. DELESSERT.

II. COMPTE RENDU DU CONSEIL DE SALUBRITÉ DE LA SEINE (1840-1845),
ANNÉE 1843.

§ MALADIES SATURNINES.

Le rapport fait connaître les mesures réglementaires adoptées en Angleterre dans les ateliers de M. Thyvrel (ces mesures sont rapportées *in extenso* dans le compte rendu des travaux du conseil de salubrité de la Seine, 1840-45, page 243), où l'on ne compte jamais de malades. Il est vrai d'ajouter qu'on emploie dans cette fabrique des procédés qui ne sont pas livrés à la publicité :

1° Tout ouvrier, en entrant dans la fabrique, doit ôter son habit, que l'on dépose dans un vestiaire; il doit mettre un tablier de travail ;

2° Cinq minutes avant la cessation du travail, l'ouvrier doit se laver et se brosser les mains dans de l'eau de savon et dans une eau claire, après s'être débarrassé de son tablier ;

3° Après avoir repris son habit, il doit sortir de la fabrique sans toucher à aucun des objets de fabrication ou fabriqués ;

4° Tout ouvrier qui enlève de ses habits de travail de la poussière, au moyen d'une baguette ou d'une brosse, est renvoyé.

5° La poignée de tous les outils de fabrication est tenue dans un grand état de propreté ;

6° L'ouvrier qui charge la presse doit porter des gants épais qui lui sont fournis par le fabricant; il en est de même de celui qui décharge la presse ;

7° L'ouvrier ne doit toucher avec les mains que l'enveloppe dans laquelle le blanc de plomb est mis sous la presse. Le blanc de plomb se retire avec des instruments destinés à cet effet ;

8° L'ouvrier qui porte le blanc de plomb dans les séchoirs, celui qui remplit les ateliers, doivent avoir sur la bouche et sur les narines un masque avec éponge humide. Il en est de même de l'ouvrier qui transporte le blanc de plomb à l'étuve ;

9° Avant d'écraser le plomb, l'ouvrier qui est chargé de le placer sur les pierres tranchantes doit d'abord avoir la bouche recouverte d'une éponge ; il doit, à l'aide d'un vase destiné à cet usage, verser de l'eau sur le plomb, et conserver le masque d'éponge au moment où il place le plomb sur les pierres ;

10° Un ouvrier ne peut travailler plus de quatre heures aux meules ;

11° En sortant le blanc de plomb de l'étuve, l'ouvrier qui transporte les formes (bassines) ne doit pas toucher le plomb, mais remettre les formes à un ouvrier qui les recevra. Cet ouvrier doit avoir les mains couvertes de gants et un masque sur la figure;

12° L'ouvrier chargé de l'embarillage doit avoir un masque à éponge ; il doit se placer sous le vent, de manière que la poussière soit lancée loin de lui ;

13° Le tonnelier doit avoir sur la bouche une éponge humide lorsqu'il cloue les barils de blanc de plomb ; la même précaution doit être prise lors qu'il ouvre ou qu'il ferme ceux de litharge ;

14° Si un ouvrier ressent quelque incommodité dans les entrailles, il devra prendre aussitôt autant de soufre qu'il en peut tenir sur un schelling, et recommencer toutes les trois heures, jusqu'à ce qu'il ressente les effets de ce médicament ;

15° Tout ouvrier qui aura été deux fois malade par suite du travail de la céruse devra quitter ce genre de fabrication ;

16° Tout ouvrier tombé malade devra aussitôt prendre trente grammes d'huile de ricin et 10 grammes de soufre; puis, toutes les heures, jusqu'à ce qu'il soit remis, autant de soufre qu'il en peut tenir sur une pièce de six pence.

. . . .

L'usage des *feuilles de plomb* pour envelopper le tabac a donné lieu à des accidents et a été le sujet du rapport suivant, fait au conseil d'hygiène de la Seine par M. Boudet :

Monsieur le préfet,

Le sieur Colardeau, dans une lettre qu'il a eu l'honneur de vous adresser, a signalé à votre sollicitude les inconvénients et les dangers qui peuvent résulter pour la santé publique de l'usage adopté par un grand nombre de débitants de tabacs, et notamment par le sieur Gibert, directeur du bureau dit de la Civette, rue Saint-Honoré, n° 214, de livrer au public le tabac enfermé dans des sacs de plomb en feuilles. Cette pratique serait, d'après le sieur Colardeau, excessivement dangereuse, parce que l'enveloppe de plomb s'oxyde au contact du tabac et lui communique des propriétés vénéneuses. La régie, ajoute-t-il, vend les tabacs étrangers dans des enveloppes d'étain, sans augmentation de prix, les buralistes pourraient adopter ce système au grand avantage des consommateurs.

Vous avez, monsieur le préfet, demandé l'opinion du conseil d'hygiène publique et de salubrité sur cette consommation officieuse, et j'ai été chargé d'étudier la question qu'elle soulève.

Une enveloppe de plomb peut-elle, par le contact plus ou moins prolongé avec le tabac en poudre, lui communiquer des propriétés vénéneuses ? Tel était le point à examiner.

Pour apprécier l'action du tabac sur le plomb, j'ai institué les trois expériences suivantes :

1° J'ai renfermé une certaine quantité de tabac dans un sac de plomb;

2° J'ai renfermé dans un bocal un certain nombre de disques en papier de plomb, les uns sur les autres, mais séparés par autant de couches de tabac en poudre;

3° Enfin, j'ai suspendu une feuille de plomb dans une cloche, sous laquelle j'avais placé une large capsule remplie de tabac, de telle sorte que la vapeur seule du tabac pût agir sur le plomb. Je n'ai pas tardé à observer que, dans ces trois expériences, le plomb était rapidement et fortement attaqué. Le plomb en contact avec le tabac se ternissait bientôt, présentait une surface chagrinée et sur laquelle on pouvait facilement observer à la loupe de petites plaques blanchâtres. L'action produite par la vapeur du tabac était beaucoup moindre, mais très-évidente cependant, et la surface métallique exposée directement à cette vapeur se couvrait d'une espèce de duvet blanchâtre, qui en ternissait l'éclat. Ayant versé doucement sur un papier ce tabac contenu dans le sac de plomb, j'ai remarqué que les portions de poudre détachées des surfaces métalliques renfermaient une certaine quantité de parcelles blanchâtres.

Une partie du sac de plomb, nettoyée avec soin et décrassée des parcelles de tabac qui y adhéraient, a été lessivée à froid, avec de l'eau distillée, la liqueur, filtrée, a donné les réactions d'eau sans sel de plomb avec l'iodure de potassium, et l'examen plus approfondi de la substance blanche formée à la surface du métal m'a démontré qu'elle était composée de sous-acétate de plomb.

Il résulte de ces observations que dans les sacs de plomb dans lesquels on enferme le tabac en poudre, il se forme du sous-acétate de plomb en petites plaques très-friables, qui se détachent facilement du métal et se mêlent au tabac ; que ce mélange du tabac et d'une substance aussi vénéneuse que l'acétate de plomb, étant introduit dans les narines des consommateurs, peut donner lieu à une intoxication plombique et causer de graves accidents ; les faits, d'ailleurs, ont déjà par avance justifié cette conclusion.

On trouve en effet dans la *Gazette hebdomadaire de médecine*, publiée le 31 juillet 1857, des observations du docteur Maurice Meyes, de Berlin, qui constatent cinq cas d'intoxication et paralysie saturnine produits par du tabac à priser, qui avait été, suivant l'usage répandu en Allemagne, livré aux consommateurs dans des sacs de plomb.

Ainsi, monsieur le préfet, les accidents produits par l'usage du tabac enfermé dans des enveloppes de plomb, l'existence démontrée par l'analyse chimique d'un sel de plomb à la surface des feuilles de métal en contact avec le tabac lui-même, démontre que l'emploi des enveloppes de plomb pour le débit de tabac offre de très-graves dangers, et qu'il y a lieu de le proscrire.

En conséquence, monsieur le préfet, le délégué du conseil, soussigné, a l'honneur de vous proposer d'ordonner que l'usage des enveloppes de plomb soit interdit dans tous les débits de tabac, et qu'elles y soient remplacées par des enveloppes de papier d'étain parfaitement pur.

Signé F. Boudet.

Lu et approuvé dans la séance du 9 juillet 1858.

Le vice-président, *signé* : A. Chevalier ; le secrétaire, *signé* : A. Trébuchet. (Voir *Tabac*.)

PLOMBIERS ET FONTAINIERS. Voir, pour les précautions à prendre dans la manipulation du plomb et la confection des objets faits avec ce métal, l'article *Plomb*, t. II, p. 321.

PLUMES (Industrie des).

Plumes et duvets (Épuration des) en grand. — Objets de literie
1° Par voie sèche (2° classe).
2° Si la chaudière où arrive la vapeur est couverte et surmontée
   d'une hotte (5° classe).

Détail des opérations. — Cette épuration en grand se pratique au moyen de la vapeur ou par voie sèche.

Par voie sèche l'opération se rapproche de celles qui ont lieu pour le cardage et le battage de la laine et du coton. (Voir ce mot, t. I, p. 269.)

Par voie humide elle est analogue à toutes celles qui ont pour but de mettre certaines matières en un contact plus ou moins prolongé avec la vapeur d'eau. Dans ce cas, on agit soit à l'air libre, soit en vases clos. — Souvent on passe les plumes et duvets à la vapeur légère de gaz acide sulfureux.

Causes d'insalubrité. — Aucune.

Causes d'incommodité. — Poussière pendant le battage par la voie sèche.

Buée et mauvaise odeur par la voie humide.

Vapeurs sulfureuses dans le cas d'emploi du soufre.

Prescriptions. — Quand on agit par la voie sèche, opérer sous de grands hangars bien ventilés, — ou hors des villes, comme pour le battage des tapis. — Dans les villes, ne laisser aucune ouverture d'atelier, libre, sur la voie publique.

Quand on opère par la vapeur, — placer le générateur dans une chambre séparée de la chaudière, et loin des magasins où sont les plumes et duvets.

Placer les chaudières sous de larges hottes communiquant avec la cheminée qui recevra toutes les buées et aura deux mètres d'élévation au-dessus des toits voisins.

En cas d'emploi du soufre, recouvrir la chaudière avec un couvercle.

Plumes (Teinture des) par la murexide.

La teinture des plumes par les procédés ordinaires et avec les couleurs habituellement employées, présente peu d'inconvénients. Elles sont plongées dans des bains de diverses teintures, et chauffées à la vapeur. Une essoreuse mue à bras opère un premier séchage, et de là les plumes passent à l'étuve. Une nouvelle application de la murexide (urate ou purpurate d'ammoniaque, extrait du guano) a donné lieu à des accidents qu'il ne faut pas laisser se produire. C'est avec ce corps nouveau qu'on obtient une couleur groseille très-remarquable, et qui tend à se reproduire chez les teinturiers de laine et de soie. Pour teindre les plumes avec cette couleur, il faut pour qu'il y ait une adhérence, y ajouter un mordant. Or ce mordant est, ou de l'acétate de plomb, ou du deuto-chlorure de mercure. Les ouvriers qui plongent les plumes dans le bain, et les ouvrières qui travaillent ensuite ces plumes, sont exposés à des accidents assez sérieux. — Des corizas, — des salivations, — des ulcérations aux mains. — J'appelle l'attention des médecins et des membres des conseils d'hygiène sur cette nouvelle industrie *non classée*. (M. Baruel, dans le *Journal de chimie*, et M. le docteur Thibaut, dans un rapport à la commission d'hygiène du cinquième arrondissement de Paris, ont signalé ces faits intéressants.)

Dans les fabriques en grand il y a un certain nombre de précautions à prendre. L'étuve doit être construite en matériaux incombustibles, et, comme pour les teinturiers de profession, il faut diriger convenablement la buée des chaudières et l'écoulement des eaux colorées. (Voir *Teintureries*, et au mot *Acides*, l'article *Acide urique*, t. I. p. 173.)

POÊLIERS FOURNALISTES. Voir *Céramique (Industrie)*, t. I, p. 364.

POILS DE LIÈVRE ET DE LAPIN. Voir *Cuirs (Industrie des)*, *sécrétage*, t. I, p. 538.

POIRÉ. Voir *Boissons (Industrie des)*, t. I, p. 307.

POISSONS (Salaisons, saurage, dépôts de). Voir *Conserves de substances alimentaires (Industrie des)*, t. I, p. 477.

POIVRES BLANCS.

Les *poivres blancs* ont été l'objet d'une étude particulière du Conseil de la Seine, au point de vue de leur fabrication et de l'hygiène publique. — Voici le rapport de M. le professeur Bouchardat (octobre 1857) :

Première question. — Par la nature des préparations qu'on leur fait subir, les poivres blancs sont-ils nuisibles ?

Deuxième question. — Les poivres blancs de Paris sont-ils vendus pour poivres blancs de l'Inde ou de Malabar, et cette fabrication est-elle ainsi le point de départ de tromperie sur la nature de la marchandise vendue ?

Pour résoudre la première question, il me faudra entrer dans quelques détails de fabrication. Pour résoudre la seconde, je me suis livré à une enquête dans le commerce de Paris.

Le poivre blanc, comme le poivre noir, nous vient de Sumatra, Malabar, Java; il paraît certain que la plus grande partie, pour ne pas dire la totalité, du poivre blanc qui nous est exporté de ces localités n'est que du poivre noir décortiqué; pour l'obtenir, on laisse, dit-on, davantage mûrir le fruit, on le soumet, avant dessiccation, à une assez longue macération dans l'eau, et on détache ainsi, en frottant dans les mains, l'enveloppe colorée du poivre.

Si l'on s'en rapportait cependant à un passage de Garcias, appuyé par des figures de Clusias, le poivre blanc serait fourni par une espèce différente, mais très-voisine de celle qui donne le poivre noir. Cela peut être exact pour un poivre blanc de première qualité, qui apparaît de temps à autre dans le commerce sous le nom de la côte d'Alepy.

Arrivons maintenant aux préparations que l'on fait subir, à Paris, au poivre noir pour le convertir en poivre blanc.

1° Les grébeaux sont retirés par le criblage.

2° On sépare le poivre lourd du poivre léger par deux opérations : Immersion dans l'eau, immersion dans l'acide sulfurique étendu à 10 pour 100, puis immersion dans l'eau.

La portion qui surnage est vendue comme poivre noir.

3° Le poivre lourd est plongé dans l'eau chaude, dans laquelle il séjourne huit à dix jours; il fermente, s'échauffe; l'eau est renouvelée, plus ou moins fréquemment dans les derniers jours, matin et soir.

4° Arrivé à point, il est mis dans l'eau chaude, puis décortiqué à la main et lavé.

5° On le passe dans un tonneau avec du sable fin, on le roule avec ce sable.

6° On le lave trois fois à l'eau; l'action est aidée par trois heures de macération.

7° Le poivre ainsi décortiqué a perdu de 18 à 25 pour 100. On en plonge environ cent kilogrammes dans de l'eau dans laquelle on a délayé un kilogramme de chlorure de chaux; il reste dix heures dans ce bain. Cette opération est renouvelée une deuxième fois.

8° Après ce bain au chlorure de chaux, on passe le poivre pendant trois heures dans une dissolution contenant la même proportion d'alun.

9° Le poivre séché est ensuite enduit d'une légère couche de gomme, puis tourné dans un tonneau avec quelques pincées de talc, puis grabelé, pour qu'il ne soit pas teinté.

J'ai suivi toutes ces opérations, j'ai examiné les produits et les matières premières employées, tout m'a paru conforme à la description que je viens de donner.

Si, maintenant, je cherche à juger de la valeur de ces opérations, je dirai, comme un expert, M. Lassaigne, qui a eu déjà à s'occuper de cette industrie : L'opération du blanchiment du poivre est un travail inutile ; mais je n'adopterai pas sa conclusion, quand il dit : C'est une opération qu'on devrait interdire.

J'irai plus loin que lui dans mon jugement sur la valeur réelle de l'opération, et je le formulerai ainsi : Non-seulement le blanchiment du poivre est un travail réellement inutile, mais il a pour but de le priver de ses principes actifs en augmentant son prix.

Cependant, dans ma pensée, ce n'est pas une raison suffisante pour interdire cette fabrication ; si les maîtresses de maison veulent orner leurs tables de poivre d'une grande blancheur, et que cette qualité soit acquise au détriment de sa force : libre à elles ; nous n'avons à nous enquérir que d'une chose : ce produit est-il nuisible à la santé ?

Il ressort des détails dans lesquels je suis entré que le poivre blanc de Paris ne devient pas nuisible par la préparation qu'on lui fait subir.

Pour résoudre la seconde question, je me suis transporté chez plusieurs négociants en poivre, dignes de ma confiance, et je leur ai demandé : Les poivres blancs de Paris sont-ils vendus comme poivres blancs de l'Inde ou de Malabar ; tous m'ont répondu non, et la preuve, c'est que presque toujours leur prix est plus élevé. J'ajouterai qu'un homme qui connaît les marchandises ne peut confondre ces produits, un examen même superficiel suffit pour les distinguer.

Conclusions. — 1° Les préparations que l'on fait subir au poivre noir pour le convertir en poivre blanc de Paris ne lui communiquent aucune qualité nuisible.

2° Le poivre blanc de Paris n'est pas vendu comme poivre blanc de l'Inde.

3° Il est bon d'insister encore auprès des fabricants afin qu'il ne puisse y avoir aucune équivoque sur la nature de la chose vendue.

POIX.

Poix minérale. Voir *Bitumes*, t. I, p. 280.

Poix noire. Voir *Résineuses (Matières)*.

POMMES DE PIN (Dépôts de). Voir *Combustibles (Industrie des)*, t. I, p. 458.

POMMES DE TERRE.

Pommes de terre (Fécule de). Voir *Amylacées (Matières)*, t. I, p. 233.

Pommes de terre (Sirop de). Voir *Amylacées (Matières)*, t. I, p. 238.

POMPES A FEU. Voir *Machines à vapeur*, t. II, p. 181.

PORCELAINE (Fabriques de). Voir *Céramique* (*Industrie*), t. 1, p. 365.

PORCHERIES. Voir *Abattoirs*, t. I, p. 117.

POTASSE (Industrie de la).

Potasse (Fabriques de) (3ᵉ classe). — 15 octobre 1810. — 14 janvier 1815.

Potasse (Fabriques de), quand ce produit est obtenu par la calcina-tion des résidus provenant de la distillation de la mélasse (1ʳᵉ classe). — Décret du 19 février 1853.

La *potasse* est dans la nature répandue sur presque tous les sols, à l'état de sels à acides organiques ou inorganiques. On ne peut la retirer que des cendres provenant de la combustion des bois dans les pays où on ne peut leur donner une autre destination, et de celle de toutes les *plantes terrestres*. Les plantes marines contiennent presque exclusivement des sels de soude. (Voir *Soude.*) La potasse était autrefois connue sous le nom d'*alcali végétal* fixe. Dans le commerce, on l'appelle encore *salin*.

La potasse du commerce est un corps amorphe, fusible, ra-rement d'une pureté satisfaisante, difficilement cristallisable, déliquescent, se dissolvant par conséquent dans une faible quantité d'eau, insoluble dans l'alcool, et donnant par les acides forts un dégagement d'acide carbonique.

Potasse des cendres de bois.

Détail des opérations. — Pour l'obtenir, on incinère dans une fosse dont l'aire et les parois ont subi un battage suffisant les différents bois des forêts du Nord ; on choisit pour cela un en-droit bien abrité des vents. Les cendres, qui forment de 1 à 5 pour 100 du poids du bois employé, sont soumises à une lixi-viation méthodique par déplacement avec l'eau chaude, et quand on a des liqueurs marquant dix à quinze degrés, on les évapore d'abord dans deux chaudières en tôle, puis dans une chaudière en fonte : le résidu de l'évaporation constitue le *salin* qu'on détache à l'aide d'un ciseau et d'un maillet ; on chauffe l'eau destinée au lessivage avec la fumée des trois foyers des chaudières d'évaporation.

Le *salin* est soumis à une calcination dans un four à réverbère muni de deux foyers dont la flamme pénètre jusqu'au fond du four et vient ressortir par la porte par laquelle on introduit le salin. Le four est chauffé au rouge avant l'introduction du salin ; celui-ci se dessèche peu à peu, il se fond même s'il est un peu trop humide, et décrépite parce qu'il contient des chlorures alcalins. Il adhère bientôt à la sole, mais en repoussant la croûte supérieure, la flamme faisant boursoufler la partie inférieure, la fait bientôt se détacher spontanément. Au bout d'une heure de calcination, les matières végétales prennent feu, noircissent le salin en laissant un dépôt de charbon, mais blanchissent de nouveau en les retournant de temps en temps sous l'action de la flamme : il faut avoir soin de ménager la calcination, de manière à éviter la fusion des chlorures sur la fin de l'opération.

Pour purifier cette potasse, en la débarrassant de la plus grande partie des sulfates et chlorures qu'elle renferme, on la dissout à froid dans son poids d'eau ; les sels étrangers ne se dissolvant presque pas dans une liqueur saturée de carbonate de potasse, se déposent ; il ne reste plus qu'à les séparer et à évaporer de nouveau la liqueur. — On arriverait au même résultat en exposant sur des entonnoirs les fragments de potasse dans un endroit humide comme une cave, la potasse tombe en deliquium et coule dans les vases que l'on a soin de placer au-dessous ; les sels étrangers restent sur l'entonnoir.

La potasse dite *perlasse* (de *pearl ashes*, en anglais, qui signifie *cendres perlées*) est une belle potasse bien blanche qui nous vient d'Amérique.

Potasse et soude de la mélasse.

La mélasse provenant de la fabrication du sucre de betteraves, dont les résidus sont connus sous le nom de *vinasses*, contient une grande quantité de sels de potasse et de soude, et sert aussi à la production de la potasse du commerce. On la dissout dans l'eau, de manière à lui faire marquer 11 degrés Baumé ; on la sature par l'acide sulfurique, on la fait fermenter à une température de vingt degrés, avec 2 1/2 pour 100 de levûre de bière; on obtient un liquide alcoolique qu'on distille et qui donne environ vingt-quatre litres d'alcool absolu par cent kilogrammes de mélasse. La vinasse ou résidu de la distillation, contenant les sels, est évaporée dans des chaudières bombées, disposées en étage et chauffées comme il va être dit. Quand la vinasse est amenée en consistance sirupeuse, on la laisse déposer son sulfate de chaux; on verse le liquide brun éclairci sur la sole d'un four à réverbère, et on active l'évaporation en agitant la masse; les substances organiques s'enflamment bientôt, et la chaleur développée par leur combustion sert à chauffer les chaudières d'évaporation. Le résidu charbonneux est éteint dans des étouffoirs quand la solution filtrée en est incolore, ce qui prouve que toute la matière organique est détruite.

On lessive la masse, on la laisse déposer après évaporation pour en séparer les sels cristallisables; on obtient finalement un mélange de carbonate de potasse et de soude.

Potasse pure.

On obtient du carbonate de potasse pure, pour les différents usages des arts, en brûlant dans une bassine en fonte chauffée au rouge naissant un mélange à parties égales d'azotate de potasse bien raffiné et de crème de tartre; le bitartrate se décompose, donne du carbonate et du charbon, lequel réagit sur l'azotate, le change en carbonate en *donnant lieu à un dégagement d'azotate et d'acide carbonique*. — Le carbonate de potasse serait encore plus pur si on le retirait du bioxalate de potasse plusieurs fois cristallisé, en le décomposant dans un creuset de platine.

La potasse peut se fabriquer comme la soude par le procédé de Leblanc en employant le sulfate de potasse retiré des marais salants, mais cette fabrication n'a pas encore lieu.

Potasse d'Amérique.

La potasse rouge d'Amérique est une potasse rendue caustique par la chaux, on l'évapore dans des chaudières de fonte dont on élève la température de manière à la fondre; on la coule en plaques qu'on expédie dans des barils bien cerclés. Elle est rouge et doit sa couleur à un peu d'oxyde de fer.

Potasse factice.

Quand le commerce ne pouvait apporter en France la potasse caustique d'Amérique, la soude n'ayant pas le crédit qu'elle a aujourd'hui pour la remplacer, on faisait et on fait encore une soude caustique d'un pouvoir blanchisseur égal, d'un aspect tout semblable, qu'on vendait sous le nom de potasse; la soude caustique mêlée à 33 ou 40 pour 100 de sel marin pour en diminuer la richesse alcaline était fondue, puis mêlée à 1/2 pour 100 de salpêtre pour changer en sulfate les traces de sulfure qu'elle contenait; on y ajoutait 1 pour 100 de sulfate de cuivre; on agitait la masse avec un bâton de chêne; on réduisait ainsi le cuivre à l'état de protoxyde qui donnait la couleur rouge désirée.

Acétate de potasse, ou terre foliée végétale.

L'acétate de potasse est éminemment déliquescent et par conséquent soluble, il se dissout aussi dans l'alcool.

On l'obtient bien pur et blanc avec des matières premières de bonne qualité, du vinaigre ou de l'acide acétique bien incolore, et du carbonate de potasse jusqu'à saturation. On maintient toujours un petit excès d'acide pendant l'opération, de manière à éviter toute coloration; ce que l'on pourrait faire disparaître par le noir animal purifié. On l'évapore lentement en consistance de miel.

Si on lui fait éprouver la fusion ignée, il prend la forme de lames feuilletées. Il sert en médecine.

Il peut donner de l'hydrogène proto-carboné par distillation avec un excès de potasse. — On connaît un biacétate qui, chauffé, donne de l'acide monohydraté.

Bicarbonate de potasse.

Ce sel cristallise facilement; on l'obtient en faisant passer pendant longtemps un courant d'acide carbonique dans une dissolution de potasse; il se dépose en cristaux. Il a peu d'usages et peut presque toujours être remplacé par le bicarbonate de soude qui coûte moins cher.

Causes d'insalubrité. — Pour la fabrication par la calcination des mélasses.

Danger d'explosion des fours.

Causes d'incommodité. — Buées abondantes et nauséabondes.

Odeurs vives et désagréables causées par les gaz provenant de la décomposition ignée des mélasses (vapeurs d'azote et d'acide carbonique.)

Prescriptions. — Diriger les gaz provenant de la calcination dans un foyer incandescent pour y être brûlés, avant qu'ils ne s'engagent dans la cheminée.

Munir le fourneau à calcination de larges ouvreaux, afin de faciliter l'usage du ringard et de prévenir les explosions auxquelles peut donner lieu l'accumulation des gaz et la décomposition plus ou moins instantanée des matières soumises à la calcination.

Mettre le fourneau à calcination en rapport constant avec un fourneau fumivore toujours entretenu au *rouge blanc,* afin d'assurer la complète combustion des gaz.

Faire rendre la portion des gaz non brûlés et les vapeurs produites par l'évaporation des eaux alcalines soumises à la concentration, ainsi que tous les autres gaz, dans une cheminée commune construite en maçonnerie, et ayant trente-trois mètres d'élévation au-dessus du sol.

Construire le fourneau à calcination en briques réfractaires et fer.

Surmonter d'une large hotte la chaudière de concentration des vinasses.

Ne laisser écouler de la distillerie d'alcool de mélasse que les eaux provenant de la réfrigération des appareils servant à la distillation.

Cendres gravelées (Fabrication des), avec expansion de la fumée au dehors (1re classe). — 14 janvier 1815.

Cendres gravelées (Fabrication des), sans expansion de la fumée (2e classe). — 14 janvier 1815.

DÉTAIL DES OPÉRATIONS. — Les cendres gravelées ne peuvent être fabriquées que dans les pays vinicoles. La substance généralement employée pour les obtenir est la lie de vin. Cette lie est formée de pulpe de l'intérieur du raisin, de beaucoup de tartre, de parties extractives, colorantes et d'une petite proportion de matière animalisée, résidu du ferment ou excédant de la vinification. Si la combustion lente de cette substance pouvait avoir lieu à une haute température, toutes les parties végétales se détruiraient sans presque former de fumée. Mais comme la fabrication des cendres gravelées exige que la chaleur soit réglée, il se forme une grande quantité de vapeurs fuligineuses qui échappent à la combustion et qui s'élèvent en fumée, soit à l'air libre, soit par la cheminée des fourneaux construits *ad hoc;* cette fumée noire est constituée d'eau, de charbon très-divisé, de particules d'acide pyro-tartrique et acétique et de gaz hydrogène deuto-carboné d'une grande pesanteur. Cette fumée est âcre, irritante, fétide, d'une odeur fort peu agréable. Quand il pleut ou quand l'air est parfaitement calme, elle séjourne longtemps à la surface du sol. Le vent la disperse dans toutes les directions. Elle peut nuire à la végétation.

Potasse des lies. — Voir *Cendres gravelées,* t. II, p. 347.

Les lies provenant du soutirage du vin sont rassemblées dans des tonneaux, où on les laisse en repos pour pouvoir en séparer le vin par décantation au bout de quelques jours. Le dépôt solide qui s'est formé est soumis à la presse, dans des sacs; on retire le pain de lie pour le dessécher à l'air, puis au soleil.

Quand la dessiccation est achevée, on brûle les pains sur une aire battue entourée d'un mur en briques ou en tuiles, sans mortier, de vingt-cinq centimètres de hauteur sur deux mètres de diamètre. Un fagot de bois est allumé au milieu de cette enceinte ; on dispose autour de ce fagot une vingtaine de pains de lie ; dès que ceux-ci sont enflammés, on en ajoute de nouveaux, et on élève le mur d'enceinte à mesure que le tas s'accroît, jusqu'à concurrence de mille pains de lie environ. La potasse serait plus pure si l'on se servait de crème de tartre bien purifiée.

La carbonisation se pratique à l'air libre ou dans des fours en briques ; ils sont très-mal construits dans plusieurs départements, comme celui de la Loire-Inférieure. Elle est mieux opérée dans la Gironde. — Elle devrait avoir lieu dans des fours et à vases clos.

Le produit obtenu est un alcali végétal, de la crème de tartre et des sels de potasse.

Causes d'insalubrité. — Fumée souvent nuisible à la végétation.

Causes d'incommodité. — Quand on opère à l'air libre, fumée épaisse, odorante, et très-désagréable par sa pesanteur.

En vases clos, fumée de la cheminée des fourneaux, et odeur de cette fumée et des gaz produits.

Prescriptions. — Défendre la combustion de la lie en plein air.

Construire un four permanent (il pourrait être de grande dimension et *commun* pour tout un pays, afin de ne point imposer trop de dépense à chaque vigneron).

Établir ce four en briques, le surmonter d'un fourneau fumivore, alimenté pendant toute la durée de l'opération par un foyer au charbon.

Revêtir de tôle au passage du tuyau du four les bois et charpentes qui en seront séparés de dix centimètres. Élever le tuyau à fumée de dix à vingt-cinq mètres selon la localité. Plâtrer les solives en bois apparentes. — Mettre au fourneau une hotte de un mètre de large, sur cinquante centimètres de saillie.

Prussiate de potasse (Fabriques de), par la combustion des matières animales (1ʳᵉ classe). — Décision ministérielle du 4 février 1850.

Prussiate de potasse (Fabriques de), quand on opère à vases clos avec un mélange de matières animales déjà carbonisées et la potasse (2ᵉ classe). — 4 février 1850.

Détail des opérations. — Voir *Bleu de Prusse*, t. I, p. 289.

On a proposé d'ajouter à l'emploi des matières animales déjà connues celui des débris de cornes et de laine.

Causes d'incommodité. — Odeur produite par l'accumulation des matières animales non parfaitement sèches.

Causes d'incommodité. — Voir *Fabrication du bleu de Prusse*, t. I, p. 289.

Prescriptions. — Limiter les autorisations.

On pourrait permettre cette fabrication dans les conditions de la deuxième classe, en imposant l'obligation de brûler, aussi complétement que possible, les gaz et vapeurs provenant de la torréfaction des substances animales, et en s'assurant que cette condition est strictement exécutée.

Sulfate de potasse (Préparation et raffinage du) (3ᵉ classe). — 14 janvier 1815.

Détail des opérations. — Nommé autrefois tartre vitriolé, potasse vitriolée, sel de Duobus, etc...

On peut l'obtenir :

1° En traitant la potasse ou son carbonate par l'acide sulfurique;

2° En abandonnant à l'air du sulfite ou de l'hyposulfite, ou même des sulfures de potassium ;

3° On l'obtient en grand à l'état de bisulfate de potasse, comme résidu de la fabrication de l'acide azotique. Il suffit de saturer la solution de bisulfate par du carbonate de potasse pour avoir du sulfate neutre;

4° On l'obtient comme résidu de la fabrication de l'acide sulfurique fumant par le bisulfate;

5° On le retire aussi des eaux de la mer, quand on en a obtenu presque tout le sel marin; il se dépose à l'état de sulfate double de potasse et de magnésie. Son raffinage s'obtient par évaporation et donne lieu à peu d'inconvénients.

Usages. — Ce dernier sel peut être employé à la fabrication

de l'alun ou à la production de la potasse par le procédé de Leblanc; on décompose alors le sulfate de magnésie, dont la base
reste avec l'oxysulfate de calcium. On l'emploie également dans
la préparation du salpêtre.

Causes d'incommodité. — Buées et odeurs désagréables.
Écoulement des eaux de raffinage.

Prescriptions. — Recueillir les buées sous le manteau d'une
cheminée élevée de deux mètres au-dessus des toits voisins.

Opérer le raffinage en vases clos.

Ne pas laisser couler librement les eaux de fabrication sur la
voie publique.

Bisulfate de potasse.

Ce sel est le résidu naturel de la fabrication de l'acide azotique par l'azotate de potasse.

On peut l'obtenir en faisant cristalliser le sulfate de potasse
en présence d'une quantité suffisante d'acide sulfurique.

Usages. — Il sert à remplacer l'acide tartrique ou l'acide sulfurique dans la préparation de l'eau gazeuse des ménages; il
sert à faire de l'acide sulfurique fumant.

Causes d'insalubrité. — Aucune.

Causes d'incommodité. — Légère odeur désagréable.

Prescriptions. — Ventiler les ateliers et les magasins.

Ne laisser écouler sur la voie publique aucune eau provenant de la fabrication.

POTÉE D'ÉTAIN. Voir *Étain (Industrie de l')*, t. I, p. 639.
POTIERS.
Potiers d'étain. Voir *Étain (Industrie de l')*, t. I, p. 640.
Potiers de terre. Voir *Céramique (Industrie)*, t. I, p. 334.

POUDRES (Industrie des).
Amorces fulminantes.

J'ai réuni sous ce titre tout ce qui touche à la fabrication des
substances fulminantes et détonantes.

Les capsules ou amorces fulminantes pour les fusils sont
formées de fulminate de mercure disposé au fond d'une petite

capsule de cuivre et recouverte d'un vernis de gomme laque, ou d'une dissolution de benjoin, ou mieux encore de résine dissoute dans l'essence de térébenthine.

Les capsules de guerre sont en cuivre embouti mécaniquement; elles sont fendues sur leurs bords pour prévenir les dangers de la projection qui résulterait de leur déchirement.

Le fulminate de mercure peut être broyé impunément avec une molette de bois sur une table de marbre quand on l'a mêlé avec 50 pour 100 de son poids d'eau; et pour augmenter la flamme de l'amorce et diminuer la rapidité de l'explosion, on broie cette pâte humide avec les six dixièmes environ de son poids de salpêtre. On remplit ensuite les capsules avec ce mélange et les laisse doucement se dessécher.

Ces capsules sont faciles à conserver dans un air sec, et l'on n'a pas de danger à courir si des circonstances imprévues font détoner quelques-unes d'entre elles, parce que l'inflammation ne se propage pas de l'une à l'autre.

On fabrique des capsules avec un mélange de chlorate de potasse, de soufre et de charbon, mais elles altèrent beaucoup les armes et les encrassent facilement.

On fabrique des amorces fulminantes en mêlant à de la poudre ou à du chlorate de potasse de la piroxyline ou coton poudre.

Artificiers. — Feux d'artifice (1re classe). — 15 octobre 1810. — 14 janvier 1815. — Ordonnance de police du 7 novembre 1821.

Les feux d'artifice sont le résultat de la combustion de matières analogues ou identiques avec celles de la poudre sous des formes variées généralement destinées à l'agrément, comme aussi à la production des signaux.

Détail des Opérations. — Le salpêtre ou azotate de potasse, le soufre, le charbon, sont mêlés en proportions variables avec de la limaille de différents métaux (cuivre, fer, acier, zinc), avec des résines et des matières combustibles (camphre, résine, lycopode), et avec un grand nombre d'autres corps accessoires des trois premiers que j'ai cités. Les métaux doivent être en poudre très-fine et non oxydés : le fer donne une flamme blanche en s'oxydant, l'acier une flamme plus brillante, à cause du carbone qu'il contient; le cuivre, une flamme verte, le zinc, une bleue verdâtre, le sulfure d'antimoine en donne une plus bleue. Le succin, le sel marin et la colophane bien secs, donnent un feu jaune; le noir de fumée mélangé avec la poudre à canon donne un feu rouge; le lycopode contenant une résine très-divisée sert à produire des feux subits, des éclairs, parce qu'en le projetant sur un corps enflammé il donne une longue traînée de feu. Les sels de strontiane communiquent à la flamme une couleur pourpre magnifique (la lithine agit encore mieux, mais son prix est trop élevé); le chlorure de potassium donne un feu violet; l'acide borique et les sels de baryte donnent des feux verts; les sels de soude des feux jaunes; les couleurs sont généralement celles qu'on obtient dans les essais au chalumeau, on les modifie par le mélange de sels; leur pureté plus ou moins parfaite a déjà une grande influence sur la netteté des teintes.

Les flammes colorées, dites feux de Bengale sont des mélanges de salpêtre avec du soufre et de l'antimoine; en remplaçant ce dernier on peut obtenir une couleur différente.

On divise les feux d'artifice en trois classes :

1° Feux à poser sur le sol; ils sont mobiles ou immobiles;

2° Feux à tirer dans l'air;

3° Feux à tirer sur ou sous l'eau.

Les différentes pièces composant les nombreuses formes à donner par l'artificier à ses feux sont le résultat de l'arrangement de cartouches soudées par des conduits, mèches et étoupilles en carton. Ces cartouches s'obtiennent en roulant du papier fort, enduit de colle sur des moules cylindriques de diamètre convenable, et qu'on comprime au moyen d'une varlope de menuisier dépourvue de rainures et de ciseau; on étrangle la cartouche au moyen d'une ficelle savonnée que l'on noue; l'extrémité par laquelle doit s'effectuer la sortie est libre ou serrée selon que l'on veut avoir un jet lent ou rapide. La charge est ordinairement fortement comprimée dans la cartouche, afin qu'en rendant la combustion plus rapide, on puisse encore y accumuler plus de matière et la prolonger davantage.

Un *pétard* est une cartouche étranglée aux deux bouts et fortement chargée de poudre à canon; le *marron* est une boîte ronde ou carrée, très-résistante, formée d'un grand nombre de feuilles de papier superposées et collées, liée tout autour avec du fil retors, et remplie de poudre à canon. La détonation qui résulte de l'inflammation de ces sortes d'artifice est due à la compression de la poudre dans un espace très-résistant; il faut, avec ces sortes de pièces qui atteignent une dimension notable, employer de grandes précautions pour éviter la projection des éclats à la figure et sur tout le corps, à cause de leur vitesse d'impulsion et de leur poids.

Une *lance* est une fusée de petit diamètre non étranglée à la bouche et chargée à la main; on s'en sert pour composer les figures des grandes décorations. Pour les fusées communes de petits diamètres, on emploie un mélange de quatre parties de poudre et d'une de charbon; pour les grandes on ajoute de la limaille de fer.

Les pièces destinées à brûler sur l'eau doivent être fixées sur des bois légers, afin de permettre une flottaison suffisante pour empêcher l'immersion.

L'artillerie se sert beaucoup de pièces d'artifice pour donner des signaux, ou incendier à de grandes distances les travaux ou navires de l'ennemi.

Les *lances à feu* qu'on emploie pour mettre le feu aux pièces d'artillerie sont formées d'un long tuyau en carton rempli de pulvérin; elles produisent un jet qui permet de se tenir à distance de la pièce.

Les *fusées à la Congrève* ou fusées de guerre sont formées d'un cylindre en tôle rempli d'artifice, fermé à sa partie antérieure et terminé par un cône, tandis que la partie postérieure est au contraire percée de trous; c'est par celle-ci qu'on enflamme la fusée.

Les gaz qui résultent de la combustion s'échappent par les orifices avec une vitesse proportionnée à la pression qui peut se former à l'intérieur; la fusée se meut donc en vertu de la quantité de mouvement en excès sur la résistance que lui oppose l'air. L'enveloppe doit être très-résistante pour n'être pas brisée par la pression maxima qu'elle doit supporter; il faut de plus que la cartouche présente un vide à son intérieur, sans quoi elle n'aurait qu'une vitesse de quelques mètres. Le vide intérieur est rempli par les premiers gaz qui se forment; ils servent pour ainsi dire de régulateur aux autres gaz dont la puissance est suffisante pour donner la vitesse nécessaire à la fusée.

La charge de ces fusées s'effectue avec un mélange intime de salpêtre, six parties; soufre, une partie; charbon, trois parties; chaque fusée porte une longue baguette fixée au centre de sa partie postérieure, afin d'éviter les déviations causées par l'air, et en abaissant le centre de gravité à la partie postérieure, d'empêcher que la fusée s'incline et retombe sur la terre par sa pointe.

On a proposé l'emploi du fulminate de mercure pour remplir le cône des fusées à la Congrève, mais cet usage n'est pas général; il a pour but de faire éclater les bâtiments dans lesquels de semblables fusées viennent se fixer.

La fabrication des pièces d'artifice étant aussi dangereuse que celle de la poudre, on a besoin d'avoir recours aux mêmes précautions. La poudre ne doit jamais exister dans les ateliers au delà d'une certaine quantité, les pièces doivent être isolées par fractions, jamais on ne doit en accumuler une grande quantité dans un même espace; le travail de nuit ne doit jamais avoir lieu, si ce n'est dans l'atelier de cartonnage, encore faut-il se servir de quinquets et de lanternes. Les dangers d'explosion et d'incendie étant toujours à redouter dans de semblables établissements, il est à désirer qu'ils soient toujours à une distance suffisante de toute autre habitation.

L'emploi des baguettes pour donner la direction des fusées ayant donné lieu à des incendies, on avait ordonné leur suppression; on les a quelquefois remplacées par de longues gaînes de carton remplies de poudre qui faisaient explosion sur la fin de la course. (Voir *Poudre*.)

CAUSES D'INSALUBRITÉ. — **Explosion.** — **Incendies.**

Blessures et brûlures pour les ouvriers.

CAUSES D'INCOMMODITÉ. — **Aucune.**

PRESCRIPTIONS. — **Disposer d'un vaste local, clos de murs, à grande distance de tout autre bâtiment.**

Séparer les ateliers les uns des autres par des intervalles de dix à trente mètres. — Les clore par des murs en maçonnerie, percés d'un côté par de larges baies fermées à l'aide de croisées vitrées. — Les recouvrir par des feuilles de zinc reposant sur une charpente légère; ne placer au-dessus d'eux aucun étage.

Isoler la poudrière. — L'établir au-dessus du sol. — La couvrir d'une toiture légère. — Y adapter une trappe mobile.

N'y enmagasiner jamais plus de quatre à cinq kilogrammes de poudre pour les besoins de la fabrication.

Disposer les calorifères employés pour chauffer les pièces où se tiennent les artificiers de telle sorte que les portes des foyers s'ouvrent au dehors et qu'on ne puisse dans aucune circonstance introduire de combustible en ignition dans la pièce à chauffer, pour allumer lesdits calorifères.

Élever verticalement les tuyaux des calorifères avec la précaution de les tenir convenablement éloignés des matériaux combustibles.

Se conformer en outre aux dispositions spéciales prescrites par les ordonnances qui réglementent l'industrie des artificiers, et spécialement par les ordonnances du 25 juin 1853, et du 30 octobre 1836, concernant les fabriques de poudre et les matières détonantes et fulminantes. (Voir ces articles.)

Limiter l'autorisation à trois ou cinq ans.

Étoupilles.

L'artificier désigne sous le nom d'*étoupilles*, des mèches de communication en coton, enduites de poudre et renfermées dans un tuyau de papier; elles sont destinées à porter rapidement le feu dans les différentes parties d'une pièce; pour les faire, on prend plusieurs fils de coton fin, n'ayant ni nœuds ni bourre;

on les fait tremper dans une solution de salpêtre qui les affermit.

On met à part, dans une terrine, de la poudre pulvérisée très-fine (pulvérin), on verse dessus une solution concentrée et faite à chaud, de gomme dans de l'eau-de-vie, de manière à former du tout une pâte très-molle. Cette pâte sert à imbiber les mèches de coton préparées de manière que l'étoupille ait deux millimètres de diamètre; on les laisse tremper une heure dans ce mélange pour donner à celui-ci le temps de pénétrer; on les retire, on les unit avec les doigts et on les sèche à l'ombre.

Le papier qui sert d'étui à la mèche est obtenu en roulant du papier de toute la longueur de la feuille sur des baguettes, et collant la troisième au quatrième tour.

Le mineur se sert d'étoupilles dites de Bickford, qui consistent en une corde goudronnée ou non, dans l'axe de laquelle on introduit, lors de la fabrication, une certaine quantité de pulvérin. Ces étoupilles sont enfoncées à une certaine profondeur dans la charge de poudre contenue dans une feuille de papier fort ou une toile goudronnée, et fixées au moyen d'une ficelle; elles brûlent avec une vitesse de soixante centimètres par minute, et permettent à l'ouvrier de s'éloigner avant l'explosion.

L'artificier se sert d'une étoupille remplie d'une poudre fulminante pour mettre le feu aux canons. En France, on les fabrique avec des roseaux de dix à seize centimètres de longueur et d'un diamètre en rapport avec celui des lumières. On taille ces roseaux d'une manière appropriée à leur usage; on en remplit une petite caisse avec mille à onze cents, et on les submerge d'eau-de-vie gommée; quand ils sont assez imbibés, on enlève l'excédant et on remplit la caisse avec une pâte peu épaisse de pulvérin et d'eau-de-vie gommée qui s'attache aux roseaux. Au bout d'un certain temps, on enlève ceux-ci, on les étend séparément sur une table, on les essuie et les laisse sécher partiellement; alors on les perce au moyen d'une aiguille d'un diamètre d'un millimètre au plus, et, avant que la dessiccation ne soit complète, on en passe une autre d'un millimètre; ce trou a pour but d'empêcher que l'étoupille ne fasse long feu. Les étoupilles ainsi préparées sont amorcées au moyen d'un brin de mèche de seize centimètres arrangé d'une manière toute spéciale; il ne reste plus qu'à les mettre en paquets de cent.

Fulminate de mercure, amorces fulminantes et autres matières dans la préparation desquelles entre le fulminate de mercure et d'argent (Fabrique de) (1re classe). — 25 juin 1825. — 30 octobre 1856.

Les fulminates sont des sels éminemment explosibles au contact d'une chaleur suffisante ou d'un choc, ou d'un frottement. Ils sont produits par la réaction à chaud de l'alcool sur certains azotates, comme ceux d'argent et de mercure.

Fulminate de mercure, ou poudre d'Howard.

Le fulminate de mercure est le plus employé; il a, comme les autres fulminates, une composition que l'on peut se représenter par de l'acide cyanique et de l'oxyde de mercure.

DÉTAIL DES OPÉRATIONS. — Pour obtenir le fulminate de mercure, on dissout une partie du mercure dans douze parties d'acide azotique ordinaire, et quand la dissolution est effectuée, on chauffe pour porter la liqueur à l'ébullition, après addition de onze parties d'alcool à quatre-vingt-cinq degrés. Quand le mélange commence à se troubler, on le retire du feu, l'ébullition continue, il se fait une vive effervescence; il se dégage abondamment une épaisse vapeur blanchâtre, très-inflammable, qu'on lance au loin dans l'atmosphère, en ayant soin qu'elle ne rencontre aucun corps enflammé; elle est formée en grande partie d'éther nitreux, et de différents composés oxygénés de l'azote. Quand l'effervescence a lieu, on la modère, en ajoutant peu à peu une quantité d'alcool égale à celle qu'on y a mise tout d'abord.

On laisse refroidir, quand la réaction a cessé il se dépose encore du fulminate; on décante et jette le fulminate sur un filtre, on le lave à l'eau froide jusqu'à cessation de réaction acide. On fait quelquefois redissoudre dans l'eau bouillante le fulminate gris jaunâtre ainsi obtenu pour le faire cristalliser; il devient blanc, soyeux, et n'a plus de mercure interposé.

Chauffé *à cent quatre-vingts degrés, il détone violemment* ; les acides puissants (sulfurique, azotique), l'étincelle électrique, le frottement sur des corps durs agissent de même. *Il fait explosion dans un temps si court, qu'il crève les armes à feu, et qu'il projette la poudre de chasse ordinaire, sans l'enflammer ; aussi faut-il le manier et le transporter avec les plus minutieuses précautions.*

Usages. — Le fulminate de mercure, n'ayant pas une action oxydante sur le fer comme les autres fulminates, est employé à charger les amorces de fusils.

Fulminate d'argent.

Le fulminate d'argent se prépare à peu près de même ; il est encore plus détonant que le fulminate de mercure ; un centigramme produit presque le bruit d'un coup de pistolet.

Usages. — Il sert à faire les pétards et autres jouets au fulminate, où le frottement ou la pression déterminent son inflammation. C'est une parcelle de ce fulminate qu'on introduisait dans les bonbons appelés *cosaques* et qui sont aujourd'hui prohibés.

Poudres fulminantes ou détonantes.

Les pois fulminants sont des petites perles creuses en verre de la grosseur d'un pois ; on y introduit un peu de fulminate humide ; on enveloppe la perle d'un morceau de papier brouillard, et on la laisse sécher. Quand on projette par terre ou contre un obstacle quelconque un de ces petits pois, les esquilles de verre déterminent par leur frottement l'explosion.

On désigne sous le nom de poudre *détonante ou fulminante* un mélange de trois parties d'azotate de potasse ou salpêtre, de deux parties de potasse et d'une de soufre. Si l'on chauffe cette poudre sur des charbons ardents dans une cuiller de fer, il y a fusion du soufre et explosion très-violente, en même temps que la cuiller est percée ou fortement refoulée.

Le coton, ou la sciure de bois imprégnés de chlorate de potasse donnent un produit fulminant supérieur peut-être au coton-poudre.

On a proposé, pour remplacer la poudre ordinaire, le mélange suivant :

Cyanoferrure de potassium,   une partie.
Sucre. . . . .   une partie.
Chlorate de potasse. . . .   deux parties.

La préparation du mélange ne demande que quelques minutes ; mais, outre son prix, elle présenterait dans son emploi de plus grands dangers, parce qu'elle est plus inflammable et détériore les armes.

Poudres ou matières détonantes et fulminantes (Fabrique de) (1re classe). — 25 juin 1823.

La poudre est un mélange de salpêtre, de charbon et de soufre ; inoffensive et nullement vénéneuse ou dangereuse par elle-même, elle devient terrible si on vient à l'enflammer ; elle produit une détonation proportionnelle à sa masse, et donne, pour résultat de sa combustion, de l'acide carbonique, de l'oxyde de carbone, de l'azote ou de l'oxyde d'azote.

DÉTAIL DES OPÉRATIONS. — On fait usage de soufre en canon et non pas sublimé, parce que ce dernier contient toujours une certaine quantité d'acide sulfurique et sulfureux, dont on n'arrive que difficilement à la priver malgré son grand état de division. Le charbon provient d'un bois léger, de bourdaine, de peuplier, de saule ou de tilleul ; tous les charbons végétaux ne sont pas propres à cet usage ; aucun charbon animal ne pourrait brûler assez vite pour entrer dans la composition de la poudre. Le bois est pris dans sa séve et non mort ; on le coupe à cinq ou six ans, on l'écorce pour diminuer la proportion de cendre, et on le met en bottes du poids de quinze kilogrammes environ.

La carbonisation du bois s'opère par trois méthodes :

1° En fosses. — On établit une fosse de trois mètres de long, trois mètres de large. On place une forte perche en travers de la fosse, on appuie le premier rang des bottes de bois à carboniser, on dispose par-dessus environ deux cents bottes, de manière à ne pas donner au tas, au dehors de la fosse, une hauteur plus grande que sa profondeur. On a conservé sous la perche et le premier rang un espace destiné à allumer le tas, qu'on bouche dès que la flamme se manifeste de toutes parts.

La carbonisation continue, le tas s'affaisse, on ajoute peu à peu presque autant de bottes, de manière que la fosse reste comblée ; quand il ne se dégage plus de fumée, on laisse refroidir trois ou quatre jours avant de vider la fosse. On ne retire que 16 à 17 pour 100 de charbon.

On a substitué à ces fosses des fosses circulaires plus petites, qu'on peut recouvrir à volonté avec un couvercle en tôle pour modérer le feu.

2° *En fours à réverbère.* — Ce procédé est abandonné : on faisait usage d'un four à réverbère à deux ouvertures; on en fermait une quand la combustion était en bon train, et on repoussait le charbon vers le fond du four, avant de le faire tomber dans des étouffoirs.

3° *Par distillation.* — J'ai décrit ailleurs (voir au mot *Combustibles* (*Industrie des*) l'article *Charbon*, (t. I, p. 440) ce mode de carbonisation; il fournit un charbon excellent, surtout quand on veut produire une certaine quantité de charbon roux, ou non complétement déshydrogéné. On emploie des cylindres chauffés deux à deux par un seul foyer.

On fait aussi usage du charbon obtenu par l'*action de la vapeur d'eau à haute température sur le bois.*

Le dosage de la poudre est toujours très-voisin de celui-ci : salpêtre 0,750, soufre 0,125, charbon 0,125. La poudre de chasse est un peu plus riche en salpêtre et moins riche en soufre, mais les différences sont peu importantes à établir ici; on y fait surtout application de charbon roux.

Toute la fabrication consiste à rendre la poudre aussi ténue que possible, afin que le mélange soit parfait.

Procédé des pilons. — Le soufre et le charbon sont réduits en poudre, le premier au moyen de meules verticales, le second très-imparfaitement par différents moyens. Les quantités pesées de différentes matières sont soumises à l'action de *pilons de bronze*, qu'une roue hydraulique soulève successivement et laisse retomber dans des *mortiers*, où doit s'effectuer le mélange; cette opération se nomme le *battage*.

Le charbon est battu seul pendant vingt minutes environ avec une certaine quantité d'eau, on y ajoute le salpêtre et le soufre, et une demi-heure après on procède au *rechange*, c'est-à-dire au transvasement d'un mortier dans un autre de toute la matière qu'ils contiennent, afin de la mieux mélanger. On fait aussi *douze rechanges* d'heure en heure, on laisse le battage se continuer deux heures encore après le dernier, en ayant soin d'arroser de temps en temps. On peut prolonger le battage de plusieurs heures pour la poudre de chasse, le diminuer d'autant pour la poudre de mine : c'est pendant quatorze heures qu'on fait durer celui de la poudre de guerre.

Lorsqu'on retire la matière des mortiers, on la verse dans des *lines* pour la porter au *grenoir;* on l'y laisse dessécher partiellement pendant un ou deux jours pour la rendre plus propre au grenage. Le *grenage* s'exécute dans des cribles appelés *guillaumes*, *grenoirs* et *égalisoirs;* on imprime un certain mouvement au crible nommé *guillaume*, et à l'aide d'un tourteau ou disque lenticulaire de bois de cormier, on écrase les masses agglomérées sous le pilon. Avec le *grenoir* on isole les grains de la grosseur voulue, c'est un tamis percé convenablement ; l'*égalisoir* sert à tamiser et retenir le grain plus fin. En dessous de ce dernier tamis est placé un tissu de crin ou *sous-égalisoir* qui retient le grain et laisse passer le poussier.

Le grain parfait est porté au séchoir, tandis que le poussier et le gros grain sont repassés sous la meule ou le pilon pour donner une *qualité supérieure ou poudre royale*, si les proportions du mélange sont bien établies.

La poudre de chasse, grenée toujours plus fine que celle de guerre, subit encore une opération de plus, c'est le *lissage*. On l'exécute dans des tonneaux en bois, d'assez grandes dimensions, divisés en cinq compartiments et mobiles autour d'un axe horizontal; plusieurs traverses de bois rendent le frottement encore plus grand. La poudre est introduite dans les *lissoirs*, et tourne pendant huit ou dix heures, en prenant de plus en

plus un lustre qui la rend plus facilement maniable, moins poreuse et plus facile à conserver; après ce temps, on ouvre les
portes d'introduction, on continue de laisser tourner et on reçoit la poudre dans une caisse placée au-dessous.

La poudre s'est échauffée pendant le lissage, elle a pourtant
encore besoin de subir une dessiccation à l'air; on l'étend en
couches minces sur des tables recouvertes de tissus de laine appelés *draps à sécher*, on en renouvelle la surface de temps en
temps avec un rabot, de manière à rendre l'évaporation bien complète et homogène. Quand on se sert d'un *séchoir artificiel*, on
emploie l'air chaud qu'on force à traverser les toiles sur lesquelles on a étendu la poudre; *cette sécherie* permet de rendre
continu le travail malgré les intempéries de la saison ; c'est généralement avec l'eau chaude produite par un générateur très-
éloigné qu'on chauffe des tubes au-dessus desquels est disposée la poudre. Les poussiers, les grains trop fins sont remis
au pilon pour y être transformés plus tard en grains.

Procédé des meules. — Ce procédé, mis en pratique pour la
fabrication de la poudre de chasse, donne des produits d'une
qualité supérieure.

Le salpêtre est pulvérisé séparément avec des billes de bronze
de huit à neuf millimètres de diamètre, dans des tonneaux en
bois, traversés par un axe, au moyen duquel on peut leur donner un mouvement de rotation ; six lilaux fixés à l'intérieur de
la tonne font sauter les gobilles pour produire le frottement
qu'on en attend.

Le charbon est pulvérisé de la même manière ; on y mêle le
soufre quand il est déjà à demi pulvérisé, et on continue de faire
tourner. Le mélange des trois matières s'effectue avec des billes
de bronze et même d'étain, dont les chocs n'ont jamais une
dureté suffisante pour faire prendre feu à la poudre, ce que l'on
peut redouter avec les billes de bronze ; la tonne dans laquelle
s'effectue le mélange des trois matières se nomme *mélangeoir*.

Les meules destinées à broyer la matière avec 4 pour 100
d'eau environ, sont en carbonate de chaux ou en fonte, le limbe
est alors garni de laiton ; elles pèsent de trois à six mille kilo-

grammes; elles tournent verticalement au nombre de deux dans une auge en fonte dans laquelle le mélange est placé.

Le grenage se fait mécaniquement; huit tamis ou grenoirs à trois compartiments servent à toutes les préparations que j'ai exposées déjà au grenage, toutes les matières sont séparées convenablement et en même temps; il suffit de charger l'appareil et de l'abandonner à lui-même, il fonctionne au moyen d'une roue hydraulique. Les huit tamis sont réunis sur un cadre circulaire horizontal mis en mouvement par un arbre vertical; chacun d'eux est la réunion des effets de tous ceux qui ont déjà été décrits.

Poudre ronde. — La *poudre ronde* est la forme qu'on donne maintenant à la poudre de mine en France; on l'avait depuis longtemps appliquée à la poudre ordinaire à l'étranger.

Le mélange des matières premières se fait dans des tonnes, mais la granulation diffère beaucoup de celle qui a été exposée plus haut. Elle se fait dans un tambour d'un mètre de diamètre environ, et de trois ou quatre décimètres de large, traversé par un axe qui lui donne un mouvement de rotation. Il est percé sur sa circonférence d'une ouverture qu'on ferme à volonté, pour donner entrée ou sortie à la matière; un trou circulaire, placé sur une des faces, donne passage à l'axe et à un tube parallèle à l'axe percé d'une file de trous d'arrosoirs très-fins : ce tuyau lance une foule de filets d'eau qui provient d'un réservoir d'eau comprimée.

Quand le tambour tourne, la pluie fine tombe sur le mélange pulvérulent; chaque gouttelette y devient le noyau d'un petit grain qui va sans cesse croissant en se recouvrant par couches concentriques. On arrête le mouvement de rotation quand les grains ont une grosseur suffisante; il ne reste plus qu'à tamiser ceux-ci, à séparer le poussier et les petits grains pour les remettre dans le tambour; les masses et les gros grains pour les pulvériser de nouveau.

Le lissage s'exécute comme dans les procédés précédents.

Procédé révolutionnaire. — Ce procédé, abandonné maintenant, fut mis en pratique lorsque de pressants besoins se firent sentir pendant la révolution. On pulvérisait avec des billes de bronze le soufre et le charbon ensemble, et le nitre séparément; les mélanges des trois matières avaient lieu avec des billes d'étain.

On prenait ensuite un plateau carré en cuivre; on y plaçait une toile mouillée, puis un cadre pour maintenir la couche de poudre qu'on étendait dans l'intérieur du cadre. On enlevait le cadre et recouvrait la matière d'une nouvelle toile mouillée; on recommençait de superposer et de charger un nouveau plateau disposé comme le premier et ainsi de suite, de manière à former une pile. Quand la pile était devenue assez considérable, on la soumettait à l'action d'une presse hydraulique; l'eau des toiles se répandait uniformément dans la masse, les couches de neuf millimètres d'épaisseur se réduisaient à deux; il restait des galettes solides qu'on desséchait à l'air et grenait par les moyens ordinaires.

J'ai déjà rappelé, à l'article *Plomb*, l'inconvénient et parfois le danger qu'il y a d'envelopper la poudre dans des feuilles de plomb. Au bout d'un certain temps, il se forme, au contact, du carbonate de plomb. L'enveloppe devient cassante sans la moindre pression, et la poudre tend à s'échapper. — Il faudrait y substituer l'étain.

CAUSES D'INSALUBRITÉ. — Danger très-grave et très-fréquent d'explosion.

Danger d'incendie.

Danger pour les ouvriers dans la préparation du fulminate de mercure, pendant le mélange de l'alcool à la solution mercurielle, à cause des produits qui se vaporisent (mercure, alcool, espèce d'éther et acide hydrocyanique, dont la présence a été constatée dans les alcools qui proviennent de la fabrication des fulminates).

PRESCRIPTIONS. — On trouvera, dans les documents qui sont annexés à cet article, presque toutes les prescriptions qui doivent être ordonnées; on devra souvent y ajouter les suivantes:

Placer sous une hotte ou dans un lieu ouvert, afin que les vapeurs dégagées ne puissent nuire, le bassin dans lequel se fait la dissolution du mercure.

Pendant cette opération, faire usage d'un appareil condensateur pour toutes les vapeurs produites.

Construire l'atelier de tamisage de la poudre en châssis de toile goudronnée et sablée. — Ne le surmonter d'aucun étage.

Construire le séchoir de la même manière. — Mais la poudrière en maçonnerie.

Séparer les diverses parties de l'établissement par des talus en terre de trois mètres de hauteur.

Établir en dehors des talus les fourneaux du séchoir, pour l'élévation de la température duquel il ne sera employé que la vapeur de l'eau chaude.

Peindre à l'huile et stuquer les murs.

Remplacer les vitres des ateliers par des papiers opaques, afin d'éviter les débris dans le cas d'explosion, et de ne pas donner lieu à la concentration des rayons solaires.

Dans les capsuleries, garnir le sol de lames de plomb dans le voisinage de la presse et des tables.

Ne jamais faire de feu dans les ateliers et n'y jamais pénétrer avec de la lumière.

Laver le précipité avec la plus grande précaution et recueillir avec soin la portion qui reste dans les eaux mères.

Ne pas laisser se répandre au dehors, ni sécher sur les parois des vases la moindre parcelle de ce précipité. — Si cela était, l'enlever avec une éponge humide qui sera ensuite lavée à grande eau.

Enlever la poudre avec une spatule en bois, et préférablement en corne.—La laver et la conserver, avant de la sécher, dans des baquets de bois blanc, sans nœuds ni fils. — Recouvrir ces baquets avec de la toile cirée noire — tendue sur des cercles de bois et sans clous apparents.

Opérer le *grenage* dans des tamis de crin dont la partie inférieure sera garnie de lames de plomb d'une épaisseur de un millimètre au moins. — Proscrire les tamis de cuir qui se détériorent rapidement.

Après l'emploi du tamis, faire le *grenage* à la *main*, et non à la spatule, sur une table en bois blanc recouverte d'une étoffe de laine, sur laquelle sera étendue une toile cirée noire; c'est sur cette dernière que tombera la poudre tamisée.

Défendre à l'ouvrier chargé du tamisage de se tenir dans l'atelier.

Suspendre le tamis et le mettre en mouvement par un ouvrier placé en dehors.

Ne jamais poser par terre dans l'atelier les bouteilles destinées à la charge des capsules.

Les placer dans une boîte de bois rembourrée en crin ou en cuir.

N'y mettre que la quantité de poudre nécessaire à la fabrication d'une partie du jour.

Ne jamais transvaser, dans la pièce où est le magasin, la poudre des *bouteilles-magasins* dans les bouteilles de la consommation journalière, mais en dehors et sur une table recouverte d'une toile cirée noire.

Recouvrir d'une toile cirée, au-dessous de laquelle seront plusieurs étoffes de laine, la table des femmes qui chargent les capsules. — Ne jamais la placer devant la *presse*. — La main contenant les capsules qui doivent passer sous la presse devra être mise de côté, relativement à l'ouvrier qui les introduit, de façon à ce qu'il ne puisse être blessé, si une détonation avait lieu au moment où il place cette main sous les rouleaux de la presse.

Opérer le *séchage* en étendant la poudre par petites parties sur du papier gris en feuilles placées dans des boîtes en bois blanc de trois cent treize millimètres de hauteur et de largeur. — Éviter que la poudre ne s'introduise et séjourne dans les angles.

Placer ces boîtes sur les tablettes de l'atelier. — Ne rien mettre sur la tablette supérieure, dans la crainte de choc et d'explosion.

Séparer le pulvérin des grainettes à l'aide du tamis. — Ne jamais chercher à écraser les grainettes.

Ne pas mettre en bouteilles plus de cinq kilogrammes.

Envelopper les bouteilles avec du jonc et de la basane.— Les placer dans un lieu isolé, convenablement séparées les unes des autres, et dans une situation qui permette de les prendre facilement.

Établir un paratonnerre.

Ne transporter les capsules que dans des boîtes particulières en bois de chêne réunies en queue d'aronde garnies à leur intérieur d'une basane.—N'en transporter jamais plus de deux cent mille à la fois. Mettre sur les boîtes une marque spéciale qui indique leur contenu. Et pour elles comme pour la poudre, quand il s'agit de les charger sur des chemins de fer, ne jamais les placer dans un convoi où il y a des voyageurs.

Limiter à cinq ans les autorisations.

Relativement aux poudrières et grandes fabriques de poudre :

Remplacer le paratonnerre par une armure métallique dont l'édifice sera recouvert,— armure composée de larges lames de métal réunies entre elles par des bandes métalliques, formant ainsi sur la surface extérieure un vaste conducteur qui se trouve lui-même en contact avec le sol par une grande surface.

Entourer la sainte-barbe d'une double rangée d'arbres, pour s'opposer, en cas d'explosion, à la projection des débris.

Substituer aux enveloppes en plomb qui contiennent la poudre, soit en magasin, soit quand elle est livrée au commerce, des enveloppes en étain, parce qu'avec le temps les acides contenus, ou se développant dans la poudre, convertissent ces enveloppes en carbonate de plomb pulvérulent et qu'alors la poudre reste sans protection, peut s'échapper des paquets, et donner lieu, soit à des pertes matérielles, soit à de très-graves accidents.

Enfin, quand des *fils électriques* passent au-dessus ou à côté des magasins à poudre, ou de grands établissements de capsulerie privée ou de guerre, adopter les dispositions suivantes : (*Académie des sciences*, 1858.)

1° Substituer des fils souterrains aux fils aériens, dans la partie de la ligne qui serait à moins de cent mètres d'un magasin à poudre ;

2° Rejeter le tracé des conduits souterrains en dehors de la zone où il serait dangereux d'admettre les ouvriers qui auraient à les construire, à les visiter ou à les réparer;

3° Établir un ou plusieurs paratonnerres sur des mâts de quinze ou vingt mètres de hauteur, à proximité de ces conduits souterrains, afin d'en protéger toute la longueur contre les atteintes directes de la poudre.

Poudre-coton (1re classe, par assimilation aux fulminates). Voir *Collodion.*

Sous le nom de pyroxyline et de coton-poudre, on désigne un corps ayant l'apparence du coton, dont il provient du reste, et qui s'enflamme instantanément comme la poudre de chasse, dont il produit les effets balistiques. Il résulte de la combinaison de l'acide azotique monohydraté avec la cellulose. Ce corps est insoluble dans l'eau, dans l'alcool et dans l'éther, mais soluble dans un mélange de ces deux derniers, et surtout dans l'éther acétique, qui fournit le moyen de l'obtenir en poudre, en agitant constamment la dissolution en même temps qu'on l'évapore. On peut la considérer comme de l'amidon, dont une partie des éléments de l'eau de constitution est remplacée par de l'acide azotique anhydre.

La pyroxyline, soumise à une température peu élevée, cent quarante degrés environ, s'enflamme ; elle détone même au-dessous de cent degrés, si on l'a d'abord maintenue quelque temps à une température de soixante à quatre-vingts degrés; elle ne donne pas de résidu ni de fumée ; elle n'attire pas l'humidité comme la poudre ordinaire; elle n'est pas altérée par son séjour dans l'eau.

La pyroxyline donne, en brûlant, de l'eau, de l'azote, de l'acide carbonique, et surtout de l'oxyde de carbone ; aussi ce gaz, d'ailleurs inflammable, devenait dangereux dans les mines; on y a suppléé en mêlant à la pyroxyline le dixième de son poids de chlorate de potasse et même de nitre ; tout l'oxyde de carbone se transforme en acide carbonique, parce qu'il se trouve en présence d'assez d'oxygène pour le brûler.

On peut diminuer considérablement la propriété brisante du

coton-poudre; en le mêlant ou cardant avec une certaine quantité de coton ordinaire.

On a remarqué que le coton-poudre ne pouvait être desséché
par des courants d'air chauffé par l'intermédiaire de plaques
métalliques ou d'une maçonnerie, sans donner lieu à une inflammation ; tandis qu'on ne risque aucun danger en le desséchant au moyen d'un courant d'air chauffé à trente ou trente-
six degrés par circulation d'eau chaude ou de vapeur.

Détail des opérations. — Pour obtenir la pyroxyline, on fait
réagir l'acide azotique très-concentré (monohydraté), mêlé à de
l'acide sulfurique à soixante-six degrés sur du coton bien cardé :
c'est ordinairement avec trois parties d'acide azotique et cinq
d'acide sulfurique. L'acide sulfurique a pour but de permettre
l'emploi d'un acide azotique moins concentré en s'emparant de
l'eau que contient cet acide, et de celle qui résulte de la réaction. Le coton cardé, bien desséché, est plongé par parties dans
le mélange refroidi des acides [1] ; on l'y laisse un quart d'heure
environ, on le retire, on l'exprime, le lave à grande eau et le
sèche ; cent parties de cellulose ou coton pur donnent environ
cent soixante-quinze de pyroxyline. On remplace quelquefois
l'acide azotique par de l'azotate de potasse ; l'acide sulfurique
en sépare l'acide azotique, qui réagit comme s'il n'y avait pas
de sulfate de potasse ; le linge, le papier, la cellulose en un mot,
peuvent remplacer le coton. Voir, au mot *Etoffes*, l'article *Collodion*, t. I, p. 661.

Xyloïdine, pyroxam, ou amidon azotique.

Quand on traite l'amidon bien sec par plusieurs fois son
poids d'acide azotique très-concentré, on le dissout ; l'eau sépare de cette dissolution une matière blanche, pulvérulente,
très-inflammable et instable, insoluble, qui est analogue à la
pyroxyline. Cette matière n'a pas d'emploi ; elle est due au
commencement de transformation qu'éprouve l'amidon sous
l'influence de l'acide azotique.

[1] On a remplacé le coton cardé par des tontisses de coton : on obtient ainsi une
binaison plus rapide et plus complète.

La mannite azotique est encore le produit d'une semblable réaction ; elle détone aussi très-énergiquement.

Les protosels de fer ramènent ces composés azotiques à leur composition primitive, en passant eux-mêmes à l'état de sels de sesquioxyde.

Toutes ces préparations donnent lieu à un dégagement considérable d'acide hypoazotique.

CAUSES D'INSALUBRITÉ. — Danger d'explosion.

Danger pour la santé des ouvriers. — Les vapeurs acides, comme, dans le cas de dérochage, irritent la muqueuse des yeux, du nez, de la gorge et des bronches. — Crachement de sang. — Action sur les ongles et la peau des mains. — Taches jaunâtres.

Action sur la végétation.

CAUSES D'INCOMMODITÉ. — Dégagement considérable d'acide hypoazotique pendant la fabrication.

PRESCRIPTIONS. — Opérer sous une large hotte, qui, par un tuyau spécial, porte très-haut dans l'atmosphère les produits gazeux acides.

Donner à la cheminée d'aération un fort tirage.

Aérer l'atelier.

Opérer sous un hangar est préférable.

Isoler les magasins comme ceux où l'on conserve la poudre.

Les construire en matériaux très-légers.

Ne préparer en grand que du coton pur non désagrégé.

Le soumettre à des lavages suffisants pour enlever tout excès d'acide.

Ne renfermer dans le même local, et à plus forte raison dans le même baril, qu'un seul et même produit pyroxylique.

Ne faire d'approvisionnement considérable de ces produits que ceux provenant du coton pur.

Ne jeter sur la voie publique que les eaux *neutralisées* (par la craie). Voir *Eaux tièdes*, t. I, p. 590.

Quant à la garde ou au transport du coton-poudre destiné à faire du collodion, — il faut l'introduire dans *de l'alcool*. — On évite ainsi toute cause d'explosion et on ne nuit pas au produit, puisqu'il faut toujours dans ce cas ajouter plus tard une certaine quantité d'alcool à l'éther. — Ce coton-poudre, ainsi qu'on peut voir à l'article *Collodion*, se prépare d'une façon bien plus régulière et plus parfaite en se servant de coton en poudre (tontisses de coton), au lieu de coton en cardes. — La fabrication se fait alors avec une très-grande rapidité, et donne des produits toujours très-*riches* et toujours similaires.

Salpêtre (azotate de potasse) (Fabrication et raffinage du) (3° classe). — 14 janvier 1815.

Ce sel pur est anhydre, en prismes à six pans, soluble dans huit parties d'eau à zéro, et moins de la moitié de son poids à 100 degrés. Il est fusible à 300 degrés, et se prend par refroidissement en une masse transparente; on le désigne souvent en cet état sous le nom de *cristal minéral*. Il se décompose à la chaleur rouge en azotite ou en oxygène; à une plus haute température, il se décompose totalement, il ne reste plus que de la potasse. Mêlé à des corps combustibles et projeté dans un creuset, il détone; mêlé à la moitié de son poids de soufre, il donne une poudre très-inflammable, brûlant avec une lumière très-intense et un grand dégagement de chaleur.

DÉTAIL DES OPÉRATIONS. — *Production naturelle*. — Le salpêtre ou nitre a été pendant longtemps exclusivement fourni par la nature, qui produit encore la plus grande partie de celui qu'on consomme. Il est contenu dans un grand nombre de plantes, mais en faibles proportions.

Dans les pays chauds, dans l'Inde, la Perse, l'Égypte, le nitre se produit dans le sol, et quand l'évaporation survient après les pluies, la dissolution aqueuse vient par effet capillaire cristalliser à la surface. A l'aide de balais nommés *houssoirs*, on enlève le salpêtre superficiel et on l'expédie brut sous le nom de salpêtre de houssage. Puis on enlève quelques centimètres de terre, pour séparer par des lavages et des décantations le salpêtre qu'elle contient. On fait évaporer et cristalliser les liqueurs au soleil dans des fosses rendues imperméables.

Ce salpêtre tout naturel contient une forte proportion d'azotate de chaux que l'on transforme en azotate de potasse. On peut le considérer comme le résultat des réactions suivantes.

Réactions diverses, ou théorie probable de la formation. — 1° On sait que les pluies d'orage, si fréquentes dans les pays chauds, contiennent de l'azotate d'ammoniaque; dès lors on peut comprendre la présence de quantités notables d'azotate de potasse, de chaux, de magnésie, par double décomposition des carbonates de ces bases; leur transformation en azotate et carbonate d'ammoniaque;

2° L'air contient de l'ozone, c'est-à-dire de l'oxygène modifié; il jouit de la propriété de se combiner directement à l'azote pour faire de l'acide azotique qui s'unit aux bases et donne des azotates;

3° L'ozone réagit sur l'ammoniaque et la change également en acide azotique; aussi, les matières animales en putréfaction contenues dans les matières terreuses et poreuses produisent facilement de l'acide azotique et par conséquent des azotates;

4° L'électricité combine l'azote à l'oxygène, c'est à lui que l'on peut également attribuer la formation de l'azotate d'ammoniaque dans les pluies d'orages;

5° L'oxydation des composés ammoniacaux produit de l'acide azotique; l'oxygène, contenant de l'ammoniaque, se change en acide azotique en passant sur du platine ou quelques autres corps poreux, légèrement chauffés. On voit dès lors combien est importante la présence des vapeurs ammoniacales dans les nitrières, et celles des corps poreux.

Les réactions qui donnent lieu à la formation des azotates ne sont pas toujours bien déterminées dans les nitrières; on croit que les différentes circonstances qui président à leur formation varient suivant les pays et les éléments en présence. On sait que cette formation n'a lieu fructueusement qu'à une température de 15 à 25 degrés; qu'il faut une certaine humidité, une quantité assez abondante de carbonate poreux, et que la présence de substances azotées en décomposition ne semble pas nécessaire dans les pays chauds.

On rencontre souvent dans la nature des nitrières naturelles;

l'île de Ceylan en renferme un assez grand nombre, elles contiennent des feldspath dont la décomposition fournit de la potasse, du carbonate de chaux, de la silice, de l'alumine, qui rendent les matières poreuses.

Le département de Seine-et-Oise contient les grottes de la Roche-Guyon et autres; l'Inde et l'Égypte en fournissent beaucoup. Toujours le salpêtre ainsi obtenu renferme une forte proportion d'azotate de chaux, et même quelquefois de magnésie.

Les nitrières artificielles suédoises sont formées de cabanes contenant de la terre ordinaire mélangée à du sable calcaire; ou de la marne et des cendres lessivées. On arrose la masse avec de l'urine d'animaux domestiques, on la remue une fois toutes les semaines, en été, et une fois toutes les deux ou trois semaines en hiver; on empêche l'accès de la lumière en fermant les volets de la cabane. Ce procédé est quelquefois pratiqué dans des carrières françaises .

En Suisse, le plancher de certaines étables étant surélevé par rapport au sol, on creuse sous l'étable une fosse de même surface et de deux ou trois pieds de profondeur dans laquelle on met une terre sablonneuse. Les urines viennent tomber sur cette masse poreuse, et au bout de deux ou trois ans, on la lessive, ce qui donne une quantité de salpêtre très-importante. La masse lessivée peut servir de nouveau à la nitrification et avec grand avantage, car on peut alors lessiver fructueusement chaque année.

Procédé Thouvenel. — On a proposé aussi, pour obtenir du nitre, de faire séjourner du fumier de bergerie avec de la terre, puis d'exposer ce terreau à l'influence des matières alcalines et de l'air. *La préparation des terres se fait en laissant pourrir sur place le fumier de mouton recouvert sur terre :* on retourne la terre après quatre mois et on recommence de même. Au bout d'un an, on prend cette terre et la place dans un hangar dont le pourtour est fermé par un mur de terre propre à la nitrification. La couche de terre ainsi employée a un mètre environ d'épaisseur, on la remue de temps à autre avec des crochets de fer, on l'arrose avec l'eau de fumier dans laquelle on a délayé

des crottins de mouton, de cheval, et qu'on a laissé préalablement fermenter pendant quinze à vingt jours; après deux ans
de traitement, on lessive. Dans les derniers temps on évite l'addition de toutes matières animales ou végétales non décomposées surtout, qui coloreraient les sels et rendraient difficile la
cristallisation.

En Prusse, au lieu d'étendre sur le sol naturel ou préparé le
terreau qui doit être nitrifié, on dispose celui-ci en murs parallèles qui présentent cet avantage d'offrir une plus grande surface à l'air.

Plâtras de démolitions. — Les plâtres provenant de démolitions
contiennent souvent une assez forte proportion de matériaux
salpêtrés.

Lixiviation. — Quel que soit le moyen employé pour opérer la
nitrification, il faut en séparer les sels solubles. On divise les plâtras avant de les lessiver, et l'on place les substances divisées dans
des tonneaux percés à la partie inférieure pour faire écouler les
eaux de lavage; on opère méthodiquement; et les eaux de lavage faibles servent à de nouvelles lixiviations.

Liqueurs. — La lessive obtenue renferme des azotates de potasse, chaux, magnésie et quelques autres sels. Il faut opérer
la *saturation des liqueurs*, c'est-à-dire la transformation de tous
ces azotates en azotate de potasse.

On emploie la potasse que l'on verse dans la lessive, elle
fait déposer immédiatement la chaux et la magnésie à l'état de
carbonates, il se forme de l'azotate de potasse à la place.

Si l'on employait le sulfate de potasse au lieu du carbonate à
cette opération, on ne se débarrasserait pas du sulfate de magnésie, à cause de sa solubilité; aussi, pour éviter cet inconvénient, on commence par transformer l'azotate de magnésie en
azotate de chaux par addition d'un petit excès de lait de chaux :
on agite et laisse déposer de la magnésie; c'est alors que le sulfate
de potasse peut servir avantageusement à précipiter la chaux à
l'état de sulfate.

L'emploi de la chaux a aussi pour effet de dégager l'ammoniaque de ses combinaisons; l'emploi du carbonate de potasse

donne lieu à la formation de *carbonate d'ammoniaque qui ne se dégage que pendant l'évaporation.*

On peut opérer la saturation des liqueurs en les faisant passer sur des cendres dans un cuvier. Ces cendres, bien tamisées et neuves, sont humectées de manière à former corps sous la pression des doigts; on en dispose une couche d'environ seize centimètres sur une toile grossière placée au fond et on la tasse; on en ajoute de nouvelles couches bien tassées aussi à l'aide d'un pilon jusqu'à la moitié du cuvier. On unit la surface des cendres et on la recouvre de paille pour empêcher que la chute des liquides ne vienne à briser la surface. On fait couler les eaux salpêtrées sur ces lits de cendres qui fournissent du carbonate et du sulfate de potasse, et on reçoit la liqueur formée presque exclusivement alors d'azotate de potasse à peu près décoloré.

On peut encore opérer cette transformation des sels de chaux en se débarrassant d'abord des sels de magnésie par un lait de chaux, et employant un mélange à équivalents égaux de sulfate de soude et de chlorure de potassium. La chaux se précipite sous la forme de sulfate, d'ailleurs, pendant l'évaporation, le mélange agit comme si l'on avait ajouté un mélange de sel marin et de sulfate de potasse; on peut admettre aussi qu'il se forme de l'azotate de soude que le chlorure de potassium décompose à son tour.

Quand on a réuni une quantité suffisante de liqueur, on en remplit une chaudière de cuivre montée sur un fourneau. A mesure que l'évaporation s'effectue, on entretient la même quantité de liquide dans la chaudière; on doit éviter toute addition considérable qui, en suspendant l'ébullition, retarderait beaucoup l'opération. On fait arriver le liquide d'une manière continue en plaçant la chaudière à saturation au-dessus du fourneau d'évaporation, ou mieux encore, au-dessus d'un bassin chauffé par la flamme perdue du fourneau, fournissant un liquide qui possède déjà une certaine chaleur.

Pendant l'ébullition, il se forme une grande quantité d'écumes qu'on enlève et qu'on rejette dans les plâtras à l'aide d'une écumoire La liqueur se trouble en laissant déposer des carbonates

de chaux et de magnésie que l'acide carbonique tenait en dissolution ; on les nomme *boues*.

Pour empêcher leur précipitation et leur adhérence sur le
fond de la chaudière, on place au-dessous un chaudron mobile
dans le sens vertical au moyen d'une poulie, et venant à six
centimètres du fond de la chaudière; presque tout le dépôt
s'y réunit sous l'influence du mouvement d'ébullition; on le vide
dès qu'il est presque plein, et on le replace.

Quand le sel marin que contiennent les liqueurs va se déposer, on enlève le chaudron ; et comme sa solubilité n'est guère
plus forte à chaud qu'à froid, on le retire partiellement du fond
de la chaudière où il se dépose sur la fin de la concentration.

Dès qu'une goutte de la liqueur prise pour essai peut cristalliser, on modère le feu et on laisse opérer le dépôt cristallin
sur les parois ; on décante soigneusement après quinze ou dix-
huit heures de repos, à l'aide de puisoirs, de manière à ne pas
troubler le dépôt.

La liqueur est portée dans des bassines de cuivre où elle se
cristallise complétement en peu de jours; on trouble la cristallisation pour diviser et laver les cristaux.

Les eaux mères concentrées peuvent donner de nouveaux
cristaux, mais si impurs et colorés, qu'on préfère souvent les
réunir aux plâtras et aux eaux de nouvelles lixiviations.

Le sel marin provenant de l'extraction du salpêtre ne peut
guère servir aux usages domestiques ; il contient presque toujours du cuivre enlevé aux parois de la chaudière.

Raffinage. — Le salpêtre de première cuite ainsi obtenu a
besoin de subir l'opération du raffinage.

Ancien procédé. — Ce raffinage s'opérait autrefois de la manière suivante : on mettait dans une chaudière six parties d'eau
pour trente de salpêtre; on portait à l'ébullition bien soutenue;
on enlevait les écumes et matières grasses qui venaient surnager, puis on procédait au collage. Cette opération consistait à
verser dans le liquide bouillant une dissolution de colle-forte
dans l'eau, à brasser fortement, ce qui portait toutes les impuretés à la surface ; on ajoutait de l'eau froide quand les écumes

diminuaient; on faisait bouillir de nouveau pour écumer, et on répétait plusieurs fois cette addition d'eau dans le même but. On laissait refroidir à demi et lentement, et décantait dans des bassins de cuivre recouverts pour laisser opérer une cristallisation lente.

Si ce salpêtre renfermait encore des chlorures, on le traitait par l'eau à l'ébullition et le collait comme il a été dit, et on recommençait trois ou quatre fois cette opération, on laissait ensuite égoutter et sécher les cristaux.

Nouveau procédé.— Le raffinage s'opère maintenant presque exclusivement par le procédé suivant :

Six cents kilogrammes d'eau placés dans une chaudière reçoivent successivement jusqu'à trois mille kilogrammes de salpêtre; on enlève les écumes à mesure de leur formation. Après un ou deux jours d'un pareil traitement, on élève la température jusqu'à l'ébullition, et on retire le sel marin déposé, en ajoutant de temps en temps de l'eau froide pour faciliter la séparation.

On clarifie avec un kilogramme de colle de Flandre et même du sang de bœuf, quand il ne se dépose plus de sel marin; on brasse, et, par des additions successives d'eau froide, on arrive à avoir mille kilogrammes d'eau. Quand la liqueur est claire, débarrassée d'écume, on enlève presque tout le feu; on décante le lendemain la liqueur encore très-chaude, marquant soixante-sept à soixante-huit degrés, à l'aide de puisoirs et en ayant soin d'occasionner un trouble dans la liqueur; on la porte dans un cristallisoir à large surface, dont le fond est formé par deux plans inclinés sur lesquels on ramène le sel à mesure de sa cristallisation; on agite constamment la liqueur pour n'avoir que des petits cristaux, et on sépare la masse cristalline à mesure qu'elle blanchit.

On la porte dans des caisses de lavage, on y verse successivement des eaux saturées de salpêtre; enfin, on arrive à de l'eau pure, de manière que la liqueur, qui s'écoule par le bas de ces caisses est saturée à la température à laquelle on opère; on ne laisse écouler qu'après un contact de deux ou trois heures chaque fois.

Après ce lavage, le salpêtre est porté dans un bassin de dessiccation. Chauffé par la fumée de la chaudière de raffinage, on le remue souvent pour empêcher son adhérence, et le tamise pour briser les mottes. Les eaux de cristallisation et de lavage subissent un traitement à peu près semblable à celui du nitre brut.

Azotate de soude, et sa transformation en azotate de potasse.

Sous le nom de nitre cubique, on désigne souvent l'azotate de soude. Il est en cubes, déliquescent, ce qui l'empêche de servir à la fabrication de la poudre à canon; il sert à fabriquer l'acide azotique, et, comme engrais, on le trouve au Pérou sur plus de cent lieues carrées avec une épaisseur variable.

On le transforme souvent en azotate de potasse, soit par le chlorure de potassium, et alors on enlève le sel marin à mesure de sa formation pendant l'ébullition, soit par le carbonate de potasse, en laissant cristalliser à basse température. Le traitement par le chlorure de potassium semble le plus commode et celui qui donne les meilleurs résultats. Cette opération, qui remplace aujourd'hui celle pratiquée autrefois sur les azotates de chaux et de magnésie retirés du lavage des plâtres, est d'une extrême simplicité et permet d'agir sur une grande masse de matières avec une facilité de manœuvre qui n'exclut pas cependant la sagacité et l'habileté nécessaires à l'ouvrier chargé de diriger le travail. On sait que l'azotate de potasse est peu soluble à froid, mais très-soluble à chaud : sa force de cristallisation est ainsi en raison de la quantité de sel entraîné en solution par la chaleur. Si donc une forte quantité d'azotate de soude, sel très-soluble, est dissous dans une faible quantité d'eau chaude, en même temps qu'une quantité proportionnelle de chlorure de potassium, il se fera un échange mutuel de bases alcalines dont les résultats se montreront au moment où la température ne sera plus suffisante pour tenir en solution l'azotate de potasse, ou plutôt les éléments susceptibles d'en produire. Car c'est l'insolubilité relative du nouveau sel qui est la cause de sa formation dans l'espèce. Ce sel, une fois cristallisé, est séparé des eaux mères, égoutté et soumis au lavage à l'eau froide pour lui enlever les dernières portions de chlorure alcalin qui le souillent. Il est ensuite rapidement séché pour être livré aux raffineries de l'État où il est obtenu, dans toute sa pureté; pureté sans laquelle il ne pourrait produire l'effet qu'on en attend dans la fabrication de la poudre de guerre. (Voir comptes rendus de Bordeaux, 1855.)

Il s'est établi une industrie ayant pour objet de soumettre au lavage à chaud les sacs qui ont servi à transporter le salpêtre. —On concentre ces eaux et on les évapore. Il en résulte du nitrate de potasse, qui est ensuite revendu aux marchands.

CAUSES D'INSALUBRITÉ. — **Danger du feu.**

CAUSES D'INCOMMODITÉ. — **Fumée.**

Buée des eaux de condensation de cuisson.

PRESCRIPTIONS. — Diriger les buées produites pendant la condensation des eaux de cuisson sous un manteau recouvrant les chaudières, dans une cheminée qui dépassera de cinq à six mètres les toits voisins.

Éloigner des foyers les magasins destinés à conserver les produits secs.

Revêtir d'un contre-mur en dalles, dans toute la longueur du manteau et de la cheminée d'évaporation, les parties voisines ou attenantes aux murs mitoyens.

Documents relatifs à l'industrie des poudres.

I. ORDONNANCE CONCERNANT LES FEUX D'ARTIFICE, LA VENTE ET LE TIR DES PIÈCES D'ARTIFICE SUR LA VOIE PUBLIQUE. (Du 7 juin 1856.)

Nous, préfet de police,

Considérant que des accidents graves sont résultés de la négligence apportée dans le tir ou dans la confection des pièces d'artifice, et surtout dans l'emploi de mortiers ou d'obusiers en fer ou en fonte; que le tir de pétards et autres pièces d'artifice sur la voie publique a également causé des accidents dont il importe de prévenir le retour;

Vu :

1° La loi des 16-24 août 1790 ;

2° Les arrêtés du gouvernement du 12 messidor an VIII et du 3 brumaire an IX ;

3° Les articles 319 et 320 du Code pénal ;

4° Les ordonnances de police du 12 juin 1811 et du 3 février 1821 ;

5° L'arrêté du 24 juin 1841 ;

6° L'ordonnance de police du 30 juin 1842 ;

Ordonnons ce qui suit :

I. Les artificiers ne pourront employer, pour la direction des fusées, que des baguettes faites avec des brins de bois très-léger, tels que sureau, saule, osier, etc.

Les baguettes destinées aux fusées de petites dimensions ne pourront avoir plus de 15 millimètres de diamètre au gros bout.

II. Les grosses fusées tirées isolément dans les fêtes publiques ne pourront porter de baguettes ; elles devront être dirigées par des ailettes en carton ou par tout autre moyen analogue.

III. Les mortiers destinés à tirer plusieurs coups, quel que soit leur mode de confection, seront enterrés jusqu'au niveau de la partie supérieure de la bombe. La portion du mortier hors du sol sera entièrement entourée d'une caisse en bois de chêne de 8 centimètres d'épaisseur, assemblée à queue d'arondes. L'intervalle entre les parois de la caisse et du mortier, qui devra être d'au moins 5 centimètres, sera rempli de terre passée à la claie et pilonnée.

Si l'on fait emploi de mortiers en bronze, la caisse dont il vient d'être parlé pourra être supprimée.

Les mortiers en matière autre que le bronze et ne devant tirer qu'un seul coup devront être enterrés jusqu'à la bouche et entourés de terre remblayée comme il est dit ci-dessus.

II. ARTICLES DE LA LOI DU 13 FRUCTIDOR AN V. (13 fructidor an V — 30 août 1797.)

21. La loi du 11 mars 1793 (vieux style) est rapportée : En conséquence, il est défendu à qui que ce soit d'introduire aucunes poudres étrangères dans la République, sous peine de confiscation de la poudre, des chevaux et voitures qui en seraient chargés, et d'une amende de vingt francs quarante-quatre centimes par kilogramme de poudre (ou dix francs par livre).

Si l'entrée en fraude est faite par la voie de la mer, l'amende sera double, en outre de la confiscation de la poudre.

22. L'importation et l'exportation des salpêtres sont également prohibées ; la contravention sera punie des mêmes peines que lorsque les poudres sont la matière du délit.

Il sera cependant permis d'entreposer des salpêtres dans les ports de France pour les réexporter ensuite, en se conformant à ce qui est prescrit par les lois sur l'entrepôt.

23. Les poudres ou salpêtres saisis par les employés des douanes seront par eux déposés au magasin national le plus prochain affecté à ces matières : la moitié de la valeur de tous les objets confisqués et des amendes prononcées appartiendra aux saisissants et sera partagée entre eux.

24. La fabrication et la vente des poudres continueront d'être interdites

à tous les citoyens autres que ceux qui y seront autorisés par une commission spéciale de l'administration nationale des poudres.

Il est également interdit aux citoyens qui n'y seraient pas autorisés de conserver chez eux de la poudre au delà de la quantité de cinq kilogrammes (environ dix livres un quart).

La surveillance de ces dispositions est confiée aux administrations départementales et municipales, aux commissaires du Directoire exécutif près d'elles, et aux affaires de police.

25. Lorsque l'une de ces autorités ou les préposés de l'administration des poudres auront connaissance d'une violation du précédent article, ils requerront la municipalité du lieu de prendre les moyens nécessaires pour constater les délits.

26. La municipalité sera tenue de déférer à cette réquisition ; en conséquence elle fera procéder à une visite dans la maison désignée, si les circonstances du fait l'exigent; cette visite ne pourra s'exercer que par deux officiers municipaux accompagnés d'un commissaire de police, en plein jour, et seulement pour l'objet énoncé en la présente loi, conformément à l'article 359 de la constitution.

Dans les communes où il n'y a pas de municipalité, cette visite sera faite par l'agent municipal et son adjoint, lesquels se feront assister par deux citoyens du voisinage.

Dans le cas de conviction, l'affaire sera renvoyée aux tribunaux qui feront la poursuite suivant les lois.

27. Ceux qui feront fabriquer illicitement de la poudre seront condamnés à trois mille francs d'amende. La poudre, les matières et ustensiles servant à sa confection seront confisqués ; et les ouvriers employés à sa fabrication seront détenus pendant trois mois pour la première fois, et pendant un an en cas de récidive. Le tiers des amendes appartiendra aux dénonciateurs; le surplus, ainsi que les objets confisqués, seront versés au trésor public et dans les magasins nationaux.

28. Tout citoyen qui vendrait de la poudre sans y être autorisé, conformément à l'article 24, sera condamné à une amende de cinq cents francs, et celui qui en conserverait chez lui plus de cinq kilogrammes (ou environ dix livres un quart), à une amende de cent francs.

Dans l'un et l'autre cas, les poudres seront confisquées et déposées dans les magasins nationaux.

29. Il est aussi défendu aux gardes des arsenaux de terre et de mer, à tous militaires, ouvriers et employés dans les poudrières, de vendre, donner ou échanger aucune poudre, sous peine de destitution; et d'une détention qui sera de trois mois pour les gardes-magasins et militaires, et d'un an pour les ouvriers et employés des poudrières.

Les ouvriers des raffineries et ateliers nationaux de salpêtre qui en détourneraient les produits encourront les mêmes peines que les ouvriers des poudrières en pareil cas.

30. Tout voyageur ou conducteur de voitures qui transportera plus de

cinq kilogrammes (ou dix livres un quart) de poudre, sans pouvoir justifier leur destination par un passe-port de l'autorité compétente, revêtu du visa de la municipalité du lieu de départ, sera arrêté et condamné à une amende de vingt francs quarante-quatre centimes par kilogramme de poudre saisie (ou dix francs par livre), avec confiscation de la poudre, des chevaux et voitures; mais si le conducteur n'a pas eu connaissance du chargement, il aura son recours contre le chargeur qui l'aurait trompé et qui sera tenu de l'indemniser.

Néanmoins, dans la distance de deux lieues des frontières, les citoyens resteront soumis à tout ce qui est prescrit par les lois pour la circulation dans cette étendue.

31. Les capitaines de navires, de quelques lieux qu'ils viennent, à leur entrée dans des ports maritimes, seront obligés, dans les vingt-quatre heures, de faire, au bureau des douanes, ou, à défaut, au commissaire de la marine, la déclaration des poudres qu'ils auront à bord, et de les déposer dans le jour suivant, dans les magasins nationaux, sous peine de cinq cents francs d'amende; ces poudres leur seront rendues à leur sortie desdits ports.

32. Les poudres prises sur l'ennemi par les vaisseaux ou bâtiments de mer, seront, à leur arrivée dans les ports de la République, déposées dans les magasins de la marine, si elles sont bonnes à être employées pour ce service; et dans ce cas le ministre de ce département les fera payer au même prix que celles qu'il reçoit de l'administration nationale des poudres.

Mais si les poudres des prises, après vérification contradictoirement faite, ne sont pas admissibles pour le service de la marine, elles seront versées dans les magasins de l'administration des poudres, qui les payera en raison de la quantité de salpêtre qu'elles contiennent et au prix auquel est fixé celui des salpêtriers.

Certifié conforme :

Le secrétaire d'État, HUGUES B. MARET.

Le conseiller d'État, préfet, DUBOIS.

III. DÉCRET IMPÉRIAL QUI INTERDIT LA VENTE DES POUDRES DE GUERRE [1].
(Du 23 pluviôse an XIII — 12 février 1805.)

Napoléon, etc.

Vu la loi du 13 fructidor an V,

Décrète :

1. A dater de la publication du présent décret, toute vente de poudre de guerre est interdite : en conséquence, l'administration générale des poudres ne pourra en faire délivrer, même aux citoyens qui ont obtenu une commission spéciale de ladite administration pour la vente des poudres.

2. Dans les huit jours de la publication du présent décret, les citoyens commissionnés par l'administration des poudres rapporteront au magasin

[1] Voir la loi du 13 fructidor an V.

de ladite administration toute la poudre de guerre qu'ils auront : elle leur sera remboursée au même prix qu'ils l'auront payée.

3. Les citoyens non commissionnés qui auront à leur disposition de la poudre de guerre seront tenus, de quelque manière qu'ils l'aient obtenue, d'en faire, dans le mois, leur déclaration à leur municipalité, et le versement dans les magasins de l'administration générale, qui en payera la valeur.

4. Après l'expiration du délai accordé par l'article précédent, tout individu qui aura conservé ou qui sera trouvé nanti d'une quantité quelconque de poudre de guerre sera dénoncé aux tribunaux pour être poursuivi aux termes de l'article 27 de la loi du 13 fructidor an V, comme ayant illicitement fabriqué de la poudre de guerre, et puni de trois mille francs d'amende, à moins qu'il ne prouve l'avoir achetée d'un marchand domicilié et patenté, ou qu'il n'en mette le vendeur sous la main des tribunaux.

5. L'administration des poudres pourra, toutefois, faire délivrer de ses magasins, aux artificiers patentés, la poudre de guerre qu'ils justifieront leur être nécessaire, en s'engageant à produire, toutes les fois qu'ils en seront requis, le certificat d'achat de ladite poudre.

IV. ORDONNANCE DU ROI RELATIVE A LA FABRICATION ET AU DÉBIT DES POUDRES DÉTONANTES ET FULMINANTES (Au château des Tuileries, le 25 juin 1823.)

Louis, etc.

Voulant prévenir les dangers qui peuvent résulter de la fabrication et du débit des différentes sortes de poudres et, matières détonantes et fulminantes, sans empêcher néanmoins l'emploi de celles de ces préparations qui ont été reconnues propres, soit à amorcer des armes à feu, soit à faire des étoupilles, des allumettes ou autres objets du même genre utiles aux arts :

Notre conseil d'État entendu,

Nous avons ordonné et ordonnons ce qui suit :

1. Les fabriques de poudres ou matières détonantes et fulminantes, de quelque nature qu'elles soient, et les fabriques d'allumettes, d'étoupilles ou autres objets du même genre préparés avec ces sortes de poudres ou matières feront partie de la première classe des établissements insalubres ou incommodes dont la nomenclature est annexée à notre ordonnance du 14 janvier 1815.

2. Les préfets sont autorisés, conformément à l'article 5 de notre ordonnance précitée, à faire suspendre l'exploitation des fabriques désignées dans l'article 1er qui auraient été établies jusqu'à ce jour dans des emplacements non isolés des habitations.

3. Les fabricants de poudres ou matières détonantes et fulminantes tiendront un registre légalement coté et parafé, sur lequel ils inscriront jour par jour, de suite et sans aucun blanc, les quantités fabriquées et vendues, ainsi que les noms, qualités et demeure des personnes auxquelles ils les auront livrées.

4. Les fabricants d'allumettes, étoupilles et autres objets de la même

espèce, préparés avec des poudres ou matières détonantes et fulminantes, tiendront également un registre en bonne forme, sur lequel ils inscriront au fur et à mesure de chaque achat, le nom et la demeure des fabricants qui leur auront vendu lesdites poudres ou matières.

5. Les marchands détaillants d'amorces pour les armes à feu à piston, et les marchands détaillants d'allumettes, d'étoupilles et autres objets du même genre, préparés avec des poudres détonantes et fulminantes, ne sont point soumis aux formalités prescrites par l'article 1er; mais ils seront tenus de renfermer ces diverses préparations dans des lieux sûrs et séparés dont ils auront seuls la clef.

Il leur est défendu de se livrer à ce commerce sans en avoir préalablement fait leur déclaration par écrit, savoir : dans Paris, à la préfecture de police, et dans les communes, à la mairie, afin qu'il soit vérifié si leur local est convenablement disposé pour cet usage.

6. Les poudres et matières détonantes et fulminantes ne pourront être employées qu'à la fabrication des amorces propres aux armes à feu, des allumettes, des étoupilles et autres objets d'une utilité reconnue.

V. PRESCRIPTIONS DU CONSEIL DE SALUBRITÉ DE LA SEINE (1835).

§ POUDRES FULMINANTES.

1° Toute usine pour la fabrication des poudres et amorces fulminantes sera complétement isolée de toute habitation et éloignée des routes et chemins; elle sera close de murs de tous côtés;

2° L'atelier de fabrication du fulminate sera éloigné de tous les autres ateliers et particulièrement de la poudrière et des dépôts des esprits (alcools) nécessaires pour le travail;

3° Les autres ateliers seront isolés les uns des autres et construits en charpente et plâtre sans moellons; le sol en sera recouvert d'une lame de plomb:

4° Il ne sera pas fait de feu dans ces ateliers, et on ne devra pas y travailler à l'aide de la lumière artificielle;

5° Les murs du séchoir seront garnis de tablettes en bois blanc, dont la plus élevée ne recevra rien; ces tablettes seront placées à une telle hauteur que l'on puisse atteindre les objets que l'on y aurait placés sans être obligé de monter, soit sur une chaise, soit sur un banc;

6° Il ne pourra être employé de tamis en fils métalliques, et les tamis employés devront être garnis, à leur bord inférieur, d'une bande de plomb;

7° La poudre grainée et séchée sera renfermée dans des bouteilles garnies de jonc, et ces bouteilles seront transportées à la poudrière;

8° La poudrière sera absolument isolée; elle sera munie d'un paratonnerre; la seule rangée de tablettes qui y sera posée le sera à une telle hauteur, que pour atteindre les bouteilles posées sur ces tablettes, on n'ait pas besoin de monter; le sol de cette poudrière sera recouvert par une lame de plomb;

(Les membres du conseil ont reconnu qu'il était difficile de faire détoner le fulminate de mercure placé sur une lame de plomb.)

9° Aucun transvasement de poudres ne pourra être fait dans la poudrière sous quelque prétexte que ce soit;

10° Les boîtes dans lesquelles les ouvriers renferment les bouteilles de poudre seront garnies en cuir rembourré en laine ou en crin;

11° On ne transportera à la fois, dans l'atelier de charge, que la dixième partie au plus de la poudre qui doit être travaillée dans la journée;

12° Le directeur de l'établissement et le chef des ateliers auront seuls la clef de la poudrière;

13° Le chef des ateliers devra posséder des connaissances chimiques et présenter une responsabilité morale;

14° Aucun ouvrier ne pourra être âgé de moins de dix-huit ans; nul ouvrier ne pourra non plus fumer dans la fabrique ni dans les ateliers;

15° Aucune fabrique de poudres et d'amorces fulminantes ne pourra s'établir sans avoir d'avance déposé un plan exact de toutes les dispositions intérieures, dispositions qui, après leur adoption, ne pourraient être changées sous aucun prétexte, sans une nouvelle autorisation.

. . . .

VI. ORDONNANCE DU ROI PORTANT RÈGLEMENT SUR LES FABRIQUES DE FULMINATE DE MERCURE, AMORCES FULMINANTES, ET AUTRES MATIÈRES DANS LA PRÉPARATION DESQUELLES ENTRE LE FULMINATE DE MERCURE. (Au palais des Tuileries, le 30 octobre 1836.)

Louis-Philippe, etc.,

Sur le rapport de notre ministre secrétaire d'État au département des travaux publics, de l'agriculture et du commerce;

Vu le décret du 15 octobre 1810 et l'ordonnance du 14 janvier 1815, portant règlement sur les établissements insalubres ou incommodes;

Vu l'ordonnance du 25 juin 1823 concernant spécialement les fabriques de poudres ou matières détonantes et fulminantes;

Considérant que les accidents graves survenus par suite de la fabrication du fulminate de mercure exigent l'emploi de précautions nouvelles pour en prévenir le retour;

Notre conseil d'État entendu,

Nous avons ordonné et ordonnons ce qui suit :

1. Les fabriques de fulminate de mercure, amorces fulminantes et autres matières dans la préparation desquelles entre le fulminate de mercure, devront être closes de murs et éloignées de toute habitation, ainsi que des routes et chemins publics.

2. Toute demande en autorisation pour un établissement de cette nature devra être accompagnée d'un plan indiquant :

1° La position exacte de l'emplacement par rapport aux habitations, routes et chemins les plus voisins;

2° Celle de tous les bâtiments et ateliers, les uns par rapport aux autres;

3° Le détail des distributions intérieures de chaque local. Le plan visé dans l'ordonnance d'autorisation à laquelle il **restera annexé** ne pourra plus être changé qu'en vertu d'une autorisation nouvelle.

La mise en activité de la fabrique sera toujours précédée d'une vérification faite par les soins de l'autorité locale, qui constatera l'exécution fidèle du plan. Il en sera dressé procès-verbal.

3. Les divers ateliers seront isolés les uns des autres; le sol en sera recouvert d'une lame de plomb ou de plâtre, la pierre siliceuse est prohibée dans la construction de ces ateliers.

4. Les tablettes dont il sera fait emploi dans ces ateliers seront en bois blanc; la plus élevée, placée à un mètre soixante centimètres au plus au-dessus du sol, devra toujours rester libre.

5. L'atelier spécialement affecté à la fabrication du fulminate devra être particulièrement éloigné de la poudrerie et du dépôt des esprits. L'ordonnance d'autorisation fixera, dans chaque établissement particulier, la distance respective des autres bâtiments de la fabrique.

6. La poudrière ne renfermera qu'une seule rangée de tablettes placées à un mètre trente centimètres du sol; ce sol sera, comme celui des ateliers, recouvert en lames de plomb ou en plâtre. Ce bâtiment n'aura qu'une seule porte.

7. L'usage des tamis en fil métallique est interdit.

8. La poudre grainée et séchée sera renfermée dans des caisses en bois blanc bien jointes, recouvertes d'une feuille de carton et placée sur des supports en liége.

Aucune de ces caisses ne devra contenir plus de cinq kilogrammes de poudre.

9. Aucun transvasement de poudre ne pourra s'effectuer dans la poudrière. Cette opération devra être faite dans un local isolé et fermé qui n'aura pas d'autre destination. Il sera pris, pour la construction de ce local, ainsi que pour l'établissement de son sol, les mêmes précautions que pour les constructions et le sol des autres ateliers.

10. Il ne pourra être porté à la fois dans l'atelier de charge que la dixième partie au plus de la poudre qui doit être manipulée dans la journée.

11. Le directeur de l'établissement et le chef des ateliers auront seuls la clef de la poudrière et de l'atelier où se fera le transvasement de la poudre.

12. Aucun ouvrier ne pourra être employé dans cette sorte de fabrique s'il n'a dix-huit ans accomplis.

VII. ORDONNANCE CONCERNANT LE TRANSPORT DES CAPSULES OU AUTRES AMORCES FUL-
   MINANTES, ET DES ALLUMETTES FULMINANTES, PAR LA VOIE DU COMMERCE [1].
   (Du 21 mai 1858.)

Nous, conseiller d'État, préfet de police,
Vu : 1° La loi des 16-24 août 1790;

[1] Voir l'ordonnance ci-après du 21 mai 1858, même jour.

2° L'arrêté du gouvernement du 12 messidor an VIII (1er juillet 1800) ;

3° Les rapports du conseil de salubrité des 22 décembre 1837 et 24 avril 1838 ;

Considérant que le transport des objets fabriqués avec des poudres et matières détonantes et fulminante présente le plus grand danger ; que la sûreté des voyageurs est gravement compromise par l'insouciance de ceux qui expédient ces objets dangereux et par la négligence de ceux qui se chargent de ces expéditions, et qu'il importe de prendre des mesures dans le but de prévenir les accidents que peuvent occasionner de semblables chargements ;

Ordonnons ce qui suit :

1° Il est défendu à tout fabricant, débitant ou dépositaire de capsules ou autres amorces fulminantes et allumettes fulminantes, de faire aucune expédition de ces objets par la voie des messageries, diligences et autres voitures de transport de voyageurs.

2° Il est également défendu aux entrepreneurs de messageries, diligences et autres voitures affectées au transport des voyageurs, de se charger d'aucune expédition de capsules ou autres amorces fulminantes, ou d'allumettes fulminantes, sous quelque prétexte que ce soit.

3° Le transport des capsules ou autres amorces fulminantes et des allumettes fulminantes ne pourra avoir lieu que par la voie du roulage ou par eau.

4° Dans l'un et l'autre cas, la nature des colis sera déclarée par l'expéditeur à l'entrepreneur du transport.

Les colis devront être marqués du timbre du commissaire de police du quartier ou du maire de la commune où demeurera l'expéditeur.

Les capsules, amorces ou allumettes réunies en paquets ou en boîtes, seront renfermées dans des caisses assemblées à queue d'aronde ; le couvercle sera fixé par une lanière en cuir et bien cordée. Sur les bords supérieurs de la caisse sera fixée une basane mince, sur laquelle portera le couvercle. Dans l'intérieur sera placée une peau de basane qui n'y sera pas fixée, et dont la grandeur devra être suffisante pour que, la caisse étant remplie, elle puisse recouvrir entièrement les boîtes ou les paquets.

5° Il est défendu à tout commissionnaire de roulage ou entrepreneur de transports par eau, de se charger d'aucune expédition de capsules ou autres amorces fulminantes et d'allumettes fulminantes pour laquelle on ne se serait pas conformé aux dispositions exigées par l'article 4.

Le conseiller d'État, préfet de police, G. DELESSERT.

VIII. ORDONNANCE CONCERNANT LA CONSERVATION ET LA VENTE DES CAPSULES ET AUTRES PRÉPARATIONS DÉTONANTES ET FULMINANTES [1]. (Du 21 mai 1838.)

Nous, conseiller d'État, préfet de police,

Vu : 1° La loi des 16-24 août 1790 ;

[1] Voir l'ordonnance ci-dessus du même jour, 21 mai 1838.

2° L'arrêté du gouvernement du 12 messidor an VIII (1er juillet 1800);

3° Les ordonnances royales des 25 juin 1823 et 30 octobre 1836, relatives à la fabrication et au débit des poudres détonantes et fulminantes;

4° L'ordonnance de police du 21 juillet 1823;

5° Les rapports du conseil de salubrité des 22 décembre 1837 et 24 avril 1838;

Considérant que le dépôt et la vente des objets fabriqués ou préparés avec des poudres ou matières détonantes et fulminantes exigent des précautions et des soins dont l'omission peut occasionner de graves accidents, et qu'il importe de rappeler les dispositions des règlements sur cette matière,

Ordonnons ce qui suit :

1. Les articles 3, 4, 5 et 6 de l'ordonnance royale du 25 juin 1823, relative à la fabrication et au débit des poudres détonantes et fulminantes, seront de nouveau publiés dans le ressort de la préfecture de police [1].

2. La disposition de l'article 4 de l'ordonnance royale précitée est applicable aux fabricants de capsules et autres amorces fulminantes.

3. Les boîtes ou paquets de capsules et d'allumettes fulminantes ne devront pas être placés indistinctement dans les diverses parties d'un magasin. Elles devront être réunies dans une caisse bien assemblée, garnie de roulettes et de poignées, afin de pouvoir les transporter facilement au dehors, en cas d'incendie. Le couvercle devra être fixé avec des lanières en cuir et fermé par le moyen d'une courroie. Une peau de basane, d'une dimension convenable pour garnir la boîte et recouvrir les paquets, y sera placée, mais non fixée, afin que l'on puisse facilement l'enlever pour retirer la poudre qui pourrait y être tombée.

4. Les fabricants et marchands détaillants ci-dessus désignés sont tenus de se conformer, dans un mois pour tout délai, aux dispositions ci-dessus prescrites.

5. Les poudres et matières détonantes et fulminantes ne pouvant être employées qu'à la fabrication d'objets d'une utilité reconnue; il est expressément défendu de préparer, de vendre et de distribuer des bonbons, cartes, cachets et étuis fulminants et autres objets de ce genre dont l'usage peut occasionner et a déjà causé des accidents. Ces dernières compositions seront saisies partout où elles seront trouvées.

6. Il est également défendu de vendre sur la voie publique des capsules ou amorces fulminantes, des allumettes fulminantes et généralement toute espèce de produits dans la confection desquels il entre des matières détonantes et fulminantes.

7. L'ordonnance de police du 21 juillet 1823 précitée est rapportée.

Le conseiller d'État, préfet de police, G. DELESSERT.

[1] Voir à l'Appendice.

IX. ARRÊTÉ CONCERNANT LES DÉPÔTS DE POUDRE DE MINE POUR LE SERVICE DES CARRIÈRES. (Du 8 juillet 1859.)

Nous, conseiller d'État, préfet de police,

Vu : 1° La loi des 16-24 août 1790 ;

2° L'arrêté du gouvernement du 12 messidor an VIII (1er juillet 1800);

3° La loi du 3 brumaire an IX (25 octobre 1800);

4° La loi du 13 fructidor an V, et l'ordonnance royale du 25 mars 1818 ;

5° La loi du 24 mai 1834, article 2 ;

6° Le rapport de M. l'ingénieur en chef des mines, inspecteur général des carrières, du 14 juin 1839 ;

Considérant que la sûreté publique est intéressée à ce que des dépôts de poudre de mine ne puissent être formés que chez les propriétaires de carrières ou chez leurs tâcherons ou conducteurs ;

Que les approvisionnements de cette poudre doivent être restreints aux quantités strictement nécessaires pour assurer le service des travaux dans les carrières ;

Considérant aussi qu'il y a danger dans l'emploi des baguettes de fer, dites épinglettes, pour amorcer les trous de mines,

Et qu'il importe de prendre des mesures pour régulariser ce service,

Arrêtons ce qui suit :

1. Il est expressément défendu aux ouvriers carriers d'avoir chez eux aucun dépôt de poudre de mine.

2. Les propriétaires de carrières, leurs tâcherons et conducteurs, seront, à l'avenir, seuls aptes à s'approvisionner de la poudre de mine nécessaire pour les travaux des carrières.

3. Le dépôt de poudre de mine que pourra conserver le propriétaire d'une carrière, le tâcheron ou conducteur désigné par lui ne pourra dépasser deux kilogrammes pour les carrières de pierre à bâtir, et dix kilogrammes pour celles de pierre à plâtre.

4. La poudre de mine ne pourra être remise par le débitant aux propriétaires de carrières, tâcherons ou conducteurs, que sur un certificat du maire de la commune où est située l'exploitation.

Ce fonctionnaire ne délivrera le certificat que d'après l'attestation de M. l'inspecteur général des carrières, de laquelle résultera que le dépôt de poudre demandé est nécessaire.

5. Dans le délai d'un mois, à partir de la notification du présent arrêté, les propriétaires de carrières devront se pourvoir de baguettes ou épinglettes en laiton ou cuivre jaune pour amorcer les trous de mine.

Passé ce délai, aucune baguette en fer ne pourra être employée à cet usage.

6. Il est enjoint aux entrepositaires de poudre de mine d'avoir un registre, coté et parafé par le maire de leurs communes respectives, sur lequel ils inscriront les livraisons de poudre au fur et à mesure qu'ils les feront.

Le conseiller d'État, préfet de police, G. DELESSERT.

X. AVIS DU CONSEIL DE SALUBRITÉ DE LA SEINE. (1840.)

§ AMORCES ET POUDRES FULMINANTES.

. . . .

La nature des matériaux de construction joue un grand rôle dans les effets des explosions. D'après cette considération, le conseil vous a proposé de tolérer l'emploi des clôtures en planches, là où elles existent, sans cependant en faire une règle générale. Mais, en même temps, il a été d'avis d'exiger que les murs fussent construits avec des plâtras, au lieu de moellons. Cette prescription a été appliquée à la fabrique d'amorces fulminantes de l'administration de la guerre, située au fort Lépine, commune de Montreuil. De plus, comme il entrait dans les plans de cette administration de faire autour des ateliers des plantations d'arbres qui, déjà employées dans les poudrières, ont diminué de beaucoup l'étendue des accidents, en cas d'explosion; le conseil a pensé qu'en attendant la crue des arbres destinés à défendre l'accès de l'atelier de préparation du fulminate, il convenait d'établir en avant de cet atelier une rangée de pieux de deux mètres cinquante centimètres de hauteur, distant l'un de l'autre de cinquante centimètres, et sur une largeur de quatre mètres. Enfin, dans les amorces de guerre, la poudre, au lieu d'être retenue, comme pour celle du commerce, par une simple compression, est fixée par un vernis. Ce procédé, conseillé depuis longtemps par M. Gay-Lussac, rachète par la sécurité plus grande du transport l'inconvénient de rendre l'inflammation moins facile. Cette circonstance, qui fait disparaître d'une manière presque absolue le danger que présente habituellement le travail ultérieur des capsules, a permis de suivre le plan proposé par l'administration de la guerre pour la position des ateliers qui, dans une usine ordinaire, eussent dû recevoir d'autres destinations respectives propres à isoler plus complétement celui où se prépare le fulminate de ceux où l'on confectionne les capsules.

. . . .

Voici à quelles conditions le conseil a pensé que l'autorisation pouvait être accordée :

1° Le fulminate humide sera renfermé dans des peaux nouées, puis immergées dans des baquets pleins d'eau et munis de couvercles;

2° Les baquets seront portés à bras sur des civières;

3° Le bateau destiné au transport abordera le plus près possible des deux fabriques, et ne contiendra que le nombre de personnes nécessaires à l'opération;

4° Le transport aura lieu en présence d'un préposé de l'administration et de l'un des propriétaires;

5° Avis devra être donné à l'autorité trois jours à l'avance de l'époque du transport;

6° Les époques seront réglées par l'administration et ne dépasseront pas le nombre de six par an;

7° Enfin, une corde, munie d'une bouée, sera attachée à la peau renfernnant le fulminate, afin d'en faciliter le sauvetage dans le cas où le bateau serait coulé bas.

. . . .

XI. AVIS DU CONSEIL DE SALUBRITÉ DE SALUBRITÉ DE LA SEINE. (1842.)

§ POUDRE FULMINANTE ET CAPSULES.

Voici les mesures de sûreté, formant un ensemble plein d'intérêt et propre à compléter les conditions consignées dans le rapport général des travaux de 1835 :

1° On a établi dans le lieu où se font les dissolutions une aire en terre recouverte de sable fin, parce qu'on a remarqué que, quand le sol est en dallage ou en pavage, et qu'un ballon a été cassé, il reste entre les jointures des pavés ou des dalles des portions de *poudre fulminante* qui, sous le pied d'un marcheur ou par un frottement quelconque, déterminent une détonation ;

2° Les *fulminates* produits sont tenus dans de hauts *baquets* construits exprès et remplis d'eau recouvrant ces produits jusqu'au moment de leur emploi ;

3° Le laboratoire servant au *broyage* et à la *filtration* est carrelé ; M. Gévelot pense que ce mode est à préférer, parce qu'il donne la facilité de laver le sol avec une éponge mouillée. D'ailleurs, dans cet atelier, l'eau détériore une aire en plâtre, et par suite, s'il y tombe du fulminate, on ne peut l'y apercevoir. M. Gévelot avait essayé d'un *plancher en plomb*, il reconnut que le *fulminate* attaque ce métal, il y forme des cavités qui ne sont pas sans danger ;

4° Le *grenier, atelier où l'on grène*, légèrement construit, a une aire en plâtre, non pas sujette à être mouillée, elle ne se détériore pas ;

5° La grande table en bois sur laquelle se fait le *grenage* est recouverte d'une toile cirée très-lisse ; elle rend facile le lavage avec une éponge humide, pour enlever le pulvérin résultant de cette opération ;

6° Dans ce *grenier* sont établies des tablettes en bois blanc, à hauteur d'appui, pour déposer les matières humides et les ustensiles nécessaires au grenage; afin d'éviter les chances d'accident, on n'apporte que successivement au grenier ces matières humides destinées à être grenées ;

7° Le *séchoir*, disposé sur une longue étendue, bâti légèrement, est garni d'une aire en plâtre. Là des châssis à tabatière, ouvrant au midi, sont garnis de vitres dépolies. La dessiccation se fait à l'aide de l'air atmosphérique seulement ;

8° Les matières à sécher sont placées sur des cadres dont l'entourage est de bois blanc, et dont le fond est formé d'un filet de tissus fibreux, dit soie végétale, sur lequel on pose une double feuille de papier non collé ; sur ce papier, on met la poudre à sécher, et l'on place les cadres sur des étagères bien disposées pour les recevoir ;

9° La *pièce où l'on tamise* est garnie d'une aire en plâtre ; la table occupant le milieu est recouverte d'une toile cirée, sur laquelle on passe la poudre pour en séparer le *pulvérin;* cette opération s'exécute dans un *tamis de soie,* garni à l'intérieur d'une peau blanche; il est pourvu d'un couvercle également en peau;

10° La *poudre,* séparée du *pulvérin,* se conserve, loin des ateliers, dans une *poudrière;* celle-ci est munie à l'intérieur de tablettes très-larges et solides, à hauteur d'appui; on y dépose la *poudre,* divisée en bouteilles de *zinc* ou de *cuivre verni;* celles-ci sont emballées dans des boîtes garnies à l'intérieur et exactement, de façon qu'elles soient à l'abri de tout choc;

11° Les ateliers où se font les *charges* sont très-éloignés des autres parties de la fabrique; ils ont une aire en plâtre.. On n'apporte la *poudre* qu'en petites quantités et au fur et à mesure du besoin. Hors le temps où l'on fait emploi de la *poudre,* la bouteille de métal qui la contient est placée dans sa boîte, garnie et fermée. Cette précaution a. pour but de préserver la *poudre* de l'action des capsules, qui détonent et qui sont lancées quelquefois à une grande distance;

12° Une *presse à volant* est employée au *pressage des capsules à double décharge;* l'action de cette *presse* diminue beaucoup la possibilité des détonations;

13° L'*établi de pressier* est recouvert en plomb, et le plomb est recouvert en bois, sur le point où portent les *mains de fer* à charger; le bois empêche le plomb de se détériorer, comme cela pourrait avoir lieu par suite du mouvement de va-et-vient des *mains de fer;*

14° La *table des chargeurs* est recouverte de toile cirée, chaque jour nettoyée avec une éponge mouillée, afin d'enlever le pulvérin résultant du travail;

15° Les *ouvriers qui travaillent à la charge* sont payés à la journée; cette mesure prévient les accidents dus à la précipitation avec laquelle opèrent des ouvriers qui sont à leurs pièces.

La *presse à volant* que nous venons de mentionner fait disparaître la chance d'accident pour les femmes occupées à la charge des *capsules;* mais l'ouvrier n'en court pas moins de risques; il serait vivement à désirer, comme le conseil de salubrité en a émis précédemment le vœu, que les *presses* fussent disposées de manière que l'ouvrier qui passe les *mains* ne fût jamais placé devant ni derrière les *rouleaux.*

Il serait nécessaire aussi d'enjoindre aux *fabricants de capsules* de placer les *presses* de façon que l'*axe du cylindre* fût toujours perpendiculaire aux *tables de charges.* Dans le cas où une main serait projetée, elle ne pourrait blesser les ouvriers, ni faire détoner la poudre qui se trouve sur les tables ou à côté.

XII. Nouvelles conditions acceptées par le conseil d'hygiène de la Seine.
(Du 11 octobre 1838)

1° Substituer aux poteaux montants sur lesquels sont fixées les cloisons, une charpente en fer, très-légère et recouverte seulement de toile imperméable,

2° Remplacer la table en bois par une plaque de plomb supportée par trois tringles en fer ;

3° Entourer cette plaque d'un bouclier en tôle de onze centimètres d'épaisseur ;

4° Fixer aux murs de l'atelier deux autres boucliers, près de l'un desquels on posera la poudre à manipuler, et derrière l'autre celle qui est prête à porter au séchoir ;

5° Faire passer la poudre à travers les tamis, non à l'aide d'une spatule, mais au moyen du frottement seul de la main ;

6° Établir au-dessus du magasin à poudre fulminante un paratonnerre avec conducteur isolé ;

7° Renfermer les tourilles qui contiennent l'acide nitrique dans un magasin isolé et éloigné des ateliers ;

8° Fixer la quantité de poudre fulminante que pourront renfermer ces magasins. Cette quantité ne pourra jamais être dépassée ;

9° Donner aux magasins de poudre la forme circulaire, et les faire précéder d'une petite pièce formant vestibule ;

10° Construire les ateliers de fabrication en charpente de fer, enveloppée seulement de toile imperméable, et revêtir le sol de bitume ;

11° Entourer les ateliers de talus en terre de trois mètres au moins de hauteur, afin qu'en cas d'explosion les projections ne puissent s'étendre et atteindre les autres constructions ;

12° Couvrir ces ateliers et magasins en ardoise ou en feuilles de zinc de petite dimension ;

13° Adjoindre toujours un architecte au délégué du conseil qui est appelé à l'examen des demandes pour l'établissement des fabriques d'amorces fulminantes.

POUDRE AUX MOUCHES, Voir au mot *Cobalt*, t. I, p. 423.

POUDRETTE (DÉPÔT DE). Voir *Engrais*, t. I, p. 601, et *Vidanges*.

POUSSIER DE MOTTES (CARBONISATION DU). Voir *Combustibles* (*Industrie des*). Voir t. I, p. 444.

POUZZOLANES, t. I, p. 402.

PRODUITS CHIMIQUES. Voir, au mot *Acides*, l'article *Annexe aux acides*, t. I, p. 176.

PRÉCIPITÉ DE CUIVRE (FABRICATION DU). Voir, au mot *Cuivre* (*Industrie du*), l'article *Cendres bleues*, t. I, p. 558.

PRUSSIATE DE POTASSE. Voir *Potasse*, t. II, p. 349.

PULPE DE BETTERAVES (DÉPÔTS DE) (non classés).

Dans certaines contrées, les dépôts de pulpes de betterave dans des silos mal entretenus, et au centre d'habitations, don-

nent lieu à des émanations fétides, surtout au moment où l'on
ouvre les silos. — Causes d'*incommodité* : odeurs désagréables
pouvant devenir nuisibles. — *Prescriptions* : l'enlèvement des
pulpes devra être terminé avant le 1ᵉʳ mars. — A cette époque,
tous les résidus devront être enfouis. — Chaque jour on devra
exporter les résidus de défécation ou de clarification. Voir *Sucres*
(*Industrie des*).

PYROLIGNEUX (Acides). Voir *Acide acétique*, t. I, p. 145.

PYRITES SULFUREUSES (Grillage des). Voir *Soufre*.

PYROXAM, ou **AMIDON AZOTIQUE**. Voir *Poudres* (Industrie des), t. II, p. 369.

RAFFINERIES ou **RAFFINAGES.**

Raffinerie ou raffinage de salpêtre. Voir *Poudres (Industrie des)*, t. II, p. 371.

Raffinerie ou raffinage de sel. Voir *Sel*.

Raffinerie ou raffinage de sucre. Voir *Sucres (Industrie des)*.

Raffinerie ou raffinage de sulfate de potasse. Voir *Potasse*, t. II, p. 349.

Raffinerie ou raffinage de tartre. Voir *Tartre*.

RECTIFICATION.

Rectification de l'alcool. Voir *Alcool (Distillation de l')*, t. I, p. 208.

Rectification du gaz d'éclairage. Voir, au mot *Gaz d'éclairage*, l'article *Gaz de houille (Épuration du)*, t. II, p. 34.

Rectification des huiles. Voir *Huiles (Épuration des)*, t. II, p. 62.

Rectification des huiles de houille. Voir au mot *Huiles (Industrie des)*, t. II, p. 80.

Rectification de l'huile de schiste. Voir au mot *Huiles (Industrie des)*, t. II, p. 81.

RÉGLISSE (Fabrique de jus de) (**2ᵉ** classe, par assimilation au traitement des matières susceptibles de fermenter).

Il existe en France, et surtout dans le département des Bou-
ches-du-Rhône, quelques fabriques de ce genre.

Détail des opérations. — La réglisse est écrasée et concassée
sous une meule mue par la vapeur.

D'autres fois, on la traite à froid par la méthode du déplacement. Ce procédé est le meilleur, car le principe âcre de la réglisse ne se dissout qu'à la température de l'eau bouillante.

On passe ensuite à la décoction, qui se fait à feu nu ou à la
vapeur. Ainsi épuisée, la réglisse est rejetée et tassée dans les
cours de l'usine. Ces débris ou ces *marcs* ne tardent pas à entrer en fermentation et à laisser échapper des gaz fétides.

Les décoctions sont placées dans des vaisseaux évaporateurs en cuivre, à larges surfaces ; on les agite constamment pour activer l'évaporation.

USAGES. — On a essayé de fabriquer du gros papier à enveloppe avec le marc.

Le suc ou le *jus* de réglisse sert à colorer la bière, à conserver le tabac, en le maintenant dans un état d'humidité convenable. On en fait un très-grand usage en Corse et dans les manufactures du gouvernement.

CAUSES D'INSALUBRITÉ. — Odeur et gaz putrides, quand les marcs entrent en fermentation.

CAUSES D'INCOMMODITÉ. — Buée des chaudières à évaporation. Odeur désagréable.

Dépôt des résidus des décoctions accumulés dans les cours. Eaux de fabrication.

PRESCRIPTIONS. — Pratiquer l'évaporation des décoctions sur des fourneaux recouverts de larges hottes communiquant avec la cheminée. — Élever la cheminée à quinze mètres.

Bien ventiler l'atelier où se font les décoctions à feu nu.

Ne jamais laisser accumuler les marcs, — s'en débarrasser tous les jours. — On peut les vendre pour engrais.

Ne pas laisser couler sur la voie publique les eaux odorantes et colorées provenant de la fabrication, mais les conduire à l'égout par un caniveau couvert.

RÉSINE (HUILE DE). Voir *Huiles* (*Industrie des*), t. II, p. 86.

RÉSINEUSES (MATIÈRES).

Travail en grand de toutes les matières résineuses, soit par la fonte et l'épuration de ces matières, soit pour en extraire la térébenthine (1re classe). — 3 février 1825.

On doit réunir sous une même dénomination les substances autrefois décrites séparément sous les titres de *résine*, *gomme-résine*, *baumes*. — Ce sont des *sucs* formés de principes immédiats dans lesquels on rencontre toujours des huiles volatiles, un ou plusieurs éléments résineux, un acide et des matières salines. Les huiles volatiles, plus ou moins pures, s'épaississent à l'air par suite de l'action de l'oxygène ou par simple évaporation. C'est par la distillation qu'on extrait l'huile essentielle. La résine donne environ un quart de son poids d'essence. — Le résidu s'appelle *brai sec, arcanson, colophane*.

On trouvera dans les articles qui suivent tout ce qui est relatif au travail des matières résineuses. (*Goudron*, — *Arcanson*, — *Térébenthine*.)

Arcansons, ou résine de pin (Travail des), soit pour la fonte, soit pour en extraire la térébenthine (1re classe, 2e en vases clos, sans odeur ni fumée). — 9 février 1825.

Détail des opérations. — Voir l'article *Térébenthine*.

Avec les arcansons on fabrique l'huile de résine.

Pour cela, on a des chaudières à distillation en tôle ; on les charge d'arcansons ou de brai sec. On les ferme, et on chauffe de manière à décomposer la résine, afin de la transformer en une substance oléiforme volatile, à une température élevée et condensable dans un serpentin.

Pendant l'opération, il se dégage et se répand dans l'air, mais le plus souvent dans l'établissement seulement, une huile plus volatile, pyrogénée, accompagnée de traces d'essence de térébenthine qui donne lieu à une odeur spéciale.

La distillation dure quarante-huit heures.

On peut obtenir la même huile par la distillation de l'arcanson, sans qu'il y ait ni fumée ni odeur. Des procédés nouveaux et brevetés sont mis en pratique dans l'usine des sieurs Maurel et Fenaille, rue de Vaugirard, n° 16, à Issy, près Paris. (Voir le dossier n° 45, 6 août 1852, rapport Boutron. Conseil de salubrité de la Seine.) — Voir, au mot *Huiles* (*Industrie des*), l'article *Huiles de résine*, t. II, p. 86, et plus loin l'article *Goudron*, t. II, p. 400.

Causes d'insalubrité. — Danger d'incendie.

Causes d'incommodité. — Vapeurs odorantes.

Fumée.

Prescriptions. — Isoler les emmagasinages d'arcansons. Placer les ouvertures des foyers et cendriers en dehors de l'atelier et des magasins. — Construire ceux-ci en matériaux incombustibles.

Ventiler les ateliers à l'aide de cheminées de fer d'appel alimentées par des ouvreaux à la partie inférieure de la pièce.

Bien luter les chaudières.

Opérer autant que possible, et dans toutes les usines de création nouvelle, la distillation en vases clos.

Élever les cheminées à trente mètres.

Condenser les vapeurs.

Brûler la fumée.

Avoir de l'eau en quantité suffisante.

Avoir dans l'usine une pompe à incendie.

Isoler l'usine des habitations voisines.

Colophane.

Arcanson colophane.— Quand la térébenthine cesse de donner de l'essence à la distillation, on soutire par un tuyau de vidange le résidu encore bouillant, et on le fait couler dans des moules en sable où il se refroidit et devient friable, c'est ce qu'on appelle la *colophane.* On l'obtiendrait plus pure en chauffant du galipot jusqu'à ce qu'en en projetant quelques gouttes sur un corps froid elle durcisse et conserve sa transparence. Quoique colorée, brune presque noire, elle est toujours parfaitement transparente en lames minces. Elle sert à faire des *mastics* hydrofuges et à divers usages analogues. On l'emploie aussi pour l'extraction des huiles de résine et la fabrication des *savons de résine.* Elle entre comme *corps fixant* dans certaines couleurs dont se servent les fabricants de fleurs artificielles (*vert et bleu* Bobeuf).

On obtient encore une autre colophane, d'un jaune doré, et sans doute non complétement privée d'essence, en faisant cuire à l'air dans une chaudière le *galipot* purifié par filtration.

Usages. — On s'en sert pour fabriquer des savons à bon marché.

Tannin artificiel.

C'est le nom qu'on donne à une substance obtenue par l'action de l'acide sulfurique et surtout de l'acide azotique sur les sucs résineux.

Chanvre imperméable (Préparation et travail du), procédé Marruz)
(2ᵉ classe, par assimilation avec le feutre goudronné). — Arrêté ministériel du
28 mars 1840.

DÉTAIL DES OPÉRATIONS. — Elles ressemblent en grande partie
à celles qui ont pour but de fabriquer des tissus solides et imperméables, comme est le feutre goudronné. On emploie pour
cela les déchets du chanvre, on les feutre assez grossièrement,
on les réduit en galettes ou en morceaux de dimensions variables, et on les plonge ensuite dans un enduit imperméable. Dans
ces derniers temps, on a tenté de remplacer le chanvre par diverses matières textiles, telles que le *Formium tenax.* — Et les
essais faits en Angleterre ont été assez satisfaisants.

CAUSES D'INSALUBRITÉ. — Danger d'incendie.

CAUSES D'INCOMMODITÉ. — Odeurs et vapeurs désagréables.

PRESCRIPTIONS. — Isoler l'établissement surtout.

Et agir comme pour les *feutres* goudronnés. (Voir *Térébenthine, Goudron* et *Vernis*).

Feutres goudronnés propres au doublage des navires (Fabrique de)
(2ᵉ classe). — 31 mai 1833.

DÉTAIL DES OPÉRATIONS. — On étend la bourre, ou l'étoupe qui
doit former le feutre, au moyen d'une carde à rouleau; la matière peignée est placée entre deux pièces de toile métallique,
de la dimension de la feuille à former (deux mètres sur cinquante centimètres) : ainsi contenue, l'étoupe ne peut ni s'ag-
glomérer ni s'étendre. On la trempe dans une chaudière de
goudron bouillant, d'où elle ne sort que pour passer entre les
deux rouleaux d'un laminoir qui n'y laisse que la quantité de
goudron nécessaire à la solidité et à l'imperméabilité. — On fait
sécher les feuilles ainsi préparées sur des claies en roseaux :
après quoi on peut les rouler sans crainte de les casser ni de
les faire coller.

On fabrique en Angleterre un feutre pour doublage de navires, avec du poil, des rognures de peaux, qu'on mélange ou
non avec de la laine, pour en faire des feuilles de toutes dimensions par les procédés de fabrication du feutre à chapeaux.

Ces feuilles sont trempées dans un mélange de poix et de goudron; on les fait refroidir et sécher à l'air; elles sont appliquées au dehors des navires ou entre les planchers qui forment le pont ou le bordage; on les fixe avec des clous de cuivre; elles sont parfaitement imperméables, et si élastiques, qu'elles s'allongent et se retirent sans gerçures, et résistent aux attaques des vers.

CAUSES D'INSALUBRITÉ. — Danger d'incendie par suite de l'emploi ou de l'emmagasinement du goudron.

CAUSES D'INCOMMODITÉ. — Fumée et odeur très-désagréables.

PRESCRIPTIONS. — Isoler complétement l'établissement.

Recouvrir les chaudières où le goudron est en fusion de couvercles avec tuyaux communiquant avec la cheminée dont la hauteur devra surmonter de cinq mètres les toits environnants.

Faire ouvrir les foyers et cendriers en dehors des magasins et de l'atelier et y entretenir une ventilation très-active.

Galipots ou résine de pin (Travail en grand des), soit pour la fonte ou l'épuration de ces matières, soit pour en extraire la térébenthine (1re classe). — 9 février 1825.

On désigne sous le nom de *galipot* une résine térébenthinée, solide, demi-opaque, d'un blanc jaunâtre, sous forme de croûtes, qu'on récolte l'hiver, particulièrement dans les landes. Elle provient des derniers produits de la sécrétion annuelle des pins, et se forme après la récolte; elle se sèche sur le tronc lui-même, car elle est peu fluide, contient fort peu d'essence et se forme à une température assez froide.

USAGES. — Il sert à préparer la *poix blanche*. — Pour cela, on le chauffe, on le tamise et on le bat avec de l'eau pour le blanchir et augmenter son poids.

CAUSES D'INSALUBRITÉ. — Danger d'incendie.

CAUSES D'INCOMMODITÉ. — Odeurs très-désagréables et se répandant au loin.

PRESCRIPTIONS. — Établir l'usine à cinq cents mètres de toute habitation.

Construire une cheminée haute de vingt-cinq à trente mètres, destinée à recevoir et à porter les vapeurs produites dans l'atmosphère.

Placer les foyers et cendriers des fourneaux en dehors des ateliers où se font la fonte et la distillation.

Construire les ateliers et les magasins en matériaux incombustibles.

Ne les éclairer pendant la nuit que par des lumières placées derrière des verres dormants, ou à l'aide de lampes de sûreté.

Munir les chaudières de couvercles métalliques à charnière, de manière à pouvoir les clore, en cas d'inflammation de leur contenu.

Ventiler les ateliers à l'aide de cheminées d'appel alimentées par des ouvreaux à la partie inférieure de la pièce.

Goudrons (Travail en grand des), soit pour la fonte et l'épuration de ces matières, soit pour en extraire la térébenthine. (1" classe). — 9 février 1825.

Goudron (Fabrication du) (1" classe). — 14 janvier 1815.

Goudron (Fabriques de), à vases clos (1" classe, primitivement rangée dans la 2°). — 14 janvier 1815. 9 février 1825.

DÉTAIL DES OPÉRATIONS. — Quand les arbres à térébenthine ne donnent plus de produits directs, on les abat ; on les laisse sécher pendant un an, après les avoir divisés en tronçons. On en remplit des fours coniques, évasés, creusés en terre, ayant six à sept mètres de diamètre. Au centre, c'est-à-dire au sommet du cône inférieur, se trouve un orifice communiquant par une gouttière en tôle à un tonneau plus inférieur qui reçoit les produits distillés. Cet orifice est fermé avant l'opération avec une grosse perche, autour de laquelle on range les bûchettes de bois comme pour une meule à charbon ; on forme un cône en sens contraire du premier et on recouvre celui-ci de gazon. On met le feu en cinq ou six endroits, après avoir enlevé la perche. Il faut modérer le feu, éviter une carbonisation prompte qui détruirait le tout ; au bout de trois jours seulement, on débouche l'extrémité de la gouttière pour laisser écouler le produit formé, on la débouche ensuite deux fois par jour, tant que dure l'opération.

Le *goudron* est moins pur que le *brai-gras*. Ces deux corps mélangés servent au calfatage des navires ; le goudron seul, privé de son acide acétique par une douce chaleur ou la saturation par la craie, sert pour enduire les voiles et les cordages.

Huile de cade.

Le goudron bien préparé est surnagé d'une huile noire que l'on vend quelquefois pour de l'*huile de cade*.

Celle-ci, véritable, est l'huile qui surnage le goudron provenant de la distillation à feu nu de l'oxycèdre. (*Juniperus oxycedrus.*)

Goudron de gaz, ou goudron minéral, ou coaltar.

Le *goudron de gaz* ou *goudron minéral* est celui qui provient de la condensation des produits de la distillation de la houille ; il est demi-liquide et bien connu par sa couleur noire et son odeur éminemment empyreumatique.

Usages. — On a cherché à l'employer comme combustible dans le chauffage des cornues à gaz, mais on avait besoin d'appareils de combustion particuliers pour éviter la détérioration des fours. Son plus grand emploi est maintenant dans la fabrication des *péras* ou houilles agglomérées et du *charbon de Paris*. Uni au plâtre pulvérisé (trois à quatre parties sur cent de plâtre), il constitue un désinfectant des matières organiques putrides. — (Voir, au mot *Combustibles (Industrie des)*, les articles *Charbon de Paris*, t. I, p. 433, et *Houille agglomérée*, t. I, p. 454.)

Distillation du goudron.

L'appareil distillatoire est une grande chaudière en tôle chauffée inférieurement et latéralement jusqu'au niveau le plus bas du liquide. La partie supérieure de cette chaudière a la forme d'un dôme, et est recouverte de matières peu conductrices ; ce dôme porte un tube qui correspond à un serpentin dans lequel s'effectue la condensation des produits volatilisés. Au sortir du serpentin, les gaz non condensés se rendent sous une chaudière contenant le goudron qui doit servir à l'alimentation de l'alambic ; on y allume ces gaz, de manière à utiliser la chaleur provenant de leur combustion et à empêcher l'infection qui en résulterait si on les laissait se rendre directement à la cheminée. Le goudron, chauffé par les gaz perdus, se liquéfie complétement et se débarrasse des traces d'eau ammoniacale qu'il renfermait ; celle-ci vient surnager ; il faut, dans tous les cas, éviter l'introduction de cette couche d'eau dans la chaudière distillatoire. Elle y occasionnerait un boursouflement qui pourrait faire sortir une partie de la matière au dehors.

La chaudière est munie à sa partie inférieure d'un tuyau et d'un robinet de vidange pour soutirer les résidus de chaque opération. Il faut éviter de soutirer le *brai* dans l'atelier, s'il y a des lumières ou du feu, parce que, *les vapeurs étant très-inflammables, et même explosibles quand elles sont mélangées à l'air, il pourrait en résulter une explosion et un incendie;* à cet effet, on laisse la chaudière refroidir jusqu'à cent quatre-vingts degrés avant d'opérer le soutirage. — On reçoit le brai dans une chaudière, on le mêle avec environ quatre fois son poids de chaux ou de craie, et on le chauffe de nouveau avant de l'employer à la confection des trottoirs. (Voir *Bitume*, t. I, p. 281.)

Ce brai est sec si l'on a chassé par la distillation 30 pour 100 de matières volatiles ; il sert à enduire les tuyaux destinés à la conduite des gaz, ou *tuyaux bitumés;* il semble inférieur à l'asphalte naturel pour la fabrication des trottoirs.

Distillation du bog-head (huiles du goudron).

Il nous vient d'Écosse des quantités considérables d'un schiste bitumineux ; c'est avec lui qu'on fabrique le gaz dit portatif; il est aussi plus riche et coûte plus cher ; on l'emploie beaucoup dans la fabrication du gaz comme aussi à celle des huiles pour l'éclairage.—MM. Darcet et compagnie l'exploitent à Colombes, près Paris, au moyen de procédés brevetés et par l'application des bains métalliques au chauffage des cornues ; ce moyen de chauffage fournit des huiles plus pures et plus abondantes, et fait durer les cornues plus longtemps.

L'huile brute est traitée par l'acide sulfurique concentré, lavée avec un lait de chaux, puis rectifiée. Elle est propre à l'éclairage quand sa densité ne dépasse pas huit cent dix millièmes.

— Les produits secondaires consistent dans la paraffine, les huiles paraffinées ; on fait avec elles des bougies, des graisses pour les machines.

CAUSES D'INSALUBRITÉ. — Danger permanent d'incendie, soit pendant l'extraction, soit pendant la préparation et la distillation.

CAUSES D'INCOMMODITÉ. — Odeurs vives, pénétrantes, désagréables.

Fumée.

Vapeurs d'huiles volatiles empyreumatiques, surtout si l'on opère à feu nu, — un peu moins quand on opère en vases clos.

PRESCRIPTIONS. — Isoler l'usine des habitations (cinq cents mètres).

Aérer énergiquement les ateliers et les magasins pour éviter l'accumulation du gaz.

Opérer en vases clos sous des hottes qui communiquent avec des cheminées hautes. — (Quinze à vingt mètres selon les localités.)

Diriger les gaz non condensés sous le foyer de l'appareil distillatoire.

Séparer les ouvertures des foyers et cendriers des ateliers de travail et des magasins.

Construire les ateliers en matériaux incombustibles, ou n'y laisser aucune partie de bois apparente; les recouvrir de maçonnerie.

N'éclairer les magasins et ateliers qu'à l'aide de lampes de sûreté ou par l'interposition de châssis à verres dormants.

Ne pas soutirer le brai dans l'atelier quand il y a des lumières.

Avoir dans l'usine une pompe à incendie, et s'opposer à sa propagation par les moyens aujourd'hui mis en pratique dans l'industrie (soupapes hydrauliques, toiles métalliques serrées et multipliées).

Déposer les tourilles d'huile dans une cave voûtée.

Séparer les foyers de l'atelier de distillation.

Ne laisser couler aucun liquide sur le sol ni sur la voie publique, — et, pour cela, paver, daller ou bitumer le sol des ateliers avec pente vers une citerne, d'où les liquides sont enlevés le soir et en vases clos.

Dans les fabriques de goudron de houille, habituellement annexées aux établissements d'extraction du gaz hydrogène carboné pour l'éclairage, prescrire de le déposer dans des caisses hermétiquement fermées, et l'y maintenir jusqu'à parfait refroidissement. (Voir, au mot *Huiles*, l'article *Distillation des huiles de térébenthine et de résine*, t. II, p. 96.)

Goudron minéral (Fabrique de chaînes en fer enduites de) pour la marine (classe).

Goudron minéral (Fabrique de chaînes en fer enduites de), si l'on opère à chaud et à l'air libre (2ᵉ classe).

Goudron (Fabrique de chaînes en fer enduites de), si l'on opère sous une cheminée, ou à froid (3ᵉ classe).

L'application du *coaltar* ou goudron minéral sur les chaînes-câbles de la marine constitue dans certains départements une industrie fort incommode. Elle peut se faire à chaud, et donne lieu alors à la formation de vapeurs très-abondantes et très-odorantes, surtout si l'on opère en plein air. En traitant les chaînes-câbles à froid, le coaltar se dessèche très-lentement et le fer colle aux mains.

Détail des opérations. — On dispose sur le foyer d'une forge des couches alternatives de copeaux ou de vrillons de bois, et des chaînes-câbles, puis on met le feu aux premiers. La chaîne est ainsi chauffée, et, quand elle a acquis un degré de chaleur suffisant, on la plonge par parties successives dans un baquet contenant du coaltar froid. Cette partie plongée est ensuite étendue à terre. Il s'en échappe une *première vapeur* blanche qui paraît le produit de l'évaporation d'une huile essentielle. La partie résineuse du coaltar reste sur le fer. — Puis une fumée épaisse et abondante.

Causes d'insalubrité. — Aucune.

Causes d'incommodité. — Odeurs désagréables.

Vapeurs épaisses.

Fumée de la forge.

Bruit des marteaux.

Danger d'incendie.

PRESCRIPTIONS. — Opérer sous la hotte d'une cheminée, qui s'élèvera, selon les localités, à quinze ou vingt mètres du sol.

Aérer fortement l'atelier, et donner à la cheminée un puissant tirage.

Ne pas avoir d'ouvertures sur la voie publique.

Si l'usine est considérable, avoir une pompe à incendie et tous ses accessoires.

Poix-résine. — Résine jaune.

Si, au lieu de soutirer le produit résidu de la distillation de la térébenthine pour le laisser refroidir, on le brasse fortement pendant qu'il est encore très-liquide, avec environ 10 pour 100 d'eau, il perd sa transparence, prend une couleur jaune sale, et retient environ 6 pour 100 d'eau. C'est la *poix-résine ;* elle diffère de la précédente par son eau d'interposition et par son opacité. C'est, en somme, un mélange de résidu de la distillation de la térébenthine, de galipot et d'eau.

Brai sec.

C'est le résidu de la térébenthine ou de la gemme privée de toute l'essence.

Brai gras, ou poix navale.

C'est un mélange de poix noire et de goudron végétal auquel on ajoute quelquefois du goudron minéral ou de houille.

Poix noire.

Elle est le produit de la combustion lente, dans un four circulaire ouvert au sommet et dont la sole est inclinée, des résidus de l'épuration de la gemme connus sous le nom de *grichons.* Elle coule de plus en plus colorée, donnant une très-forte odeur empyreumatique, dans un réservoir plein d'eau d'où on l'extrait. — Puis on la coule en pains circulaires.

C'est dans les Landes, mais surtout dans le département de

la Drôme, qu'il existe une grande quantité de *fours à poix*. Ils sont formés par une cavité ovoïde, profonde de deux mètres et large de un mètre cinquante centimètres environ ; on y dépose les copeaux de pins et de sapins, et on les soumet à la distillation. Les chambres où sont reçus les produits constituent des espèces d'étuves où l'on fait prendre des bains de vapeurs balsamiques contre les catarrhes et les rhumatismes.

Térébenthines.

On désigne sous le nom de térébenthines certains produits sécrétés par les végétaux, formés d'essences et de résines, et ne contenant ni acide benzoïque ni acide cinnamique.

La famille des conifères fournit presque toutes les térébenthines. Il faut en excepter quelques-unes que l'on trouve en assez grande quantité : le *copahu*, fourni par le *copaïfera officinalis* (légumineuses) ; le baume *gilead* ou de la *Mecque*, qui possède une odeur très-suave, et qui est produit par le *balsamodendron opobalsamum* (burséracées) ; enfin, la térébenthine de *Chio*, fournie par la térébinthe (*pistaica terebenthus*, térébenthacées), et dont le nom est devenu générique des autres térébenthines. Elle est très-estimée, et possède une odeur de fenouil.

Celles qu'on rencontre pour la presque totalité dans les arts sont :

La térébenthine de *Strasbourg*, que l'on obtient en Suisse en faisant des trous à l'aide d'une tarière dans le mélèze (*larix europea*) ; on adapte un canal en bois à chaque trou pour amener la térébenthine dans une auge. La récolte annuelle dure de mai à septembre, et donne trois à quatre kilogrammes de térébenthine. L'arbre peut ainsi en fournir pendant quarante ans et plus.

La térébenthine d'Alsace, de Venise, que l'on connaît sous ces différents noms, est produite dans les Vosges par l'*abies pectinata*. On en récolte assez peu ; elle possède quelquefois une odeur agréable de citron.

La térébenthine, ou *baume du Canada*, est produite par l'*abies balsamea.* On l'obtient, comme la précédente, en enlevant les utricules qui se déposent entre l'écorce et l'aubier.

La térébenthine de Boston, qui nous vient d'Amérique, est produite par le *pinus palustris*, en Virginie.

La plus employée en France est celle de Bordeaux, produite dans les Landes par le *pinus maritima*. On l'obtient en faisant au pied de l'arbre des incisions horizontales tous les huit jours, toujours les unes au-dessous des autres; le liquide se rend dans un réservoir.

Ce liquide, qui comprend de la terre et des débris de feuilles, porte le nom de *gemme*. — Le produit solidifié sur l'arbre s'appelle *galipot* ou *barras*. Le galipot, enlevé seulement tous les deux ans, forme une variété qui porte le nom de *galette*. — On l'enlève avec un instrument appelé *barrasquet*.

Détails des opérations. — Pour la filtration de la térébenthine, on met en usage trois procédés :

Premier procédé. — Sur le double fond percé d'un tonneau on dispose des nattes de paille maintenues par un cercle intérieur; la résine molle est versée sur ces nattes, et la température des rayons solaires la fluidifie assez pour la faire filtrer. On recueille le produit dans un vase inférieur. Il faut avoir soin de recouvrir le tonneau lorsque le soleil est caché ou que la pluie menace de tomber. Cette térébenthine porte le nom de *térébenthine au soleil*, elle est des plus estimées. Le procédé n'est plus que rarement mis en pratique. On se borne à la filtrer sur de la paille.

Deuxième procédé. — On fait usage d'une caisse carrée de sept à huit pieds, formée de madriers en sapin hermétiquement joints; le fond est incliné et déborde dans un récipient inférieur; un deuxième fond horizontal reçoit la térébenthine, que le soleil fluidifie assez pour la faire couler à travers les joints des planches étroites de ce faux fond.

Troisième procédé. — On a employé avec avantage un sac maintenu cylindrique par un cylindre extérieur d'un tissu d'osier, et dans lequel on peut faire arriver un courant de vapeur d'eau. On laisse d'abord couler spontanément la térébenthine mise dans le sac, puis, quand les produits deviennent visqueux, on favorise leur passage en les faisant traverser par un courant de vapeur qui leur rend leur fluidité.

La térébenthine filtrée est mise en tonneaux que l'on empile dans des magasins bien dallés en pente et très-propres. Les fuites que le temps détermine donnent un nouvel écoulement; cette térébenthine est plus pure et plus limpide encore, on la recueille dans la partie la plus basse du dallage.

CAUSES D'INSALUBRITÉ. — Odeur insalubre. — Dangers d'incendie.

PRESCRIPTIONS. — Voir *Fabriques de goudron et travail des arcansons.*

Essence de térébenthine.

L'huile volatile ou essence de térébenthine est incolore, plus légère que l'eau; elle bout à 150°. Elle est insoluble dans l'eau, se dissout dans l'alcool, et dissout facilement les résines, le soufre, le phosphore. Elle brûle avec une flamme fuligineuse; mêlée à une quantité suffisante d'alcool, elle donne une flamme parfaitement pure.

DÉTAILS DES OPÉRATIONS. — On l'obtient en distillant avec de l'eau la térébenthine ordinaire, celle de Bordeaux, dans un grand alambic en fer, ou mieux en cuivre, muni d'un serpentin refroidi. On l'obtient aussi de la distillation des produits solidifiés ou autres résidus de la filtration de la térébenthine.

Comme elle est très-souvent colorée et très-acide, on la redistille avec un peu d'eau pour l'avoir incolore.

Cent vingt-cinq kilogrammes de térébenthine donnent environ quinze kilogrammes d'essence et cent dix de colophane.

CAUSES D'INSALUBRITÉ. — Dangers d'incendie et d'empoisonnement. Voir ou mot *Huiles*, l'article *Huile de schiste*, t. II, p. 91.

Toiles grasses et toiles goudronnées pour emballage et pour bâches

(1re classe, par assimilation à la fabrique des toiles vernies). — Décision ministérielle du 8 janvier 1844.

DÉTAIL DES OPÉRATIONS. — La fonte des graisses et du goudron dans de larges chaudières, et le trempage des toiles ou leur imprégnation à la brosse de la matière goudronneuse, constituent la base de toutes les opérations.

On emploie souvent pour la fabrication des bâches vernies de la graisse de cheval fondue et mélangée à du goudron et à de l'alun. Il ne faut qu'une température peu élevée pour liquéfier la masse, — et l'ouvrier peut travailler à froid. Dans ce cas, il y a beaucoup moins d'inconvénients.

Il y a donc, dans cette catégorie de demandes d'autorisation, à se faire rendre un compte très-exact de la nature des matières employées, du degré de température nécessaire à la fusion, et si l'on fait l'application des enduits à *froid* ou à *chaud*.

CAUSES D'INSALUBRITÉ. — Danger d'incendie.

Odeurs désagréables.

PRESCRIPTIONS. — N'autoriser qu'à distance des habitations.

Construire le fourneau en matériaux incombustibles.

Le surmonter d'un manteau qui dépasse de trente centimètres les chaudières.

Couvrir les chaudières d'un couvercle mobile.

Placer l'ouverture des foyers et cendriers en dehors de l'ate lier de fusion.

S'il y a une étuve, la construire en matériaux incombustibles, avec porte doublée de tôle à l'intérieur.

Éloigner des magasins toute matière susceptible d'entrer en ignition, — et recouvrir de plâtre toutes les parties de bois apparentes. (Voir, au mot *Vernis* (*Industrie des*), l'article *Fabriques de toiles cirées, vernies, imperméables* et, plus haut, l'article, *Goudron*, t. II, p. 401.)

Torches et mèches allume-feu (Fabriques de) (1ʳᵉ classe, par assimilation à l'emploi des matières résineuses).

DÉTAIL DES OPÉRATIONS. — Cette industrie consiste à tremper dans de la résine en fusion des cordes de diverses dimensions, à les rouler avant que la matière soit refroidie, et à les couper en morceaux de trois à quatre centimètres de longueur. —

CAUSES D'INSALUBRITÉ. — Danger d'incendie.

CAUSES D'INCOMMODITÉ. — Odeurs détestables.

PRESCRIPTIONS. — Construire les fourneaux et l'atelier de fusion en matériaux incombustibles.

Recouvrir les chaudières de couvercles mobiles en tôle.

Les placer sous un large manteau qui recueille les vapeurs produites et les conduise dans une cheminée haute de vingt-cinq mètres.

Selon les localités, ne brûler que du bois comme combustible.

Ne laisser aucune ouverture de l'atelier donner sur la voie publique.

Bien ventiler l'atelier.

Le daller, bitumer, ou paver.

Y avoir un baquet rempli de sable fin — en cas d'incendie.

RIZIÈRES (1re classe).

Il en existe peu en France. Cependant on a lieu d'en observer dans la Gironde, et on a dû les soumettre aux lois ordinaires de l'hygiène. — (Voir *Compte rendu de Bordeaux*, 1851, p. 364.)

CAUSES D'INSALUBRITÉ. — Émanations fétides, comparables à celles du rouissage à l'eau courante ou stagnante.

Fièvres intermittentes.

PRESCRIPTIONS. — Ne jamais les autoriser qu'à trois kilomètres au moins de tout centre de population.

N'en permettre l'établissement que dans des eaux courantes.

ROGUES.

Rogues (Dépôt de salaisons liquides connues sous le nom de) (2e classe). — 5 novembre 1826.

Salaison de rogues (Dépôt de) (2e classe). — 14 janvier 1815.

CAUSES D'INCOMMODITÉ. — Odeur désagréable (analogue aux dépôts de fromage).

PRESCRIPTIONS. — Les magasins n'auront aucune ouverture sur la voie publique.

Les munir d'une cheminée d'aérage partant du plafond et s'élevant à un ou deux mètres au-dessus des toits voisins.

Ne déposer contre les murs mitoyens, ni dans les cours des

maisons ou dans la rue, aucun tonneau ayant servi au dépôt de ces salaisons.

Ne brûler aucun débris de tonneau ayant servi à cet usage.

ROUGE DE PRUSSE. Voir *Fer* (*Industrie du*), t. II, p. 19.

ROUISSAGE DU CHANVRE. Voir *Chanvre*, t. I, p. 381.

SABOTS.

Ateliers à enfumer les sabots, dans lesquels il est brûlé de la corne ou d'autres matières animales, dans les villes (1ʳᵉ classe). — 4 février 1825.

Ateliers à enfumer les sabots (3ᵉ classe). — 14 janvier 1815.

DÉTAIL DES OPÉRATIONS. — Les sabots peuvent être enfumés de deux façons, et c'est cette pratique qui a motivé la distinction faite dans les ordonnances. Dans l'une, on les soumet à une espèce de carbonisation légère en même temps qu'on fait pénétrer dans le bois des odeurs empyreumatiques destinées à le protéger contre l'action de l'humidité. On introduit les sabots dans des espèces de fours hermétiquement fermés et ne communiquant avec l'air extérieur que par la cheminée. On allume de la corne réduite en fragments grossiers et presque en poussière, — et on laisse les sabots ainsi exposés à cette vapeur pendant plusieurs jours. — Près des villes, ces fours donnent lieu à des odeurs détestables.

Dans la pratique la plus ordinaire, on enfume les sabots presque comme les viandes. — L'odeur alors devient bien moins incommode.

CAUSES D'INSALUBRITÉ. — Odeurs détestables.

Danger d'incendie.

Gaz provenant de la décomposition ignée de matières animales.

PRESCRIPTIONS. — Éloigner les ateliers où l'on brûle de la corne de tout centre d'habitation.

Construire complétement en matériaux incombustibles l'atelier ou le four où se fait l'enfumage.

N'y ménager que des ouvreaux à la partie inférieure pour pouvoir activer ou diminuer la combustion.

Faire à l'atelier une porte d'entrée double ou indirecte.

Surmonter l'atelier d'une cheminée haute de vingt-cinq à trente mètres, destinée à porter très-haut les produits gazeux de la combustion des matières animales.

Conduire les gaz et fumées produits sous le foyer du fourneau, et les brûler le plus complétement possible; — ou bien les faire traverser un réservoir rempli d'eau acidulée avec l'acide hydrochlorique.

Dans le deuxième cas, — les autoriser près des habitations, mais prescrire une cheminée qui dépasse de cinq mètres les cheminées voisines. — N'y jamais brûler de matières animales. — Construire l'atelier ou le four avec les mêmes soins qu'il a été dit plus haut. — Placer l'ouverture du foyer au dehors de l'atelier.

SALAISONS.

Ateliers pour les salaisons. Voir *Conserves de substances alimentaires (Industrie des)*, t. I, p. 473 et 477.

Salaisons liquides, connues sous le nom de Rogues. Voir *Rogues*, t. II, p. 410.

Salaisons de morue. Voir, au mot *Conserves de substances alimentaires (Industrie des)*, l'article *Sécheries*, t. I, p. 473.

Salaisons de poissons. Voir *Conserves de substances alimentaires (Industrie des)*, t. I, p. 473.

Salaisons de viandes. Voir *Conserves de subs ances alimentaires (Industrie des)*, t. I, p. 473.

SALPÊTRE. Voir *Poudres (Industrie des)*, t. II, p. 371.

SANG DES ANIMAUX DESTINÉ A LA FABRICATION DU BLEU DE PRUSSE (DÉPÔT OU ATELIERS POUR LA CUISSON OU LA DESSICCATION DU) (1re classe). — 9 février 1825.

Détail des opérations. — Le sang recueilli dans les abattoirs pour servir, soit à la fabrication du bleu de Prusse, soit à celle des engrais ou au raffinage du sucre, est habituellement coagulé, dans l'abattoir même, à l'aide de l'acide sulfurique ou des résidus de la fabrication de l'eau de Javelle. Quelquefois cependant il existe des ateliers particuliers où on opère cette coagulation dans des appareils analogues à ceux qui évaporent les sirops dans le vide. Mais, comme il est dans l'intérêt de l'industriel que le sang qui sert aux raffineries de sucre, par exemple, soit très-frais, ils ont avantage à opérer tout de suite à l'abattoir. Le transvasement et une partie du sang qui se putréfie facilement donneraient lieu à de graves inconvénients, si l'on n'imposait pas des règlements sévères à l'exercice de cette industrie.

Causes d'insalubrité. — Odeur putride et insalubre, toutes les fois qu'on laisse le sang entrer en fermentation.

Causes d'incommodité. — Odeur des tonnes pleines ou vides et qu'on laisse exposées à l'air.

Écoulement d'eaux sanguinolentes susceptibles de se putréfier.

Prescriptions. — Opérer la coagulation immédiatement à l'abattoir, ou bien, si cela a lieu dans des ateliers, en vases clos et dans des appareils parfaitement lutés.

Faire passer dans le foyer du générateur tous les gaz non condensés.

Pratiquer l'enlèvement, le transport et l'évaporation du sang dans le plus bref délai possible.

Faire le transport dans des tonneaux hermétiquement fermés.

Pendant les saisons chaudes, faire dans les tonneaux et sur le sol des ateliers des lavages avec la solution de chlorure de chaux et ajouter dans le sang un peu d'acide sulfureux, pour empêcher sa fermentation.

Quand il s'agit de dépôt de sang pour engrais, coaguler le sang dès son arrivée à la fabrique, enfouir immédiatement le sang coagulé sous une couche de terre de 50 centimètres d'épaisseur.

Ne pas laisser dans la fabrique plus de cent hectolitres de sang coagulé non recouvert.

Mélanger le sang coagulé avec les matières désinfectantes au fur et à mesure des demandes.

Ne pas avoir plus de deux cents hectolitres d'engrais fabriqués à l'avance.

Surmonter d'une cheminée d'appel les magasins où l'on conserve le sang à *l'état sec.*

Faire, comme pour les engrais en général, les dépôts de sang dans des lieux isolés ; — et surveiller rigoureusement les mesures de désinfection qui sont ordonnées.

Si le sang, coagulé immédiatement à l'abattoir, est transporté dans des tonneaux très-hermétiquement fermés et porté *frais* aux raffineries de sucre, — on peut placer en deuxième classe l'industrie de la préparation et du transport du sang faits dans ces conditions, car il n'y a alors aucune odeur fétide, et l'intérêt de l'industriel est une garantie des précautions qu'il doit prendre.

SANGSUES (Établissements pour l'élève des) ou (Marais a) (1re classe).

Détail des opérations. — Les marais à sangsues ont pris, depuis une quinzaine d'années, un développement assez considérable. L'appauvrissement survenu dans les sources où ces annélides étaient puisés, en Hongrie et en Espagne surtout, a engagé un certain nombre d'industriels à établir des marais à sangsues et à se livrer à une véritable hirudiniculture. Cet art a été l'objet de plusieurs ouvrages importants ; je ne citerai que celui de M. Fermont, pharmacien en chef de l'hospice de la Salpêtrière (Seine) ; près de Poitiers, près de Bordeaux, dans le département de l'Oise, il y a des établissements bien tenus et destinés à la reproduction des sangsues.

C'est surtout dans le département de la Gironde qu'on a donné une plus grande extension à cette industrie. Je ne puis entrer ici dans tous les détails de l'établissement d'un marais à sangsues, je dirai seulement qu'il est en général fourni par un terrain découpé en une foule d'îlots, séparés les uns des autres par beaucoup de rigoles à berge bien entretenue. L'eau doit y circuler de manière à s'y renouveler assez souvent, surtout au début de la création du marais, alors que beaucoup d'animaux succombent, et pour éviter toute cause d'infection du liquide. — La nourriture des sangsues se faisant le plus souvent à l'aide des chevaux (dans le département de la Gironde, on a employé à cette industrie plus de quatre mille chevaux en 1858-59), il doit y avoir un appareil bien construit à l'aide duquel, sans violence pour les animaux, on peut les enlever et les déposer dans tel ou tel point du marais. — Un vaste hangar, souvent même une écurie, sera adjointe pour servir d'abri aux chevaux dans les intervalles de leur séjour à l'eau. — Les rats étant une des principales causes de la destruction des sangsues, il y aura toujours plusieurs chiens d *rat*, dressés à la chasse.

CAUSES D'INSALUBRITÉ. — Chevaux morts qu'on donnerait en pâture aux sangsues.

Amas de sang déjà en fermentation, accumulé soit en tas, soit dans des tonneaux, et donnant lieu à des odeurs très-fétides.

Eaux stagnantes.

Sangsues gorgées du sang de chevaux malades, ou en putréfaction, pouvant communiquer à l'homme diverses maladies par leur piqûre et l'inoculation d'un liquide putride.

PRESCRIPTIONS. — On trouvera dans l'arrêté du préfet de la Gironde, qui suit cet article, une grande partie des précautions et mesures qui doivent être prises.

Il faut y ajouter les suivantes :

Avant d'accorder une autorisation, entendre l'ingénieur du département, chargé du service des eaux, afin de régler parfaitement leur cours.

Recommander aux autorités locales de surveiller s'il y a constamment un écoulement ou renouvellement d'eau conforme aux prescriptions faites.

Renouveler ces eaux au moins une fois tous les jours, qu'elles proviennent de rivières, de sources ou de ruisseaux.

Faire arriver les sangsues dans les bassins, chargées de leur limon.

Défendre le séjour des animaux en dépaissement sur les terrains à sangsues, tant que celles-ci ne seront pas rentrées dans le sol.

Veiller, à l'aide d'un inspecteur (un membre des commissions d'hygiène de l'arrondissement), à ce que les animaux livrés à la nourriture des sangsues soient dans un état de santé convenable

Défendre aux éleveurs de sangsues de se livrer, chez eux, à aucune opération d'équarrissage.

La Société protectrice des animaux, s'appuyant sur la loi Grammont, a protesté contre l'usage des chevaux malades ou épuisés pour servir à l'alimentation des sangsues. — Quand ce service est surveillé, que les chevaux ne sont atteints d'aucune maladie grave ou contagieuse, qu'on a soin d'eux, je ne pense pas qu'il y ait aucun inconvénient.

Documents relatifs à l'industrie des sangsues.

I. ARRÊTÉ.

Nous, préfet de la Gironde, etc.....

Arrêtons :

1. Il est formellement interdit aux propriétaires des marais, ou aux syndicats qui les représentent, de faire ou permettre, à l'avenir, dans les marais desséchés ou dont le desséchement a été ordonné ou commencé, aucuns travaux, aucune disposition qui seraient de nature à modifier le régime des eaux, pour se livrer à l'élève des sangsues, sans une autorisation qui ne sera délivrée qu'après une instruction faite dans la forme indiquée par la circulaire de M. le ministre de l'agriculture, du commerce et des travaux publics en date du 23 octobre 1851 ;

2. En ce qui concerne les marais à sangsues actuellement existants, MM. les maires des communes sur le territoire desquelles ils se trouvent situés nous feront connaître, dans le mois qui suivra la publication du présent arrêté, leur étendue, le mode d'alimentation des bassins, le nom du propriétaire et leur situation sous le rapport de la salubrité publique.

3. Si les bassins à sangsues sont alimentés par des prises d'eau opérées sur la Garonne ou sur la Dordogne, ou sur les canaux qui se relient à ces grands cours d'eau, MM. les maires mettront les éleveurs en demeure de justifier dans le délai de huit jours de l'autorisation en vertu de laquelle la prise d'eau a été pratiquée, et nous rendront compte du résultat de la mise en demeure.

4. Si les bassins sont alimentés par des eaux de source ou par un cours d'eau non flottable ou navigable, MM. les maires constateront si le mode d'aménagement des eaux n'apporte aucun obstacle à leur libre circulation.

Ils devront nous rendre compte, également immédiatement, du résultat de leurs investigations, et y joindre, s'il y a lieu, leurs propositions sur les mesures à prendre dans l'intérêt public.

5. L'établissement des bassins à sangsues dans l'intérieur des villes est formellement interdit.

MM. les maires des villes dans lesquelles il en existerait déjà en ordonneront immédiatement la suppression par des arrêtés spéciaux pris en vertu des lois des 16-24 août 1790 et 18 juillet 1837.

6. Il est prescrit aux éleveurs :

1° De n'employer à l'alimentation des sangsues que des animaux qui ont été préalablement visités par un vétérinaire breveté, et reconnus n'être atteints d'aucune maladie contagieuse qui les rende impropres à être livrés aux sangsues;

2° De ne pas provoquer l'épuisement des animaux en les laissant trop longtemps sur les marais;

3° D'enlever immédiatement ceux qui viendront à succomber, pour les livrer aux équarrisseurs ou les enfouir à la distance qui sera fixée par l'autorité municipale, si l'enfouissement dans les terrains dépendant de l'établissement présente des inconvénients pour la santé publique;

Dans chaque établissement, il devra être tenu un registre contenant les indications suivantes :

1° La désignation de chaque animal destiné à l'alimentation des sangsues;

2° Le certificat du vétérinaire breveté constatant qu'il peut être employé sans inconvénient à cet usage;

3° Le temps pendant lequel chaque animal reste journellement sur les lieux où se pratique l'élève des sangsues;

4° Le jour où il aura succombé, le jour et le lieu où il aura été enfoui, ou le nom de l'équarrisseur auquel il aura été livré.

Ce registre devra être régulièrement tenu et présenté par l'éleveur toutes les fois qu'il en sera requis, soit au maire de la commune, soit à tout autre fonctionnaire ou agent de l'autorité.

7. MM. les maires exerceront une surveillance active sur les établissements d'équarrissage où les chevaux sont abattus et dépecés.

Ils veilleront à ce que les prescriptions des arrêtés d'autorisation soient exactement remplies.

Ils prendront, s'il y a lieu, les dispositions nécessaires pour que les débris non utilisés par les équarrisseurs soient enfouis avec le plus grand soin dans un terrain et à une profondeur convenables.

8. Il est enjoint aux éleveurs de ne livrer au commerce que des sangsues complétement dégorgées; et, à cet effet, il devra être établi près de chaque marais un bassin dit de purification.

9. Des visites fréquentes seront faites chez les pharmaciens et dans les dépôts de sangsues à Bordeaux et dans les autres villes et communes du département, soit par les jurys ou les inspecteurs chargés de la visite des pharmaciens, soit par le maire ou le commissaire de police, assisté d'un médecin ou d'un pharmacien délégué à cet effet, pour s'assurer si les sangsues destinées à être vendues pour l'usage médical ne sont point gorgées de sang. La vente des sangsues gorgées sera poursuivie devant les tribunaux, conformément aux dispositions de la loi du 27 mars 1851.

10. Les ingénieurs ou agents du service hydraulique, les maires, fonction-

naires ou agents municipaux, les commissaires de police et la gendarmerie, sont chargés de l'exécution du présent arrêté.

Les contraventions seront constatées par des procès-verbaux et poursuivies, conformément aux lois, devant les tribunaux compétents.

Le préfet de la Gironde, DE MENTQUE.

II. EXTRAIT DU RAPPORT DU VÉTÉRINAIRE DES ÉPIZOOTIES. — INDUSTRIE DES SANGSUES. (Bordeaux, 18 mars 1854.)

. . . .

Il y a lieu d'ordonner :

1° La visite de tous les chevaux des établissements à sangsues dans tout le département ;

2° Le séquestre et l'abattage des animaux affectés de maladies contagieuses;

3° La défense expresse d'introduire de nouveaux chevaux dans les marais, sans une déclaration préalable à l'autorité centrale, qui en ordonnera l'examen et la marque ;

4° Le contrôle régulier et officiel de toute la population animale des marais à sangsues, et un rapport semestriel sur son état sanitaire.

III. RAPPORT SUR LA QUANTITÉ DE SANG ÉTRANGER QUE DEVRONT CONTENIR LES SANGSUES POUR ÊTRE CONSIDÉRÉES COMME LOYALES ET MARCHANDES. — M. FAURÉ, RAPPORTEUR. (Conseil du Nord, t. IV, 1857.)

Messieurs,

Par sa lettre du 15 de ce mois, M. le préfet appelle votre examen et demande votre avis sur une question importante qui intéresse également l'industrie de l'élève de la sangsue et la santé publique. Permettez-nous, messieurs, de ramener vos souvenirs sur le but et la portée de cette demande.

M. le ministre de l'agriculture, du commerce et des travaux publics, informé des abus nombreux qui se pratiquent dans le commerce de la sangsue et des conséquences funestes qui pourraient résulter pour la santé publique de l'emploi pour l'usage médical de la sangsue gorgée, a consulté le comité central d'hygiène de Paris, pour savoir quelles seraient les mesures à prendre pour ne permettre que la vente de sangsues loyales et marchandes.

Le comité, en déclarant dans sa réponse qu'en principe la sangsue gorgée devait être considérée comme un médicament altéré, a exprimé l'espoir que bientôt le perfectionnement dont lui paraît susceptible cette industrie permettra d'arriver à livrer, pour l'usage médical, des sangsues complètement exemptes de sang étranger.

Toutefois il a reconnu qu'on ne saurait, sans s'exposer à laisser la médecine manquer d'un nombre suffisant de ces annélides, prohiber dès à présent toutes celles contenant du sang. Il a exprimé l'avis qu'une tolérance devait être accordée, mais il a déclaré qu'elle ne lui paraissait pas devoir excéder une proportion de 15 pour 100, chiffre déjà adopté dans les marchés conclus par les ministères de la guerre et de la marine.

Par suite de cet avis, M. le ministre se proposait d'adresser à MM. les préfets des instructions traçant à l'administration, conformément aux propositions ci-énoncées, la règle à suivre sur ce point dans l'exercice de la police médicale. Toutefois il a désiré connaître auparavant l'opinion de M. le préfet de la Gironde, notre département étant l'un de ceux où l'hirudoculture a pris le plus de développement, afin de connaître si dans l'état actuel de cette industrie on pourrait appliquer immédiatement cette tolérance fixée par le comité de Paris, ou s'il ne conviendrait pas d'être un peu plus large, en portant le chiffre de cette tolérance à 25 pour 100, ainsi que le demandent les éleveurs, limitant alors à six mois la durée de cette faveur, époque après laquelle le chiffre de 15 pour 100 serait rigoureusement exigé.

Telle est, messieurs, la question qui vous était soumise et que vous avez renvoyée à l'examen d'une commission composée de MM. Barbet, Clémenceau, Arnozon, Dupont et Fauré, à laquelle ont bien voulu se joindre M. le président et M. le secrétaire général. Elle m'a chargé de vous faire connaître son opinion.

Envisagée au seul point de vue de l'hygiène publique, la question qui nous occupe eût été promptement tranchée, et votre commission tout entière se fût ralliée à l'avis du comité central de Paris. Mais, en considérant la perturbation qu'apporterait dans le commerce des sangsues l'application immédiate de cette mesure, la pénurie et par suite l'élévation des prix qui en serait la conséquence, elle a dû étudier la question d'une manière plus générale et rechercher s'il ne serait pas possible de proposer une proportion qui, en sauvegardant la santé publique, n'arrêtât pas l'essor d'une industrie que nous devons encourager en la réglementant.

On sait que les sangsues introduites journellement dans la consommation contiennent en moyenne de 28 à 30 pour 100 de sang plus ou moins élaboré, et que, pour les amener à cet état de dégorgement, il faut les laisser quatre ou cinq mois sans nourriture. Diminuer tout à coup cette proportion de moitié, ainsi que le demande le comité de Paris, ce serait obliger les éleveurs à prolonger de plus du double le séjour de la sangsue dans les bassins, et retarder d'une année au moins l'époque où elle pourrait être livrée à la consommation.

Ces considérations pratiques, longuement et sérieusement controversées au sein de votre commission, ont été d'un grand poids dans la détermination qu'elle a prise. Elle vous propose donc d'émettre l'avis que le chiffre de la tolérance soit fixé à 20 pour 100, qui est la moyenne entre la limite proposée par le comité d'hygiène de Paris et celle demandée par les éleveurs.

Cette proportion de 20 pour 100 nous paraît suffisante pour apporter de suite dans le commerce de la sangsue une amélioration considérable au profit de l'hygiène publique; elle disposera à des mesures plus radicales et facilitera les éleveurs pour remplir les engagements déjà contractés.

Par ces motifs, votre commission a l'honneur de vous proposer d'émettre l'avis suivant, en réponse à la communication de M. le préfet :

1° Que la sangsue gorgée, employée dans l'usage médical, soit considérée comme un médicament altéré;

2° Fixer provisoirement, et jusqu'au 31 décembre prochain seulement, à 20 pour 100 le maximum de la tolérance légale; au-dessus de cette proportion, la sangsue ne pourra être admise dans le commerce comme loyale et marchande, et il sera défendu de la vendre pour l'usage médical;

3° Cette tolérance de 20 pour 100 sera réduite à 15 pour 100 à partir du 1er janvier 1857, et restreinte à 10 pour 100 à dater du 1er janvier 1859.

IV. DÉLIBÉRATION DU 28 MARS 1856. (Conseil du Nord, t. IV, 1857.)

Après avoir entendu la lecture du rapport de la commission et après s'être livré sur cette importante question à une discussion longue et sérieuse à laquelle plusieurs membres ont pris part, le conseil d'hygiène publique et de salubrité a pris la délibération suivante :

Attendu que par l'état de gorgement la sangsue constitue un agent thérapeutique infidèle, et quelquefois même nuisible aux malades qui en font usage;

Attendu que, par un arrêté préfectoral du 6 août 1855, il est enjoint aux éleveurs d'établir un bassin de purification près de chaque marais, afin de ne pas livrer au commerce des sangsues gorgées;

Attendu que cet arrêté a reçu une telle publicité, qu'on ne peut pas prétendre en avoir ignoré les dispositions;

Attendu que s'il n'est pas prouvé que les sangsues élevées par les procédés employés dans la Gironde puissent être complétement exemptes de sang, il est au moins bien démontré que c'est user d'une tolérance bien avantageuse aux éleveurs que de permettre la vente de celles qui n'en contiennent pas plus de 15 pour 100;

Attendu que déjà l'administration de la guerre et de la marine a pu traiter à ces conditions des marchés très-importants;

Attendu que dans son opinion l'application même immédiate de cette mesure n'est pas de nature à porter la perturbation dans le commerce des sangsues;

Le conseil d'hygiène publique et de salubrité de la Gironde est d'avis :

1° Que la sangsue gorgée employée à l'usage médical doit être considérée comme un médicament altéré;

2° Qu'il y a lieu de fixer à 15 pour 100, selon la proposition du comité consultatif d'hygiène, la quantité de sang que pourront contenir les sangsues livrées au commerce ;

3° Que cette tolérance devra être réduite à 10 pour 100 à dater du 1er janvier 1859.

V. CIRCULAIRE DE M. LE PRÉFET, RELATIVE A LA QUANTITÉ DE SANG ÉTRANGER QUE DEVRONT CONTENIR LES SANGSUES POUR ÊTRE LIVRÉES A LA VENTE. (Conseil du Nord, t. IV, 1852.)

Messieurs les maires,

Les principaux industriels qui se livrent, dans le département de la Gironde, à l'élève des sangsues, ont adressé à M. le ministre de l'agriculture du commerce et des travaux publics une pétition ayant pour objet d'obtenir que le commerce des sangsues fût réglementé, et que l'autorité déterminât d'une manière précise la quantité de sang étranger que ces animaux pourraient contenir.

Telle qu'elle était présentée, la demande des éleveurs n'était pas susceptible d'être accueillie. En principe, une sangsue ne doit être considérée comme un médicament pur de toute altération que lorsqu'elle est absolument vide de sang étranger. L'autorité ne pourrait donc convenablement et régulièrement intervenir pour faire fixer d'une manière réglementaire la proportion de sang que pourraient contenir les sangsues livrées à la pratique médicale ; mais elle s'est convaincue que, dans l'état actuel de l'industrie, l'intérêt même de la santé publique s'opposait à ce qu'on proscrivit absolument les sangsues non encore purifiées du sang qui les a alimentées, et par cette sérieuse considération elle a cru pouvoir consentir à user provisoirement de tolérance, sans engager en rien l'avenir ; dans cette limite même, son rôle se borne à indiquer à ses agents les cas dans lesquels ils devront poursuivre, et ceux dans lesquels ils auront à s'abstenir, l'appréciation définitive appartenant aux tribunaux.

Après avoir recueilli tous les renseignements propres à l'éclairer, M. le ministre s'est arrêté aux dispositions formulées par la circulaire en date du 10 juillet courant, que vous trouverez imprimée ci-après.

Je vous prie de donner la plus grande publicité possible à la circulaire de M. le ministre, et de la porter particulièrement à la connaissance des marchands de sangsues établis dans la commune que vous administrez.

Veuillez donner des instructions aux commissaires de police, afin que, assistés d'un médecin ou d'un pharmacien que vous déléguerez, ils procèdent à l'inspection des dépôts de sangsues.

Des procès-verbaux devront être dressés, tant contre les détenteurs de sangsues trouvées de mauvaise qualité ou dans un état maladif, que contre ceux qui en débiteraient, avant le 1er janvier prochain, contenant plus de 25 pour 100 de leur poids de sang étranger, et, après cette époque, plus de 15 pour 100 seulement.

Vous voudrez bien me rendre compte des résultats des inspections auxquelles il sera procédé.

Recevez, etc.

Bordeaux, le 24 octobre 1856.

Le préfet de la Gironde, E. DE MENTQUE.

VI. CIRCULAIRE DE M. LE MINISTRE DU COMMERCE. (Du 10 juillet 1856.)

Monsieur le préfet,

L'attention de l'administration a été appelée depuis longtemps sur un genre de fraude qui se pratique trop souvent dans le commerce des sangsues: cette fraude consiste à livrer pour l'usage médical des sangsues contenant dans leurs poches digestives une quantité plus ou moins considérable de sang, qu'on leur a fait absorber afin d'augmenter leur volume et leur poids. Une pareille manœuvre tombait sous l'application de l'article 423 du Code pénal; aussi a-t-elle été l'objet d'un assez grand nombre de poursuites et de condamnations.

Mais il n'y a pas là seulement une fraude commerciale, il peut y avoir dommage pour la santé publique, puisque les sangsues gorgées, ne prenant sur les malades qu'une faible quantité de sang, ou même n'en prenant pas du tout, trompent les intentions du médecin et peuvent rendre ses prescriptions inefficaces. Les sangsues gorgées sont, par le fait, un médicament falsifié auquel s'appliquent les dispositions des articles 1 et 2 de la loi du 27 mars 1861.

Il s'est élevé, toutefois, dans ces derniers temps, des difficultés sur la question de savoir ce qu'on doit entendre par ces mots : *Sangsues gorgées.* Sont-ce des sangsues qui renferment dans leur tube intestinal du sang non digéré, en quelque proportion que ce soit, ou bien doit-on admettre que le gorgement commence à un certain degré? En cas d'affirmative, à quel degré de gorgement commence la fraude?

Il était autrefois de principe dans la pratique médicale, que, pour être reconnues pures, les sangsues ne devaient pas céder la plus minime quantité de sang sous une pression convenablement exercée. Mais il est rare maintenant de trouver de pareilles sangsues dans le commerce. Depuis, surtout, que l'alimentation des sangsues par le sang des mammifères vivants est devenue la base d'une industrie qui s'est développée sur une grande échelle dans certains départements, et qui tend à se répandre non-seulement en France, mais encore dans les autres pays producteurs de sangsues, il arrive que la plupart de ces annélides sont livrés à la consommation bien avant que leur digestion, très-lente, soit complétement achevée.

C'est là une pratique regrettable, d'abord, parce qu'en accordant même qu'une petite quantité de sang non encore digéré n'empêche pas une sangsue de bien fonctionner, il est certainement préférable, des expériences toutes récentes en ont fourni de nouvelles preuves, d'employer des sangsues entièrement exemptes de sang étranger, condition très-conciliable avec une vitalité suffisante; ensuite, parce qu'on admet que des sangsues puissent être vendues, bien que contenant une certaine proportion de sang, il devient difficile de prévenir l'abus.

C'est aux tribunaux qu'il appartient d'apprécier, dans chaque cas particulier, ce qui constitue la falsification; mais, au milieu des allégations contradictoires qui ont été récemment avancées au sujet du gorgement des sangsues, j'ai pensé, monsieur le préfet, qu'il était du devoir de l'administration d'indiquer aux jurys médicaux et autres délégués de l'autorité qui pourraient être chargés de constater la qualité de ces agents thérapeutiques, une régle uniforme d'apèrs laquelle ils dussent procéder désormais à l'accomplissement de leur mission. C'est d'ailleurs répondre aux vœux exprimés par les principaux éleveurs de sangsues, préoccupés de l'avenir de leur industrie, compromise par des fraudes scandaleuses.

Il est certainement à désirer que les sangsues ne soient vendues que tout à fait pures de sang étranger ; c'est là le but auquel on doit tendre, et il n'est pas douteux qu'on ne puisse y arriver, quel que soit le mode d'alimentation des sangsues, en soumettant ces annélides à un jeûne suffisamment prolongé avant de les livrer au commerce. Les éleveurs recevront, à cet égard, les avertissements nécessaires, et l'administration se réserve d'aviser ultérieurement, suivant que les circonstances l'exigeront; mais, comme il serait maintenant impossible de se procurer un nombre suffisant de sangsues complétement exemptes de sang, il paraît convenable d'accorder provisoirement une certaine tolérance. Cette tolérance, le comité consultatif d'hygiène publique a pensé, après des essais faits sur des sangsues prises chez plusieurs pharmaciens de la capitale, qu'elle pouvait être fixée à 15 pour 100 du poids net de l'animal, conformément aux clauses des derniers marchés passés pour la fourniture des hôpitaux de la guerre et de la marine. En conséquence, monsieur le préfet, à partir du 1er janvier 1857, délai qui est reconnu suffisant pour mettre le commerce consciencieux en mesure de préparer des sangsues bonnes et marchandes, ne contenant pas plus de 15 pour 100 de leur poids de sang étranger, vous devrez tenir la main à ce qu'il soit usé de sévérité vis-à-vis des débitants qui dépasseraient cette limite. En attendant l'expiration du terme qui vient d'être indiqué, la tolérance pourra s'exercer jusqu'à la quantité de 25 pour 100 du poids net, mais ne devra jamais excéder cette proportion.

Il est bien entendu que, fussent-elles exemptes tout à fait de sang, des sangsues devraient être saisies si elles étaient trouvées de mauvaise qualité ou dans un état maladif.

L'approvisionnement des sangsues devant se renouveler fréquemment dans le commerce de détail, il importerait que les vérifications fussent souvent réitérées. Chez les pharmaciens, les visites ne pouvant être faites que par des professeurs des écoles de médecine et de pharmacie ou par les jurys médicaux, ne sauraient être très-multipliées, mais vous devez, monsieur le préfet, ordonner des visites extraordinaires dans les pharmacies qui auraient vendu des sangsues contenant une quantité de sang excédant la tolérance admise. Quant aux dépôts de sangsues tenus par des herboristes, des droguistes ou tous autres marchands auxquels on permet ce genre de commerce, ils devront être l'objet d'une surveillance particulière. Dans les lieux qui sont éloignés du siége des écoles ou des jurys médicaux, rien ne s'oppose à ce qu'ils soient inspectés, sous l'autorité du maire, par un commissaire de police, assisté d'un médecin ou d'un pharmacien désigné à cet effet.

L'inspection ne doit, du reste, s'exercer que sur les sangsues mises en vente pour être appliquées à l'usage médical ; on n'aura donc pas, en général, à s'occuper de celles qui se trouvent en entrepôt, soit pour être expédiées en pays étranger, soit pour être employées au peuplement de nos marais ; mais s'il y avait lieu de soupçonner que, dans les entrepôts, on livrât au commerce de détail des sangsues gorgées, l'état des sangsues destinées à la vente devrait être soigneusement vérifié, pour qu'il fût procédé à la répression de ce fait, comme à l'égard des débitants.

Cette disposition est particulièrement applicable aux départements producteurs de sangsues et aux départements frontières par lesquels il en est importé.

Les instructions qui précèdent, monsieur le préfet, ont été concertées entre mon département et celui de la justice ; j'ai donc la certitude qu'en se pénétrant de leur esprit les personnes préposées à l'exercice de la police médicale obtiendront le concours des autorités judiciaires. Il serait d'ailleurs superflu de leur recommander d'apporter à leurs opérations tous les soins nécessaires pour qu'elles offrent la double garantie d'efficacité et d'impartialité que le public et le commerce doivent désirer.

Signé : E. ROUHER.

VII. COMITÉ CONSULTATIF D'HYGIÈNE PUBLIQUE. — INSTRUCTION SUR LES MOYENS DE RECONNAÎTRE LE GORGEMENT DES SANGSUES. (Conseil du Nord, t. IV, 1857.)

Pour s'assurer que la proportion de 15 pour 100 du poids de l'animal n'est pas dépassée, les personnes chargées de l'inspection prendront au hasard quelques sangsues de chaque provenance et de chaque sorte dans les boutiques et magasins dont elles feront la visite. Ces sangsues, après avoir été essuyées avec du papier Joseph ou un linge usé, seront pesées, puis immergées pendant deux minutes dans une dissolution saline tiède ; on fera ensuite sortir tout le sang qu'elles contiennent en les pressant longitudinalement, suivant la méthode ordinaire ; elles seront pesées de nouveau, et la différence des pesées donnera la proportion de sang qu'elles n'avaient pas encore digéré.

Il est bien entendu qu'une sangsue ne doit pas être reconnue bonne par cela seul qu'elle ne céderait pas à la pression une proportion de sang supérieure à celle qui vient d'être indiquée. Tous les médecins, tous les pharmaciens connaissent les caractères extérieurs qui permettent de distinguer une sangsue propre à l'usage médical de celle qui doit être rejetée. Il n'est pas besoin de les leur rappeler ici, et ceux qui seront chargés de l'inspection ne manqueront pas de faire saisir les sangsues qu'ils trouveraient dans un état maladif ou de mauvaise qualité, lors même qu'elles ne contiendraient pas un atome de sang étranger.

VIII. ARRÊTÉ DE M. LE PRÉFET DE LA GIRONDE POUR L'EXHUMATION DES ANIMAUX
ENFOUIS PAR LES ÉLEVEURS DE SANGSUES.

Le préfet de la Gironde, etc.,

Vu une lettre, en date du 22 février dernier, par laquelle M. le maire de Parempuyre expose que quelques personnes déterrent, pour en exploiter les os, les chevaux enfouis dans les palus et les marais par les éleveurs de sangsues ;

Vu les avis et les propositions de MM. les ingénieurs du service hydraulique, en date des 14-16 mars courant ;

Vu la loi des 16-24 août 1790 ;

Considérant que l'exhumation des animaux qui ne seraient pas enfouis depuis dix ans présente de graves dangers pour la salubrité publique,

Arrête :

Article 1er. Les cadavres des animaux enfouis par les éleveurs de sangsues ne pourront être exhumés qu'après dix ans et en vertu d'une autorisation du maire de la commune.

Fait à Bordeaux, le 10 mars 1857.

Le préfet de la Gironde, DE MENTQUE.

SAPONIFICATION DES RÉSIDUS DE L'ÉPURATION DES HUILES. Voir *Huiles (Industrie des)*, t. II, p. 69.

SARDINES. Voir *Conserves alimentaires*, t. I, p. 480.

SAURAGE DES HARENGS ET DES POISSONS. Voir *Conserves alimentaires*, t. I, p. 471 et 477.

SAVONS (INDUSTRIE DES).

Savonneries (3e classe). — 15 octobre 1810. — 14 janvier 1815.

DÉTAIL DES OPÉRATIONS. — Un savon est une combinaison d'un acide gras avec un oxyde métallique ; il ne sera ici question que des savons à bases de soude et de potasse.

Les savons durs sont à base de soude, les savons mous à base de potasse. Le Nord fabrique ses savons avec les huiles de coco, de palme et le suif ; le Midi avec les huiles de sésame et d'olives, cette dernière provenant de l'expression à chaud des marcs déjà épuisés à froid.

Saponifier un corps gras, c'est le décomposer en glycérine et acides gras, lesquels s'unissent à l'alcali employé ; c'est une opération semblable qui a été décrite pour saponifier le suif par la chaux dans la fabrication des bougies.

Lessive en barille. — La lessive caustique employée à la saponification se fait dans des *barquieux* ou cuviers à double fond en bois ou en fonte. On éteint une certaine quantité de chaux, on l'amène à l'état pâteux par une nouvelle addition d'eau : on la mélange avec de la potasse ou de la soude pulvérisée, et même avec des cendres de végétaux, pour donner de la porosité à la masse, et on jette le tout sur le double fond du cuvier, préalablement recouvert de paille. On verse de l'eau jusqu'à ce que la chaux en soit recouverte de dix centimètres environ, on abandonne au repos pendant douze heures, et, à l'aide d'un robinet placé au bas de la cuve, on soutire la liqueur pour la faire repasser sur la chaux : on arrive ainsi à décarbonater presque complétement l'alcali. On verse une nouvelle quantité d'eau à plusieurs reprises, afin d'obtenir une deuxième dissolution alcaline plus étendue, marquant quatre à six degrés ; les dernières liqueurs servent à de nouveaux lavages.

Dans cette opération, le carbonate alcalin s'est transformé en potasse ou en soude caustique, nommée *barille*, tandis que la chaux est passée à l'état de carbonate.

La saponification s'exécute dans des chaudières qui ont la forme d'un tronc de cône renversé, terminé par un fond hémisphérique à la partie inférieure ; ce fond est en cuivre et même en tôle forte, il est seul exposé au feu direct ; la partie conique tantôt en cuivre, tantôt en douves de bois mêlées et enclavées dans une maçonnerie. Les chaudières des États-Unis sont en fonte ; deux pièces forment la partie conique, le fond constitue la troisième ; ces pièces sont reliées par du ciment de fonte et encastrées dans la maçonnerie. On remplit cette chaudière au quart de lessive faible, on y verse l'huile à saponifier et l'on fait bouillir le mélange ; il se fait une sorte d'émulsion par suspension de la matière grasse en excès, au moyen d'une partie de la masse saponifiée ; c'est la production de ce mélange qu'on nomme l'*empâtage*. On ajoute successivement de la lessive faible et de l'huile, en tenant toujours un feu modéré, et la masse bien empâtée et homogène, de manière à n'avoir ni huile, ni lessive séparée. On remue constamment avec un râble : ce *brassage*, très-fatigant à la main, se fait maintenant à la mé-canique. La masse passe à l'ébullition tranquille, elle a un aspect pâteux et non liquide; ce dernier état indiquerait un excès de l'un des corps en présence. Il se sépare souvent, sous forme d'huile surnageante, une certaine quantité de savon, ce qui provient d'une proportion trop forte de sel marin dans la soude employée; on y remédie par une addition de soude douce qui ramène à la consistance convenable.

Quand l'empâtage est terminé, on procède au *relargage :* cette opération a pour but d'enlever l'excès d'eau dans lequel nage le savon, et l'alcali caustique en excès. Pour cela, tandis qu'un ouvrier remue constamment la pâte avec un râble, un autre projette peu à peu à sa surface une lessive alcaline, riche en sel marin, qui porte le nom de *recuit.*

Par l'agitation, la lessive salée se répand dans toute la masse savonneuse, et on fait exsuder l'excès d'eau ; on l'abandonne alors au repos pendant deux ou trois heures, on procède ensuite au *soutirage* ou *épinage* au moyen d'une ouverture placée dans le fond de la chaudière; on retire deux fois plus de liquide qu'on avait ajouté d'alcali salé si l'opération a été bien faite.

Après le premier épinage, on procède *à la cuite* ou coction du savon; on le porte à l'ébullition, on procède à un deuxième épinage, puis on ajoute une nouvelle lessive alcaline salée ; on maintient une ébullition modérée, le savon prend de plus en plus de la consistance; quand la lessive alcaline a cessé d'être caustique, on procède à un troisième épinage, et on ajoute une troisième quantité de lessive.

Cette troisième ébullition, avec une quantité considérable de lessive forte, donne une solidité plus grande à la pâte; quand la lessive s'est épuisée, ce qui arrive au bout de quelques heures, on procède à un quatrième épinage, à une quatrième addition de lessive, et ce jusqu'à six et même sept fois. Il faut une grande habitude pour ne pas dépasser le point de cuite convenable, ce qui changerait notablement l'aspect et la résistance du savon. Quand le travail *est bien fait*, les derniers produits de l'*épinage*, qui pendant longtemps ont été considérés comme impropres à la saponification, peuvent être utilisés.

Après la cuite on exécute le *madrage;* la pâte, qui se durcit de plus en plus à mesure que le refroidissement s'accomplit, a une couleur d'un gris bleuâtre assez foncé, due au sulfure de fer mêlé au savon alumino-ferrugineux. Outre l'alumine et l'oxyde de fer provenant des soudes brutes employées à la fabrication de la soude caustique, la pâte contient du sulfate de fer qu'on a ajouté sur la fin de l'empâtage, afin d'obtenir une madrure plus vive. Ce sulfate est précipité par la soude, il se dépose un oxyde hydraté vert bleuâtre qui se transforme en sulfure noirâtre sous l'influence du sulfure de sodium contenu dans la soude brute ; il y a élimination du sulfate de soude en quantité correspondante à celle de l'oxyde. Pour obtenir une madrure verte ou bleue, selon la proportion du fer, on laisse partiellement refroidir le savon, il tend à se séparer en deux couches, l'une supérieure, incolore, l'autre contenant le savon alumino-ferrugineux ; c'est donc en troublant la masse à un certain moment du refroidissement qu'on arrive à produire les veines colorées qui sont presque les signes distinctifs du savon de Marseille.

La madrure se fait d'une manière bien plus simple en Angleterre qu'en France, où elle demande un grand travail et une certaine adresse. Voici le procédé anglais : Quand le savon est presque terminé, on se contente de verser dans la chaudière une dissolution concentrée de soude brute, qu'on répand uniformément au moyen d'un arrosoir; cette lessive dense et contenant des sulfures détermine la madrure en passant au travers de la masse pâteuse du savon.

Le savon, ainsi préparé, est coulé dans des *mises,* on l'expose ensuite à l'air, ce qui modifie sa madrure ; arrivé à un certain état de dureté, on le coupe en prismes rectangulaires.

Les lessives qu'on retire sont employées, comme je l'ai dit, au relargage de la pâte.

Savons durs.

Savon blanc. — Quand les matières huileuses sont pures, on opère comme pour le savon bleu de Marseille, mais on ne fait pas usage de lessive salée. Le relargage se fait avec des recuits, comme à l'ordinaire, après quoi on épine. On opère la coction ou cuite avec des lessives fortes pendant douze heures, on épine et ramène le savon à l'état de liquide en le brassant avec de la lessive douce ; on décante le savon liquide, et, pendant quarante heures environ, on le chauffe avec des lessives faibles, en agitant de temps à autre. On abandonne la liqueur au repos pour laisser déposer le savon alumino-ferrugineux et les impuretés, on sépare l'écume et on coule dans des vases en bois munis de deux anses, nommés *servidons*, pour porter ensuite le savon liquide dans des sables qui servent de mises.

Savon de suif. — Le suif est employé souvent à la fabrication du savon; on le mêle généralement à 15 à 20 pour 100 d'huile de graines qui rendent le savon moins dur et plus soluble. Les meilleurs suifs sont ceux qui sont les plus riches en stéarine; tel est celui du mouton ; il faut en tous cas un suif bien débarrassé de ses membranes pour éviter l'odeur qu'elles communiqueraient ; on arrive encore à un meilleur résultat en jetant les premières liqueurs provenant du relargage.

On porte à l'ébullition un mélange à proportions voulues de suif et de lessive caustique, en agitant avec un râble. On ajoute de temps en temps de la lessive alcaline de plus en plus forte à mesure que la combinaison s'effectue, et, quand l'empotage est terminé, on augmente le feu et procède au relargage. On n'emploie jamais de lessive salée ; on opère le relargage et la coction comme pour le savon blanc de Marseille. On peut aussi donner au savon de suif une madrure par l'addition du sulfate de fer.

Quand on ajoute de l'huile d'œillette au suif, il faut avoir recours à l'emploi de lessives salées. La potasse est souvent substituée à la soude ; mais, comme elle donnerait un savon trop peu résistant, on fait intervenir une certaine quantité de sel marin qui fournit de la soude aux acides gras, tandis que la potasse produit du chlorure de potassium. Ces lessives mères, provenant de l'épinage, sont calcinées et donnent un salin très-blanc qu'on vend sous le nom de *Potasse des Savonniers*.

Le *savon de Palmier* s'obtient d'une manière à peu près semblable ; il est fort beau et possède une odeur agréable qui le fait employer en parfumerie.

Savons mous.

Les savons mous sont faits avec les huiles de graines et avec la potasse ; ils contiennent de l'eau en plus grande quantité que les savons durs, ils sont aussi plus solubles qu'eux. Ils sont fortement alcalins, parce qu'on ne pourrait les séparer de la lessive qu'avec une dose excessive de lessive salée qui les changerait en savon de soude beaucoup plus dur. Ils sont surtout appliqués au dégraissage des laines et des substances grossières.

La lessive de potasse se fait comme celle de soude ; on la fait bouillir plusieurs heures dans une grande chaudière avec une quantité convenable d'eau et d'huile ; le mélange s'épaissit, devient transparent et finit par prendre un degré de consistance suffisant pour qu'on y reconnaisse la fin de l'opération. On verse, à l'aide de poches en cuivre jaune, le savon liquide dans des réservoirs en pierre calcaire d'où on le tire pour le mettre dans des tonneaux ; ce savon retient tous les produits de saponification, même la glycérine.

Si l'on s'est servi d'huile de chènevis, le savon est naturellement verdâtre ; de là vient le nom de *savon vert ;* quand on s'est servi d'autres huiles, il est jaunâtre, on le ramène au vert avec un peu de sulfate d'indigo.

Le savon fait avec l'acide oléique des fabriques de bougies est *mou*, on l'emploie au graissage des laines ; on peut le rendre plus dur, en y ajoutant, pendant la saponification, un à deux dixièmes d'huile de palme.

Savon de résine. — Le *savon de résine* ou *savon jaune* est un savon très-consistant, très-soluble, qu'on obtient en saponifiant la résine avec une certaine quantité de suif pour donner au savon la dureté qu'on désire. La fabrication de ce savon repose sur la faculté que possèdent les résines de se saponifier avec les alcalis, à la façon des acides faibles.

Pour l'obtenir, on prépare un savon de suif, tel qu'il a été dit, et, quand la saturation est suffisante, on ajoute 50 à 60 pour 100 de belle résine concassée pour accélérer la combinaison du savon de suif et de la résine avec la lessive ; on brasse le mélange jusqu'à ce que la résine soit entièrement dissoute et saponifiée. On prolonge la cuite jusqu'à ce que la lessive ait été absorbée autant que possible, ce qu'on reconnaît à ce que le savon ne laisse sur les mains, après lavage, aucune empreinte d'enduit résineux. La coction terminée, on épine, on transvase la pâte dans une seconde chaudière où s'opère la liquéfaction au moyen d'une lessive à sept ou huit degrés comme pour le savon blanc. Le savon est enfin coulé dans des moules en bois ou en fer-blanc; il a l'aspect de la cire jaune.

Savons transparents. — Les *savons transparents* sont ceux qui, à base de soude et de suif, sont dissous à l'aide de la chaleur dans l'esprit-de-vin, et qui, par le refroidissement, se déposent en une masse jaune plus ou moins translucide.

Silica soap, savon silex de Londres. — C'est un savon qui peut contenir jusqu'à 74 pour 100 de sable.

Savons de toilette. — Il y a peu de chose à dire sur la fabrication des savons de toilette, aromatiques ou non ; ce sont de pures préparations de parfumerie ; elles ont la plus grande ressemblance avec les procédés qui viennent d'être décrits ; on y fait usage du savon obtenu avec l'axonge. On peut les fabriquer avec les graisses de boucherie, et voici comment on y procède :

Ces graisses sont immédiatement placées dans un mortier et pilées. — On les fond au bain-marie dans une chaudière à double fond dont l'eau est chauffée à la vapeur. A cent kilogrammes de graisse environ, on ajoute vingt-cinq à trente litres d'eau. On passe dans des tamis, et le liquide obtenu est remis dans la chaudière et écumé à mesure qu'on évapore. La graisse, ainsi nettoyée, est jetée immédiatement dans les chaudières avec l'alcali pour former le savon. On y emploie aussi l'huile de palme. Les chaudières sont chauffées à feu nu. Quand le savon a la consistance voulue, on le verse dans de grandes caisses en bois. — Après le refroidissement, on le découpe, on le lamine dans un cylindre et on le divise au moyen de couteaux mécaniques pour le piler dans des mortiers avec des essences diverses. On le sépare enfin en fragments à peu près égaux qui passent tous sur une balance pour être pressés et malaxés à la main sur une table de marbre. On les fait sécher et on les presse sous un balancier pour leur donner l'*impression*. Ils sont alors livrés au commerce.

Les eaux de fabrication des savons de toilette ne contiennent en général que des sels de soude.

Savon avec la graisse des intestins. — On fabrique encore du savon avec les matières provenant de la fonte des intestins. — Ceux-ci sont apportés chaque jour de l'abattoir. — On les soumet immédiatement à une coction prolongée. La matière grasse surnage, et il se fait aussi une dissolution aqueuse qui se prend *en gelée* quand elle a été concentrée. On fait le savon avec la matière grasse unie à la soude. Quand il est séparé, on le délaye avec la *gelée* animale dont je viens de parler et on fait cuire jusqu'à ce que la matière ait assez de consistance pour prendre et se solidifier par le refroidissement.

Ce savon est coloré et d'une odeur désagréable. Il se vend à bon marché (quarante francs les cent kilogrammes).

Cette fabrication, si elle est faite à feu nu, donne lieu à une odeur détestable.

Savon pour le foulage des draps. — Enfin l'usage a admis, pour le dégraissage des laines et des draps, la préparation d'un savon de qualité inférieure avec des matières grasses de rebut. — Le flambart (résidu qui vient à la surface des chaudières des charcutiers), suif d'os, cretons de suif, etc., etc.

La composition légale (*loi du* 11 *juin* 1845) du savon en France est la suivante :

$$
\begin{array}{lr}
\text{Sur cent parties : Corps gras.} & 64 \\
\text{— \quad Solution alcaline.} & 34 \\
\text{— \quad Matières étrangères} & \underline{2} \\
& 100
\end{array}
$$

Les fabricants de Marseille ont souvent demandé l'application pratique de cette loi. — Et ils ont raison. — Il est peu de substance qui soit plus falsifiée que celle-là.

On aromatise ordinairement les savons avec quelques gouttes de nitro-benzine ou essence de myrbane, à cause de son peu de prix, et de l'odeur de cannelle et d'amandes amères qu'elle possède, quand elle est employée à très-minime dose. — On pourrait aussi se servir, mais en quantité bien plus atténuée encore, de l'huile animale de *Dippel*, qui, chose bien remarquable, à la dose de *une* goutte dans un littre d'eau ou d'alcool, donne une odeur agréable.

Causes d'insalubrité. — Dangers des résidus dans les grandes fabriques, si on les laisse séjourner dans les cours mal pavées, et si le sol contient des sulfates et carbonates.

Odeurs putrides.

Causes d'incommodité. — Buées. — Fumée.

Odeurs très-désagréables quand on fond à nu certaines graisses comme celle des intestins; — ou quand on fabrique les savons destinés au foulage des draps.

Écoulement d'eaux qui peuvent se décomposer. (Voir, au mot *Lavoirs* (*Industrie des*), l'article *Buanderies*, t. II, p. 141, et plus loin l'article *Extraction des corps gras des eaux savonneuses*, t. II, p. 434.)

Prescriptions. — Clore complétement l'atelier de fabrication.

Opérer au-dessus de fourneaux recouverts de larges hottes, et portant l'odeur et la buée dans une cheminée en briques, haute de quinze à trente mètres. — Défendre d'opérer à feu nu.

Prescrire la fonte en vases clos.

Ne pas permettre l'usage des huiles de poisson. — Ne tolérer, en général, que les huiles de palme ou de coco.

Autant que possible, ne jamais permettre la fonte et l'emploi des graisses.

Prescrire un agitateur à palettes pour le *brassage*.

Revêtir l'atelier, à l'intérieur, d'une triple couche de chaux, alun et gélatine.

Ne pas permettre l'écoulement d'eaux de fabrication sur la

voie publique; — mais les diriger par un conduit souterrain jusqu'à l'égout le plus prochain.

Enfin, au point de vue de la *fraude*, et dans le but de la réprimer, exiger des fabricants :

Que les morceaux de savon ordinaire, habituellement moulés à la presse sous forme cubique, aient un poids régulier de un ou un demi-kilogramme;

Que ces pains, ainsi que les briques ordinaires de savon, soient *marqués* du nom du fabricant avec indication de la nature du savon (huile de lin, palme).

Émettre constamment le vœu que la composition légale du savon soit rendue obligatoire, de façon que ceux qui contiendront plus de deux centièmes de substances insolubles, et moins de soixante de corps gras saponifiés pour 100, soient saisis.

Savonneuses (Extraction des corps gras des eaux) (2ᵉ classe).

Détail des opérations. — Ces eaux proviennent de plusieurs sources; — le plus souvent du traitement des laines avant ou après le peignage. — Les eaux des buanderies et des grands lavoirs publics pourraient donner lieu à la même recherche.

Quand elles ont pour origine le traitement des laines, on les nomme *ébrouées*, — et elles sont habituellement reçues et conservées dans des citernes spéciales, d'où on les extrait pour en retirer les corps gras qu'elles renferment. Cette extraction a lieu par le traitement avec l'acide sulfurique. — Pendant le mélange qui s'exécute à l'aide de ringards en bois, il ne se dégage pas immédiatement des gaz désagréables. — Mais, plus tard, quand la masse est en repos et que les corps gras arrivent à sa surface, ils entraînent avec eux des bulles qui crèvent et qui donnent lieu à des odeurs fétides. — Le maximum de fétidité se développe au moment de la décantation. — Quand les broches de fer, élevées successivement à des hauteurs différentes de la paroi des citernes, permettent de soutirer les eaux roussâtres, il surgit une odeur nauséabonde *suigeneris* intolérable. — Vient ensuite l'écoulement d'eaux putrescibles.

Causes d'insalubrité. — Odeurs fétides à la fin de l'opération et lors des vidanges des citernes.

Prescriptions. — Ne transporter les ébrouées que dans des voitures propres et bien closes.

Fermer hermétiquement l'atelier de travail, — y établir une cheminée d'appel de vingt mètres de hauteur à partir du sol de la rue, et dont la section aura un mètre carré à la base.

Paver ou bitumer le sol de l'atelier avec pente pour l'écoulement des eaux vers l'égout. — Établir une série de diaphragmes sur leur parcours, afin d'arrêter les débris solides.

Curer le réservoir ou la citerne, à vif fond, au moins une fois par semaine. — Voir au mot *Gras* (*Industrie des corps*), t. II, p. 55.

SCHISTE (Huile de). Voir *Huiles* (*Industrie des*), t. II, p. 91.

SÉCHAGE D'ÉPONGES. Voir *Éponges*, t. I, p. 612.

SÉCHERIES DE MORUES. Voir *Conserves de substances alimentaires* (*Industrie des*), t. I, p. 473.

SEL (Industrie du).

Raffineries de sel (3ᵉ classe). — 14 janvier 1815.

Sel gemme.

Détail des opérations. — Le *chlorure de sodium*, nommé *sel gemme* ou *sel marin* selon son origine, est anhydre, cristallise en cubes, et attire assez fortement l'humidité de l'air.

Le sel gemme se rencontre dans le sein de la terre sous la forme de couches cristallisées ou clivables, d'une couleur blanche, mais souvent colorées en jaune on en rouge par l'oxyde de fer; on l'exploite à ciel ouvert ou par galeries et puits, selon la profondeur de la couche; quand le sel est pur il suffit de le pulvériser et de le livrer à la consommation. — S'il est impur, on le dissout dans l'eau, dans la mine elle-même; pour cela, on pratique, à partir du sol et jusqu'à l'amas de sel, un trou de bonde de quinze centimètres de diamètre dans les trente ou quarante premiers mètres, et seulement de dix centimètres dans le reste de la profondeur. On suspend dans ce trou des tuyaux

de cuivre assemblés au moyen de vis; le dernier est fermé à sa
partie inférieure, mais est percé latéralement sur deux ou trois
mètres de petits trous destinés à donner passage à l'eau. Cette
colonne de tuyaux est solidement soutenue par une poutre.

La portion la plus large du tube sert de corps de pompe : au
point où va commencer le tube inférieur est un clapet ou soupape, et un peu au-dessus de lui se meut un piston fixé à une
longue tringle de fer pour lui donner le mouvement de l'extérieur de la mine. On fait arriver de l'eau douce entre la surface
extérieure du tuyau et les parois du trou de sonde ; cette eau
dissout le sel, forme une couche salée plus dense que l'eau
douce et reste au fond ; elle se sature peu à peu ; il suffit donc
d'en retirer une certaine quantité pour l'évaporer, et obtenir
un résidu de sel qui s'élève jusqu'à 27 pour 100 quand le travail est en pleine activité.

Ces eaux salées arrivent dans de grandes chaudières d'alimentation en tôle nommées *baissoirs*, où elles s'échauffent par
la vapeur qui s'élève des *chaudières d'évaporation ;* celles-ci
concentrent les eaux jusqu'à un certain degré. L'évaporation
s'achève dans d'autres chaudières plates, beaucoup plus grandes
que les précédentes, et chauffées chacune par un foyer dont la
fumée circule longtemps sous la chaudière avant de gagner la
cheminée. La cristallisation a lieu dans ces chaudières; l'ouvrier
la trouble constamment en y promenant des râteaux pour ramener les cristaux sur les bords sur de petits plans inclinés,
pour laisser égoutter les cristaux et ramener l'eau mère dans
la chaudière. On renouvelle l'eau concentrée à mesure qu'on
sépare les cristaux ; on n'arrête l'évaporation dans ces chaudières que lorsqu'il s'est formé sur les parois un dépôt considérable de sulfate double de soude et de chaux ou *schlot* qui in-
tercepte le passage de la chaleur. C'est alors qu'on fait écouler
les eaux mères qui contiennent principalement des sels déli-
quescents, et qu'on enlève ces dépôts.

Afin de ne pas obscurcir l'air des ateliers d'évaporation par
les vapeurs ou buées qui se dégagent, on recouvre chaque
chaudière d'un grand toit en planches, et d'une cheminée pour

les lancer au dehors. L'eau condensée dans le trajet retombe dans des rigoles d'où elle s'écoule dehors.

Le sel humide est séché dans une série d'armoires parallèles, divisées en deux compartiments par un paquet de règles juxta-posées, laissant un petit intervalle entre elles; c'est sur ce parquet qu'on étend le sel. On fait arriver un courant d'air chaud dans le compartiment supérieur, il traverse le sel et se dirige saturé ou presque saturé d'humidité dans une cheminée de bon tirage.

Les eaux étant rarement à un point de concentration suffisant pour qu'on puisse les soumettre avec économie, directement, au mode d'évaporation qui vient d'être exposé, on les fait arriver par des rigoles dans de grands bassins.

Des pompes les élèvent à la partie supérieure des *bâtiments de graduation*, d'où on les fait couler lentement sur de larges surfaces exposées au vent, afin d'évaporer l'eau.

Les *bâtiments de graduation* sont de longues constructions de charpente dont la plus grande face est exposée au vent qui règne habituellement dans la contrée, ou mieux à celui qui est le plus actif. Le sol est un bassin glaisé qui reçoit les eaux à mesure de leur concentration. Les pièces de charpente sont établies sur des piliers en maçonnerie, et figurent une espèce de hangar dont les intervalles sont remplis de fagots d'épines; leur hauteur est de dix à quinze mètres, et leur longueur atteint cinq cents mètres; ces hangars sont couverts pour les préserver de la pluie.

On remplace quelquefois les fagots d'épines par des cordes tendues verticalement, et même par des tables; ce sont des cuvettes à bords très-peu relevés et inclinés tantôt dans un sens, tantôt dans un autre, de manière à ce que l'eau de la première descende lentement jusqu'à la dernière; ces différents modes d'évaporation ont pour but de présenter au liquide une grande surface, et de ralentir sa vitesse d'écoulement pour per-mettre à l'air de sécher sa surface, et de se saturer de vapeur d'eau, ce qui concentre nécessairement le liquide salé.

Des pompes élèvent l'eau, celle-ci s'écoule dans des rigoles percées de trous, munies d'ajutages qui la jettent sur les fagots d'où elles arrivent lentement jusqu'au bassin. Ordinairement l'eau d'une première graduation subit une seconde graduation, et même jusqu'à une cinquième, de manière à concentrer de plus en plus le liquide.

L'eau, arrivée à contenir 16 à 20 pour 100 de sel, est évaporée dans des chaudières de la même manière que l'eau salée provenant des trous de sonde; mais, à cause de la moindre pureté du sel, on divise l'évaporation en deux parties : le *schlotage* et le *salinage* ou *soccage*.

On sépare les écumes qui se forment tout d'abord ; quand on a évaporé une grande quantité de liquide dans la chaudière, il se forme un abondant dépôt de schlot qu'on enlève à mesure qu'il se forme, on diminue le feu et continue pendant plusieurs heures à enlever le schlot. C'est au moment où le sel commence à se déposer que commence le *salinage ;* on maintient la température à quatre-vingts degrés, et on ramène le sel continuellement sur les bords de la chaudière, et ce, pendant soixante-quinze heures environ. Après ce temps, les eaux mères devenant trop concentrées, et tendant à se déposer à leur tour, on les décante pour recommencer une nouvelle opération. Le sel enlevé pendant l'ébullition est le *sel fin*, ou en petits cristaux; celui qu'on retire à une température moins élevée est le *gros sel.*

On peut séparer des schlots une certaine quantité de sulfate de soude au moyen de l'eau bouillante provenant de la condensation d'un courant de vapeur sur la masse de schlot contenue dans une caisse fermée.

Sel marin.

Les sels de la mer se séparent par deux moyens :

1° Par *la gelée;*

2° Par *évaporation lente et spontanée.*

Le *premier procédé* ne peut s'employer que dans les pays froids ; il consiste à soumettre l'eau de mer à une très-basse température, une partie se congèle, c'est l'eau peu chargée de sel, l'autre reste liquide, et devient de plus en plus riche en sel à mesure qu'on la fait congeler. Il ne reste plus qu'à évaporer le liquide concentré par les gelées successives pour obtenir un sel fort impur.

Le *second procédé*, mis en pratique dans les pays chauds ou tempérés, consiste à évaporer l'eau de mer sur de grandes surfaces ou bassins peu profonds appelés *marais salants*, ou simplement *salins*. Ces marais sont de larges bassins peu profonds, divisés en nombreux compartiments que l'eau parcourt successivement avec une vitesse réglée à volonté et rendue très-faible; arrivée au dernier, l'eau s'est dépouillée de la plus grande partie de ses sels.

Ces marais, établis aussi près de la mer ou de la source salée qu'il est possible, doivent être en contre-bas du niveau de la source pour éviter d'avoir à élever l'eau par des machines; il faut toujours avoir des pompes pour faire passer l'eau d'une série de compartiments dans une autre.

Dans les derniers compartiments appelés *tables salantes*, où s'achèvent les dépôts des sels, on ne laisse qu'une légère couche de liquide à la surface, cinq à six centimètres seulement.

Le *levage du sel* ou *sa récolte* se fait au moyen de pelles; on l'amoncelle en tas allongés appelés *camelles*. Ce levage s'effectue une ou deux fois par an dans les marais de la Méditerranée, et presque tous les jours dans ceux de l'Océan.

Le premier dépôt auquel donne lieu l'eau de la mer dans les marais salants est de carbonate de chaux, coloré souvent en jaune par de l'oxyde de fer; il y a fermentation des matières organiques, développées au commencement de l'évaporation; cette fermentation cesse bientôt dès que l'eau marque cinq ou six degrés, parce que la végétation ne peut plus s'établir dans un liquide à ce degré de concentration.

Quand les eaux marquent de quinze à dix-huit degrés, elles déposent une grande quantité de sulfate de chaux hydraté, semblable au gypse. Il ne se produit pas de schlot, parce que le sulfate double de chaux et de soude ne se forme qu'à chaud. — A vingt-cinq degrés de l'aréomètre, il ne reste plus de sulfate de chaux, parce que ce sel est insoluble dans une eau chargée de sulfate de magnésie.

Le sel marin se dépose ensuite, d'abord sous la forme de cristaux graduellement croissants, puis sous la forme de cristaux isolés, à cause de la présence dans l'eau mère d'une quantité progressivement croissante de chlorure de magnésium.

Quand l'eau arrive à marquer près de trente degrés, on l'évacue, parce que les sels de magnésie sont près de se déposer; on renouvelle l'eau salée trois ou quatre fois avant de lever le sel.

Extraction des sels des eaux mères.

Les eaux mères de la récolte du sel renferment de grandes quantités de sels, et, quand elles marquent trente degrés, elles contiennent ordinairement : du chlorure de magnésium, du chlorure de sodium et du sulfate de magnésie.

En continuant leur évaporation sur le sol, on a pendant le jour du sel marin, et pendant la nuit, par refroidissement, du sulfate de soude; ces dépôts, s'effectuant sur la même table, donnent un mélange très-cohérent des deux sels. Si la température venait brusquement à s'abaisser jusqu'à dix degrés après un orage, il pourrait y avoir production d'un dépôt de sulfate de magnésie pur.

Les eaux amenées par concentration à trente-quatre degrés donnent des cristaux de sulfate de potasse, combiné au sulfate de magnésie; ce sel peut se séparer et se purifier facilement.

Arrivées à trente-six degrés, les eaux mères déposent du chlorure double de potassium et de magnésium; mais ce sel double est si déliquescent, qu'on est presque forcé d'avoir recours à la chaleur artificielle pour l'obtenir; on l'obtient pur, si, avant cette opération, on a maintenu pendant quelque temps l'eau mère à une température de deux ou trois degrés seulement. Les eaux privées de chlorure de potassium et de magnésium, quand elles sont concentrées à quarante degrés, fournissent encore par un froid vif de gros cristaux de chlorure de magnésium.

On n'a donc retiré, pour ainsi dire, que des produits complexes des eaux de la mer, qui sont :

1° Un mélange de sulfate de magnésie et de chlorure de sodium;

2° Un mélange riche en sulfate double de potasse et de magnésie;

3° Un sel riche en chlorure double de magnésium et de potassium.

Pour retirer du premier mélange du sulfate de magnésie isolé, on le dissout dans l'eau à trente degrés, et on laisse refroidir. On emploie une eau chargée de sel marin par la dissolution, de manière à avoir un équivalent de sulfate de magnésie et deux de sel marin, qu'on expose à une très-basse température. Il se fait du sulfate de soude qui cristallise hydraté, et du chlorure de magnésium qui reste dans les eaux mères. Il faut une température d'au moins deux degrés au-dessous de zéro, et avoir le soin d'enlever le sel dès qu'il est déposé, pour éviter la décomposition inverse qui se reproduirait si on laissait la température s'élever. Ce sulfate de soude est desséché et livré au commerce pour fabriquer la soude.

Le deuxième produit, ou le sulfate double de potasse et de magnésie, ne peut guère servir qu'à la fabrication de l'alun ou à la fabrication de la potasse par le procédé de Leblanc, auquel cas la magnésie reste avec l'oxysulfure de calcium dans les résidus.

Le troisième produit se scinde assez facilement, soit en l'exposant à l'air humide, qui rend si déliquescent le chlorure de magnésium, que celui-ci se sépare; soit même en le dissolvant dans l'eau bouillante et le faisant cristalliser à chaud; le premier sel déposé est le chlorure de potassium, plus tard le sel double recommence à se former. Quand on a enlevé le chlorure de potassium, on laisse refroidir, il ne reste presque plus que du chlorure de magnésium dans l'eau mère, il se dépose bientôt. Ces eaux mères peuvent donner du brome, de l'iode, et même servir à préparer l'acide chlorhydrique par la décomposition, au moyen de la chaleur du chlorure de magnésium, qui le constitue presque entièrement.

On peut, du reste, décomposer ce chlorure de magnésium

par la chaux, qui en sépare la magnésie, et se servir du chlorure de calcium produit, pour le décomposer par le sulfate de
soude, donner lieu à du sulfate de chaux insoluble et à du chlorure de sodium, qu'on peut retirer facilement.

Usages. — Les applications du sel sont fort nombreuses; on
en fait usage en agriculture, en médecine et dans les salaisons.
On l'emploie à la fabrication du sulfate de soude, de l'acide
chlorhydrique, des poteries, du tabac, du sel ammoniac, des
mélanges réfrigérants, enfin à un grand nombre d'usages en
chimie et en physique.

Causes d'incommodité. — Buée des chaudières à évaporation.

Fumée. — Infiltrations des eaux et production de salpêtre,
nuisibles aux murailles voisines.

Prescriptions. — Paver en bonnes pierres, bitumer, daller à
chaux et ciment bien rejointoyés les ateliers ou magasins où
seront déposées les matières salines raffinées ou brutes, ou
mises en solution dans des bacs.

On agira de même pour le sol de l'atelier où sera placée la
chaudière à évaporation.

Garnir les murs de ces ateliers ou des magasins, à un mètre
cinquante centimètres de haut, d'un *dallage* ou d'un enduit
hydraulique qui protége les voisins contre l'humidité et le sal-
pêtrage. Cet enduit descendra à vingt centimètres de fonda-
tion.

Isoler les bacs aux dissolutions salines des murs de l'usine et
surtout des murs mitoyens. — Isoler également de toute muraille l'atelier à évaporation, qui communiquerait aux parties
voisines de la chaleur et de l'humidité.

Construire les réservoirs ou les conduits en bois.

Recouvrir d'un couvercle métallique à charnières les chaudières à évaporation.

Diriger dans une cheminée *haute* et *large*, et à l'aide d'un
manteau communiquant avec elle, toutes les vapeurs de la poêle
au sel (poêle à évaporation) et les buées produites.

La cheminée, tout en maçonnerie, aura au moins quinze
mètres de hauteur à partir du sol,

Ne jamais laisser échapper les buées par des ouvertures sur la voie publique.

Ne jamais se servir de vases en cuivre ou en zinc dans l'usine.

— Les bacs et autres ustensiles seront en fer ou en bois.

(Voir l'*ordonnance ci-après*.)

Document relatif à l'industrie du sel.

TITRE II DE L'ORDONNANCE DU 28 FÉVRIER 1855.

Sel de cuisine et autres substances alimentaires.

8. Il est expressément défendu à tous fabricants, raffineurs, marchands en gros, épiciers et autres, faisant le commerce de sel marin (sel de cuisine), dans le ressort de la préfecture de police, de débiter et vendre comme sel de table et de cuisine du sel retiré de la fabrication du salpêtre, ou extrait des varechs, ou des sels provenant de diverses opérations chimiques.

Il est également défendu de vendre du sel altéré par le mélange des sels précédents ou par le mélange de toutes autres substances étrangères.

9. Il est défendu d'ajouter frauduleusement au lait, aux fécules, amidons, farine, ou à toute autre denrée, des substances étrangères, même quand ces substances n'auraient rien de nuisible.

10. Les commissaires de police de Paris, et les maires ou les commissaires de police dans les communes rurales, feront, à des époques déterminées, avec l'assistance des hommes de l'art, des visites dans les ateliers, magasins et boutiques des fabricants, marchands et débitants de sel et de comestibles quelconques, à l'effet de vérifier si les denrées dont ils sont détenteurs sont de bonne qualité et exemptes de tout mélange.

11. Le sel et toutes substances alimentaires ou denrées falsifiées seront saisies, sans préjudice des poursuites à exercer, s'il y a lieu, contre les contrevenants, conformément aux dispositions de la loi précitée du 27 mai 1851.

12. Il est défendu d'envelopper aucune substance alimentaire quelconque avec les papiers peints, et notamment avec ceux qui sont défendus par l'article 2 de la présente ordonnance.

Sel ammoniac. Voir *Alcali*, t. I, p. 200.

Sel d'étain. Voir au mot *Étain* (*Industrie de l'*), les articles *Protochlorure* et *Bichlorure d'étain*, t. I, p. 640.

Sel de Saturne. Voir *Plomb* (*Industrie du*), t. II, p. 512.

Sel de soude. Voir *Soude*, t. II, p. 544.

Sel de verre. Voir *Céramique* (*Industrie*), t. I, p. 372.

SIROP DE FÉCULE. Voir *Amylacées* (*Matières*), t. I, p. 233.

SOIE (BATTAGE DE LA). Voir *Battage des fils et des laines*, t. I, p. 269.

SOIES DB COCHON. Voir *Cuirs* (*Industrie des*), t. I, p. 516.

SOUDE (Industrie de la).

Soude (Fabrication de la), ou décomposition du sulfate de soude (3ᵉ classe). — 15 octobre 1810. — 14 janvier 1815.

Cette fabrication a lieu dans des fours en briques, dits fours de décomposition.

· (Voir *Fabrication du sulfate de potasse*, t. II, p. 349, et *Fabrication du sous-carbonate de soude*, t. II, p. 444.)

CAUSES D'INCOMMODITÉ. — Fumée abondante.

Odeur désagréable, si l'on n'enlève pas de l'usine les sulfures de calcium et autres résidus avant leur décomposition.

PRESCRIPTIONS. — Construire les fours en briques et fer.

Mettre les fours de décomposition et les chaudières à évaporation en communication avec la cheminée de tirage, toujours à large section, de manière à entraîner les gaz à une grande hauteur dans l'atmosphère.

Ventiler énergiquement les ateliers.

Sel de soude sec (Fabrication du). — Sous-carbonate de soude sec (5ᵉ classe). — 14 janvier 1815.

Soudes naturelles.

DÉTAIL DES OPÉRATIONS. — Les soudes naturelles de Narbonne, Alicante, Malaga, etc., qu'on vendait exclusivement autrefois, proviennent des *cendres* de plantes qui croissent sur le bord de la mer ou dans des terrains salés, et fournies presque toutes par la famille des chénopodées et des ficoïdées. On a réservé le nom de *soude* aux produits de cette incinération, et donné le nom de *potasse* aux cendres des végétaux terrestres, proprement dits.

Ces plantes sont récoltées, séchées, puis incinérées dans des fosses circulaires de un mètre et demi de diamètre environ et un mètre de profondeur; les cendres s'agglomèrent peu à peu, on les enlève quand il y en a une quantité suffisante, et on les livre au commerce sous le nom de *soudes brutes* ou *carbonate neutre impur*. Elles contiennent des oxydes de fer et de manganèse.

Le natron d'Égypte est un sesquicarbonate : on le croit formé par double décomposition du chlorure de sodium et du carbonate de chaux ; il se produit dans les lacs d'Égypte : il vient s'effleurir sur les bords, puis est entraîné par des filets d'eau dans les lacs, dont l'évaporation laisse une croûte saline, confusément cristalline et translucide, qu'on expédie en Europe. — L'Afrique, la Hongrie, la Colombie, l'Inde, la Chine, en fournissent également.

Soude artificielle (carbonate neutre de soude).

Ce produit est toujours fabriqué par le procédé que donna Leblanc, lors de la Révolution, quand les soudes étrangères ne pouvaient pas arriver en France. On décompose le sel marin par l'acide sulfurique pour avoir du sulfate de soude, et celui-ci par un mélange de craie et de charbon pour avoir le carbonate.

Le carbonate de soude cristallisé que l'on vend dans le commerce contient 56 pour 100 d'eau ; il est efflorescent ; cent parties d'eau en dissolvent soixante parties, et à trente-six degrés, huit cent trente-trois parties ; au delà elle se dissout moins : ce sel possède son maximum de solubilité à trente-six degrés ; celui du commerce contient toujours des quantités très-faibles de sulfate de soude, de potasse, de chlorure de potassium, etc...

Le sulfate de soude, qui sert à fabriquer le carbonate, est produit comme il est dit à la fabrication de l'acide chlorhydrique, t. I, p. 152.

Ce sulfate est mêlé à un mélange intime, formé d'un poids égal de craie et de la moitié de son poids de charbon bien divisé ; on y ajoute même du poussier grossier de charbon pour diviser la masse et faciliter la lixiviation.

Si l'on ne mettait que juste la quantité de craie nécessaire pour transformer en sulfure de calcium le sulfure de sodium qui provient de l'action du charbon sur le sulfate de soude, on n'obtiendrait rien, car il se reformerait de la craie et du sulfure de sodium, quand on voudrait dissoudre le mélange dans l'eau. — Mais si l'on met un équivalent de craie de plus, il se forme un équivalent de chaux libre, qui se combine à deux équivalents de sulfure de calcium et forme un oxysulfure qui ne se décompose plus en présence de l'eau. — On sait, du reste, qu'une trop grande quantité de charbon peut décomposer une partie du carbonate et éliminer de la soude caustique.

On a d'abord employé des petits fours rectangulaires; après diverses modifications, on a reconnu qu'il était avantageux d'employer de grands fours elliptiques de vingt à vingt-cinq mètres de surface de sole. Ces fours sont composés d'un foyer sur lequel on brûle de la houille, et d'un autel ou mur en briques réfractaires bien cimentées à l'argile, qui sépare le foyer de la sole.

A l'extrémité du four sont deux carneaux qui aboutissent à une cheminée élevée dans l'axe du four. Ce four est muni de quatre portes latérales et d'une cinquième placée à l'extrémité, près de la cheminée; elles sont garnies d'un rouleau de fer destiné à faciliter le jeu des râbles de fer. Quatre ouvertures circulaires sont pratiquées sur la voûte; elles sont rondes, garnies d'un manchon de fonte et d'un obturateur, et destinées à opérer les chargements. On les supprime quelquefois pour assurer plus de solidité à la voûte, et on charge alors par les portes latérales.

On fait quelquefois passer la fumée et les flammes perdues dans des cheminées traînantes qui servent à chauffer des chaudières d'évaporation.

Le four est d'abord chauffé au rouge dans toute son étendue; alors on introduit le mélange; on ferme les ouvertures; la masse se fond superficiellement d'abord; on la remue en tous sens, et on laisse en repos chaque fois. — Au troisième brassage, la masse est pâteuse; on remue presque continuellement dès cet instant. — La réaction s'opère, il se dégage *de l'oxyde de carbone* qui brûle; quand la flamme diminue, va cesser, on se hâte de retirer la soude pour empêcher son agrégation trop énergique, on la refroidit le plus promptement possible, ce à quoi on arrive en la coulant en plaques dans des moules de fonte.

On se sert quelquefois de fours à doubles compartiments, quand on ne veut pas condenser l'acide chlorhydrique à cause de son peu de valeur.

L'un de ces deux fours sert à faire le sulfate de soude; il est chauffé par la flamme perdue de l'autre. Dès que le sulfate est formé, on le retire; on le mélange aux proportions voulues de craie et de charbon, et on l'introduit immédiatement dans le premier four à réverbère, qui a la même disposition que le four à soude précédemment décrit.

On emploie quelquefois un four triple; le premier compartiment sert à faire la soude; — Les deux autres, à faire, l'un, la réaction de l'acide sulfurique sur ce sel; l'autre, la calcination du sulfate produit.

La soude brute ainsi obtenue sert dans les verreries, les blanchisseries, les savonneries et à quelques autres emplois.

Raffinage. — Pour raffiner la soude, on soumet la soude brute à des lavages méthodiques qui en séparent le charbon en excès, l'oxysulfure de calcium, la craie et même du sulfate de soude et du sel marin indécomposés.

On broie mécaniquement la soude brute, on la soumet à des lavages méthodiques dans des cuves ou bâches en bois, de manière que les eaux faibles viennent passer sur des matières de plus en plus riches, et que celles-ci se trouvent ensuite soumises à des eaux de plus en plus faibles, enfin à de l'eau pure.

Les solutions arrivent dans des bassins plats, puis dans des chaudières faisant suite les unes aux autres; la première est la plus chauffée, et la flamme se prolonge sous les autres, de manière à évaporer déjà une partie du liquide. Le sel de soude se précipite dans la première chaudière quand la concentration est portée assez loin; on l'en retire au fur et à mesure, et on le laisse égoutter dans des trémies de plomb.

On le fait ensuite sécher sur des plaques de fonte, en prenant la précaution de le remuer de temps en temps pour empêcher son agglomération.

Pour *obtenir les cristaux de soude*, on prend la soude raffinée, blanche et fabriquée, non en vue de la rendre caustique; on la dissout dans l'eau bouillante, on concentre à trente-deux degrés. — On laisse éclaircir par le repos, et on décante dans des cristallisoirs en fonte; les cristaux se forment en quantité d'autant plus grande, que la température de l'atelier est plus basse.

On a proposé aussi de préparer la soude par l'action de la litharge sur le chlorure de sodium; il se forme du chlorure de plomb et de la soude libre.

On a également employé le sulfure de sodium obtenu par différents moyens industriels suivant les localités, et on le décomposait ensuite par l'acide carbonique.

Mais ces procédés et plusieurs autres n'ont presque jamais été mis en pratique depuis la découverte de Leblanc.

On exploite industriellement la fabrication du carbonate de soude par voie humide.

En France, M. Schlœsing fait rendre dans une dissolution de chlorure de sodium ou sel marin un courant d'ammoniaque et un autre d'acide carbonique; celui-ci en grand excès. Il se fait du chlorhydrate d'ammoniaque, du chlorure de sodium, du bicarbonate d'ammoniaque et du bicarbonate de soude; comme ce dernier sel est le moins soluble, c'est lui qui se dépose. On le recueille, on le lave, il ne reste plus qu'à le calciner pour le transformer en carbonate neutre. Dans cette opération, l'acide carbonique est fourni par la calcination du carbonate de chaux avec le charbon, comme dans la fabrication de la céruse (procédé Roard) ; on produit en même temps de la chaux avec laquelle on régénère de l'ammoniaque avec le chlorhydrate d'ammoniaque produit.

Dans un autre procédé, on agite dans un cylindre contenant deux cents parties d'eau, cent dix de sulfate de soude et quatre-vingt-six de bicarbonate d'ammoniaque. Il se dépose du bicarbonate de soude qu'on calcine.

Je dois encore mentionner le procédé suivant : quand on sature d'acide carbonique une dissolution contenant du sel marin et de l'ammoniaque, il se produit du bicarbonate d'ammoniaque, et bientôt les deux sels réagissant l'un sur l'autre, on a, d'une part, du chlorhydrate d'ammoniaque qui reste en dissolution ; et, d'autre part, du bicarbonate de soude qui se précipite ou reste en suspension dans la liqueur. Ce bicarbonate de soude, filtré, lavé et calciné jusqu'à deux cents degrés environ, fournit du carbonate de soude sec.

A l'aide d'appareils spéciaux, on fait arriver l'un sur l'autre en sens inverse les dissolutions de sel marin et d'ammoniaque. L'acide carbonique est fourni par un foyer dans lequel on brûle du coke pour chauffer un torréfacteur ; il est mêlé de beaucoup d'azote. On admet que, dans le premier cylindre, il se fait du protocarbonate d'ammoniaque ; dans le deuxième cylindre arrive le liquide, qui, mis en contact avec le gaz acide carbonique pur fourni par le torréfacteur, donne lieu au bicarbonate d'ammoniaque et à la réaction qui s'opère entre lui et le muriate de soude.

Soude de varech.

On connaît sous le nom de soude de varech une *soude brute*, riche en potasse et contenant environ pour cent parties :

Sulfate de potasse. 19
Chlorure de potassium 25
Chlorure de sodium. 56

Usages. — Cette soude est employée encore et l'a été souvent autrefois surtout par les verreries.

Détail des opérations. — On l'*obtient, en brûlant dans des fosses* les varechs ou goëmons, plantes marines qui viennent à la surface de la mer sur les côtes de la Normandie; on les réunit en radeaux et les amène dans les endroits *où on les brûle après des siccation.*

Selon les pays, on les brûle à l'air libre dans de simples fossés faites en terre. Dans tout le Midi, on utilise ainsi les plantes marines, et surtout les salsola, les salicors, les chenopodium, les arroches, — sur les côtes du Nord, on brûle les fucus, goëmons, varechs. La combustion dure plusieurs jours. La chaleur fond la cendre; — on laisse refroidir et l'on retire, après l'opération, une masse dure, à demi fondue, brune ou grise, qu'on concasse et qu'on expédie dans le commerce.

D'autres fois, quand le résidu de l'incinération entre en fusion, on le rassemble en masse, on en extrait les sels par lixiviation et on garde les dernières eaux mères de cristallisation pour en retirer de l'iode et du brome.

Acétate de soude, ou verre folié minéral.

Ce sel est efflorescent, comme la plupart des sels de soude, et soluble dans trois fois son poids d'eau froide. A l'état impur, c'est-à-dire à l'état de pyrolignite, il servait à la fabrication du sodium.

CAUSES D'INSALUBRITÉS. — Quelquefois, dégagement de vapeurs d'acide muriatique nuisibles à la végétation.

CAUSES D'INCOMMODITÉ. — Dégagement de vapeurs ammoniacales, de gaz acide carbonique et d'oxyde de carbone.

Fumée des fours.

Buée des chaudières d'évaporation.

Écoulement d'eaux abondantes.

PRESCRIPTIONS. — Construire les fours en briques et fer.

Les surmonter d'une hotte qui conduise les vapeurs dans une cheminée haute de trente mètres, en briques et à large section.

Ventiler l'atelier.

Brûler la fumée et les gaz produits.

Mettre en communication les étuves avec les chaudières où se concentrent les lessives.

Condenser les vapeurs des fours à calciner, en employant l'appareil désigné sous le nom de *cascade de Clément.* Les gaz, après avoir traversé l'appareil de Wolf, passent par une masse de coke entassé dans un vaste cylindre en terre. Un filet d'eau tombant sur le coke permet aux vapeurs si avides d'humidité de se condenser.

Mettre la cascade en communication avec la grande cheminée de la fabrique.

Eau seconde alcaline (Fabrication de l') des peintres en bâtiments
(3e classe). — 14 janvier 1851.

DÉTAIL DES OPÉRATIONS. — On désigne sous le nom d'*eau seconde alcaline* une lessive de soude ou de potasse rendue caustique par la chaux ; on la conserve avec son état de causticité en la maintenant toujours sur de la chaux dans un vase fermé. (Alcali caustique en dissolution.)

On préfère généralement, pour décrasser, l'eau seconde

de soude. On la colore quelquefois avec de la sciure de bois.

Causes d'incommodité. — Sa causticité, dans l'usage qu'on en fait.

Prescriptions. — Ne la préparer qu'au fur et à mesure des besoins, et en petite quantité.

Ne pas la laisser à la disposition du public ou des enfants.

Bicarbonate de soude.

Ce sel est formé d'un équivalent de soude et de deux équivalents d'acide carbonique.

On l'obtient en faisant réagir l'acide carbonique sur des cristaux de soude humectés et concassés. On les dispose en couches de six à huit centimètres sur des filets tendus par des châssis et soutenus par des traverses ; ces châssis sont parallèles, disposés dans des chambres de maçonnerie ; des planches inclinées, placées sous chaque châssis, empêchent les égouttures de venir tomber sur les châssis inférieurs et les déversent de côté.

Les chambres, où sont ainsi disposées ces rangées de châssis, communiquent entre elles de manière que l'acide carbonique non absorbé vienne les saturer.

L'acide carbonique attaque les cristaux en formant du sesquicarbonate, puis du bicarbonate ; ce dernier sel ne retenant qu'un dixième de l'eau de cristallisation du carbonate neutre, laisse couler les neuf autres dixièmes ; il reste sous une forme spongieuse presque complétement débarrassée des sels étrangers qu'il retenait.

Les châssis, ainsi chargés de bicarbonate, sont portés dans des chambres où ils se dessèchent sous l'influence d'un courant d'acide carbonique sec chauffé à quarante degrés.

L'acide carbonique peut être fourni par une source naturelle, comme à Vichy ; on forme une maçonnerie autour de la source et on la recouvre d'une cloche dans la partie supérieure de laquelle vient se loger l'acide carbonique qui passe de là dans des chambres ou dans des tonneaux ou cuves qui y suppléent.

On peut obtenir ce bicarbonate en traitant la dolomie (carbonate de chaux et de magnésie), par de l'acide sulfurique faible, dans un vase en fonte fermé et doublé de plomb et agité mécaniquement au moyen d'une poulie. L'acide sulfurique est ajouté peu à peu, l'acide carbonique se dégage, vient se laver dans un flacon contenant de l'eau, puis passe sous le faux-fond percé d'une cuve contenant des cristaux de soude humide, où la réaction s'opère pour former du bicarbonate; comme il a été dit précédemment, on fait en même temps du sulfate de magnésie et on le sépare du sulfate de chaux avec lequel il est mêlé dans le vase de fonte.

Le dégagement d'acide carbonique peut être produit par l'action de l'acide sulfurique sur la craie. — On rejette le sulfate de chaux.

Si l'on emploie les résidus de marbre et l'acide chlorhydrique, on obtient de l'acide carbonique et un chlorure de calcium assez pur et cristallisable.

Usages. — Le bicarbonate de soude sert à la fabrication de certaines eaux gazeuses au moyen des acides, et à la dorure par immersion.

Hyposulfite de soude.

Il est cristallisé, incolore, inaltérable à l'air, très-soluble dans l'eau, forme des combinaisons solubles avec les oxydes de mercure, d'or et d'argent.

Détail des opérations. — On l'obtient : 1° En exposant longtemps à l'air les différents sulfures de sodium ;

2° En faisant passer un courant d'acide sulfureux dans une dissolution de protosulfure de sodium jusqu'à décoloration de la liqueur;

3° En saturant de soufre et à l'ébullition une dissolution de sulfite neutre de soude, filtrant et laissant cristalliser après concentration suffisante. Ce procédé le donne plus commodément et plus pur que les autres.

Usages. — On emploie ce sel dans les arts, surtout en photographie.

sulfate de soude (Fabrication du), à vases ouverts (1re classe). — 14 janvier 1815.

sulfate de soude (Fabrication du), à vases clos (2e classe). — 14 janvier 1815.

DÉTAIL DES OPÉRATIONS. — Ce sel, bien connu, s'obtient :

1° Par les quatre premiers moyens décrits pour obtenir le sulfate de potasse, en substituant le mot *soude* au mot *potasse*.

2° Par l'action de l'acide sulfurique sur le chlorure de sodium, préparation décrite à la fabrication de l'acide chlorhydrique.

5° On peut le retirer en soumettant à l'action de la chaleur le sel marin mêlé au sulfate de fer; il se forme du sulfate de soude et de l'oxyde de fer qu'on sépare par lavage.

4° Enfin on le retire des eaux de la mer, par abaissement de température quand les eaux sont suffisamment concentrées.

En parlant des marais salants, il a été traité des moyens employés pour retirer les divers sels que peut donner la mer.

Nouveau procédé pour la production du sulfate de soude artificiel. — « Ce procédé, vraiment digne de fixer l'attention des savants et des industriels, et qui vient d'être expérimenté dans les établissements métallurgiques de MM. Œschger, Mesdach et Cie, à Biache-Saint-Waast (Pas-de-Calais), est appelé par sa simplicité et son économie à révolutionner toutes les industries qui emploient la soude. Il a, en outre, l'immense avantage de tirer parti d'un produit, le soufre, contenu dans les pyrites, les anthracites, les minerais, etc., qui était jusqu'alors évaporé en pure perte.

« Nous copions textuellement les brevets qui viennent d'être pris dans les principaux États de l'Europe et de l'Amérique.

« L'invention consiste dans un nouveau mode de fabrication de la soude sulfatée propre à être employée directement dans la verrerie, ou à être transformée en carbonate de soude.

« Au lieu d'employer l'acide sulfurique pour décomposer le chlorure de sodium, on expose simplement ce sel à un courant d'acide sulfureux obtenu du soufre, des pyrites de fer ou du grillage des minerais sulfurés de plomb, de cuivre, de zinc, etc.

« L'acide sulfureux décompose l'eau d'hydratation du sel marin, ou celle que l'on ajoute pendant l'opération, soit à l'état de liquide, soit à l'état de vapeur; l'hydrogène se porte sur le chlore pour former de l'acide hydrochlorique, et l'oxygène mis en liberté, ainsi que celui qui provient de l'air, mélange, transforme l'acide sulfureux en acide sulfurique, et le sodium en acide sodique. Ces deux corps, en réagissant l'un sur l'autre, forment du sulfate de soude.

« Il se produit aussi des sulfites et hyposulfites de soude qui sont transformés, comme les sulfates, en carbonate de soude par le procédé ordinaire.

« Le mode de fabrication à employer est extrêmement simple. Il suffit d'exposer le chlorure de sodium à l'action de l'acide sulfureux dans les canaux d'un four qui en dégage, ou sur des tôles chauffées par la flamme perdue de ce four, ou par des foyers spéciaux ; ou bien l'on amène le courant d'acide sulfureux dans une dissolution de sel marin ; ou bien enfin l'on introduit l'acide sulfureux. par des canaux à claire-voie dans des chambres contenant le sel marin sur lequel on ajoute de temps en temps une certaine quantité d'eau. Les vapeurs qui s'échappent de l'une des chambres où s'achève la réaction peuvent être conduites vers une autre chambre où la combinaison commence, si les vapeurs contiennent encore de l'acide sulfureux. »

Causes d'insalubrité. — Dégagement de vapeurs acides, surtout de vapeurs d'acide muriatique, nuisibles à la végétation, et portées souvent à de grandes distances. — Ces vapeurs déterminent des laryngites et de la toux chez les ouvriers.

Causes d'incommodité. — Odeurs désagréables.

(En vases clos), très-peu d'odeurs et peu de fumée.

Prescriptions. — Construire les fours en briques et fer.

Condenser ou brûler toutes les vapeurs produites.

User de l'appareil dit *cascade de Clément.*

Élever la cheminée à trente mètres au-dessus du sol.

Opérer en vases clos pour être placé en deuxième classe, et

faire arriver finalement les vapeurs acides dans des vases remplis de chaux ou des résidus de soude.

Ou bien, faire communiquer l'extrémité des appareils de condensation de l'acide hydrochlorique par des conduits souterrains dont le fond devra toujours être couvert d'eau, avec une cheminée d'appel qui aura au moins trente-cinq mètres d'élévation.

Bisulfate de soude.

C'est un corps analogue au bisulfate de potasse.

Il est produit dans les mêmes circonstances, et sert aux mêmes usages et à la même fabrication.

Soude de warech, quand la fabrication s'opère dans des établissements permanents (3ᵉ classe). — 27 mai 1838.

Cette fabrication, qui a lieu, en général, à l'air libre dans des fosses, a été décrite au mot *Soude*, article *Fabrique de cristaux de*, t. II, p. 447-449.

Combustion de plantes marines, lorsqu'elle se pratique dans des endroits permanents (Fabrication de soude de varech) (1ʳᵉ classe). — 27 mai 1838.

DÉTAIL DES OPÉRATIONS. — Comme le grillage de quelques pyrites, comme les charbonnières, la combustion des plantes marines dans des établissements permanents surtout, peut donner lieu à de graves inconvénients. Près des habitations, elle offre une imminence constante d'incendie. Dans la campagne, les récoltes ont beaucoup à souffrir de ce voisinage. — On obtient avec cette combustion une *soude*, dite de varech. (Voir *Soude de varech*, t. II, p. 449.)

CAUSES D'INSALUBRITÉ. — Près des habitations, danger d'incendie et vapeurs désagréables.

Dans la campagne, — fumée épaisse, chaleur brûlante, nuisibles à la végétation, et pouvant s'étendre fort loin, selon la violence du vent, quand on agit à ciel ouvert et sans abri contre les courants d'air.

CAUSES D'INCOMMODITÉ. — Fumée épaisse et prolongée. Odeur désagréable.

PRESCRIPTIONS. — N'autoriser cette pratique que loin des habitations (cinq cents mètres).

Ne permettre la mise des feux que quand les récoltes du pays sont terminées.

Entourer le lieu où se fait la combustion de paillassons et de toiles qu'on dirigera successivement dans le sens opposé au vent.

Si l'établissement est rapproché des habitations, ne l'autoriser qu'à la condition qu'il sera entouré de murs qui auront au moins trois mètres de hauteur. — Au besoin, si cela était nécessaire, faire élever une cheminée de trente mètres, sous laquelle on dirigerait les vapeurs et la fumée.

SOUFRE (INDUSTRIE DU).

Soufre (Fabrication des fleurs de) (1ʳᵉ classe). — 9 février 1825.

Soufre (Distillation du) (1ʳᵉ classe). — 14 janvier 1815.

Soufre (Fusion du), pour le couler en canons, et épuration de cette même matière par fusion ou décantation (2ᵉ classe). — 9 février 1825.

DÉTAIL DES OPÉRATIONS. — Ce corps se présente dans la nature sous la forme de cristaux et sous la forme de poudre amorphe. Il se trouve dans le voisinage des volcans et dans les eaux naturelles sulfureuses ; ces eaux contiennent de l'hydrogène sulfuré libre, provenant souvent de la décomposition des sulfures qu'elles renferment ; l'oxygène de l'air, en présence des matières organiques renfermées dans ces eaux, décompose l'hydrogène sulfuré en eau et en soufre qui se dépose.

Extraction. — Le soufre s'extrait du soufre naturel impur de la Sicile. Quand la matière brute est riche, on la fond dans une chaudière, sans atteindre une température de deux cent cinquante degrés à laquelle la masse s'enflammerait spontanément; on décante le soufre fondu pour le séparer du dépôt, et on le laisse refroidir.

On se sert quelquefois pour la mine pauvre d'un four coulant où les résidus précédents servent à chauffer au commencement de l'opération. Mais le plus souvent on emploie des creusets de terre, disposés sur deux rangs, au nombre de douze ou seize, dans un long fourneau de galère; le feu est établi entre les deux rangs de creusets; chacun d'eux est recouvert d'un disque luté avec de l'argile. Chaque creuset communique par une tubulure à un récipient de terre placé au dehors de la voûte et destiné à condenser les vapeurs; le soufre encore liquide vient couler dans des baquets de bois remplis d'eau. Le soufre brut ainsi obtenu contient 3 à 4 pour 100 au moins de matières étrangères bitumineuses et terreuses pour la plupart.

Raffinage. Épuration. — Le raffinage se faisait autrefois en fondant le soufre brut dans une chaudière de fonte, le laissant déposer, puis décantant pour le séparer des matières étrangères.

On opère maintenant ce raffinage par distillation ; l'appareil consiste en deux cylindres de fonte, fermés à l'une de leurs extrémités par un obturateur, et terminés à l'autre par un cylindre de même diamètre courbé en col de cygne. La partie antérieure est chauffée, et les gaz passent avec la fumée dans une cheminée rampante, puis dans des carneaux où ils chauffent une chaudière placée au-dessus des cylindres, destinée à fondre le soufre et à le séparer de la plus grande partie des substances étrangères; elle est munie d'un couvercle en tôle et d'un robinet à l'aide duquel on fait passer le soufre fondu dans les cylindres de fonte.

Cette chaudière préparatoire est d'une haute importance, et empêche l'introduction dans les cylindres des matières bitumineuses qui accompagnent le soufre, et qui peuvent, en *présence des vapeurs sulfureuses de l'hydrogène sulfuré qui se forme, donner lieu à des détonations dans la chambre;* les accidents ne se présentent presque plus; on évite encore de nettoyer chaque fois ces *cylindres, opération incommode et dangereuse pour les ouvriers.*

L'extrémité des cornues vient affleurer la paroi interne d'une chambre de quatre-vingts mètres cubes environ construite en forte maçonnerie de briques cimentées avec de la chaux et du sable; on peut intercepter et rétablir la communication de la chambre avec les cylindres au moyen de registres ; une porte en fer ou en plomb est destinée à permettre l'entrée d'un homme dans la chambre ; cette porte est maçonnée pendant le travail.

Quand on commence l'opération, on ne charge qu'un des cylindres de soufre brut; et quand la distillation est en train, le soufre placé dans la chaudière supérieure a pu se fondre en quantité suffisante pour alimenter le deuxième cylindre; on ouvre alors le robinet et on laisse couler cent cinquante litres environ; on ferme ce robinet, on enlève le tube de communication et le remplace par un tampon de poterie garni d'argile.

Pour prévenir les effets de la dilatation de l'air dans la chambre, on place à la partie supérieure de celle-ci une soupape à contre-poids, et formée simplement d'une plaque de tôle; autant que possible, il faut, pendant l'opération, éviter la présence de l'air à l'intérieur.

Soufre en canons. — Chaque cylindre est chargé toutes les quatre heures; on obtient ainsi dix-huit cents kilogrammes de soufre par vingt-quatre heures, c'est-à-dire cent cinquante kilogrammes par cornue par quatre heures. Le soufre peut bientôt rester liquide dans la chambre; on reconnaît qu'il est liquéfié en jetant par l'une des soupapes un bâton de soufre qui produit un bruit semblable à celui d'une pierre tombant dans l'eau; on le soutire après huit ou neuf chargements, en enlevant une tige conique en fer qui se trouve au niveau inférieur de la chambre. Ce soufre liquide est versé dans des moules en buis, ronds, légèrement coniques et humides, qu'on refroidit promptement pour en retirer, à l'aide d'un tampon, les canons de soufre; ceux-ci sont translucides et orangés, mais deviennent bientôt jaunes et opaques par un changement d'état moléculaire. Le soufre en canons est préféré dans les opérations où le soufre doit être pur et non acide comme dans la fabrication de la poudre.

Soufre en fleurs. — Pour avoir le soufre en fleurs, il faut condenser immédiatement la vapeur de soufre, sans passer par l'état liquide, comme cela arrive dans la formation de la neige; on y arrive en se servant des appareils précédents, et empêchant la température de la chambre de s'élever au delà de cent dix degrés; on réduit pour cela le nombre des distillations à deux par jour. Le soufre, condensé en poudre impalpable, est retiré par la porte maçonnée dont il a été question; celui qui avoisine cette porte est ordinairement humide, on le lave avant de l'emballer, car il contient de l'acide sulfurique.

Soufre des pyrites. — On peut aussi retirer du soufre des pyrites ou bisulfure de fer, en les chauffant dans des cylindres d'argile à creusets, et les faisant communiquer à un récipient contenant de l'eau froide. Les frais de combustibles rendent ce soufre beaucoup plus cher que le soufre de Sicile; aussi a-t-on abondonné ce procédé.

Usages. — Le soufre sert à fabriquer l'acide sulfurique, la poudre, les allumettes, les mèches soufrées et divers autres produits. C'est avec lui qu'on obtient le *gaz acide sulfureux*, dont les usages sont si utiles et si répandus dans l'industrie. — On emploie l'acide sulfureux pour arrêter les incendies. La combustion des fleurs de soufre dans un espace bien fermé produit de très-grandes quantités d'acide sulfureux, gaz impropre à alimenter la flamme.

On désinfecte avec lui les lazarets, les vaisseaux, les casernes. (Lotions d'eau contenant de l'acide sulfureux.) On prépare aussi par son action sur les parois les tonneaux destinés à conserver le vin, la bière, les sirops et autres liqueurs fermentescibles. C'est en s'opposant au développement de la fermentation qu'il est utile dans la conservation des viandes.

Causes d'insalubrité. — Danger du feu et odeur très-désagréable. (Fabrication des fleurs, distillation et fusion.)

Quelquefois danger d'explosion. (Raffinage.)

Causes d'incommodité. — Dégagement de vapeurs d'acide sulfureux, nuisible quelquefois aux ouvriers et à la végétation.

Prescriptions. — Diriger les gaz produits vers des condenseurs pendant la distillation et la fusion.

Dissiper par une bonne ventilation les gaz qui s'échappent des appareils.

Fermer hermétiquement les chambres à condensation, et, après le refroidissement, les aérer avec soin, avant que les ouvriers y pénètrent. (Fabrication des fleurs.)

Ne pas faire communiquer les creusets de fusion avec les foyers.

Opérer la fusion et la décantation sous un manteau de cheminée.

Donner à la cheminée une section et un tirage suffisants. — L'élever au moins à vingt mètres à partir du sol, afin de disperser dans l'air les gaz sulfureux provenant des combustions accidentelles et journalières du soufre. Ces gaz, mélangés à l'air humide, perdent de leur action et peuvent retomber sans grave inconvénient.

Construire en matériaux incombustibles et isoler complètement les chambres où s'opèrent la fonte et le raffinage du soufre.

Revêtir de plâtre les charpentes et toitures du bâtiment sous lequel se trouvent ces chambres.

Établir au sommet de ces chambres une cheminée destinée à porter très-haut les vapeurs qui y restent après chaque opération.

Si l'on a besoin de débarrasser rapidement les chambres de toute vapeur sulfureuse, y verser ou y faire dégager du chlore. — (Consulter l'ordonnance de mai 1857 sur la vente du soufre en canon.)

Soufreries.

Dans un grand nombre d'industries, on a recours au soufre pour imprégner de ses vapeurs des substances très-variées. — Dans le but, soit de les blanchir, soit de les assainir, soit de s'opposer à leur fermentation s'il s'agit de matières organiques. On doit prendre pour la construction des soufroirs ou soufreries les mêmes précautions que pour celle des chambres à distillation et fusion du soufre, c'est-à-dire que les parois en seront faites en matériaux incombustibles, que l'air ne pourra y pénétrer, et que la cheminée qui donnera issue aux produits gazeux aura de vingt à trente mètres d'élévation, selon les localités. — On recommandera avec beaucoup de soin de ne pas laisser pénétrer les ouvriers dans ces soufreries avant que toute vapeur acide n'en ait été dissipée. — On écartera de ce soufroir toutes les matières susceptibles d'inflammation.

(Soufroirs des fabricants de bonneterie et de tous objets de laine et de soie.)

Il n'en est pas de même pour des soufroirs de petites pièces, par exemple pour les teintureries de minime importance.

Sulfures métalliques (Grillage des), en plein air (1re classe). — 14 janvier 1815.

Sulfures métalliques (Grillage des), dans les appareils propres à tirer le soufre et à utiliser l'acide sulfureux qui se dégage (2e classe). — 14 janvier 1815.

DÉTAIL DES OPÉRATIONS. — Les sulfures *métalliques* s'obtiennent, en général, par le grillage. Ce grillage peut avoir lieu en tas, en plein air ou dans des fours construits spécialement pour cet objet; cette opération donne lieu, en général, à un dégagement considérable de chaleur et à la production de gaz odorants plus ou moins dangereux, selon le métal qu'on traite. Il faut y ajouter la fumée.

Quelquefois le grillage des sulfures a lieu pour en retirer le soufre et utiliser l'acide sulfureux qui se dégage pour la fabrication des sulfites, par exemple. — Dans ce cas, tous les gaz produits sont recueillis avec soin et les inconvénients disparaissent.

CAUSES D'INSALUBRITÉ. — Dégagement de gaz en général nuisibles à l'homme et à la végétation.

CAUSES D'INCOMMODITÉ. — Fumée.

Chaleur rayonnante, nuisible à la végétation.

Mauvaise odeur.

PRESCRIPTIONS. — Isoler complétement les fours ou les lieux où se pratique le grillage.

A l'air nu, entourer le foyer d'abris protecteurs, tels que de larges toiles, des paillassons, etc., etc.

Dans les fours, surmonter ceux-ci d'une hotte qui communique avec une cheminée de quinze à vingt mètres d'élévation.

Sulfure de carbone (1re classe, par assimilation à l'éther).

Le sulfure de carbone ou acide sulfocarbonique est un liquide à odeur putride d'une densité égale à 1,293 à zéro : il bout à quarante-cinq degrés ; il peut s'enflammer comme l'éther et donner alors de l'acide sulfureux et de l'acide carbonique très-délétères. Il est presque insoluble dans l'eau et soluble en toutes proportions dans l'alcool et l'éther.

Préparation. — On le prépare dans les laboratoires par le moyen suivant :

On remplit presque complétement une cornue de fragments de charbon de bois ; on a préalablement fixé par la tubulure un tube de porcelaine plongeant presque jusqu'au fond. On place cette cornue dans un fourneau, on y adapte une allonge, puis un réfrigérant terminé par un tube plongeant dans un ballon bien refroidi qui communique lui-même avec l'atmosphère par un tube très-long. On chauffe la cornue graduellement jusqu'au rouge clair, puis on introduit un morceau de soufre par le tube de porcelaine qu'on bouche aussitôt après, et, de deux en deux minutes, on ajoute un morceau de soufre. Ce soufre se réduit en vapeurs, et, au contact du charbon incandescent, il se change en sulfure de carbone qui passe dans le réfrigérant, s'y condense et se rend ensuite dans le ballon ; il se rassemble au fond ; l'eau qui y était contenue le surnage ; on peut l'avoir pur et anhydre en le distillant doucement sur du chlorure de calcium.

Quand on opère en grand, on emploie le même moyen et des vases analogues proportionnés aux quantités que l'on veut obtenir.

On a remplacé la cornue de laboratoire par un long cylindre de fonte de trente centimètres de diamètre, deux mètres de hauteur sur six centimètres d'épaisseur, reposant sur un bloc de fonte ; le couvercle porte deux tubulures, l'une sert à laisser passer un tube de porcelaine qui descend à quelques centimètres du fond ; l'autre sert à recharger le cylindre à mesure que disparaît la braise dont on le remplit d'abord.

Une troisième tubulure latérale sert à laisser dégager les

vapeurs de sulfure de carbone ; celles-ci passent ensuite dans une bombonne qui en condense une partie et de là dans un serpentin bien refroidi.

On a perfectionné ce procédé en le rendant plus économique et plus salubre.

On emploie un vase en fonte elliptique de deux mètres de hauteur, un mètre sur quarante centimètres de section diamétrale et d'une épaisseur de cinq centimètres, chauffé sur ses parois latérales et point sur son fond, par lequel il repose sur la voûte du foyer. A la partie inférieure est un ajustage à bride, fermant par une porte en fonte, qui sert à charger le soufre. Le fond supérieur est surmonté d'une buse fermant à volonté par un disque ou tampon de fonte très-lourd ; un tube incliné, adapté latéralement sur cette buse, vient se rendre sur le couvercle en tôle d'un vase intermédiaire ; au bout de ce tube incliné est une bride destinée à pouvoir, à l'aide d'un tampon de linge, intercepter la communication entre le vase distillatoire et le condensateur. Ce vase intermédiaire doit retenir le soufre volatilisé qui n'est pas entré en combinaison, car il est bien moins volatil que le sulfure de carbone.

Le condensateur est formé de trois larges cylindres en zinc, superposés communiquant entre eux, et entourés d'un cylindre d'eau bien froide ; le sulfure en vapeurs arrive dans le cylindre le plus inférieur, et les produits non condensés vont achever de se liquéfier dans les deux cylindres supérieurs ; le cylindre supérieur porte un tube qui sert à laisser dégager dans une cheminée les gaz non condensables ; le cylindre inférieur est terminé par un robinet qui sert à soutirer le liquide condensé.

Le cylindre elliptique est rempli avec sept cents litres de braise environ ; on le chauffe au rouge, et par la tubulure inférieure, on introduit successivement des fragments de soufre, comme il a été dit dans la description précédente.

Le sulfure de carbone obtenu est distillé pour l'avoir plus pur ; cette opération a lieu dans un alambic en zinc chauffé au bain-marie ; le condensateur est un serpentin placé dans un cylindre d'eau entretenue bien froide.

Usages. — Ce corps a trouvé de nombreuses applications dans l'industrie du caoutchouc, dans celle de la fabrication des dentelles ; on l'a appliqué aussi à l'extraction des huiles de graines oléagineuses, des graisses des os, et on a cherché à employer l'acide sulfureux provenant de sa combustion à la fabrication des sulfites. Ce n'est que depuis qu'on a pu le produire en abondance que l'on a fait ces applications.

On s'en sert aussi pour dégraisser les os et la laine, et on le reprend ensuite par distillation. On l'utilise encore, quand il est *très-épuré*, pour fixer les huiles et les résines du poivre, du piment, et pouvoir livrer celles-ci très-pures au commerce sous un volume bien moins considérable. Je mentionnerai enfin une de ses plus récentes applications (Aubert et Girard de Grenelle, près Paris) : c'est celle qui a trait à la formation du collodion. Le coton azotique se dissout très-bien dans le sulfure de carbone, et les quantités d'éther et d'alcool habituellement employées à cet effet sont réduites à de très-faibles proportions. Par ce procédé, le prix des collodions sera fort abaissé, et l'industrie pourra s'en servir avec une concurrence très-utile dans les arts et le commerce.

Causes d'insalubrité. — Dangers d'incendie.

Danger pour les ouvriers qui sont soumis à l'action de ses vapeurs (tremblement. — Affection de la moelle).

Causes d'incommodité. — Odeur très-désagréable.

Prescriptions. — Éviter les fuites des appareils.

Ventiler très-énergiquement les ateliers où il est produit et où l'on s'en sert.

Isoler les magasins où on le conserve en grande quantité.

Placer dans les ateliers où on emploie du sulfure de carbone des vases contenant de la chaux hydraulique dans le but d'absorber complètement les vapeurs libres du sulfure de carbone.

Protochlorure de soufre.

Ce liquide, que l'on commence à préparer dans l'industrie pour la vulcanisation du caoutchouc, a une densité égale à 1,687. Il bout à cent trente-huit degrés, et se décompose en présence de l'eau en acides sulfureux, sulfurique et chlorhydrique. On l'obtient :

En faisant arriver un courant de chlore lavé, puis desséché dans des vases remplis de chlorure de calcium dans une cornue contenant du soufre fondu, maintenu de cent vingt-cinq à cent trente degrés ; le soufre en vapeurs et le chlore se combinent, et le produit va se condenser dans un ballon refroidi, muni d'un tube de sûreté qui sert à dégager le chlore en excès. — On le sépare du soufre entraîné et dissous par distillation dans des vases bien secs. — Voir *Chlore*, t. I, p. 407, et au mot *Étoffes*, l'article *Caoutchouc*, t. I, p. 655.

STÉARIQUE (ACIDE). Voir *Acides*, t. I, p. 160.

SUCRES (INDUSTRIE DES).

Le sucre est une matière d'une saveur bien connue qu'on trouve dans un assez grand nombre de végétaux. Il se présente à l'état de sucre cristallisable ou incristallisable. Dans le premier cas, le suc de la plante est toujours neutre, tandis que dans le deuxième il est toujours franchement acide ; la canne à sucre, l'érable, la carotte, la betterave, le sorgho, le maïs, etc., donnent la première variété de sucre ; les raisins, les pommes, les groseilles fournissent le sucre incristallisable.

Le sucre cristallisable est très-soluble dans l'eau, de moins en moins soluble dans l'alcool, à mesure que celui-ci devient de plus en plus concentré et insoluble dans l'alcool anhydre à froid. Il diffère du sucre incristallisable en ce qu'il ne réduit pas au minimum d'oxydation les sels de cuivre au maximum; en ce qu'il n'est pas coloré en brun, devenant de plus en plus noir quand on le fait bouillir avec la soude, la potasse, la chaux, etc.; qu'au contraire, il prend une coloration noire quand on le fait bouillir avec de l'acide sulfurique, ce qui n'a pas lieu avec la glucose.

Sucre de cannes (Fabriques de) (2ᵉ classe). — 27 janvier 1837.

La canne à sucre (*arundo saccharifera*) est une graminée que l'on cultive aux Antilles et dans beaucoup de pays voisins des tropiques; sa tige, qui atteint parfois une hauteur de six mètres, a la forme d'un roseau présentant des nœuds ou anneaux de distance en distance ; elle contient un tissu spongieux, renfermant un suc très-doux ; elle peut donner jusqu'à 18 pour 100 de sucre cristallisable, mais jamais on ne retire cette quantité dans l'industrie.

Expression. — Pour extraire le suc sucré de la canne, on la soumet à un *écrasage* sur une meule verticale ; celle-ci se promène sur une aire au centre de laquelle est un axe pivotant qui porte une pièce de bois destinée à maintenir la meule.

A ces meules verticales que l'on n'emploie presque plus, on a substitué des moulins à trois cylindres verticaux en pierre mis en mouvement par des engrenages et un manége, puis des cylindres horizontaux aussi au nombre de trois ; ils sont en fonte et creux intérieurement ; les deux inférieurs sont ordinairement cannelés, le cylindre supérieur n'a pas besoin de l'être. Les cannes arrivent et glissent sur une table en fonte sur le premier cylindre inférieur ou alimenteur ; elles passent entre les deux autres, y subissent un écrasage suffisant, et sortent derrière le deuxième cylindre inférieur ou déchargeur. Le jus tombe sur une trémie placée sous les cylindres broyeurs, une pompe l'y puise et l'envoie immédiatement aux chaudières d'évaporation pour empêcher la fermentation alcoolique qui se se produit aussitôt ; la *bagasse* épuisée vient derrière les cylindres ; on la recueille, on la sèche au soleil, on la met en bottes et on s'en sert comme combustible. Le *vesou* ou jus formé des cinquante-six aux soixante et un centièmes du poids des cannes, selon la puissance des moyens d'extraction dont on dispose, est séparé du dépôt solide qui se forme bientôt dans la masse, et dirigé dans les chaudières de clarification.

Défécation. — On emploie une faible quantité de chaux pour clarifier le vesou, surtout s'il est très-récent, parce qu'à mesure que l'on élève la température des chaudières, la matière albumineuse du jus frais, qui est abondante, suffit à entraîner les particules insolubles en suspension dans le liquide ; il se forme une écume abondante ; on cesse le feu quand on approche du point d'ébullition, on laisse reposer la liqueur pendant une heure, puis on décante dans des chaudières destinées à achever l'évaporation. Le sirop convenablement concentré est abandonné à la cristallisation dans une *purgerie*, puis séparé du sirop qui le mouille par un égouttage dans des barriques percées de trous fermés par des bouchons spongieux ; ceux-ci donnent aux mélasses une voie d'écoulement pour se rendre dans la citerne inférieure, dont le fond incliné est en plomb ou en bois bien ajusté. La purgerie est maintenue à une température suffisante, afin que la mélasse soit assez fluide pour s'écouler ; l'opération, qui a pour but de séparer la mélasse du sucre concret, s'appelle *empotage* ; elle dure de trois à six semaines, selon la grosseur du grain cristallin.

Au lieu de barriques, on emploie souvent aujourd'hui de grands bacs plats où le refroidissement et la cristallisation se font pendant vingt-quatre heures environ ; on brasse pour grener la masse, puis on la transvase dans des moules coniques en poterie grossière qu'on appelle *formes*, qui offrent à leur pointe un petit orifice que l'on bouche avec une cheville ; après un jour environ, on enlève cette cheville pour permettre à la masse de tomber dans un réservoir inférieur.

Terrage. — Puis on procède au *terrage* ; cette opération consiste à recouvrir la base de la forme d'une bouillie de terre argileuse ; l'eau qu'elle contient filtre dans la masse de sucre, en entraînant le sirop visqueux ; on renouvelle deux et trois fois cette terre jusqu'à ce que le sucre soit assez blanc pour être expédié en Europe et y être raffiné.

Betteraves (Distillerie du jus de) (2ᵉ classe). Voir, au mot *Alcool*, l'article *Distillerie d'alcool*, t. 1, p. 208.

Sucre de betteraves (Fabrique de).

DÉTAIL DES OPÉRATIONS. — La betterave présente de nombreuses variétés : quelques-unes seulement sont propres à la production économique du sucre. Elle contient de 5 à 11 pour 100 de sucre, identique sous tous les rapports avec celui des cannes.

Les betteraves sont livrées à la fabrique par des fermiers.

Une fois les betteraves déposées au magasin de la fabrique,

on les fait passer dans un *lavoir* cylindrique à claire-voie, tournant horizontalement dans un réservoir d'eau (lavage). Elles en sortent dégagées de toute la terre qui les entourait plus ou moins, suivant les soins du livreur ou suivant la nature du sol qui les a produites. Cette terre mélangée à l'eau du lavoir s'écoule avec elle dans de larges fossés ménagés *ad hoc* dans le voisinage de la fabrique. Elles sont recueillies plus tard et répandues sur les champs; l'eau du *lavoir* n'exhale aucune odeur. La betterave, ainsi lavée, est *passée à la râpe* (râpage) et mise à l'état de bouillie; cette bouillie, mélange de pulpes et de jus, est placée dans des sacs de toile grossière; ceux-ci sont mis en pile, séparés les uns des autres par des plaques de tôle et livrés ainsi à l'action vigoureuse de très-fortes presses hydrauliques. Le jus s'écoule, arrive dans un monte-jus qui le renvoie dans les chaudières à déféquer; la pulpe est portée dans de larges silos et sert à la nourriture et à l'engraissement des bestiaux.

La pulpe se conserve très-bien en silos; elle peut y rester un an et même plus, lorsque ces silos sont bien faits; elle passe promptement à la fermentation vineuse et reste fort longtemps en cet état.

Les diverses opérations auxquelles est soumis le jus de betteraves, sont :

La défécation;

La filtration;

L'évaporation;

La cuite;

Et la cristallisation.

La *défécation* se fait au moyen de la chaux éteinte; lorsque le jus est arrivé dans les chaudières à déféquer, il pèse alors ordinairement cent quatre au densimètre, soit environ cent six à l'aréomètre de Baumé. On ajoute de l'eau à la râpe lorsque les jus sont plus forts; le jus est chauffé à la température de quatre-vingts degrés centigrade, puis on ajoute une quantité de chaux éteinte qui varie suivant la nature et la qualité des betteraves. La chaux a pour effet de se combiner avec l'albumine, aux matières gommeuses colorantes, aux faibles quantités d'acides libres, de

former avec elles des composés insolubles ou facilement sépa-
rables ; elle se combine même avec le sucre, en formant un sucrate soluble. Aussi évite-t-on l'emploi d'un excès de chaux
dont on pourrait, du reste, se débarrasser par l'alun à base
d'ammoniaque : l'alun ordinaire et l'acide sulfurique sont des
agents de défécation ; mais, comme il faut avoir encore recours
à la chaux, on a renoncé à leur usage. On met ordinairement
un kilogramme de chaux par deux hectolitres de jus, puis l'on
continue de chauffer à la température de quatre-vingt-dix degrés ; on voit les mucilages contenus dans le jus de betteraves
devenir insolubles par leur combinaison avec la chaux ; ils montent à la surface et forment une écume boueuse, compacte,
épaisse, et dans laquelle se forment bientôt des crevasses au fond
desquelles on aperçoit le jus parfaitement clair ; alors le liquide
est à une chaleur de quatre-vingt-quinze à quatre-vingt-seize degrés ; il faut tout de suite fermer les robinets de vapeur ou éteindre
les feux, si on travaille à feu nu, le jus ne devant jamais bouillir.
On fait couler le jus déféqué ; il se rend sur des filtres en passant par des débourbeaux, espèces de becs dans lesquels on met
une couche de noir pour retenir les impuretés qui pourraient
être entraînées ; les écumes sont mises en sacs, pressées pour
en extraire le jus qu'elles renferment et ensuite mises en réserve pour servir d'engrais.

On a reconnu la nécessité de mettre ces écumes à couvert
sous des hangars ; la pluie les fait fermenter très-vite, elles dégagent alors une *odeur putride* très-incommode et perdent
une grande partie de leur qualité fertilisante.

De là, les jus passent à l'atelier de noir animal.

Le noir animal se fabrique avec des os carbonisés ; on le
passe au moulin et on l'emploie à l'état de grains gros comme
du gros sel de cuisine ; ses qualités absorbantes sont très-éner-
giques ; il ne filtre pas seulement comme du sable qui retient
les corps étrangers au liquide, il absorbe les corps qui sont
même en solution dans le liquide, comme les sels de chaux, les
matières colorantes, les mucilages non décomposés par la défécation, etc., etc. Il s'assimile ces corps, et, sans se combiner

avec eux, il les retient dans les pores nombreux que possède chacun de ces grains. Le noir neuf est très-cher, et, d'ailleurs, les os seraient insuffisants pour en fournir si on n'avait trouvé le moyen de lui rendre ses qualités, au moins en grande partie; c'est ce qu'on appelle *révivifier le noir*. Pour cela, lorsqu'il a servi, on le met en tas à l'état humide; il *fermente*, et, en cet état, rejette une partie des corps qu'il a absorbés. Souvent, pour faciliter ce travail, on l'arrose avec de l'eau acidulée, ou même on le passe dans des cuves d'eau acidulée; cette eau pèse de cent un à cent un degrés cinquante par une addition d'acide hydrochlorique. Le noir est ensuite parfaitement lavé dans un *courant d'eau*; on renouvelle ce lavage au moins deux fois, puis on le fait sécher sur des plaques placées sur des fours à révivifier. Il y a plusieurs systèmes pour révivifier le noir ou, pour mieux dire, pour le carboniser de nouveau après le lavage; tous consistent à le chauffer dans des cornues parfaitement closes et à ne lui faire prendre l'air que quand il est assez refroidi pour qu'il ne puisse pas brûler. Après cette opération, on emploie le noir pour filtrer de nouveau.

Quand on lave le noir, l'eau entraîne avec elle tout le *noir fin* qui s'y trouve; on a bien soin de recueillir ce noir fin en faisant passer l'eau dans des citernes à compartiments, et ce noir est un engrais très-énergique pour certains sols; on peut le vendre douze ou quatorze francs l'hectolitre.

Filtrage. — Les jus, en sortant de la défécation, passent dans des filtres au charbon, s'y décolorent, et, après avoir été recueillis dans des monte-jus, sont envoyés dans des chaudières où on les évapore (évaporation) jusqu'à ce qu'ils aient acquis la densité de cent quinze aréomètres de Baumé; alors ils sont passés sur d'autres filtres, puis évaporés une seconde fois jusqu'à cent vingt-cinq degrés de densité; enfin, on les filtre une troisième fois pour les envoyer dans la chaudière de cuisson qui les concentre jusqu'à cent quarante degrés environ. En cet état, ils sont renvoyés dans les bacs de l'*empli*.

Lorsqu'un filtre vient d'être rempli de noir, on commence par y faire passer des sirops à cent vingt-cinq degrés, puis ceux à cent quinze degrés, et ensuite des jus sortant de la défécation, et enfin de l'eau pour en retirer toute la partie saccharine que le noir aurait pu conserver. On met environ dix-sept hectolitres de noir par filtre. Au commencement de la fabrication, on ne se sert que de noir révivifié; ensuite on y met un demi, un, deux et même trois hectolitres de noir neuf, suivant la qualité des betteraves et le plus ou le moins de difficultés qu'on éprouve dans le travail.

Le sirop cuit, envoyé à l'empli, doit s'y refroidir *très-lentement*, sans cela il se changerait partiellement en sucre incristallisable.

L'évaporation donne lieu à une quantité considérable de vapeurs odorantes, et, lorsqu'il est à la température de quatre-vingt-cinq à quatre-vingt-douze degrés centigrade, on le met en formes de quarante litres de contenance où il se cristallise tout à fait; l'endroit où sont ces formes doit être chaud; il faut au moins vingt-cinq degrés centigrade de chaleur, sans cela le sirop se prendrait confusément et la mélasse resterait dans le sucre; c'est par ce procédé que se fait le *sucre d'orge*.

Pour diminuer considérablement l'altération du sucre, on a recours à l'évaporation dans le vide à l'aide d'appareils présentant diverses formes. Le sirop, pendant cette évaporation, tend quelquefois à *mousser*, surtout au commencement; on modère alors l'arrivée de la vapeur et on *projette une petite quantité d'un corps gras, comme le beurre, dans la masse en ébullition*, afin d'éviter que le jus ne sorte de la chaudière pour aller au dehors dans un vase cylindrique appelé *vase de sûreté*. Le sirop destiné à l'évaporation dans le vide a déjà subi un dessèchement notable en coulant sur les tubes de condensation de l'appareil à évaporation dans le vide et servant ainsi de liquide réfrigérant.

Le sirop, suffisamment concentré, est porté dans une étuve chauffée à vingt-cinq degrés; on laisse ce sirop dans des rafraîchissoirs jusqu'à ce qu'il commence à se former des cristaux, et l'on procède à l'*empli*, c'est-à-dire que l'on verse ce sirop dans des *formes en terre*; comme celles qui ont été décrites pour le sucre de canne; on les dispose en trois rangs, sur des bancs percés de trous et placés eux-mêmes sur des gouttières communes en zinc.

Dans le but d'éviter les pertes notables dans les produits du raffinage dues à la perméabilité de la terre cuite qui s'imbibe de sirop, on a proposé d'enduire l'intérieur des formes avec une couche de peinture faite à la céruse, au minium et une huile siccative. L'emploi du plomb doit être proscrit. On pourrait faire cette peinture avec un enduit dans lequel on remplacerait la céruse par la terre de pipe mêlée à l'oxyde de zinc.

Vient ensuite l'*égouttage;* il a lieu en enlevant les chevilles pour permettre l'écoulement du sirop. Quand les pains sont égouttés en *loches*, on secoue légèrement la forme pour en détacher le pain qu'on brise, et on le livre au commerce ou au raffineur.

On a modifié ce procédé; quand le sirop est au point convenable, on le porte dans les réchauffoirs, on élève la température à soixante dix-huit degrés, et on agite de temps en temps pour avoir des cristaux isolés; après vingt-quatre heures de cristallisation, on porte la matière prise en masse dans des caisses en tôle galvanisée dont le fond est en tôle métallique, ce qui permet un égouttage prompt.

Clairçage par déplacement. — Pour enlever le sirop et la mélasse en excès, on a recours au *clairçage*. C'est un déplacement de ces matières, à l'aide d'une solution de sucre bien décolorée et saturée à la température de l'étuve qui n'enlève pas le sucre cristallisé; après deux ou trois clairces le sucre est devenu blanc; l'endroit où s'effectue le clairçage se nomme une *purgerie*.

Clairçage par la force centrifuge. — On opère un clairçage très-prompt en employant un appareil à force centrifuge analogue à ceux qui servent à essorer le linge. Le sucre à égoutter est placé dans un vase intérieur traversé par un axe vertical qui reçoit d'une poulie une vitesse de douze cents tours à la minute; les parois du vase sont garnies d'une toile métallique fine, que la mélasse peut seule traverser pour être lancée contre les parois du vase fixe dans lequel l'appareil est contenu. Pendant la rotation, on jette deux ou trois fois de la clairce de plus en plus pure; on arrive à faire en cinq minutes le travail qui dure de dix-huit à quarante-cinq jours avec le procédé précédent : aussi ce procédé est-il devenu d'un application générale.

Quand le sucre est cristallisé dans les formes, on les débouche et la mélasse s'écoule; ensuite on leur fait subir un *clairçage*, opération qui consiste à verser sur la *forte* deux, trois, quatre et même quelquefois cinq litres de beau sirop à la densité de cent vingt-sept à cent vingt-huit degrés aréomètre de Baumé, et au bout de quinze à vingt jours de séjour dans les purgeries, le sucre peut être loché, écrasé et livré à la raffinerie.

Les sirops qui s'écoulent des formes s'appellent *sirops de deuxième jet*. On les clarifie en les mélangeant avec du noir fin *neuf* et quelques litres de sang; on les filtre une seule fois, et on les cuit comme des premiers jets; ces sirops étant moins riches que les premiers jets, on les fait cristalliser dans de grands bacs de vingt-cinq à cinquante hectolitres de contenance. Il a été reconnu par l'expérience que plus un vase est grand, plus les cristaux s'y forment facilement. Enfin, les sirops qui sortent de ces *seconds jets* sont passés dans la chaudière à cuisson, sans autre préparation, et envoyés de là dans des citernes de cent à deux cents hectolitres, pour y laisser cristalliser le peu de sucre qu'ils contiennent encore; au bout de deux à trois mois et plus, on y retrouve de 15 à 25 pour 100 de sucre. La *mélasse* est le sirop venant des citernes, lorsque le sucre en a été extrait.

Je dois ajouter qu'il y a divers modes de fabriquer les sucres de betteraves; les uns emploient le système Rousseau.

Procédé Rousseau. — Il consiste dans l'emploi d'un excès de chaux pour éviter l'altération des jus et mieux épurer le sucre ; en s'appuyant sur ce fait, que la combinaison que forme le sucre avec la chaux peut se conserver très-longtemps sans altération, et qu'on peut facilement en isoler le sucre par un acide faible, l'acide carbonique, par exemple, de préférence. C'est dans la chaudière à défécation que se fait cette addition de chaux (vingt-cinq kilogrammes, pour 100 de jus); on élève la température jusqu'à quatre-vingt-quinze degrés. On filtre dans une caisse à double fond, percée de trous, garnie d'un toile plucheuse, recouverte de vingt-cinq centimètres de noir en grains. Le liquide, filtré et défequé, est traversé par un courant d'acide carbonique produit par un foyer à charbon et coke dans lequel une pompe lance de l'air ; l'acide carbonique lavé passe par un tube terminé en pomme d'arrosoir jusque dans le fond de la chaudière ; le carbonate de chaux se précipite ; le sirop qui le surnage cristallise et se raffine facilement ; il est d'ailleurs peu coloré, et ne mousse plus.

Procédé Melsens. — Pour conserver le jus de betterave, on a fait usage de bisulfite de chaux ; mais ce procédé, laissant plus de matières étrangères dans le sirop, même incolore, a été abandonné.

Procédé Schutzenbach. — Ce procédé, mis en pratique en Allemagne et dans le nord de la France, consiste à découper les betteraves à l'aide d'un coupe-racines, à dessécher les cossettes qu'on peut garder presque indéfiniment dans un endroit parfaitement sec. Quand on veut en extraire le sucre, on les place avec cinq centièmes de chaux dans de grands cylindres en tôle, munis d'un faux fond, enveloppé chacun d'un autre cylindre en bois pour maintenir la chaleur ; un trou d'homme, placé à la partie supérieure des cylindres, sert à opérer la charge. On dispose en étage quatorze de ces cylindres, de manière que la partie inférieure du premier communique avec la partie supérieure du suivant, et ainsi de suite ; on les remplit d'eau bouillante au moyen d'un réservoir supérieur, tandis qu'à l'aide d'un autre tube on aspire l'air contenu dans l'appareil. La pression est d'environ cinq mètres d'eau ; elle est due à la différence de niveau du réservoir et des cylindres. Après quelques minutes de macération, le liquide passe sur des cossettes de plus en plus riches, et sort marquant vingt-deux degrés Baumé ; on évapore ce sirop, on le filtre sur le noir, et le rapproche pour le faire cristaliser comme à l'ordinaire.

On a proposé d'épurer le sucre avec le sous-acétate de plomb. — En France, par suite d'ordonnance (voir *Plomb*, t. II,

p. 512), ce procédé est prohibé; mais il est permis en Angleterre et dans les colonies anglaises. Ce procédé porte le nom de Scoffern-Patent. Malgré tout le soin apporté à l'élimination du plomb, à l'aide de l'acide sulfureux et de la filtration, les sucres ainsi fabriqués retiennent encore du plomb. L'entrée de ces sucres plombifères, qui nous arrivent des îles anglaises, devrait être prohibée.

Quant au sucre d'érable, il s'obtient en quantité notable, dans l'Amérique du Nord, à l'aide de trous percés dans le tronc de l'érable saccharifère; on ajoute un tuyau de sureau pour faire écouler la séve sucrée qu'il suffit de concentrer, pour obtenir, par des moyens analogues à ceux que je viens de décrire, un sucre brut que l'on ne raffine presque jamais. — (Voir au mot *Alcool*, l'article *Distillerie*, t. I, p. 225.)

CAUSES D'INSALUBRITÉ. — Aucune.

CAUSES D'INCOMMODITÉ. — Vapeurs odorantes produites pendant l'évaporation.

Odeur fétide des noirs en fermentation.

Fumée de la machine à vapeur.

Écoulement d'eaux de fabrication fermentescibles. — Écoulement des vinasses.

Odeur des vinasses.

Dangers d'incendie à cause des alcools.

PRESCRIPTIONS. — (Elles s'appliquent spécialement à la fabrication du sucre par le jus de betteraves.)

Isoler la fabrique.

Diriger dans une cheminée, haute de vingt-cinq à trente mètres, la vapeur du foyer et toutes celles produites pendant l'évaporation.

La distillerie sera tout à fait isolée des ateliers où seront lavées et pressées les betteraves.

Les jus y seront apportés, soit de ces ateliers, soit du dehors, pour être immédiatement soumis à la fermentation alcoolique.

La distillerie sera pavée en pierres dures, rejointoyées à la chaux hydraulique.

Toutes les opérations, sans exception, se feront à l'aide de la vapeur.

Les foyers des générateurs et les générateurs eux-mêmes seront séparés par une muraille de la chambre où seront établis les appareils distillatoires.

Les alcools seront enlevés au fur et à mesure de leur production.

Dans le cas contraire, et de force majeure, ils seront déposés dans des magasins construits en briques.

On ne pourra pénétrer le soir dans les magasins que muni d'une lampe de sûreté.

La concentration des vinasses, provenant de la distillation des mélasses, se fera de manière qu'il ne puisse s'échapper aucune odeur désagréable ou incommode ; soit que les vinasses ne soient concentrées qu'à un certain degré, soit qu'elles soient neutralisées par une bouillie de chaux ou par de la potasse ; soit qu'on fasse arriver les vapeurs dans un lait de chaux, où elles barboteront avant de se diriger dans une cheminée particulière et en bois ; soit enfin, à l'aide de tout autre moyen que la science ou la pratique pourraient indiquer ultérieurement.

Les vinasses concentrées seront transportées hors de l'établissement dans des tonneaux bien fermés. (Voir comptes rendus du département du Nord, n° 13, 1855, p. 124.)

Ne jamais laisser couler sur la voie publique (rues, routes) les eaux de fabrication, mais les conduire dans des citernes ou bassins après leur avoir fait traverser deux grilles dont les barreaux de la première ne pourront être espacés de plus de un centimètre, et ceux de la deuxième, de plus de deux millimètres. — On pourrait, selon le terrain des localités, les perdre dans des puits absorbants creusés dans la craie (Douai) ; après cette double filtration, elles arriveront successivement dans deux bassins de un mètre de profondeur et à large surface par un courant de superficie passant sur la crête parfaitement horizontale d'un déversoir en pierre dure établi sur toute la longueur d'un des côtés du bassin.

A deux centimètres à l'amont de la face antérieure des déversoirs, et sur toute leur longueur, sera fixé un madrier de vingt centimètres de hauteur, plongeant de moitié dans l'eau, de manière à former écumoire par rapport aux matières qui surnagent.

Curer les bassins au moins tous les huit jours, — et, à cet effet, pour ne pas entraver la marche de l'usine, avoir un deuxième système de bassins qui fonctionnera pendant qu'on nettoiera l'autre.

Surmonter les citernes à mélasse d'une cheminée d'appel pour éviter l'accumulation du gaz hydrogène carboné.

Ne faire en aucun endroit de la voie publique, ni dans aucun fossé, de dépôts de matières fermentescibles.

Ne point laisser séjourner dans l'usine les eaux de condensation des machines à vapeur ou les résidus liquides de la fabrication.

Les résidus des cuves à fermentation et les eaux provenant du lavage de ces mêmes cuves seront conservés comme engrais et transportés *journellement* hors de la fabrique dans des tonneaux également bien fermés. — Ces résidus ne pourront, dans aucun cas, séjourner dans l'usine ni sur la voie publique.

S'il existe une grande rivière dans la localité, on pourra, pendant la nuit seulement, les y verser.

La distillation des jus ou des cossettes de betteraves ne pourra avoir lieu pendant tout le temps du chômage des canaux, des rivières ou cours d'eau dans lesquels se rendraient les eaux de la fabrication.

S'il existe une citerne pour les mélasses, elle devra être constamment et convenablement ventilée.

Enfin, il y aura dans l'établissement une pompe à incendie avec tous ses accessoires, et, dans l'atelier à distillation et le magasin des alcools, on aura toujours à portée, et selon l'importance de la fabrique, de un quart à un mètre cube de sable fin.

C'est ici le lieu de rappeler avec plus de détails les prescriptions qui doivent être imposées aux fabriques de distilleries d'alcool de betteraves et de sucreries. — Cette industrie étant exercée presque toujours en *commun*, — ces préceptes ont ici leur place comme à l'article *Distillerie d'alcool*.

Art. 1er. Les eaux de lavage des betteraves des distilleries et des sucreries seront séparées des matières organiques et inorganiques d'après les procédés et moyens prescrits par l'autorité, et ne pourront, dans tous les cas, s'écouler dans les cours d'eau que parfaitement limpides.

L'écoulement dans les marais d'une faible superficie, ou mares à eaux stagnantes, sera formellement interdit.

Art. 2. L'écoulement des vinasses des distilleries, même purifiées par quelque mode que ce soit, dans les fossés, mares à eaux stagnantes, cours d'eau d'un débit presque nul, ou puits absorbants, ne sera toléré dans aucun cas.

Art. 3. Les distilleries d'alcool de jus de betteraves ne seront autorisées qu'aux conditions suivantes, que l'administration déterminera, selon les divers cas, d'après justification complète et préalable des moyens à employer et des quantités à produire :

1° Ou bien on suivra des procédés ne fournissant que des résidus propres à être employés intégralement pour la nourriture du bétail ;

2° Ou bien les vinasses seront déversées sur de larges surfaces de terres arables, sans qu'aucune partie puisse déborder et s'écouler dans les fossés, mares ou cours d'eau.

Dans ce cas, l'industriel sera libre d'employer le procédé de fabrication qui lui conviendra.

3° Ou bien les vinasses seront déversées dans les cours d'eau après filtration au travers d'un terrain drainé, reconnu d'une nature et d'une superficie convenable, pourvu que, dans leur mélange avec l'eau de la rivière, elles n'excèdent pas la proportion de $\frac{1}{200}$ de la quantité d'eau à l'étiage. L'acide chlorhydrique sera substitué à l'acide sulfurique. Le traitement des vinasses par la chaux, ainsi que les bassins de dépôt, mais pour les vinasses seulement, ne seront point obligatoires.

4° Ou bien les vinasses seront déversées directement dans un cours d'eau peu éloigné, pourvu que leur volume n'excède pas $\frac{1}{200}$ de la quantité d'eau à l'étiage.

Dans ce cas, l'emploi d'un acide quelconque sera facultatif; mais l'industriel devra traiter chaque hectolitre de vinasse bouillante par un kilogramme de chaux vive à l'état de lait; construire les bassins de dépôt et n'en laisser sortir les vinasses que franchement alcalines et parfaitement limpides.

Art. 4. Les distilleries d'alcool de jus de betteraves autorisées à se débarrasser de leurs vinasses d'après les modes spécifiés dans les 2°, 3°, 4° de l'article 3 ne pourront, sous quelque prétexte que ce soit, travailler que pendant les mois d'octobre, novembre, décembre, janvier, février, mars.

Art. 5. Les distilleries d'alcool de mélasse de betteraves seront soumises aux mêmes prescriptions que celles de jus toutes les fois que les vinasses ne seront pas employées en totalité à la fabrication de la potasse.

Art. 6. Les distilleries déjà existantes ne pourront reprendre leurs travaux sans que les propriétaires aient fait en temps opportun la déclaration de leur situation et adressé leur demande à l'administration, qui, tout en réservant le droit de priorité, décidera à quelles conditions l'autorisation pourra être maintenue.

Art. 7. En ce qui touche l'industrie en général :

1° Les industriels autorisés à déverser les résidus liquides de leurs opérations dans les cours d'eau exécuteront d'une manière rigoureuse et complète toutes les mesures de purification spécifiées dans les arrêtés d'autorisation.

2° Les industriels non pourvus d'une autorisation sont tenus de régulariser leur situation dans un délai de trois mois, à partir de la promulgation du présent arrêté.

Le conseil central émet en outre le vœu :

1° Que M. le préfet sollicite un décret qui range dans la première classe des établissements dangereux, insalubres et incommodes, les distilleries d'alcool de jus de betteraves non classées, et les sucreries, rangées aujourd'hui dans la deuxième classe;

2° Qu'il soit procédé sans retard au curage des cours d'eau, et que ces derniers soient régis par des associations syndicales, contrôlées d'une manière active par l'autorité;

5° Qu'il soit nommé un inspecteur de salubrité départementale, avec mission d'éclairer les industriels sur la marche à suivre dans l'exécution des mesures qui leur sont prescrites, d'en surveiller l'exécution, de contrôler les résultats obtenus, de verbaliser, au besoin, et de proposer les modifications dont l'expérience aurait démontré la nécessité.

Sucre (Raffineurs de) (2ᵉ classe). — 14 janvier 1815.

DÉTAIL DES OPÉRATIONS.— Le sucre brut ou cassonade contient du sable et de la terre, des matières colorantes, azotées, du sucre incristallisable, des acides libres provenant d'une fermentation, des sels, et, en particulier, du saccharate ou sucrate de chaux. Les sucres de cannes et de betteraves sont raffinés de la même manière; on les conserve dans un endroit sec, aéré ; on les *dépote*, on les *vide* sur une pièce dallée nommée *bac à sucre*, on en sépare les agglomérations résistantes pour les traiter à part. On lave ensuite les barriques pour en détacher les dernières portions de sucre, à l'aide d'un jet de vapeur qui se condense en dissolvant le sucre; on donne le nom de *dégraissage* à cette opération.

On passe au crible le sucre ainsi préparé, on le dissout dans la moitié de son poids d'eau dans des chaudières à défécation placées à une certaine hauteur pour faciliter l'écoulement dans les filtres. Ces chaudières, chauffées par la vapeur circulant dans un double fond, sont portées à l'ébullition ; le sucre est dissous; on y met préalablement cinq kilogrammes de noir animal fin pour cent de sucre, et, quand l'ébullition commence, on y verse 1 à 2 pour 100 de sang battu·dans quatre ou cinq fois son volume d'eau.

Le sang employé a été battu pour le défibriner au moment de la saignée ; *on le conserve dans des tonneaux soufrés,* ou contenant un millième d'une dissolution d'acide sulfureux ; on emploie quelquefois un mélange de sang et de noir desséché, qui se conserve assez bien ; le sang doit toujours être *frais.* Si les œufs n'étaient pas à un prix si élevé, ils seraient d'un utile concours dans cette clarification.

Dès que l'ébullition se prononce nettement dans la chaudière, on fait couler le mélange de sirop et de noir sur des filtres Taylor plus ou moins modifiés; on sépare ainsi du sucre une partie de la matière colorante, les matières en suspension, tout le noir et les écumes; on épuise ce noir par deux arrosages à l'eau bouillante, et on le revend même plus cher que le noir neuf pour les usages de l'agriculture, sous le nom de *noir de raffineries.*

La clairce limpide, qui provient de cette première filtration, passe immédiatement, au sortir des premiers filtres, sur des filtres à noir en grains semblables à ceux que l'on emploie pour obtenir le sucre. Après la filtration, on concentre le sirop comme à l'ordinaire, on verse les *cuites* ou sirops concentrés dans des *réchauffoirs* chauffés à quatre-vingts degrés, où la cristallisation s'effectue; on la trouble, on égrène pour verser la masse à l'état pâteux dans les formes où la cristallisation va s'achever. Ces formes sont en terre cuite ou en *tôle zinguée* ou galvanisée; quelquefois recouverte d'un vernis vitreux ou *d'une peinture plombifère (céruse et huile de lin), qu'on renouvelle deux fois par an.*

Les formes en *cuivre étamé* sont les plus convenables et les plus durables. On les remplit avec des *pucheux* ou puisoirs en cuivre, et on procède quelque temps après, et à deux ou trois reprises, à un *mouvage* destiné à ramener dans toute la masse le grain qui se précipite au fond. L'*empli*, pièce où se fait cette opération, est maintenu à trente-cinq degrés. Les formes y sont disposées comme pour la fabrication du sucre brut ; elles restent environ de huit à douze heures dans l'empli et sont montées dans les *greniers* (pièces où s'exécute l'égouttage), à une température d'environ 68 degrés.

Après six ou sept jours d'égouttage, on procède au *terrage*, qui s'effectue avec de l'*argile* comme pour le sucre de canne ; après quelques jours d'un second *égouttage*, on procède au *planotage*, c'est-à-dire qu'on ratisse et égalise la surface du pain encore dans sa forme. Cela fait, on *loche* et remet le pain dans sa forme pour parfaire l'égouttage qu'empêchait partiellement l'adhérence. Les sucres, lochés de nouveau ou retirés des formes, sont exposés vingt-quatre heures à l'air, puis séchés à l'étuve.

On procède alors au *clairçage* pour enlever quelques particules de mélasse contenues à l'intérieur, puis on expose les pains dans une étuve, où ils subissent une température graduellement croissante jusqu'à quarante-cinq degrés.

On a cherché à opérer l'égouttage au moyen de l'appareil centrifuge, et l'on a réussi ; les formes sont disposées dans le cylindre, la pointe tournée vers l'axe ; on arrive en cinq ou six heures à exécuter un travail de vingt jours.

Causes d'incommodité. — Fumées.

Buées.

Mauvaise odeur.

Écoulement des eaux de condensation.

Prescriptions. — Élever la cheminée de vingt-cinq à trente mètres.

Disposer la purgerie et les séchoirs de manière à éviter les incendies.

Établir une ventilation active dans les ateliers.

Ne point laisser couler sur la voie publique les eaux de condensation, mais les diriger par des conduites couvertes jusqu'au cours d'eau ou à l'égout le plus voisin.

Ne jamais laisser dans l'usine les résidus de la clarification et les exporter avant toute fermentation.

Caramel en grand (Fabrique de) (3ᵉ classe). — 5 novembre 1826.

Détail des opérations. — Le sucre éprouve différentes modifications par la chaleur avant de se décomposer; il fond à cent quatre-vingts degrés, redevient dur et transparent par refroidissement et cristallise spontanément; en cet état, il porte le nom de *sucre d'orge*, de *sucre de pommes*. Si on le chauffe à deux cent dix degrés, il se colore en jaune, puis en brun rougeâtre, perd une partie de son eau de constitution, se change complétement en un nouveau produit brun noirâtre, soluble dans l'eau, non fermentescible et incristallisable, *c'est le caramel.* Chauffé davantage, il devient insoluble en perdant une nouvelle quantité d'eau, puis se transforme en un charbon boursouflé, brillant, d'un beau noir.

Quand on fabrique le caramel en grand, on emploie la mélasse; on la porte à une température de deux cent dix à deux cent quinze degrés, en l'agitant constamment, *pour faciliter le dégagement de vapeur* et empêcher la carbonisation de se manifester au fond de la chaudière. *Il se dégage des gaz et des vapeurs,* sinon insalubres, au moins incommodes, qu'on lance dans l'atmosphère au moyen de la cheminée du foyer, après les avoir fait circuler dans un serpentin pour en condenser la plus grande partie. (Voir *Mélasses*, t. II, p. 487.)

Causes d'insalubrité. — Aucune.

Causes d'incommodité. — Vapeurs très-odorantes.

Odeur forte dans les magasins.

Prescriptions. — Construire le fourneau en fer et briques.

Isoler ce fourneau à l'aide de cloisons faites en briques; doubler les portes en tôle.

Le surmonter d'une large hotte qui puisse facilement recueillir toutes les vapeurs produites.

Terminer cette hotte par un tuyau qui se rendra dans la cheminée à fumée.

Élever la cheminée de quinze à vingt-cinq mètres, selon les
localités et l'importance de la fabrique.

Construire la chaudière en cuivre munie d'un long bec, afin
qu'en cas d'ébullition trop vive la mélasse soit déversée dans
un refroidisseur en cuivre, placé près de la chaudière, et non
dans un tonneau en bois.

Adapter à la chaudière un couvercle en bois et à charnières
percé d'un trou qui reçoit un tuyau venant de l'étage supérieur
et déversant la mélasse dans la chaudière.

N'avoir dans la fabrique aucun dépôt de bois, charbon ou
matières inflammables.

Ventiler énergiquement les ateliers.

Glucose (extraction du sirop de fécule de pommes de terre) (3ᵉ classe).

DÉTAIL DES OPÉRATIONS. — La *glucose*, ou mieux *glycose*, constitue le sucre des fruits acides, et porte alors plus spécialement
le nom de *sucre de raisin*; c'est aussi le sucre d'amidon extrait,
soit du blé, soit du riz, soit de la pomme de terre. Il existe plusieurs variétés de glucose; leurs propriétés sont sensiblement
identiques quant à leur emploi dans l'industrie; comme elles ne
sont pas l'objet d'un travail industriel, il n'en sera pas parlé.

La glucose est presque entièrement produite par l'industrie;
elle est trois fois moins sucrée et une fois et demie moins soluble à froid que le sucre de canne, elle peut cristalliser dans
des conditions assez différentes; elle isole à l'état d'oxyde rouge
l'oxyde des sels de cuivre quand on la chauffe à l'ébullition;
elle se colore en noir quand on la fait bouillir avec un alcali
caustique; ces propriétés distinguent facilement le sucre de
canne de la glucose. On la trouve dans le commerce *à l'état de
sirop de fécule*, de sucre en masse et de sucre granulé; on la
prépare par les procédés suivants :

De grandes et solides cuves, pouvant contenir environ cent
vingt-cinq hectolitres et remplies aux deux tiers d'eau acidulée
d'un trente-troisième de son poids d'acide sulfurique, sont chauf-

fées par de la vapeur à haute pression, qui arrive par un tube en plomb contourné et percé de fentes pour donner issue à la vapeur. La fécule est mise par fractions de cent kilogrammes. Délayée dans un poids d'eau égal mis en réserve, on chauffe à l'ébullition en faisant arriver la vapeur ; on continue l'addition de la fécule jusqu'à concurrence de deux mille kilogrammes, et, trente à quarante minutes après la dernière addition, la réaction est terminée, ce que l'on reconnaît à ce que la teinture d'iode ne colore plus quelques gouttes de la dissolution prises pour essai. Pendant toute la saccharification, la cuve est couverte, la vapeur qui s'en dégage se dirige vers une cheminée d'appel.

Quand la saccharification est effectuée, on sature l'acide sulfurique, qui n'a éprouvé aucun changement pendant cette transformation, par du carbonate de chaux qu'on ne projette que par partie pour éviter une effervescence trop vive qui lancerait le liquide hors de la cuve : il se dépose du sulfate de chaux extrêmement peu soluble.

Quand le liquide est saturé, c'est-à-dire quand il ne fait plus effervescence par une nouvelle addition de carbonate de chaux, on laisse déposer pendant douze heures, on soutire et on filtre sur du noir animal en grains ; le sulfate de chaux est lavé, et l'eau de lavage sert à une nouvelle opération. Au sortir des filtres, le sirop se rend à des chaudières d'évaporation ; on le concentre à trente degrés, et on laisse déposer pendant un temps assez long le sulfate de chaux qu'il retient, puis on le livre au commerce à l'état de sirop.

Si l'on veut obtenir la glucose en masse solide, on concentre le sirop jusqu'à quarante degrés ; on le verse ensuite dans un rafraîchissoir où la cristallisation commence, on fait couler le sirop épais qui surnage dans des tonneaux où s'achève la solidification.

Si l'on veut l'obtenir en grains, on concentre à trente-trois degrés le sirop décoloré par le noir, on le prive de ses sels calcaires par le repos, on le verse le lendemain dans des tonneaux debout dont l'un des fonds est enlevé et l'autre percé de trous bouchés avec des faussets ; on ajoute une solution d'acide sulfureux au sirop pour prévenir la fermentation ; on laisse cristalliser. Quand la masse est aux deux tiers solidifiée, on enlève les faussets pour laisser couler le sirop interposé. On laisse égoutter ensuite sur du plâtre, qui absorbe facilement le liquide, et, à l'aide d'une étuve traversée par un courant d'air chauffé à vingt-cinq degrés, on arrive à une dessiccation assez parfaite en produisant très-peu d'agglomération.

La production de la glucose par la diastase a été détaillée au sujet de la fabrication de la dextrine.

On a renoncé dans les hôpitaux à l'usage du sirop de glucose, comme ayant une saveur âcre mal supportée par les malades.

Causes d'insalubrité. — Aucune.

Causes d'incommodité. — Fumée de la cheminée.

Écoulement des eaux qui ont servi à laver le sulfate de chaux.

Vapeurs désagréables pendant la saccharification.

Résidus.

Prescriptions. — Couvrir les chaudières où s'opère la saccharification.

Diriger les vapeurs dans une cheminée haute de dix à quinze mètres.

Condenser les vapeurs produites dans un serpentin.

Conduire les gaz non condensés sous le foyer et les brûler.

Ne pas mettre trop de carbonate de chaux à la fois dans les cuves, quand on veut transformer l'acide sulfurique, dans la crainte d'une effervescence trop vive du liquide.

Ne jamais garder des amas de charbon non revivifié.

Bien ventiler les ateliers où sont placées les chaudières à évaporation.

Ne jamais jeter les résidus sur la voie publique.

Document relatif à l'industrie des sucres.

CIRCULAIRE MINISTÉRIELLE RELATIVE A LA FABRICATION ET AU DÉBIT DE LA GLUCOSE.
(Du 20 octobre 1851.)

Monsieur le préfet, par une circulaire du 10 mai 1850, un de mes prédécesseurs a appelé l'attention sur la fabrication des sirops vendus dans le commerce, et vous avez été invité à provoquer sur ce point la surveillance spéciale des écoles de pharmacie et des jurys médicaux.

Depuis cette époque est intervenue la loi du 27 mars 1851, sur la répression des fraudes dans la vente des marchandises, et plusieurs fabricants ont été condamnés pour avoir composé des sirops médicamenteux autrement que ne le prescrit le Codex pharmaceutique, ou des sirops d'agrément sans y faire entrer les substances que leur dénomination indique.

L'emploi de la glucose au lieu de sucre a aussi motivé des saisies.

Ces mesures et ces condamnations ont donné lieu à des réclamations près de mon département. Des fabricants m'ont demandé si, en annonçant dans leurs factures et sur leurs étiquettes la composition de leurs sirops, ils n'éviteraient pas l'inculpation de tromperie sur la nature de la chose vendue, et, comme ils alléguaient l'intérêt des consommateurs, qui profitent de la diminution de prix résultant de l'emploi des nouveaux procédés, leurs observations m'ont paru mériter une attention particulière ; mais, avant de m'arrêter à aucun parti, j'ai cru devoir prendre, au point de vue sanitaire, l'avis du comité consultatif d'hygiène publique.

Après examen de la question, ce comité vient de déclarer : 1° Qu'en aucun cas les sirops médicamenteux, tels que ceux de gomme, de guimauve, de capillaire, etc., ne doivent être préparés par d'autres moyens que ceux qui sont formulés au Codex, ce qui exclut l'emploi de la glucose en remplacement du sucre ;

2° Qu'il doit être permis aux fabricants de vendre comme sirop d'agrément tels mélanges qu'ils jugeront convenables, pourvu que les dénominations sous lesquelles ils les vendent n'indiquent ni une préparation du Codex plus ou moins modifiée, ni une autre préparation que la véritable;

3° En ce qui touche particulièrement la glucose, que l'usage n'en doit pas être interdit, mais que, pour éviter toute confusion, les sirops qui en contiendront devront porter la dénomination commune de sirop de glucose, à laquelle on ajoutera telle ou telle autre dénomination spécifique, pour les distinguer entre eux. Ainsi les étiquettes et les factures porteront : *Sirop de glucose à la merise, à la groseille, au limon, à l'orgeat*, etc., et de cette manière les fabricants n'auraient pas à redouter des poursuites pour fait de fraude ou de tromperie sur la nature de la chose vendue.

J'ai adopté, sur ces divers points, l'avis du comité d'hygiène publique, et je vous prie, monsieur le préfet, de le porter à la connaissance des fabricants de sirops, des conseils d'hygiène et de salubrité, et du jury médical ou de l'école de pharmacie, s'il en existe une dans votre département. Je vous serai, en outre, obligé de m'accuser réception de la présente circulaire.

Signé : BUFFET.

On vend dans le commerce et chez tous les distillateurs *autorisés* une liqueur rafraîchissante qui n'est autre chose que le sirop de fécule. Elle porte pour étiquette ces mots : *Liqueur* de fantaisie à l'orgeat, à la groseille, à la gomme et au citron. — Cette *mention doit toujours être faite.*

Mélasse (Distillerie de) (2ᵉ classe, par assimilation aux distilleries d'eau-de-vie).

La mélasse est un sirop très-épais, brun, incristallisable, contenant jusqu'à 40 ou 55 0/0 de sucre cristallisable et 22 1/2 0/0 de glucose. Elle marque quarante et un à quarante-quatre degrés à l'aréomètre, elle sert à la production de l'alcool, à la fabrication du pain d'épices de Paris, de la bière, du caramel, enfin à fournir de la potasse et de la soude après la distillation de l'alcool. — La mélasse de cannes possède une saveur agréable, elle sert à l'alimentation comme matière sucrée de basse qualité; il n'en est pas de même de celle de betteraves, qui est âcre et ne sert qu'aux usages précités.

Extraction du sucre des mélasses. — On a mis en pratique le procédé suivant pour extraire le sucre cristallisable des mélasses. On emploie le sulfure de baryum (obtenu en décomposant au rouge le sulfate de baryte par les quatre dixièmes de son poids de houille), on dissout ce sel et précipite le sucre à l'état de sucrate de baryte, en présence d'un excès de sulfure de baryum destiné à en assurer l'insolubilité. On recueille le précipité, on le presse, on le lave sur un filtre et le décompose par un courant d'acide sulfureux pour avoir un sirop presque pur qu'on peut faire cristalliser par les procédés ordinaires; s'il restait un peu de sel de baryte dans le sirop, on l'enlèverait facilement par l'acide carbonique et l'alun, en filtrant ensuite sur du noir.

Le sucre ainsi obtenu, étant atteint par les droits, ne peut plus être fabriqué avec économie.

DÉTAIL DES OPÉRATIONS. — Les mêmes, pour la distillerie, que pour les distilleries de genièvre. (Voir, au mot *Alcool*, l'article *Distillerie de jus de betteraves et de mélasse,* t. I, p. 208 et 224.)

CAUSES D'INSALUBRITÉ. — Aucune.

CAUSES D'INCOMMODITÉ. — Danger d'incendie.

Odeurs détestables — provenant de la calcination des vinasses.

Écoulement d'eaux susceptibles d'entrer en fermentation.

PRESCRIPTIONS. — Établir la distillerie dans un bâtiment isolé.

Placer les alcools dans un atelier séparé de la maison d'habitation par des murs en brique et sans autre ouverture que celle de la porte.

Placer au dehors de l'atelier de distillerie les portes du foyer du générateur et le cendrier.

Enduire d'une couche de plâtre ou d'une forte couche de mortier toutes les pièces de bois apparentes dans l'usine.

Conduire à l'égout par un aqueduc toutes les eaux de condensation.

Avoir une pompe à incendie et un réservoir contenant au moins cent hectolitres d'eau.

Ne circuler le soir dans les bâtiments qu'avec une lampe de sûreté.

Réserver une prise de vapeur sur le générateur, avec un robinet d'un diamètre suffisant, fonctionnant au dehors et aboutissant à l'atelier de distillation, afin d'atténuer les effets de l'incendie, le cas échéant, par l'expansion de la vapeur.

Établir deux séries de bassins, — verser d'heure en heure un lait de chaux dans le premier bassin de manière à employer cent kilogrammes de chaux vive pour cent hectolitres de vinasse introduite ou de liquide mis en fermentation.

Faire pénétrer l'eau des serpentins réfrigérants dans le canal qui fait suite aux bassins de dépôt, et non dans les bassins mêmes.

Faire écouler les eaux de fabrique dans des caniveaux couverts, — quand ces eaux devront traverser une agglomération d'habitants.

Purification de la mélasse (3e classe).

DÉTAIL DES OPÉRATIONS. — On fait évaporer du sirop de fécule jusqu'à ce qu'il ait acquis une consistance assez épaisse. — On mélange ce sirop avec des mélasses de sucre indigène pour diminuer la saveur âcre qui lui est propre.

On peut vendre alors ces mélasses pour des mélasses de sucre de canne. Mais il faut en indiquer l'origine et la préparation.

CAUSES D'INSALUBRITÉ. — Aucune.

CAUSES D'INCOMMODITÉ. — Fumée. — Odeur empyreumateuse.

PRESCRIPTIONS. — Cheminée haute en briques.

Ventilation active des ateliers.

Citernes à mélasse.

INCONVÉNIENTS. — Fermentations accidentelles qui s'y développent quand elles sont exposées à recevoir des eaux qui, suintant par leurs parois, dissolvent une partie de la mélasse qui y est adhérente, et produisent ainsi des sirops de faible densité.

PRESCRIPTIONS. — Laisser les citernes ouvertes ou les ventiler par une cheminée d'appel ou par une prise d'air déterminant un courant suffisant pour enlever les gaz de la fermentation, si elle a eu lieu.

Calcination des résidus de fermentation de mélasse dans le but d'obtenir du carbonate de potasse (3e classe, par assimilation aux fabriques de caramel).

DÉTAIL DES OPÉRATIONS. — Voir, au mot *Potasse*, l'article *Carbonate de potasse (Fabrique de)*, t. II, p. 342.

CAUSES D'INSALUBRITÉ. — Aucune.

CAUSES D'INCOMMODITÉ. — Pendant la décomposition des matières organiques, dégagement d'odeurs fort analogues à celles qui ont lieu dans les fabriques de caramel.

PRESCRIPTIONS. — Les mêmes que pour les *fabriques de caramel*, t. II, p. 482.

Bonbons (Fabrique de) (soumise à l'inspection des conseils, à cause des matières colorantes dont les bonbons sont recouverts).

DÉTAIL DES OPÉRATIONS. — Les bonbons se produisent sous mille formes différentes ; je ne dirai ici que quelques mots sur les *dragées*.

Les dragées sont constituées par du sucre aggloméré sous une forme arrondie par addition de couches successives. Elles contiennent à leur intérieur un noyau de la forme que la dragée doit avoir, qui est une amande, une pilule, un grain quelconque, et souvent aussi des globules de sucre préparés par le confiseur, et qui portent le nom de nonpareilles. On met les noyaux dans une grande bassine en cuivre, suspendue au plafond au moyen de cordes attachées aux anses ; on les humecte uniformément d'une couche de gomme au tiers, en imprimant un mouvement en différents sens à la bassine, puis on y ajoute du sucre en poudre. On continue toujours de remuer, en ajoutant tantôt du sirop de sucre, tantôt de la dissolution de gomme ; on ajoute souvent à cette dernière de l'amidon légèrement bleui pour donner de l'opacité aux dragées et atténuer la teinte jaune légère que prend le sucre pendant les manipulations. Il faut pendant presque tout le travail chauffer légèrement le fond de la bassine, et sécher chaque couche de sucre, avant d'appliquer la suivante. A la fin, on remue longtemps sans addition d'amidon ni de gomme, de manière à lisser la surface ; cette opération porte le nom de glaçage. On ajoute quelquefois pendant cette dernière partie du travail une matière colorante, afin de modifier de diverses manières la couleur naturelle blanche des dragées.

CAUSES D'INSALUBRITÉ. — L'introduction dans ces bonbons d'une matière toxique dans les différentes colorations qu'on donne à leur surface.

L'addition de fragments de poudre fulminante dans les bonbons appelés *cosaques* ou *pétards*.

Les diverses enveloppes colorées qui contiennent du cuivre, du plomb, de l'arsenic.

PRESCRIPTIONS. — Prohiber d'une manière absolue les bonbons dits *cosaques*.

Se soumettre à toutes les ordonnance de police sur la matière, et spécialement à celle du 11 août 1832 sur les bonbons colorés.

Faire faire exactement, au moins une fois par année, la visite de tous les débits de dragées et bonbons par des membres du conseil d'hygiène. — (Voir, à la fin de l'article *Sucres* (*Industrie des*), les ordonnances et avis du conseil de la Seine, sur les *Sucreries* et *Pastillages*.)

Documents relatifs à l'industrie des sucres.

I. ORDONNANCE DE POLICE DU 22 SEPTEMBRE 1841, CONCERNANT LES LIQUEURS, SUCRERIES, DRAGÉES ET PASTILLAGES COLORIÉS.

1° Il est expressément défendu de se servir d'aucunes substances minérales, le bleu de Prusse et l'outremer exceptés, pour colorier les liqueurs, bonbons, dragées, pastillages et toute espèce de sucreries ou pâtisseries.

On ne devra employer pour colorier les liqueurs, bonbons, etc., que des substances végétales, à l'exception de la gomme-gutte et de l'aconit napel.

2° Il est défendu d'envelopper directement ou de couler des sucreries dans des papiers blancs lissés ou dans des papiers coloriés avec des substances minérales, et de les recouvrir de découpures faites avec ces papiers.

3° Il est défendu de faire entrer aucune préparation fulminante dans la composition des enveloppes des bonbons.

Il est également défendu de se servir de fils métalliques comme supports de fruits artificiels.

Ces supports devront être en baleine, en paille ou en bois.

4° Les confiseurs, épiciers ou autres marchands qui vendent des liqueurs, bonbons ou pastillages coloriés, devront les livrer enveloppés dans du papier qui portera des étiquettes indiquant leurs noms, professions et demeures.

5° Les fabricants et marchands seront personnellement responsables des accidents occasionnés par les liqueurs, bonbons et sucreries qu'ils auront fabriqués ou vendus.

6° Il sera fait annuellement des visites chez les fabricants et détaillants, à l'effet de constater si les dispositions prescrites par la présente ordonnance sont observées.

7° Les ordonnances de police des 10 décembre 1830, 11 août 1832 et 15 novembre 1838, sont rapportées.

II. ORDONNANCE CONCERNANT LES LIQUEURS, SUCRERIES, DRAGÉES ET PASTILLAGES COLORIÉS. (Du 22 septembre 1841.)

Cette ordonnance est semblable à l'ordonnance du 10 décembre 1830, Sauf : 1° Les modifications ci-après :

Modification au troisième paragraphe du considérant. — « Que les mêmes « accidents sont résultés de la succion des papiers blancs lissés ou des papiers « coloriés avec des substances minérales, telles que le blanc de plomb, le « blanc de zinc. l'oxyde de cuivre, le jaune de chrome, le vert de Scheele ou « de Schweinfurt, dans lesquels les sucreries sont enveloppées ou coulées. »

Addition au vu. — « 6° Les ordonnances de police des 10 décembre 1830, « 11 août 1832 et 15 novembre 1838. »

Modification au deuxième paragraphe de l'article 1er. — « On ne devra « employer pour colorier les liqueurs, bonbons, etc., que des substances vé- « gétales, à l'exception de la gomme-gutte et de l'aconit napel. »

Addition des articles ci-après : — 2. Il est défendu d'envelopper directement ou de couler des sucreries dans des papiers blancs lissés ou dans des

papiers coloriés avec des substances minérales, le bleu de Prusse et l'outremer exceptés.

Il est également défendu de placer des bonbons dans des boîtes garnies à
l'intérieur de papier colorié par des substances minérales et de les recouvrir
de découpures faites avec ces papiers.

3. Il est défendu de faire entrer aucune préparation fulminante dans la
composition des enveloppes de bonbons.

Il est également défendu de se servir de fils métalliques comme supports
de fruits artificiels.

Ces supports devront être en baleine, en paille ou en bois.

*Les articles 3, 4, 5, 6, 7 de l'ordonnance du 10 décembre 1830 sont de-
venus les articles 4, 5, 6, 8 et 9 de la présente ordonnance; et l'article 7
ici rapporte les ordonnances des 10 décembre 1830, 11 août 1832 et 15 novembre 1838.*   (*Signé :* Delessert.)

2° *L'addition à la présente ordonnance, de l'avis du conseil de salubrité,
comme annexe.* (Voir ci-après.)

III. Avis du conseil de salubrité sur les substances colorantes que peuvent
employer les confiseurs ou distillateurs pour les bonbons, pastillages,
dragées ou liqueurs.

Couleurs bleues.

L'indigo, que l'on dissout par de l'acide sulfurique ou huile de vitriol,
— le bleu de Prusse ou de Berlin, — l'outremer pur.

Ces couleurs se mêlent facilement avec toutes les autres, et peuvent donner toutes les teintes composées dont le bleu est l'un des éléments.

Couleurs rouges.

La cochenille, — le carmin, — la laque carminée, — la laque du Brésil, —
l'orseille.

Couleurs jaunes.

Le safran, — la graine d'Avignon, — la graine de Perse, — le quercitron,
— le curcuma, — le fustel, — les laques alumineuses de ces substances.

Les jaunes que l'on obtient avec plusieurs des matières désignées, et surtout avec les graines d'Avignon et de Perse, sont plus brillants et moins
mats que ceux que donne le jaune de chrome, dont l'usage est dangereux.

Couleurs composées.

Vert.

On peut produire cette couleur avec le mélange du bleu et des diverses
couleurs jaunes; mais l'un des plus beaux est celui que l'on obtient avec le
bleu de Prusse ou de Berlin et la graine de Perse; il ne le cède en rien, pour
le brillant, au vert de Schweinfurt, qui est un violent poison.

Violet.

Le bois d'Inde, — le bleu de Berlin.

Par des mélanges convenables, on obtient toutes les teintes désirables.

Pensée.

Le carmin, — le bleu de Prusse ou de Berlin.

Ce mélange donne des teintes très-brillantes.

Toutes les autres couleurs composées peuvent être préparées par les mélanges des diverses matières colorantes qui viennent d'être indiquées et que le confiseur ou le distillateur sauront approprier à leurs besoins.

Liqueurs.

Le liquoriste peut faire usage de toutes les couleurs précédentes, mais quelques autres lui sont nécessaires ; il peut préparer avec les substances suivantes diverses couleurs particulières.

Pour le curaçao de Hollande.

Le bois de campêche.

Pour les liqueurs bleues.

L'indigo, dissous dans l'alcool [1].

Pour l'absinthe.

Le safran, mêlé avec le bleu d'indigo soluble.

Substances dont il est défendu de faire usage pour colorier les bonbons, pastillages, dragées et liqueurs.

Toutes les substances minérales, l'outremer pur et le bleu de Prusse exceptés, et particulièrement :

Les oxydes de cuivre, les cendres bleues ;

Les oxydes de plomb, le massicot, le minium, le sulfure de mercure, le vermillon ;

Le jaune de chrome, connu en chimie sous le nom de chromate de plomb, et qui est formé de deux substances vénéneuses (l'oxyde de plomb et l'acide chromique) ;

Le vert de Schweinfurt ou le vert de Scheele, et le vert métis, poisons violents qui contiennent du cuivre et de l'arsenic ;

Le blanc de plomb, connu sous les noms de céruse ou de blanc d'argent [2].

Les confiseurs ne doivent employer, pour mettre dans leurs liqueurs, que des feuilles d'or ou d'argent fin : on bat actuellement du chrysochalque presque au même degré de ténuité que l'or ; cette substance, contenant du cuivre et du zinc, ne peut être employée par le liquoriste.

Quelques distillateurs se servent d'acétate de plomb, ou sucre de Saturne, pour clarifier leurs liqueurs ; ce procédé est susceptible de donner lieu à des accidents graves, cette matière étant vénéneuse.

Papiers servant à envelopper les bonbons.

Il est important d'apporter beaucoup de soins dans le choix du papier co-

---

[1] On obtient cette dissolution en traitant l'indigo par l'acide sulfurique, et versant dans la liqueur de l'alcool qui se charge de la substance colorante, et donne une belle couleur bleue.

[2] Les confiseurs-pastilleurs ne doivent employer aucun mélange dans lequel entrerait l'une ou l'autre de ces substances.

lorié et du papier blanc qui servent à envelopper les bonbons; les papiers lissés, blancs ou coloriés, sont souvent coloriés avec des substances minérales très-dangereuses.

Ils ne doivent pas servir à envelopper les bonbons, sucreries, les fruits confits ou candis, qui pourraient, en s'humectant, s'attacher au papier et donner lieu à des accidents, si on les portait à la bouche.

Le papier colorié avec des laques végétales peut être employé sans inconvénients.

Comme il arrive fréquemment aux enfants de mettre dans leur bouche des papiers qui ont servi à envelopper les bonbons, il est nécessaire de les en empêcher, quelle que soit l'enveloppe, pour prévenir des accidents graves.

Instructions sur les procédés à suivre pour reconnaître la nature chimique des principales matières colorantes dont l'usage est interdit aux confiseurs.

Couleurs blanches.

Le carbonate de plomb, connu dans le commerce sous les noms de blanc de plomb, céruse, blanc d'argent, étant appliqué en couche mince, à l'aide d'un couteau, sur une carte non lissée à laquelle on met le feu, donne naissance à du plomb métallique, qui se montre sous la forme de petits globules très-multipliés, dont les plus volumineux égalent la grosseur de la tête d'une petite épingle. En opérant cette combustion au-dessus d'une feuille de papier blanc ou d'une assiette de porcelaine, les globules y tombent et sont faciles à apercevoir.

Les papiers d'enveloppe lissés à la céruse et les cartes dites porcelaine donnent aussi lieu, quand on les brûle, à la production de globules de plomb : de plus, un cercle jaune entoure les parties de carte ou de papier en combustion.

Enfin, le carbonate de plomb et les papiers ou cartes qui sont lissés avec ce corps brunissent quand on les touche avec de l'eau de Baréges non altérée (ce qui se reconnaît à ce qu'elle dégage l'odeur d'œufs pourris).

Couleurs jaunes.

Le massicot, ou oxyde de plomb, se comporte de la même manière que la céruse.

Il en est de même du jaune de chrome, ou chromate de plomb; mais il faut avoir le soin de le mêler d'abord très-intimement avec un quart de son volume de sel de nitre en poudre; le mélange est étendu sur la carte; on enflamme celle-ci, et les globules de plomb apparaissent à mesure que la combustion fait des progrès.

Cette couleur devient brune avec l'eau de Baréges; il en est de même du massicot.

La gomme-gutte délayée dans l'eau donne un lait jaune qui rougit par l'addition de l'ammoniaque ou alcali volatil : jetée sur les charbons rouges, elle se ramollit, puis brûle avec flamme et laisse un résidu de charbon et de cendres.

Couleurs rouges.

Le vermillon, ou sulfure de mercure, jeté sur les charbons rouges bien ardents, brûle avec une flamme bleue pâle, et produit la même odeur que la partie soufrée d'une allumette pendant sa combustion : une pièce de cuivre rouge, nettoyée au grès, étant tenue au-dessus de la fumée, ou vapeur blanche, se couvre d'une couche blanchâtre de mercure métallique.

Le carmin mêlé de vermillon se comporte de la même manière.

Le minium, ou oxyde de plomb, se comporte comme le massicot et la céruse.

Couleurs vertes.

Les verts de Schweinfurt, de Scheele et métis, sont des arsénites de cuivre ; mis en contact dans un verre avec de l'ammoniaque ou alcali volatil, ils s'y dissolvent en donnant lieu à une liqueur bleue.

Quand on en jette une pincée sur des charbons rouges, ils produisent une fumée blanche qui a une odeur d'ail très-prononcée ; on doit s'abstenir de respirer longtemps cette fumée.

Les papiers coloriés avec ces substances se décolorent au contact de l'ammoniaque ; une goutte suffit pour blanchir le papier dans le point qu'elle touche, et elle prend instantanément la couleur bleue. Enfin, ces papiers, en brûlant, dégagent l'odeur d'ail, et les cendres qu'ils laissent ont une teinte rougeâtre et sont constituées en grande partie par du cuivre métallique.

Couleurs bleues.

Les cendres bleues (oxyde ou carbonate hydraté de cuivre) donnent avec l'ammoniaque une couleur bleue.

L'outremer pur ne colore pas ce liquide ; mais, quand il a été falsifié par le carbonate hydraté de cuivre, il acquiert la propriété de donner la couleur bleue, qui est caractéristique de la présence d'un composé cuivreux.

Feuilles de chrysochalque.

Elles se dissolvent peu à peu dans l'ammoniaque, qui se colore promptement en bleu.

Vu les avis et instructions qui précèdent pour être annexés à notre ordonnance du 22 septembre 1841.

Le conseiller d'État, préfet de police, G. DELESSERT.

IV. ORDONNANCE CONCERNANT LES SUCRERIES COLORIÉES, LES SUBSTANCES ALIMENTAIRES, LES USTENSILES ET VASES DE CUIVRE, ET AUTRES MÉTAUX. (Du 28 février 1853.)

Nous, préfet de police, — Considérant, etc.; — Vu, etc.
(Comme à l'ordonnance du 22 septembre 1841.)

TITRE PREMIER. — *Sucreries, liqueurs et pastillages.*

1. Il est expressément défendu de se servir d'aucune substance minérale, le bleu de Prusse, l'outremer, la craie (carbonate de chaux) et les ocres exceptés, pour colorier les liqueurs, bonbons, dragées, pastillages et toute espèce de sucreries et pâtisseries.

(Ensuite comme à l'ordonnance de 1841, mais avec addition.)

Les mêmes défenses s'appliquent aux substances employées à la clarification des sirops et des liqueurs.

2. (Comme à l'ordonnance de 1841, avec addition de ces mots après : Bleu de Prusse et l'outremer, « les ocres et la craie exceptés. »)

3. (Comme à l'ordonnance de 1841.)

4 Les bonbons enveloppés porteront le nom et l'adresse du fabricant ou marchand ; il en sera de même des sacs dans lesquels les bonbons ou sucreries seront livrés au public.

Les flacons contenant des liqueurs coloriées devront porter les mêmes indications.

5. Il est interdit d'introduire dans l'intérieur des bonbons et pastillages des objets de métal ou d'alliage métallique, capables par leur altération de former des composés nuisibles à la santé.

Il ne pourra être employé que des feuilles d'or et d'argent fins pour la décoration des bonbons et pastillages.

Il en sera de même pour les liqueurs dans lesquelles on introduit des feuilles métalliques.

6. Les sirops qui contiendront de la glucose (sirop de fécule, sirop de froment) devront porter, pour éviter toute confusion, les dénominations communes de sirops de glucose.

En outre de cette indication, les bouteilles porteront l'étiquette suivante : Liqueur de fantaisie, à l'orgeat, à la groseille, etc., etc.

7. (Comme à l'ordonnance de 1841, et à celles qui y sont énoncées pour la visite annuelle chez les fabricants et détaillants [1].)

V. EXTRAIT DES PROCÈS-VERBAUX DU CONSEIL DE SALUBRITÉ DU NORD, SUR LA QUESTION DES VINASSES (1858).

§ I⁰ʳ.

« Il serait extrêmement désirable que l'industrie, qui fait tant de bien et d'honneur au pays, qui améliore les procédés connus et en invente chaque jour de nouveaux, pût, soit par elle-même, soit à l'aide des indications de l'administration, accomplir son importante mission sans altérer les eaux indispensables aux populations et aux ouvrages agricoles. Je verrais donc avec une grande satisfaction que le conseil central voulût bien me faire connaître les dispositions qu'il y aurait lieu de recommander et même de prescrire pour atteindre ce but, non-seulement dans les distilleries, mais aussi dans les autres établissements industriels, sucreries, teintureries, etc., qui déversent aujourd'hui leurs résidus insalubres dans les cours d'eau. »

Pour répondre au désir manifesté par M. le préfet, le conseil nomma une commission, composée de MM. Kolb, Demesmay et Meurein, à l'effet d'étudier de nouveau la question.

---

[1] Ces ordonnances ont été rédigées d'après plusieurs rapports remarquables de mon collègue M. le docteur Beaude. — On devrait les rendre applicables à l'industrie des jouets d'enfants colorés, et à un grand nombre de pâtisseries.

Voici le rapport qu'elle rédigea, et qui, après avoir été lu et adopté en séance générale, fut adressé à M. le préfet :

En vous communiquant le rapport que le comité consultatif d'hygiène publique et des arts et manufactures ont présenté à M. le ministre des travaux publics sur les moyens d'obvier aux inconvénients qui résultent de l'évacuation, dans les cours d'eau, des vinasses provenant des distilleries, M. le préfet vous a demandé votre avis sur les mesures à prendre et les moyens pratiques à adopter pour faire cesser un état de choses qui a lésé de nombreux intérêts et provoqué les plaintes générales des populations ; il vous invite, en outre, à ne pas borner vos conseils à ce qui concerne les distilleries, mais à les étendre à tous les établissements industriels qui déversent leurs résidus incommodes ou insalubres dans les cours d'eau, tels que sucreries, teintureries, dégraissage de laine, etc.

Aussi loin que nous nous reportions dans vos archives, à 1829 par exemple, nous voyons que la première fabrique de sucre de betterave ne tarde pas à donner lieu à des plaintes par l'écoulement des eaux de lavage des racines saccharifères. A mesure que cette industrie se développe, les plaintes, d'abord isolées, deviennent plus générales, et se font entendre sur beaucoup de points. Toutes sont provoquées par la mauvaise odeur qui se dégage des fossés où circulent les eaux de lavage, mais surtout des mares ou marais où elles sont stagnantes. Cette odeur, c'est celle de l'acide sulfhydrique, dont la diffusibilité est telle, qu'il affecte l'odorat, alors même que les réactifs chimiques les plus sensibles sont incapables d'en déceler la présence.

C'est le dégagement de ce gaz infect qui frappe les commissaires enquêteurs des conseils de salubrité dans leurs investigations. Partout les phénomènes se passent d'une manière identique, ainsi que le démontrent les nombreux rapports émanant des conseils des arrondissements de Lille, Douai, Cambrai, Valenciennes. Loin des fabriques, les eaux sont laiteuses, soit par le maintien en suspension du soufre dans un grand état de division, par suite de la décomposition des sulfures, qui eux-mêmes sont produits par la désoxygénation des sulfates contenus normalement dans la betterave [1], soit par toute autre cause encore mal connue ; elles répandent une odeur vive d'acide sulfhydrique ; çà et là une écume noire et compacte les recouvre. En approchant des fabriques, cet aspect laiteux disparaît, elles sont souvent claires ; plus près encore, elles sont de plus en plus limoneuses et presque inodores. Les fosses ou bassins d'où elles sortent sont partout remplis de terre, de radicules de betteraves, de particules de pulpe, enfin dans un état qui dénote, de la part des industriels, une incurie coupable. Pendant cette macération, l'eau dissout les sels et les matières organiques solubles des betteraves ; tantôt la décomposition se produit dans les fosses mêmes, tantôt ce n'est qu'à de grandes distances qu'elle a lieu. C'est pour obvier à cet inconvénient que vous avez conseillé la construction de bassins

---

[1] D'après nos analyses, le jus pur de betteraves contient 0 gr. 00858 0/0 d'acide sulfurique anhydre combiné aux bases alcalines.

de dépôt géminés, communiquant entre eux par des déversoirs de superficie; (on a essayé à la sucrerie d'Illies d'établir la communication en faisant passer le liquide au travers d'une muraille filtrante constituée par du charbon et des escarbilles; mais en peu de temps les pores de ce filtre ont été obturés, et le liquide s'est épanché par déversement); le passage de l'eau limoneuse au travers de grilles assez serrées pour s'opposer à l'arrivée des débris organiques dans les bassins; le curage fréquent de ces mêmes bassins. On n'a tenu presque aucun compte des arrêtés préfectoraux; et aujourd'hui encore, dans beaucoup de localités, le mal se reproduit d'une manière d'autant plus grave, que les industriels n'ont rien ou presque rien fait pour le conjurer, et que la sécheresse continue a mis à sec les fossés et les mares qui, dès lors, ne reçoivent que les eaux de lavage sans mélange.

Il ne faut pas cependant exagérer les dangers de cette situation, au point de vue de la santé publique. Avant la reprise du travail des sucreries, le lit des petits cours d'eau qui servaient aux usages domestiques était à sec; il en était de même de beaucoup de marais; on devait donc se pourvoir ailleurs. Aujourd'hui ils contiennent de l'eau qui n'est pas potable; il n'y a rien de changé aux conditions imposées par la nature. Seulement cette eau répand souvent une odeur d'hydrogène sulfuré. Cela est assurément incommode; mais dans l'état de dilution où se trouve ce gaz, si toxique lorsqu'il existe dans l'air dans la proportion de quelques centièmes, il n'y a absolument à en redouter aucun effet fâcheux sur l'économie. Dans les nombreuses visites que nous avons faites sur les lieux où on se plaignait surtout de la mauvaise odeur de l'eau, nous nous sommes toujours enquis avec un soin tout particulier de l'état sanitaire des plaignants, et nous sommes heureux de pouvoir affirmer que jamais nous n'avons rencontré plus de maladies là qu'ailleurs; les enfants, les adultes, les vieillards, jouissaient de cette santé robuste qu'on ne rencontre qu'à la campagne. Ce fait a du reste un précédent : dans les vallées de la Toscane où se trouvent les *lagoni*, l'air contient toujours des quantités d'acide sulfhydrique relativement considérables, et la santé des ouvriers qui travaillent à l'extraction de l'acide borique, toujours au sein de cette atmosphère impure, ne paraît pas plus influencée d'une manière fâcheuse par ce milieu, peu hygiénique en apparence.

De ce que la situation n'est pas immédiatement compromettante pour la santé, ce n'est pas toutefois une raison pour ne pas chercher à atténuer ou à faire disparaître l'inconvénient. Nous ne l'avons jamais pensé, et nos actes de longue date le prouvent d'une manière surabondante.

· Nous croyons qu'à force de soins et de précautions, qui ne sont pas incompatibles avec les exigences de l'industrie, on peut obtenir des résultats avantageux.

Nous avons parlé de la séparation des matières organiques avant l'introduction de l'eau dans les bassins de dépôt, du mode de construction et de fonctionnement des bassins géminés, de leur fréquent curage. Nous ajouterons que, lorsque le terrain le permettra, le déversement de ces eaux de lavage sur des terres drainées sera un bon moyen de purification, déjà employé avec un résultat très-satisfaisant par M. Fiévet, fabricant de sucre à Masny.

L'écoulement dans des puits absorbants, après épuration par dépôt préalable, a été pratiqué avec succès dans les arrondissements de Douai, de Cambrai, de Lille, sans que ce mode ait été suivi des inconvénients que les probabilités permettaient de redouter. Mais si, dans quelques conditions favorables, on peut y avoir recours sans danger, lorsqu'il s'agit d'eaux aussi peu chargées de matières organiques et inorganiques que les eaux provenant du lavage des betteraves, il suffit néanmoins que quelques exemples de corruption des eaux souterraines servant à l'alimentation des populations se soient produits par ce fait pour qu'on ne puisse l'admettre en principe, et que la prudence conseille de n'y avoir recours qu'exceptionnellement.

Le déversement des eaux de lavage des betteraves dans un cours d'eau important à la sortie des bassins de dépôt constamment en bon état ne peut exercer sur la composition et les propriétés de ce cours d'eau aucune influence fâcheuse; il a été expérimenté avec succès, on peut sans inconvénient y recourir encore.

Jusqu'ici nous ne nous trouvons encore qu'en présence des sucreries; la plus grande partie des plaintes proviennent de l'inexécution des mesures prescrites par l'autorité; et à plusieurs reprises les conseils de salubrité de tous les arrondissements ont témoigné le regret du défaut de surveillance et de contrôle intelligent exercé sur les industriels pour guider et éclairer leur inexpérience dans l'emploi des moyens capables d'atténuer les inconvénients de leurs travaux, et, au besoin, les contraindre à accomplir ce qui leur est imposé dans l'intérêt général. Dans la nouvelle période que nous allons parcourir, l'absence de ce contrôle officiel se fera sentir plus vivement encore.

En effet, si la sollicitude de l'administration et des conseils pour les intérêts hygiéniques des populations a été vivement éveillée par l'incommodité inhérente à l'écoulement des eaux de lavage des betteraves sortant des sucreries, que sera-ce lorsqu'à ces mêmes eaux se joindront des résidus liquides dix fois plus insalubres, les vinasses des distilleries, que la maladie de la vigne en 1853 fait surgir tout à coup dans le Nord et le Pas-de-Calais? Dans l'ignorance du résultat, on ne prend, à l'égard de ces nouvelles usines, d'autres mesures, quant à l'écoulement des eaux, que celles adoptées pour les sucreries. Aussi voyons-nous chacun se débarrasser de l'énorme quantité de vinasse produite chaque jour par la voie qui paraît la plus convenable à ses intérêts ou le plus en harmonie avec les exigences de sa situation, laissant au hasard le soin de sauvegarder les populations.

Le mal ne tarda pas à se manifester dans toute son étendue, et appela l'attention de l'autorité. Il se révéla par l'odeur infecte que répandirent tous les cours d'eau, et par la mortalité des poissons.

Il n'en pouvait être autrement. En effet, à la faible proportion de sulfates existant dans la betterave à l'état normal, sulfates qui, par la décomposition, avaient déjà donné lieu à tant de plaintes, on ajoutait encore l'énorme quantité de sulfates résultant de la combinaison de l'acide sulfurique avec les bases alcalines et terreuses contenues dans la betterave elle-même ou dans

les cours d'eau, acide mélangé au jus dans la proportion de $\frac{2}{1000}$ pour en
en faciliter la fermentation.

Cette masse de sulfates si facilement décomposables par les matières organiques qui les accompagnaient dans les vinasses devait nécessairement enlever à l'eau tout l'air et l'oxygène indispensables à la vie des poissons et les
asphyxier dans leur élément; l'acide sulfhydrique en dissolution, ainsi que
l'acide minéral libre, n'étaient-ils peut-être pas non plus sans avoir leur part
d'influence dans ce résultat. Ce même acide sulfhydrique, en se volatilisant
dans l'air, frappait les populations d'épouvante en leur faisant supposer que
l'eau qui avait déterminé une si grande mortalité chez les poissons était
de nature à produire le même effet sur les animaux et sur l'homme; aussi
les riverains des cours d'eau et les bateliers n'osaient plus employer pour
les usages internes le liquide qui auparavant était leur boisson habituelle et
avec lequel ils préparaient leurs aliments. On remarque encore là les exagé-
rations de la crainte et l'assimilation irréfléchie d'un effet à un autre. Nous
avons alors examiné beaucoup d'échantillons d'eaux dans lesquelles les poissons étaient morts, et certes ces eaux, quoiqu'un peu moins pures que dans
leur état normal, n'étaient ni insalubres ni de nature à apporter une
perturbation profonde dans la santé des animaux qui en auraient fait usage.

Telle était la situation dans laquelle on se trouvait, lorsque notre collègue,
M. Kulhmann, présenta au conseil le remarquable rapport dans lequel il a
traité d'une manière complète et sous toutes ses faces la difficile question
de l'écoulement des vinasses de betteraves. Dans ce rapport, inséré au recueil de vos travaux de l'année 1854, n° XIII, page 124, nous trouvons des
appréciations très-saines et très-judicieuses, exposées avec tout le talent et
la compétence que nous nous plaisons à reconnaître à son auteur, sur le
mode de déversement dans les puits absorbants, l'absorption des vinasses par
la surface du sol, drainé ou non, la concentration par la chaleur. Ce travail
est assurément le précurseur du rapport qui nous est communiqué par M. le
préfet. Nous trouvons en effet dans ce dernier document la même division,
les mêmes opinions, les mêmes moyens, les mêmes conclusions, le même
respect des principes qui protégent la liberté commerciale, et les mêmes
efforts pour concilier les intérêts de la santé publique et ceux de l'industrie.

Aussi, comme le rapport précité de M. Kulhmann a tracé la voie dans laquelle le conseil central de salubrité s'est efforcé de diriger l'industrie de la
distillerie de l'alcool de betteraves, pour rendre son existence compatible
avec les lois de l'hygiène, nous allons trouver dans les faits résultant des
nombreuses expériences entreprises dans tout le département d'après chaque
mode particulier employé pour l'écoulement des vinasses, les réponses aux
questions que nous pose M. le préfet.

Des essais de déversement des vinasses dans les puits absorbants, entrepris dans l'arrondissement de Lille, n'ont généralement pas été suivis de
résultats satisfaisants. Ou bien les puits s'encombraient de matières organiques qui, primitivement dissoutes, formaient en s'organisant sur les parois
des enduits imperméables; ou bien les vinasses, se mélangeant aux eaux qui

alimentaient les pompes, les rendaient impropres aux usages domestiques.

Dans les arrondissements de Cambrai et de Douai, ainsi que nous l'avons dit au sujet du déversement des eaux de lavage des betteraves, le fonctionnement de larges puits, terminés par une vaste galerie horizontale, paraît avoir été satisfaisant, quant à l'absorption et à ses conséquences.

Des expériences suivies de mauvais résultats ont fait condamner ce mode dans l'arrondissement de Valenciennes.

Le drainage a été expérimenté sur une vaste échelle par MM. Fiévet, à Masny et à Sin. M. Fiévet, de Masny, a déversé pendant cent cinquante jours de travail de la campagne 1854-55 onze cent hectolitres de vinasses par jour sur une surface de vingt hectares. L'eau qui sortait des drains était encore trouble, et, en s'écoulant dans un fossé qui, après un trajet de huit kilomètres, l'amenait à la Scarpe, se corrompait et répandait l'odeur sulfhydrique caractéristique. M. Fiévet employait les râpes et les presses et acédifiait les moûts par l'acide sulfurique. La terre retenait une certaine quantité de matières organiques, même dissoutes primitivement; mais presque tous les sulfates restaient en dissolution dans l'eau qui sortait des drains et subissaient la loi de la décomposition sous l'influence des matières organiques.

A Moulins-Lille, quoique la terre sur laquelle on déversa les vinasses ait été drainée, elles s'infiltrèrent dans le sous-sol crayeux et gâtèrent l'eau des puits de deux quartiers dans un rayon très-étendu. Les eaux souterraines furent très-longtemps infectes avant de recouvrer leur pureté primitive.

Dans les arrondissements de Cambrai, de Douai, de Valenciennes, on a fait écouler les vinasses sur de grandes superficies de terres non drainées; l'absorption a été lente, mais le résultat a été satisfaisant, surtout au point de vue de la culture.

Dans l'arrondissement de Lille, ce mode a été mis en pratique pendant plusieurs années consécutives, à Anstaing, Annœullin, Séclin, etc. Les industriels cultivateurs qui y ont eu recours s'en sont bien trouvés. Mais les récoltes étaient trop fortes, les racines sarclées étaient encore en pleine végétation à la fin de l'année; les betteraves énormes ne contenaient que très-peu de sucre, que la distillerie pouvait extraire et convertir en alcool, mais que la sucrerie n'aurait pu travailler qu'avec perte. Les pommes de terre étaient très-aqueuses et peu féculentes. Nous y avons vu des blés aux fanes noires ne pouvoir fructifier et des escourgeons pourrir sur pied.

Du reste, on ne remarquait aucune mauvaise odeur se dégageant de la terre, qu'on se hâtait de labourer au printemps.

Il est donc évident que les distilleries situées en pleine campagne peuvent être dans de bonnes conditions pour utiliser les vinasses. Mais il n'en est pas de même de celles qui se trouvent près des villes ou au centre d'une agglomération de population; pour elles, la situation est plus précaire et l'écoulement des vinasses plus onéreux. C'est surtout aux industriels ainsi placés qu'on a dû prescrire la construction des bassins de dépôt et le traitement des vinasses par la chaux. Leur voisinage n'était plus tolérable; il fallait absolument ou faire fermer les usines, ou contraindre les industriels à se conformer rigoureusement aux prescriptions de l'autorité. Quelques-uns nous ont permis, par les soins consciencieux avec lesquels ils ont exécuté les arrêtés qui ont autorisé leurs travaux, de constater l'efficacité des procédés de purification; d'autres, par un semblant d'exécution, ont aggravé le mal, compromis les principes auxquels ils étaient censés se conformer, provoqué des plaintes sans cesse renouvelées et ébranlé la confiance de l'autorité dans l'efficacité des mesures qui lui étaient conseillées.

C'est par suite de ce mépris des injonctions administratives que M. le préfet, cédant aux réclamations constantes des populations, a pris l'arrêté du 5 juillet 1855, qui interdit tout écoulement des vinasses dans les cours d'eau.

Cette mesure trop radicale ruinait tout à coup l'industrie de la distillerie qui devait périr peut-être quelques années plus tard par une autre cause. Mais, comme elle était alors viable, comme le conseil de salubrité avait foi dans les moyens capables d'atténuer les inconvénients de l'écoulement des vinasses dans les cours d'eau, pourvu que les industriels voulussent bien les employer consciencieusement, il se posa en médiateur et obtint de M. le préfet la suspension pour une année de l'exécution de l'arrêté du 5 juillet.

L'emploi des puits absorbants fut proscrit formellement, et on apporta tous les soins possibles dans la combinaison des moyens de purification. C'est alors que la substitution de l'acide chlorhydrique à l'acide sulfurique fut prescrite pour la fermentation; que les vins durent être neutralisés avant la distillation; que la chaux dut être ajoutée dans les bassins à la vinasse bouillante; qu'enfin, comme contrôle d'une opération bien faite, la vinasse ne pût sortir des bassins que claire et franchement alcaline. Nous avons le regret de le dire : généralement l'industrie ne tint aucun compte de la concession qu'on venait de lui faire.

L'acide chlorhydrique ne fut pas employé, parce que, dit-on, ses vapeurs attaquaient les appareils distillatoires, inconvénient auquel on ne pouvait remédier, attendu que la neutralisation des vins avant la distillation était déclarée impossible industriellement. Cependant cette impossibilité a disparu quand on a distillé plus tard les riz plus ou moins avariés qu'on saccharifiait avec ce même acide chlorhydrique.

On ne construisit pas de bassins de dépôt, ou bien on les construisit dans des dimensions telles, qu'ils ne pouvaient servir à rien. On n'employa pas la chaux, pour s'affranchir d'une dépense prétendue inutile; ou bien on en mit dans les bassins une quantité juste convenable pour obtenir la neutralisation des acides, et dès lors la décomposition putride se déclara avec une intensité effrayante. Les habitants de Moulins-Lille en firent la triste expérience. Dans de telles conditions, la corruption des cours d'eau s'aggrava.

Mais ce qui porta le mal à ses dernières limites, ce fut la distillation du riz, accomplie pendant les chaleurs du printemps et de l'été de 1857. La saccharification répandait au loin des odeurs repoussantes; les vinasses, chargées d'une quantité énorme de matières organiques et inorganiques, ces dernières très-sulfureuses, se rendaient sans purification dans les cours d'eau, dont le débit était considérablement réduit par la sécheresse et l'évaporation, ne tardaient pas à s'y corrompre sous l'influence d'une chaleur tropicale, portaient au loin l'infection et tuaient partout le poisson.

C'est pendant cette dernière période que vous avez pu vous convaincre de l'efficacité de la chaux employée en excès.

En effet, pour purifier les vinasses de betterave, il fallait les traiter bouillantes 'par un kilogramme de chaux vive (à l'état de lait) par hectolitre; c'est une défécation tout à fait analogue à celle mise en pratique dans la sucrerie. L'excès de chaux est indispensable pour rendre inactif le ferment azoté, qui l'est également quand la vinasse est acide. Aussi longtemps que la vinasse restait alcaline ou acide, nous n'y avons jamais remarqué de fermentation d'aucune nature. Les fermentations diverses, et les produits infects qui en sont la conséquence, ne se manifestaient qu'au moment où les liquides devenaient neutres ou presque neutres; de là l'inconvénient d'employer la chaux en quantité trop faible. Pour déféquer les vinasses de riz, un kilogramme de chaux était insuffisant, il fallait en employer un kilogramme cinq cents grammes.

Dès que ces quantités ont été employées et que le traitement de la vinasse s'est opéré dans des cuves de capacité convenable, d'où elle se rendait ensuite dans les bassins, tous les inconvénients signalés jusqu'alors ont cessé de se produire : conservation de la vinasse sans altération aucune; suppression de toute odeur gênante pour les voisins; précipitation rapide des matières rendues insolubles; communication d'un bassin à l'autre par toute la crête d'un déversoir de superficie horizontal; écoulement dans les cours d'eau d'un liquide clair, alcalin et privé d'une grande partie de matières azotées, qui jouent le rôle de ferment; neutralisation rapide par le mélange dans une grande quantité d'eau; précipitation immédiate de la chaux transformée en carbonate; atténuation sensible et constatée par l'expérience des propriétés nuisibles aux poissons.

Mais, nous le répétons, ce n'est que dans deux, à peine trois usines que nous avons pu constater les améliorations successives, conséquence de l'emploi rationnel et consciencieux du système complet d'épuration. Les inconvénients primitifs disparaissaient l'un après l'autre, et on arrivait enfin à un état stable et satisfaisant sous tous les rapports.

C'est là que nous avons vu que les théories scientifiques qu'on nous oppose doivent, dans le cas présent, s'incliner devant les faits; en effet, pendant les chaleurs caniculaires des mois de juin, juillet et août 1857, nous avons visité des bassins carrés ayant jusqu'à dix mètres de côté et un mètre cinquante centimètres de profondeur, restés pleins de vinasses de riz chaulées, sans que la moindre odeur s'en soit dégagée; le liquide qui surnageait le dépôt était fortement alcalin. Après deux mois de conservation, l'acide carbonique de l'air ayant neutralisé les couches supérieures, une faible odeur sulfhydrique et butyrique se manifesta. Nous fîmes alors mélanger à ces cent cinquante mètres cubes de vinasses deux cents kilogrammes de chaux vive à l'état de lait; toute odeur cessa, le dépôt se forma promptement et le liquide resta clair et inodore jusqu'au moment de la vidange, qui eut lieu à la fin d'août. Pendant cette opération, la vase à réaction alcaline, qui occupait une hauteur de soixante-dix centimètres, agitée par des ouvriers qui y étaient enfoncés jusqu'au-dessous du genou, ne répandait pas la moindre odeur.

Vous le voyez donc, messieurs, l'excès de chaux n'a pas l'inconvénient qu'on lui a prêté gratuitement. Permettez-nous donc d'insister sur ce fait, car il est la base de tout le système. Avec une quantité seulement suffisante pour neutraliser les acides, la précipitation des dépôts est très-lente, les ferments azotés sont mis en liberté, et la décomposition s'empare des matières organiques. Au contraire, avec la chaux en excès, un kilogramme par hectolitre de vinasses de betterave, un kilogramme et demi par hectolitre de vinasses de riz (ceci pour mémoire seulement, par suite du décret du 30 juillet 1857, qui interdit la saccharification des riz par les acides), la séparation des parties solides et liquides est prompte et facile, les ferments azotés sont rendus inactifs, et la conservation des résidus est assurée aussi longtemps que l'alcali terreux prédominera. Les dépôts boueux qui se forment dans les bassins sont un excellent engrais. Desséchés, ils contiennent de 4 à 5 pour cent d'azote.

Des expériences que nous avons suivies avec beaucoup de soins, et que nous venons de mentionner, il résulte qu'un seul mode d'écoulement de vinasses est de nature à donner une satisfaction complète à tous les intérêts et aux exigences de la salubrité, c'est le déversement sur de larges surfaces de terres arables; puis deux modes atténuent le mal d'une manière sensible, c'est le déversement sur des terres drainées et le déversement dans les cours d'eau d'un débit suffisant, après purification complète par la chaux et clarification du liquide dans les bassins de dépôt. En cas de déversement sur des terres drainées, il est indispensable que les vinasses proviennent de jus fermentés avec l'acide chlorhydrique ; cette nécessité est absolue.

Par les deux premiers modes, l'agriculture tire un produit avantageux de l'emploi d'un engrais assez puissant ; par le dernier, on perd la partie liquide la moins riche en matières organiques, mais il reste le dépôt boueux composé de chaux hydratée, de sels de chaux, parmi lesquels nous trouvons les phosphates en quantité notable, de sels de soude et de potasse, de matières organiques azotées, dépôt qui, à l'état sec, titre de 4 à 6 pour cent d'azote, et jouit, par conséquent, de propriétés fertilisantes incontestables.

Nous croyons devoir consigner ici le résultat d'observations que nous avons faites sur la puissance fertilisante des vinasses, afin d'éclairer un peu la marche des cultivateurs qui les emploieront en irrigations sur les terres drainées ou non drainées. Il fera connaître en outre aux partisans trop exclusifs du drainage les inconvénients qui résulteront nécessairement pour l'agriculture elle-même, qu'ils veulent favoriser, toutes les fois que cet engrais sera employé avec peu de discernement et de mesure.

Dans l'arrondissement de Lille, où on suit habituellement l'assolement triennal, il est admis, en principe, que, pour fumer convenablement une terre destinée à la culture des récoltes sarclées, il faut employer par hectare environ six cents quintaux métriques de fumier de ferme, plus onze quintaux de tourteaux; le prix de cette fumure dans les conditions les plus avantageuses est de cinq cents francs.

La quantité d'azote contenue dans cette somme d'engrais, dont l'action n'est épuisée qu'après trois ou quatre récoltes, est de deux cent quatre-vingt-quinze kilogrammes. D'après les connaissances que nous possédons sur la composition des vinasses provenant du travail par les râpes et les presses, il nous est facile de déterminer la quantité qui contient deux cent quatre-vingt-quinze kilogrammes d'azote : elle est de mille huit cent quarante-quatre hectolitres. Il est bien entendu qu'il s'agit de la vinasse normale, c'est-à-dire de la partie liquide et solide de ce résidu industriel. Or nous avons vu que la partie solide, composée presque exclusivement de ferment, contient, à très-peu de chose près, la moitié de l'azote du tout ; donc, si on la sépare par un dépôt préalable dans une fosse ou un bassin, il est évident que, pour obtenir deux cent quatre-vingt-quinze kilogrammes d'azote, il faut une quantité double de liquide clair, ou trois mille six cent quatre-vingt-huit hectolitres, lesquels, répandus sur un hectare, forment une couche épaisse d'environ trente-sept millimètres. Cette fumure exercera probablement une action encore trop énergique, car, comme tous les engrais liquides, celui-ci se trouve dans des conditions d'assimilation immédiate, ce qui n'a pas lieu pour l'engrais de ferme et le tourteau, dont la décomposition est plus lente et se fait sentir sur les récoltes qui se succèdent. Cette surabondance d'aliments qu'on fournit ainsi instantanément aux végétaux produit un effet analogue à celui que l'excès de nutrition détermine chez les animaux, la stérilité. C'est ce que les expériences citées plus haut, entreprises sur une large échelle, nous ont suffisamment démontré.

En admettant cette quantité maximum de trois mille six cent quatre-vingt-huit hectolitres de vinasses privées de ferment par dépôt, répandues par hectare de terre, il faudrait qu'une distillerie moyenne produisant huit cents hectolitres de vinasses en vingt-quatre heures, et travaillant pendant cent cinquante jours, pût disposer d'une superficie de près de trente-cinq hectares, ce qui n'est pas impossible. L'économie réalisée par ce mode de fumure serait de huit mille francs, moitié du prix des engrais solides, et il resterait dans les bassins ou fosses de dépôt cent deux mille kilogrammes de ferment sec contenant 10 pour 100 d'azote et 4 1/2 pour 100 de phosphate de chaux. La richesse de ce dernier engrais lui assure une valeur vénale importante.

Ces considérations doivent engager les cultivateurs à employer les vinasses à la fertilisation du sol, mais elles ont en outre pour but de les mettre en garde contre les conséquences de l'excès.

L'irrigation par écoulement naturel est seule praticable, car il ne faut pas songer à transporter par charrois des masses de liquide dont la valeur intrinsèque ne pourrait payer les frais de main-d'œuvre.

Au point de vue de la question qui nous préoccupe, il ne faut pas nous faire illusion et croire avoir trouvé une solution satisfaisante sous tous les rapports. En effet, toutes les terres ne sont pas susceptibles d'être drainées ou irriguées; toutes les récoltes ne peuvent recevoir les vinasses comme engrais; ces vinasses ne peuvent non plus être déversées pendant longtemps sur le même sol sans amener ces résultats fâcheux, conséquence de l'emploi exclusif des engrais liquides.

Quant aux puits absorbants, nous pensons que ce n'est que très-exceptionnellement qu'il faut y avoir recours; car, si la conservation de la pureté des eaux, coulant à ciel ouvert, est d'un haut intérêt pour les populations, surtout dans la période de sécheresse où nous nous trouvons, il est plus important encore de ne pas altérer les eaux souterraines, dont les niveaux sont énormément abaissés et dont la pénurie se fait partout si vivement sentir.

Nous ne savons quel est l'avenir réservé à la distillerie de l'alcool de betteraves dans le Nord; mais, si elle se relève de la crise qui aujourd'hui a si gravement compromis son existence, il serait désirable, dans l'intérêt général, qu'elle cessât d'être une industrie commerciale et seulement capitaliste, pour devenir exclusivement une industrie agricole. Les travaux se faisant alors sur une moins grande échelle, il serait possible d'employer les procédés de macération dans la vinasse et de fermentation directe de la racine divisée, dont les résidus cuits, mélangés à des fourrages, à des substances farineuses et à des tourteaux, sont si favorables aux bestiaux; dès lors plus ou presque plus de vinasses; possibilité d'avoir dans l'exploitation rurale un plus grand nombre de bestiaux, par suite plus abondante production de fumier; possibilité d'élever les salaires des agents agricoles et de les retenir pendant toute l'année dans les campagnes, en leur procurant le bien-être des ouvriers des villes, bien-être dont la recherche est la cause de l'émigration et du manque de bras pour les travaux des champs.

Nous arrivons à l'examen du procédé de purification présenté à M. le préfet par M. Dupont, inspecteur du travail des enfants dans les manufactures. L'ensemble de ce procédé se compose de bassins de dépôt, de cloisons filtrantes, constituées par de la paille, enfin de petits bassins contenant de la chaux et du charbon. Ce n'est qu'une modification malheureuse des procédés dont vous avez conseillé l'emploi. La filtration mécanique de grandes masses de liquides troubles, soit au travers de la paille, du foin, de la tannée, de murailles de charbon, de craie ou de gravier, essayée depuis longtemps dans maintes circonstances, n'a jamais réussi à donner des résultats satisfaisants; on a dû y renoncer partout; et c'est seulement après ces diverses tentatives infructueuses que vous avez eu recours aux vastes bassins, où l'épuration se produit par décantation spontanée des liquides au-dessus de réservoirs horizontaux; on évite ainsi toute agitation dans les liquides, par suite on favorise le dépôt des matières en suspension. Le résultat obtenu prouve que ce moyen est satisfaisant toutes les fois que les industriels se conforment aux prescriptions de l'autorité, ce qui malheureusement est exceptionnel.

Au surplus, pendant que M. Dupont était encore fabricant de sucre à Pont-à-Marcq, des plaintes se sont produites contre son usine. Le conseil a dû la faire visiter plusieurs fois par ses commissaires délégués, et leurs rapports n'ont pas été favorables aux moyens de purification qui y étaient employés.

Nous pensons donc qu'il n'y a pas lieu de prendre en considération cette communication.

Nous arrivons au terme de notre mission; mais, avant de conclure, nous répéterons ce que nous avons dit en commençant, à savoir que l'administration, pour atténuer ou faire disparaître ce que les travaux de l'industrie ont d'incommode ou d'insalubre, n'a qu'à faire exécuter rigoureusement les arrêtés qui ont été pris pour chaque usine en particulier. On ne peut coucher l'industrie et la mettre à la gêne sur le lit de Procuste; c'est pourquoi, les principes hygiéniques généraux étant admis, vous avez indiqué et vous indiquez encore tous les jours comment ils doivent être appliqués à chaque usine en raison des conditions spéciales où elle se trouve. Chez certains industriels, l'abstention ou la mauvaise exécution des procédés sont la conséquence de l'ignorance; chez d'autres, c'est du mauvais vouloir. Dans le premier cas, il faut les éclairer; dans le second, les contraindre. Aussi, avec nos collègues des arrondissements, avec la commission de Paris, vous engageons-nous à réclamer de M. le préfet l'institution d'un service d'inspection de la salubrité, sollicité d'ailleurs par vous chaque année depuis bien longtemps, comme devant mettre un terme aux abus que vous avez trop souvent l'occasion de constater, devant lesquels vous êtes impuissants, et dont l'opinion publique, trompée par les apparences, vous rend quelquefois responsables.

Pour nous résumer, nous dirons que les plaintes auxquelles a donné lieu l'écoulement des eaux de lavage des betteraves provenant des fabriques de sucre et de ces mêmes eaux, jointes aux vinasses des distilleries, dans les fossés, les marais, les cours d'eau d'un faible débit, ont toujours été provoquées par le dégagement de l'acide sulfhydrique produit sous l'influence de la décomposition des sulfates par les matières organiques; et que la mortalité des poissons, autre sujet de récrimination, a été la conséquence de la désoxygénation de l'air respirable contenu dans l'eau par ces mêmes matières organiques, peut-être aussi de l'action toxique de l'acide sulfhydrique et des acides minéraux à l'état de liberté; que par conséquent le déversement de ces résidus liquides, purifiés ou non, dans les mares à eaux stagnantes, cours d'eau d'un très-faible débit, ou fossés n'aboutissant qu'à un cours d'eau éloigné, doit être formellement interdit.

Que parmi les moyens de purification employés pour atténuer le mal et soumis à une expérimentation longue et variée, les puits absorbants et la filtration mécanique n'ont généralement pas donné de bons résultats.

Que la chaux vive, employée comme agent de défécation, moyennant un dosage approximatif (l'excès n'étant ici jamais à craindre), a assuré la conservation des vinasses et fait disparaître toute mauvaise odeur.

Que les bassins de dépôt géminés de grande capacité, communiquant entre eux par déversoirs de superficie s'étendant d'un bord à l'autre des bassins, ont été favorables à la précipitation des matières solides en suspension et à la clarification des liquides.

Que l'écoulement des vinasses sur les terres drainées a le double inconvénient de boucher promptement les pores du sol, si les surfaces sont peu
étendues; et, en outre, quand les surfaces sont assez grandes pour que la
filtration s'opère d'une manière facile et continue, de laisser sortir des drains
un liquide presque toujours trouble, chargé de sulfates dissous, odorant,
et devenant infect en se corrompant ultérieurement dans les petits cours
d'eau.

Que l'irrigation sur des terres arables, non drainées, d'une grande étendue, sans écoulement aucun dans les cours d'eau, mares ou fossés, a donné
de bons résultats.

Que la substitution de l'acide chlorhydrique à l'acide sulfurique, tout en
ayant l'avantage d'éviter la production des sulfates, offre néanmoins deux
dangers contre lesquels l'industriel doit être mis en garde, afin qu'il puisse
les conjurer : ou bien les vins sont distillés sans neutralisation préalable, et
alors l'acide volatil corrode les appareils et les met assez promptement hors
de service; ou bien ils sont neutralisés avec le carbonate de chaux; et, dans
ce cas, si le liquide est clair, il contient de la chaux dissoute à l'état de carbonate; s'il ne l'est pas, c'est du carbonate neutre en suspension qui trouble
sa transparence. Sous l'influence de la chaleur, ces deux sels réagissent sur
le chlorhydrate d'ammoniaque contenu normalement dans les betteraves, et
donnent lieu à la production de chlorure de calcium fixe et de carbonate
d'ammoniaque volatil. Ce dernier, en contact avec les parties de cuivre non
étamées, forme de l'ammoniure de cuivre ou de l'oxyde de cuivre ammoniacal qui reste dans l'alcool, le colore en bleu de ciel d'autant plus foncé
que la quantité est plus grande, et lui communique des propriétés toxiques.

On évite ces résultats fâcheux en laissant une très-faible quantité d'acide
libre, dont l'action sur les appareils est alors insignifiante.

Nous avons vu pendant toute une campagne que, lorsque les opérations
sont bien conduites, il est possible, industriellement, d'éviter les deux écueils
et de fabriquer d'excellents produits.

Il était indispensable d'appeler l'attention sur ces réactions, parce que,
dans le cas où on aurait le projet de se débarrasser des vinasses après épuration par voie de drainage, en les laissant écouler dans un cours d'eau, l'emploi de l'acide chlorhydrique serait la condition obligée.

En outre, comme les voisins des sucreries et des distilleries ont souvent à
souffrir des odeurs qui s'en dégagent malgré les soins et les précautions
que les chefs d'usine peuvent avoir; comme les eaux des puits ont été fréquemment corrompues par de faibles infiltrations de liquides contenant en
dissolution des sulfates ou des matières organiques, nous pensons qu'il est
convenable d'éloigner ces établissements industriels des habitations, et, à
l'avenir, de ne plus en autoriser la création au centre d'agglomérations de
populations.

Quant aux résidus liquides déversés dans les cours d'eau par les autres
industries, ils sont loin d'offrir les inconvénients des vinasses sous le rapport de la corruption de l'air et de l'eau, si on en excepte toutefois quelques

teintureries opérant sur une échelle hors ligne et quelques ateliers où on dégraisse les laines, ou bien où on extrait des *ébroués* les acides et les corps gras. Même encore, pour ces deux dernières industries, l'expérience a démontré qu'il est possible d'enlever aux eaux, par des procédés pratiques et pas trop onéreux, la plus grande partie des matières qui en troublent la pureté; il n'y a donc qu'à les appliquer enfin, en se conformant à tous les articles des arrêtés d'autorisation.

Mais, en admettant qu'à l'avenir l'industrie ne déverse plus dans les cours d'eau que des liquides suffisamment purs pour ne pas donner lieu à des décompositions subséquentes, il est à craindre que le mal ne se perpétue encore, moins grave cependant, mais néanmoins d'une manière appréciable par le fait de l'envasement excessif des petits cours d'eau non navigables et des canaux à eaux dormantes. Bien souvent, après y avoir constaté les caractères insalubres communiqués à l'eau pure par le dégagement permanent des gaz méphitiques et la dissolution d'une faible quantité de matières organiques de la vase, vous en avez demandé le curage à vif fond par qui de droit. En présence de la réduction exceptionnelle du débit des cours d'eau que nous remarquons par suite de la persistance de la sécheresse, réduction qui rend ce liquide plus facilement altérable sous l'influence des mêmes causes, il est plus urgent que jamais de renouveler notre vœu, qui, nous n'en doutons pas, sera exaucé par l'administration.

En conséquence, pour atteindre les bons résultats que réclame l'intérêt général des populations, nous avons l'honneur de vous proposer l'adoption des conclusions suivantes, un peu plus rigoureuses, peut-être, que celles de la commission spéciale des distilleries, prise dans le sein des comités d'hygiène publique, et des arts et manufactures, mais que nous croyons nécessaires en raison des circonstances de localité dans lesquelles nous nous trouvons : pour abréger, nous les présenterons sous la forme d'un projet d'arrêté à solliciter de M. le préfet, projet dont les considérants, basés surtout sur les moyens de conserver la salubrité des cours d'eau et de l'air, ont été suffisamment développés dans ce qui précède.

§ II.

Pour se débarrasser de ces résidus, on prend ordinairement le parti de les évacuer dans les cours d'eau; il en est résulté dans certaines localités les plus graves inconvénients.

Dans les départements du Nord et du Pas-de-Calais, où l'industrie de la distillation a pris les plus grands développements, les cours d'eau ont en général un débit et une pente très-faibles. Les vinasses qu'on y a déversées les ont corrompus. Ces résidus renferment, en effet, des matières organiques capables de se putréfier au sein de l'eau. Elles y sont contenues sous deux formes différentes : à l'état de simple suspension, à l'état de dissolution complète. D'après des analyses qui ont été faites par M. Meurein, membre du conseil central d'hygiène et de salubrité du département du Nord, un litre de vinasse renferme environ huit grammes de matières organiques insolubles, onze grammes de matières organiques dissoutes et sept grammes de substances minérales. Un échantillon de vinasse, qui a été remis à la commission et analysé par les soins de M. Bussy, était moins concentré que le précédent. Il ne renfermait par litre que deux grammes, deux de matières en suspension et sept grammes de matériaux solubles. Nous devons ajouter qu'au sortir des chaudières les vinasses contiennent une petite quantité d'un acide minéral puissant, ordinairement de l'acide sulfurique.

Quoi qu'il en soit, lorsque ces résidus sont déversés dans les cours d'eau, les débris cellulaires, et, en général, les matières organiques insolubles qu'ils renferment se déposent au fond ou le long des bords, s'accumulent dans les sinuosités ou dans les profondeurs, partout où le courant est faible, y forment des couches plus ou moins épaisses, qui se putréfient lentement en dégageant des gaz auxquels l'hydrogène sulfuré vient se mêler souvent. Les matières solubles elles-mêmes prennent part à cette fermentation. Devenues insolubles en partie, elles forment à la surface cette écume blanche et ces pellicules irisées qui empêchent la dissolution de l'air dans l'eau. Dans cet état, les eaux corrompues deviennent impropres aux usages domestiques, tuent le poisson, infectent les puits qu'elles alimentent et exhalent au loin une odeur repoussante. Ces faits se sont produits dans maintes localités du Nord. Le Cojeul, la Sensée, le canal de Roubaix, le canal d'Aire à la Bassée, la Deule, la Scarpe, l'Escaut lui-même, ont été infectés.

Les autorités locales se sont émues d'un état de choses qui a soulevé les plaintes unanimes et intéressées des populations. Sur l'avis des conseils d'hygiène, les préfets du Nord et du Pas-de-Calais ont prescrit diverses mesures qui semblaient devoir améliorer les conditions de salubrité qu'on voulait rétablir avant tout. Néanmoins le mal a persisté et a éveillé toute la sollicitude de S. Ex. le ministre de l'agriculture, du commerce et des travaux publics. Par ses ordres, une commission d'enquête composée de MM. Chevreul, président, Mélier, Féburier et Wurtz, s'est rendue sur les lieux et a visité les usines qui avaient été l'objet des plaintes les plus vives. L'honorable M. Chevreul a rendu compte de cette mission dans un rapport qui est devenu la base de celui que nous avons l'honneur de vous présenter aujourd'hui.

Avant de sanctionner les propositions de la commission d'enquête, M. le ministre a voulu les soumettre aux lumières réunies des comités d'hygiène et des arts et manufactures. Dans votre séance du 8 mai, M. le président vous a informé des désirs de Son Excellence, et a chargé une commission, composée de MM. Rayer, président, Chevreul, Julien, Mélier, Baumes, Féburier, Lechatelier, Bussy, Detaille, Wurtz, de vous soumettre un rapport sur la grave question dont l'examen vous a été déféré.

Organe de cette commission, je vais essayer de vous rendre compte de ses travaux.

Elle s'est principalement appliquée à la recherche et à l'examen des moyens les plus propres à remédier aux dangers résultant de l'évacuation des vinasses dans les cours d'eau.

Ces moyens sont les suivants :

1° Substitution de l'acide chlorhydrique à l'acide sulfurique pour la fermentation du jus de betteraves ;

2° Traitement des vinasses par la chaux et épuration des liquides ainsi traités dans des bassins de dépôt;

3° Filtration des vinasses à travers un sol argileux drainé;

4° Emploi des vinasses comme engrais liquides sur des terres en culture.

5° Leur absorption par des bois-tout.

Nous allons décrire sommairement ces divers procédés :

Substitution de l'acide chlorhydrique à l'acide sulfurique. —L'acide sulfurique qu'on ajoute généralement au jus de betteraves a pour effet de transformer le sucre ordinaire qu'il renferme en sucre de fruits fermentescibles. Lorsque les vins ou les vinasses qu'ils laissent après la fermentation sont neutralisés par la chaux, il en résulte du sulfate de chaux qui reste dissous dans le liquide, et qui s'y trouve en présence des matières organiques qu'il renferme. Or on a reconnu depuis longtemps que dans ces circonstances le sulfate de chaux peut se réduire en sulfure, qui, en se décomposant sous l'influence de l'eau et de l'acide carbonique, devient une source d'hydrogène sulfuré. La formation des sulfures et le dégagement de l'hydrogène sulfuré ont été constatés dans les cours d'eau des départements du Nord, qui reçoivent une grande masse d'eaux industrielles. Les bateaux qui naviguent sur ces cours d'eau noircissent quelquefois dans l'espace de huit jours par suite de la formation du sulfure de plomb à leur surface. Dans les faubourgs de Lille, certaines industries de luxe ont été obligées de se déplacer à cause des émanations sulfhydriques qui noircissent, comme on sait, certains métaux et particulièrement l'argent. La cause première, la condition indispensable de ces émanations est la présence simultanée dans les eaux des sulfates et des matières organiques. Beaucoup d'eaux courantes renferment naturellement une petite quantité de sulfates, toutes renferment des traces de matières organiques. Mais, dans les conditions normales, l'air que l'eau dissout au contact de l'atmosphère empêche la réduction des sulfates. Que la proportion des matières organiques vienne à augmenter notablement, cet air tendra à disparaître, et aussitôt pourra commencer la formation des sulfures. Cette action réductrice que les matières organiques contenues dans les vinasses exercent sur les sulfates a été mise hors de doute par M. Chevreul, qui a bien voulu entreprendre quelques expériences à ce sujet [1].

[1] Voici la note que M. Chevreul a remise à la commission:

« Une vinasse *B*, provenant du travail des betteraves par les râpes et les presses, et dans lesquelles l'acide chlorhydrique a été substitué à l'acide sulfurique, étendu de deux fois son volume d'eau distillée, puis renfermée dans un flacon à l'émeri, sans le contact de l'atmosphère, n'a pas subi d'altération putride dans le temps où deux échantillons de la même vinasse *B*, étendus du double de leur volume, l'un d'eau de Seine, l'autre d'eau de puits, sont devenus très-sulfureux. Le sulfure s'est manifesté dans l'eau de Seine vingt-quatre heures avant d'être sensible dans l'eau de puits. L'odeur du dernier mélange était plus fétide que celle de la vinasse additionnée d'eau de Seine.

« Ces trois expériences démontrent l'influence de l'eau sur l'infection. Avec l'eau dis-

Introduire des matières organiques dans un cours d'eau qui renferme naturellement des traces de sulfates, c'est donc se placer dans une mauvaise condition; introduire à la fois des matières organiques et des sulfates, c'est évidemment aggraver le mal.

A ce point de vue, la substitution de l'acide chlorhydrique à l'acide sulfurique dans la fermentation du jus de betteraves ne peut avoir que de bons effets. On doit d'autant moins hésiter à encourager l'emploi du premier de ces acides, qu'il a été déjà éprouvé et accepté par la pratique.

Des hommes compétents dans la question, industriels, agriculteurs, membres du conseil d'hygiène du département du Nord, chargés des mesures propres à prévenir l'infection des cours d'eau, ont indiqué l'emploi de l'acide chlorhydrique. Sur leur avis, l'autorité locale en a prescrit l'usage, et un certain nombre de fabricants se sont conformés jusqu'à ce jour à cette prescription. Il est donc incontestable que l'acide chlorhydrique peut être substitué à l'acide sulfurique dans l'opération dont il s'agit, sans qu'il en résulte un dommage sérieux pour la fabrication. On a remarqué qu'il attaquait les soudures dans les appareils dispendieux où l'on distille les vins encore acidulés. Il est facile de remédier à cet inconvénient en neutralisant les vins avant la distillation.

En résumé, la commission est d'avis qu'il y a lieu d'apporter certaines restrictions à l'emploi de l'acide sulfurique. Elle pense qu'à l'avenir il ne faudrait autoriser l'évacuation des vinasses provenant du traitement des jus par cet acide que dans des cours d'eau offrant un débit considérable, eu égard au volume des vinasses.

Malheureusement, l'hydrogène sulfuré n'est pas la seule cause de l'infection des cours d'eau dans les départements du Nord. Les matières organiques prennent la plus large part aux altérations qui s'y produisent. Qu'a-t-on fait, que peut-on faire pour empêcher ou du moins pour amoindrir ces réactions funestes?

L'indication qu'il s'agirait de remplir consisterait, non-seulement à clarifier les vinasses, en précipitant et en retenant les matières organiques qu'elles tiennent en suspension, mais encore à séparer les matières organiques dissoutes. Clarifier les vinasses par filtration ne semble pas une opération bien difficile à réaliser dans la pratique. Mais cette opération, quoique très-utile, n'est pas d'une efficacité absolue. Une vinasse simplement clarifiée par filtration n'est pas encore une eau salubre. Elle ne le devient que lorsqu'elle est débarrassée, sinon de la totalité, du moins de la plus grande partie des matières organiques qu'elle tient en dissolution. Ce dernier résultat est plus difficile à atteindre.

tillée, il n'y en a pas eu, tandis qu'elle a eu lieu avec des eaux contenant des sulfates; d'où on déduit la conséquence que l'acide chlorhydrique, substitué à l'acide sulfurique, ne prévient pas le développement des sulfures, si les eaux auxquelles se mêlent les vinasses renferment des sulfates.

« Je dois ajouter qu'une vinasse *A*, provenant d'une opération où l'acide chlorhydrique avait été employé, n'a point donné de sulfure dans les circonstances où *B* en a donné.

« En outre, une vinasse *C*, provenant d'une opération où l'acide sulfurique avait été employé, n'a point donné de sulfure dans les circonstances où *B* en a donné. »

Traitement par la chaux. — Parmi les moyens qui ont été indiqués pour clarifier les vinasses et pour leur enlever une portion des matières organiques qu'elles tiennent en dissolution, nous devons citer en première ligne le traitement par la chaux, dont les effets utiles pour la clarification des eaux impures ont été signalés depuis longtemps par M. Chevreul. Cette matière est très-abondante et à vil prix dans les départements du Nord. Son emploi a été reconnu avantageux, et a été prescrit par l'autorité locale de ces départements.

Lorsqu'à une vinasse trouble on ajoute un léger excès de lait de chaux de manière que la liqueur soit faiblement alcaline, il s'y forme un précipité floconneux, et le liquide s'éclaircit peu à peu. Soit qu'elle agisse en se combinant aux matières azotées, soit qu'elle exerce cette action particulière que M. Chevreul a désignée sous le nom d'affinité capillaire, la chaux produit dans ces circonstances un double effet: elle entraîne les matières suspendues, elle précipite une portion des matières organiques dissoutes.

D'après les expériences de M. Kuhlmann, la chaux peut séparer d'une vinasse environ le tiers des matières organiques qu'elle tenait en dissolution.

Ces résultats ont fixé l'attention de la commision qui demeure convaincue que la chaux est un agent utile pour la purification des vinasses. Nous indiquerons plus loin une réserve qu'elle a cru devoir exprimer relativement à l'emploi de cette substance.

Au surplus, il n'est pas inutile de rappeler ici les bons résultats que l'on a obtenus en Angleterre, en traitant les eaux d'égout par la chaux. Sans qu'on puisse assimiler ces eaux aux vinasses elles-mêmes, il est néanmoins permis de penser que l'action de la chaux doit être, jusqu'à un certain point, analogue dans les deux cas.

Quoi qu'il en soit, nous devons exposer maintenant de quelle manière et avec quel succès elle a été employée et appliquée jusqu'ici à l'épuration des vinasses.

Bassins d'épuration. — Dans les instructions données par le conseil central d'hygiène du département du Nord, il est dit:

« Après la distillation, amener les vinasses bouillantes immédiatement dans une série de bassins d'épuration géminés, séparés les uns des autres par des déversoirs de superficie. Les murs et les fonds de ces bassins sont en bonne maçonnerie. Le premier bassin servira principalement à combiner la vinasse bouillante avec de la chaux vive en poudre qui devra y être jetée d'intervalle à intervalle, à raison de deux kilogrammes par hectolitre de vinasse. Ce bassin aura dix mètres de longueur sur trois mètres de largeur au moins, et un mètre trente centimètres de profondeur. La matière qu'il renfermera sera maintenue en un état continuel d'agitation, soit par un moyen mécanique, soit par l'effet d'un homme armé d'un ringard. Le bassin n° 2 présentera une superficie de cent mètres carrés et une profondeur d'un mètre dix centimètres. Il servira au dépôt des matières solides, ainsi que le bassin n° 3, de même superficie, et de quatre-vingt-dix centimètres de profondeur.

« Chacune des deux séries de bassins ci-dessus prescrites servira à recevoir alternativement les vinasses de la distillerie, tandis que l'autre, mise en chômage, sera curée à vif-fond. Ce nettoiement sera opéré au moins tous les cinq jours, ou plus souvent, si l'activité de la fabrique l'exige, » etc.

Ces bassins, dont la construction a été rendue obligatoire, et que la commission d'enquête a vus fonctionner dans plusieurs usines, n'ont point toujours donné, au point de vue de la purification des vinasses, les résultats qu'on s'était proposé d'obtenir. Cela tient, d'une part, à l'incurie et à la négligence de quelques fabricants qui ont incomplétement exécuté les prescriptions de l'autorité, d'autre part à des conditions inhérentes à la construction des bassins eux-mêmes, et peut-être aussi à l'usage immodéré qui a été fait de la chaux.

Développons ces divers points :

Dans certaines usines, les bassins n'ont jamais été établis ; dans d'autres, ils ont mal fonctionné, parce qu'ils étaient mal construits et que leur capacité trop exiguë était hors de proportion avec la masse des eaux qu'ils devaient recevoir. Mais dans quelques distilleries, où toutes les précautions semblaient avoir été prises pour assurer la clarification des vinasses, ce résultat n'a pas été obtenu. Les eaux se sont écoulées troubles par la crête de déversement du dernier bassin. Ici l'insuccès ne dépend pas du mode d'opération, il tient à la construction même des bassins et au système de clarification qu'ils doivent réaliser.

Une vinasse étant traitée par la chaux, il s'y forme un précipité qui se dépose, et il reste à la surface un liquide clair qu'on peut décanter. La construction des bassins dont il s'agit doit être conçue de manière à faciliter ce dépôt et à permettre cette décantation. Or il arrive qu'à mesure que les matières solides s'y accumulent et que la couche en devient plus épaisse, le mouvement de translation de l'eau devient aussi plus rapide, et le dépôt se fait par cela même plus difficilement. Dans ces conditions, les eaux qui entrent dans le bassin ne font que s'étaler et couler en nappe à la surface des dépôts déjà formés, et la clarification devient, sinon impossible, du moins très-incomplète.

D'ailleurs, en supposant même que ces bassins de dépôt et de décantation puissent fonctionner en toute circonstance, de manière à amener une décantation complète du liquide, ce résultat ne suffirait pas pour assurer les bons effets de l'opération. En effet, les vinasses clarifiées par la chaux renferment encore une dissolution des matières organiques, qui, en se décomposant ultérieurement, peuvent devenir une cause d'infection. Un excès de chaux peut jouer un rôle important dans cette décomposition en favorisant la formation d'acides gras volatils et odorants et particulièrement celle de l'acide butyrique.

Or il ne semble pas qu'on se soit assez préoccupé jusqu'ici des inconvénients que peut entraîner l'emploi d'un grand excès de chaux. La commission d'enquête a pu se convaincre que dans les bassins de certains établissements les eaux sont fortement alcalinées. On conçoit qu'il puisse en être ainsi, si l'on n'apporte pas le plus grand soin au dosage de la chaux et si on se contente, comme on le fait, de la jeter à la volée dans le premier bassin. Dans ces conditions, il n'est que trop facile et trop commode d'abuser de la chaux, qui, en sursaturant la liqueur, mettra en liberté de la potasse et de l'ammoniaque. Ajoutons qu'il est probable qu'un liquide chargé de matières organiques, comme le sont les vinasses, est capable de dissoudre la chaux en plus forte proportion que ne peut le faire l'eau pure. Tous les chimistes demeureront d'accord que l'alcalinité très-prononcée de ces vinasses est une mauvaise condition, au point de vue de leur conservation. L'excès d'alcali favorise la fermentation acide et particulièrement la fermentation butyrique. Les faits que l'on a observés à l'usine de Boyelles semblent venir à l'appui de cette proposition. On a remarqué, en effet, dans cette localité que les eaux fortement alcalines, à la sortie des bassins, en coulant lentement dans le lit du Cojeul, ne tardaient pas à perdre cette alcalinité, à devenir acides et à dégager une odeur tenace et repoussante d'acide butyrique. Lors de la visite que la commission d'enquête a faite à Boyelles en février dernier, M. Chevreul a constaté que les eaux du Cojeul, recouvertes à ce moment d'une couche de glace, renfermaient encore de l'acide butyrique.

Ainsi, tout en approuvant l'emploi de la chaux, votre commission croit devoir signaler les inconvénients qui peuvent résulter de l'usage immodéré de cette substance.

Elle pense qu'il en faut mettre une quantité suffisante pour déterminer la précipitation et pour rendre possible la décantation ou la filtration. Obligée de s'en tenir à ces termes généraux, elle ne saurait prescrire les doses. C'est à la pratique qu'il appartient de les fixer dans chaque cas particulier.

Les remarques critiques qui viennent d'être exposées ne sont pas destinées à affaiblir la confiance que peut inspirer l'emploi méthodique de la chaux, comme moyen de purification des vinasses. Les inconvénients inhérents à ce système d'épuration, tel qu'il a été pratiqué jusqu'aujourd'hui, disparaîtraient peut-être par l'adoption de quelques dispositions que nous allons indiquer.

En ce qui concerne la saturation par la chaux, un bassin, c'est-à-dire un réservoir, offrant une grande surface sur une faible profondeur, ne réalise pas les conditions qu'exige ce genre d'opération. Une cuve profonde ou une large citerne semblerait préférable. Dans la pensée de la commission, deux de ces cuves devraient être installées dans chaque usine : l'une se remplirait pendant que le liquide contenu dans l'autre serait traité par un lait de chaux, puis déversé dans les bassins de dépôt. Pour faciliter le mélange et la combinaison avec la chaux, il serait nécessaire d'agiter le liquide. Le tuyau d'une pompe devrait plonger jusqu'au fond de chaque cuve. Rien ne serait plus facile que d'effectuer l'agitation du liquide et son déversement dans les bassins en distrayant pour ces opérations mécaniques une portion minime de la force motrice dont dispose chaque établissement.

La vinasse traitée par la chaux doit être débarrassée du précipité qu'elle tient en suspension. Le système de bassins géminés peut convenir pour cet usage. Seulement, pour remédier aux inconvénients qui ont été signalés plus haut, il semblerait nécessaire d'abandonner ce mode de décantation et de déversement par trop-plein, qui n'a donné jusqu'ici que des résultats incomplets, et d'y substituer les procédés d'une véritable filtration. Cette opération pourrait se faire à l'aide de barrages en sable ou de digues filtrantes qui formeraient une des parois du bassin. Deux cloisons en planches, parallèles, percées de trous, maintenues, au besoin, par des murs en pierres sèches et séparées par un intervalle qu'on remplirait de sable, voilà une disposition simple et peu coûteuse qui réaliserait ces barrages. Les digues filtrantes pourraient être formées par deux rangs de fascines séparées par une couche de sable. Le liquide filtré à travers la première digue serait reçu dans un second bassin, traverserait une seconde digue et pourrait, au besoin, éprouver une troisième filtration.

Pour que ces filtres en sable puissent fonctionner d'une manière efficace, il faut que les bassins situés en contre-bas les uns des autres, et toujours remplis, reçoivent à chaque instant autant de liquide que le barrage ou la digue filtrante en laisse écouler. On peut assurer la régularité de l'écoulement en modifiant suivant les besoins la hauteur réelle et efficace de la digue filtrante, par le moyen d'une pale régulatrice placée en aval de la digue et par-dessus laquelle les eaux filtrées se déversent en nappe. Pour les détails de cette construction, nous renvoyons à un mémoire de M. Parrot (*Annales des mines*, 1830, t. VIII, p. 33), qui a appliqué la disposition dont il s'agit à la filtration des eaux de lavage de certains minerais. Elle a l'avantage de faciliter beaucoup le dépôt des matières insolubles. En effet, le liquide s'écoulant par la digue sur une certaine hauteur, le mouvement de translation des eaux dans l'intérieur du bassin s'établit, non plus par des courants superficiels, mais sur une profondeur correspondant à la hauteur réelle de la digue, c'est-à-dire lentement et de manière à permettre le dépôt des matières insolubles.

En raison de la nature mucilagineuse du précipité suspendu dans les vinasses, il est probable que les filtres s'engorgeraient au bout de quelque temps; il suffirait de laver le sable par un courant d'eau pour le remettre en état de servir de nouveau.

Ajoutons qu'en dehors des procédés décrits plus haut, d'autres modes de filtration pourraient être adoptés par les fabricants. La condition essentielle qu'ils devront réaliser sera de clarifier complétement les vinasses traitées par la chaux et destinées à être filtrées.

Épuration des vinasses par infiltration à travers des terrains argileux drainés. — Votre commission a pensé que les procédés du drainage pourraient être appliqués avec succès à l'épuration ou même à l'absorption des vinasses. A cet égard, deux systèmes différents ont fixé son attention : l'un consiste à filtrer les eaux impures à travers une surface relativement restreinte d'un terrain argileux drainé ; l'autre, à les faire absorber par une étendue considérable de terres en culture et drainées au besoin.

Le premier de ces systèmes pourrait trouver une application assez générale dans les départements du Nord. En effet, le sol de ces départements est partout formé par de l'argile ou par un mélange d'argile et de sable. De pareils terrains peuvent se prêter encore à la filtration des vinasses, et cette filtration est bien plus efficace que celle que l'on peut effectuer à travers le sable. En effet, l'argile est douée de la propriété d'absorber et de retenir les matières organiques solubles que contiennent les eaux dont on l'arrose. — Fixées sur l'argile, ces matières organiques se consument lentement au contact de l'air, et peuvent devenir ainsi une source de fertilité pour le sol qui les a absorbées.

Qu'il nous soit permis ici de citer quelques expériences de M. Hervé-Mangon, concernant l'absorption des matières solubles des vinasses par la terre argileuse. De l'argile pure, de la marne calcaire, des mélanges à parties égales d'argile et de marne, d'argile et de sable, ont été arrosés avec une vinasse très-riche, donnant soixante grammes de résidu solide par litre, et qui a été ajoutée à la dose de 3 à 4 pour 100 du poids total de la terre. Ces mélanges exposés à l'air n'ont exhalé aucune odeur. Au bout de dix jours, on les a lavés, on a filtré le liquide et on l'a fait évaporer : le résidu de l'évaporation ne renfermait plus de vinasse.

Dans un autre essai, M. Hervé-Mangon a cherché à se placer dans des conditions plus voisines de la pratique. A cet effet, il a introduit dans des tubes verticaux de un mètre trente centimètres de hauteur de la terre argileuse naturelle, recueillie aux environs d'Arras. Il a versé à la partie supérieure de cette terre une couche de vinasse de trois centimètres d'épaisseur, et il a soigneusement recueilli le liquide qui s'est écoulé au bas du tube. Évaporé, ce liquide n'a laissé qu'un résidu organique tout à fait insignifiant. Si, comme ces expériences le démontrent, le sol argileux possède la propriété d'absorber les matériaux solubles des vinasses, il n'en faudrait pas conclure que son pouvoir absorbant est en quelque sorte illimité. Un pareil sol étant arrosé avec des quantités considérables de vinasses, il arriverait un moment où l'argile, saturée de matières organiques, refuserait d'en retenir davantage. Ces considérations sont de nature à laisser entrevoir les avantages d'un pareil drainage restreint sur un sol argileux, comme aussi les limites et les inconvénients de cette opération.

Les eaux qui s'écouleront par les drains seront plus pures que celles qui résulteraient de la filtration à travers le sable; mais, comme l'absorption par la terre argileuse se fait lentement, et que, pour assurer la purification des eaux, il faut que la masse des matériaux à absorber soit dans une juste proportion avec la masse de la couche filtrante, il devient nécessaire d'ajouter à cette opération une étendue de terrain assez considérable. Il est impossible d'assigner, à priori, des limites précises à la surface de ces terres. Néanmoins il est permis de penser que, dans les cas ordinaires et pour une quantité de vinasse ne dépassant pas huit cents à douze cents hectolitres par jour, un ou deux hectares pourraient suffire. Que l'on suppose, en effet, qu'il s'agisse de faire absorber par voie d'infiltration, dans des terres drainées d'une étendue d'un hectare, mille hectolitres ou cent mètres cubes de vinasses par jour, la couche de liquide que cette surface devra absorber en vingt-quatre heures n'aura qu'une épaisseur d'un centimètre; une surface plus grande serait nécessaire pour les usines les plus considérables. Sans vouloir trop préciser les choses, il est permis de penser que, dans ces cas, trois, peut-être quatre hectares devraient être affectés à la clarification des vinasses. Une pareille étendue comprendrait une masse de quarante-cinq mille à soixante mille mètres cubes de terre argileuse propre à l'absorption, en supposant que les drains soient placés à un mètre cinquante centimètres de profondeur.

Ces terrains, préalablement nivelés avec soin, pourraient, au besoin, être entourés d'une petite digue propre à empêcher les fuites latérales. Peut-être serait-il utile de les diviser en un certain nombre de compartiments, dont chacun recevrait à son tour les vinasses écoulées en vingt-quatre heures. Après avoir reçu ces vinasses, le compartiment chargé serait pour ainsi dire abandonné au repos pendant quelques jours avant d'en recevoir une nouvelle quantité. Dans cet intervalle, la filtration pourrait s'effectuer complètement, et les terres auraient le temps de s'égoutter et de se dessécher jusqu'à un certain point. Du reste, cette distribution fractionnée assurerait la répartition uniforme des vinasses sur toute la surface du terrain, en remédiant aux inconvénients qui résulteraient d'un défaut de nivellement et d'infiltrations trop abondantes sur les parties déclives. Il est important de faire remarquer ici que la clarification serait incomplète si l'on n'apportait le plus grand soin au tassement des terres accumulées sur les drains. En effet, s'il restait des vides dans les tranchées, les vinasses se seraient bientôt frayé, dans ces espaces trop perméables, des voies assez larges pour rendre la filtration imparfaite.

A la fin de la campagne, c'est-à-dire vers le mois de mars ou d'avril, ces terres pourraient être rendues à la culture. Recouvertes d'une couche de limon et saturées jusqu'à une grande profondeur de matières fertilisantes, elles pourraient se passer d'engrais.

Pour la campagne suivante, une nouvelle étendue de terrains pourrait à son tour, être affectée à l'épuration des vinasses, et recevoir, pour les saisons à venir, les mêmes éléments de fertilité. C'est ainsi que les résidus des distilleries, alternativement distribués dans le cours des années sur les champs avoisinant les usines, au lieu d'être une cause d'insalubrité et un sujet de souffrance pour les populations, pourraient devenir une source de richesse pour l'agriculture.

La condition importante qu'il s'agirait de réaliser pour assurer l'efficacité de ce système serait de donner à la surface de filtration une étendue suffisante. Il est bien entendu qu'il ne sera applicable que dans les localités où la couche de terre argileuse offre une profondeur suffisante, et où la surface du sol s'élève au moins à un mètre cinquante centimètres au-dessus du niveau des cours d'eau.

Absorption des vinasses par des terres en culture. — Le système qui consisterait à employer les vinasses en irrigations ou en arrosements, et que nous allons exposer maintenant, exige l'annexion à l'usine d'une étendue considérable de terres en culture. C'est là un inconvénient qui rendra difficile, sinon impossible, son application générale. Mais, comme dans certains cas il peut rendre de grands services, nous allons indiquer sommairement les conditions que nécessite son emploi.

Tout le monde conviendra que les substances contenues dans les vinasses, matières organiques diverses, azotées ou non azotées, suspendues ou dissoutes, principes minéraux, tels que le salpêtre et les sels ammoniacaux, que toutes ces matières sont des éléments de fertilité et constituent de véritables engrais pour les terres sur lesquelles elles sont répandues. Le sulfate de chaux lui-même, si nuisible lorsqu'il est introduit dans les cours d'eau avec les vinasses, peut contribuer d'une manière efficace à l'amendement des terres. Malheureusement ces matériaux fertilisants sont délayés dans des masses d'eau tellement considérables, que le transport et la distribution de cet engrais liquide et étendu deviendraient une charge onéreuse pour une exploitation agricole. Nous essayerons de montrer néanmoins que ces inconvénients, tout en diminuant les avantages que l'on pourrait retirer de l'application de ce système, ne sont point de nature à en compromettre le succès d'une manière absolue.

Comment transporter dans tous les points et aux extrémités d'un domaine d'une cinquantaine d'hectares, par exemple, ces quantités énormes de vinasses qu'une grande distillerie rejette pendant cinq ou six mois de l'année? Cette question soulève une difficulté réelle. Elle peut recevoir diverses solutions.

Lorsque les pentes naturelles du terrain s'y prêtent, les vinasses peuvent être répandues sur les terres par voie d'irrigation dans des tranchées ouvertes et dans des rigoles.

C'est le système le plus économique. Là où la configuration du terrain ne permet pas son application, il faut recourir aux procédés qui consistent à refouler les vinasses, sous une pression considérable, dans des tuyaux en fonte posés dans les champs. La pression exercée sur le liquide permet de le répandre uniformément par voie d'arrosement, à l'aide de tuyaux flexibles terminés par des lances à incendie.

Ces procédés, employés dans beaucoup de localités en Angleterre, ont été appliqués dernièrement à la distribution des engrais liquides de Bondy dans les fermes de la terre de Vaujours.

Enfin, un troisième système consisterait à combiner les deux précédents, c'est-à-dire à faire arriver les vinasses au moyen de tuyaux souterrains dans des réservoirs placés au milieu des terres, et qui perdraient leurs eaux par le moyen de rigoles d'irrigation.

L'établissement de ces tuyaux en fonte dans un domaine d'une certaine étendue est sans doute une opération dispendieuse. Un agriculteur qui installerait ce système tubulaire pour y répandre un engrais aussi étendu que le sont les vinasses trouverait difficilement, dans les bénéfices de l'exploitation, une compensation suffisante des frais d'installation et d'entretien.

Mais ce n'est point ainsi qu'il faut envisager cette question. Dans l'espèce, ce n'est point seulement l'exploitation agricole qui aurait à supporter les frais dont il s'agit. Il serait de toute justice qu'on en attribuât une partie à l'entreprise industrielle elle-même. C'est l'industrie qui crée l'embarras, elle doit supporter la charge.

Construction de bassins, traitement par la chaux, filtration à travers le sable, toutes ces opérations constituent un sacrifice en pure perte, mais un sacrifice nécessaire. L'établissement d'un système tubulaire est une charge plus lourde, sans doute, mais qui peut trouver une certaine compensation dans les bénéfices de l'opération agricole.

Nous devons ajouter que l'emploi le plus avantageux des vinasses comme engrais consisterait peut-être à les répandre en irrigation sur les prairies. Il est bien permis, en effet, de comparer les vinasses et les eaux d'égout en ce qui concerne leur application à l'agriculture, et l'on sait que les eaux d'égout sont devenues, sous ce rapport, en Écosse, et aux environs de Milan, l'objet de tentatives longtemps prolongées et couronnées de succès. Il existe dans le voisinage d'Édimbourg des prairies sur lesquelles on répand depuis soixante ans, par le moyen d'irrigations faites à ciel ouvert, une partie des eaux d'égout de cette cité.

D'après une évaluation approximative, la couche d'eau qui passe annuellement sur la surface de ces prairies et qui s'y infiltre offre une épaisseur de plus de deux mètres. Telle est la puissance d'absorption d'un sol convenablement drainé.

Le système qui consiste à faire absorber les vinasses par les terres, ou à les répandre en irrigations, ne peut-il pas devenir une cause d'insalubrité, en favorisant dans les endroits où le sol serait alternativement sec et humide la formation de principes odorants, ou même de miasmes paludéens? Grave question qui a été soulevée dans le rapport de M. Chevreul, et discutée dans le sein de la commission. Il est permis d'espérer que les effets nuisibles dont il s'agit ne se manifesteront point sur des terres convenablement drainées, où l'absorption est rapide, où l'écoulement des eaux surabondantes est facile, où l'accès de l'air est possible. On ne pourrait craindre le danger des émanations fétides que dans le cas où l'irrigation se ferait à ciel ouvert, par le moyen de fossés et de rigoles. Les bords et le fond de ces fossés pourraient se couvrir de débris organiques dans certains endroits. On remédierait à cette accumulation de matériaux fermentescibles par un bon entretien et par un curage fréquent des fossés.

Il n'est d'ailleurs pas inutile de faire remarquer ici que, dans le cas où les vinasses seraient employées en irrigations, il faudrait en séparer préalablement les débris grossiers qu'elle peut entraîner.

Il ne nous reste que peu de mots à ajouter concernant quelques moyens proposés ou même pratiqués pour remédier aux dangers qui résultent de l'écoulement des vinasses dans les cours d'eau.

Puits absorbants. — Parmi ces moyens, nous devons signaler ici les puits absorbants ou bois-tout. On en connaît les inconvénients : ils sont sujets à s'obstruer; ils peuvent corrompre les puits du voisinage ; en un mot, les cas où leur établissement peut être considéré comme offrant des garanties sérieuses à la santé publique sont extrêmement rares. Ces cas ont été si bien définis par M. Chevreul, que nous demandons la permission de reproduire ici les passages de son rapport qui les concernent :

« Les bois-tout, sorte de puits creusés dans le sol, avec l'intention d'y faire écouler des eaux qui sont à sa surface, n'ont d'efficacité qu'à trois conditions.

« La première est que les liquides qu'on fera écouler dans les bois-tout ne corromprout pas la nappe d'eau potable qui alimente les puits et les sources d'eau servant aux usages économiques du pays où les bois-tout seront creusés.

« La seconde est que les bois-tout aient leur fond dans une couche parfaitement perméable, autrement, le terrain, bientôt saturé, ne permettra plus au bois-tout d'absorber l'eau.

« La troisième est que la couche perméable où se rendra l'eau qu'on veut évacuer de la surperficie du sol, étant située au-dessous de la nappe d'eau qui alimente les puits du pays, cette couche perméable ne conduise pas les eaux dans une nappe d'eau servant à l'économie domestique d'un pays autre que celui où le bois-tout est creusé. »

Peut-être parviendrait-on à diminuer les inconvénients que présentent les puits absorbants, et à améliorer les conditions de leur emploi en n'y recevant que des liquides préalablement clarifiés par la filtration à travers le sable.

Concentration des vinasses. — On avait eu la pensée de se débarrasser des vinasses par la concentration. Si cette opération devait se faire par la chaleur d'un combustible, même de qualité très-inférieure, elle entraînerait des frais énormes qui ne seraient que faiblement compensés par la valeur des sels contenus dans les résidus. Il ne faut pas songer à un pareil expédient.

Nous en dirons autant du procédé qui consisterait à soumettre les vinasses à l'évaporation par le moyen de bâtiments de graduation construits avec des débris organiques de peu de valeur, tels que pailles de colza, fanes de pommes de terre, tiges de pavots et de topinambours, etc. On avait espéré qu'en orientant dans la direction des vents régnants ces amas de végétaux légers et volumineux, et en y faisant ruisseler les vinasses, l'évaporation serait assez active et assez complète pour que les résidus solides, en s'accumulant à la surface de ces débris et en se putréfiant avec eux, finissent par les transformer en une sorte d'engrais. Une seule considération suffit pour détruire ces illusions. Le travail devant se faire en hiver, l'évaporation ne sera jamais assez active pour que l'on puisse espérer que des centaines de mètres cubes d'eau se dissipent en vapeur dans un seul jour, et pour une seule usine.

En résumé, les moyens sérieux que l'on peut employer pour remédier aux inconvénients résultant de l'évacuation des vinasses dans les cours d'eau sont les suivants :

1° Substitution de l'acide chlorhydrique à l'acide sulfurique pour la fermentation du jus de betteraves ;

2° Traitement des vinasses par la chaux dans un système de bassins ;

3° Leur filtration à travers une surface limitée d'un terrain drainé ;

4° Leur absorption par une étendue considérable de terres en culture et drainées au besoin.

Les deux premiers moyens sont des palliatifs plutôt que des remèdes véritables ; les derniers sont plus efficaces, comme il semble, mais d'une application plus difficile. Tous pourront trouver suivant les circonstances un utile emploi. S'agit-il d'une usine située sur un cours d'eau important, la neutralisation et au besoin une simple clarification pourront suffire. Dans le cas, au contraire, où les usines voudraient évacuer leurs résidus dans des cours d'eau offrant un débit et une pente faibles, les vinasses devront être épurées avec soin.

Il est à craindre que cette purification ne puisse dans aucun cas être assez complète pour qu'il soit permis d'assimiler les liquides clarifiés à de l'eau ordinaire. Votre commission estime en conséquence qu'il y a lieu d'interdire l'écoulement des vinasses épurées dans les fossés et dans les mares, elle croit, en outre, que leur évacuation dans les cours d'eau pourrait encore offrir de graves inconvénients, dans les cas où le volume des liquides évacués ne formerait pas une très-faible fraction du débit de ces cours d'eau.

En ce qui concerne les moyens d'épuration, elle pense que les procédés du drainage peuvent être plus efficaces que le traitement par la chaux et la filtration à travers le sable. Toutefois elle hésite à recommander à l'administration de faire à cet égard des prescriptions formelles. Quoique, dans sa pensée, les procédés dont il s'agit aient le double avantage d'offrir une garantie sérieuse contre l'infection des cours d'eau, et d'employer au profit de l'agriculture des résidus qui renferment des éléments fertilisants, elle croit néanmoins que quelque chose leur manque encore : la sanction d'expériences faites sur les lieux mêmes.

L'administration, dans sa sagesse, provoquera ces expériences et les voudra aussi complètes et aussi démonstratives que possible. En attendant, sera-ce trop présumer des efforts de la commission que de penser qu'elle aura préparé les voies et donné dans le présent rapport quelques indications pour une solution au moins provisoire de la question? Elle n'a point visé plus haut. Dans son opinion, les difficultés qu'il s'agit de surmonter ne sont point de nature à recevoir une solution uniforme et absolue, et le moment n'est pas venu où l'administration puisse, en toute sécurité, prescrire des procédés de purification. Pour la campagne prochaine, elle voudra laisser, quant au choix de ces procédés, une certaine initiative aux fabricants, se bornant à les éclairer de ses conseils.

De leur côté, les propriétaires des usines redoubleront d'efforts, et, choisissant parmi les indications qui ont été données celles qui pourront convenir à leur situation particulière, ils parviendront à améliorer un état de choses qui est devenu un danger pour la santé publique et un embarras pour eux-mêmes. L'administration n'est point restée indifférente en présence d'un mal qui n'a fait que s'accroître depuis quatre ans ; en présence de l'incurie ou du mauvais vouloir de quelques-uns, elle ne serait point désarmée. Mais, dans son désir de concilier tous les intérêts, elle a reculé jusqu'ici devant l'exercice rigoureux des droits que la législation lui confère. L'appel qu'elle adressera de nouveau aux fabricants sera entendu, nous n'en doutons pas.

Quant à ceux qui ne seraient pas en mesure de profiter des indications données, il leur resterait une ressource extrême : ce serait de modifier le travail de leurs usines. Parmi les procédés qui ont été employés pour la distillation des betteraves, celui de Champonnois et celui de le Play ne donnent lieu, en effet, qu'à des quantités de vinasses relativement peu considérables, et dont il est facile de se débarrasser en les répandant sur les terres. Il serait fort désirable que l'emploi de ces procédés pût se généraliser. Ils trouveront principalement une application avantageuse dans les distilleries de moindre importance, et surtout dans celles qui seraient annexées à de grandes exploitations rurales. Déjà un certain nombre de propriétaires ont réalisé cette heureuse combinaison. Elle présente les garanties les plus sérieuses au double point de vue de la sécurité commerciale, de l'entreprise et de la salubrité publique. Dans ces établissements, où l'activité de l'usine peut se régler sur l'étendue et sur les besoins de la ferme, l'évacuation des résidus n'offrira plus de difficultés réelles. Les pulpes seront consommées par les bestiaux et les vinasses iront féconder les terres.

Ces considérations contribueront peut-être à dissiper dans vos esprits tous les doutes concernant l'avenir de la belle industrie dont il s'agit. Dût-elle faire de nouveaux sacrifices, dût-elle, dans certains cas, transformer son économie ou ses procédés, elle survivra à la crise actuelle.

En terminant, nous avons l'honneur de prier les deux comités de vouloir bien donner leur approbation aux vues qui sont développées dans le présent rapport, en proposant à Son Excellence M. le ministre l'adoption des mesures suivantes pour la campagne qui va s'ouvrir.

L'évacuation des vinasses dans les cours d'eau ou leur absorption par le sol ne pourra avoir lieu à l'avenir qu'aux conditions et avec les restrictions énoncées ci-après :

Art. 1er. L'écoulement de ces résidus dans les fossés ou mares à eaux stagnantes ne pourra être toléré dans aucun cas.

Leur évacuation dans des puits absorbants ne pourra être autorisée qu'à titre provisoire et sous toute réserve de retrait des autorisations données, dans le cas où ce moyen présenterait des inconvénients constatés.

Art. 2. L'acide libre contenu dans les vinasses devra être neutralisé.

Art. 5. Les vinasses provenant du traitement du jus de betteraves par l'acide sulfurique ne pourront être évacuées dans les cours d'eau qu'après avoir été clarifiées complétement, soit par voie d'infiltration à travers un sol

argileux drainé, soit par la chaux et la filtration à travers le sable, ou tout
_autre moyen de filtration équivalent.

Les cours d'eau dans lesquels ces vinasses clarifiées seront évacuées devront avoir, au moment des plus basses eaux, un débit journalier variant au
minimum de trois cents fois à cinq cents fois le volume des vinasses, suivant
la rapidité plus ou moins grande du courant, le voisinage ou l'éloignement
des grandes rivières ou de la mer, ou toutes autres circonstances favorables
ou défavorables à la prompte évacuation des résidus nuisibles.

Art. 4. Les vinasses provenant du traitement du jus de betterave par
l'acide chlorhydrique devront, comme les précédentes, être clarifiées par
l'un ou l'autre des moyens spécifiés ci-dessus, et ne pourront être évacuées
que dans des cours d'eau offrant un débit journalier égal au minimum à cent
fois le volume des vinasses.

Art. 5. Dans le cas où quelque nouveau système de traitement présentant
des garanties de salubrité suffisantes serait proposé, les préfets, sur l'avis
des conseils d'hygiène, pourront en autoriser l'essai.

Art. 6. Les fabricants qui feront absorber leurs vinasses par voie d'arrosage sur des prairies ou des terrains en culture ne seront assujettis à aucune
condition spéciale en ce qui concerne le traitement de ces vinasses. Ils seront
simplement tenus de faire à l'administration la déclaration préalable du système qu'ils se proposent d'employer, et d'indiquer l'étendue et la situation
des terres qu'ils voudront arroser.

Art. 7. Les autorisations d'évacuer les vinasses dans les cours d'eau,
accordées par les préfets, seront toujours révocables dans les cas où les
moyens d'épuration employés seraient reconnus insuffisants.

Art. 8. La commission émet le vœu qu'il soit institué dans les départements du Nord et du Pas-de-Calais un service de surveillance pour assurer
l'exécution des mesures prescrites.

SUIF (INDUSTRIE DU).

Suif en branches (Fonderie de) à l'acide (2e classe). — 14 janvier 1815.

Suif en branches (Fonderie de) à l'alcali (2e classe, par assimilation).

**Suif en branches (Fonderie de) au bain-marie ou à la vapeur, avec
    des appareils parfaitement construits** (3e classe). — 14 janvier 1815.

Suif brun (Fabrication du) (1re classe). — 14 janvier 1815.

Suif d'os (Fabrication du) (1re classe). — 14 janvier 1815.

Cretonniers (1re classe). — 14 janvier 1815.

Chandeliers (2e classe). — 15 octobre 1810 et 14 janvier 1815.

Suif en branches (Dépôts de) (1re classe).

Le suif est la graisse des animaux herbivores, il a une consistance assez ferme à la température ordinaire, et variable
selon les animaux qui l'ont fourni.

DÉTAIL DES OPÉRATIONS. — Pour l'extraire du tissu membraneux qui l'emprisonne, on le coupe en morceaux à l'aide de hachoirs, et on le fond par différents procédés que voici :

Ancien procédé. — Fonte aux cretons.

On emploie de grandes chaudières en cuivre ou en fonte, munies ou non à leur fond d'un tuyau de vidange et d'un robinet. Le suif en branches est divisé en morceaux et placé dans cette chaudière avec une petite quantité d'eau; on chauffe, la matière grasse fond, se sépare des membranes, et, se trouvant toujours dans une atmosphère de vapeurs d'eau, ne brûle en aucun point de la chaudière : on a soin, du reste, d'agiter constamment le mélange. Quand la séparation est effectuée, on décante à l'aide de poches en cuivre, ou l'on soutire sur un tamis, si la chaudière est munie d'un tube de vidange. On mêle au liquide soutiré quatre à cinq millièmes d'alun en poudre pour précipiter quelques débris membraneux. Après un repos de six à huit heures, on sépare le suif fondu du dépôt, on le verse dans des baquets dont il prend la forme par refroidissement.

On donne le nom de *cretons* aux résidus de la fonte des suifs. Ils sont principalement constitués par des débris de membranes et par des restes de graisse qui y sont interposés. Certains industriels, appelés *cretonniers*, achètent ces résidus, les chauffent dans de grandes chaudières en fonte, pour les fondre de nouveau; ils y joignent les ratissures des cuves de bois ou *caques* qui ont servi à couler le suif. Quand on en a retiré avec une cuiller tout le suif qu'on a pu, on met le résidu dans un seau ou cylindre en fer percé de trous, et on le soumet à l'action d'une forte presse à vis, à l'aide d'une pièce de bois appelée *billot*.

Le suif noirâtre qui en découle, et qui porte le nom d'*huile rousse, suif brun*, est conduit par un canal en bois dans une chaudière enfouie en terre; les corroyeurs, les hongroyeurs, s'en servent pour adoucir le cuir. Les résidus de la presse, qui contiennent encore environ 10 à 15 pour 100 de leur poids de suif, sont employés à engraisser les animaux, et surtout à nourrir les chiens et les porcs, sous le nom de *pain de cretons*.

Au début de l'opération de la fonte du suif par l'ancien procédé (Fonte aux cretons), si le feu est faible, les vapeurs ne sont pour ainsi dire pas incommodes, et ne dépassent guère le fondoir; — mais, quand pour obtenir les dernières portions de suif, on est obligé d'élever la température, il se produit alors des vapeurs d'une odeur détestable, très-incommodes pour les localités voisines.

Procédé par l'acide sulfurique.

Dans ce procédé, dû à M. Darcet, on ne produit guère que la moitié de cretons; le tissu adipeux se trouvant désagrégé complétement par l'acide sulfurique affaibli, il ne reste qu'un magma qui a peu de valeur.

On se sert d'une chaudière en cuivre chauffée par la vapeur circulant dans une double enveloppe, et qui peut contenir douze cents litres environ; on y verse cinquante kilogrammes de *boulée* ou eau acide d'une opération précédente; mille kilogrammes de suif en branches, en deux fois; enfin cent cinquante litres d'eau additionnée de cinq kilogrammes d'acide sulfurique. On ferme le trou d'homme de la chaudière, on chauffe entre cent cinq et cent dix degrés pendant deux heures et demie; quand la dissolution est effectuée, on décante le suif; on le clarifie par l'alun, et on l'emploie directement à couler les chandelles. Le suif ainsi obtenu diffère un peu par son aspect du suif retiré par le procédé précédent, mais lui est préféré dans certains cas.

Ce procédé ne détruit pas complétement l'odeur : on enlèverait la plus grande partie des hydrogènes carbonés odorants en faisant passer la vapeur avec laquelle ils se dégagent sur une couche épaisse de charbons ardents, dont ils paraissent entretenir la combustion.

Quand on n'emploie pas la vapeur, mais un feu direct, comme source de chaleur, il est utile de mettre un diaphragme au fond de la chaudière, afin d'empêcher l'adhérence à ses parois des matières en suspension et d'éviter qu'elles ne roussissent. On peut donner issue aux vapeurs par un tuyau, et les faire passer dans un foyer. Cette opération est surtout facile quand on opère à vases clos ; on peut même condenser ces vapeurs dans un égout, et ramener les gaz sous le foyer. Les résidus du traitement par les acides ont besoin d'*être neutralisés*, avant d'être employés en agriculture.

Procédé par les alcalis.

Le procédé de M. Èvrard (1849), à Douai, consiste à employer une solution faible de soude ou de potasse caustique à un degré ou un degré et demi, et à la faire bouillir avec le suif en branches sans le découper (quatre à cinq cents grammes de soude rendue caustique par la chaux, et cent litres d'eau pour fondre 100 à 150 kilogrammes de suif en branches). La soude bouillante pénètre les membranes, les gonfle, les distend, et permet facilement aux utricules de graisse de s'en échapper ; le suif qui a subi ce traitement est plus blanc et moins odorant ; il suffit d'une température de cent degrés, ce qui permet d'opérer en vases libres. On opère dans des cylindres en tôle d'un mètre de diamètre et un mètre vingt-cinq centimètres de hauteur, disposés sur un premier étage pour faciliter les soutirages ; ces cylindres sont munis chacun d'un faux fond en tôle percé de trous de trois millimètres ; c'est par ce faux fond qu'arrive la vapeur. On introduit dans chaque cylindre, contenant chacun neuf hectolitres trente-cinq litres, trois hectolitres de solution alcaline à un degré vingt-cinq centièmes, et quatre cents kilogrammes de suif en branches ; on place par-dessus un faux fond mobile, portant trois tiges qui permettent de presser à la main à mesure que, par la fusion, les membranes s'affaissent : après trois heures d'une température de cent degrés, maintenue par un courant de vapeur, les deux faux fonds se touchent presque ; on soutire par un robinet de vidange, en ayant soin de changer de récipient quand le liquide alcalin qui sort le premier cesse de couler et que le suif le remplace. Alors on ferme le robinet. On fait couler de l'eau pure dans la chaudière, — on fait bouillir. — On donne issue à l'eau de lavage, et on soutire le suif qu'on abandonne au repos jusqu'à ce qu'il soit parfaitement limpide. D'autres fois, le suif fondu est reçu dans des récipients en tôle, maintenus à une température suffisamment élevée par *un bain-marie commun*. — On en soutire le suif à l'aide d'un siphon, après quelques heures de repos.

Ce procédé qui fond le suif à une température moins élevée et dans un temps plus court que par la fonte à *feu nu*, et surtout qui évite de diviser le suif en morceaux avant de le mettre dans la chaudière, donne un produit *plus beau, plus ferme* et *plus sûr*. Le liquide alcalin, primitivement extrait de la chaudière avant le suif, saturé par un acide, donne une petite quantité de matière grasse, *à odeur spéciale*, suivant l'animal dont les tissus adipeux ont été traités. C'est un moyen employé par les industriels pour reconnaître l'origine des *suifs*. — Cette graisse, qui est formée d'acides gras ordinaires et d'autres acides volatils, existe dans la proportion de 1/2 à 1 0/0 ; les cretons qui résultent de cette opération, plus mous et moins volumineux, sont utilisés comme engrais ou pour la nourriture des animaux. Les eaux alcalines peuvent être employées directement en agriculture sans aucun traitement préalable.

Procédé par la vapeur.

En général, on agit alors avec des *cuves* à double fond. — Le suif est placé dans la partie supérieure et la vapeur d'eau arrive par le double fond. — Le suif entre alors en fusion, d'une manière lente et douce — qui donne lieu à des vapeurs encore odorantes, il est vrai, mais beaucoup moins désagréables que par la fonte à *feu nu*.

Fabrication des chandelles.

Les chandelles se font par deux procédés :

1° *Au moule.* — Il consiste à fixer une mèche de coton suivant l'axe d'un cylindre légèrement conique en alliage de plomb et d'étain, et à remplir ce moule avec du suif fondu, sur le point de se solidifier de nouveau, de manière à éviter un retrait irrégulier et une adhérence trop grande. Les chandelles se détachent après un nombre d'heures d'autant moins grand qu'il fait plus froid ; il suffit de les rogner par l'extrémité par laquelle la coulée s'est effectuée et à les exposer à l'air pour les faire blanchir.

2° *A la baguette.* — Ce procédé consiste à disposer sur une baguette arrondie, longue d'un mètre environ, dix à quinze mèches et plus, en conservant entre chacune un espace suffisant pour éviter tout choc pendant le travail. Les mèches sont trempées dans du suif fondu, sur le point de se solidifier ; par refroidissement, les mèches prennent déjà une position moins rigide ; on les dresse à l'aide de deux planchettes ; puis, par une série de trempes et de refroidissements successifs qui s'élèvent jusqu'à quinze et même plus, on arrive à obtenir des chandelles assez régulières dont dix ou douze font un kilogramme. On les blanchit à l'air avant de les livrer au commerce.

Chandelles bougies.

Quand on fond le suif à la vapeur pour obtenir des *chandelles-bougies*, on se sert de deux cuves en cuivre à double fond, enveloppées de bois. On met dans ces cuves le suif en branches avec addition probablement d'*alun* (c'est un procédé breveté), qui a pour objet d'épurer immédiatement la matière et d'empêcher toute mauvaise odeur. La vapeur, amenée dans le double fond par un tube, opère la fusion. On remplit les moules en deux heures. On n'ajoute pas d'acide stéarique, parce que, par ce procédé, le suif est amené à un assez grand degré de pureté. Les résidus peuvent servir à fabriquer des savons sans odeur. On épurerait les huiles par ce procédé.

Chandelle végétale. (Voir *Graisse végétale*, t. II, p. 61.)

On fait fondre dans des bassines à double fond de l'huile de coco, tirée de Calcutta, de Ceylan, etc. Quand cette huile est fondue, on y ajoute une proportion de résine de Carnauba qui est avec l'huile de coco dans le rapport de deux à trois ; cette résine est tirée de la province de Ciara (Brésil). Toute sa masse étant entrée en fusion, il n'y a plus qu'à la verser dans des moules, absolument comme on verse l'acide stéarique dans les fabriques de bougies. — Seulement ces moules doivent être renfermés dans des étuves à une température de quarante à cinquante degrés.

Suif d'os. (Voir *Graisse d'os*, t. II, p. 57.)

On pratique cette fonte, soit à *feu nu*, soit en *vases clos* à feu nu; elle est analogue, pour ses inconvénients surtout, à la fonte aux *cretons*; en vases clos, on fond à l'*acide* ou à l'alcali. Voici un procédé *Poulet*, de Grenelle (Seine), à l'aide duquel on évite une partie de l'incommodité des odeurs.

On place le suif d'os dans des cuves en tôle à quatre ouvertures. La première, qui est inférieure, donne *passage à la vapeur* qui doit fondre le suif. — La deuxième, postérieure, donne issue aux gaz et vapeurs.—La troisième est un robinet par lequel on fait pénétrer de haut en bas une solution de sulfate de fer. — La quatrième, placée à la partie antérieure, est un autre robinet qui donne issue au suif. Par ce procédé, le sulfate de fer est transformé en sulfate d'ammoniaque, et la masse des vapeurs et des gaz odorants est désinfectée; c'est à peine si la vapeur est sensible, et l'odeur se perçoit très-faiblement. — Il y a, en outre, pour l'industriel l'avantage de transformer le sulfate de fer, qui coûte huit francs le kilogramme, en sulfate d'ammoniaque qui se vend vingt-cinq à trente francs.

Pour la fonte des suifs à feu nu. — Causes d'insalubrité. — Danger d'incendie.

Odeurs fort désagréables.

Odeurs infectes déterminées par la fermentation du suif en branches dans les magasins et par la température plus élevée à laquelle donne lieu cette action.

Prescriptions. — *En général il faut la proscrire.* — Si cela n'est pas possible dans quelques localités, il faut la reléguer dans des endroits isolés de toute habitation.

Placer la chaudière sous une hotte qui la dépasse de cinquante centimètres et communique par sa partie supérieure

avec une cheminée haute de vingt-cinq à trente mètres, destinée à recevoir les vapeurs et les gaz produits pendant la fonte.

Aérer les ateliers sans laisser aucune ouverture sur la voie
publique. — Les plafonner et plâtrer *dans toute leur surface.* —
Les paver en pierres dures, ainsi que les cours de l'usine.

Donner à la chaudière une capacité plus grande d'un tiers
que le volume de la matière à y introduire.

Ne verser aucun résidu sur la voie publique.

Ne pas garder de suif en *branches* plus de vingt-quatre heures,
— ni aucune matière en putréfaction.

Déposer les suifs en branches dans des magasins sans ouvertures sur la rue ou les voisins et ventilés à l'aide d'une cheminée d'appel pour éviter les odeurs que donne la fermentation
du suif réuni en masse.

Placer l'ouverture des foyers et cendriers en dehors de l'atelier de fusion.

Pour la fonte à l'acide et à l'alcali. — Causes d'incommodité.—
Odeur désagréable, — mais qu'on peut éviter en grande partie
à l'aide de précautions minutieuses.

Écoulement des eaux acides ou alcalines.

Prescriptions. — Opérer en vases clos.

Recouvrir les chaudières d'une large hotte, comme pour la
fonte aux cretons.

Ne donner à la cheminée qu'une hauteur de quatre à six mètres au-dessus des toits voisins.

Clore l'atelier de tous côtés, — le paver, daller ou bitumer,
avec pente convenable pour l'écoulement des eaux. — Munir
d'un tambour la porte d'entrée.

Ne point laisser couler les eaux acides sur la voie publique,
les neutraliser et les vendre pour engrais. — Traiter les eaux
alcalines et en extraire la graisse ou les vendre directement
pour les besoins de l'agriculture.

N'avoir jamais dans l'usine de presse à cretons (pour la garantie des opérations à l'acide ou à l'alcali).

Plonger dans l'eau acide ou alcaline les suifs dès leur arrivée
dans l'usine.

N'apporter dans l'usine que des suifs *en pains* ou ayant déjà subi une première fonte.

N'y fondre ni graisse ni matières étrangères.

Ne brûler dans les foyers aucun résidu de la fabrication, ni restes de tonneaux ayant servi au transport des suifs.

Pour la fonte à la vapeur. — Causes d'insalubrité. — Danger du feu.

Vapeurs et gaz odorants très-désagréables.

Prescriptions. — Éloigner les fonderies par ce procédé de tout centre d'habitation.

Exiger que les gaz et vapeurs soient brûlés dans le foyer ou lancés très-haut dans l'atmosphère à l'aide d'une cheminée élevée de six à dix mètres.

Opérer en vases clos.

Surmonter les chaudières d'un manteau qui puisse recueillir les odeurs et les buées produites, et les porter dans la cheminée du foyer.

Placer l'ouverture du foyer et du cendrier en dehors de l'atelier de fonte.

Interdire les presses à cretons dans l'usine.

Pour le suif brun. — Causes d'insalubrité. — Danger du feu. Odeurs très-agréables.

Prescriptions. — Voûter l'atelier et le construire en matériaux incombustibles.

Pour le reste. (Voir prescriptions de la *Fonte aux cretons.*)

Pour le suif d'os. — Causes d'incommodité. — Odeurs détestables.

Écoulement d'eaux de fabrication.

Prescriptions. — Déposer les os *frais* sous des hangars ou magasins parfaitement aérés, à sol pavé, dallé ou bitumé et très-sec. — Les disposer en tas qui n'auront pas plus d'un mètre cube. — Recouvrir ces tas d'une couche de noir. — Ventiler ces hangars ou magasins à l'aide de larges ouvertures ou de cheminées d'appel.

Opérer en vase clos, sous une hotte, avec une cheminée haute, comme pour la fonte à *feu nu* du suif.

Ne point jeter les eaux sur la voie publique. — Les vendre pour engrais. — Et, dans ce cas, les conserver dans une citerne étanche, et les en extraire dans des tonnes bien fermées, le soir seulement. — Une fois par mois, curer la citerne, et la désinfecter avec les chlorures de chaux ou le sulfate de fer.

Pour les chandelles. — CAUSES D'INSALUBRITÉ. — Danger du feu.

CAUSES D'INCOMMODITÉ. — Odeur désagréable.

Eau de fabrication.

PRESCRIPTIONS. — Ne jamais employer que du suif blanc, sec, cassant, sans odeur et parfaitement épuré.

La chaudière sera en cuivre rouge. — Elle sera, ainsi que la bassine où l'on trempe les mèches à baguettes, couverte et débordée de trente centimètres par un grand manteau conduisant la vapeur dans la cheminée du foyer, qui dépassera de deux mètres les toits environnants, dans un rayon de cinquante mètres.

Ne jamais opérer à *feu nu.*

Mettre au fond de la chaudière onze à vingt litres d'eau qu'on renouvellera à chaque fonte, à moins qu'on opère au bain-marie.

Enduire de plâtre ou de mortier les murs de l'atelier. Voûter sa partie supérieure, à moins que le plafond ne ferme exactement toutes les issues par où la vapeur du suif pourrait s'échapper.

Rendre dormants les châssis de l'atelier. — Faire que la porte d'entrée se ferme d'elle-même, ou la munir d'un tambour.

Ne pas avoir de presses à cretons, n'introduire dans le fondoir ni flambards, ni suifs de tripiers, ni ceux qui auraient subi déjà un commencement d'altération.

En été, ne pas laisser séjourner le suif en branches dans le fondoir plus de vingt-quatre heures avant de le mettre en chaudière.

Ne pas laisser couler sur la voie publique les eaux provenant de la fonte du suif à la vapeur.

Disposer d'une quantité suffisante d'eau, en cas d'incendie.

S'abstenir de brûler des douves et cercles imprégnés de suif.

Placer en dehors de l'atelier de fusion et du magasin aux matières grasses l'ouverture du foyer et du cendrier.

A l'avenir, engager à fondre à l'acide ou à l'alcali, — et alors plonger dans de l'eau aiguisée à l'acide, ou alcalinisée, le suif en branches, à son arrivée à la fabrique.

En fondant le suif par les alcalis, on aurait, avec les autres avantages qui appartiennent à ce procédé, celui d'avoir des chandelles *sans odeur*, puisque la solution alcaline se charge de tous les principes odorants.

C'est donc à ce mode de faire qu'il faudrait ramener toutes les fabriques de chandelles.

Suif en branches (Dépôts de) (1re classe, par assimilation à l'accumulation de matières animales fermentescibles).

Ces dépôts peuvent être assimilés, à cause souvent de leur mauvaise odeur, et de la fermentation qui s'y développe, au milieu de leurs masses agglomérées dans un espace mal aéré, à des dépôts d'os, ou de vieux fromages. Il y en a beaucoup dans l'intérieur des villes, et il serait peut-être utile de les en éloigner.

CAUSES D'INSALUBRITÉ. — Dangers du feu par l'accumulation de matières susceptibles d'entrer en fusion ignée.

CAUSES D'INCOMMODITÉ. — Odeurs détestables et putrides.

PRESCRIPTIONS. — Éloigner ces dépôts des quartiers habités, les reléguer dans les endroits les plus isolés.

Ventiler le magasin à l'aide d'une cheminée d'appel à large section. — Dans les villes, conduire cette cheminée spéciale jusqu'à deux et trois mètres au-dessus des cheminées voisines.

Ne laisser aucune ouverture sur la rue ou les cours intérieures des maisons.

Faire inspecter ces dépôts, au moins une fois par mois, afin de faire enlever toute portion de marchandise qui serait en putréfaction.

Fabrication des bougies.

Détail des opérations. — Le moulage des bougies s'opère dans des cylindres légèrement coniques, adaptés au fond d'une caisse ou entonnoir commun à trente moules; les mèches sont tressées, introduites par l'extrémité conique du moule, et fixées par un nœud à un disque percé à l'extrémité opposée; une petite cheville maintient la mèche à la partie inférieure, et ferme toute issue au liquide qu'on doit introduire dans le moule. Les mèches sont préalablement trempées dans une solution de cinq à six parties d'acide borique pour 100 d'eau additionnée d'autant d'acide sulfurique; cette solution est destinée à faciliter l'incinération, à faire couler la mèche, et à empêcher la cendre de retomber, en formant avec elle un verre fondu en globule à l'extrémité de la mèche.

Quand les moules sont disposés dans les entonnoirs, on porte ceux-ci dans un chauffoir à air maintenu à cent degrés, par un courant de vapeur circulant dans une double enveloppe. Quand ces moules ont une température de quarante-cinq degrés environ, on les retire, on y verse de l'acide stéarique fondu et sur le point de se solidifier, on permet ainsi à l'acide gras de rester un instant fondu sur la surface du moule, et de se coaguler assez promptement pour ne pas donner à la bougie un aspect cristallin. On pourrait encore obvier à cet inconvénient en ajoutant 2 à 5 pour 100 de cire blanche à l'acide stéarique, mais il n'y aurait pas d'économie.

Après solidification dans les moules, on retire les bougies d'un seul coup, et on les coupe sous les disques qui servent à fixer les mèches. Les déchets sont épurés, dans une chaudière plaquée en argent, avec de l'acide tartrique.

Les bougies sont blanchies par exposition à l'air, puis plongées dans une solution au centième de carbonate de soude pour les débarrasser des corps étrangers qui les souillent extérieurement, enfin, frottées mécaniquement ou à la main avec un tampon de laine humecté d'alcool pour les lustrer.

On remplace maintenant presque toujours la solution de

carbonate de soude destinée au lustrage de la bougie par une eau rendue alcaline par une certaine quantité d'ammoniaque caustique; on n'a pas à redouter par son emploi l'adhérence d'une faible quantité sur la bougie, parce qu'elle est volatile et ne fournit pas de cendres. (Voir *Acide stéarique*, t. I, p. 160.)

Bougies stéariques (Fabriques de) (2ᵉ classe).

Le suif, les graisses et les huiles sont formés par la combinaison d'acides gras avec une matière oléagineuse, appelée glycérine. Pour isoler ces acides gras, on substitue à la glycérine une base plus puissante, la chaux, qui forme un mélange de sels ou savon insoluble; on sépare par lavage la glycérine, et on décompose le savon insoluble par un acide.

Saponification par la chaux. — Cette saponification s'opère dans une cuve de bois conique, doublée en plomb, d'une capacité de deux mille litres environ. On y verse cinq cents kilogrammes de suif et huit cents kilogrammes d'eau, et l'on chauffe le tout à l'aide d'un tube en plomb enroulé en boudin, qui lance des jets de vapeur par des ouvertures faites avec un trait de scie. Quand le liquide est porté à une température suffisante, on y met six cents litres d'une bouillie contenant soixante-dix kilogrammes de chaux vive; on agite la masse mécaniquement.

Après sept heures de réaction environ, la saponification étant terminée, on laisse reposer, on soutire la partie liquide qui entraîne la glycérine, et on enlève le savon de chaux, formé de stéarate, de margarate et d'oléate; on le pulvérise, on le tamise, et, en présence d'un jet de vapeur, on le décompose par l'acide sulfurique faible dans des cuves doublées en plomb.

On emploie toujours un petit excès d'acide sulfurique; la décomposition étant terminée après trois heures de contact, on laisse reposer; les acides gras fondus viennent nager à la surface; le sulfate de chaux se précipite, et il reste l'eau acide entre les deux couches. Cela fait, on décante les acides gras, on les lave dans des cuves semblables aux précédentes avec de l'eau acidulée pour leur enlever la chaux, puis, avec de l'eau ordinaire, toujours à l'aide de la chaleur, pour maintenir les acides gras en fusion.

Les acides gras, privés autant que possible d'acide sulfurique et de chaux, sont soutirés dans des vases coniques en fer-blanc de trois litres et demi environ, qui permettent facilement la sortie des tourteaux. Ils sont cristallins, mais jaunis par l'acide oléique qui se trouve interposé entre les cristaux d'acides margarique et stéarique ; on les en débarrasse à l'aide d'une forte pression.

La première pression a lieu à froid : chaque pain, de deux kilogrammes environ, est enveloppé d'une serge et placé sur le plateau d'une presse hydraulique puissante ; ces pains sont empilés et séparés l'un de l'autre par une plaque de zinc. La pression doit être graduée ; l'acide oléique sort presque tout entier, il faut pourtant s'aider d'une température de quarante degrés pour en retirer les dernières portions.

Cette seconde pression se fait en enveloppant les pains avec une serge et des étendelles ou étreindelles de tissus de crin épais ; puis, les disposant verticalement entre les plaques de fonte que l'on plonge chaque fois dans l'eau bouillante ; la presse hydraulique est horizontale. A l'aide de différents procédés, on peut éviter d'enlever chaque fois les plaques pour leur donner une température convenable ; on emploie pour cela des courants d'eau chaude ou de vapeur circulant dans les plaques.

L'acide oléique exprimé se rend par un conduit dans un récipient où il dépose par refroidissement une partie des acides stéarique et margarique qu'il a dissous à la température de l'expression.

Les pains d'acides gras, retirés de la presse, sont exposés à l'air pour les faire blanchir pendant trois ou quatre jours ; on leur fait subir un dernier raffinage.

Celui-ci consiste à les épurer de la chaux qu'il peuvent retenir en les fondant dans une cuve avec de l'acide sulfurique étendu à trente degrés, puis on enlève cet acide par des lavages à l'eau ordinaire. On décante de nouveau le mélange d'acides gras dans une cuve contenant de l'eau chauffée à la vapeur ; enfin, on le clarifie avec des blancs d'œufs, on laisse reposer, puis on coule en pain. On emploie cent blancs d'œufs pour mille kilogrammes d'acide stéarique.

Pour obvier à la friabilité des acides gras employés à la fabrication des bougies stéariques, leur donner plus de cohésion et d'homogénéité, enfin l'aspect des bougies de cire, on y ajoutait quelquefois une certaine quantité d'acide arsénieux, variable entre un millième et un cent vingtième ; cette addition se faisait en maintenant les acides gras fondus à une température de quatre-vingts degrés environ et brassant jusqu'à parfait refroidissement. Un pareil mélange est formellement défendu par les règlements de police, parce que les vapeurs arsenicales, caractérisées par leur odeur alliacée, occasionnent des accidents graves. Ce dégagement de vapeurs arsenicales se faisait surtout au moment où la bougie commençait à brûler à cause de la séparation partielle de l'acide arsénieux. Cet inconvénient était lui-même un obstacle à la réussite matérielle du procédé.

Saponification par l'acide sulfurique, voir t. I, p. 55. — La saponification des corps gras s'opère par les acides, par la chaleur et par la vapeur d'eau chauffée, tout aussi bien que par les alcalis.

L'acide sulfurique peut réagir sur les principes immédiats des graisses, les décomposer et former des acides doubles, acides sulfostéarique, sulfomargarique, sulfoléique et sulfoglycérique.

Cette propriété permet de se servir des graisses qu'il n'y aurait pas avantage à employer si l'on saponifiait par la chaux. Telles sont celles qui proviennent des eaux savonneuses, du dégraissage des laines, les graisses d'os, les résidus des graisses de cuisine, les résidus d'huile, les raclures d'intestins, etc.

L'appareil qui sert à cette décomposition est formé d'une chaudière en fer cylindrique dont le fond hémisphérique, à double enveloppe, est chauffé par la vapeur ; un tube inférieur sert à l'écoulement de l'eau condensée. Cette chaudière est doublée en plomb ; elle est surmontée d'une chambre en tôle plus mince, plombée aussi, munie de deux fenêtres latérales, d'une porte ou large trou d'homme et d'un tube communiquant avec une bâche en fonte placée sous le foyer des générateurs de vapeurs. *Ce tube est destiné à brûler, en les obligeant à traverser une masse de charbon incandescent,* LES GAZ INFECTS, L'ACIDE SULFUREUX, LES MATIÈRES GRASSES ET AUTRES, *entraînés pendant l'opération.* Un agitateur, formé d'une tige mobile dans le sens vertical et d'une plaque, sert, par un mouvement alternatif de haut en bas, à mêler la matière grasse et l'acide que sa densité tend toujours à faire occuper le fond du vase.

On introduit la matière grasse dans la chaudière avec 8 ou 15 pour 100 d'acide sulfurique, selon les qualités des graisses employées; on soutient une température de cent dix ou cent quinze degrés, pendant douze à dix-huit heures. On puise de temps en temps un échantillon du liquide par la porte supérieure et on le laisse refroidir sur une soucoupe : c'est à la consistance que donne le refroidissement à la matière et à la disparition de la teinte violacée qu'on juge de l'approche de la fin de l'opération.

Quand on juge que l'opération est terminée, on laisse refroidir pendant deux ou trois heures; on retire, à l'aide d'un siphon, tout le mélange liquide, on le fait couler dans un récipient rempli d'eau au tiers, c'est là qu'un courant de vapeur décompose les acides sulfogras en présence de l'eau à cent degrés. Les acides gras isolés sont lavés avec de l'eau bouillante qui arrive par le conduit qui a amené le mélange liquide.

L'eau acide, chargée d'acide sulfoglycérique et d'autres matières étrangères, passe dans un deuxième récipient, puis dans un troisième, tous deux maintenus par des jets de vapeur à une température de cent degrés pour achever de décomposer les matières grasses entraînées et faciliter leur réunion à la surface; au sortir de ces trois récipients, l'eau s'écoule dans une série de grands réservoirs en briques cimentées au bitume, où elle donne encore quelques matières grasses qui subissent une nouvelle saponification.

Quand on a épuré les acides gras, on les soutire dans un réservoir spécial pour les employer à l'alimentation de l'appareil distillatoire; ce réservoir est légèrement chauffé par de l'eau

d'un retour vers le générateur ; cette eau circule dans une double enveloppe ; on décante la matière grasse reposée et on la
fait arriver dans une chaudière plate en cuivre, fermée par un
couvercle bombé en cuivre étamé. Cette chaudière est destinée
à opérer la dessiccation des acides gras au moyen de la chaleur
perdue du foyer dont les flammes viennent sous des voûtes
chauffer les tubes en fonte d'un serpentin horizontal. Ce serpentin est traversé par de la vapeur d'eau qui en sort avec une
température de trois cents degrés pour se rendre par un tube
terminé en pomme d'arrosoir dans une chaudière distillatoire
en cuivre. Celle-ci a la forme de la chaudière à saponification,
elle est chauffée par l'intermédiaire d'un double fond contenant
du sable et fermée par un couvercle boulonné, muni d'un trou
d'homme et d'un tube pour l'introduction des corps gras.

Quand les acides gras ont acquis une température de deux
cent cinquante degrés, on fait arriver la vapeur chauffée aussi
à deux cent cinquante ou trois cents degrés, ce dont on s'assure
au moyen du thermomètre. A cette température, les dernières
portions de graisses neutres se dédoublent en acides gras et glycérine ; ces corps gras sont décomposés et entraînés par la vapeur ; ils passent dans un vase intermédiaire avant de se condenser dans un serpentin à double hélice. Le vase intermédiaire
est muni d'un robinet inférieur et sert à séparer les premiers
produits de la distillation qui sont formés presque entièrement
de matières impures qu'il faut rejeter.

Le condensateur est terminé par un vase florentin ; il s'établit deux couches : l'une inférieure, c'est l'eau ; l'autre est formée
par les acides gras, on la décante.

Il reste dans la chaudière 6 à 7 pour 100 d'un résidu brun,
inodore, qu'on soutire par un tuyau de vidange, et qui prend
par refroidissement la consistance de l'asphalte.

On a modifié cet appareil, de manière à rendre la distillation
continue.

La graisse saponifiée par l'acide sulfurique a un point de
fusion plus élevé ; ce point de fusion s'élève encore par la distillation.

Les acides gras obtenus par la saponification à l'aide de l'acide sulfurique sont soumis à une pression à froid, puis à une pression à chaud, comme ceux de la saponification par la chaux. Les tourteaux obtenus sont refondus dans des cuves sur de l'eau privée de sels calcaires par demi-millième d'acide oxalique.

On espère pouvoir bientôt saponifier avec économie, à l'aide de la vapeur surchauffée seulement.

Bougies de cire.

Ces bougies se font avec de la cire blanche contenant 2 ou 3 pour 100 de suif, pour lui donner du liant, et la rendre moins cassante. On ne peut les mouler, parce qu'il se formerait beaucoup de souflures qui les rendraient défectueuses; on les forme en faisant couler sur les mèches maintenues verticales de la cire fondue qui se solidifie au fur et à mesure. On arrondit les bougies entre deux planches de noyer poli.

Bougies de blanc de baleine (Fabrique de) (5ᵉ classe). — 9 février 1825.

Les cachalots ont dans la tête une énorme cavité divisée par des cartilages; les interstices en sont remplis par une matière huileuse qui laisse déposer par refroidissement une matière blanche cristalline qu'on nomme *cétine* ou *blanc de baleine*. On la purifie en la soumettant à la presse à chaud, et faisant ensuite digérer avec une solution peu concentrée de potasse qui détruit les matières animales étrangères, les change en une bouillie noire et savonneuse; on sépare celle-ci, puis, quand le bain est devenu limpide, on le lave à l'eau bouillante, et on le coule dans des cristallisoirs.

Le blanc de baleine fond à quarante-neuf degrés, il est transparent, il sert à fabriquer des bougies d'un prix assez élevé.

Ces bougies se font toujours par moulage, et, pour éviter la texture cristalline et cassante qu'elles prendraient si l'on opérait avec de la cétine pure, on y mêle environ 3 pour 200 de belle cire blanche, on coule à une température de soixante degrés, et remplit le vide qui s'opère par le retrait en y coulant du blanc de baleine. Ces bougies peuvent être colorées facilement par différentes substances préalablement broyées à l'huile, et qu'on a soin de mêler au blanc de baleine fondu; elles sont ensuite frottées au sortir du moule pour leur donner du brillant, avant de les livrer au commerce.

L'huile qui surnage la cétine dont elle vient de se séparer par refroidissement est très-propre au graissage des machines par sa fluidité et sa très-lente oxydation ; d'ailleurs, elle peut servir à l'éclairage.

CAUSES D'INSALUBRITÉ. — Aucunes.

CAUSES D'INCOMMODITÉ. — Fumée.

Odeur pendant la fonte et le moulage. (Par les anciens procédés.)

Par les nouveaux. (Saponification des acides gras par la chaux.) Il n'y a pas d'odeurs.

Bruit des presses.

Écoulement des eaux de lavage des acides.

PRESCRIPTIONS. — Dévorer la fumée selon les ordonnances.

Élever une cheminée à trente mètres.

Donner aux eaux de fabrique un écoulement facile.

Ne jamais fondre le suif en vases découverts.

Ne se servir que de suifs déjà épurés.

Ne fondre des suifs en vert qu'avec une autorisation spéciale.

SULFATES.

Sulfate d'ammoniaque. Voir au mot *Alcali*, t. I, p. 205.

Sulfate de cuivre. Voir au mot *Cuivre*, t. I, p. 561.

Sulfate de fer et de zinc, — de fer et d'alumine. Voir t. I, p. 562 et 563.

SULFHYDRIQUE (ACIDE). Voir *Acides*, t. I, p. 161.

SULFURES MÉTALLIQUES (GRILLAGE DES). Voir *Soufre*. t. II, p. 456.

SULFUREUX (ACIDE). Voir *Acides*, t. I, p. 162.

SULFURIQUE (ACIDE). Voir *Acides*, t. I, p. 164.

TABACS (Industrie des).

Tabac (Fabriques de) (2e classe). — 15 octobre 1810. — 15 janvier 1815.

Les diverses sortes de tabac que l'on fabrique comprennent : les poudres ou tabac à priser, le *scaferlati* ou tabac à fumer, les cigares, les carottes ; selon leur origine et leur état, les tabacs français ou étrangers prennent telle ou telle forme.

Détail des opérations. — Les *boncarets* ou ballots de tabac, venus des lieux de production, sont ouverts et divisés en fragments cylindriques. Cela fait, on les soumet à l'*écabochage*, opération qui consiste à couper les caboches ou extrémités formées de grosses côtes dans certains tabacs ; puis à l'*époulardage* qui comprend la séparation du sable et des poussières, et le triage pour leur destination ; l'époulardage donnant lieu à une production abondante de poussière *est une des opérations les plus insalubres* et les plus pénibles de la fabrication.

Le *mouillage* consiste à arroser les feuilles avec une dissolution au dixième de sel de cuisine pour les rendre souples, susceptibles d'être confectionnées, et pour empêcher l'action des insectes et la putréfaction.

L'*écôtage* est exécuté par des femmes ; celles-ci prennent d'une main les feuilles par un bout, séparent de l'autre main la grande côte, la rejettent pour la brûler avec les grosses nervures et les caboches. En sont exceptées les côtes du tabac étranger qui entrent dans le tabac de cantine.

Cette combustion, dégageant une odeur désagréable et une fumée abondante, ne doit se faire que dans un endroit séparé de toute habitation. (Voir *Brûlerie des côtes de tabac.*)

Cigares.

Les *cigares* sont faits par des femmes ; elles roulent entre leurs doigts des débris longitudinaux de feuilles, les serrent et les revêtent d'une *robe* mouillée, c'est-à-dire d'une feuille convenablement taillée, ne présentant aucune déchirure ; avec un peu de colle de pâte, elles fixent l'extrémité de la robe sur le corps du cigare. Les cigares, convenablement fabriqués, sont desséchés à une température qui ne dépasse pas trente degrés, puis encaissés.

Rôles.

Les *rôles* sont les tabacs à mâcher ou à chiquer ; il faut pratiquer cinq opérations pour les obtenir.

1° Le *filage* qui se fait au rouet, c'est un cylindre de bois mobile d'abord sur son axe et ensuite sur un autre axe perpendiculaire au premier. Le fileur saisit des mains d'un enfant les feuilles de tabac tendues en écheveaux, et des mains d'un autre les robes toutes préparées ; il les dispose autour des feuilles, et, les appuyant sur le rouet qu'un troisième enfant fait mouvoir, il les tord et en enfile un boudin d'un mètre environ. Ce boudin est enroulé sur le cylindre ; l'ouvrier recommence alors une nouvelle torsion par le rouet, en roule un nouveau boudin et ainsi de suite.

2° Le *rôlage* consiste à prendre les rouets des fileurs quand ils sont pleins, à dévider les boudins, à les enrouler sur des bobines (simples chevilles de bois), de manière à former des rôles de poids variés, mais fixés par les dimensions. Les bouts sont ensuite coupés et maintenus par une ficelle.

3° Le *pressage.* Les rôles sont introduits dans des moules ou trous cylindriques de dimensions convenables disposées sur une table de manière que des cylindres de bois percés en leur centre, pour laisser passage aux chevilles, pénètrent dans les moules et puissent y peser sur les rôles. On dispose sur un charriot des lits horizontaux d'une hauteur de un mètre cinquante avec les rôles ainsi préparés, on avance le charriot sur le plateau mobile d'une presse hydraulique, on met celle-ci en mouvement, les cylindres de bois aplatissent fortement les rôles, en font sortir une partie de leur jus, après quoi on les enlève.

Les rôles sont soumis au *ficelage.* On élève pour cela les chevilles sur lesquelles on les avait enroulés à l'atelier des rôleurs ; on les remplace par une ficelle *plombée* ; on les expose pendant quelques jours à l'étuve chauffée à quarante degrés, puis on les livre aux débitants.

Carottes.

Les carottes à priser ou à pulvériser et les carottes à fumer sont semblables aux rôles, quant à leur fabrication ; il suffit de remplacer le rôlage au sortir du rouet par le carottage. Pour cela, on coupe par bouts égaux le tabac déroulé de dessus le rouet, on place huit de ces bouts dans un moule et on les soumet à une forte compression pendant vingt-quatre heures; on les ficelle et les rogne au sortir du moule.

Scaferlati (tabac à fumer haché).

Les opérations relatives à la fabrication des différents tabacs à fumer sont : le hachage, la torréfaction, le séchage et la mise en paquets.

Le *hachage* s'effectue au moyen de machines mues par la vapeur ; elles comprennent : 1° un couteau doué d'un mouvement alternatif de va-et-vient, n'ayant d'effet qu'en s'abaissant; 2° une toile sans fin qui s'avance à chaque coup de couteau et se meut d'une manière discontinue, afin de n'offrir au couteau que l'épaisseur réglée des feuilles à couper. Celles-ci sont engagées et fortement serrées dans une coulisse entraînée par la toile sans fin.

La *torréfaction* a pour but de donner le *frisé* au tabac et de lui conserver son arome en empêchant sa fermentation ; pour cela, on tue les ferments en les coagulant par une chaleur de soixante degrés. On emploie des tables formées de tuyaux juxtaposés dans lesquels passe un courant de vapeur de cent vingt degrés à haute pression ; on y laisse le tabac pendant quelques minutes. On substitue à cet appareil des plaques de tôle chauffées presque au rouge sur lesquelles on ne fait que projeter rapidement le tabac.

Le *séchage* que subit le scaferlati torréfié a lieu dans une étuve à seize ou vingt degrés sur des claies serrées, où on le retourne souvent.

Le tabac séché est **dépouillé des côtes et des filaments réduits** en poussière, puis empaqueté. Cette opération est faite par des enfants et des hommes et demande une grande activité.

Tabac de cantine.

Le tabac de cantine est obtenu de la même manière; il est formé de tabac indigène ou de tabac étranger de basse qualité; on y mêle les côtes provenant de l'écottage des tabacs étrangers.

Tabac en poudre.

La fermentation qu'a subie cette espèce de tabac le différencie autant des autres que son état physique; son odeur et son montant, dus à du carbonate d'ammoniaque, sont plus largement développés. — Après avoir subi le mouillage, le tabac est haché par des procédés moins exacts que ceux employés pour le scaferlati; on fait usage de plusieurs couteaux rangés sur la surface cylindrique d'une roue mobile autour de son axe ; la surface, armée de lames, vient frotter contre le tabac, poussé par une toile sans fin.

Fermentation en masse. — La fermentation est double ; on commence par la fermentation en masse. Une masse de tabac à fermenter pèse de vingt à quarante mille kilogrammes ; on dispose sept à huit tas semblables dans une grande salle dont les parois et le plancher sont en chêne : cette salle n'a plus de libre qu'un étroit corridor et un faible espace entre les tas et le plafond.

On place au centre de chaque tas un tube creux en bois dans lequel descend un thermomètre ; on mêle au tabac du centre une certaine quantité de tabac déjà en fermentation pour hâter l'opération qui dure jusqu'à quinze mois. L'air ne doit jouer aucun rôle dans la fermentation, sans quoi il se formerait de l'acide acétique ; il y a élévation de température jusqu'à soixante-dix et quatre-vingts degrés, dégagement de carbonate d'ammoniaque et de nicotine, et presque tout l'acide du tabac disparaît. Si la température s'élevait trop, et elle peut aller jusqu'à carboniser la masse, on pratique des tranchées qui la font bientôt baisser.

Le *moulinage* est la mise en poudre du tabac ; le moulin est formé d'un cône creux en fonte dont le sommet est en bas ; il est couvert intérieurement de rainures héliçoïdales ; un cône plein, présentant sur toute sa surface des lames héliçoïdales en sens contraire, vient se mouvoir dans le cône creux avec une vitesse réglée ; le tabac, rendu suffisamment friable par la fermentation, est réduit en poudre par le frottement des rainures et tombe en bas du cône.

La poudre arrive des moulins, sur un plan incliné, a des tamis animés d'un double mouvement de va-et-vient donné par des excentriques. Le tabac non suffisamment réduit en poussière repasse aux moulins.

Fermentation en cases. — Cette seconde fermentation est destinée à développer l'arome du tabac. Les cases sont des cellules de vingt à trente mètres cubes fermées de toutes parts par des planches et des madriers de chêne.

On y case la poudre en masses de vingt-cinq à trente mille kilogrammes ; au centre est un tube creux où descend un thermomètre. La température s'élève après sept à huit mois jusqu'à quarante degrés. Le tabac qui a subi cette seconde fermentation est propre à être livré immédiatement à la consommation.

J'ai dit ailleurs (voir au mot *Alcali*, l'article *Alcali volatil* ou *Ammoniaque*, t. I, p. 196) l'habitude qu'on avait d'ajouter un peu de ce corps au tabac en poudre pour faciliter le développement de son arome.

J'ai signalé aussi (voir au mot *Plomb* l'article *Blanc de plomb ou de céruse*, t. II, p. 320) les inconvénients et parfois le danger d'envelopper le *tabac* à priser dans des feuilles de *plomb*. — Cette pratique doit être tout à fait prohibée, car elle donnait lieu à la présence dans le tabac d'un acétate et d'un chlorure de plomb. Ces sels étaient formés par le chlorure de sodium avec lequel on lave les feuillets et dont il reste toujours des traces et par la décomposition de l'acétate de nicotine bien plutôt que par l'acétate d'ammoniaque qui n'a que peu ou pas d'action sur les feuilles de plomb.

Les débitants ont l'habitude d'expédier le tabac en poudre dans des sacs de plomb. Autrefois, l'administration agissait de même. Elle y a renoncé. Il faut le défendre aux débitants et remplacer le plomb par de l'*étain pur*.

CAUSES D'INSALUBRITÉ. — Émanations insalubres dans certaines parties de la fabrication (pendant la fermentation).

Vapeurs de nicotine très-volatiles.

Action nuisible sur la santé des ouvriers (céphalalgie, gastralgie), selon le travail.

Danger du feu, — à cause des séchoirs, — et pendant la torréfaction.

CAUSES D'INCOMMODITÉ. — Odeur désagréable répandue dans les ateliers, les cours et tout le quartier d'une manufacture de tabac. — Eaux de lavage des feuilles.

Poussière pendant l'*époulardage*.

PRESCRIPTIONS. — Placées au centre des villes, ces fabriques ont de graves inconvénients.

A l'avenir, les éloigner des grands centres, — ou obliger, par suite de ce fait, les ouvriers à demeurer à un ou deux kilomètres de la manufacture.

Établir dans tous les ateliers des cheminées d'appel avec ouvertures prises vers le plancher.

A l'heure des repas, ouvrir toutes les croisées des ateliers.

Ne pas permettre que les ouvriers y mangent.

Dans les corridors qui longent les chambres à fermentation, soit au rez-de-chaussée, soit dans les caves, établir des cheminées d'appel à larges sections.

N'avoir aucune ouverture sur la voie publique.

Ne se servir d'aucun objet en plomb, soit pour ficeler les paquets, soit pour envelopper la poudre; partout remplacer le *plomb* par l'*étain pur*.

Exiger des ouvriers de ces fabriques moins d'heures de travail que dans toute autre industrie, et scinder le séjour à l'atelier en trois ou quatre séances.

Si l'administration a beaucoup d'eau à sa disposition faire établir des bains publics et en donner gratis aux ouvriers tous les dimanches.

Leur recommander de se laver les mains et la figure chaque jour, en quittant l'atelier, et disposer à cet effet un *lavoir* commun à l'entrée de l'établissement.

Se servir pour le *séchage* et la *torréfaction* de l'appareil Rolland. (Voir ci-après le rapport de M. Combes, février 1858.)

Tabac (Combustion des côtes du) en plein air (1re classe). — 14 janvier 1815.

DÉTAIL DES OPÉRATIONS. — Cette torréfaction en plein air donne lieu à de graves inconvénients. — Comme tous les grillages, elle produit des odeurs et des fumées insupportables.

CAUSES D'INSALUBRITÉ. — Odeurs détestables, très-pénétrantes et s'irradiant dans une très-grande étendue.

CAUSES D'INCOMMODITÉ. — Fumée épaisse et odorante.

PRESCRIPTIONS. — Ne permettre cette opération près de villes qu'à plusieurs kilomètres des habitations.

Sans cela, opérer dans des locaux hermétiquement fermés et brûler la fumée et les vapeurs produites en les faisant traverser le foyer. — Autrefois, on se servait d'un appareil proposé par M. Darcet; c'était une espèce de four à réverbère (en voir la description dans *Annales d'hygiène*, Paris, 1829, t. I, p. 169 et suiv.)

On peut aujourd'hui *brûler* ces débris en se servant d'appareils bien construits ; l'administration, qui a le monopole de la fabrication du tabac, doit elle-même donner l'exemple et assainir par tous les moyens connus les industries insalubres.

Documents relatifs à l'industrie des tabacs.

I. RAPPORT FAIT PAR M. COMBES SUR LE TORRÉFACTEUR MÉCANIQUE DE M. EUGÈNE ROLLAND.

L'appareil nommé *torréfacteur mécanique*, que M. E. Rolland a fait construire et pour lequel la commission propose de lui accorder un prix, est appliqué avec succès, depuis plusieurs années, sous sa direction, à la dessiccation et à la torréfaction des feuilles de tabac hachées dans les manufactures impériales de Strasbourg, de Lyon et de Paris.

Les feuilles de tabac séchées à l'air donneraient lieu, dans les diverses manipulations, à une très-grande quantité de débris en poussière qui seraient inévitablement perdus, si on ne les humectait d'eau, dont elles retiennent une quantité toujours assez considérable, qu'il faut leur enlever après l'opération du hachage pour les livrer à la consommation. La dessiccation du tabac haché est une opération délicate, en raison de la forme filamenteuse de la matière qui tend à se pelotonner par l'enchevêtrement de ses parties, et de la nécessité de la chauffer à un degré suffisant pour prévenir une fermentation ultérieure, sans atteindre celui où elle serait détériorée par un commencement de carbonisation. Les limites de température entre lesquelles il faut se maintenir pour satisfaire à cette double condition sont assez peu écartées et paraissent être soixante-dix et cent dix degrés centigrade.

La dessiccation était autrefois et est encore pratiquée dans plusieurs manufactures, en étendant le tabac haché sur des plaques métalliques juxtaposées, formant une table qui est chauffée par l'action directe d'un foyer et de la fumée circulant dans ses carneaux. On a substitué plus tard aux plaques chauffées à feu nu, sur les conseils de notre illustre confrère Gay-Lussac, des tuyaux placés à côté les uns des autres dans l'intérieur desquels circule de la vapeur d'eau. Les creux entre les tuyaux contigus sont remplis par des lames de plomb, de manière à obtenir une table ondulée. Une salle de dessiccation d'après ce dernier système existe encore à l'étage supérieur de l'un des bâtiments de la manufacture impériale de Paris.

Que les tables soient chauffées à feu nu ou par circulation de vapeur ou d'eau chaude, le tabac doit être étalé par des ouvriers qui le retournent continuellement, en le divisant et le projetant à une certaine hauteur, afin de renouveler les points de contact avec le métal chauffé, et de faciliter le dégagement de la vapeur par l'agitation dans l'air. L'eau vaporisée se répand dans l'atelier, entraînant avec elle des matières fortement odorantes que les ouvriers, penchés sur les tables, aspirent au point même où elles se dégagent et sont le plus abondantes. Ils sont, en outre, placés sur le trajet des courants d'air frais que l'on est obligé d'admettre par les fenêtres ouvertes à la hauteur des tables, afin de diluer et entraîner les vapeurs qui sortent par la partie supérieure de l'atelier.

La dessiccation du tabac est aujourd'hui opérée dans le torréfacteur mécanique de M. Rolland, sans aucune émission, dans l'atelier, de vapeurs d'eau et d'huiles odorantes ; le nombre d'ouvriers employés est réduit dans le rapport de un à quatre ; la matière est exposée à une température maintenue par un thermo-régulateur entre des limites dont l'écart ne dépasse pas cinq ou six degrés ; la dessiccation est parfaitement uniforme, et le déchet en débris brûlés ou poussières, très-considérable dans l'ancien mode d'opération, est presque nul dans le nouveau.

Le torréfacteur est un cylindre en tôle placé horizontalement au-dessus d'un fourneau en maçonnerie et reposant par les parties voisines de ses extrémités sur deux couples de galets établis aux deux bouts du fourneau. Pendant l'opération, le cylindre reçoit un mouvement de rotation par l'intermédiaire d'un mécanisme qui permet de faire varier la vitesse avec facilité par tous les degrés compris entre des limites assez écartées. La paroi intérieure est parfaitement lisse et unie ; elle est garnie de plusieurs cloisons hélicoïdes d'un pas très-allongé, qui montent à peu près à la hauteur de la moitié du rayon, et sont armées sur leurs bords saillants de crochets en fer équidistants, légèrement courbés dans le sens du mouvement de rotation.

Le tabac humide tombe dans le cylindre, d'une manière continue, par

une extrémité; il est soulevé par les cloisons saillantes hélicoïdes, les abandonne, lorsqu'il est arrivé vers la partie supérieure, pour retomber sur le
fond. Les parties pelotonnées sont retenues alors par les crochets recourbés, s'étirent et se démêlent sous l'action de leur propre poids. A chaque
révolution, la matière, par suite de l'inclinaison des cloisons, avance un peu
vers la seconde extrémité, où elle arrive et tombe dans une trémie destinée
à la recevoir, après avoir séjourné dans l'appareil pendant un temps qui dépend de la vitesse du mouvement de rotation, de l'inclinaison des cloisons
sur les génératrices, de l'intensité du frottement de la matière, etc. Le cylindre mobile est chauffé directement par deux foyers placés du côté de la
trémie d'entrée, et disposés de façon que la plus grande partie de la surface
inférieure de ce cylindre soit exposée au rayonnement du combustible incandescent qui est du coke. Les produits de la combustion en lèchent le
dôme, en passant dans un espace annulaire formé par un manteau demi-
cylindrique en tôle mince, posé sur des arcs en fonte, dont les extrémités
reposent sur la maçonnerie; il redescend ensuite par des carneaux verticaux pour se rendre à la cheminée. Un courant d'air chaud doit circuler
dans le cylindre pour entraîner les vapeurs à mesure qu'elles se forment.
M. Rolland a pourvu à cette nécessité, en établissant une seconde enveloppe
hémicylindrique, concentrique et supérieure à celle qui recouvre le torréfacteur, et sous laquelle circulent les produits gazeux de la combustion. La
maçonnerie du fourneau est elle-même évidée; l'air froid de l'atelier entre
par des ouvreaux ménagés, vers l'extrémité postérieure du fourneau, dans
l'intérieur de ces évidements; passe de là entre les deux enveloppes hémi-
cylindriques qui recouvrent le torréfacteur, circule de l'arrière à l'avant de
celui-ci dans l'espace annulaire, où il n'est séparé des produits gazeux de la
combustion que par une paroi métallique mince, se bifurque en deux courants qui descendent dans des cheminées appliquées contre les deux parois
latérales de la trémie, par laquelle arrivent les matières à dessécher; les
deux branches du courant d'air chaud se réunissent ensuite, et entrent dans
le cylindre mobile par sa partie antérieure. Le courant d'air chaud, mêlé
aux vapeurs dégagées des feuilles de tabac qu'il lèche dans son passage, sort
à l'extrémité opposée par un large tuyau en tôle établi au-dessus de la trémie
où tombent les matières sortant du cylindre, et qui va déboucher dans la
cheminée du foyer. Il résulte de ces dispositions que la chaleur est très-bien
utilisée, car le foyer rayonne, soit vers le torréfacteur lui-même, soit vers des
espaces où circule l'air à échauffer et les gaz chauds résultant de la combustion circulent, en se rendant à la cheminée, entre le torréfacteur et le canal
contenant l'air qui va se rendre au cylindre, et dont ils ne sont séparés que
par une mince feuille de tôle.

Nous ne pourrions décrire, à moins d'entrer dans des détails qui allonge-
raient trop ce rapport, et qu'il nous serait d'ailleurs difficile de faire comprendre sans le secours de dessins, les ingénieuses dispositions mises en
œuvre par M. Rolland pour obtenir la distribution régulière de la matière à
dessécher, qui arrive d'une manière continue dans le cylindre mobile sans

que l'air froid puisse y pénétrer en même temps ; pour procurer, aux moments convenables, l'ouverture d'une soupape par laquelle se vide la trémie, où tombe continuellement la matière desséchée, et la fermeture immédiate de cette soupape, de manière à éviter l'entrée de l'air froid ; pour prévenir l'entrée de l'air extérieur ou la sortie des gaz chauds résultant de la combustion par les intervalles qui existent nécessairement entre la paroi externe du cylindre mobile, et les bords du fourneau et des enveloppes fixes que ce cylindre dépasse par ses extrémités. Mais nous décrirons sommairement le thermo-régulateur, au moyen duquel la température dans l'intérieur du cylindre est maintenue entre des limites dont l'écart ne dépasse pas cinq à six degrés centigrade.

L'activité de la combustion est modifiée dans le sens convenable pour ramener la température du fourneau au degré normal, dès qu'elle commence à s'en écarter légèrement en plus ou en moins par la variation du volume d'eau qui l'alimente. A cet effet, les cendriers sont hermétiquement fermés ; les portes des foyers joignent exactement par leurs bords les cadres sur lesquels elles s'appliquent, et ne sont ouvertes qu'à des intervalles assez éloignés pour le chargement du combustible. L'air nécessaire à la combustion arrive aux cendriers par un canal ménagé dans la maçonnerie et présentant à l'extérieur un orifice circulaire auquel s'adapte une soupape suspendue à l'une des extrémités d'un fléau de balance. Sur l'autre bras de ce fléau agit la tige d'un flotteur immergé dans du mercure que contient un cylindre en fer terminant l'une des branches verticales d'un siphon renversé ; la seconde branche de ce siphon se relie par un tube de petit diamètre, logé dans la paroi du fourneau à un tuyau métallique horizontal placé dans la partie supérieure de l'espace annulaire formé par les deux enveloppes fixes du cylindre mobile, et par où arrive le courant d'air chauffé. Ce tuyau occupe ainsi la partie du fourneau où les variations de température se font sentir avec le plus de promptitude et d'intensité. L'air qui y est confiné, pressant sur le mercure de l'une des branches du siphon, dont la seconde est ouverte à l'air libre et contient le flotteur, détermine l'ascension ou l'abaissement de celui-ci, suivant que la température s'élève ou s'abaisse et par suite l'abaissement ou l'ouverture graduelle de la soupape qui recouvre l'orifice d'admission de l'air comburant.

Le thermo-régulateur consiste donc en un grand thermomètre à air, et n'offre rien de bien neuf dans son principe ; ce qui en fait un appareil tout nouveau et d'une fort grande précision, c'est la détermination des dimensions et des masses de toutes les parties du système, de manière à lui procurer une extrême sensibilité ; c'est que M. Rolland est parvenu à compenser l'influence des variations de la pression atmosphérique extérieure, qui pourraient causer des variations de température sortant des limites exigées pour la bonne conduite de l'opération ; enfin, on peut régler, à chaque instant, le volume d'air confiné, de manière que sa pression ne diffère pas sensiblement de celle de l'atmosphère extérieure, lorsqu'il est à la température normale.

Une longue expérience a confirmé sur tous les points les résultats déduits par M. Rolland, d'une étude approfondie des phénomènes de la combustion. Le torréfacteur mécanique, en même temps qu'il soustrait les ouvriers aux émanations insalubres du tabac soumis à l'opération, fournit des produits beaucoup meilleurs et plus réguliers que les anciens procédés auxquels il a été substitué, n'exige qu'un local infiniment moins étendu, évite des déchets considérables, et procure enfin une économie énorme de main-d'œuvre et de combustible.

Nous citerons les résultats du travail courant pratiqué à la manufacture impériale de Paris, et ceux de quelques expériences spéciales.

Dans un travail qui dure en moyenne dix heures par jour, on passe au torréfacteur sept mille kilogrammes de tabac humide, qui, pesé à sa sortie de l'appareil, à la température de soixante-dix degrés, a perdu environ 13 pour 100 de son poids, et perd encore environ 1 1/2 pour 100 durant le refroidissement jusqu'à la température ordinaire. On brûle au plus trois cents kilogrammes de coke acheté aux usines à gaz de Paris. Ainsi, en tenant compte de l'évaporation qui se continue après que la matière chauffée est sortie du torréfacteur, mille kilogrammes d'eau ou autres matières sont évaporés par la combustion de trois cents kilogrammes de coke, soit trois kilogrammes un tiers par kilogramme de coke ; mais cela ne représente pas à beaucoup près tout l'effet utile de l'appareil ; car on y sèche, en outre du tabac haché, des feuilles destinées aux cigares, et qui perdent jusqu'à 40 pour 100 d'eau. Des expériences spéciales portant sur un travail continué au moins pendant neuf jours consécutifs, et interrompu pendant la nuit ont donné :

Au mois de juin,   4^k.35 d'eau évaporée, par kil. de coke brûlé.
Au mois de juillet,   4 20   —   —   —
Au mois de janvier,   3 73   —   —   —

en comptant la totalité du coke brûlé, y compris celui qui est consommé pour l'allumage et le réchauffement du fourneau, au commencement de la journée.

Dans les anciens séchoirs à vapeur, on consomme plus de trois kilogrammes de vapeur pour enlever à la matière un kilogramme d'eau.

La main-d'œuvre dans les anciens séchoirs est payée à raison de un franc vingt-cinq centimes par cent kilogramme de matières à sécher ; elle ne coûte, en faisant usage du torréfacteur, que vingt-cinq centimes.

Le déchet dû aux débris réduits en poudre est de 5 pour 100 dans l'ancien procédé de séchage ; il est tout à fait insignifiant dans la dessiccation au torréfacteur mécanique.

II. AVIS HYGIÉNIQUE AUX FUMEURS.

Depuis la fameuse affaire du château de Bitremont, on s'est beaucoup préoccupé de l'action de la *nicotine* sur la santé des fumeurs, et, par suite de l'extension énorme de la vente et de l'usage du tabac, de l'influence réelle de cet agent sur les fonctions du système cérébro-spinal. Il faut cependant réduire à sa propre valeur l'action d'une substance dont l'abus seul peut être nuisible. Quoique ennemi personnel de l'usage du tabac, prisé, fumé ou chiqué, au point de vue de son inutilité et de ses inconvénients par rapport à la propreté, je classe cette habitude parmi les incommodités sociales qu'il faut subir, surtout quand elles enrichissent l'État. Mais voici quelques préceptes qu'il ne faudrait pas oublier. Je les extrais en partie d'un article fort intéressant et très-peu connu de M. Malapert, pharmacien à Poitiers, inséré dans le Bulletin de la Société de médecine de cette ville, n° 19, 1852.

« La nicotine ne bout qu'à deux cent cinquante degrés; elle doit donc se condenser dans les premières parties froides qu'elle rencontre. Cette condensation a lieu dans les longs tuyaux d'où la nicotine mélangée d'eau retombe dans le fourneau de la pipe, si celle-ci n'est pas munie d'un récipient ou *pompe*. Si les tuyaux des pipes sont très-courts, presque toute la nicotine doit arriver dans la bouche, et se condenser en partie dans cet organe, si on n'a pas le soin de laisser au fond de la pipe une certaine quantité de tabac, autrement dit *un culot*.

« La nicotine, comme tous les corps organiques, est décomposable à une température élevée, si elle ne se trouve pas mélangée avec un autre corps volatil qui la préserve de la décomposition en facilitant son évaporation. Aussi est-on indisposé plus promptement, et à un plus haut degré, quand on fume du tabac humide que quand on fume du tabac sec. C'est que, dans le premier cas, la nicotine est préservée de la décomposition par la vapeur aqueuse qui se forme, et qui l'entraine ou l'accompagne dans son évaporation; tandis que le tabac sec ne donnant de l'eau que celle produite par sa combustion, la vapeur aqueuse n'est pas assez abondante pour préserver complétement la nicotine de la décomposition, du moins pendant la combustion des premières portions de tabac, et une partie du principe vénéneux est détruite.

« Les fumeurs ne trouvent pas le même goût au tabac au commencement et à la fin d'une pipe ou d'un cigare. C'est que la nicotine qui se dégage des premières portions de tabac qui brûlent dans une pipe se condense dans la portion inférieure avec plus ou moins de produits pyrogénés, et, lorsque le feu est arrivé au milieu de la pipe, la nicotine qui se dégage alors s'ajoute à celle qui y était condensée, et arrive en masse dans la bouche.

« Il en est de même des cigares : lorsqu'on fume la première moitié d'un cigare, la majeure partie de la nicotine s'arrête dans l'autre moitié, d'où elle est chassée avec celle qui se dégage de cette dernière portion du cigare qui brûle.

« On doit l'agrément qu'on trouve au tabac aux portions de vapeurs qui peuvent se condenser avec facilité, et dont la nicotine fait partie ; car lorsqu'on fume dans une pipe neuve, faite d'une matière absorbante, comme les pipes de terre, on trouve un mauvais goût au tabac, parce que la nicotine et le goudron s'imprègnent dans la matière même de la pipe, de sorte qu'il n'arrive dans la bouche que des produits pyrogénés gazeux; mais quand, par l'usage, la pipe se trouve imprégnée des autres produits de la combustion, lorsqu'elle est *culotée*, la nicotine et le goudron n'étant plus absorbés, tous les produits de la combustion du tabac arrivent en même temps en proportions variables, suivant qu'on est au commencement ou à la fin d'une pipe.

« On peut se préserver de tout accident : 1° En ne fumant pas le tabac trop humide ; — 2° en adaptant aux pipes l'accessoire, récipient ou pompe, qui condense la nicotine ; — 3° en ne fumant la pipe ou le cigare qu'à moitié, et rejetant le reste du tabac qui se trouve imprégné de nicotine.

« *Quant aux mâcheurs ou chiqueurs* de tabac, je ne peux leur donner qu'un conseil, c'est d'éviter d'avaler la salive, qui, s'étant imprégnée de nicotine, ne serait pas sans danger pour eux. Je ferai observer, toutefois, qu'il n'est pas plus dangereux de mâcher que de fumer, parce que la sécrétion de la salive se faisant abondamment pendant qu'on mâche, la nicotine qui se dissout se trouve très-diluée, et n'a pas plus d'action directe que celle qui est entraînée dans la bouche par la *fumée du tabac*. »

TABATIÈRES EN CARTON. Voir au mot *Papier* (*Industrie du*), t. II, p. 280.

TANNERIES. Voir *Cuirs* (*Industrie des*), t. I, p. 541.

TANNIN ARTIFICIEL. Voir *Résineuses* (*Matières*), t. II, p. 397.

TARTRE.

Tartre (Raffinage du) (3ᵉ classe). — 14 janvier 1815.

DÉTAIL DES OPÉRATIONS. — On donne le nom de tartre à la croûte saline qui se forme sur la paroi interne des tonneaux dans lesquels on conserve le vin. La potasse s'y trouve combinée à un acide organique (acide tartrique), c'est un tartrate de potasse acide, plus ou moins impur, mêlé à beaucoup de matières colorantes, et contenant du tartrate de chaux. Il se dépose pendant et surtout après la fermentation. Il est rouge ou blanc, selon le vin dont il provient.

On l'épure ou on le raffine pour en extraire le bitartrate de potasse. Cette opération de raffinage se pratique en grand dans certains départements (Gironde, Hérault). Voici le procédé ordinaire.

Pour le purifier, on le fait bouillir pendant deux heures dans de grandes chaudières. On laisse refroidir pendant trois jours, le tartre vient cristalliser sur les parois, les *boues* se déposent. On redissout les cristaux avec 4 ou 5 pour 100 d'argile et autant de noir animal ; l'argile enlève la matière colorante, en se combinant avec elle, et vient se précipiter au fond des chaudières coniques qu'on emploie. Après huit jours de repos, on peut détacher les cristaux incolores de crème de tartre, et leur faire acquérir un nouveau degré de blancheur, en les exposant en plein air sur des toiles. Il contient quelquefois des cristaux de tartrate de chaux, qu'il est facile de séparer par un séjour dans une solution d'acide chlorhydrique très-faible et des lavages. Il est alors livré au commerce sous le nom de *tartre pur*, *cristaux de tartre*, *crème de tartre*.

Le bitartrate de potasse est presque insoluble dans l'eau, il donne le tartrate neutre par saturation, avec du carbonate de potasse.

La crème de tartre sert en teinture : on l'emploie à faire la crème de tartre soluble pour la médecine ; celle-ci s'obtient en faisant bouillir et dissoudre, puis évaporer doucement à sec un mélange d'une partie d'acide borique pour quatre parties de crème de tartre.

Elle sert à faire le sel de seignette, tartrate double de potasse et de soude, en la saturant par du carbonate de soude, — et le tartrate double de potasse et d'antimoine ou émétique. — Ces trois derniers produits sont d'un assez grand usage en médecine et dans les arts. — Enfin, c'est avec elle qu'on fait tous les autres tartrates doubles.

Causes d'incommodité. — Buées provenant des chaudières.

Fumée des foyers.

Eaux de raffinage.

Prescriptions. — Recouvrir les chaudières d'un large couvercle, et les placer sous un manteau communiquant avec une cheminée qui dépassera de deux mètres les toits voisins.

Ne pas laisser d'ouvertures sur la voie publique.

Ne pas laisser couler sur cette même voie les eaux de raffinage, ni les boues, mais par un conduit souterrain les mener à l'égout le plus prochain.

TARTRIQUE (Acide). Voir *Acides*, t. I, p. 172.

TEILLAGE DU CHANVRE. Voir *Chanvre*, t. I, p. 381.

TEINTURE (Industrie de la).

Teintureries (2e classe), — 15 octobre 1810. — 14 janvier 1815.

Détail des opérations. — L'art du teinturier consiste à fixer sur des fibres textiles, ou sur des tissus de différentes espèces, toutes les nuances que la nature ou les arts chimiques nous fournissent, de manière qu'elles ne soient ni détruites ni altérées par les agents atmosphériques auxquels elles doivent être exposées.

La fibre textile n'ayant pas toujours une affinité assez grande pour le principe colorant, on a recours à des agents intermédiaires, appelés *mordants*, qui augmentent l'affinité des deux matières, et qui forment avec le principe colorant une combinaison insoluble. Les mordants sont souvent employés aussi pour modifier la couleur. On connaît trois mordants principaux : le mordant d'alumine (Acétate d'alumine); le mordant d'étain et le mordant de fer (sulfate, mais plus souvent le pyrolignite); la chaux, ses sels et quelques autres sels sont également, mais plus rarement employés.

La laine et la soie s'unissent plus facilement aux principes colorants que le fil et le coton; souvent même il n'est besoin d'aucun mordant. Il est bien entendu que la laine est toujours dessuintée et la soie décreusée; ces préparations ont été décrites.

Le *bain* de teinture est le liquide colorant qui doit se fixer sur ce tissu. — On appelle *donner un pied*, donner une première couleur sur laquelle on doit en appliquer une ou plusieurs autres pour la modifier.

Quand on teint des pièces, on les coud les unes à la suite des autres, si chacune d'elles n'a pas une longueur trop considérable; on les enroule sur le *tour*, jusqu'à la dernière extrémité, en les faisant passer dans le bain de teinture, puis on tourne à contre-sens pour que la partie qui a été immergée en premier lieu, au premier passage dans le bain, ne le soit qu'en dernier lieu, la pièce est ensuite réunie par les deux bouts, et placée sur des fourchettes.

Quand on teint des écheveaux de fil, de laine, on *lise* ou *lisse*, c'est-à-dire on fait tourner les écheveaux dans le bain, au moyen de bâtons ou *lisoirs*.

Les matières colorantes sont d'origines diverses, je vais en rappeler quelques-unes. J'ai détaillé la préparation de presque toutes celles qui présentent quelques dangers ou quelques inconvénients dans leur fabrication.

Matières animales. — Cochenille, kermès, etc.

Matières végétales. — Curcuma, carthame, garance, indigo, gaude, quercitron, bois de Brésil, campêche, orseille, rocou, cachou, aloès, etc.

Matières minérales. — Alun, acides divers, bleu de Prusse, cyanoferrures, chromates, sels de fer, de manganèse, de cui·vre, oxalates, etc.

L'atelier du teinturier doit être vaste, rectangulaire, s'il est possible, bien aéré, bien éclairé, voisin d'une eau limpide et propre aux usages de la teinture. Il doit être pavé en pente pour faciliter l'écoulement des eaux; les interstices des pavés doivent être remplis par un ciment hydraulique.

La plupart des opérations de teinture se faisant avec des bains chauds, l'atmosphère de l'atelier est continuellement viciée par la présence d'une grande quantité de vapeurs d'eau, aussi faut-il établir des évents nombreux pour faciliter le renouvellement rapide de l'air. Il est même nécessaire parfois de donner à la toiture une assez grande inclinaison pour éviter que les vapeurs condensées retombent dans l'atelier, et y forment une gouttière qui déverserait continuellement de l'eau chargée de matières colorantes, de rouille, de poussières...., provenant de l'air et du toit.

Si l'on donne la forme rectangulaire à l'atelier, et c'est la forme la plus avantageuse, on dispose sur l'un des côtés les caisses nécessaires au bousage, à la teinture, au passage dans

les bains acides, savonneux..., et sur l'autre côté les appareils
à dégorger, clapeau, battoir, plateau, pour le rinçage des
étoffes et des écheveaux.

Les brouettes ne doivent point avoir de fer dans les parties
qui ont le contact des pièces, parce qu'il pourrait se former par
l'eau et par les acides de la rouille ou des sels de fer qui modi-
fieraient souvent la nuance. La même remarque s'applique aux
différents ustensiles.

Les chaudières sont presque toujours en cuivre rouge ou
jaune; on se sert d'une chaudière en étain pour les couleurs délicates où l'on fait usage de la dissolution d'étain. On emploie
quelquefois des cuves en bois pour les bains de teinture, mais
pour des usages spéciaux, car elles retiennent trop fortement la
couleur pour qu'on puisse indifféremment les utiliser dans
tous les cas. Toutes les chaudières se vident ordinairement par
un robinet inférieur, et le liquide qui s'en échappe ne doit jamais avoir issue sur la voie publique ou dans les lieux où il
puisse altérer l'eau du voisinage.

Ces chaudières sont presque toujours chauffées par-dessous,
excepté pour les cuves à indigo que l'on chauffe par côté à peu
près à moitié de la hauteur du liquide. Quand on chauffe au
bois ou à la houille, on peut avantageusement disposer les chaudières sous un même manteau de cheminée et munir chacun
des foyers d'un registre de tirage pour régler le feu. Si l'on
emploie la vapeur pour chauffer les chaudières, on place le générateur au centre de l'atelier ; la vapeur passe dans les doubles fonds des chaudières ou dans un serpentin placé dans la
chaudière elle-même.

Chaque atelier de teinture est muni d'un séchoir, quelquefois
d'une étuve et habituellement d'un soufroir; je me suis suffisamment étendu sur ces appareils à propos du *blanchiment* et des
étoffes imprimées.

CAUSES D'INSALUBRITÉ. — Danger d'incendie à cause des étuves.

CAUSES D'INCOMMODITÉ. — Buée. — Fumée.

Odeurs fétides et désagréables quand les soufroirs ont des
fuites.

Écoulement d'eaux sales et colorées.

Action spéciale sur les mains des ouvriers qui sont diversement colorées et reconnaissables.

PRESCRIPTIONS. — Elles s'adressent spécialement à l'atelier destiné à la teinture, au *soufroir* et à l'*étuve*.

Paver, daller ou bitumer le sol avec pente convenable pour les eaux.

Avoir une quantité suffisante d'eau pour le lavage du sol et des ruisseaux.

Ne point écouler les eaux fortement colorées sur la voie publique, mais les faire parvenir à l'égout le plus voisin par un caniveau souterrain.

Construire le fourneau et l'étuve en matériaux incombustibles. Doubler en tôle l'intérieur de la porte.

Placer les chaudières sous un manteau qui les dépasse de trente centimètres et conduise les buées et vapeurs produites dans une cheminée à large section et à bon tirage, dépassant de deux mètres les toits environnants.

Avoir des chaudières en cuivre.

Construire le *soufroir* en matériaux incombustibles et de façon qu'aucune vapeur ne puisse s'en échapper,—y pratiquer une cheminée à tuyau spécial qui s'élève jusqu'au toit et le dépasse de trois à quatre mètres, selon les localités.

Enduire le pourtour de l'atelier, et surtout les murs mitoyens, à un mètre cinquante centimètres de hauteur, d'une couche de mortier hydraulique.

Dans les grands établissements, où l'on emploie beaucoup de matières tinctoriales, dont quelques-unes sont des poisons actifs, faire construire des bassins ou réservoirs où seront reçues les eaux de fabrication. — Là, on les absorbera avec de la tannée qui s'emparera des matières en suspension. — Le reste sera traité par la chaux.

Ne laisser aucune ouverture de l'atelier sur la rue ou sur les voisins.

Il existe une foule d'industries particulières qui ne sont pas, à proprement parler, des teintureries en grand, mais des teintureries spéciales, limitées à un seul objet. Ainsi les teinturiers pour cannes et placages, — pour plumes, — pour les peaux de gants, — pour les coiffes de casquettes, — pour les *réserves* sur châles cachemire. J'ai examiné les teintureries de toutes ces pièces, elles dérivent des mêmes principes, et, sauf certaines indications particulières relatives à quelque procédé spécial, on doit leur appliquer les prescriptions qui sont imposées aux teintureries. Dans une seule, la teinturerie pour les gants, où l'on fait souvent usage de l'urine, et dont on emploie cinquante ou cent litres par semaine, il faut ordonner de conserver ce liquide dans des vases hermétiquement fermés, goudronnés à l'intérieur et placés dans un lieu très-isolé. Partout ailleurs, ce sont les mêmes dangers d'incendie à cause des étuves, et d'inconvénients à cause des buées et des eaux colorées.

Teinture de la soie, de la laine et du coton avec le murexide ou la murexine.

Si l'on traite l'acide urique par l'acide azotique qu'on a étendu d'un même volume d'eau, et à l'aide d'une douce chaleur, le premier de ces acides se dissout dans cet agent d'oxydation. Si on évapore cette solution avec précaution jusqu'à siccité, on obtient une masse d'un rouge intense, qui prend une nuance rouge pourpre foncé dès qu'on la traite par l'ammoniaque. Cette réaction est tellement remarquable et certaine, qu'elle avait déjà servi depuis longtemps aux chimistes pour démontrer la présence de l'acide urique dans les substances organiques. Prout avait remarqué, en 1818, que cette substance était composée d'ammoniaque et d'un corps particulier qui présentait les propriétés d'un acide, et il indiquait de la manière suivante la préparation de cet acide. On fait digérer de l'acide urique dans de l'acide azotique étendu d'eau, solution qui s'opère *avec une vive effervescence*; on neutralise alors l'acide azotique en excès par l'ammoniaque, et on évapore le tout avec précaution. Pendant l'évaporation, il y a changement dans la couleur de la solution qui devient peu à peu rouge pourpre, et il s'y précipite un très-grand nombre de cristaux grenus, rouge foncé, parfois d'un aspect verdâtre à la surface, cristaux qui se composent d'ammoniaque et de l'acide en question.

Le *purpurate d'ammoniaque* (murexide) cristallise en prismes à quatre pans, qui sont translucides, rouge grenat avec reflets d'un vert magnifique. Ce dernier phénomène se remarque plus ou moins chez d'autres sels alcalins et même chez des sels des terres alcalines. Le purpurate d'ammoniaque se dissout dans environ quinze cents parties d'eau à quinze degrés centigrade. L'eau bouillante en dissout bien davantage. La solution est colorée en beau rouge carmin ou en rouge rosé. Il est peu soluble dans l'alcool ou l'éther, et même ne s'y dissout pas du tout. Si on mélange les solutions de sels neutres d'autres bases avec la solution dans l'eau du purpurate d'ammoniaque, on obtient divers autres purpurates.

Purpurate de chaux. Si on mélange les solutions saturées et bouillantes de purpurate d'ammoniaque avec du chlorure de calcium, on obtient un précipité pulvérulent de couleur rouge écrevisse avant d'avoir été bouilli. Ce précipité est peu soluble dans l'eau froide, plus soluble dans l'eau bouillante, et la solution possède une belle couleur rouge pourpre.

Purpurate de mercure. Le perchlorure de mercure (sublimé) produit, dans la solution du purpurate d'ammoniaque, un beau précipité rouge pourpre, et la solution se décolore entièrement.

Purpurate de plomb. Si on mélange des solutions de purpurate d'ammoniaque et d'azotate de plomb, la liqueur se colore en rouge rosé, mais sans donner de précipité.

Purpurate de zinc. Une solution d'acétate de zinc donne, avec le purpurate d'ammoniaque, un précipité jaune d'or, et il se forme à la surface de la liqueur une pellicule frisée, brillante, dans laquelle dominent le vert et le jaune.

Tel est le petit nombre de combinaisons de l'acide purpurique que Prout avait déjà décrites. Leurs belles couleurs constituent un caractère suffisamment tranché pour les distinguer de toutes autres substances. Prout annonçait encore qu'on pourrait employer quelques purpurates, celui de chaux, par exemple, dans la peinture, et il recommandait d'appliquer ce sel à la teinture de la laine et d'autres matières d'origine animale.

On voit donc qu'il ne restait plus à Prout qu'à appliquer en grand les belles expériences qu'il avait faites, et à les introduire dans l'industrie, introduction qui n'a eu lieu que quarante années plus tard. Le haut prix, à cette époque, de l'acide urique, qui coûtait de cent cinquante à deux cents francs le kilogramme, tandis qu'aujourd'hui on se le procure pour dix francs, a présenté le plus grand obstacle à ce que cette découverte ait alors été accueillie par la pratique.

Teinture de la soie et de la laine, d'après M. Depouilly. — Il y a déjà deux années que M. Depouilly a réussi à teindre la soie et la laine avec le murexide. Le procédé est fort simple et réussit bien sur soie, mais il laisse encore trop à désirer sur laine.

Pour teindre la soie, on prend une solution de murexide qu'on mélange à une certaine quantité d'une solution de perchlorure de mercure. Ces deux liqueurs se troublent au bout d'un certain temps, de manière qu'on peut y plonger la soie, qui se teint immédiatement en rouge pourpre ; l'intensité de la couleur dépend de la concentration du bain et des quantités de chacune des substances qu'on a employées.

Le procédé n'est pas aussi simple sur laine. Il faut, pour développer la couleur, avoir recours à un acide, par exemple l'acide oxalique. La marche qui a fourni les meilleurs résultats dans la teinture de la laine en murexide, est la suivante : la laine est bien lavée et dépouillée puis plongée pendant un temps déterminé dans un bain concentré de murexide, où on la travaille, puis séchée à l'air. On l'introduit alors dans un bain composé ainsi qu'il suit :

10 litres d'eau.
60 grammes de sublimé.
75 — d'acétate de soude.

Le bain doit avoir une température de quarante à cinquante degrés centigrade.

Le nom de murexide, appliqué par MM. Liebig et Wohler au purpurate d'ammoniaque, a suggéré plusieurs fois l'idée que le murexide était identique à la pourpre de Tyr des anciens (*mu-*

rex était le nom d'un coquillage dont les anciens tiraient la pourpre); mais la pourpre des anciens résiste à l'action des acides les plus forts, tandis que le murexide est attaqué par les acides les plus faibles, et même par un grand nombre de réactifs qui se montrent indifférents à l'égard de la plupart des matières colorantes. Les travaux de Prout, dont on vient de présenter le résumé, nous apprennent que le murexide, très-peu coloré par lui-même, peut fournir avec diverses bases des laques de ton et de nature variés. Il n'y a donc rien d'étonnant que les expériences entreprises sur ce sujet par M. Schlumberger et d'autres encore n'aient pas eu de succès, parce que tous ces chimistes ont dirigé leurs efforts pour appliquer le murexide sur les tissus à l'aide de la chaleur; or, le murexide n'étant autre chose qu'un purpurate d'ammoniaque, il n'y a pas d'apparence qu'on puisse établir une combinaison solide entre lui et la fibre animale ou végétale.

Teinture du coton, d'après M. Lauth. — La teinture du coton, du fil et des tissus de ce genre avec le murexide est également très-simple, grâce aux heureuses découvertes de M. Lauth. Le procédé consiste à fixer d'abord de l'oxyde de plomb sur le coton, soit en le plongeant dans un bain d'acétate de plomb; puis dans un bain de carbonate d'ammoniaque, ou bien en l'introduisant directement dans une cuve montée avec de l'oxyde de plomb et de la chaux (plombate de chaux). Par l'un ou l'autre de ces moyens, on obtient une combinaison de la fibre avec l'oxyde de plomb, et il ne s'agit plus que de développer la couleur en introduisant le tissu dans un bain d'azotate de mercure ou de sublimé, ou dans un mélange de ces deux sels avec addition d'une certaine quantité d'acétate de soude.

Si on veut imprimer cette couleur, on prend de l'acétate de plomb suffisamment épaissi, et on y ajoute le murexide en quantité suffisante pour obtenir la nuance voulue; on fait sécher et on passe par un bain composé de :

100 litres d'eau.
1 kilogramme de sublimé.
1 kilogramme d'acétate de soude.

On obtient ainsi de fort beaux dessins, mais seulement sur certains fonds.

Les ouvriers sont exposés aux dangers de la manipulation des sels de plomb et de mercure. Voir *Plumes*, t. II, p. 338.

Teinturiers-dégraisseurs (3e classe). — 15 octobre 1810. — 14 janvier 1815.

DÉTAIL DES OPÉRATIONS. — Ces établissements sont en petit des teintureries ordinaires. Cependant beaucoup d'entre elles n'ont ni soufroir ni étuves, et le dégraissage des étoffes est leur principale occupation.

CAUSES D'INCOMMODITÉ. — Buée. — Fumée. — Odeur fade.

Écoulement souvent considérable d'eaux de fabrication et de nettoyage.

PRESCRIPTIONS. — Les mêmes que pour les teinturiers, au point de vue de la répression de la buée et de l'écoulement des eaux.

Document relatif à l'industrie de la teinture.

CONSEIL DE SALUBRITÉ DE LA SEINE. (1843.)

§ TEINTURIERS.

Il y a peu de conditions importantes à prescrire pour les teinturiers dégraisseurs, si ce n'est celle de ne pas verser leurs eaux sur la voie publique durant les gelées, lorsque l'établissement a quelque importance.

Pour les teinturiers en étoffes de laine et de soie, on doit exiger :

1° La construction de fourneaux isolés des murs mitoyens;

2° Au-dessus des chaudières, et sur toute la longueur des fourneaux, une hotte qui dépasse les fourneaux en avant de vingt à vingt-cinq centimètres, afin qu'elle reçoive facilement la buée;

3° Faire communiquer le sommet de la hotte avec une cheminée, par une ouverture d'au moins cinquante centimètres sur trente;

4° Faire arriver les tuyaux en poterie dans cette cheminée, et les y élever jusqu'à une hauteur de deux mètres, à partir du sommet de la hotte;

5° Élever la cheminée à deux mètres au-dessus du faîtage des maisons voisines;

6° laver l'atelier et enduire les joints des pavés de bitume, ou mieux daller l'atelier;

7° Y établir un ruisseau dallé ou gargouille;

8° Faire écouler les eaux jusqu'à l'égout le plus voisin, par une conduite souterraine;

9° Fermer toutes les fenêtres qui peuvent donner, soit sur une rue, soit sur une cour habitée, y établir seulement un ou deux vasistas pour l'entretien d'un courant d'air, et pour une bonne alimentation de l'appel de la cheminée ;

10° Dans le cas où la disposition des localités ne permet pas un système de fourneaux adjacents les uns aux autres, faire arriver la baie dans un centre commun, ainsi qu'il a été demandé par deux rapports, sous les n°ˢ 155 et 298, par l'établissement central d'une cheminée d'appel, ou bien encore faire vitrer la cour de l'établissement, y placer une large cheminée qui s'élève au-dessus du faîtage des maisons voisines, elle est destinée à recevoir la totalité de la buée ;

11° Isoler dans tous leurs parcours les tuyaux des fourneaux des charpentes ou boiseries, par un intervalle de trente centimètres, et faire hourder ces boiseries en plâtre ;

12° Dans le cas où, par impossible, une conduite souterraine ne saurait être établie, prescrire ou le transport des eaux à l'égout le plus voisin, durant les gelées; ou, enfin, casser les glaces qui peuvent se former. Toutefois, ce n'est que par exception, et dans le cas d'impossibilité reconnue de faire autrement, que ces deux dernières conditions sont tolérées par le conseil.

Quant aux teinturiers en crin, les mesures à prendre ont été formulées notamment dans plusieurs rapports, sous les n°ˢ 381 et 472. Outre les prescriptions ci-dessus, en tant qu'elles sont applicables à l'espèce, l'industriel est tenu de teindre dans une chaudière fermée par un couvercle; d'avoir une bonne cheminée d'appel pour la buée; de ne jamais faire écouler les eaux sur la voie publique; et si, par des circonstances toutes particulières de localité, on ne pouvait lui imposer cette condition, il ne devrait les y déverser qu'après six heures du soir en hiver, et dix heures en été. Il doit, de plus, lui être imposé de ne jamais conserver d'amas de crin chez lui; enfin, une pareille teinturerie ne saurait en général être permise qu'à une assez grande distance des habitations.

. . . .

TÉRÉBENTHINE. Voir *Huiles* (*Industrie des*), t. II, p. 96, et *Résineuses* (*Matières*), t. II, p. 395.

TIR.

Tir au fusil, au pistolet, dans l'intérieur des villes.
Tir au canon, dans les écoles militaires.

Les tirs au fusil et au pistolet dans l'intérieur des villes ont plus d'une fois donné lieu à de vives réclamations. On le comprend facilement. A part le danger de la *dispersion des balles*, il y a production d'un *bruit incessant* fort désagréable.

En principe, on doit engager l'autorité à n'accorder aucune

autorisation semblable dans un centre d'habitation. — Si cela devait cependant être toléré, il faut obliger l'armurier à entourer de murs élevés à cinq et six mètres, de trois côtés, et dans l'étendue des cinq sixièmes de son tir, l'espace consacré à ces exercices. Le mur devrait avoir une épaisseur de vingt-cinq centimètres au moins; — on ne devra jamais tolérer une simple clôture en planches.

Si le tir est placé hors la ville, des indications en grosses lettres seront placées extérieurement dans le but d'inviter le public à s'éloigner de ces endroits.

Dans tous les cas, en ville surtout, l'exercice du tir n'aura lieu qu'aux heures permises par les ordonnances de police qui régissent les industries ou métiers incommodes par leur bruit.

De graves accidents survenus pendant l'exercice à tir du canon, soit à Vincennes ou ailleurs, soit pendant les exercices à feu des troupes, doivent engager le public à se tenir à l'écart, et, sous ce rapport, l'autorité militaire devrait, toutes les fois qu'ils ont lieu, placer de loin en loin des factionnaires pour empêcher d'approcher.

TISSUS (Industrie des).

Tissus imperméables. Voir *Étoffes (Industrie des)*, t. I, p. 646.

Tissus d'or et d'argent (Brûlerie des). Voir *Brûleries* , t. I, p. 543.

TOILES (Industrie des).

Toiles goudronnées et vernies. Voir *Vernis*.

Toiles peintes (Ateliers pour). Voir *Vernis*.

TOLE (Industrie de la).

Tôle galvanisée. Voir *Étain (Industrie de l')*, t. I, p. 624.

Tôle vernie. Voir *Vernis*.

TORCHES, MÈCHES, ALLUME-FEU. Voir *Poudres (Industrie des)*, t. II, p. 350, et *Résineuses (Matières)*, t. II, p. 409.

TOURBE (Carbonisation de la). Voir *Combustibles (Industrie des)*, t. I, p. 144.

TRAVAIL DES ENFANTS (dans les manufactures).

Tout ce qui se rattache à l'exercice des grandes industries et se lie à l'hygiène administrative doit trouver place dans cet ouvrage. A ce titre, je donne ici la loi sur le travail des enfants dans les manufactures; les industriels y puiseront des notions qui leur sont indispensables à connaître.

« Veiller sur le sort des enfants, sur leur santé et leur bien-être, autant du moins que cela est possible, en conservant à l'autorité paternelle sa légitime part d'influence; satisfaire à ce que demande le juste soin de leur éducation religieuse, morale et intellectuelle, tel est le but important que la législation recueillie sous la présente section est destinée à atteindre. »

Depuis longtemps on signalait les résultats désastreux pour les centres de population ouvrière, produits par le travail excessif des jeunes enfants envoyés aux manufactures; on s'indignait contre la coupable conduite des parents qui, pour une augmentation de salaire, souvent minime, consentaient à ce qu'on épuisât ainsi leurs enfants par des travaux dépassant toutes les forces de leur âge.

La concurrence excessive des individus (disait le rapporteur de la loi du 22 mai 1841, devant la chambre des pairs) qui, dans chaque pays, exercent la même industrie, la concurrence non moins redoutable des nations qui luttent ensemble afin d'obtenir l'avantage en fabriquant un même genre de produits, telles sont les causes les plus générales de la funeste tendance d'accroître au delà de toutes bornes la durée du travail journalier.

Cette extension acquiert de nouveaux motifs; elle devient plus dangereuse dans les établissements où la force productive est fournie à la fois par des moteurs inépuisables et infatigables, tels que les moteurs mécaniques de l'eau, du feu, de la vapeur.

Ainsi, dans l'industrie, les progrès qu'on admire le plus, à raison du génie de l'inventeur, peuvent conduire à des conséquences fatales à la santé, à la vie même des hommes : les travailleurs deviennent en quelque sorte des accessoires plus ou moins sacrifiés aux grandes forces impulsives qu'on emprunte à la nature inanimée.

Si la soif immodérée du lucre conduit certains chefs d'établissements industriels à dépasser de justes limites, celles où la nature suffit à réparer les forces perdues par le travail de l'homme fait et robuste, qu'on juge du dépérissement où doivent tomber des adolescents et surtout des enfants lorsqu'ils sont assujettis à la même longueur démesurée du travail journalier.

Quelles peuvent être les conséquences de semblables excès ? Un rapide affaiblissement de la santé; des maladies professionnelles, variées et fréquentes; des infirmités précoces et graves ; enfin ceux des jeunes travailleurs qui ne périssent pas victimes d'un tel excès de barbarie n'atteignent la virilité qu'avec un tempérament délabré, des forces énervées et des maux la plupart incurables.

Au surplus, avant la publication de cette loi, le gouvernement s'était préoccupé activement de l'état de choses signalé par l'opinion. Et, dans sa sollicitude d'y apporter un remède, une circulaire du ministre de l'intérieur avait été adressée aux préfets, le 31 juillet 1837, dans laquelle on trouve le passage suivant qui mérite d'être reproduit :

« Un travail continu et prématuré imposé à l'enfance peut avoir de graves inconvénients à cette époque de la vie, non-seulement parce qu'il nuit au développement naturel des forces, mais encore parce qu'il est souvent un obstacle à l'instruction, les enfants ne pouvant y donner le temps nécessaire. Il en résulte que plusieurs d'entre eux arrivent à l'âge d'homme ne sachant ni lire ni écrire, affaiblis de corps et d'esprit et ayant parfois puisé au sein des fabriques des leçons d'une immoralité précoce.

« Avant tout, il importe d'apprécier avec vérité quelle est aujourd'hui la condition des enfants dans les fabriques. J'ai pensé ne pouvoir mieux m'adresser qu'à vous, messieurs les préfets, pour m'éclairer à cet égard, et voici les questions auxquelles je vous prie plus spécialement de répondre :

« Depuis quel âge les enfants sont-ils reçus dans les fabriques ?

« Quels sont les salaires qui leur sont attribués ?

« Quelle économie résulte pour le fabricant de la substitution des enfants à des ouvriers adultes ?

« Quelle est la durée de leur travail ?

« Sont-ils soumis à des travaux de nuit ?

« Les enfants des deux sexes sont-ils confondus dans les mêmes ateliers ?

« Appartiennent-ils le plus souvent aux ouvriers occupés eux-mêmes dans les fabriques, et dans quelle proportion ?

« Quel est leur degré d'instruction ? — Suivent-ils les écoles ? — Les suivent-ils le jour, le soir ou les dimanches ?

« Quel est l'état de la moralité de ces enfants ?

« Sont-ils l'objet de mauvais traitements de la part des maîtres ou de ceux qui les emploient ? »

Documents relatifs au travail des enfants dans les manufactures.

I. LOI RELATIVE AU TRAVAIL DES ENFANTS EMPLOYÉS DANS LES MANUFACTURES, USINES OU ATELIERS. (Du 22–24 mars 1841.)

Art. 1er. Les enfants ne pourront être employés que sous les conditions déterminées par la présente loi. — 1° Dans les manufactures, usines et ateliers à moteur mécanique, ou à feu continu, et dans leurs dépendances.— 2° Dans toute fabrique occupant plus de vingt ouvriers réunis en atelier[1].

Art. 2. Les enfants devront, pour être admis, avoir au moins huit ans. — De huit à douze ans, ils ne pourront être employés au travail effectif plus de huit heures sur vingt-quatre, divisées par un repos. — Ce travail ne pourra avoir lieu que de cinq heures du matin à neuf heures du soir[2]. — L'âge des enfants sera constaté par un certificat délivré, sur papier non timbré et sans frais, par l'officier de l'état civil.

Art. 3. Tout travail entre neuf heures du soir et cinq heures du matin est considéré comme travail de nuit. — Tout travail de nuit est interdit pour les enfants au-dessous de treize ans. — Si la conséquence du chômage d'un moteur hydraulique ou des réparations urgentes l'exigent, les enfants au-dessus de treize ans pourront travailler la nuit, en comptant deux heures pour trois, entre neuf heures du soir et cinq heures du matin. — Un travail de nuit des enfants ayant plus de treize ans pareillement supputé, sera toléré, s'il est reconnu indispensable, dans les établissements à feu continu dont la marche ne peut pas être suspendue pendant le cours de vingt-quatre heures.

. . . .

[1] En limitant ainsi son application aux grandes manufactures, cette loi établissait elle-même une grande lacune ; car les petits ateliers, la boutique du marchand, l'échoppe même de l'artisan, qui n'emploient qu'un seul ou quelques apprentis, appelaient également, et d'une manière tout aussi impérieuse que les grandes manufactures, le secours de la loi pour protéger les enfants contre un travail excessif et contre la barbare exigence des parents et des patrons : aussi cette lacune a-t-elle été comblée par la loi ci-après des 22 février, 4 mars 1851, qui détermine les conditions générales de l'apprentissage.

[2] Voir, sur la limitation des heures de travail, le décret des 9-14 septembre 1848, et les notes.

II. DÉCRET RELATIF AUX HEURES DE TRAVAIL DANS LES MANUFACTURES ET USINES.
(Du 9-14 septembre 1848.)

Art. 1er. La journée de l'ouvrier dans les manufactures et usines ne pourra pas excéder douze heures de travail effectif[1].

Art. 2. Des règlements d'administration publique détermineront les exceptions qu'il sera nécessaire d'apporter à cette disposition générale, à raison de la nature des industries ou des causes de force majeure[2].

Art. 3. Il n'est porté aucune atteinte aux usages et aux conventions qui, antérieurement au 2 mars, fixaient pour certaines industries la journée de travail à un nombre d'heures inférieur à douze.

Art. 4. Tout chef de manufacture ou usine qui contreviendra au présent décret et aux règlements d'administration publique promulgués en exécution de l'article 2, sera puni d'une amende de cinq francs à cent francs. — Les contraventions donneront lieu à autant d'amendes qu'il y aura d'ouvriers indûment employés, sans que ces amendes réunies puissent s'élever au-dessus de mille francs. — Le présent article ne s'applique pas aux usages locaux et conventions indiqués dans la présente loi.

Art. 5. L'article 463 du Code pénal pourra toujours être appliqué.

Art. 6. Le décret du 2 mars, en ce qui concerne la limitation des heures du travail, est abrogé[3].

III. DÉCRET QUI APPORTE DES EXCEPTIONS A L'ARTICLE 1er DE LA LOI DU 9 SEPTEMBRE 1848, SUR LA DURÉE DU TRAVAIL DANS LES MANUFACTURES ET USINES. (Du 17-31 mai 1851.)

Art. 1er. Ne sont point compris dans la limite de durée du travail fixée par la loi du 9 septembre 1848, les travaux industriels ci-après déterminés : travail des ouvriers employés à la conduite des fourneaux, étuves, sécheries ou chaudières à débouillir, lessiver ou aviver : travail des chauffeurs attachés au service des machines à vapeur, des ouvriers employés à allumer les feux avant l'ouverture des ateliers ; des gardiens de nuit ; travaux de décatissage ; fabrication et dessiccation de la colle forte ; chauffage dans les fabriques de savon ; mouture des grains ; imprimeries typographiques et lithographiques ; fonte, affinage, étamage, galvanisation des métaux, fabrication de projectiles de guerre.

[1] Un décret des 2-4 mars 1848 avait réduit le nombre d'heures de travail, et supprimé le *marchandage*. (Voyez la note sous l'article 6 du présent décret.)

[2] Des exceptions à cette règle générale sont apportées en faveur de certaines industries par le décret des 17-31 mai 1851.

[3] Ce décret avait diminué d'une heure la journée de travail, en la portant à dix heures pour Paris et à onze heures pour celles des provinces où elle était de douze. Ce même décret avait également supprimé le marchandage, c'est-à-dire l'exploitation des ouvriers par des sous-entrepreneurs ouvriers, dits marchandeurs ou tâcherons, comme essentiellement injuste, vexatoire, et contraire au sentiment de la fraternité. — Or, comme aux termes de l'article 6 ci-dessus le décret de 1848 n'est abrogé qu'en ce qui concerne la limitation des heures de travail, il en résulte qu'il reste en vigueur en ce qui touche la suppression du marchandage.

Art 2. Sont également exceptés, 1° le nettoiement des machines à la fin de la journée ; les travaux que rend immédiatement nécessaires un accident arrivé à un moteur, à une chaudière, à l'outillage ou au bâtiment même de l'usine ou tout autre cas de force majeure.

Art. 3. La durée du travail effectif peut être prolongée au delà de la limite légale : 1° d'une heure à la fin de la journée de travail, pour le lavage et l'étendage des étoffes dans les teintureries, blanchisseries et fabriques d'indiennes; 2° de deux heures dans les fabriques et raffineries de sucre, et celles de produits chimiques; 3° de deux heures pendant cent vingt jours ouvrables par année au choix des chefs d'établissement, dans les usines de teinturerie, imprimerie sur étoffes, d'apprêts d'étoffes et de pressage.

Art. 4. Tout chef d'usine ou de manufacture qui voudra user des exceptions autorisées par le dernier paragraphe de l'article 3, sera tenu de faire savoir préalablement au préfet, par l'intermédiaire du maire qui donnera récépissé de la déclaration, les jours pendant lesquels il se propose de donner *au travail une durée exceptionnelle.*

TRÉFILERIES DE MÉTAUX (3ᵉ classe).—20 septembre 1828.

DÉTAIL DES OPÉRATIONS. — Les tréfileries sont des établissements où les métaux, principalement le fer et le cuivre, sont réduits en fils plus ou moins minces, par l'étirage à froid au moyen d'une filière.

La filière est une plaque d'acier très-dur, percée de trous placés en échiquier, et dont les diamètres vont en décroissant : ces trous sont légèrement coniques, et l'on fait entrer le fil par le grand côté du cône. Comme la longueur du fil s'accroît à mesure du passage à la filière, on l'enroule sur des cylindres ou bobines horizontales auxquelles on donne un mouvement de rotation qui produit la traction nécessaire à l'étirage ; les fils de petit diamètre sont enroulés sur des bobines verticales ayant la forme de cônes très-aigus ; chaque bobine est traversée par un axe duquel elle reçoit son mouvement.

Afin de diminuer le frottement pendant l'attraction, on graisse le fil au moment de son passage dans la filière, ou mieux, on applique sur la filière une pelotte de graisse qui facilite le passage, et empêche l'élévation de température de la filière. L'extrémité du fil est sensiblement appointée pour permettre à la pince de le saisir; on règle la vitesse sur la nature et sur le diamètre du fil. — Le fil s'écrouit, et devient de moins en moins ductile après son passage dans une série de trous. *On le recuit au rouge brun dans des caisses* ou marmites en fer *ou dans un four à réverbère*, chauffé par la chaleur perdue des feux de finerie, et comme chaque recuit donne lieu à la formation d'une certaine quantité d'oxyde, on s'en débarrasse par le *décapage* (à *chaud* ou à *froid*), au moyen d'une eau acidulée par l'acide sulfurique ; on évite ainsi la détérioration rapide de la filière.

Quelques métaux, particulièrement le zinc, sont découpés en rubans dans des feuilles suffisamment épaisses, au moyen de cisailles ordinaires ou de cisailles rotatives ; on passe ces rubans à la filière comme les barres de fer laminé dans le cas précédent.

Quand il s'agit des métaux précieux, dont la quantité employée sous forme de fils est très-faible, relativement au fer, au cuivre, on fait usage de bancs à étirer, et pour les diamètres très-petits auxquels on les réduit ou supplée aux filières d'acier par des filières en rubis.

Dans tous les cas, on peut tirer des fils cylindriques, demi-cylindriques, carrés, hexagonaux..., suivant que l'on a donné telle forme ou telle autre à la filière.

Autrefois les *tréfileries* ne marchaient ni au laminoir ni à la filière, mais au simple travail du marteau à la main. Il en résultait alors beaucoup plus de bruit et d'ébranlement des habitations.

Causes d'insalubrité. — Quelquefois danger d'incendie.—(Il y en a moins maintenant qu'on ne chauffe plus les fils qu'au rouge sombre.)

Causes d'incommodité. — Bruit des mécanismes.

Fumée des fours.

Prescriptions. — Isoler les fours à réverbères, où se pratiquent les *recuits*, de tout mur mitoyen par un espace de trente à cinquante centimètres.

Surmonter les fours d'un manteau communiquant avec une cheminée qui dépasse les toits voisins de trois à quatre mètres.

Ne pas laisser d'ouverture sur la voie publique.

Ne travailler qu'aux heures tolérées par les ordonnances.

Isoler l'atelier de *décapage*. Prendre ici toutes les précautions indiquées pour le dérochage. (Voir au mot *Cuivre* (*Industrie du*) l'article *Dérochage*, t. I, p. 566.)

Traiter les eaux de dérochage. — En extraire les sulfates, — ou les neutraliser par la craie.

TRIPIERS (1re classe). — 15 octobre 1810. — 14 janvier 1815.

Détail des opérations. — Les triperies sont en général fort incommodes, parce qu'on y fait bouillir beaucoup de matières animales déjà fermentées, et qu'on y conserve souvent des débris de chairs putréfiées. — Les opérations de cette industrie ont le plus souvent lieu dans les abattoirs. — J'ai déjà dit (voir au mot *Abattoirs publics*, l'article *Cuisson de têtes d'animaux*, t. I, p. 124) ce qui constituait en partie ces établissements. Il y en a cependant qui sont tout à fait isolés, et qui cuisent dans de larges chaudières une foule de débris destinés à l'alimentation des animaux. — Ils doivent être surveillés avec la plus grande sévérité.

Causes d'insalubrité. — Odeurs putrides provenant du séjour dans les ateliers des matières animales accumulées,. et qui, dans les temps chauds, fermentent très-facilement.

Odeur venant de la décomposition superficielle et du dessé-chement des pieds de veau, destinés à servir à la fabrication de la gélatine pour le collage de la bière, opération pratiquée dans certains pays du nord.

Causes d'incommodité. — Buées fades et nauséabondes s'élevant des chaudières à ébullition.

Écoulement sur la voie publique d'eaux fortement chargées de principes solubles et azotés, lesquelles s'infiltrent dans le sol, s'y décomposent et deviennent la source d'émanations insalubres et incommodes.

Fumée des fours.

Prescriptions. — Éloigner ces établissements de tout centre d'habitation.

Les reléguer dans les abattoirs.

Dans le cas contraire, n'amener dans la triperie que des matières fraîches, parfaitement *lavées*, et prêtes à être soumises à la cuisson.

Construire les fours et l'atelier en matériaux incombustibles.

Recouvrir le fourneau d'une hotte suffisamment large pour recueillir la buée et les odeurs produites, et disposée de façon à conduire celles-ci dans une cheminée à large section, à bon tirage, dépassant de trois à cinq mètres les toits voisins.

Munir les chaudières d'un couvercle en tôle.

Paver, daller ou bitumer l'atelier, avec pente convenable pour conduire les eaux, soit dans une citerne étanche, soit dans l'égout le plus voisin, par un canniveau souterrain. Dans le cas de citerne, extraire ces eaux tous les soirs dans des vases clos, et les vendre pour l'agriculture et la nourriture des porcs.

Les eaux ne contenant aucune matière solide peuvent être conduites sur la voie publique, en les faisant suivre d'un lavage abondant à l'eau fraîche. (Voyez, au mot *Abattoirs*, l'ordonnance, t. I, p. 80.)

TUERIES. Voir *Abattoirs*, t. I, p. 74.

TUILERIES. Voir *Briqueteries*, t. I, p. 529.

URATE (Fabrication d'), mélange de l'urine avec la chaux, le platre et la terre (1re classe). — 9 février 1825.

Détail des opérations. — Elles sont confondues avec toutes celles qui se pratiquent dans la fabrication des engrais.

Causes d'insalubrité. — Odeurs ammoniacales très-désagréables et nuisibles.

Prescriptions. — Apporter les urines dans l'usine au moyen de tonneaux hermétiquement fermés, quel que soit l'éloignement des lieux habités.

Paver en pierres dures l'atelier de travail. — Le clore de tous côtés. — Le surmonter d'une large cheminée d'appel dont la hauteur variera selon les localités voisines, et qui sera alimentée par des ouvreaux à la partie basse de l'atelier. — (Voir *Engrais (Fabrique d')*, t. I p. 601.)

URINOIRS PUBLICS. — LATRINES PUBLIQUES.

La question des urinoirs publics n'est, à la rigueur, qu'une question d'hygiène publique générale : mais elle se rattache d'une manière si intime à l'industrie, à cause des nombreux ateliers et de la grande quantité d'ouvriers qui y sont employés, que j'ai cru devoir en faire un chapitre spécial : leur construction et leur surveillance médicale sont, du reste, entièrement soumises au contrôle des conseils d'hygiène : car ces établissements mal tenus deviennent rapidement un foyer d'infection.— Leur propreté est un des éléments principaux de leur existence et, comme il ne faut jamais compter sur les soins de cette nature quand il s'agit du public, l'administration encourage tous les perfectionnements qui ont pour but de rendre indépendant de la volonté du public leur entretien. Une fois leur construction bien établie, il ne reste plus qu'à assurer le service de l'eau en abondance et l'usage régulier des désinfectants. Le goudron, étendu à l'intérieur des réservoirs, les chlorures, les sulfates de fer, de magnésie, de zinc, peuvent être indifféremment employés. Les liquides peuvent alors, sans inconvénients, s'écouler dans les égouts : et l'odeur est, en général, presque entièrement abolie. Mais ces résultats ne seront obtenus qu'à l'aide de dispositions qui permettront le mélange continu des désinfectants aux liquides versés, et s'opposeront à la projection de l'urine hors les cuvettes. — Ces urinoirs devront être inspectés plusieurs fois par an : c'est pour éclairer ceux qui sont intéressés dans cette question que je donne plus bas, *in extenso*, le rapport fait au conseil de la Seine sur ce sujet par M. Boudet.

On ne saurait, du reste, indiquer les innombrables formes d'appareils qui ont été conseillés en cette circonstance. Je me bornerai à signaler un procédé que j'ai vu mis en pratique à Hambourg. Un réservoir contenant une solution de sulfate de fer (couperose verte) est placé au-dessus du siége dont l'orifice est toujours ouvert (la ventilation s'exerçant de haut en bas). Le mouvement de la porte, pendant l'entrée et la sortie, fait jouer un mécanisme qui ouvre le réservoir et donne lieu à un flot abondant de liquide désinfectant. Il y a donc deux lava ges opérés, chaque fois qu'on se sert de ces latrines ou urinoirs. — Toute la dépense est dans la grande quantité d'eau qui peut être employée ; — mais l'avantage est supérieur, car il n'y a ni odeur ni malpropreté.

En Angleterre on a étendu les mesures hygiéniques plus loin encore que dans notre pays. Tous les débitants de vins ou de liqueurs sont obligés d'avoir dans l'intérieur de leurs établissements des appareils parfaitement entretenus : on évite ainsi, dans les rues, le spectacle dégoûtant qu'entraîne toujours l'usage abondant et répété des boissons alcooliques. Il serait à désirer que les mêmes mesures fussent prises dans toutes les grandes villes.

Documents relatifs aux urinoirs publics.

I. RAPPORT AU CONSEIL D'HYGIÈNE PUBLIQUE ET DE SALUBRITÉ DU DÉPARTEMENT DE LA SEINE SUR LES LATRINES PUBLIQUES (URINOIRS PUBLICS) ÉTABLIES A PARIS, QUAI DE LA MÉGISSERIE, PAR UNE COMMISSION COMPOSÉE DE MM. MICHAL, DUBOIS, ARCHITECTE, ET BOUDET, RAPPORTEUR.

Monsieur le préfet,

Vous avez réclamé l'avis du conseil d'hygiène sur les moyens propres à faire cesser l'insalubrité des latrines publiques établies dans les murs de soutènement des quais de Paris, et à faire droit aux plaintes dont elles sont l'objet depuis longtemps.

Les commissaires soussignés ont été chargés par le conseil d'examiner cette question, et ce sont les résultats de cet examen qui font l'objet du présent rapport.

L'odeur qui s'exhale des latrines publiques des quais de Paris, et particulièrement de celles qui sont exposées au midi, est très-forte et se fait sentir d'une manière très-incommode jusque sur les trottoirs des quais; on a tenté à plusieurs reprises d'assainir ces latrines à l'aide de substances désinfectantes. Ces essais ont été infructueux. La disposition de ces latrines est telle qu'elles ne sont pourvues d'aucun moyen de ventilation, et qu'on ne pourrait en établir qu'en élevant sur les quais des cheminées d'appel qui offriraient elles-mêmes de très-graves inconvénients. On a proposé de faire écouler directement les matières à la Seine; mais si l'on adoptait cette mesure, lorsque les berges seraient à sec, pendant la saison des eaux basses, elles seraient couvertes de matières fécales qui blesseraient également la vue et l'odorat.

Un autre système consisterait à convertir les fosses d'aisances qui desservent les latrines publiques en caveaux de fosses mobiles, à y installer des
appareils séparateurs avec récipients mobiles et réservoirs pour les solides et
les liquides, et à établir une ventilation aussi active que le comporte l'état des
lieux. Les liquides préalablement désinfectés seraient pompés et directement
portés à la Seine, les récipients mobiles seraient enlevés au moment de leur
plénitude. Ce système est actuellement en fonction dans les latrines publiques du port Saint-Nicolas; la préfecture de la Seine y a fait établir des
siéges garnis de cuvettes à bascule et des appareils séparateurs, et les résultats obtenus sont assez satisfaisants. La question cependant est loin d'être
résolue, et la commission déléguée par le conseil de salubrité pour l'étudier
cherchait à lui donner une solution plus complète, lorsque M. Deplanque
vous a prié, monsieur le préfet, de vouloir bien soumettre à une commission
spéciale du conseil de salubrité un système de vidange dont il se dit l'inventeur, et qui aurait pour effet la désinfection complète des matières fécales et
leur conversion immédiate en engrais.

Le conseil consulté sur cette demande a été d'avis, qu'il était impossible
d'apprécier *à priori* les difficultés de la mise en pratique de ce système, qui
théoriquement donnerait de bons résultats, et qu'il conviendrait d'accorder au
sieur Deplanque l'autorisation de l'expérimenter dans l'enceinte du dépotoir
de la Villette, sur une échelle aussi grande qu'il serait possible de le faire, sans
gêner le service, et aux frais, risques et périls du pétitionnaire, afin de vérifier
l'efficacité des moyens proposés, et de reconnaître notamment s'ils sont applicables à de vastes opérations. D'autre part, M. le directeur général de la
salubrité, tout en reconnaissant les résultats satisfaisants produits par les
appareils d'essai établis par l'inventeur dans son laboratoire, situé aux Ther-
nes, a pensé qu'une application en grand du procédé dont il s'agit, était nécessaire pour qu'il pût se prononcer sur sa valeur, et a proposé d'autoriser
le sieur Deplanque à l'appliquer à titre d'essai à la fosse d'aisances desservant
les latrines publiques du quai de la Mégisserie, près l'escalier du pont au
Change.

S'autorisant de ces avis favorables, le sieur Deplanque a demandé au
préfet de la Seine la permission d'instituer ses expériences aux latrines publiques du quai de la Mégisserie, et cette permission lui ayant été accordée à
la date du 13 janvier dernier, il a mis son système en pratique, et a invité
les commissaires soussignés à examiner les résultats de son application.

Les expériences instituées par le sieur Deplanque se continuent depuis un
mois, elles intéressent une des questions les plus graves de la salubrité des
villes et de la fabrication des engrais; leurs résultats, s'ils sont favorables,
peuvent avoir des conséquences très-importantes pour la ville de Paris. Les
commissaires ont dû en étudier les conditions et en suivre la marche avec
une attention digne de la mission qui leur était confiée.

Et d'abord, ils ont dû prendre pour point de départ de leurs études l'exposé du système proposé par le sieur Deplanque pour la transformation immédiate des matières fécales en engrais, et de son application à l'établisse-

ment des fosses dites à siphon, qu'il propose de substituer aux fosses actuelles.

Dans le système du sieur Deplanque, la transformation des matières fécales en engrais s'exécute de la manière suivante.

Les matières provenant des vidanges des villes, arrivées dans la voirie où elles doivent être traitées, sont divisées en matières lourdes et en eaux vannes; la proportion des matières lourdes est à Paris de 20 pour 100 parties d'eaux vannes; les matières lourdes, désinfectées au moyen d'une petite proportion de pyrolignite de fer, sont malaxées avec une quantité de plâtre suffisante pour leur donner une solidité telle qu'elles puissent être immédiatement étendues au séchoir. Le produit ainsi obtenu est ordinairement séché en vingt-six heures. L'opération qui le permet est désignée sous le nom de première passe.

On pulvérise ce produit et on l'emploie pour solidifier de nouvelles quantités de matières lourdes, c'est ce qui s'appelle exécuter la deuxième passe; on en fait une troisième et une quatrième, et l'on obtient ainsi une matière qui, d'après une analyse officielle de l'École des mines, contient 2,05 d'azote pour 100.

Les eaux vannes, à leur tour, sont mélangées avec un volume égal d'eau de chaux, et abandonnées au repos. Au bout de vingt-quatres heures, elles ont formé un dépôt qui, d'après l'analyse de l'École des mines, contient pour cent parties à l'état sec, 1,77 d'azote, et 3,48 d'acide phosphorique à l'état de phosphate calcaire; en même temps elles sont éclaircies et sont devenues susceptibles d'être rendues sans inconvénients à la circulation générale.

Ainsi, d'une part, le procédé de M. Deplanque transforme en engrais au moyen du plâtre les matières lourdes des vidanges, et d'autre part, au moyen de l'eau de chaux, il dépure les eaux vannes, en précipitant en grande partie les matières fertilisantes qu'elles contiennent et les transforme aussi en engrais.

La fosse dite à siphon proposée par le sieur Deplanque a pour objet la décomposition continue dans les fosses elles-mêmes des matières solides et liquides qu'elles reçoivent, leur précipitation immédiate et l'écoulement continu dans les égouts des eaux qui surnagent les précipités.

Pour obtenir ce résultat, le sieur Deplanque procède de la manière suivante :

Étant donnée une fosse vide et en bon état, il supprime la cheminée d'appel ou de dégagement pour les gaz, lute avec soin le tuyau de descente et installe dans la voûte de la fosse un tuyau de plomb qui, d'un côté, plonge dans l'intérieur de ladite fosse à la naissance de la voûte, et, de l'autre, s'élevant au-dessus de cette voûte à une hauteur supérieure au radier de l'égout voisin, se courbe ensuite pour aller s'introduire dans la paroi de cet égout.

L'appareil étant ainsi disposé, il remplit complétement d'eau de chaux la capacité de la fosse qui se trouve alors prête à fonctionner; la fosse étant entièrement pleine en effet jusqu'à la courbure du tuyau de plomb, qui doit lui servir de déversoir, chaque volume de matières solides ou liquides versé dans la fosse par le tuyau de descente se trouve précipité par l'eau de chaux, et fait écouler dans l'égout un volume égal de liquide dépuré. Il ne reste donc plus rien à faire pour le fonctionnement régulier de l'appareil, si ce n'est d'exécuter les lavages ordinaires des latrines avec de l'eau de chaux au lieu d'eau ordinaire, et d'introduire de temps à autre dans la fosse de petites quantités de liqueurs désinfectantes. Une fosse ainsi disposée, n'a plus besoin d'être vidangée qu'autant que le précipité s'est élevé à peu de distance du sommet de la voûte, et un ajutage avec robinet adapté au tuyau au-dessous de la courbure permet de reconnaître l'état du liquide contenu dans la fosse, et le moment où elle doit être vidangée.

Tel est le système proposé par le sieur Deplanque, tant pour la fabrication des engrais que pour l'établissement des fosses; l'action de l'eau de chaux sur les matières des vidanges en est évidemment la base, il importe donc pour l'apprécier de constater la nature et l'efficacité de cette action.

Depuis longtemps déjà, on sait que la chaux a la propriété de désinfecter et de précipiter les eaux d'égouts et les matières de vidange : l'application de cette propriété remarquable a été réalisée en Angleterre, dans plusieurs villes, et notamment à Leicester où M. Wickteed désinfecte et exploite chaque année, sous forme d'engrais, les cinq millions de mètres cubes d'eaux d'égouts fournies par une population de soixante-cinq mille âmes.

Dans un rapport très-étendu sur la question du drainage de la ville de Londres, adressé aux commissaires de la reine d'Angleterre par MM. Hoffmann et Henry Witt, ces savants chimistes ont étudié avec soin l'action de la chaux sur les eaux d'égouts; ils ont constaté qu'en versant dans deux cents litres de ces eaux un lait de chaux fait avec un litre d'eau et cinquante-deux grammes de chaux, on obtient en une heure une précipitation aussi complète que si on avait abandonné le liquide au repos pendant quatre heures sans l'avoir traité par la chaux; la liqueur surnageant, le précipité était en grande partie désinfectée, mais elle contenait une légère opalescence, une odeur encore très-sensible, et retenait une quantité de matières organiques putrescibles assez considérable.

MM. Hoffmann et Witt ont déduit de leurs expériences les conclusions suivantes :

La chaux appliquée à la fabrication des engrais, au point de vue hygiénique, remplit, dans une certaine mesure, comme le charbon, comme le mélange de chaux et de sulfate d'alumine et de charbon (procédé Stothert et Gotto), le but pour lequel ces agents ont été proposés. Cependant, si l'on construisait dans le voisinage immédiat de Londres des usines affectées à la désinfection de ses eaux d'égouts, la construction de pareilles usines aurait pour la santé des habitants les résultats les plus fâcheux et les plus funestes; enfin, si l'on persistait à former des établissements de ce genre, et si l'on versait dans la Tamise à proximité de Londres les eaux surnageant ce dépôt, ou provenant des divers traitements, nous n'hésitons pas à croire que l'eau du fleuve pourrait s'en trouver très-sérieusement affectée. Si l'on compare cette opinion avec celle que M. Maugen a exprimée dans sa brochure sur la fabrication des engrais, telle qu'elle a été établie à Leicester par M. Wickteed, on est frappé de leur désaccord. M. Maugen, en effet, assure que la transformation des eaux d'égouts en un liquide transparent et inodore, et en briquettes d'engrais solide, s'effectue à Leicester dans des ateliers d'une propreté absolue, sans qu'aucune odeur s'y fasse sentir, et que l'application du procédé de M. Wickteed et la construction du système complet d'égouts qui en a été la conséquence aient été, pour la salubrité de la ville, un bienfait inappréciable. Un rapport de la commission d'hygiène constate, en effet, que la mortalité, qui depuis quelques années s'élevait à Leicester de quatre cent vingt à quatre cent cinquante décès par trimestre, était tombée, depuis l'achèvement des travaux en mai 1855, au chiffre de trois cent vingt-six à trois cent quarante.

La divergence de ces conclusions peut s'expliquer jusqu'à un certain point si l'on considère que la population de Londres est quarante fois plus considérable que celle de Leicester; que le lit de la Tamise, dans l'enceinte de la ville de Londres, est couvert d'un limon fétide, qui, eu égard à l'influence du reflux de la mer et aux conditions particulières que présente le fleuve, s'y est accumulé depuis longtemps, et que les circonstances dans lesquelles se trouve la ville de Londres ne permettent pas d'y réaliser tout ce qui peut être praticable dans un centre de population beaucoup plus restreint et dans des conditions essentiellement différentes.

Ces considérations suffisent-elles, toutefois, pour expliquer des opinions aussi contradictoires? Les commissaires soussignés ne l'ont pas pensé, et ils ont dû comparer les dernières des expériences qui leur ont servi de base, et s'appliquer ensuite à l'examen des avantages que pouvait offrir l'application de la chaux au traitement des vidanges dans les fosses à siphon, en tenant compte des conditions spéciales que présente la question de l'assainissement de Paris.

Il est à remarquer d'abord que les eaux d'égouts ont une composition extrêmement variable, selon les localités et les circonstances dans lesquelles elles se sont formées et ont été recueillies ; il résulte, toutefois, des expériences faites par MM. Aikin et Taylor sur un mélange de divers échantillons d'eaux d'égouts de Leicester, prises d'heure en heure, que ces eaux contenaient par litre :

Matières dissoutes.	. . . .	1 g, 4014
Matières solides en suspension.	. . . .	1 g, 9977
Total.	. . . .	3 g, 3991

Soit, pour mille grammes d'eau, trente-quatre décigrammes de matières fixes, dont quatorze de matières solubles et vingt décigrammes de matières insolubles en suspension.

Ce liquide précipité par la chaux a perdu la totalité des matières en suspension et 1 g, 2727 de matières dissoutes, c'est-à-dire les neuf dixièmes de ces matières, de sorte qu'il n'a retenu que 0 g, 1287 de matières solubles, c'est-à-dire treize centigrammes de ces matières par litre ou treize cent-millièmes de son poids.

D'autre part, les eaux d'égouts de Londres, analysées par MM. Hoffmann et Henry Witt, avant et après leur précipitation par la chaux, leur ont donné les résultats suivants :

Un litre ou mille grammes de ces eaux contiennent 2 g, 725 de matières fixes, dont 0 g, 895 ou un tiers en suspension, et 1 g, 830 ou deux tiers en dissolution. Après l'action de la chaux, les eaux se trouvent dépouillées de toutes les matières en suspension, et sur les 0 g, 937 de matières organiques qui s'y trouvaient en dissolution, elles en ont perdu 0 g, 205, c'est-à-dire plus du cinquième, de sorte qu'elles ne retenaient plus que 1 g, 625 de matières fixes représentées par 0 g, 893 de substances minérales et 0 g, 752 de substances organiques, c'est-à-dire à peu près sept dix-millièmes de leur poids.

M. Maugen a fait à son tour, sur les eaux de l'égout de la rue de Rivoli, à Paris, des expériences intéressantes; il a reconnu qu'un litre de ces eaux contenait 1 g, 726 de matières fixes, dont 1 g, 242 en dissolution et 0 g, 484 en suspension, que la chaux précipitait avec ces derniers, 0 g, 264 de matières organiques dissoutes, et laissait dans le liquide 0 g, 978 de matières organiques, soit un peu moins d'un millième de leur poids.

Il existe, comme on le voit, une notable différence entre les résultats obtenus par MM. Aikin et Taylor, et ceux de MM. Hoffmann et Witt. D'après les premiers observateurs, en effet, les eaux de Leicester dépurées par la chaux ne retiendraient que treize cent-millièmes de matière organique en dissolution, c'est-à-dire un dixième de la matière organique totale contenue dans les eaux impures, tandis que les derniers observateurs retrouvent dans les eaux des égouts de Londres, après leur dépuration, sept dix-millièmes de leur poids de ces matières.

Les résultats obtenus par M. Maugen ayant été fournis par des eaux des égouts de Paris, qui ne reçoivent pas, comme ceux de Leicester et de Londres, toutes les matières des vidanges, ne peuvent pas être rigoureusement comparés à ceux des chimistes anglais, mais ils montrent au moins que, pour les eaux peu chargées aussi bien que pour celles qui sont très-impures, la précipitation par la chaux est un moyen de dépuration très-efficace.

Il est facile, d'ailleurs, de se rendre compte de cette efficacité, si l'on considère que la chaux, non-seulement détermine la précipitation rapide de toutes les matières en suspension dans les eaux des égouts et de vidanges les plus impures, mais en arrête la fermentation, mais encore forme avec l'acide cerique, l'acide phosphorique, les matières grasses et des composés insolubles, qu'elle absorbe les gaz acide carbonique et sulfhydrique, décompose le carbonate et le sulfhydrate d'ammoniaque, et fait éprouver ainsi aux éléments les plus fétides des eaux vannes et des matières solides des égouts une transformation qui en atténue singulièrement l'odeur et l'insalubrité, et, en dernière analyse, n'y laisse jamais à beaucoup près un millième de matières organiques en dissolution.

Ce fait capital étant bien établi, et en admettant *à priori* que la fosse à siphon proposée par M. Deplanque fonctionne convenablement, et que la précipitation des matières qu'elle reçoit s'y fasse avec régularité, quels avantages présenterait l'application de son système, soit aux latrines publiques, soit d'une manière générale aux maisons de la ville de Paris ? Les commissaires soussignés pensent qu'il convient d'examiner maintenant la question à ce point de vue, et de discuter ensuite les moyens proposés par le sieur Deplanque pour réaliser les conditions fondamentales de son système.

Aujourd'hui, le régime des vidanges de la ville de Paris est tel que les liquides contenus dans les fosses sont, après une désinfection toujours insuffisante, versés dans les égouts, et, de là, dans la Seine, tandis que les matières que la pompe ne peut enlever sont transportées par des voitures, soit au dépotoir, soit aux fabriques de poudrette, dont l'existence est, comme chacun sait, une véritable plaie pour le département.

Il résulte de cet état de choses que la vidange des fosses est encore, malgré les perfectionnements qu'elle a reçus, une opération éminemment insalubre pour la cité, dont plusieurs rues sont infectées chaque soir par des émanations nauséabondes, qu'elle est excessivement onéreuse pour les propriétaires, et présente un obstacle insurmontable à la distribution générale des eaux de la ville, qui, si elles étaient abondamment employées, contribueraient puissamment à la propreté et à la salubrité des habitations; enfin, que la Seine reçoit par les égouts une très-grande partie des matières organiques versées dans les fosses, et, de plus, les substances employées à leur désinfection.

L'influence fâcheuse de ces matières sur la salubrité des eaux du fleuve est, il est vrai, contestée, et des hommes d'une compétence irrécusable n'ont pas craint de regarder comme une des solutions désirables du problème de la vidange l'introduction dans les fosses des eaux ménagères et pluviales, et d'une quantité suffisante des eaux de la ville pour que toutes les matières solides et liquides puissent être délayées et entraînées à la Seine par un courant continu. Quoi qu'il en soit de cette opinion, il est évident que le mélange d'une proportion considérable de matières organiques fétides avec les eaux de la Seine est un inconvénient dont personne ne peut contester la gravité.

En présence d'une situation aussi fâcheuse, et qui présente un contraste aussi frappant avec les progrès réalisés à d'autres points de vue dans l'assainissement de la capitale, quel est le système dont le fonctionnement a paru jusqu'ici le plus propre à satisfaire le plus complétement les intérêts de l'agriculture. M. le préfet de la Seine, dans le rapport qu'il a adressé, en 1856, au conseil municipal, en a depuis trois ans déterminé les conditions en ces termes :

Il faudrait, dit-il, imaginer des appareils capables non-seulement de séparer les liquides des matières denses, mais de retenir ces dernières avec toutes les substances chargées de miasmes, avec tous les principes fertilisants des liquides, et de ne laisser écouler à l'égout qu'une eau inoffensive et inutile : dans cette combinaison, le départ des résidus s'opérerait au moyen de tinettes amenées souterrainement par la communication ouverte entre la fosse et l'égout, et qui, une fois remplies, seraient placées sur des wagons spéciaux et transportées sur les chemins de fer des galeries des égouts.

Ce système hypothétique, proposé il y a trois ans par le préfet de la Seine comme le but vers lequel devaient tendre toutes les tentatives, ne semble-t-il pas pouvoir être réalisé au moyen de la chaux? Que l'on fournisse, en effet, aux matières versées dans les fosses, une préparation de chaux suffisante pour les précipiter; que l'on réunisse en même temps, que l'on fasse affluer dans ces mêmes fosses les eaux ménagères, les eaux pluviales et les eaux de la ville livrées abondamment aux habitations et employées sans restriction ni réserve; que l'on mette enfin chaque fosse en communication avec l'égout voisin par un déversoir qui en écoule le trop-plein, toutes les matières insolubles, organiques ou minérales continuellement introduites dans les fosses, et une partie des matières organiques solubles qui y seront retenues à l'état de précipité pesant, compacte, imputrescible, composé de matières éminemment utiles à l'agriculture, et il s'écoulera dans l'égout un liquide presque limpide, peu odorant, et qui ne retiendra que quelques dix-millièmes de matières organiques.

Or, la fosse à siphon, qu'il serait plus juste de nommer fosse à déversoir, combinée avec l'emploi de la chaux, paraît devoir conduire à ce résultat si désirable.

Il reste à examiner toutefois si les procédés du sieur Deplanque sont aussi bien entendus que possible pour avoir toute leur efficacité, et s'ils sont d'une application facile. On peut objecter que le plus grand nombre des fosses actuelles étant en contre-bas du niveau des égouts, il est impossible d'y faire écouler directement les liquides; mais il est à remarquer que c'est seulement par leur partie supérieure que les fosses doivent se décharger dans les égouts, et que le sieur Deplanque a proposé une disposition particulière qui semble propre à résoudre la difficulté, qui n'est certainement pas d'ailleurs au-dessus des ressources de la science des ingénieurs et des architectes.

La fosse à siphon étant remplie d'eau de chaux, au moment où elle va entrer en fonction, les matières qu'elle reçoit sont rapidement précipitées; cette assertion de M. Deplanque paraît exacte, mais, à mesure que la précipitation s'opère, l'eau de chaux s'affaiblit; elle s'affaiblit surtout si on verse dans la fosse une grande quantité de liquide, elle est alors entraînée en grande partie dans l'égout avant que la chaux dont elle est chargée ait pu servir à la précipitation; il importe donc que de nouvelles quantités de chaux soient continuellement versées dans la fosse, en même temps que les matières qui doivent être précipitées; on peut remplir cette condition essentielle; le sieur Deplanque déclare qu'il suffit d'opérer les lavages ordinaires des latrines à l'eau de chaux, au lieu d'eau simple, et que dans les maisons dont les cabinets d'aisances sont pourvus d'un réservoir, un morceau de chaux vive placé dans le réservoir permet d'obtenir le résultat désiré. Ce point important, dans la question dont il s'agit, mérite beaucoup plus d'attention que le sieur Deplanque ne semble le croire ; l'emploi régulier de l'eau de chaux en quantité proportionnelle avec les soins de la précipitation des matières jetées dans la fosse, est la condition essentielle du système, et ce n'est pas à l'aide de lavages plus ou moins réguliers, plus ou moins complets, ou de l'introduction d'un morceau de chaux dans chaque réservoir, que cette condition peut être remplie convenablement ; il y a là une difficulté qui peut être résolue sans doute, mais qui peut l'être d'une manière efficace sans imposer à la population des soins trop multipliés et trop assujettissants pour qu'ils puissent entrer dans ses habitudes, et mérite d'être étudiée avec une très-grande attention.

Il faudrait que chaque latrine ou cabinet fût pourvue d'un réservoir couvert, d'un mètre au moins de profondeur, muni d'un agitateur et d'un tuyau d'écoulement ouvrant à trente centimètres du fond, et communiquant avec la cuvette du siége; une certaine quantité de chaux éteinte introduite dans ce réservoir et agitée avec l'eau chaque fois qu'on le remplirait, permettrait de maintenir continuellement cette eau à l'état de chaux saturée, et il deviendrait possible ainsi, soit à l'aide d'une cuvette à bascule, soit à l'aide d'un robinet, de verser dans les tuyaux de descente et dans la fosse toute la quantité de chaux nécessaire à la dépuration et à la précipitation des matières. Le sieur Deplanque, autorisé par le préfet de la Seine, a fait l'application de ses procédés aux latrines publiques du quai de la Mégisserie, et a déjà réalisé en partie cette disposition ; l'état de ces latrines a été très-notablement amélioré, et les résultats obtenus et vérifiés par les commissaires soussignés sont de nature à l'encourager dans ses essais et à lui mériter le bienveillant concours de l'administration pour la suite de ses expériences.

Le plan représentant l'organisation actuelle de ces latrines donne une idée du système du sieur Deplanque, tel qu'il pourrait être employé pour les fosses de la ville de Paris, et en démontre la simplicité.

Quoi qu'il en soit de cette première application de ce système, les commissaires soussignés estiment que si l'emploi de la chaux et les dispositions d'une fosse à siphon plus ou moins analogue à celle que propose le sieur Deplanque, semblent offrir les moyens de réaliser un progrès considérable dans l'assainissement de la ville de Paris, au point de vue des vidanges, tout en assurant à l'agriculture l'utilisation de la plus grande partie des matières fertilisantes qu'elles contiennent, il faut reconnaître, cependant, que les applications pratiques de ce système laissent encore beaucoup à désirer, et réclament, pour être définitivement jugées, des expériences plus régulières, plus longtemps suivies, et plus complètes que celles qui ont été faites jusqu'à présent.

En conséquence, ils ont l'honneur, monsieur le préfet, de vous proposer d'encourager le sieur Deplanque à continuer ses expériences, et de l'autoriser à les continuer aux latrines publiques des quais, en y pratiquant, sans gêner le service, toutes les dispositions applicables, soit à ces latrines, soit aux fosses d'aisances des habitations de la ville, et nécessaires pour démontrer l'efficacité et les avantages de tout genre que peut offrir son système.

Lu et approuvé dans la séance du 19 mars 1858.

Le vice-président, Ch. Combes.

Le secrétaire, A. Trébuchet, F. Boudet, rapporteur, Michal, Dubois.

II. ordonnance du 23 février 1850.

Nous, préfet de police...

Considérant que les urines répandues contre les monuments publics et les propriétés particulières, et notamment contre les devantures de boutiques et sur les trottoirs, donnent lieu à des plaintes fréquentes et fondées ; — Considérant que l'administration municipale a fait établir un très-grand nombre d'urinoirs, qui sont principalement répartis dans les quartiers du centre et de grande circulation, sur les quais, sur les boulevards, et aux abords des divers monuments; — Considérant enfin qu'il est du devoir de l'administration de prescrire toutes les mesures nécessaires à l'assainissement et à la propreté de la ville, et que les habitants, pour arriver à ce résultat d'intérêt général, doivent faire le sacrifice des mauvaises habitudes qu'ils ont pu contracter ;

Vu les articles 23 et 24 |de l'arrêté du gouvernement du 12 messido an viii :

Ordonnons ce qui suit : 1° Sur les voies publiques où des urinoirs sont établis, on ne pourra uriner ailleurs que dans ces urinoirs. — 2° Quant aux voies publiques où il n'existera pas d'urinoirs, il est interdit d'uriner sur les trottoirs, contre les monuments publics, contre les devantures de boutiques, et contre les portes des habitations.

Le préfet de police, Carlier.

III. titre iv de l'ordonnance du 1ᵉʳ avril 1843.

Dans les voies publiques où des urinoirs sont établis, il est interdit d'uriner ailleurs que dans ces urinoirs. — Les personnes qui auront été autorisées à établir des urinoirs sur les voies publiques, devront les entretenir en bon état et en faire opérer le nettoiement et le lavage assez fréquemment pour qu'ils soient constamment propres, et qu'il ne s'en exhale aucune mauvaise odeur.

URIQUE (Acide). Voir *Acides*, t. I, p. 173.

VACHERIES. Voir au mot *Abattoirs publics*, t. I, p. 126.

VEAU CIRÉ (Peaux de). Voir au mot *Cuirs (Industrie des)*, t. I, p. 556.

VERDET CRISTALLISÉ. Voir, au mot *Cuivre (Industrie du)*, l'article *Acétate*, t. I, p. 557.

VERNIS (Industrie des).

vernis (Fabriques de) (1re classe). — 15 octobre 1810. — 14 janvier 1815.
vernis à l'esprit-de-vin (Fabriques de) (2e classe). — 31 mai 1813.

Le mot de vernis s'applique aux résines et gommes-résines
en solution ou en suspension dans un liquide approprié, qui
forment, en se desséchant à la surface des corps, une matière
solide, brillante, adhérente, transparente et inattaquable par
l'air et par l'eau pendant un temps plus ou moins long.

Détails des opérations. — La fabrication des vernis consiste
donc à mettre ces corps sous forme de solution ou de suspension à un état de division extrême : les liquides employés sont
l'éther, l'alcool, l'essence de térébenthine, l'huile de lin lithargyrée ou non ; ils sont applicables à un grand nombre de résines ou gommes-résines. Celles-ci, pour les vernis peu colorés
ou qui doivent être parfaitement incolores, doivent subir un
blanchiment à l'acide sulfureux qui a été décrit ; on y a rarement recours, parce qu'on a des qualités naturelles suffisamment belles.

On a proposé de blanchir les résines en les dissolvant dans
du carbonate de soude, et en les précipitant de leurs dissolutions
alcalines par un courant d'acide sulfureux.

Vernis à l'éther.

L'éther sert à faire un vernis ; on dissout pour cela dans
l'éther du copal ambré mis en poudre fine et on abandonne le
mélange au repos. Ce vernis est siccatif à un très-haut degré ;
c'est pour atténuer sa vitesse d'évaporation qu'on imprègne légèrement les surfaces à recouvrir avec de l'essence de romarin.

Usages. — Le vernis à l'éther sert à réparer les accidents qui
arrivent aux émaux sur bijoux.

Vernis à l'alcool.

L'alcool donne les vernis qui doivent être incolores, brillants,
souples, c'est-à-dire non sujets à s'écailler ou à se fendiller ;
l'alcool dissout d'autant plus de matières résineuses qu'il est
moins hydraté : on a recours à trois méthodes pour obtenir la
solution.

1° *Par digestion.*—On met le mélange de matières résineuses et d'alcool dans une bouteille qu'on ne remplit qu'aux trois quarts; on bouche et maintient pendant quelques jours la bouteille à une température ordinaire ou même à une plus élevée, en employant une étuve, en agitant de temps en temps jusqu'à ce que la dissolution soit complète ; il ne reste plus qu'à filtrer.

2° *Au bain-marie* d'eau chaude. — C'est l'application d'une chaleur encore plus élevée que dans le procédé précédent; on y a recours quand les résines sont trop lentes à dissoudre à la température ordinaire.

3° *A feu nu.* — L'emploi de la chaleur vive, produite directement par un foyer, est beaucoup plus appliqué que les deux précédentes méthodes, parce qu'il permet de fabriquer très-rapidement. Il offre un grand désavantage quant à la qualité des produits et de plus grands risques d'incendie. On emploie de grands matras en cuivre placés sur un fourneau en tôle garni de terre; on y met les deux tiers de l'alcool et les résines ; on chauffe et on remue avec un bâton de bois blanc. Quand l'alcool bout et monte en écume, on l'arrose par une addition d'une petite quantité de l'alcool mis en réserve et on recommence chaque fois cette addition jusqu'à dissolution parfaite ; alors, on ajoute le reste de l'alcool, s'il y en a, et on passe sur un tamis. Le vernis tombe dans une tourie en grès qu'on a chauffée préalablement pour éviter sa rupture ; on le conserve en vases bien fermés.

Vernis à l'essence.

Les vernis à l'essence sont moins siccatifs que les vernis à l'éther et à l'alcool, parce que l'essence étant toujours oxydée, au moins pendant l'évaporation, laisse une couche d'essence grasse qui ne se résinifie complétement qu'après un temps un peu plus long et variable avec les matières qu'elle tenait en dissolution. Cette propriété rend les vernis plus solides, plus durables, moins fragiles et plus faciles à polir; ils gagnent en qualité avec le temps ; c'est le contraire pour les vernis à l'alcool.

On les fait à froid ou à chaud ; les moyens sont sensiblement

les mêmes que ceux qui viennent d'être décrits ; on ne bouche
pas les touries avant que le refroidissement ne soit parfait,
parce que, sans cela, on aurait un vernis louche et laiteux,
ce qui serait dû à une petite quantité d'eau ; ainsi refroidi, le
vernis à l'essence se clarifie spontanément.

Vernis gras.

Les vernis gras sont faits avec de l'huile de lin pure, rendue
souvent plus siccative par les moyens qui ont été cités (voir
au mot *Huiles* (*Industrie des*), l'article *Huile de lin*, t. II, p. 78),
et avec le succin ou le copal ; ce sont les seules matières résineuses qui entrent dans sa composition.

On pourrait dissoudre le copal dans l'huile à trois cent seize
degrés ; mais l'altération, qui résulte de l'emploi de ce moyen,
l'a fait abandonner.

Pour rendre le copal miscible à l'huile, il faut le fondre isolément à feu nu, ce qui présente d'assez grandes difficultés pour
certaines variétés : puis on y ajoute peu à peu l'huile chauffée
elle-même à cent cinquante ou deux cents degrés en agitant vivement. Quand on doit fondre plusieurs résines, dont les points
de fusion sont sensiblement différents, il faut opérer séparément pour chacune d'elles ; le succin et le copal dégagent pendant leur fusion une certaine quantité d'huile volatile et de vapeur d'eau qui se répandent dans la fabrique. On considère le
vernis au copal, comme une suspension du copal dans l'huile
plutôt que comme une dissolution ; il ne pourrait plus se contracter à cause de l'état de division dans lequel se trouvent ses
molécules et de l'interposition de l'huile.

La fusion s'opère dans de grands matras en cuivre placés
sur un foyer ; on remue avec une spatule pendant toute la durée
de la fusion ; on chauffe au charbon de bois ou même au coke.

La fabrication des vernis, employant un grand nombre de liquides et de matières solides visqueuses, facilement inflammables, offre de grandes chances d'incendie ; en même temps
qu'elle répand dans l'air une quantité considérable de vapeurs
odorantes, parfois très-désagréables. Il suffit de citer un petit

nombre de ces matières pour faire sentir toute l'importance des inconvénients précités :

Éther,	Copal,
Alcool,	Succin,
Esprit-de-bois,	Mastic,
Essence de térébenthine et	Sandaraque,
autres,	Gomme-gutte,
Camphre,	Benjoin,
Caoutchouc,	Élémi,
Huile de lin,	Sang-dragon,
Cires,	Gomme laque,
Térébenthines,	Aloès,
Galipot,	Colophane.

Voici la composition la plus habituelle des trois espèces de vernis :

VERNIS A L'ALCOOL.

Sandaraque.. . . . . 3 parties.
Térébenthine.. . . . 3   —
Alcool rectifié.. . . 32 —

VERNIS A L'ESSENCE.

Mastic.. . . . . . . 12 parties.

Térébenthine. . . . 1 1/2 part.
Camphre.. . . . . . » 1/2 —
Essence de térébenth. 36   —

VERNIS GRAS.

Copal. . . . . 16 parties.
Huile de lin cuite. . 3   —
Essence de térébenth. 16   —

On colore les vernis en *rouge* par le santal, l'orcanette, la cochenille, le carthamne, le sang-dragon ; — en *jaune*, par le curcuma, le rocou, le safran, la gomme gutte ; — en *vert*, par l'acétate de cuivre.

CAUSES D'INSALUBRITÉ. — Danger très-grand et presque permanent d'incendie.

CAUSES D'INCOMMODITÉ. — Odeurs détestables et très-pénétrantes lors de la fonte de certains vernis (copal) et la cuisson de quelques huiles, — surtout au moment où l'on ajoute l'essence pour liquéfier le vernis. — Cela dure huit à dix minutes.

PRESCRIPTIONS. — Isoler ces fabriques de toute habitation. — Dans l'usine même, placer, dans un atelier séparé de tous les autres, celui où se fait la cuisson des matières.— Si la fabrique est peu considérable, on peut la tolérer au centre des habitations, — surtout si l'on a pris contre l'*incendie* les précautions convenables. L'*odeur* peut être en partie évitée en recouvrant la chaudière d'un chapiteau, et en donnant à la cheminée un bon tirage.

Construire les fourneaux en briques et fer. Les surmonter d'une large hotte qui recueille toutes les vapeurs produites, et les porte dans une cheminée à large section, toute en briques ou en maçonnerie, haute de trente mètres. — Pour le vernis à l'alcool, exiger seulement deux mètres au-dessus des toits.

Clore les chaudières par un couvercle à charnières, — mobile, — qui, en cas d'incendie, puisse s'abaisser facilement.

Laisser un *trop-plein* à la chaudière en cas d'ébullition trop considérable.

Mettre l'ouverture des foyers et cendriers en dehors de l'atelier de fabrication.

Faire le dépôt de l'alcool, des essences ou des corps gras dans un local très-isolé et éloigné surtout de l'atelier où est le fourneau.

Limiter la quantité de ces matières premières à l'importance de la fabrique.

Revêtir de plâtre tout l'atelier où se fabrique le vernis et où se conservent l'alcool et les essences.

Le paver ou le daller. — Ne l'éclairer qu'à l'aide de lampes de sûreté.

Avoir toujours, dans l'atelier de cuisson et le magasin aux essences, un à deux mètres cubes de sable fin en cas d'incendie.

Avoir à la disposition de l'usine une quantité suffisante d'eau.

Si l'usine est considérable, exiger l'achat d'une pompe à incendie avec tous ses agrès.

Isoler les magasins aux *vernis* déjà préparés. Comme les meilleurs sont ceux qui sont anciennement faits, il y a toujours une certaine collection de ces produits.

Engager les fabricants à cuire à la fois pour deux à trois mois. — Et à opérer la nuit.

Quand on autorise un certain nombre d'industriels à fabriquer chez eux le vernis (toujours en petites quantités) dont ils peuvent avoir besoin (chapeliers, fabricants de papiers peints, etc.), il ne faut pas oublier de limiter le nombre de jours où cela pourra avoir lieu pendant le mois, et d'indiquer ces jours, afin que l'autorité puisse surveiller les contrevenants aux règlements. — Quand le local de ces industriels n'est pas bien disposé pour que toutes les prescriptions imposées aux fabricants de vernis soient accomplies, il ne faut jamais en autoriser la préparation, mais obliger les chefs de ces usines à les acheter tout faits. Dans ce cas, on leur impose les mêmes règles pour la garde et l'emploi de ce vernis.

Vernis (Fabrique de), en condensant les vapeurs (2ᵉ classe).

DÉTAIL DES OPÉRATIONS. — La fabrication des vernis, quand on concentre les vapeurs produites, enlève à cette industrie une grande partie de ses inconvénients. Voici ce procédé :

Il consiste à préparer les vernis dans des matras en cuivre, de forme allongée, reposant sur des plaques de fonte chauffées fortement en dessous au moyen du coke. Ces matras sont fermés par des couvercles en cuivre avec écrous, munis de deux orifices : l'un, pouvant être ouvert et fermé à volonté, est destiné à recevoir un agitateur; l'autre, communiquant par un tuyau à un serpentin plongeant dans une cuve pleine d'eau, est disposé de manière à condenser les vapeurs dégagées des matras pendant la fusion de la résine copal et sa dissolution dans l'essence de térébenthine.

CAUSES D'INSALUBRITÉ. — Danger du feu.

CAUSES D'INCOMMODITÉ. — Odeurs désagréables, mais qui sont à peine sensibles quand on conduit bien l'opération et que les appareils sont bien faits. Autrement on les perçoit surtout à l'occasion de la fusion du copal au moment où l'on verse l'essence de térébenthine sur le copal refroidi pour lui donner de la liquidité, et quand on introduit le copal dans les bassines de cuivre chaudes.

PRESCRIPTIONS. — Les magasins seront éloignés des ateliers, — couverts en tuiles, — plafonnés, — et ne présenteront aucune partie qui ne soit revêtue de plâtre.

L'atelier de transvasage des vernis et le magasin, destiné à recevoir les marchandises nécessaires pour la fabrication *du jour* seulement, seront couverts en tuiles, plafonnés, construits sans bois apparents, — séparés par une cloison en maçonnerie et isolés des autres ateliers.

Pratiquer la cuisson des huiles, la distillation des essences, la fabrication des vernis dans des ateliers distincts, — isolés, — et faits en matériaux incombustibles; celui de la cuisson des huiles recouvert en tuiles.

Placer les foyers en dehors des ateliers.

Engager les chaudières dans des fourneaux en maçonnerie construits sous une hotte, isolées les unes des autres par des cloisons en briques, montant jusque dans l'intérieur de la hotte.

Placer un couvercle avec contre-poids en dessus de chacune des chaudières à l'ouverture de la hotte, de manière à pouvoir fermer au besoin.

Établir une cheminée particulière en briques élevée de dix mètres, et, au besoin, surélevée par un tuyau en tôle pour desservir le foyer de chaque chaudière sans communiquer avec l'intérieur de la hotte. — Pratiquer à son sommet une ouverture spéciale pour le dégagement des vapeurs.

Disposer un rideau en tôle avec contre-poids, de manière qu'il puisse fermer complétement l'espace compris entre la hotte et le massif du fourneau, et s'abaisser en même temps que la trappe de la hotte pour isoler et étouffer immédiatement le feu de chaque chaudière en cas d'incendie.

Relier les matras en cuivre à des appareils condenseurs suffisants pour produire une condensation complète des vapeurs. — Enfermer ces appareils dans une enceinte isolée. — *Idem* de ceux dans lesquels on fera l'addition de l'essence après la fusion du copal.

Vernissage sur métaux (3e classe).

DÉTAIL DES OPÉRATIONS. — Les vernisseurs achètent les vernis tout préparés, ainsi que les couleurs dissoutes aussi dans des vernis. Ils les appliquent à *froid*, et font ensuite sécher les pièces dans des étuves dont la température ne s'élève pas au-dessus de quarante à quarante-cinq degrés. Ces étuves sont chauffées à l'aide de poussier de charbon, contenu dans un vase en fonte, ou simplement dans une chaufferette.

Ces *petits ateliers* sont très-répandus dans les grandes villes.

Causes d'insalubrité. — Quelquefois danger du feu, si pendant le travail il tombait quelque goutte de vernis sur le poussier.

Causes d'incommodité. — Légère odeur.

Prescriptions. — Construire l'étuve en matériaux incombustibles, avec porte doublée intérieurement avec de la tôle.

Isoler cette étuve.

Éloigner les pièces couvertes de vernis et le vernis lui-même de la chaufferette à poussier.

Mettre l'étuve en communication avec l'air extérieur par une cheminée plus ou moins haute, selon les localités, et qui recueillera les odeurs produites par la dessiccation du vernis.

Avoir un seau rempli de sable fin, et davantage selon l'importance de l'atelier.

Vernissage du laiton et de la tôle (2ᵉ classe). — 9 février 1825.

Détail des opérations. — Le vernissage des métaux à l'aide de la chaleur a souvent lieu pour remplacer l'étamage, mais bien plus souvent encore pour les protéger contre les intempéries de l'atmosphère.

On fond du copal dans un pot de terre bien vernissé; on ajoute après refroidissement une quantité double d'essence de térébenthine, on chauffe de nouveau pour favoriser la dissolution ; il faut de grandes précautions pour éviter l'inflammation du mélange, et, quand la masse est encore chaude, on ajoute une quantité égale de vernis à l'huile de lin, on chauffe, puis on filtre. — Ce vernis n'est appliqué que sur des métaux préalablement chauffés : on en applique quatre couches, en ayant soin de laisser toujours sécher la précédente. Quand la dernière couche est mise, on chauffe de manière à faire fumer le vernis et à le faire devenir brun : on lui donne par là une solidité extraordinaire qui le fait résister au feu.

Quand les pièces doivent aller sur le feu, les matières qui

composent le vernis sont bien plus nombreuses : il n'est pas nécessaire de les détailler ici ; la fabrication est la même que celle
des vernis faits à chaud ; avant de l'appliquer on polit le métal
avec de la pierre-ponce pulvérisée; on applique des couches
successives en séchant chacune d'elles au four ; on polit ce vernis avec un feutre et de la ponce fine pulvérisée, puis du tripoli,
au besoin même avec de la potée d'étain et de l'huile d'olive. On
enlève l'huile en frottant la surface avec de l'amidon.

Usages. — Avec la tôle vernie on fabrique une foule d'objets. Il
s'est établi une fabrique de peignes métalliques dont la base des
opérations était celle qui vient d'être décrite. On commence par
le découpage à l'aide d'emporte-pièces, et le vernissage à plusieurs couches termine la préparation.

Causes d'insalubrité. — Dangers du feu pendant les manipulations du vernis.

Causes d'incommodité. — Odeur souvent très-mauvaise.

Prescriptions. — Isoler ces usines des centres d'habitations.

Placer les chaudières sous le manteau d'une cheminée qui
reçoit les vapeurs produites. — Couvrir ces chaudières.

Donner à la cheminée dix à vingt mètres de hauteur, selon
les localités.

Toutes les fois que cela sera praticable, ordonner de travailler
la nuit en plein air et sous des hangars isolés. — On évitera
ainsi les chances d'incendie et les inconvénients des odeurs.

Couvrir de plâtre ou de tôle tous les bois apparents de l'atelier
ou les charpentes des hangars.

Placer en dehors de l'atelier les ouvertures du foyer et des
cendriers.

Placer les vernis dans un lieu isolé et éloigné de l'atelier du
travail. (Voir *Fabrique de vernis*, t. II, p. 587.)

Vernissage des lits en fer.

Cette industrie se réduit le plus souvent à une simple peinture, avec un mélange d'essence et de vernis gras tout préparé
et appliqué à froid.

PRESCRIPTIONS. — Il faut que le séchoir, placé au milieu de l'atelier, soit entouré d'un grillage et complétement isolé du vernis et des objets vernis.

Que le séchoir soit doublé en tôle et muni d'une cheminée d'appel pour le départ de l'odeur.

Et qu'il y ait, à la portée de l'ouvrier, un baquet rempli de sable fin en cas d'incendie.

Feutres vernis (Fabrique de) (visières, papiers à emballage) (1re classe) — 8 novembre 1826.

DÉTAIL DES OPÉRATIONS. — Les feutres vernis sont préparés comme les feutres de la chapellerie ; ils sont fabriqués avec des matières plus grossières, puis enduits de couches successives d'huile de lin rendue siccative par les procédés décrits. (Voir *Huile de lin*, t. II, p. 79.)

Le feutre étant placé sur la forme, on l'imprègne d'huile siccative, et, après l'avoir desséché à l'étuve, on le doucit au tour avec la ponce en le plaçant sur un moule en bois ; on réitère cette opération jusqu'à six fois ; on vernit enfin au moyen d'une brosse en queue de morue.

Les *visières* sont préparées un peu différemment ; un morceau de tissu étant étendu sur une table, on l'imprègne de colle de farine et on le porte à l'étuve ; on le coupe ensuite de la forme voulue ; on l'imprègne d'huile siccative, on le ponce en ayant soin de réitérer trois fois l'opération ; on découpe les visières et on les comprime dans des moules chauffés dont elles conservent la forme.

On fabrique en Angleterre un feutre verni avec les déchets de coton ; il est destiné à remplacer le papier peint pour emballage ; il est plus souple et résiste aux frottements sans se casser ; on l'obtient comme les précédents.

CAUSES D'INSALUBRITÉ. — Danger d'incendie à cause de l'essence employée et des huiles.

CAUSES D'INCOMMODITÉ. — Odeurs détestables pendant la préparation et l'emploi du vernis et des huiles siccatives.

PRESCRIPTIONS. — Voir *Fabrication de chapeaux vernis*, t. I, p. 391, et *Vernis*, t. II, p. 587.

Impression et peinture sur toiles vernies (2ᵉ classe, par assimilation à l'usage restreint du vernis).

DÉTAIL DES OPÉRATIONS. — Cette portion de l'industrie des toiles cirées est habituellement exercée dans la fabrique même. Mais il existe un certain nombre d'ateliers spéciaux où l'on ne s'occupe exclusivement que de l'impression et de la peinture des dessins sur toiles cirées. — Dans ce cas, il y a une distinction réelle à faire. Tout le travail consiste dans l'application à l'aide du cylindre et de la presse, des dessins sur des toiles imperméables, préparées auparavant; on se borne après l'impression à donner une couche légère de vernis aux étoffes. On sèche à l'étuve ou à l'air libre.

CAUSES D'INSALUBRITÉ. — Dangers d'incendie, — mais limités.

CAUSES D'INCOMMODITÉ. — Odeur désagréable du vernis.

PRESCRIPTIONS. — Autant que possible, éloigner cette industrie de toute habitation.

Appliquer les vernis à froid.

Les conserver dans un endroit isolé où l'on n'entrera point avec des lumières.

S'il y a une étuve, la construire en matériaux incombustibles, etc., etc. (Voir *Fabrication du vernis*, t. II, p. 587.)

Aérer les ateliers.

Taffetas cirés (Fabriques de) (1ʳᵉ classe). — 16 octobre 1810. — 14 janvier 1815.
Toiles cirées (Fabriques de) (1ʳᵉ classe). — 9 février 1825.
Taffetas et toiles vernis (Fabrique de) (1ʳᵉ classe). — 14 janvier 1815.
Toiles vernies (Fabriques de) (1ʳᵉ classe). — 14 janvier 1815.
Toiles peintes (Ateliers de) (3ᵉ classe). — 9 février 1825.

Toutes ces toiles, tous ces taffetas, variables quant à la nature du tissu primitif, et différents par la couleur et les dessins qui y sont imprimés, sont fabriqués d'après les mêmes procédés.

DÉTAIL DES OPÉRATIONS. — On les enduit, soit à la main à l'aide du pinceau, soit avec des moyens mécaniques réguliers (rouleaux, cylindres). d'une couche de couleur et d'un vernis imperméable.

Tous les dangers et les inconvénients de cette industrie sont d'abord ceux de la fabrication et du maniement des vernis et, en plus, des odeurs attachées aux objets fabriqués qui, pendant le séchage, sur une étendue de terrain souvent considérable, donnent lieu à des odeurs fort détestables. A l'article vernis, caoutchouc, enduits et *apprêts sur toiles imperméables*, on trouvera la composition habituelle de ces préparations.

On les fabrique en général dans de grandes chaudières ; on étend l'enduit à chaud ou à froid sur la toile. — On donne une ou plusieurs couches, selon la nature de l'objet qu'on veut obtenir. On passe à l'étuve ou on fait sécher à l'air, puis on imprime ou non les dessins. Enfin, on rogne les toiles et on les dispose pour la mise en vente.

Il faut toujours distinguer les grandes et les petites fabriques de ce genre. Celles où l'on prépare les vernis et celles où cette opération n'a pas lieu.

Causes d'insalubrité. — Danger du feu par les essences, les résines, les vernis, les étuves.

Odeurs détestables produites par la combustion et la préparation des enduits et vernis.

Prescriptions. — Quand les vernis ou substances vernissantes, etc., etc., sont préparés dans l'usine, ranger cette industrie sous le régime des fabriques de vernis. (Voir *Fabrication des vernis*, t. II, p. 587.)

Dans tous les cas, éloigner ces usines de tout centre de population.

Faire l'application de l'enduit sur les toiles, soit dans un atelier clos, avec cheminée d'appel sous de vastes hottes, sans ouverture sur la voie publique ou à l'air libre, sous de grands hangars.

Construire les séchoirs ou étuves en matériaux incombustibles.

Les chauffer à la vapeur.

Placer l'ouverture des foyers et cendriers en dehors de tout atelier, tout hangar, contenant des vernis ou des marchandises en voie de fabrication ou complétement confectionnées.

Voûter, plafonner et rendre tout à fait incombustible l'atelier de fusion et où on fait cuire les huiles, et se comporter, en cette circonstance, comme pour la fabrication des vernis.

Désinfecter les toiles cirées ou vernies avant de les livrer au commerce en les faisant d'abord sécher complétement soit à l'air, soit dans des étuves, soit dans des séchoirs à air froid, pendant un temps suffisant. Puis, en les suspendant dans une chambre *parfaitement close*, sans qu'elles soient en contact et où l'on fera diriger du chlore. — Les y laisser séjourner pendant douze à quinze heures.

Toiles peintes (Ateliers de) (3ᵉ classe). — 9 février 1825.

CAUSES D'INSALUBRITÉ. — Dangers fréquents d'incendie.

CAUSES D'INCOMMODITÉ. — Odeurs d'essences.

PRESCRIPTIONS. — Ventiler ces magasins et ateliers.

Les éloigner de toute habitation, quand ils auront de grandes proportions.

Il faut surtout appeler l'attention de l'autorité sur les ateliers de toiles peintes où sont fabriquées et conservées en dépôt, le plus souvent au centre des villes, les toiles et décors pour salles de spectacle. (Voir Prescriptions pour la fabrication du vernis, quant à leur cuisson ou à leur emmagasinement.)

Visières vernies (Fabriques de) (1ʳᵉ classe). — 5 novembre 1826.

DÉTAIL DES OPÉRATIONS. — (Voir *Fabrication des feutres vernis*, t. I, p. 394, et *Fabrication des vernis*, t. II, p. 587.)

CAUSES D'INSALUBRITÉ. — Dangers d'incendie.

CAUSES D'INCOMMODITÉ. — Odeurs désagréables.

PRESCRIPTIONS. — Isoler complétement ces fabriques de toute habitation.

Opérer la *fusion* et le trempage des objets à recouvrir de vernis dans des chaudières recouvertes de larges manteaux, communiquant avec une cheminée haute de vingt à trente mètres.

Recouvrir les chaudières d'un couvercle métallique à charnières pouvant agir facilement dans le cas d'incendie des matières résineuses.

Placer les ouvertures des foyer et cendrier en dehors des ateliers de cuisson et de fabrication et des magasins.

Si l'on sèche en *plein air*, choisir l'emplacement au lieu le plus éloigné possible des habitations. Si l'on sèche à l'étuve, construire celle-ci en matériaux incombustibles, chauffer à la vapeur et y placer une cheminée d'appel.

Si l'on fabrique le vernis, ce ne sera que pour les besoins de l'usine. On en limitera la quantité. — (Voir, pour les prescriptions et la garde des vernis, l'article *Fabrication de vernis*, t. II, p. 592.)

VERRE (Industrie du).

Verreries (cristaux, émaux). Voir *Céramique (Industrie)*, t. I, p. 370.

Verre soluble. Voir t. I, p. 370.

VERT.

Vert-de-gris. Voir t. I, p. 557.

Vert de Scheele. Voir *Cuivre (Industrie du)*, t. I, p. 559.

Vert de Schweinfurt. Voir *Cuivre (Industrie du)*, t. I, p. 559.

VESSIES DE COCHON (Préparation en grand des). Voir *Boyauderies*, t. I, p. 324.

VIANDES (Conservation des). Voir t. I, p. 483.

VIDANGES.

La désinfection des matières fécales, soit au moment de leur production, soit à celui de leur enlèvement, et de leur départ et travail dans les fabriques de poudrette et d'engrais, a donné lieu à un très-grand nombre de travaux, soit de la part des savants et des chimistes, soit de la part des industriels eux-mêmes. — Beaucoup des procédés proposés sont imparfaits et insuffisants. Mais il est certain, d'un autre côté, que, si les industriels exécutaient ponctuellement les prescriptions de l'autorité, en employant pour la désinfection des matières la quantité voulue des substances recommandées, on parviendrait à faire disparaître presque complétement la mauvaise odeur qu'elles produisent. Une de ses principales causes est sans contredit le foyer permanent de vapeurs ammoniacales produites par la décomposition rapide des urines. Supprimer l'accumulation de ce liquide a donc toujours été la préoccupation des conseils de salubrité. C'est dans ce but qu'a été discutée et promulguée, au sein du conseil de la Seine, l'ordonnance sur les séparateurs (8 novembre 1851), et qu'après protestation d'un certain nombre de propriétaires, et enquête fort longue, cette ordonnance a été maintenue à la suite d'un rapport fait en novembre 1857 (voir ces pièces).

On trouvera dans la collection des documents que j'ai réunis sous le nom de *vidanges* tout ce qui touche à la police de cette partie de l'hygiène publique et à la question scientifique et industrielle de l'utilisation de ses produits.

Je ne veux ici donner qu'une indication générale et succincte de quelques procédés de désinfection, toujours utiles à connaître et à recommander.

Les sels métalliques seuls ou associés aux sels à base de chaux; les sels de fer, de manganèse, de zinc, de plomb et de cuivre surtout, produisent par double décomposition un sel ammoniacal, du sulfure et du carbonate du sel employé. — On peut ajouter au sel métallique du plâtre qui décompose le carbonate d'ammoniaque et un peu de charbon qui absorbe les odeurs particulières autres que celles dues aux sels ammoniacaux. — La quantité de sulfate de fer varie de un à deux kilogrammes par cent litres de matières fécales, ou de quarante à quatre-vingts kilogrammes par voiture d'une contenance de quatre-vingts baquets. On doit l'employer en dissolution dans son poids d'eau. Les sels de chaux, la tourbe, la terre argileuse calcinée et le charbon sont des désinfectants faibles. Le mélange suivant suffit à la désinfection de quatre-vingts hectolitres de matières. — Sulfate de fer, vingt-cinq kilogrammes. Terre argileuse, cinquante kilogrammes. Sulfate de chaux, dix kilogrammes. Charbon animal, deux kilogrammes. — On introduit le sulfate de fer en dissolution par quantité de cinq kilogrammes, en laissant un jour d'intervalle. On devra un peu calciner la terre argileuse; les autres corps sont mis en poudre.

Un mélange de dix parties de détritus d'algues marines et une partie de chaux par tonneau est souvent employé sur le bord de la mer. — Le pyrolignite de fer en dissolution dans la proportion de deux kilogrammes de ce sel par hectolitre de matière à désinfecter est souvent utile. — On peut y ajouter du charbon grossier provenant de la calcination des matières de peu de valeur, jusqu'à disparition de l'odeur. On peut encore recommander un mélange des matières, à parties égales, avec du plâtre et de la boue, — ou trois à quatre parties de coaltar sur cent parties de plâtre en poudre.

Depuis quelques années, le sieur Duglairé a fait faire sous le contrôle de l'autorité des essais sur un nouveau moyen de désinfection des latrines publiques, et, par suite, des matières fécales. (Voir *Urinoirs et Latrines publiques*, t. II, p. 576.) Ce procédé a pour base l'écoulement continu et le mélange constant d'une solution concentrée d'un sel de magnésie (le sulfate), destiné à précipiter les autres sels des matières. Il se forme instantanément du phosphate ammoniaco-magnésien qui se mêle aux matières solides. Le liquide urinaire désinfecté ne contient presque plus que de l'eau, et peut couler dans les égouts sans inconvénients. — Les matières solides sont presque dépourvues d'odeur, — qui disparaît ainsi dans les cabinets, et on peut livrer de suite ces matières à l'agriculture. — Le sulfate de zinc agirait ici comme le sulfate de magnésie.

La préfecture de la Seine a autorisé depuis quelque temps l'écoulement direct des urines dans les égouts. Cette mesure, en enlevant une des causes les plus actives de la décomposition des matières, contribuera puissamment à l'assainissement et à la désinfection de la ville. Le système adopté par elle pour les vidanges est celui qui est basé sur l'adoption des *séparateurs*. Elle admet les fosses mobiles. La méthode dite atmosphérique n'a pas réussi. Le système nouveau, appelé hydro-barométrique, sera-t-il plus heureux? Dans ces deux derniers cas, pour que l'entreprise commerciale prospérât, il faudrait revenir aux fosses communes : et alors le progrès ne serait pas en faveur de l'hygiène publique.

CAUSES D'INSALUBRITÉ. — Odeurs infectes. — Dégagement de gaz putrides et insalubres. (Hydrogène sulfuré. — Ammoniaque.)

CAUSES D'INCOMMODITÉ. — Inconvénients de la vidange des fosses.

PRESCRIPTIONS. — Toutes les prescriptions à imposer à ceux qui se chargent de la vidange sont données avec grands détails dans les documents administratifs que j'ai joints à cet article.

Je ne rappellerai ici que les principales :

N'autoriser de semblables entreprises que quand le directeur aura fourni la preuve qu'il possède un matériel convenable et suffisant d'exploitation.

Soumettre à des peines très-graves tous ceux qui n'emploieront pas la quantité voulue de substances désinfectantes, — et donneront écoulement aux liquides sur la voie publique, avant que le brassage ait été assez longtemps pratiqué, et que les liquides soient devenus inodores.

N'opérer jamais que de onze heures du soir à six heures du matin.

Luter les tonneaux, soit avec le plâtre, soit avec la terre glaise.

Documents relatifs aux vidanges.

I. ORDONNANCE DE POLICE CONCERNANT LES MAITRES VIDANGEURS.
(Du 18 octobre 1771.)

1. Faisons très-expresse défense aux vidangeurs de laisser couler aucunes matières ni eaux claires provenant des fosses et puisards dans les ruisseaux des rues, et, à cet effet, de se servir de tonneaux percés appelés lanternes, d'en jeter dans les rues, égouts, et dans le lit de la rivière, sous peine d'être poursuivis extraordinairement.

Pourront même les contrevenants être envoyés sur-le-champ en prison.

2. Faisons défenses à tous vidangeurs d'entrer dans les boutiques, appartements et chambres dépendant des maisons où ils travaillent, et celles du voisinage, pour y demander de l'argent, de l'eau-de-vie ou de la chandelle, de jeter aucune matière dans les puits, ni en aucune manière les gâter et infecter, d'enduire de matière les portes des appartements, les murs et escaliers ; le tout sous peine de prison et d'être poursuivis extraordinairement.

3. Enjoignons auxdits maîtres et ouvriers de bien et fidèlement rendre tous les effets qu'ils trouveront tant dans les fosses que dans les puits, sans en retenir aucuns, à peine de prison et d'être poursuivis extraordinairement.

4. Au cas qu'il se trouvât quelques ossements ou parties de corps humain, soit dans les fosses, soit dans les puits, ils seront tenus sur-le-champ et avant de les enlever, d'en donner avis au commissaire.

5. Enjoignons en outre qu'avant de quitter leur travail ils seront tenus

de balayer, même laver et nettoyer le terrain qu'ils auront occupé dans la rue, sous peine de trois cents livres d'amende.

6. Leur enjoignons de transporter les eaux et matières fluides dans des tonneaux bondonnés, et les autres matières dans des tonneaux à guichets, tous si exactement clos et conditionnés, que les eaux ne puissent s'écouler ni les matières s'épancher dans le chemin, à peine de cinq cents livres d'amende.

7. Leur faisons défenses de déposer dans les rues aucunes matières provenant des fosses pour être enlevées dans des tombereaux, et défendons à tout charretier de les voiturer, à peine, contre les maîtres vidangeurs, de cinq cents livres d'amende, et de prison contre les charretiers.

8. Les vidangeurs ne pourront commencer leur travail qu'à dix heures du soir, et le discontinueront avant le jour.

Leur enjoignons d'arranger leurs tonneaux près de leurs ateliers, en sorte que la voie publique n'en soit pas embarrassée, à peine de trois cents livres d'amende.

9. Ordonnons aux ouvriers et compagnons, sous peine de prison et de punition exemplaire, d'obéir à leurs maîtres au fait de leur travail, et leur faisons défenses, sous la même peine, d'insulter les voisins et passants, et de se retirer des ateliers avant le travail fini.

10. Faisons défenses aux charretiers, sous peine de prison, d'entrer leurs tonneaux dans Paris, savoir : en été, avant la nuit, et en hiver avant neuf heures du soir ; leur enjoignons de partir à la pointe du jour, soit en hiver, soit en été, et aux commis des barrières d'y tenir la main.

11. Défendons aussi, sous peine de prison, auxdits charretiers de décharger leurs voitures contre les égouts, et d'y jeter aucune matière ; de s'arrêter en chemin à la porte d'aucun cabaret ou vendeur d'eau-de-vie, sous quelque prétexte que ce soit ; d'embarrasser la chaussée de la Villette, de l'Enfant-Jésus et autres voiries ; de décharger leurs tonneaux au delà de la dernière barrière, et d'en venir charger d'autres dans la ville pour achever leur travail pendant la journée ; leur enjoignons, sous la même peine, d'aller directement aux voiries publiques sans se détourner pour quelque cause et sous quelque prétexte que ce soit ; leur défendons d'insulter et de maltraiter aucun voiturier sur les chaussées, d'embarrasser ni engorger les chaussées, les voiries publiques qu'ils seront tenus de laisser en tel état que les gens de la campagne puissent venir les vider, et, en cas d'accidents qui les empêchent d'aller en droiture aux voiries, ils seront tenus d'en donner avis au commissaire le plus prochain pour en être dressé procès-verbal.

12. Faisons pareillement défenses aux habitants des villages circonvoisins d'enlever des voiries aucunes matières pour en fumer leurs terres, qu'elles n'y aient séjourné au moins trois ans, suivant les règlements, à peine de cent livres d'amende, et de plus grande en cas de récidive.

13. Défendons à tous charretiers et vidangeurs, gardes des voiries et autres, sous peine de prison, de jeter aucunes pailles ni foins par eux employés à boucher les tonneaux dans les bassins des voiries, afin de prévenir les en-

gorgements que ces foins et pailles occasionnent dans l'écoulement des eaux; leur enjoignons de les mettre en tas sur la berge des bassins, pour y être brûlées lorsqu'elles seront séchées.

Défendons aux vidangeurs de boire aucuns vins ni liqueurs, huiles, bières et eau-de-vie dans les caves des maisons où ils travaillent, et d'en emporter chez eux, lors et enfin de porter plus d'une clef sur eux de leur travail ; le tout sous peine de prison et d'être punis comme voleurs, suivant la sévérité prescrite par les ordonnances.

II. Arrêt du parlement qui ordonne l'exécution des lettres patentes de 1779, portant établissement du privilége exclusif du ventilateur, et fait défenses a tous vidangeurs, maîtres maçons et autres, d'entreprendre la vidange d'aucunes fosses, puits et puisards, etc. (Du 5 août 1786.)

L'arrêt commence par rappeler les lettres patentes :

Notre Cour reçoit les concessionnaires du privilége du ventilateur, parties de Reimbert, opposants à l'exécution de l'arrêt du 12 septembre dernier ; faisant droit sur l'opposition, ensemble sur les conclusions de notre procureur général ;

1. Ordonne que la vidange de toutes les fosses d'aisances et le curage de tous les puits et puisards ne pourront être faits que par lesdits concessionnaires dans la ville et faubourgs de Paris ; fait défenses à tous vidangeurs, maîtres maçons et autres, d'entreprendre de pareils ouvrages, à peine de mille livres d'amende, tant contre eux que contre les propriétaires et principaux locataires qui les auraient requis... et à peine de prison contre les ouvriers vidangeurs.

2. Ordonne que les concessionnaires feront usage du ventilateur et des fourneaux toutes les fois que les circonstances et la nature du travail indiqueront la nécessité de réunir ces deux moyens, et que le local ne s'opposera point à leur application; ordonne que dans le cas d'impossibilité, ou de non-nécessité du ventilateur, les concessionnaires seront tenus de les faire constater par un architecte qui sera nommé par le lieutenant général de police, sur le rapport duquel ils en seront dispensés, par un des commissaires du Châtelet, qui sera commis à cet effet par le lieutenant général de police, et qu'à l'égard des fourneaux il en sera toujours fait usage, à peine de mille livres d'amende contre les concessionnaires, et qu'aucuns propriétaires ne pourront empêcher, pour la vidange des fosses d'aisances, l'emploi du ventilateur et des fourneaux, ou des fourneaux seulement, à peine de cent livres d'amende.

L'article 3 porte que pendant l'été les concessionnaires ne seront tenus que d'alléger les grandes fosses d'aisances, telles que celles de séminaires, colléges, hôpitaux, casernes, et autres lieux de ce genre, et qu'ils pourront en remettre la vidange à l'hiver ; — et l'article 4 règle le cas où il est prétendu que la vidange requiert célérité.

5. Ordonne que les concessionnaires seront tenus, sous peine de cinquante livres d'amende, de remettre aux propriétaires ou locataires le toisé des

matières enlevées, huit jours au plus tard après la vidange des fosses, et que les propriétaires seront également tenus de faire vérifier le toisé dans la huitaine suivante, et que, faute par eux d'avoir fait faire cette vérification dans lesdits délais, ils seront tenus de s'en rapporter au toisé qui leur aura été remis par ledit concessionnaire.

L'art. 6 porte que la vidange sera payée selon le tarif.

7. Ordonne que les concessionnaires seront tenus, sous peine de cinquante livres d'amende, de remettre tous les matins, à l'officier de police qui sera commis pour veiller à l'exécution du présent arrêt, un état des fosses dont le travail sera indiqué pour la nuit suivante, à l'effet, par ledit officier de police, de se rendre sur les différents ateliers pour en surveiller les travaux.

L'art. 8 prescrit d'avoir des tinettes, voitures et ouvriers en nombre suffisant.

9. Ordonne que les tinettes seront tenues en bon état et bien scellées, de manière que les matières y contenues ne puissent s'écouler; que les tinettes seront exactement lavées aussitôt qu'elles auront été vidées à la voirie, en sorte qu'elles soient propres lorsqu'on les rapportera en ville pour la continuation du travail, et ce, sous peine de dix livres d'amende pour chaque tinette trouvée défectueuse, et de prison contre les ouvriers qui auront négligé de les bien sceller et laver.

10. Ordonne que chaque voiture de tinettes sera garnie de trois traverses par-devant et par derrière, afin de prévenir la chute des tinettes, et ce, sous peine de cinquante livres d'amende, et que les charretiers seront tenus d'avoir un maillet, pour pouvoir refermer les tinettes remplies de matières, qui se descelleront pendant le transport, et ce, à peine de prison.

11. Ordonne que lesdits concessionnaires ne pourront commencer qu'à dix heures du soir la vidange des fosses dont l'emplacement ne permettra l'usage ni des portes ni des cabinets, et qu'ils seront tenus de la cesser à sept heures en hiver et à six heures en été; qu'ils ne pourront approvisionner les ateliers de tinettes que dans la journée du travail; leur enjoint de les faire enlever et porter à la voirie dans le jour qui suivra la vidange des fosses; le tout à peine de cinquante livres d'amende.

12. Ordonne que lesdits concessionnaires ne pourront faire répandre ni matières ni eaux claires, autrement appelées vannes provenant des fosses dans les rues, ni les faire jeter dans les égouts ou dans la rivière, à peine de cinq cents livres d'amende.

13. Ordonne que lesdits concessionnaires ne pourront faire ouvrir les fosses les samedis et veilles de fête, qu'autant que la vidange pourra être achevée dans la même nuit, à peine de deux cents livres d'amende.

14. Ordonne que tous ouvriers vidangeurs, étant inscrits sur les registres des concessionnaires et à leurs gages, ne pourront les quitter sans les avoir prévenus six semaines d'avance en été, et dans les autres temps quinze jours aussi d'avance. Enjoint auxdits ouvriers de se rendre aux ateliers aussitôt qu'ils en auront reçu l'ordre par leurs chefs; leur fait défense d'inter-

rompre la vidange d'une fosse à laquelle ils seront employés, et de la quitter aux heures du travail; le tout sous peine de prison.

15. Ordonne que les concessionnaires seront tenus de fournir par chaque atelier un seau propre qui ne servira qu'à puiser de l'eau, et le tout sous peine de dix livres d'amende; et que les ouvriers ne pourront employer ce seau à aucun autre usage, ni puiser de l'eau dans les puits avec des seaux ou éponges des fosses, sous peine de prison.

16. Ordonne qu'il y aura toujours, à la vidange de chaque fosse d'aisances, un chef d'atelier qui fera faire l'ouverture de la fosse en sa présence, et qui ne pourra faire crever la voûte, lorsqu'il n'en aura pu trouver la clef, sans y avoir été préalablement autorisé par un des commissaires au Châtelet, qui aura été commis à cet effet par le lieutenant général de police.

17. Ordonne que ledit commis ou chef d'atelier sera tenu d'être toujours présent et de surveiller avec exactitude les ouvriers, sans pouvoir s'absenter pendant les heures de travail, sous quelque prétexte que ce soit, sous peine de dix livres d'amende; fait défenses aux ouvriers, sous peine de prison, de jeter des matières fécales dans les puits.

III. ORDONNANCE CONCERNANT LES FOSSES D'AISANCES [1]. (Du 5 avril 1809.)

Nous, préfet de police du département de la Seine,

Vu : 1° le décret impérial du 10 mars 1809, contenant règlement pour la construction de fosses d'aisances dans la ville de Paris ;

2° L'article 23, paragraphe 3, de l'arrêté du gouvernement du 12 messidor an VIII, qui charge le préfet de police de surveiller la construction, l'entretien et la vidange des fosses d'aisances,

Ordonnons ce qui suit :

1. Le décret impérial du 10 mars 1809, contenant règlement pour la construction de fosses d'aisances dans la ville de Paris, et le paragraphe 3 de l'article 23 de l'arrêté du gouvernement du 12 messidor an VIII, seront imprimés, publiés et affichés avec la présente ordonnance [2].

2. Les propriétaires qui feront construire ou réparer des fosses d'aisances seront tenus d'en faire la déclaration à la préfecture de police.

Les entrepreneurs ou maçons chargés de la construction ou réparation des fosses d'aisances en feront également la déclaration.

3. Il ne pourra être fait usage d'une fosse d'aisances nouvellement construite ou réparée qu'après la visite de l'architecte commissaire de la petite voirie, qui délivrera son certificat que les dispositions prescrites par le décret du 10 mars 1809 ont été exécutées.

Un double de ce certificat restera déposé au secrétariat général.

4. L'ordonnance de police du 24 août 1808, concernant les vidangeurs, continuera de recevoir son exécution.

5. Les contraventions seront constatées par des procès-verbaux des com-

[1] Voir les ordonnances des 23 octobre 1819, 4 juin 1831, 5 juin 1834, l'arrêté du 6 juin de la même année; et l'ordonnance du 23 septembre 1843.

[2] Abrogé.

missaires de police, de l'architecte commissaire et des architectes inspecteurs de la petite voirie, qui nous les transmettront.

6. Il sera pris envers les contrevenants telles mesures de police administrative qu'il appartiendra, sans préjudice des poursuites à exercer contre eux devant les tribunaux.

7. L'architecte commissaire et les architectes inspecteurs de la petite voirie, l'inspecteur général de la salubrité et les commissaires de police sont chargés de surveiller l'exécution de la présente ordonnance.

Préfet de police, comte DUBOIS.

IV. ORDONNANCE DU ROI QUI DÉTERMINE LE MODE DE CONSTRUCTION DES FOSSES D'AISANCES DANS LA VILLE DE PARIS [1]. (Du 24 septembre 1819.)

Louis, etc.;

A tous ceux, etc.;

Vu les observations du préfet de police sur la nécessité de modifier les règlements concernant la construction des fosses d'aisances dans notre bonne ville de Paris;

Notre conseil d'État entendu,

Nous avons ordonné et ordonnons ce qui suit :

SECTION PREMIÈRE. — *Des constructions neuves.*

1. A l'avenir, dans aucun des bâtiments publics ou particuliers de notre bonne ville de Paris et de leurs dépendances, on ne pourra employer pour fosses d'aisances des puits, puisards, égouts, aqueducs ou carrières abandonnées, sans y faire les constructions prescrites par le présent règlement.

2. Lorsque les fosses seront placées sous le sol des caves, ces caves devront avoir une communication immédiate avec l'air extérieur.

3. Les caves sous lesquelles seront construites les fosses d'aisances devront être assez spacieuses pour contenir quatre travailleurs et leurs ustensiles, et avoir au moins deux mètres de hauteur sous la voûte.

4. Les murs, la voûte et le fond des fosses seront entièrement construits en pierres meulières maçonnées avec du mortier de chaux maigre et de sable de rivière bien lavé.

Les parois des fosses seront enduites de pareil mortier, lissé à la truelle.

On ne pourra donner moins de trente à trente-cinq centimètres d'épaisseur aux voûtes, et moins de quarante-cinq ou cinquante centimètres aux massifs et aux murs.

5. Il est défendu d'établir des compartiments ou divisions dans les fosses, d'y construire des piliers et d'y faire des chaînes ou des arcs en pierres apparentes.

6. Le fond des fosses d'aisances sera fait en forme de cuvette concave.

---

[1] *Coutume de Paris.* — Article 193. Tous propriétaires de maisons en la ville et faubourgs de Paris sont tenus d'avoir latrines et privés suffisants en leurs maisons. — Art. 218. Nul ne peut mettre vidanges de fosses de privés dans la ville. — Claude de Ferrière, t. II, p. 1611 et 1781.

Tous les angles intérieurs seront effacés par des arrondissements de vingt-cinq centimètres de rayon.

7. Autant que les localités le permettront, les fosses d'aisances seront construites sur un plan circulaire, elliptique ou rectangulaire.

On ne permettra point la construction de fosses à angles rentrants, hors le seul cas où la surface de la fosse serait au moins de quatre mètres carrés de chaque côté de l'angle; et alors il serait pratiqué, de l'un et de l'autre côté, une ouverture d'extraction.

8. Les fosses, quelle que soit leur capacité, ne pourront avoir moins de deux mètres de hauteur sous clef.

9. Les fosses seront couvertes par une voûte en plein cintre, ou qui n'en différera que d'un tiers de rayon.

10. L'ouverture d'extraction des matières sera placée au milieu de la voûte, autant que les localités le permettront.

La cheminée de cette ouverture ne devra point excéder un mètre cinquante centimètres de hauteur, à moins que les localités n'exigent impérieusement une plus grande hauteur.

11. L'ouverture d'extraction, correspondant à une cheminée d'un mètre cinquante centimètres au plus de hauteur, ne pourra avoir moins d'un mètre en longueur sur soixante-cinq centimètres en largeur.

Lorsque cette ouverture correspondra à une cheminée excédant un mètre cinquante centimètres de hauteur, les dimensions ci-dessus spécifiées seront augmentées, de manière que l'une de ces dimensions soit égale aux deux tiers de la hauteur de la cheminée.

12. Il sera placé, en outre, à la voûte, dans la partie la plus éloignée du tuyau de chute et de l'ouverture d'extraction, si elle n'est pas dans le milieu, un tampon mobile, dont le diamètre ne pourra être moindre de cinquante centimètres. Ce tampon sera en pierre, encastré dans un châssis en pierre, et garni, dans son milieu, d'un anneau en fer.

13. Néanmoins ce tampon ne sera pas exigible pour les fosses dont la vidange se fera au niveau du rez-de-chaussée, et qui auront, sur ce même sol, des cabinets d'aisances avec trémie ou siége sans bonde, et pour celles qui auront une superficie moindre de six mètres dans le fond, et dont l'ouverture d'extraction sera dans le milieu.

14. Le tuyau de chute sera toujours vertical.

Son diamètre intérieur ne pourra avoir moins de vingt-cinq centimètres s'il est en terre cuite, et de vingt centimètres s'il est en fonte.

15. Il sera établi, parallèlement au tuyau de chute, un tuyau d'évent, lequel sera conduit jusqu'à la hauteur des souches de cheminées de la maison ou de celles des maisons contiguës, si elles sont plus élevées.

Le diamètre de ce tuyau d'évent sera de vingt-cinq centimètres au moins; s'il passe cette dimension, il dispensera du tampon mobile.

16. L'orifice intérieur des tuyaux de chute et d'évent ne pourra être descendu au-dessous des points les plus élevés de l'intrados de la voûte.

Section II. — *Des reconstructions des fosses d'aisances dans les maisons*
existantes.

17. Les fosses actuellement pratiquées dans des puits, puisards, égouts anciens, aqueducs ou carrières abandonnées, seront comblées ou reconstruites à la première vidange.

18. Les fosses situées sous le sol des caves, qui n'auraient pas communication immédiate avec l'air extérieur, seraient comblées à la première vidange si l'on ne peut pas établir cette communication.

19. Les fosses actuellement existantes, dont l'ouverture d'extraction, dans les deux cas déterminés par l'article 11, n'aurait pas et ne pourrait avoir les dimensions prescrites par le même article, celles dont la vidange ne peut avoir lieu que par des soupiraux ou des tuyaux, seront comblées à la première vidange.

20. Les fosses à compartiments ou étranglements seront comblées ou reconstruites à la première vidange, si l'on ne peut pas faire disparaître ces étranglements ou compartiments et qu'ils soient reconnus dangereux.

21. Toutes les fosses des maisons existantes qui seront reconstruites le seront suivant le mode prescrit par la première section du présent règlement.

Néanmoins le tuyau d'évent ne pourra être exigé que s'il y a lieu à reconstruire un des murs en élévation au-dessus de ceux de la fosse, ou si ce tuyau peut se placer intérieurement ou extérieurement, sans altérer la décoration des maisons.

Section III. — *Des réparations des fosses d'aisances.*

22. Dans toutes les fosses existantes, et lors de la première vidange, l'ouverture d'extraction sera agrandie, si elle n'a pas les dimensions prescrites par l'article 11 de la présente ordonnance.

23. Dans toutes les fosses dont la voûte aura besoin de réparations, il sera établi un tampon mobile, à moins qu'elles ne se trouvent dans les cas d'exception prévus par l'article 13.

24. Les piliers isolés, établis dans les fosses, seront supprimés à la première vidange, ou l'intervalle entre les piliers et les murs sera rempli en maçonnerie, toutes les fois que le passage entre ces piliers et les murs aura moins de soixante-dix centimètres de largeur.

25. Les étranglements existant dans les fosses, et qui ne laisseraient pas un passage de soixante-dix centimètres au moins de largeur, seront élargis à la première vidange, autant qu'il sera possible.

26. Lorsque le tuyau de chute ne communiquera avec la fosse que par un couloir ayant moins d'un mètre de largeur, le fond de ce couloir sera établi en glacis jusqu'au fond de la fosse, sous une inclinaison de quarante-cinq degrés au moins.

27. Toute fosse qui laisserait filtrer ses eaux par les murs ou par le fond sera réparée.

28. Les réparations consistant à faire des rejointoiements, à élargir l'ou-

ver!ure d'extraction, placer un tampon mobile, rétablir les tuyaux de chute ou d'évent, reprendre la voûte et les murs, boucher ou élargir des étranglements, réparer le fond des fosses, supprimer des piliers, pourront être faites suivant les procédés employés à la construction première de la fosse.

29. Les réparations consistant dans la reconstruction entière d'un mur, de la voûte ou du massif du fond des fosses d'aisances, ne pourront être faites que suivant le mode indiqué ci-dessus pour les constructions neuves.

Il en sera de même pour l'enduit général, s'il y a lieu à en revêtir les fosses.

30. Les propriétaires des maisons dont les fosses seront supprimées en vertu de la présente ordonnance seront tenus d'en faire construire de nouvelles, conformément aux dispositions prescrites par les articles de la première section.

31. Ne seront pas astreints aux constructions ci-dessus déterminées les propriétaires qui, en supprimant leurs anciennes fosses, y substitueront les appareils connus sous le nom de *Fosses mobiles inodores*, ou tous autres appareils que l'administration publique aurait reconnus, par la suite, pouvoir être employés concurremment avec ceux-ci.

32. En cas de contravention aux dispositions de la présente ordonnance ou d'opposition, de la part des propriétaires, aux mesures prescrites par l'administration, il sera procédé, dans les formes voulues, devant le tribunal de police ou le tribunal civil, suivant la nature de l'affaire.

33. Le décret du 10 mars 1809, concernant les fosses d'aisances dans Paris, est et demeure annulé.

34. Notre ministre secrétaire d'État de l'intérieur, et notre garde des sceaux, ministre de la justice, sont chargés de l'exécution de la présente ordonnance.

V. ordonnance concernant les vidangeurs [1]. (Du 4 juin 1851.)

Nous, préfet de police,

Considérant qu'il résulte des rapports et procès-verbaux qui nous ont été adressés que, d'une part, les entrepreneurs et ouvriers qui se livrent à la vidange des fosses d'aisance n'apportent pas dans l'exécution de ce service toutes les précautions qu'il exige, et que, de l'autre, les matières provenant de la vidange, au lieu d'être transportées directement à la voirie, ainsi qu'il est enjoint par les règlements, sont fréquemment et à dessein versées sur la voie publique;

Considérant qu'il est utile de remédier à un état de choses qui compromet la salubrité;

Vu : 1° L'ordonnance de police concernant les vidangeurs, du 18 octobre 1771;

2° La loi des 16-24 août 1790, titre XI, art. 3, §§ 1 et 5;

---

[1] Voir l'ordonnance du 5 juin 1834, l'arrêté du 7 uin de la même année, et l'ordonnance du 23 septembre 1843.

3° L'article 471 du Code pénal ;

4° L'ordonnance de police concernant les vidangeurs, du 24 août 1808 ;

En vertu de l'arrêté du gouvernement, du 12 messidor an VIII (1er juillet 1800),

Ordonnons ce qui suit :

PREMIÈRE PARTIE. — *Ordre du service des vidanges.*

1. Aucun entrepreneur de vidanges ne pourra exercer cette profession sans être pourvu d'une permission du préfet de police.

Cette permission sera délivrée à quiconque justifiera :

1° Qu'il a les voitures, chevaux, tinettes, tonneaux, seaux, bridages et autres ustensiles nécessaires au service des vidanges;

2° Qu'il est muni de l'appareil de ventilation appelé fourneau Dalesme.

2. Les voitures de vidanges, chargées ou non chargées, ne pourront circuler dans Paris, savoir :

A compter du 1er octobre jusqu'au 31 mars, avant dix heures du soir, ni après huit heures du matin.

Et, à compter du 1er avril jusqu'au 30 septembre, avant onze heures du soir et après six heures du matin.

Elles seront munies sur le devant d'une lanterne allumée, portant en gros caractère et en forme de transparent, le numéro qui sera assigné par l'inspecteur de la salubrité à chaque voiture de vidanges.

3. Le travail des ateliers, depuis le 1er octobre jusqu'au 31 mars, commencera à dix heures du soir, et finira à sept heures du matin.

Et, depuis le 1er avril jusqu'au 30 septembre, il commencera à onze heures du soir, et finira à cinq heures du matin.

Néanmoins, pour les fosses à vider dans les quartiers des halles, le travail des ateliers pourra commencer avant les heures fixées par le présent article, en obtenant, à cet effet, une autorisation spéciale, qui déterminera l'heure à laquelle le travail pourra être entrepris.

Quant aux appareils de fosses mobiles, légalement autorisés, ils pourront être enlevés et transportés à la voirie pendant le jour.

Toutes autres exceptions antérieurement accordées sont formellement révoquées.

4. Il sera placé une lanterne allumée à la porte de chaque maison où sera établi un atelier de vidangeurs.

5. Il ne pourra être employé à chaque atelier moins de quatre ouvriers, dont un chef.

6. Le travail de chaque fosse sera fait et continué à jours consécutifs, aux heures désignées par l'article 3.

Il ne pourra être interrompu que dans le cas prévu par l'article 42 ci-après.

7. Les tinettes ou tonneaux du nouveau modèle, qui auront reçu les matières extraites des fosses, seront hermétiquement fermés.

Les tonneaux devront, comme les tinettes, être placés debout dans les voitures de transport, de manière que la bonde se trouve toujours dans la partie supérieure.

8. Les voitures de transport seront disposées à fond plat, et garnies de traverses assez solides pour empêcher la chute des tonneaux ou tinettes.

Les nom et demeure de l'entrepreneur seront inscrits en gros caractères sur la traverse de devant. L'inscription sera renouvelée aussi souvent qu'il sera nécessaire.

9. Les entrepreneurs faisant usage de grosses tonnes seront tenus d'en fermer les bondes de déchargement au moyen d'une bande de fer transversale, fixée à demeure au tonneau par l'une de ses extrémités, et fermée à l'autre par un cadenas fourni par l'administration.

10. L'entrée dans Paris sera interdite aux grosses tonnes dont les bondes de déchargement ne seront point fermées de la manière prescrite en l'article précédent.

Il en sera de même pour les voitures chargées de tonneaux du nouveau modèle qui ne seront pas disposées ainsi qu'il est ordonné en l'article 8.

11. Défenses sont faites aux entrepreneurs d'avoir dans Paris de grosses tonnes dont les bondes de déchargement ne seraient pas fermées avec un cadenas.

Des visites journalières seront faites par les agents et préposés de la préfecture de police, à l'effet de surveiller la stricte exécution de cette mesure.

12. Les grosses tonnes trouvées dans Paris en contravention à l'article précédent seront, après avoir été déchargées à la voirie si elles sont pleines, conduites à la fourrière établie rue du Faubourg-Saint-Martin, hôtel du Chaudron, numéro deux cent trente-neuf, pour y rester jusqu'à ce qu'elles soient pourvues de cadenas.

13. Les entrepreneurs faisant usage de grosses tonnes les conduiront à la voirie de Montfaucon, pour y être vidées. Un préposé de l'administration sera chargé d'ouvrir les cadenas et de les refermer après le déchargement. Les entrepreneurs faisant usage de tinettes continueront à les conduire et vider à la même voirie, jusqu'à ce qu'il leur soit enjoint, ainsi qu'il est déjà prescrit pour les tonneaux du nouveau modèle, de les conduire au port d'embarquement de la Villette, pour être transportées à la voirie de Bondy.

14. Le versement des matières sur la voie publique, en quelque quantité que ce puisse être, soit volontairement, soit par suite de l'état de dégradation des tonnes, tonneaux ou tinettes, constituera personnellement l'entrepreneur en état de contravention aux dispositions de l'article précédent.

Dans ce cas, l'entrepreneur fera procéder immédiatement à l'enlèvement des matières répandues sur le sol de la voie publique; à son défaut, il y sera pourvu sans délai administrativement et à ses frais.

15. Il est défendu à tout conducteur de voitures de vidanges de s'écarter, sans nécessité reconnue, de la ligne qui, du lieu de départ, conduit directement à la voirie de Montfaucon ou au port d'embarquement de la Villette.

16. Il est défendu aux vidangeurs de laisser des matières entre les aculoirs et les bords ou parapet des bassins de la voirie.

17. Hors le temps de service, les grosses tonnes, voitures, tinettes et tonneaux, ne pourront être déposés ailleurs que dans les environs de la voirie de Montfaucon, du port d'embarquement de la Villette, et dans les endroits qui, au besoin, seront indiqués.

18. Pendant le temps du service, les voitures, tonneaux et tinettes seront rangés et disposés, au-devant des maisons où se font les vidanges, de manière à nuire le moins possible à la liberté de la circulation.

19. Après le travail de chaque nuit, et avant de quitter l'atelier, les vidangeurs seront tenus de laver les emplacements qu'ils auront occupés.

20. Il leur est défendu de puiser de l'eau avec les seaux destinés aux vidanges.

21. Il sera fait, au moins deux fois par an, des visites chez les entrepreneurs de vidanges, à l'effet de constater l'état des ustensiles nécessaires à l'exercice de leur profession.

Dans le cas où les ustensiles seront reconnus impropres au service, les entrepreneurs auxquels ils appartiennent pourront être privés de leur permission, jusqu'à ce qu'ils les aient renouvelés ou réparés.

22. Il est défendu aux ouvriers vidangeurs de se présenter aux ateliers en état d'ivresse.

23. Les ouvriers vidangeurs qui trouveront dans les fosses des objets qui pourraient indiquer un délit ou des effets quelconques, en feront, dans le jour, la déclaration chez un commissaire de police.

DEUXIÈME PARTIE. — *Dispositions de sûreté.*

24. Aucune fosse d'aisances ne pourra être ouverte que par un entrepreneur de vidanges, quels que soient les causes et les motifs de l'ouverture.

25. Lorsque l'ouverture d'une fosse aura un motif autre que celui de sa vidange, l'entrepreneur en donnera avis, dans le jour, à la préfecture de police.

26. Tout entrepreneur chargé de la vidange d'une fosse sera tenu de faire, au bureau du directeur de la salubrité, la déclaration du jour de l'ouverture de la fosse.

27. L'entrepreneur ou l'un de ses chefs d'ateliers sera présent à l'ouverture de la fosse.

28. Lorsqu'il n'aura pu en trouver la clef, il ne pourra en faire rompre la voûte qu'en vertu d'une permission du préfet de police.

29. La vidange d'une fosse ne pourra être commencée que douze heures au moins après son ouverture.

30. Pendant ces douze heures, l'entrepreneur s'assurera, autant que possible, de l'état de la fosse et des tuyaux.

31. Les propriétaires et locataires seront tenus de donner toutes facilités à l'entrepreneur pour le dégorgement des tuyaux et l'introduction de l'air dans la fosse pendant la vidange.

En cas de refus de leur part, il en fera sa déclaration à la préfecture de police.

32. Il est défendu aux entrepreneurs de faire descendre des ouvriers dans une fosse dont les tuyaux ne seraient pas complétement dégorgés.

33. L'entrepreneur, outre les seaux destinés au lavage, est tenu de fournir à chaque atelier, pour l'extraction des matières, au moins quatre seaux munis de cordes et crochets.

34. Les seaux seront passés dans des crochets fermés à ressort.

35. Il est expressément défendu aux ouvriers de retirer, avant la fin de la vidange, les seaux qui seraient tombés dans la fosse.

36. L'entrepreneur fournira chaque atelier d'au moins deux bridages et d'un flacon de chlorure de chaux, dont il sera fait usage au besoin, pour prévenir les dangers d'asphyxie.

37. Il est défendu aux ouvriers de travailler à l'extraction des matières, même des eaux vannes, et de descendre dans les fosses, pour quelque cause que ce soit, sans être ceints d'un bridage.

38. La corde du bridage sera tenue par un ouvrier placé à l'extérieur de la fosse.

Il est défendu à tout ouvrier de se refuser à ce service.

39. Les entrepreneurs sont responsables des suites de toutes contraventions aux sept articles précédents.

40. Lorsque, dans leur travail, des ouvriers auront été frappés du plomb (asphyxiés), le chef d'atelier suspendra la vidange de la fosse.

41. L'entrepreneur sera tenu de faire, dans le jour, à la préfecture de police, sa déclaration de suspension de travail et des causes qui l'auront déterminée.

42. Il ne pourra reprendre le travail qu'avec les précautions et mesures qui lui seront indiquées selon les circonstances.

43. Aucune fosse ne pourra être allégée sans une autorisation du préfet de police.

44. Il est défendu aux entrepreneurs de laisser des matières au fond des fosses, et de les masquer de quelque manière que ce soit.

45. Aucune fosse précédemment comblée ne pourra être déblayée que par un entrepreneur de vidanges.

46. L'entrepreneur apportera à cette opération les mêmes précautions qu'à la vidange.

TROISIÈME PARTIE. — *Dispositions transitoires.*

47. Dans la huitaine de la publication de la présente ordonnance, les entrepreneurs de vidanges actuellement pourvus de permissions en feront le dépôt à la préfecture de police, pour être renouvelées.

48. Un délai de quinze jours est accordé aux entrepreneurs, pour l'exécution des changements nécessités par l'article 8 à celles de leurs voitures qui servent actuellement au transport des tonneaux du nouveau modèle.

A l'expiration de ce terme, aucune voiture de cette espèce ne pourra circuler sans avoir été disposée de manière à transporter les tonneaux debout.

49. A compter du jour de la publication de la présente ordonnance, il est défendu aux entrepreneurs de vidanges de faire confectionner de grosses tonnes, même pour remplacer celles qui, dès à présent ou par la suite, seront reconnues impropres au service.

Ceux qui en feront usage devront, dans les trois jours qui suivront cette publication, remettre au bureau du directeur de la salubrité une déclaration, signée d'eux, contenant le nombre de grosses tonnes qu'ils ont en ce moment. Ce directeur fera vérifier immédiatement l'exactitude de ces déclarations et l'état dans lequel se trouvent les grosses tonnes.

Le service des grosses tonnes sera entièrement interdit à l'époque de la suppression de la voirie de Montfaucon.

Dispositions générales.

50. L'entrée et la sortie des voitures de vidanges ne pourront avoir lieu que par la barrière du Combat, à l'exception des voitures chargées de tonneaux du nouveau modèle et d'appareils de fosses mobiles, qui pourront passer par la barrière de Pantin.

51. Les contraventions seront constatées par des rapports ou procès-verbaux qui seront adressés au préfet de police.

52. Il sera pris, au sujet des contraventions, telles mesures de police administratives qu'il appartiendra, sans préjudice des poursuites à exercer devant les tribunaux.

53. La présente ordonnance sera imprimée, affichée et publiée; elle sera, en outre, notifiée à chaque entrepreneur de vidanges.

Le chef de la police municipale, les commissaires de police, les officiers de paix, le directeur de la salubrité, l'architecte commissaire de la petite voirie et les préposés de la préfecture de police en surveilleront et assureront l'exécution, chacun en ce qui le concerne.

Le préfet de police, VIVIEN.

VI. ORDONNANCE CONCERNANT LA VIDANGE DES FOSSES D'AISANCES ET LE SERVICE DES FOSSES MOBILES DANS PARIS [1]. (Du 5 juin 1834.)

Nous, préfet de police,
Considérant, etc. . . . . . .
(Voir l'ordonnance du 4 juin 1831.)
Ordonnons ce qui suit :

1. Il est enjoint à tous propriétaires de maison de faire procéder sans retard à la vidange des fosses d'aisance lorsqu'elles seront pleines.

2. (Art. 1ᵉʳ de l'ordonnance de 1831, ainsi modifié :)
Nul ne pourra exercer la profession d'entrepreneur de vidanges dans Paris sans être pourvu d'une permission du préfet de police.

Cette permission ne sera délivrée qu'après qu'il aura été justifié par le demandeur : 1° qu'il a les voitures, chevaux, tinettes, tonneaux, seaux et au-

[1] Voir l'arrêté ci-après du 6 juin, et l'ordonnance du 23 septembre 1843.

tres ustensiles nécessaires au service des vidanges ; 2° qu'il est muni des appareils de désinfection qui auront été adoptés par l'administration ; 3° et qu'il a pour déposer ses voitures, appareils et ustensiles, pendant le temps où ils ne sont point employés aux opérations de la vidange, un emplacement convenable situé dans une localité où l'administration aura reconnu que ce dépôt peut avoir lieu sans inconvénient.

3. (Art. 2 de l'ordonnance de 1831, avec l'addition suivante :)

L'extraction des matières ne pourra commencer avant l'arrivée des voitures.

4. (Dernier paragraphe de l'article 2 de l'ordonnance de 1831, avec cette addition :)

Ce numéro, peint en jaune sur un fond noir, aura au moins vingt-sept centimètres (dix pouces) de hauteur sur quatre centimètres (dix-huit lignes) de largeur.

5. (Art. 9 de l'ordonnance de 1831, avec cette addition :)

Les écrous et rondelles soutenant la ferrure seront rivés à l'intérieur des tonnes.

L'entonnoir de charge sera fermé de manière à prévenir toute écla boussure.

(Le paragraphe qui suit forme l'article 10 de l'ordonnance de 1831.)

6. (Art. 4 de l'ordonnance de 1831, ainsi modifié :)

Il sera placé une lanterne allumée en saillie sur la voie publique à la porte de la maison où devra s'opérer une vidange, et ce préalablement à tout travail ou à tout dépôt d'appareil sur la voie publique.

7. On ne pourra ouvrir aucune fosse d'aisances sans prendre les précautions nécessaires pour prévenir les accidents qui pourraient résulter du dégagement ou de l'inflammation des gaz qui y seraient renfermés.

Suit un paragraphe qui est l'article 25 de l'ordonnance de 1831.

8. (Art. 26 de ladite ordonnance, ainsi modifié :)

La vidange d'une fosse d'aisances ne pourra avoir lieu sans que, préalablement, il en ait été fait par écrit une déclaration au bureau du directeur de la salubrité, la veille ou le jour même de la vidange avant midi.

Cette déclaration énoncera lo nom de la rue et le numéro de la maison, les nom et demeure du propriétaire et de l'entrepreneur de vidanges ; enfin le nombre des fosses à vider dans la même maison.

9. (Art. 28 de ladite ordonnance, avec cette addition :)

L'ouverture pratiquée devra avoir les dimensions prescrites par l'article 11 de l'ordonnance du roi du 24 septembre 1819.

10. (Art. 31 de l'ordonnance de 1831.)

11. (Art. 36 de l'ordonnance de 1831.)

12. (Art. 5 de l'ordonnance de 1831.)

13. (Art. 22, 37, 38 réunis de l'ordonnance de 1831.)

14. (Art. 18 de l'ordonnance de 1831, mais ainsi modifié :)

Pendant le temps du service, les vaisseaux, appareils et voitures seront placés dans l'intérieur des maisons toutes les fois qu'il y aura un emplacement suffisant pour les recevoir. Dans le cas contraire, ils seront rangés et disposés au devant des maisons où se feront les vidanges, de manière à nuire le moins possible à la liberté de la circulation.

15. Lors de la vidange de fosses, les matières en provenant seront immédiatement déposées dans des récipients qui doivent servir à les transporter aux voiries. Ces vaisseaux seront, en conséquence, remplis auprès de l'ouverture des fosses, fermés, lutés et nettoyés ensuite avec soin à l'extérieur avant d'être portés aux voitures ; toutefois les eaux vannes pourront être extraites au moyen d'une pompe.

16. (Art. 19 et 20 réunis de l'ordonnance de 1831.)

17. (Art. 6, 40, 41, 42 réunis de l'ordonnance de 1831.)

18. (Art. 43, 44 réunis de l'ordonnance de 1831.)

19. (Art. 23 de ladite ordonnance, mais ainsi modifié :)

Les fosses doivent être entièrement vidées, balayées et nettoyées.

Les ouvriers vidangeurs qui trouveront dans les fosses des effets quelconques, et notamment des objets pouvant indiquer ou faire supposer quelque crime ou délit, en donneront avis à l'inspecteur de ronde lors de son passage et en feront dans le jour la déclaration chez un commissaire de police.

20. Il est défendu de laisser dans les maisons, au delà des heures fixées par le travail, des vaisseaux ou appareils quelconques servant à la vidange des fosses d'aisances.

Ceux contenant des matières qui y seraient trouvés au delà desdites heures seront, aux frais de l'entrepreneur, immédiatement enlevés d'office et transportés à la voirie.

21. Néanmoins, toutes les fois que, dans l'impossibilité momentanée de se servir d'une fosse d'aisances, il sera reconnu nécessaire de placer dans la maison des tinettes ou tonneaux, le depôt provisoire de ces vaisseaux sera, sur la demande écrite du propriétaire ou du principal locataire, accordé à l'entrepreneur par le directeur de la salubrité.

Ces appareils devront être enlevés aussitôt qu'ils seront pleins ou que la cause qui aura nécessité leur placement aura cessé.

22. Hors le temps du service, les tonnes, tinettes, voitures et tonneaux ne pourront être déposés ailleurs que dans des emplacements agréés à cet effet par l'administration.

23. Le rapérage d'une fosse sera déclaré de la même manière que sa vidange. Il sera effectué d'après le même mode et en observant les mêmes mesures de précaution.

24. Les eaux qui reviendraient dans toute fosse vidée et en cours de réparation devront être enlevées comme les matières de vidanges.

Toutefois, lorsque la nature de ces eaux le permettra, et en vertu de notre autorisation spéciale, elles pourront être versées au ruisseau de la rue pendant la nuit.

25. Aucune fosse ne pourra être refermée après la vidange qu'en vertu d'une autorisation écrite, qui sera délivrée selon les cas, et après les visites

ou réparations nécessaires, par le directeur de la salubrité ou par l'architecte commissaire de la petite voirie.

Le propriétaire devra avoir sur place, jusqu'à ce qu'il ait reçu l'autorisation de fermer la fosse, une échelle de longueur convenable pour en faciliter la visite.

26. Dans le cas où la fosse aurait été fermée en contravention à l'article précédent, le propriétaire sera tenu de la faire rouvrir et laisser ouverte aux jour et heure indiqués par la sommation qui lui sera adressée à cet effet, pour que la visite en puisse être faite par qui de droit.

27. (Art. 45 et 46 réunis de l'ordonnance de 1831.)

Service des fosses mobiles.

28. Il ne pourra être établi dans Paris, en remplacement des fosses d'aisances en maçonnerie, ou pour en tenir lieu, que des appareils approuvés par l'autorité compétente.

29. Aucun appareil de fosse mobile ne pourra être placé dans toute fosse supprimée dans laquelle il viendrait des eaux quelconques.

30. Nul ne pourra exercer la profession d'entrepreneur de fosses mobiles dans Paris, sans être pourvu d'une permission du préfet de police.

Cette permission ne sera délivrée qu'après qu'il aura été justifié par le demandeur :

1° Qu'il a les voitures, chevaux et appareils nécessaires au service des fosses mobiles ;

2° Qu'il a pour déposer ces voitures et appareils, lorsqu'ils ne sont point de service, un emplacement convenable agréé à cet effet par l'administration.

31. Le transport des appareils des fosses mobiles ne pourra avoir lieu dans Paris,

Savoir :

A compter du 1er octobre jusqu'au 31 mars, avant sept heures du matin, ni après quatre heures de relevée ;

Et, à compter du 1er avril jusqu'au 30 septembre, avant cinq heures du matin, ni après une heure de relevée.

32. Aucun appareil de fosses mobiles ne pourra être placé dans Paris, sans déclaration préalable à la préfecture de police par le propriétaire ou par l'entrepreneur. Il sera joint à cette déclaration un plan de la localité où l'appareil devra être posé, et l'indication des moyens de ventilation.

33. Les appareils devront être établis sur un sol rendu imperméable jusqu'à un mètre au moins au pourtour des appareils, autant que les localités le permettront, et disposé en forme de cuvette.

34. Tout appareil plein devra être enlevé et remplacé avant que les matières débordent.

Tout enlèvement d'appareil devra être précédé d'une déclaration qui sera faite la veille à la direction de la salubrité.

35. Les appareils à enlever seront fermés sur place, lutés et nettoyés ensuite avec soin avant d'être portés aux voitures.

36. Il est défendu de laisser dans les maisons d'autres appareils de fosses mobiles que ceux qui y sont de service.

Les appareils remplis de matières, remplacés et laissés dans les maisons, seront, aux frais de l'entrepreneur, immédiatement enlevés d'office et transportés à la voirie.

Il en sera de même de tout appareil en service dont les matières déborderont.

37. Il est expressément défendu de faire écouler les matières contenues dans des appareils à l'aide de cannelles ou de toute autre manière.

38. Les entrepreneurs de fosses mobiles seront tenus de remettre une fois par an, ou plus souvent, si l'administration le juge nécessaire, au directeur de la salubrité, l'état général des appareils qu'ils desservent intramuros.

Dispositions transitoires.

39. Dans le délai de six mois, tout entrepreneur de vidanges et de fosses mobiles actuellement établi, devra présenter et faire agréer par l'administration un emplacement convenable pour déposer ses voitures, appareils et ustensiles hors le temps du service, conformément aux dispositions prescrites par l'article 22.

Dispositions générales.

40. (Art. 50 de l'ordonnance de 1831.)

41. Les voitures de transport de vidanges devront être construites avec solidité, entretenues en bon état, et chargées de manière que les vaisseaux reposent toujours sur la partie opposée à leur ouverture.

42. Les vaisseaux ou appareils contenant des matières seront conduits directement aux voiries désignées par l'autorité ; ils devront être constamment entretenus en bon état, de telle sorte que rien ne puisse s'en échapper ou se répandre.

43. (Art. 14 de l'ordonnance de 1831.)

44. Il sera procédé, au moins deux fois par an, à la visite du matériel employé par les entrepreneurs au service des vidanges et des fosses mobiles, à l'effet de constater le bon état de ce matériel.

Dans le cas où il résulterait de ces visites qu'un entrepreneur a cessé de satisfaire aux conditions imposées par les articles 2 et 30, sa permission lui sera retirée.

45. (Art. 51 de l'ordonnance de 1831.)

46. (Art. 52 de l'ordonnance de 1831.)

47. (Art. 53 de l'ordonnance de 1831 avec cette addition au premier paragraphe :)

Ainsi qu'à chaque entrepreneur de fosses mobiles actuellement établi.

Et cette addition au deuxième paragraphe :

Elle sera adressée :

1° A M. le colonel de la garde municipale de Paris, pour le mettre à même de concourir à son exécution;

2° A M. le directeur de l'octroi et des droits d'entrée de Paris, avec invitation de charger les préposés et les employés sous ses ordres, notamment aux barrières de Pantin et du Combat, de concourir à l'exécution des dispositions prescrites par les articles 3, 4, 5 et 40;

3° A M. le sous-préfet de l'arrondissement de Saint-Denis, et à MM. les maires des communes de Belleville et de la Villette, pour concourir également à son exécution, chacun en ce qui le concerne.

Le conseiller d'État, préfet de police, Gisquet.

VII. ordonnance qui prescrit la désinfection des matières contenues dans les fosses d'aisances avant leur extraction. (Du 12 décembre 1849.)

Nous, préfet de police,

Vu...

Considérant...

Ordonnons ce qui suit :

Art. 1er. A partir du 1er janvier prochain, tout entrepreneur de curage de fosses d'aisances, avant de procéder à l'extraction et au transport des matières, sera tenu d'en opérer la désinfection.

Il devra se pourvoir près de nous d'une autorisation qui ne lui sera délivrée qu'autant qu'il aura fait connaître le procédé de désinfection qu'il se propose d'employer, et que ce procédé aura été approuvé par nous sur l'avis du Conseil de salubrité. En outre, il devra se soumettre aux conditions qui lui seront imposées dans notre ordonnance d'autorisation.

Art. 2. Les matières extraites des fosses d'aisances continueront à être transportées au dépotoir ou au lieu d'embarquement établi à la Villette, conformément aux prescriptions de l'ordonnance de police susvisée du 24 mai dernier, article 1er.

Art. 3. Les dispositions de l'article 1er ci-dessus, relatives à l'obligation de désinfecter les matières de vidanges, ne sont applicables qu'aux fosses fixes et aux réservoirs Huguin. Il sera ultérieurement statué au sujet de la désinfection des matières contenues dans les fosses mobiles.

Art. 4. Les voitures employées au service du transport des matières extraites après désinfection, qu'elles soient chargées ou non, ne pourront circuler dans Paris, savoir :

A compter du 31 octobre jusqu'au 1er mars, avant dix heures du soir, ni après neuf heures et demie du matin.

Et, à compter du 1er avril jusqu'au 30 septembre, avant dix heures du soir, ni après sept heures et demie du matin.

L'extraction des matières ne pourra commencer avant l'arrivée des voitures.

Le travail de la vidange devra cesser, du 1er octobre au 31 mars, à neuf heures du matin, et, du 1er avril au 30 septembre, à sept heures du matin.

Les voitures d'équipement pourront circuler dans Paris deux heures plus tôt et deux heures plus tard que les voitures affectées au transport des matières de vidange.

Les ustensiles servant au transport de la vidange ne pourront être transportés que dans ces voitures, qui devront être fermées.

Art. 5. Les ordonnances et arrêtés susvisés des 5 et 6 juin 1834, 23 septembre 1843, 26 janvier 1846 et 24 mai dernier, continueront de recevoir leur exécution en tout ce qui n'est pas contraire aux dispositions qui précèdent.

Art. 6. Les contraventions à la présente ordonnance seront constatées par des procès-verbaux ou rapports et poursuites, conformément aux lois et règlements, sans préjudice des mesures administratives qui pourront être prises contre les auteurs de ces contraventions dans l'intérêt de la sûreté et de la salubrité publiques.

Art. 7. La présente ordonnance sera imprimée et affichée.

Elle sera, en outre, notifiée à chaque entrepreneur de vidanges.

Le chef de la police municipale, les commissaires de police de Paris, les commissaires de police des communes de Belleville et de la Villette, etc., etc., y tiendront chacun la main en ce qui les concerne.

Le préfet de police, CARLIER.

VIII. ORDONNANCE CONCERNANT LA DÉSINFECTION DES MATIÈRES CONTENUES DANS LES FOSSES D'AISANCES. (Du 28 décembre 1850.)

Nous, préfet de police,

Vu : 1° L'ordonnance de police du 12 décembre 1849, concernant la désinfection des matières contenues dans les fosses d'aisances de la ville de Paris ;

2° La loi des 16-24 août 1790 et les arrêtés du gouvernement des 12 messidor an VIII et 3 brumaire an IX ;

3° Les rapports du conseil de salubrité;

Considérant que, par suite d'expériences déjà anciennes et suffisamment répétées, il est reconnu qu'on peut désinfecter rapidement et économiquement les matières contenues dans les fosses d'aisances; qu'en outre, des expériences récentes ont démontré que cette désinfection peut être assez complète pour que les matières liquides extraites des fosses soient écoulées sur la voie publique et dans les égouts sans aucun inconvénient;

Vu la délibération de la commission municipale de Paris, en date du 20 décembre 1850, approuvée par M. le ministre de l'intérieur,

Ordonnons ce qui suit :

1. Il est expressément défendu de procéder à l'extraction et au transport des matières contenues dans les fosses d'aisances fixes ou mobiles avant d'en avoir opéré complétement la désinfection.

. . . .

. . . .

5. Les entrepreneurs de vidanges pourront transporter les matières solides dans des locaux autorisés, où elles seront de nouveau désinfectées s'il est nécessaire, de manière que la désinfection soit permanente; à défaut de

quoi, les matières seront enlevées et portées à Bondy, à la diligence de l'autorité, aux frais du contrevenant.

. . . .

7. A l'avenir, les appareils de fosses mobiles devront être disposés de telle sorte, que la séparation des matières solides et liquides s'opère dans ces apparcils [1]; il devra, en outre, être adapté aux fosses fixes ou mobiles un indicateur qui fasse connaître le degré de plénitude de la fosse.

8. Les ordonnances des 5 juin 1834, 23 septembre 1843, 26 janvier 1846 [2], 24 mai et 12 décembre 1849, ainsi que l'arrêté du 6 juin 1834, continueront de recevoir leur exécution en tout ce qui n'est pas contraire aux dispositions qui précèdent.

9. Les contraventions à la présente ordonnance seront constatées par des procès-verbaux ou rapports, conformément aux lois ou règlements, sans préjudice des mesures administratives qui pourront être prises contre les contrevenants, notamment le retrait temporaire ou définitif de leur autorisation.

10. La présente ordonnance sera imprimée et affichée.

Elle sera, en outre, notifiée à chaque entrepreneur de vidange.

Le chef de la police municipale, les commissaires de police à Paris, l'inspecteur général de la salubrité et les officiers de paix en surveilleront et assureront l'exécution chacun en ce qui le concerne.

Le préfet de police, P. CARLIER.

IX. ORDONNANCE CONCERNANT LA DÉSINFECTION DES MATIÈRES CONTENUES DANS LES FOSSES D'AISANCES. (Du 8 novembre 1851.)

Nous préfet de police,
Vu : (De même qu'à l'ordonnance du 28 décembre 1850.)
Considérant : (De même.)
Ordonnons ce qui suit :

I. (Comme à l'ordonnance du 28 décembre 1850 avec cette addition :)
« Il devra être procédé à cette désinfection dans la nuit qui précédera l'extraction des matières, et aux mêmes heures que celles qui sont fixées pour la vidange des fosses. »

II. Aussitôt après la promulgation de la présente ordonnance, tout entrepreneur de vidanges devra nous faire connaître son procédé de désinfection, et ne l'employer qu'après que ce procédé aura été approuvé par nous, sur l'avis du conseil de salubrité.

III. Les matières liquides désinfectées pourront être, lors de la vidange, écoulées sur la voie publique.

IV. Tout entrepreneur qui voudra user de cette faculté devra, préalable-

[1] Le préfet de police engage instamment les propriétaires des maisons où les fosses sont fixes à y faire établir la séparation prescrite pour les fosses mobiles. Cette disposition, peu coûteuse et tout entière dans l'intérêt des propriétaires, permet d'obtenir une désinfection plus facile et plus complète.
[2] Voir cette ordonnance à l'Appendice.

ment, nous en faire la déclaration, en prenant l'engagement de payer à la ville, conformément à la délibération ci-dessus visée, un franc vingt-cinq centimes par mètre cube de matières solides ou liquides extraites des fosses; il devra se soumettre en outre à toutes les conditions qui lui seront imposées pour l'opération dont il s'agit.

V. (Comme à l'article 5 de l'ordonnance du 28 décembre 1850.)

VI. Les liquides qui ne se seront point écoulés sur la voie publique et les matières solides dont les entrepreneurs de vidanges ne voudront pas disposer, ainsi qu'il est dit en l'article précédent, continueront à être transportés au dépotoir ou au port d'embarquement de la Villette, jusqu'à ce qu'il en soit autrement ordonné, et sauf d'ailleurs les exceptions que nous jugerions convenable d'autoriser dans l'intérêt de l'agriculture et de l'industrie.

VII. A l'avenir les appareils de fosses mobiles devront être disposés de telle sorte, que la séparation des matières solides et liquides s'opère dans les fosses.

VIII. Il est expressément interdit d'attendre que la fosse soit pleine pour en opérer la vidange; on devra toujours laisser au moins le vide nécessaire pour l'introduction et le brassage des matières désinfectantes.

A cet effet, dans le délai de trois mois à partir de la publication de la présente ordonnance, chaque fosse, fixe ou mobile, devra être munie d'un indicateur qui fasse connaître qu'elle est arrivée au degré de plénitude qui rend la vidange nécessaire; dans ce cas le propriétaire devra faire procéder immédiatement à la désinfection et au curage de la fosse.

IX. Les ordonnances et arrêtés des 5 et 6 juin 1834, 23 septembre 1843, 26 janvier 1846, 24 mai et 12 décembre 1849, continueront de recevoir leur exécution en tout ce qui n'est pas contraire aux dispositions qui précèdent.

X. L'ordonnance de police du 28 décembre 1850 est rapportée.

XI. Les contraventions, etc. (Comme à ladite ordonnance.)

X. ORDONNANCE CONCERNANT LA DÉSINFECTION DES MATIÈRES CONTENUES DANS LES FOSSES D'AISANCES, ET L'ÉCOULEMENT DES EAUX VANNES AUX ÉGOUTS. (Du 29 novembre 1854.)

Nous, préfet de police,

Vu : 1° Les ordonnances de police des 12 décembre 1849 et 8 novembre 1851, concernant la désinfection des matières contenues dans les fosses d'aisances de la ville de Paris ;

2° Le décret du 10 mars 1852 ;

3° La loi du 16-24 août 1790, et les arrêtés du gouvernement des 12 messidor an VIII et 3 brumaire an IX ;

4° Les rapports du conseil d'hygiène publique et de salubrité du département de la Seine, et notamment ceux du 19 mai 1854 ;

Considérant que, par suite d'expériences déjà anciennes et suffisamment répétées, il est reconnu qu'on peut désinfecter rapidement et économiquement les matières contenues dans les fosses d'aisances ; qu'en outre, il est aujourd'hui démontré que cette désinfection peut être assez complèt·

pour que les matières liquides extraites des fosses soient écoulées dans les égouts, sans aucun inconvénient; que la division des matières dans les fosses fixes ou mobiles est peu coûteuse à établir, qu'elle est tout entière dans l'intérêt du propriétaire, et qu'elle permet d'obtenir une désinfection plus prompte et plus complète;

Considérant enfin qu'il importe d'encourager les systèmes qui tendent, d'une part, à prévenir toutes causes d'insalubrité sur la voie publique, et, d'autre part, à faire disparaître les inconvéniens que présente la vidange des fosses;

Qu'à ces différents points de vue, l'écoulement direct et souterrain des eaux vannes dans les égouts complétera les améliorations apportées déjà dans cette partie du service;

Vu la délibération de la commission municipale de Paris, en date du 20 décembre 1850, approuvée par M. le ministre de l'intérieur;

Ordonnons ce qui suit:

Art. 1er. Il est expressément défendu de procéder à l'extraction et au transport des matières contenues dans les fosses d'aisances avant que la désinfection en ait été complètement opérée.

Il devra être procédé à cette désinfection, autant que possible, dans la nuit qui précédera l'extraction des matières, et toujours dans les limites de temps fixées par les règlements pour la vidange des fosses, sauf les exceptions que nous jugerons convenables d'autoriser.

Art. 2. Tout entrepreneur de vidange devra nous faire connaître son procédé de désinfection, et ne pourra l'employer qu'après que ce procédé aura été approuvé par nous sur l'avis du conseil de salubrité.

Art. 3. Les matières liquides désinfectées provenant de fosses à proximité des égouts ne pourront être écoulées dans ces égouts, lors de la vidange, qu'au moyen d'une conduite souterraine préalablement autorisée par M. le préfet de police.

L'administration déterminera les conditions dans lesquelles cette conduite devra être établie pour prévenir tout écoulement qui ne serait point autorisé par la préfecture de police.

Ces dispositions seront obligatoires après la première vidange qui suivra la publication de la présente ordonnance.

Partout où il serait impossible d'établir une conduite souterraine, les matières liquides désinfectées pourront être écoulées au moyen d'un tuyau aboutissant à la bouche de l'égout le plus voisin.

Si l'éloignement de l'égout ou toute autre circonstance ne permet pas ce mode d'écoulement, les liquides seront transportés au dépotoir.

Les liquides des fosses pourront encore, *à mesure de leur production*, être écoulés directement et d'une manière permanente dans les égouts au moyen d'une conduite souterraine, à la charge par les propriétaires de se pourvoir des autorisations nécessaires et de se conformer à toutes les conditions qui leur seront prescrites pour que ce mode d'écoulement n'ait aucun inconvénient soit pour la salubrité, soit pour le service des égouts.

Art. 4. Tout entrepreneur qui voudra faire écouler les liquides dans les égouts devra nous en faire préalablement la déclaration, en prenant l'engagement de payer à la ville, conformément à la délibération ci-dessus visée, un franc vingt-cinq centimes par mètre cube de matières solides ou liquides extraites des fosses; il devra se soumettre en outre à toutes les conditions qui lui seront imposées pour l'opération dont il s'agit.

Art. 5. Les entrepreneurs qui feront écouler les liquides dans les égouts pourront transporter les matières solides dans des locaux autorisés, où elles seront de nouveau désinfectées, s'il est nécessaire, de manière que la désinfection soit permanente, à défaut de quoi les matières seront enlevées et portées à Bondy, à la diligence de l'autorité et aux frais du contrevenant.

Art. 6. Quand les liquides ne seront point écoulés dans les égouts, ils devront, ainsi que les matières solides extraites de la même fosse, être transportés au dépotoir ou au port d'embarquement de la Villette, jusqu'à ce qu'il en soit autrement ordonné, et sauf, d'ailleurs, les exceptions que nous jugerions convenable d'autoriser, dans l'intérêt de l'agriculture ou de l'industrie.

Art. 7. Les fosses mobiles continueront à être disposées de telle sorte, que la séparation des matières solides et liquides s'opère dans ces fosses, ainsi qu'il a été prescrit par l'ordonnance du 8 novembre 1851.

Les fosses en maçonnerie devront également, lors de la première vidange, recevoir les dispositions ou appareils nécessaires pour y assurer la séparation prescrite pour les fosses mobiles.

Ces mêmes dispositions devront être immédiatement observées lors de la construction des fosses neuves.

Art. 8. Il est expressément interdit d'attendre que la fosse soit pleine pour en opérer la vidange; on devra toujours laisser au moins le vide nécessaire pour l'introduction et le brassage des matières désinfectantes.

L'ouverture d'extraction de toute fosse après la vidange devra, jusqu'à fermeture définitive, être tenue couverte, de manière à prévenir les accidents, et ce, par les soins du propriétaire.

Le préfet de police, Piétri.

XI. RAPPORT A M. LE PRÉFET DE POLICE SUR LE PROJET DE TRAITÉ ENTRE LA VILLE DE PARIS ET LE SIEUR X..., POUR LA CONCESSION DE LA VOIRIE DE BONDY, ET D'UN SERVICE GÉNÉRAL DE VIDANGES DANS PARIS. (Du 29 février 1856.)

Monsieur le préfet,

Le 30 janvier dernier, S. Ex. M. le ministre de l'intérieur a renvoyé à votre examen un projet de traité avec la ville de Paris, présenté par le sieur X..., demandant concession pendant trente années de la voirie de Bondy et d'un service général des vidanges dans Paris. Chargé seulement, pour l'exécution de ce projet, de l'étude des questions relatives à la salubrité, vous avez nommé une commission composée de MM. Dumas, Ledagre, Legendre, Pelouze, membres du conseil municipal; Payen, Boussingault,

Dubois, Baube, Trébuchet, Michal, Vernois, membres du conseil d'hygiène publique et de salubrité; Laloue, inspecteur général de la salubrité; Masson, chef de bureau à la préfecture de la police; Mille, ingénieur des ponts et chaussées, et vous l'avez priée de donner son avis sur tous les points qui touchent à l'hygiène publique.

Le projet du sieur X..., auquel il faut joindre sans doute une note supplémentaire adressée aux membres de la commission le 19 février, soulève un grand nombre de questions où la salubrité est vivement intéressée. Il prend pour point de départ la nécessité d'une réforme générale des vidanges dans Paris et l'importance qu'il y aurait pour l'agriculture à perfectionner les engrais dont tant d'éléments peuvent être empruntés à ses produits.

La commission a consacré trois longues séances à la discussion de ce projet; et, comme les propositions du sieur X... sont éparses dans les détails du privilège qu'il sollicite, la commission a cru pouvoir résumer en cinq chefs principaux les points importants sur lesquels, monsieur le préfet, votre attention devait être spécialement appelée.

Ces chapitres sont les suivants :

1° Drainage de toutes les maisons de Paris.

2° Écoulement direct, par des conduits souterrains, dans les égouts de toutes les eaux ménagères et des liquides désinfectés des fosses d'aisances.

3° Enlèvement presque quotidien des matières solides reçues dans les appareils séparateurs.

4° Écoulement des liquides sus-énoncés dans la Seine.

5° Concession pendant trente années de la voirie de Bondy et du service des vidanges dans Paris.

1° *Peut-on sans inconvénient opérer le drainage de toutes les maisons de Paris dans le but de faire arriver directement par des conduits souterrains dans les égouts et de là dans la Seine toutes les eaux ménagères et les liquides des fosses?*

La commission a été unanime à reconnaître l'excellence du principe qui débarrasserait ainsi les maisons de toutes les eaux ménagères et des liquides des fosses, dont l'accumulation et la dispersion à l'air libre sur la voie publique sont à la fois une cause permanente d'infection et de malpropreté par les odeurs qu'elles répandent et par les ruisseaux qui les écoulent. L'échappement souterrain de tous les liquides, en supprimant en grande partie les ruisseaux et leurs émanations, est un progrès vers lequel doivent tendre tous les efforts de l'administration.

La commission cependant vous fera remarquer, monsieur le préfet, que déjà le décret de mars 1852 a enjoint cette disposition à toutes les habitations nouvellement construites; que M. l'inspecteur général Dupuit, dans un travail très-remarquable, discuté au sein du conseil de salubrité, avait proposé de déverser tous ces liquides directement dans les égouts; que, dès 1853, M. Beaudemoulin, ingénieur en chef des ponts et chaussées, avait exposé à ce sujet des idées semblables [1]; enfin que votre ordonnance du 29 novembre 1854 admet en principe l'exécution de celle mesure dans tous les quartiers pourvus d'égouts. Mais la ville de Paris n'en possède que dans le tiers environ de son étendue, et, en supposant que cette mesure fût aujourd'hui complétement appliquée, la plus grande partie de la ville ne pourrait jouir de ses avantages. Le sieur X..., en proposant la canalisation souterraine immédiate ou le drainage de toutes les maisons de Paris, pour accomplir ce but, offre donc la réalisation rapide d'un bienfait dont l'hygiène privée et publique doit recueillir des résultats très-importants. Il est vrai de dire que M. le préfet de la Seine a confié à M. Dupuit l'étude d'un projet d'établissement d'égouts dans tout Paris, mis en rapport avec tous les nouveaux besoins de la population. Mais la réalisation de ces idées pour la ville sera peut-être encore longtemps à s'opérer, et le sieur X... propose d'exécuter immédiatement son projet. En présence de ces faits, la commission n'a pas cru devoir hésiter, et, saisissant dans l'application ce qui pouvait être très-prochainement utile et ce qui devait réaliser un progrès, elle a adopté l'idée du drainage, pour l'écoulement souterrain direct dans les égouts, des eaux ménagères et des liquides urinaux.

Mais, le principe du drainage étant admis, il y a dans les détails de son exécution un certain nombre de mesures qui intéressent à un haut point la salubrité des habitations et celle de la voie publique. Il eût été très-important de savoir par quel mode la communication entre les fosses et les tuyaux de drainage aura lieu..., la nature de ces conduits..., le mode de leur union, etc. La commission, devant le silence du sieur X... à cet égard, a pensé, monsieur le préfet, qu'en thèse générale il faudrait, en cas d'autorisation, lui prescrire une communication de ses tuyaux avec les fosses et les conduits des eaux ménagères, établie de telle manière, qu'en aucune circonstance les émanations gazeuses ne pussent refluer ou être aspirées par les appels d'air qui se produisent sans cesse dans les habitations : cette disposition est de la plus haute importance au point de vue de la pureté de l'air des maisons, qui doit être protégée et entretenue avant toute autre mesure; ordonner que ses conduits fussent fabriqués en une substance qui permît le moins possible la filtration intérieure et l'incrustation des parois internes; que ces tuyaux fussent soudés ensemble de telle façon, qu'on n'ait pas à redouter pour la voie publique, dans une étendue qui sera considérable, l'infiltration des liquides et toutes ses conséquences fâcheuses; que le sieur X.... pour l'exécution de son drainage, fît choix du système qui apporterait le moins de perturbation possible dans le remaniement des trottoirs et des chaussées; que les dispositions de cet immense appareil fussent telles par ses pentes, par les dimensions de ses tubes et leurs arrangements spéciaux, que les eaux de la ville pussent y circuler abondamment et librement, et

---

[1] Voir, Congrès général d'hygiène de 1852, page 29, l'exposé par M. O. Ward, d'un système général de drainage des villes, et la note de la page 32, — même idée de fertilisation des terres par les résidus des vidanges, mise en pratique depuis longtemps à Milan (canal de Virdablia), — et Bruxelles, idem, p. 146.

qu'au besoin les eaux industrielles et les boues délayées des ruisseaux pussent y pénétrer et les parcourir sans difficultés ; enfin, qu'en cas de rupture et d'engorgements, il fût ménagé, comme pour les égouts, à des distances bien calculées, des moyens de s'assurer des lieux précis où les fuites existent et des dispositions qui puissent faciliter les réparations.

2° *Le drainage étant admis, y a-t-il inconvénient à conduire directement dans les égouts les eaux ménagères et les liquides des fosses d'aisances préalablement désinfectées ?*

Quand on considère ce qui se passe aujourd'hui, on voit qu'une très-grande quantité d'urine et presque toutes les eaux ménagères s'écoulent déjà dans les égouts sans qu'elles aient été soumises à aucune désinfection. Telles sont toutes les urines des urinoirs publics, toutes celles déversées librement dans les rues, tant de l'homme que des animaux ; les égouts, en outre, reçoivent tous les ruisseaux chargés des eaux ménagères ayant plus ou moins séjourné à l'air libre, ainsi que toutes les masses d'urine provenant de la vidange des fosses et préalablement désinfectées. Le système du sieur X... ne changerait provisoirement rien à ce qui est, quant à l'arrivée directe de tous les liquides susmentionnés dans les égouts, puisqu'il conserve, et à regret, il faut le dire, les fosses pour les liquides, et se borne à désinfecter ceux-ci en masse avant de les faire écouler dans les conduits souterrains. Le progrès qu'il propose, c'est leur arrivée en conduits clos à leur destination. Ainsi donc, au point de vue des modifications à redouter dans l'état de la salubrité générale, il n'y a point de craintes à concevoir, puisque la quantité et la qualité des liquides reçus par les égouts ne seront pas changées ; il n'y aura de modifié que leur façon d'y parvenir. Or, dans l'état actuel, M. l'inspecteur général de la salubrité n'a pas remarqué que la santé des égoutiers fût spécialement affectée, et la surveillance (deux fois par semaine) de tous les égouts ne peut rien faire redouter. Il faut cependant reconnaître que le sieur X..., acceptant pour base de ses opérations la séparation des matières solides et des matières liquides, ainsi qu'elle a été prescrite par votre ordonnance de novembre 1854, et ainsi que cela s'exécute de jour en jour, il arrivera un moment où, le mélange des deux matières n'ayant plus lieu nulle part, il y aura nécessairement une bien plus grande quantité de liquides urinaux qui circuleront dans les égouts. C'est dans cette circonstance et dans cette prévision qu'on a pu se demander si des dépôts sur les parois rugueuses des égouts ne donneraient pas lieu à la fermentation des liquides et au dégagement d'odeurs qui, par les bouches d'égouts, afflueraient dans les rues de Paris et détermineraient de graves inconvénients. A ces objections on a pu répondre avec justesse que ces mesures de réforme des vidanges étaient multiples et ne s'accompliraient pas isolément ; qu'ainsi la prescription et l'adoption générale des appareils séparateurs rendraient la désinfection des matières plus facile et plus rapide ; qu'en même temps que plus d'urines seraient versées dans les égouts, plus d'eau y serait dirigée, et que la dilution considérable, ainsi que les chasses ''eau bien combinées, seraient suffisantes pour atténuer les effets redoutés; que l'abonnement aux eaux de la ville de Paris pourrait devenir obligatoire; que l'usage des siéges, dits à l'anglaise, se répandrait de plus en plus, en un mot, que les conditions de dilution ou de dissolution considérables se multiplieraient chaque jour ; qu'en outre, la plus grande partie (les deux tiers de ces eaux) s'écoulerait dans les nouveaux conduits de drainage, dont l'administration aurait alors à surveiller très-attentivement les dispositions hydrauliques et les conditions de fermeture absolue. De plus, que, malgré peut-être la difficulté d'une surveillance administrative sévère pour la désinfection convenable de tous les liquides urinaux avant leur projection dans les conduits souterrains, il était naturel de penser que les substances désinfectantes elles-mêmes atténueraient beaucoup les effets de la fermentation et maintiendraient les choses dans l'état où elles sont actuellement sous le rapport de la salubrité. Le principe étant admis, il n'y a plus là qu'une question d'action administrative et de police sanitaire dont l'exécution est possible.

La Commission, monsieur le préfet, a donc admis qu'il n'y aurait pas d'inconvénient à l'écoulement des eaux ménagères et des liquides urinaux désinfectés dans les égouts, toutes les fois qu'on se conformerait aux régles suivantes :

A. Établissement d'appareils séparateurs dans toutes les fosses.

B. Écoulement direct, souterrain, permanent ou quotidien, des eaux ménagères, industrielles et des liquides urinaux dans les égouts, dans les maisons où sont établis des appareils séparateurs, et où les eaux de la ville peuvent à la fois s'écouler en grande abondance. Cette condition est de rigueur.

C. Écoulement des mêmes liquides dans les égouts, lors des vidanges dans les maisons où les séparateurs n'existent pas, mais après désinfection : application de ces mêmes procédés aux collections d'urines, dans le cas d'appareils diviseurs, au moment de leur extraction.

Ces mesures, monsieur le préfet, sont identiquement celles que prescrivait votre ordonnance déjà rappelée de novembre 1854.

3° *Enlèvement presque quotidien des matières solides reçues dans les séparateurs mobiles.*

Cette proposition du sieur X... présente, au point de vue hygiénique, un certain nombre d'inconvénients. La commission n'avait à s'occuper que de ceux qui touchent à la salubrité. Il est incontestable que, quelque précaution qu'on puisse prendre dans l'enlèvement des matières solides, un pareil travail ne peut se faire sans nuire à la tranquillité des habitants et sans faire naître des émanations toujours fort incommodes. Par conséquent, moins cette opération se fera souvent et mieux chacun s'en trouvera. Quand on songe que ce qui nuit le plus dans les fosses, ce n'est pas la matière solide, qui tend toujours à se dessécher et n'exhale plus alors aucune odeur, on ne comprend pas bien la nécessité de son enlèvement presque quotidien. Le but des appareils séparateurs étant au contraire de retarder et d'éloigner les époques des vidanges, il y aurait une contradiction évidente dans ce système à adopter concurremment une mesure qui en annihilerait un des plus grands bienfaits. Cependant, dans les conditions où, dans le projet du sieur X..., seront placées les matières solides, il est constant qu'il n'y aura pas d'inconvénients lors de leur enlèvement. C'est surtout dans la collision et le transvasement à l'air libre de ces matières qu'on peut et qu'on doit redouter des dangers ou de l'incommodité. Quand on les transporte ou qu'on les exporte dans les vases bien clos où elles ont été déposées, les effets désagréables sont presque nuls; néanmoins, et pour satisfaire à tous les intérêts bien entendus de la propreté et de la salubrité, la commission, monsieur le préfet, a émis, à propos de la demande du sieur X..., l'avis que les matières solides et déposées dans des fosses mobiles pourraient être enlevées au gré des propriétaires, aussi souvent qu'on le voudrait et sans désinfection préalable ; mais que, dans les fosses ordinaires, elles ne pourraient jamais être transportées qu'après une désinfection complète faite comme de droit, sous l'inspection de l'autorité, et le plus rarement possible.

Enfin, elle s'est unanimement élevée contre les abus et les inconvénients qui pourraient résulter de l'enlèvement presque quotidien des matières solides.

4° *Écoulement de tous les liquides (eaux ménagères, eaux vannes des fosses, eaux industrielles) dans la Seine, venus par les égouts; quels peuvent être les inconvénients?*

C'est ici, surtout, que la question comprend des intérêts divers, et surtout ceux de l'hygiène et de l'agriculture.

Les premiers ont particulièrement fixé l'attention de la commission, qui n'a pu cependant les isoler tout à fait de l'étude des seconds.

Une condition capitale qui domine la salubrité de toutes les grandes villes comme Paris, c'est la nécessité où l'administration se trouve de se débarrasser rapidement et quotidiennement de tous les immondices dont l'accumulation amènerait tant et de si graves inconvénients et accidents. Sous ce rapport, l'écoulement de tous les liquides impurs produits chaque jour dans Paris doit être, avant toute autre mesure, favorisé par l'administration. Jusqu'ici, cet écoulement s'est fait dans la Seine, sur divers points de son cours, dans l'intérieur de la ville, parce que les égouts ne sont pas encore disposés de façon à porter ces résidus ailleurs, ou dans une direction moins nuisible à la pureté des eaux du fleuve.

Il est évident que s'il existait actuellement un moyen, ou de ne pas les déverser du tout dans la Seine, ou de les y faire arriver en aval de la ville, il faudrait immédiatement y recourir, et il y aurait là un progrès important réalisé; mais il n'en est point ainsi : comment les choses se passent-elles aujourd'hui? — Toutes les eaux excrémentitielles arrivent à la Seine, et, il faut bien le reconnaître, elles altèrent assez gravement la composition de ces eaux. Les recherches de M. Payen, celles plus récentes de MM. Boutron et Boudet, ne laissent aucun doute à cet égard. On peut cependant se demander si cette action fâcheuse a sur la santé publique une influence déterminée et bien constatée; cela ne paraît pas démontré par les faits : depuis longtemps cet état existe; depuis longtemps la Seine reçoit par ses eaux en amont et par ses affluents supérieurs une quantité considérable de matières de même nature, et la science n'a jamais attribué à ces influences la cause directe de telle ou telle maladie. Il faut dire cependant que la collision de l'eau dans son propre parcours et son mélange à l'air y produisent des modifications salutaires qui atténuent presque entièrement les effets qu'on pourrait redouter dans cette condition.

Malgré cet état, la santé de Paris s'est améliorée, mais on est disposé naturellement à penser qu'elle serait encore meilleure si les eaux de la Seine étaient plus pures. Toutes les causes de maladies ne sont pas évidentes, et on ne saurait nier l'action lente et incessante d'une condition fâcheuse bien constatée. Sous ce rapport, l'influence de l'usage habituel d'eaux notablement altérées peut avoir des effets auxquels il est toujours prudent de se soustraire. La conservation de la pureté des eaux de la Seine doit donc être posée en principe, et l'administration doit protéger et prescrire toutes les mesures qui tendront vers ce but. On a pu craindre qu'avec l'écoulement dans la Seine de tous les liquides de fosses et autres, il n'arrivât pour ce fleuve, comme pour la Tamise, un envasement qui devînt à un jour donné la cause d'accidents. Mais, à Londres, les égouts versent dans la Tamise autant de matières solides que de liquides, et le flux et reflux de la mer favorise la stagnation de tous ces résidus au fond de son lit. De pareilles conditions n'existent pas pour la Seine, et on peut dire qu'elles n'existeront jamais. Quoi qu'il en soit des conséquences de l'arrivée de tous ces liquides impurs dans la Seine, l'hygiène, au nom du progrès, doit être aujourd'hui plus difficile, et chercher à faire disparaître un élément aussi impur de contamination des eaux qui servent à alimenter toute la capitale. Le système du sieur X... ne modifie en rien l'état actuel. Il en résultera seulement, comme pour les égouts, que dans un temps prochain, par suite de l'extension obligée des fosses à diviseur, de nouvelles quantités d'urines qui autrefois étaient enlevées avec les matières solides pénétreront dans le torrent de la circulation souterraine, et, finalement, augmenteront la somme des produits de cette nature qui aboutissent à la Seine. Ces produits y arriveront en grande partie désinfectés. Or, au point de vue de l'hygiène, on s'est demandé si l'excès de quantité des urines et si les sels minéraux employés généralement pour la désinfection ne détermineraient pas à la longue une altération sensible et nuisible dans les eaux du fleuve. La commission, monsieur le préfet, tout en regrettant que, dès aujourd'hui, le courant des liquides excrémentitiels ne puisse être détourné de son cours actuel, a pensé qu'il n'y aurait pas, de longtemps encore, danger pour la sûreté publique à laisser provisoirement durer ce qui est. Il faut, en effet, se souvenir que beaucoup plus d'eau qu'auparavant sera en même temps jetée dans les égouts et dans la canalisation souterraine du sieur X..., et qu'en outre, plusieurs mesures réformatrices marcheront de front. Ainsi l'établissement déjà commencé de grandes galeries latérales à la Seine arrivera bientôt à son achèvement, et permettra de rejeter loin en aval de la Seine toutes les eaux qui aujourd'hui en troublent notamment la transparence et la pureté.

Ainsi donc, quant à cette partie de la question, nul doute pour personne qu'on ne soit obligé de subir pour quelque temps encore l'état actuel d'é-coulement des liquides provenant des égouts ou d'autres voies, et que tous les efforts de l'autorité ne doivent tendre à les amener dans le plus bref délai par des conduits spéciaux, fort en aval de la ville de Paris. Toutes ces eaux devront être dirigées même au delà d'Auteuil, car, à cet endroit de la Seine, il y a une prise d'eau qui fait des distributions à Paris et à Saint-Cloud. Sous ce rapport encore, l'extension du parcours des galeries latérales augmentera les facilités dont on pourra disposer pour les concessions aux agriculteurs. Ce sera là un très-grand progrès et une satisfaction donnée à la juste susceptibilité et aux besoins des habitants de la ville.

La partie connexe de cette question regarde les intérêts pécuniaires de la ville, et le parti que l'agriculture pourrait tirer de cette masse de liquides pour l'amendement des terres. Aujourd'hui tous ces liquides sont perdus, et le sieur X..., dans le système qu'il propose, ne présente aucun moyen de les utiliser; c'est cependant une question très-digne d'intérêt et à laquelle l'hygiène ne doit pas rester indifférente. On peut, sans doute, contester la valeur économique de ces engrais; on peut dire avec une certaine apparence de vérité que les liquides urinaux additionnés d'une si grande quantité d'eau qu'ils le sont et le seront encore constituent un engrais très-dilué. — Néanmoins le mélange à ces urines, de toutes les eaux ménagères, de toutes les eaux industrielles, des boues des ruisseaux chargées de boues délayées, etc., etc., ne laisse pas que de donner une véritable valeur à ces produits, et les heureux résultats de l'application du système Kennedy, en Angleterre, doivent faire espérer que, dans un temps donné, tous ces liquides devront et pourront être très-heureusement utilisés. Cependant ces matières, jusqu'ici, n'ont pas été prises par les agriculteurs qui environnent Paris; cela tiendrait-il à ce que les prix d'achat et de transport sont supérieurs aux bons effets qu'on en obtiendrait? on pourrait le croire, en songeant à cette grande accumulation de matières qui se trouvait à Montfaucon, et qu'on jetait à la Seine, et des mêmes effets qui ont lieu à Bondy[1]. Il y a donc à ce sujet, de très-grandes réserves à faire dans l'intérêt de la science et de la chimie appliquée à l'agriculture, qui, d'un moment à l'autre, peut trouver le moyen de transformer peut-être (*in situ*) toutes ces matières, et en tirer des produits excellents immédiatement utilisables pour l'agriculture et pour l'industrie. C'est sous la double pensée des considérations qui précèdent, monsieur le préfet, que la commission a adopté sur ce chapitre spécial la résolution suivante :

Il est à regretter, pour la salubrité bien entendue de la ville et pour l'agriculture et l'industrie, que les liquides des fosses d'aisances et des eaux ménagères soient aujourd'hui, et comme elles le seront encore dans le système de M. X..., perdues dans la Seine. Cependant, si les nécessités ac-

---

[1] Que des conditions nouvelles et plus favorables soient faites aux agriculteurs, et on arrivera très-probablement à d'autres résultats.

tuelles rendent jusqu'à nouvel ordre cette perte indispensable, il y aurait lieu dans l'avenir de prolonger les égouts à une distance convenable en aval de Paris, et de ménager les moyens de faire des prises sur le trajet de la conduite pour le cas où les agriculteurs voisins du parcours demanderaient des concessions.

5° *Concession de la voirie de Bondy pour trente années et du privilége des vidanges générales de Paris pendant le même laps de temps.*

A. De la concession de la voirie de Bondy.

Au premier abord, et quand on songe aux nombreuses et incessantes réclamations qu'au point de vue de la salubrité suscitent toutes les voiries et en particulier celle de Bondy, il semble impossible d'admettre qu'il y ait lieu de donner une extension aussi considérable au droit d'exploitation de cette industrie. Les perfectionnements et les progrès qui pénètrent dans toutes les industries, les heureuses modifications que, sous l'influence de la science, ont subies certaines usines et certaines manufactures, autrefois si dangereuses pour la santé des ouvriers ou des populations voisines, écartent la pensée d'une concession de trente années pour la voirie de Bondy. Cependant, quand on veut admettre le progrès dans les vidanges de Paris, il faut bien savoir qu'il ne peut avoir lieu que par des mesures successives, et il suffit alors de se demander si le projet et la pétition du sieur X..., en ce qui touche la voirie de Bondy, réalisent une partie de ce progrès, et si, par conséquent, ils sont acceptables par l'administration. — Que va-t-il donc se passer si le sieur X... est admis dans sa demande? Presque toutes les voiries qui environnent Paris (et elles sont environ au nombre de dix-huit) vont être supprimées [1]. Il y aura donc immédiatement assainissement et amélioration avec toutes leurs conséquences dans dix-huit localités. Ce résultat est important à mettre en ligne de compte. En outre, les matières importées à Bondy seront toutes à l'état solide. Peu importe alors leur quantité. La nocuité de son voisinage tient surtout à l'évaporation constante de ces matières et aux manipulations que les concessionnaires sont, dans ce but, obligés de leur faire subir. De plus, le sieur X... doit apporter dans la fabrication des engrais des perfectionnements qui, opérés à Bondy même, pourront réduire en quelques jours toutes les matières à un état convenable pour les livrer immédiatement au commerce. Il faudra donc bien faire comprendre aux populations voisines que l'état de la commune de Bondy elle-même gagnera à l'adoption de toutes ces mesures combinées. Néanmoins, dans cette question comme dans celle qui a précédé, l'administration devra garder tous ses droits de réserve; et la commission insiste, monsieur le préfet, pour que de nouveau le concessionnaire de la voirie de Bondy soit soumis à la condition très-obligatoire de désinfecter réellement et efficacement toutes les matières apportées. Cela est possible, et l'administration peut l'exiger de la façon la plus sévère. Il ne s'agit, surtout quand on n'aura à traiter que des matières solides, que d'employer des

---

[1] Il y en a un certain nombre qui desservent la banlieue.

désinfectants à un état chimique convenable et dans les proportions que l'expérience a depuis longtemps fixées. Il faudra, de plus, ordonner le transport des matières dans des voitures parfaitement closes, et qui, autant que possible, dissimuleront habilement et proprement leur usage.

6° *Concession des vidanges générales de Paris pour trente années.*

La concession à un seul homme ou à une seule compagnie des vidanges générales de Paris peut offrir des avantages, à cause de l'unité du service, de la facilité plus grande pour l'administration de poursuivre et saisir les contrevenants, etc.; mais elle peut aussi avoir ses inconvénients : il est certain que tout dépendra du système employé. Or le sieur X... n'a dit nulle part, dans sa note, à quel système autorisé ou non il aurait recours. La salubrité a ici des droits incontestables dont elle ne saurait se départir. Il ne suffit pas, en effet, de dire qu'on se servira des meilleurs procédés; il faut les décrire et les soumettre au contrôle préalable de l'autorité. Un système de vidange comprend, en effet, la pose des appareils séparateurs, le choix de ces appareils, qui sont nombreux et de valeur pratique diverse. Il comprend le mode d'enlèvement local et le transport des matières. Il comprend, enfin, toute la pratique de la désinfection. La commission, monsieur le préfet, demande donc de la manière la plus formelle que, dans le cas où la pétition du sieur X... serait agréée par l'autorité et la ville de Paris, il ne puisse être autorisé à exercer les vidanges qu'après avoir soumis à votre préfecture tout le matériel des appareils dont il compte faire usage, et avoir accepté en principe toutes les modifications utiles que le progrès ou de nouvelles ordonnances de police sanitaire pourraient lui imposer dans l'intérêt de la salubrité privée et publique.

En résumé, monsieur le préfet, le projet du sieur X... a pour but de réaliser, dans un assez bref délai, une partie des réformes demandées et proposées depuis longtemps dans le service des vidanges. Sans doute, ce projet, considéré dans son ensemble, manque à la fois de nouveauté, d'étendue et d'unité, et ne remplit pas toutes les indications qu'on serait en droit d'exiger dans un travail destiné à modifier radicalement l'état de choses actuel. D'ailleurs, lorsqu'il s'agit de l'exécution d'un système où se trouvent engagées, à un si haut degré, la pureté de l'eau de la Seine et celle de l'air des habitations, c'est-à-dire les premiers éléments de l'hygiène publique dans Paris, on ne saurait se montrer trop exigeant pour obtenir des études sérieuses et approfondies, et, ainsi qu'il a été dit au début de ce rapport, le sieur X... n'a pas suffisamment formulé les détails de son projet; mais les améliorations en hygiène publique ne marchent pas vite, toutes les fois surtout que, pour les accomplir, il faut exécuter des travaux longs et difficiles. Avant d'arriver à la perfection, il faut passer par des états provisoires et savoir accepter ce qui est bon et possible à un moment donné. C'est aussi d'une administration vigilante et éclairée de faire jouir immédiatement les populations des avantages, même limités, d'un bien nouveau et salutaire. Si donc, par la pensée, on se représente fonctionnant convenablement, toute cette canalisation souterraine du sieur X..., on ne pourra s'empêcher de re-

connaître que l'assainissement de la ville aura fait un pas immense dans la
voie du progrès. Ce progrès se développera surtout sous la surveillance énergique et intelligente de votre action, qui, à l'opposé de l'action civile, ne peut
jamais s'aliéner. La police sanitaire, dans une ville comme Paris, agit et se
perfectionne incessamment, et à toute autorisation qu'elle accorde elle ajoute
une réserve prudente qui n'engage et ne lie l'avenir à aucune position passée ou présente. C'est dans cet esprit, monsieur le préfet, que la commission
s'est efforcée de formuler les conseils et les observations que vous lui aviez
demandés. Si cependant, enfin, les travaux projetés par le sieur X... ont
dû, en vertu de leur but et de leurs conséquences, être soumis par la commission à l'appréciation la plus minutieuse et la plus sévère, il est juste
d'admettre aussi, que, pour être accomplis rapidement et convenablement,
ils ont besoin du concours et de la protection de l'autorité. Les résultats
opérés par le sieur X..., s'ils se réalisent, auront, en attendant qu'ils soient
plus étendus, plus efficaces, et reliés à un système général de réforme spéciale du sujet, rendu un service réel et depuis longtemps désiré à la population de Paris.

Les membres de la commission,

Signé : DUMAS, président; PAYEN, vice-président; TRÉBUCHET, secrétaire; VERNOIS, rapporteur; PELOUZE, LEGENDRE et LEDAGRE, membres du conseil municipal; BOUSSINGAULT, MICHAL, DUBOIS et
BAUBE, membres du conseil de salubrité; MILLE, ingénieur des
ponts et chaussées; LALOUE, inspecteur général de la salubrité;
MASSON, chef de bureau à la préfecture de police.

XII. RAPPORT ADRESSÉ PAR M. TRÉBUCHET A M. LE SÉNATEUR PRÉFET DE POLICE.
(Novembre 1857.)

Monsieur le préfet,

Dans sa séance du 8 juin 1856, le conseil d'hygiène et de salubrité du département de la Seine a chargé une commission spéciale de faire une enquête sur les séparateurs placés dans les fosses d'aisances, d'après l'ordonnance du 8 novembre 1851, et sur les modifications qu'il conviendrait d'apporter à cette partie du service.

Vous avez bien voulu, monsieur le préfet, approuver cette délibération et
informer le conseil de votre approbation; vous avez exprimé le désir que le
travail de la commission embrassât l'ensemble des dispositions de l'ordonnance de police du 29 novembre 1854, à l'effet de vous faire connaître si
si cette ordonnance devait être maintenue ou modifiée.

Nous venons aujourd'hui, monsieur le préfet, vous rendre compte des
études auxquelles le conseil s'est livré, ainsi que des résultats obtenus par
l'action administrative; mais, avant d'aborder cette partie essentielle de notre
travail, nous croyons utile de rappeler quel était l'ancien état de choses.
C'est en le comparant à celui d'aujourd'hui que l'on est frappé des immenses avantages qui ont déjà été la conséquence des nouveaux règlements

de police, et de l'influence que les résultats accomplis peuvent avoir sur les mesures plus radicales que l'avenir nous promet.

Jusqu'à 1850, les fosses étanches devaient être vidées partiellement à la pompe, et les résidus pâteux enlevés au moyen de seaux dont on versait le contenu dans des tinettes placées sur le bord de la fosse; on vidait entièrement, par ce dernier moyen, les fosses alors nombreuses, qui laissaient souvent les liquides s'infiltrer dans le sol, et infectaient les puits voisins.

Des asphyxies mortelles étaient parfois la conséquence de la descente des ouvriers vidangeurs dans ces fosses.

Les produits liquides et solides étaient versés dans des voitures stationnant aux portes, encombrant les rues, et, pendant toute la durée de ces dégoûtantes opérations, l'infection se répandait partout au dehors comme à l'intérieur des habitations.

Qui ne se souvient de Paris la nuit à cette époque? les rues étaient sillonnées par de nombreuses et lourdes voitures. Cet ensemble d'émanations nauséabondes, d'encombrement de la voie publique, de bruit, de trépidation du sol, affectait péniblement les sens, au sortir des théâtres, des bals et des soirées.

Et cependant des inconvénients plus graves encore venaient à la suite de cette déplorable organisation.

Les matières, péniblement charriées sur les hauteurs de Montfaucon, qui dominent Paris, s'y accumulaient en de vastes étangs où les vidanges journalières étaient abandonnées, pendant cinq années en moyenne, aux fermentations putrides.

Durant ce long intervalle de temps, leurs émanations gazeuses, infectes, ramenaient dans Paris, sous les vents de nord-ouest, nord et nordest, des courants d'air infectés. D'un autre côté, les liquides putréfiés durant leur très-lent parcours à la superficie d'immenses bassins étagés s'écoulaient enfin par un égout spécial dans la Seine au pont d'Austerlitz, c'est-à-dire *au-dessus de Paris*.

Ces eaux vannes, encore plus infectes qu'au moment de la vidange, augmentées de temps en temps par les matières pâteuses que délayaient les eaux pluviales, parcouraient la rivière dans toute la traversée de la ville.

Ce déplorable état de choses devait s'aggraver encore à mesure que la construction des fosses étanches et les dispositions des cuvettes à l'anglaise augmentaient les masses de matières liquides à extraire des fosses.

Tout en arrivant à de si tristes résultats, on laissait perdre sans retour, sans espérance de mieux pour l'avenir, les neuf dixièmes des produits utiles à l'agriculture que les fermentations exhalaient en vapeurs infectes et que le libre écoulement des eaux putrides disséminait dans la Seine.

Mais votre administration, Monsieur le préfet, a bien compris qu'il fallait changer un pareil état de choses, et le conseil d'hygiène publique et de salubrité en a fait l'objet de ses plus constantes études; on est tombé unanimement d'accord que, si une amélioration immédiate et radicale était impossible, il fallait en établir les bases, sauf à en ajourner l'exécution.

1° Exonérer la ville de lourds, bruyants et infects transports.

2° Éviter à la population de la capitale et de sa banlieue des amas de matières abandonnées à la putréfaction.

3° Mettre à la disposition des agriculteurs l'énorme masse d'engrais que représentent les vidanges de Paris et conséquemment ne plus mélanger aux eaux de la Seine les liquides extraits des fosses d'aisances.

Tel est le programme vers la réalisation duquel se portent tous nos efforts; permettez-nous, monsieur le préfet, de rappeler à votre souvenir les progrès accomplis dans ce but.

Aujourd'hui la voirie de Montfaucon est définitivement supprimée.

Une grande partie des eaux vannes putrides qui se mélangeaient à la Seine au pont d'Austerlitz et traversaient tout Paris, déversées maintenant à Bondy par le dépotoir, s'écoulent au delà de Saint-Denis.

Les charrois nocturnes ont été considérablement diminués par suite de l'application de l'ordonnance autorisant le coulage des eaux vannes désinfectées par les égouts de la Seine.

Le prix de la vidange dans Paris, depuis cette réduction du matériel autrefois nécessaire aux entrepreneurs, a sensiblement diminué et baisserait bien plus si nous arrivions à une organisation définitive.

L'expérience a démontré l'innocuité complète des liquides versés dans les égouts après une désinfection préalable, ou, lorsqu'au moyen de concessions d'eau de la ville, ces liquides se trouvent suffisamment étendus d'eau pure.

Elle a démontré, en outre, qu'il était préférable, à défaut d'une canalisation souterraine, de diriger ces eaux vers les égouts au moyen de tubes flexibles plutôt que de les écouler à l'air libre dans les ruisseaux.

Que la conséquence logique de l'écoulement des liquides, comme il se pratique aujourd'hui, ou comme il devra s'effectuer dans l'avenir par une canalisation souterraine, c'est la séparation des matières, et conséquemment l'établissement d'appareils diviseurs à l'intérieur des fosses.

Par suite de l'ordonnance de police qui prescrit l'établissement de ces séparateurs après la vidange des fosses, beaucoup d'individus se mirent à l'œuvre, présentèrent des systèmes dont on dut faire l'expérience par la pratique. Cette expérience a duré plus d'une année, et, si elle n'a point encore abouti à la découverte d'un système parfait, elle permet au moins de procéder déjà par exclusion d'appareils reconnus mauvais.

Voici, monsieur le Préfet, le résultat des investigations auxquelles s'est livrée la Commission chargée de faire une enquête sur les séparateurs. D'abord, la première condition pour que ces appareils puissent fonctionner avec succès en ce qui concerne la salubrité à l'intérieur des habitations, c'est d'exiger une ventilation suffisante; partout où elle existe, il ne se manifeste aucune mauvaise odeur. Partout où elle manque, le séparateur est impuissant contre les émanations gazeuses qui s'échappent même des caves où se trouvent des appareils mobiles parfaitement clos. Ainsi, au grand hôtel du Louvre, où les conditions de ventilation ont été admirablement observées par l'architecte, M. Armand, les caves où se trouvent placés trente-cinq récipients aux ma-

tières solides divisant dans quinze réservoirs et communiquant au moyen
de vannes dans un réservoir central, sont dans un état de salubrité aussi
parfait que les autres parties de l'hôtel ; le séparateur Dugléré a été adopté
dans ce vaste établissement. Ce séparateur consiste en deux fosses superposées verticalement ou latéralement, ayant chacune une ouverture et un
ventilateur. Le filtre se compose d'une section cylindrique de quarante centimètres de diamètre ; elle est faite en ciment romain, d'une épaisseur de
sept centimètres ; cette section est percée de trous d'un diamètre d'environ
quatre millimètres, et elle est placée à l'une des extrémités du récipient
aux solides.

Le réservoir central des séparateurs placés dans les caves de l'hôtel du
Louvre communique à l'égout par un embranchement ; mais, faute d'avoir
pris le niveau convenable, on est obligé d'élever d'environ soixante centimètres, à l'aide de pompes, les liquides pour les faire arriver dans le bran-
chement d'égout ; aussi il est à désirer, toutes les fois qu'il sera possible,
que le radier des séparateurs soit supérieur au niveau de l'eau dans les
égouts. L'écoulement continu des liquides n'est arrêté que par une vanne
dont l'administration tient la clef ; la vidange s'opère en présence d'un
employé de l'administration qui exige la désinfection suffisante, et il résulte
des calculs positifs que les frais de vidange et de désinfection ne s'élèvent
pas au delà de deux francs soixante-quinze centimes le mètre, y compris le
droit de un franc vingt-cinq centimes, payé à la ville pour l'écoulement
aux égouts.

Dans une maison, rue d'Alger, avec une bonne ventilation, le système Dugléré a été trouvé également fonctionnant d'une manière satisfaisante ; ayant
même, au dire de l'architecte, fait disparaître les mauvaises odeurs qui se
produisaient fréquemment avant l'établissement des séparateurs.

Rue Grammont, n° 9, séparateur du même système, construit depuis
six mois, sur une fosse convertie en réservoir, la Commission n'a remarqué
aucune mauvaise odeur, et il résulterait des renseignements obtenus qu'a-
vant l'établissement du séparateur les cabinets d'aisances, et notablement
celui du rez-de-chaussée, étaient infectés.

Le système Dugléré est un de ceux que l'on peut recommander et qui doit
indiquer ceux que l'on doit exclure. Chacun des compartiments est parfaitement indépendant de l'autre. Il a son trou d'extraction et son ventilateur,
de manière que les matières liquides et solides peuvent être enlevées séparément par les procédés ordinaires, sans aucun danger.

Une ventilation suffisante est également indispensable pour les appareils
mobiles ; placés en dehors de cette condition essentielle, ils répandent une
odeur infecte.

La Commission a visité la caserne Napoléon, où trente-six de ces appareils,
posés par la maison Richer, fonctionnent dans des caveaux peu ou point
ventilés, aussi l'odeur qui s'en échappait était-elle insupportable. Un seul,
où la ventilation était assez satisfaisante, se trouvait dans de meilleures
conditions de salubrité.

Rue Beaubourg, n° 20, appareil placé dans une fosse sans tuyau d'évent ; mauvaise odeur.

Au Palais de Justice, tous les cabinets d'aisances du bâtiment neuf, où sont situés les cabinets des juges d'instruction et les chambres de police correctionnelle, sont desservis par quarante appareils mobiles de la maison Richer. Ces appareils sont placés dans des caves, les uns diviseurs dans un vaste réservoir sur lequel ils sont placés, les autres dans des récipients qui en tiennent lieu ; tous participent à un puissant système d'aération de M. Duvoir ; aussi n'existe-t-il aucune mauvaise odeur dans les caves où sont placés ces appareils ; il faut cependant mentionner que le système d'aération de M. Duvoir serait difficilement applicable dans l'usage ordinaire.

La Commission a remarqué avec intérêt une disposition particulière appliquée à d'autres latrines de ce grand bâtiment ; au moyen de cette disposition, toutes les urines vont s'écouler directement à l'égout par une rigole pratiquée sur le sol même des caves, où elles arrivent mélangées à une assez grande quantité d'eau provenant de la condensation du calorifère ou des pluies ; cet écoulement est complétement inodore.

Le système mobile de la maison Richer consiste en un récipient métallique qui est disposé sur un réservoir en maçonnerie, il est d'une application facile, en ce que la fosse existante peut toujours servir de réservoir aux liquides. L'enlèvement des solides, dans le récipient parfaitement clos et luté, le fait rapidement exempt des inconvénients de la vidange ordinaire. Évidemment, si le système de la vidange mobile n'avait pas contre lui l'élévation du prix de la vidange et la nécessité d'enlever trop fréquemment l'appareil aux solides, il serait généralement adopté avantageusement.

La plupart des séparateurs de fosses mobiles se ressemblent et peuvent être adoptés. Ils consistent généralement en un récipient métallique ou en bois dont la forme varie peu ; la division s'opère par des plaques à jour ou des tuyaux percés de trous, les liquides tombent dans la fosse ou réservoir par un orifice métallique disposé à cet effet ; avec une ventilation suffisante, l'on est certain de réaliser ces deux choses : salubrité à l'intérieur des habitations et désinfection facile des liquides, que l'on écoule sur la voie publique, ou que l'on peut écouler dans les égouts d'une manière certaine.

Il résulte donc, de tous les renseignements recueillis par le conseil d'hygiène, que les conditions essentielles pour qu'un appareil séparateur remplisse bien le but auquel il est destiné sont :

1° Ventilation suffisante et bon entretien des cabinets d'aisances.

2° Séparation complète et immédiate des matières solides et liquides.

3° Impossibilité pour les liquides une fois séparés de se mêler aux solides.

4° Trou d'extraction spécial pour chacun des compartiments contenant les liquides et les solides.

Tout séparateur qui ne comporte pas ces conditions devrait être désormais interdit, en ce qu'il offre des dangers pour la vie des hommes au moment de la vidange, qu'il ne permet pas la facile désinfection des matières, et qu'il entretient les mauvaises odeurs à l'intérieur des habitations.

Pour se résumer sur cette importante question, monsieur le préfet, le conseil est d'avis qu'il convient de *maintenir les séparateurs* en appliquant avec discernement l'ordonnance de police du 29 novembre 1854, et en procédant immédiatement à l'exclusion des systèmes qui ne remplissent pas les conditions exprimées plus haut. La commission doit toutefois vous faire observer, afin d'éviter toute équivoque sur les séparateurs, que ces appareils ne sont pas eux-mêmes des moyens de désinfection pour les habitations, mais qu'ils rendent les vidanges plus rares, plus faciles et moins incommodes ; qu'en outre, établis avec les précautions convenables, ils se prêtent à toutes les améliorations ultérieures que désire le conseil de salubrité.

Enfin, la commission croit devoir ajouter que la séparation dans les fosses mobiles n'est pas nécessaire, et qu'on doit dès lors la laisser facultative ; mais il faut veiller à ce que les récipients soient bien construits, surtout bien lutés, et que, lors de leur enlèvement, ils ne soient ouverts sous aucun prétexte.

Comme moyen transitoire d'une amélioration réalisable promptement, même pour la rive gauche de la Seine, M. Mary a exprimé dans le sein du conseil la proposition suivante :

« Que pour diminuer les inconvénients résultant de l'écoulement des liquides dans les ruisseaux et pour prévenir l'infection de la Seine en y projetant ces liquides, il conviendrait :

« 1° D'établir dans les égouts des conduites spéciales pour recevoir les eaux vannes.

« 2° De brancher sur ces conduits, aboutissant en un point déterminé des bords de la Seine, les conduites mobiles par lesquelles on écoule actuellement les liquides.

« 3° De recevoir ces liquides dans un réservoir établi à l'extrémité inférieure de la conduite collective.

« 4° Enfin, d'enlever les liquides reçus dans le réservoir, au moyen de pompes, et de les envoyer par des conduites, hors Paris, où elles seraient mises à la disposition des agriculteurs.

« Le volume des liquides n'étant que de mille mètres par jour, ou de cinquante pouces, les conduites pourraient avoir un faible diamètre [1]. »

En attendant, monsieur le préfet, que les diverses améliorations vers lesquelles tendent nos efforts puissent se réaliser par les moyens que l'on jugera convenables, la commission est unanime à émettre l'avis que les vidanges telles qu'elles se pratiquent, en suivant les prescriptions de l'ordonnance de police de 1854, ont apporté toutes les améliorations compatibles

---

[1] Ces propositions sont acceptables en *théorie*, mais point en *pratique :* le faible diamètre des conduites et les dépôts produits par les eaux en circulation en détermineraient bientôt l'oblitération, et le curage en serait impossible; de plus, Paris n'ayant d'égouts que dans un tiers de son étendue, le moyen conseillé ne répondrait qu'imparfaitement aux nécessités de la question.　　　　　　　　　　M. V.

avec l'état actuel des choses; qu'en conséquence, ce mode de procéder doit être maintenu.

Les membres de la commission,

Signé : Payen, Soubeyran, Guérard, Boutron, Masson, Baube, Lalou, Devergie, A. Trébuchet, Dubois, Chevallier, Mary, Michel Lévy, Michal.

Lu et approuvé dans la séance du 27 novembre 1857,

Le vice-président, *signé*, Soubeyran; le secrétaire, *signé*, A. Trébuchet.

XIII. la projection des liquides des fosses d'aisances dans la seine nuit-elle d'une manière notable a la salubrité de son eau? — M. BOUDET, rapporteur.

Monsieur le préfet,

Dans votre sollicitude pour les intérêts de la salubrité, vous avez voulu savoir si l'écoulement des liquides provenant des fosses d'aisances, dans la Seine, pouvait altérer ses eaux d'une manière notable, et si les craintes qui se sont manifestées à cet égard étaient réellement fondées. Vous m'avez chargé, en conséquence, de soumettre à l'analyse chimique deux litres d'eau de Seine puisée en pleine rivière, en face de la pompe à feu de Chaillot, le 25 août dernier.

En vous adressant le résultat de mes expériences, permettez-moi de vous présenter quelques observations sur la question à laquelle elles se rattachent et qui vous préoccupe à juste titre.

L'eau de la Seine, qui, avant le passage du fleuve à travers la ville de Paris, et surtout avant sa jonction avec la Marne, est une eau très-potable, très-salubre et de bonne qualité à tous égards, est-elle notablement altérée par son mélange avec les liquides que la rivière de Bièvre, les ruisseaux de la ville, et particulièrement les fosses d'aisances versent dans son sein? Cette altération, quelle qu'elle soit, est-elle de nature à exercer une influence fàcheuse sur la santé des habitants de Paris, principalement lorsqu'une sécheresse prolongée a considérablement abaissé le niveau des eaux et diminué leur volume?

Telles sont les considérations qui ont excité votre juste sollicitude, et qui donnent à la question dont vous avez bien voulu me charger et me confier l'examen une grande et générale importance.

Or, pour résoudre cette question de manière à éclairer l'édilité parisienne sur les inconvénients plus ou moins réels, plus ou moins graves qui peuvent résulter, pour la santé publique, de la projection des eaux de vidange dans la Seine, il serait nécessaire, non pas de faire une seule analyse de l'eau de la Seine prise au-dessous de Paris, mais de se livrer à une étude suivie des différences que cette eau peut présenter dans sa composition, à des moments donnés, en amont et en aval de Paris, en portant principalement son attention sur la proportion de la matière organique qui s'y trouve, soit en suspension, soit en dissolution.

Il y aurait d'ailleurs à tenir compte, dans cet examen, de la partie du courant où les échantillons d'eau auraient été puisés et de l'heure du puisement. Il est évident en effet que, les bouches des égouts aboutissant à la berge de la Seine, les liquides qu'elles y versent se mêlent lentement aux eaux du courant central et exercent sur leur composition une influence bien moindre que sur celles qui baignent les rives.

D'autre part, les liquides des vidanges n'étant versés par les égouts dans le fleuve que pendant les premières heures de la nuit, de dix heures à minuit en général, sont bientôt entraînés par le courant au delà de l'enceinte de la ville et se trouvent le lendemain matin transportés à une telle distance, qu'ils ne peuvent nuire en aucune manière à la salubrité de l'eau puisée pendant toute la durée du jour pour la consommation parisienne.

Toutes ces circonstances méritent un sérieux examen, et, pour en apprécier l'influence sur la salubrité des eaux livrées à la consommation parisienne, il faudrait entreprendre une série d'analyses instituées d'après un plan général et dont les résultats permettraient de comparer la composition des eaux de la Seine en aval et en amont de Paris, dans les diverses conditions qui peuvent faire varier leur composition. Cette étude ne fournirait pas seulement tous les renseignements nécessaires pour apprécier l'influence des égouts et des vidanges sur la pureté des eaux de la Seine, elle ferait encore connaître les conditions de puisement les plus favorables à la bonne qualité des eaux.

Il m'a paru convenable, monsieur le préfet, pour justifier la confiance que vous voulez bien me témoigner, de vous présenter ces observations et de vous signaler ainsi par anticipation l'insuffisance des résultats de l'unique analyse que j'ai pu faire avec l'échantillon d'eau de Seine que vous m'avez envoyé le 23 août.

Voici toutefois ces résultats et les conséquences que j'ai cru devoir en déduire :

L'eau qui m'a été remise était renfermée dans deux bouteilles, les étiquettes indiquaient que cette eau avait été puisée en pleine rivière, en face de la pompe à feu de Chaillot ; mais l'heure du puisement n'était pas mentionnée.

Cette eau paraissait limpide à première vue ; mais, en l'examinant avec attention, on y voyait nager une multitude de poussières et de petits filaments, comme on en remarque d'ordinaire dans les eaux de rivière lorsqu'elles n'ont pas été filtrées.

Elle était sans odeur et sans saveur particulière. Laissée pendant trois jours en vase clos, elle ne s'est pas troublée et n'a éprouvé aucun changement dans ses propriétés.

Essayée à l'hydrotimètre, elle a donné seize degrés ; soumise à l'évaporation, à la température de cent degrés, elle a laissé deux cent soixante-six milligrammes de résidu pour un litre ou mille grammes d'eau.

Ce résidu était légèrement coloré en jaune : calciné à la lampe à alcool, il s'est d'abord coloré en brun, et, quand l'incinération a été complétement terminée, il conservait encore un aspect grisâtre. Son poids était alors réduit à 0,206; la calcination lui avait donc fait perdre 0,06.

Cette perte de 0,06 provenait en grande partie, sans doute, de la destruction de la matière organique; mais elle ne lui était pas due tout entière; malgré les ménagements avec lesquels l'incinération avait été conduite, les cendres étaient devenues alcalines par suite de la réduction d'une partie du carbonate de chaux à l'état de chaux caustique. En tenant compte de cette circonstance, on pourrait admettre que la proportion réelle des matières organiques fournies par un litre d'eau examinée ne devrait pas dépasser quatre centigrammes pour un litre, soit un vingt-cinq millième de son poids ou une partie pour vingt-cinq mille parties d'eau.

En résumé, l'eau prise en pleine Seine, en face de la pompe à feu de Chaillot, le 25 août dernier, marquait seize degrés à l'hydrotimètre, donnant 0,206 de résidu par litre, et, pour cette même proportion d'un litre, contenait à peine quatre centigrammes de matières organiques.

· Or, d'après les expériences de MM. Boutron et Henry, l'eau de la Seine, prise au pont d'Ivry, donne en moyenne deux cents milligrammes de résidu, et les essais hydrotimétriques exécutés en décembre 1854 et en février 1855, par M. Boutron et par moi, sur de l'eau puisée au pont d'Ivry, nous ont donné pour la première époque quinze degrés, et pour la seconde dix-sept degrés, soit, en moyenne, seize degrés, tandis qu'un échantillon puisé à la hauteur de Chaillot, à la même date de février 1855, nous a donné vingt-trois degrés.

L'eau de la Seine, puisée en face de la pompe à feu de Chaillot, en plein courant, le 25 août dernier, était donc moins chargée de sels calcaires et magnésiens qu'elle ne l'est ordinairement à ce point de son cours, et avait atteint, sous ce rapport, le degré moyen de pureté de l'eau de la Seine au pont d'Ivry; elle contenait, il est vrai, une proportion assez considérable de matières organiques, mais cette proportion se serait trouvée notablement moindre dans l'eau filtrée, telle qu'elle est employée dans un grand nombre de maisons de Paris, une partie de ces matières étant en suspension dans l'eau et restant nécessairement sur les filtres.

Il est à remarquer, d'ailleurs, que la sécheresse extrême qui a régné cette année avec une continuité tout à fait extraordinaire, en diminuant considérablement la masse des eaux de la Seine, a dû y concentrer les matières organiques et élever le chiffre de leur proportion habituelle. Cependant, malgré ces conditions défavorables, cette eau n'a contracté aucune odeur ni aucune saveur, même après un séjour de soixante-douze heures en vases clos, et a conservé toutes les qualités physiques d'une bonne eau potable.

D'après les expériences et les considérations qui précèdent, et en faisant toutefois mes *réserves*, eu égard à l'insuffisance d'une seule analyse et des conditions dans lesquelles elle a été faite, j'estime que rien ne justifie les craintes qui ont été manifestées au sujet de l'influence fâcheuse que les liquides des fosses d'aisances, projetés dans la Seine, pourraient avoir en ce moment sur la salubrité de cette eau.

Lu et approuvé dans la séance *du 15 octobre 1858.*

Le vice-président, *signé* Ch. Combes.

Le secrétaire, *signé* A. Trébuchet.

Tous les médecins s'associeront aux réserves émises par M. Boudet : quand même l'analyse ne démontrerait que de très-minimes quantités de matières organiques dans les eaux d'un fleuve, il en est qui, peut-être, échappent à nos moyens connus d'investigation, ou dont les très-faibles doses, ingérées chaque jour, peuvent, avec le temps, déterminer des accidents dans la santé publique.

L'eau clarifiée (quai des Célestins, à Paris) est la seule qui ne contienne pas de trace de matière organique. On la traite probablement par l'alun (procédé égyptien et chinois).

VINS (Industrie des).

La fabrication du vin ne rentre pas dans les industries classées ou même assimilées ; il y a cependant un détail d'opérations qui donne souvent lieu à de très-graves accidents et qui devrait être soumis à la surveillance de l'autorité : c'est le dégagement de l'acide carbonique lorsque les cuves sont placées dans des caves ou dans des endroits mal aérés. Je me borne à faire cette observation. (Voir au mot *Falsification*, t. II, p. 3.)

VINAIGRE. Voir, au mot *Acides*, l'article *Acide acétique et pyroligneux*, t. I, p. 133.

VINASSES (Écoulement et dépôt de). Voir *Sucres* (*Industrie des*), t. II, p. 465.

VISIÈRES ET FEUTRES VERNIS. Voir *Vernis* (*Industrie des*), t. II, p. 587.

VITRES (Fabrication des). Voir, au mot *Céramique* (*Industrie*), l'article *Verreries*, t. I, p. 377.

VOIRIES ET DÉPOTS DE BOUES OU DE TOUTE AUTRE SORTE D'IMMONDICES (1re classe). — 9 février 1825.

Les voiries, ainsi que les dépôts d'immondices, sont une des conséquences les plus fâcheuses et les plus insalubres attachées à l'existence des grandes villes ou de toute autre agglomération d'habitations. Il faut donc, tout en les subissant, les établir dans des conditions d'éloignement et de salubrité qui diminuent leurs inconvénients pour ceux qui en sont les voisins les plus rapprochés.

La dissémination a été souvent proposée, mais elle n'a pour but que de multiplier les foyers d'infection. On doit tendre au contraire à centraliser un service public de cette nature. Il est à la fois mieux fait et mieux surveillé. — Chaque ville, chaque commune, devrait n'avoir qu'un dépôt : mais le plus souvent l'étendue de la localité exige la multiplicité des voiries. C'est une des parties du service public qui demandent le plus de surveillance.

Causes d'insalubrité. — Odeurs insalubres produites par la décomposition et la fermentation d'une foule de matières organiques.

Causes d'incommodité. — Odeurs très-désagréables s'irradiant fort loin selon les vents.

Prescriptions. — Reléguer ces dépôts le plus loin possible des habitations.

Si le dépôt doit être permanent, exiger qu'il soit entouré de murs et que des arbres soient plantés tout autour de l'enclos.

Ordonner le mélange avec la chaux (20 pour 100) de toutes les matières organiques apportées (débris de poissons, de viandes, animaux morts) et leur enfouissement immédiat.

Si des matières fécales y sont déposées, comme cela a lieu dans certaines petites localités, prescrire la désinfection immédiate et complète des matières et veiller à ce qu'elle soit *permanente.*

Tenir les produits liquides dans des citernes creusées exprès, ou, s'il y a près de ce dépôt, ou en même temps que lui, une fabrique de poudrette, enfouir les produits dans des silos bien fermés.

A leur ouverture, ventiler énergiquement pour éviter des accidents d'asphyxie aux ouvriers. — N'ouvrir ces silos que pour le débit.

Recouvrir ces silos d'écoutilles.

Si le dépôt est temporaire, limiter l'autorisation à deux ou trois années seulement. — Et exiger encore plus sévèrement que la désinfection soit *permanente*. (Voir, aux *Considérations préliminaires*, l'article *Désinfection*, t. I.)

VARECH (Soude de). Voir *Soude* (*Industrie de la*), t. II, p. 444.

XYLOIDINE (Pyroxam ou amidon azotique). Voir *Poudres* (*Industrie des*), t. II, p. 350.

ZINC (Industrie du).

Battage du zinc. Voir *Batteurs de métaux*, t. I, p. 274.

Dorure sur zinc. Voir *Argenture*, t. I, p. 255, et *Doreur*, t. I, p. 583.

Il faut d'abord tremper le zinc dans un bain galvanique de cuivre.

Usages. — On fabrique ainsi beaucoup de modèles de pendules pour l'étranger.

Fonte de rognures de zinc. Voir *Fonte de métaux*, t. II, p. 27.

Laitonnage des pièces en zinc.

Le laitonnage des pièces en zinc s'opère au moyen de six piles à charbon et d'un bain composé de trois cents kilogrammes d'eau, dix kilogrammes de sulfate de cuivre, quatre kilogrammes de sulfate de zinc, dix kilogrammes de cyanure de potassium, trois litres d'ammoniaque ; en une heure et demie les pièces sont recouvertes d'un dépôt de laiton solide et brillant ; on lave les pièces à grande eau au sortir du bain ; on les lave de nouveau à l'eau bouillante ; enfin, on les sèche à l'étuve et à la sciure. (Voir, au mot *Cuivre*, l'article *Cuivrage galvanique*, t. I, p. 563.)

Laminage du zinc. Voir *Laminage de métaux*, t. II, p. 122.
Moulage du zinc.

Le moulage au sable gâte le zinc; aussi, dans la fabrication des objets en zinc destinés à faire de faux bronzes, on emploie, au lieu de sable, des moules en bronze. On doit soigneusement l'écumer avec une poche huilée avant la coulée. Dans la fabrication des bronzes d'art, vrais ou faux, on a déjà introduit la substitution du gaz au charbon de bois ou au coke pour opérer la fusion. Les creusets durent plus longtemps et l'opération est plus facile. (Voir *Moulage* et *Fonderie*.)

Tréfilerie du zinc. Voir *Tréfilerie de métaux*, t. II, p. 122.
Toitures en zinc.

Elles brûlent avec facilité. — (C'est à l'inflammation par l'azotate de potasse de zinc pulvérisé qu'est due la flamme brillante des *chandelles romaines* dans les feux d'artifice.)

Oxyde de zinc blanc. — Blanc de zinc (Fabrication du) et épuration (2ᵉ classe, par assimilation). — Ordonnance du 21 février 1848.

L'oxyde de zinc, plus connu dans l'industrie sous le nom de *blanc de zinc*, peut être obtenu de plusieurs manières; mais, pour ses emplois dans les arts, on ne le fabrique plus guère en grand que par la voie sèche.

Détail des opérations. — On obtient l'oxyde de zinc en chauffant ce métal à une température suffisante pour le volatiliser, on enflamme sa vapeur pour en retirer une poussière fine d'oxyde blanc de zinc au moyen d'un courant d'air.

Premier procédé. — Les vases en terre destinés à la distillation sont analogues aux cornues à gaz; ils ont environ soixante-dix centimètres de longueur, vingt-cinq de largeur et seize de hauteur; on les dispose dos à dos sur deux rangs au nombre de huit ou de dix dans un four à réverbère. La flamme du foyer passe sur les cornues et revient sous la sole avant de se rendre à la cheminée centrale.

Quand la température est élevée au rouge blanc, on introduit trois ou quatre saumons de zinc dans chaque cornue : le métal fond, bout et distille par l'extrémité libre des cornues; un courant d'air, chauffé à trois cents degrés, sort sous l'embouchure des cornues, détermine l'oxydation et la combustion des vapeurs de zinc. L'oxyde entraîné passe par les tubes qui surmontent les embouchures des cornues, circule de haut en bas et se dépose dans des chambres communiquant entre elles.

La dernière ouverture de communication de ces chambres est recouverte d'une toile métallique tendue sur un châssis, destinée à laisser passer les gaz et à retenir l'oxyde; dans le conduit qui ramène ces gaz dans la cheminée, on peut placer deux toiles semblables en ayant soin de ménager un regard près de chacune d'elles pour les nettoyer et changer au besoin si elles s'engorgent.

L'oxyde déposé dans la première chambre est seul moins blanc que les autres, parce qu'il contient des parcelles de zinc métallique et les oxydes des métaux étrangers au zinc qui ont été aussi entraînés; on le tamise et le soumet à une lévigation soignée; on ne l'emploie du reste qu'aux peintures communes.

Les chambres où le dépôt s'effectue sont terminées à la partie inférieure sous la forme de trémies qu'on peut ouvrir à volonté pour vider le blanc de zinc dans des tonneaux; on a soin d'envelopper l'embouchure de chaque trémie et l'ouverture du tonneau d'une toile serrée, pour empêcher la déperdition de l'oxyde dans la fabrique. Il ne reste plus qu'à tasser cet oxyde dans les tonneaux, soit en piétinant (en enveloppant les pieds de plusieurs doubles de linge, pour rendre le travail plus efficace et moins pénible), soit en pressant sous une vis de fer.

Deuxième procédé. — Le procédé précédent, un des premiers mis en pratique, a été remplacé dans beaucoup d'endroits par le suivant.

Les cornues ont la forme d'un parallélipipède allongé dont la longueur est un mètre six centimètres, la largeur trente-deux centimètres, la hauteur dix centimètres à l'intérieur; elles sont plus épaisses à la partie inférieure qu'à la partie supérieure; l'embouchure a vingt-quatre centimètres de longueur sur quatre de hauteur; elles sont supportées en avant et en arrière, de manière à pouvoir être enveloppées par la flamme; il y a tou·jours deux cornues superposées; la plus inférieure est la moins chargée.

La première case, correspondant directement aux deux cornues, peut recevoir à sa partie inférieure, dans un vase en tôle, l'oxyde lourd et les parcelles métalliques entraînées, tandis que l'oxyde léger, entraîné par le courant d'air, s'élève dans un conduit en argile auquel s'adaptent les réfrigérants.

De chaque côté d'une cheminée se trouvent deux séries de vingt cornues sur deux rangs parallèles; elles sont superposées deux à deux dans une niche fermée par une porte en fonte très-pesante, qu'on n'ouvre guère que tous les quinze jours pour remplacer les cornues détériorées. Cette porte est percée de deux autres petites portes correspondantes à l'embouchure des cornues, pour charger les cornues d'heure en heure avec des saumons de zinc, et en tenir libre l'embouchure.

Chaque série de vingt cornues disposées sur deux rangs, en dix niches, est chauffée par un foyer spécial de trois mètres de surface; la flamme vient entourer les cornues, et se rend par des carneaux inférieurs dans la cheminée commune. On voit au dehors du fourneau les conduits coniques en terre, et les tubes de tôle qui les surmontent et aboutissent à un conduit commun en tôle. Ce conduit est muni à sa partie inférieure de larges trémies par lesquelles tombe dans des récipients spéciaux la portion d'oxyde précipitée du courant. La partie la plus légère de cet oxyde passe par deux conduits latéraux, munis également de trémies et de récipients inférieurs, dans la série des tubes réfrigérants qui circulent autour des chambres.

Ces réfrigérants extérieurs sont formés de cinq à six trémies closes, ayant chacune à leur partie inférieure un tube terminé par un sac fermé, mais ouvrable à volonté, et communiquant entre elles par des tubes recourbés en siphon à angles aigus, pour que le blanc de zinc ne puisse s'y arrêter et soit forcé de retomber dans les trémies, d'où on le retire par ces tubes inférieurs. Au dernier tuyau réfrigérant, l'air, encore chargé d'oxyde de zinc, arrive à l'extrémité des chambres la plus éloignée du fourneau; il passe de la dernière trémie dans une chambre tapissée de toile pelucheuse, et divisée en deux par une toile verticale semblable.

L'air chargé d'oxyde, suivant les passages les plus libres et les plus larges, s'élève au-dessus de ce premier diaphragme en toile, descend dans le second compartiment, puis, par une ouverture inférieure, dans une seconde chambre semblablement divisée et tapissée, enfin, dans trois séries en zigzag de huit chambres chacune; afin de lui enlever les dernières traces d'oxyde, on fait encore passer le courant d'air au travers d'une toile métallique présentant une surface égale à celle de la paroi de la chambre entière, c'est-à-dire de quatre-vingt-dix mètres carrés, avant de se rendre à la cheminée.

Chacune des vingt-quatre chambres de condensation est aussi terminée par une trémie à laquelle est adapté un tube en bois ou en zinc, fermé par un manchon de toile et par une ligature, pour permettre de les vider. Le courant d'air chargé d'oxyde de zinc parcourt environ quatorze cents mètres pour s'en dépouiller complétement.

L'oxyde déposé dans le récipient immédiatement en rapport avec l'embouchure des cornues, et placé au-dessous des guérites, est lourd et grisâtre, on l'épure par des moyens qui seront décrits plus loin.

L'oxyde déposé dans les récipients latéraux, dans les réfrigérants, et une partie des chambres, est parfaitement blanc et léger, tandis que celui des dernières chambres est plus léger encore, plus fin, mais généralement teinté de différentes nuances On mélange dans une grande caisse les nuances ou teintes semblables, afin de les rendre encore plus homogènes, et on en remplit des tonneaux revêtus à l'intérieur de feuilles de papier collées, pour empêcher les pertes à travers les jointures.

On peut encore obtenir le blanc de zinc en versant du carbonate de soude en excès dans une solution de sulfate de zinc. Il y a double décomposition. Le carbonate se précipite en poudre blanche insoluble, et se mêle ensuite très-bien à l'huile.

Épuration de l'oxyde gris. — Pour séparer les impuretés qui souillent l'oxyde de zinc grisâtre, on fait usage des procédés de lévigation suivants : un réservoir d'eau, muni d'un robinet à sa partie inférieure, fournit un jet qui met en suspension l'oxyde placé dans une caisse à compartiments; le liquide, tenant l'oxyde en suspension, y circule avant de filtrer au travers d'un tamis vertical et de se déverser dans des bassins de repos. A mesure que le liquide zincifère arrive dans le premier bassin de repos, celui-ci déverse son trop-plein dans un deuxième bassin, dans un troisième, enfin dans un quatrième, en suivant les inflexions qui le forcent à parcourir des traverses ou *chicanes* qui l'obligent à monter et à descendre alternativement pour aller tomber ensuite dans un trop-plein, dans un caniveau ou rigole.

A cette rigole sont adaptées des bondes; chacune d'elles correspond à un cuvier; on les enlève toutes à la fois pour remplir ensemble tous les cuviers. On laisse le dépôt de blanc de zinc s'accomplir pendant huit jours dans les cuviers, on décante au moyen de robinets latéraux; l'eau qui en sort se rend dans un grand réservoir pour y fournir un dépôt très-lent. Les dépôts des vases de décantation et des cuviers sont filtrés sur des toiles de coton, et desséchés rapidement, pour éviter que, par un retrait lent, l'oxyde puisse s'agréger au point de ne pouvoir être broyé facilement. On fait usage d'une plaque de fonte, ou mieux de tôle zinguée, chauffée par une cheminée traînante, dans laquelle passe la flamme perdue de fours à combustion de zinc, ou même par un foyer spécial ; on recouvre la plaque par un couvercle à charnières en tôle galvanisée, divisé en compartiments, et aboutissant à une rigole qui sert à écouler l'eau de condensation. L'oxyde séché est écrasé et tamisé.

On peut encore isoler l'oxyde de zinc du métal lui-même en se fondant sur ce fait qu'un mélange d'oxyde et de métal projeté dans l'eau bouillante occasionne une effervescence qui fait surnager l'oxyde et précipiter le zinc. On emploie des chaudières contenant de l'eau bouillante, on y projette le mélange, l'écume tombe, entraînant tout l'oxyde dans un bassin de repos à déversement, où on l'épure encore par quelques lavages comme les précédents. Le zinc métallique est enlevé chaque fois à l'aide d'une pelle trouée; on le broie et le lave pour en retirer une matière employée en peinture sous le nom de *gris-perle*, et on utilise le zinc résidu des derniers lavages à la fabrication du sulfate ou du chlorure, ou même à être refondu en saumons.

Dans l'*usine de Grenelle*, les cornues qui servent à la distillation du zinc sont remplacées par des creusets allongés en terre réfractaire, supportés sur un petit bloc et recouverts d'une brique en argile percée d'un trou de six centimètres de diamètre, pour laisser dégager les vapeurs de zinc. Ces creusets sont disposés dans un fourneau : la flamme du foyer les entoure avant de se diriger vers la cheminée. L'oxydation a lieu au moyen de courants d'air ménagés dans de petites portes en tôle qui ferment la seconde voûte qui reçoit les produits de la volatilisation. Les autres dispositions de l'appareil sont à peu près les mêmes.

On avait appliqué aussi à la distillation du zinc la chaleur produite par sa combustion, de manière à supprimer la plus grande partie du combustible; mais ce procédé ne semble pas avoir eu de suites.

Usages. — Le *blanc de zinc* sert à enduire les cartes glacées et à fabriquer les papiers peints ; on l'emploie dans la peinture en détrempe et surtout dans la peinture à l'huile et à l'essence pour remplacer la céruse. Il n'a pas, comme celle-ci, les inconvénients de noircir par les émanations sulfureuses, ni d'être pour ceux qui le fabriquent ou le manient un sujet constant d'empoisonnement; absorbé à l'intérieur, il ne produit presque aucun effet malfaisant, à moins de doses forcées; aussi son emploi devient de plus en plus répandu. Mais il ne saurait remplacer tout à fait le carbonate de plomb. (Voir, au mot *Plomb*, cet article, t. II, p. 314.)

Je joins ici la note de M. Sorel concernant la peinture à l'oxychlorure de zinc.

« Le liquide qui, dans cette peinture, remplace l'huile, l'essence de térébenthine et les autres liquides ou excipients employés dans les peintures ordinaires, est une solution aqueuse de chlorure de zinc dans laquelle, dit M. Sorel, je fais dissoudre un tartrate alcalin. Ces sels possèdent au plus haut degré la propriété de retarder l'épaississement de la nouvelle peinture avant son emploi. J'ajoute au liquide, pour donner du liant et de la ténacité à la peinture, de la gélatine ou de la fécule que je fais passer à l'état d'empois en chauffant le liquide. Il ne faut pas chauffer assez pour transformer la fécule en dextrine ou en glucose.

« Pour former la nouvelle peinture, on ajoute au liquide ci-dessus une poudre qui doit être de l'oxyde de zinc, au moins en grande partie, et les substances colorées dont on fait usage pour les peintures ordinaires.

« La nouvelle peinture possède les propriétés suivantes : 1° Il n'est pas nécessaire de la broyer; il suffit de délayer la poudre avec le liquide. — 2° Elle est plus belle et aussi solide que les peintures à l'huile ; elle couvre davantage et ne noircit pas par les émanations sulfureuses, comme les peintures à la céruse ou autres à base de plomb. — 3° Elle n'a absolument aucune odeur et elle sèche très-promptement. On peut donner une couche toutes les deux heures en hiver et une couche par heure en été; ce qui permet de peindre un appartement dans un seul jour et de l'habiter le jour même. — 4° Elle résiste à l'eau et à l'humidité, à l'eau, même bouillante, et peut être sa-vonnée comme les peintures à l'huile. — 5° A cause du chlo-rure de zinc qu'elle contient, cette peinture est éminemment antiseptique et parfaitement propre à préserver les bois de la pourriture. — 6° Elle possède au plus haut degré la propriété de diminuer la combustibilité des bois, des tissus et du papier, et de rendre ces matières ininflammables. — 7° Elle ne pré-sente aucun danger pour ceux qui la préparent ni pour ceux qui l'emploient. »

Le blanc de céruse employé en peinture est extrêmement *lent à sécher* : pour parer à cet effet, on a eu recours à l'huile de lin lithargirée; mais on retombe dans l'emploi d'une sub-stance plombifère et dans tous ses inconvénients; on y a substitué avantageusement l'huile de lin manganésée par une ébullition de huit heures, à 5 pour 100 de manganèse.

On a remplacé ce procédé long et dispendieux par différents sels de manganèse; mais c'est le *borate* qui, de tous, semble posséder au plus haut degré les propriétés siccatives. On sait, d'ailleurs, que le carbonate de zinc rend siccatif l'oxyde, et qu'un mélange d'huile manganésée et d'huile ordinaire est plus siccatif que la somme de leurs pouvoirs siccatifs isolés.

Sous le nom de *blanc* métallique, on fabrique, pour la peinture, un mélange de sulfure de zinc et de sulfate de baryte, en traitant le sulfure de baryum par le sulfate de zinc; on se sert pour cela d'un sulfate de zinc venant des piles électriques.

Causes d'incommodité. — Grande fumée.

Poussière abondante d'oxyde de zinc, en particules très-déliées qui s'échappent par la cheminée du tuyau qui correspond aux chambres.

Ces poussières ne sont pas considérées comme nuisibles à la santé ni à la végétation. — Cette question mérite d'être étudiée de nouveau.

Écoulement des eaux de lévigation.

Prescriptions. — Isoler les fourneaux à cornues ou à creusets. Les construire en briques et fer.

Élever la cheminée de foyer où a lieu la fonte du zinc à trente mètres.

Dévorer la fumée produite.

Prendre toutes les dispositions nécessaires pour empêcher la dispersion dans l'atmosphère de la partie la plus légère du blanc de zinc qui est entraînée, par le courant d'air, dans le tuyau métallique qui communique avec le tuyau et les chambres où se produit l'oxyde en flocons neigeux.

Dans ce but, placer des diaphragmes à chaque ouverture du tuyau final, — et bien entretenir les trémies qui terminent les entonnoirs des chambres.

Ne pas laisser couler les eaux d'épuration sur la voie publique.

Fabrication de cartes de visite au blanc de zinc.

Il existe dans les grandes villes quelques petites fabriques de cartes de cette nature. On broie et délaye l'oxyde de zinc.— On étend la pâte sur les cartes, on les fait sécher à l'étuve, puis on les brosse et les découpe.

Il n'y a qu'un inconvénient à cette fabrication, c'est la poussière développée pendant le brossage. J'ai reçu à l'hôpital plusieurs malades atteints de laryngite, suite du travail de ces fabriques. Avec le carbonate de plomb, il s'y joint les accidents d'empoisonnement observés dans les fabriques de blanc de céruse.

Sulfate de zinc (Fabrication du), lorsqu'on forme ce sel de toutes pièces, avec l'acide sulfurique et les substances métalliques (2ᵉ classe). — 14 janvier 1815.

Le sulfate de zinc est encore connu sous le nom de *vitriol blanc ;* il cristallise avec des proportions d'eau variables selon la température ; il est inaltérable à l'air, difficilement décomposable par la chaleur.

Détail des opérations. — On l'extrait de la blende, qui est un sulfure de zinc impur contenant du fer, du plomb et même du cuivre. Cette blende, choisie presque exclusivement formée de sulfure de zinc, *est grillée dans des fours à réverbère ; il se dégage du soufre* et il se forme du sulfate de zinc qu'on enlève par des lavages et qu'on fait cristalliser.

Pour l'expédier, on le fait fondre ordinairement dans une eau de cristallisation et on le coule dans des moules carrés dont il prend la forme.

On l'obtient chaque fois que l'on traite le zinc par l'acide sulfurique étendu pour avoir de l'hydrogène ; il suffit de faire cristalliser la liqueur après évaporation convenable.

Cette fabrication a lieu le plus souvent dans des cuves en bois dans lesquelles on met en contact des rognures, des débris et scories de ce métal avec de l'acide sulfurique étendu d'eau. — C'est cette fabrication qui seule est classée à cause de ses inconvénients.

Usages. — On l'emploie dans les *indienneries;* à la désinfection des matières putrides, et surtout à celle des matières fécales. On se servait avant, dans le même but, du chlorure de zinc; mais les vapeurs d'acide hydrochlorique étaient encore plus insalubres.

CAUSES D'INSALUBRITÉ. — Dégagement de gaz hydrogène impur et de vapeurs délétères d'acide sulfurique, — nuisibles à l'homme et à la végétation.

CAUSES D'INCOMMODITÉ. — Écoulement des eaux de fabrication.

Buées.

Fumée.

PRESCRIPTIONS. — Opérer dans des cuves fermées.

Conduire les gaz produits dans un gazomètre ou les faire parvenir dans une cheminée haute de vingt-cinq à trente mètres, — ou les brûler d'une manière convenable.

Diriger les buées venant des chaudières à évaporation dans la cheminée du foyer ou dans le foyer même au travers du charbon incandescent.

Ne point laisser couler sur la voie publique les eaux de fabrication avant de les avoir neutralisées.

ZINGAGE DU FER (2ᵉ classe). — Décision ministérielle du 29 février 1840.

DÉTAIL DES OPÉRATIONS. — (Voir, au mot *Étain*, l'article *Étamage des métaux*, t. I, p. 632.)

CAUSES D'INCOMMODITÉ. — Il y a peu d'inconvénients.

Vapeurs d'oxyde de zinc et de résine quand on en met dans le bain.

Écoulement des eaux de lavage du zinc.

PRESCRIPTIONS. — Opérer sous le manteau d'une cheminée haute de quinze à vingt mètres, — surtout si l'on emploie la résine.

Ne pas laisser couler les eaux sur la voie publique.

FIN DU TOME SECOND ET DERNIER.

ERRATA

—

TOME PREMIER

Pages.	Lignes.	Au lieu de :	Lisez :
177,	23,	birmuth	bismuth.
233,	1,	Amidon exotique	Amidon azotique
279,	1.	La seconde partie de la machine	La seconde machine
326,	21,	Baumé	Beaumé.
333,	7,	Panm	Pann
342,	18,	ammoniaque	ammoniac
343,	5,	à un, quarante-six	à 1,46
348,	9,	des articles	de l'article
353,	22,	dont	dans
300,	27,	de la fouler	à la fouler
364,	23,	le silice	la silice
367,	21,	En matériaux incombustibles	En briques et fer
372,	30,	cassius	Cassius
376,	13,	nous avons	j'ai
381,	30,	produit	procédé
392,	17,	en aurait	en ait
412,	1,	Chromate	Chromates
418,	14,	Étendu	converti
419,	18,	es	est
496,	16,	à faire	pour faire
474,	20,	enlevée	enlevé
479,	9,	l'atelier	le sol de l'atelier
479,	12,	nous aurions	j'aurais
—,	19,	nous avons	j'ai
—,	24,	nous renvoyons	je renvoie
484,	29,	laisse	laisse dans la saumure
512,	8,	Tout l'article *Cuirs factices* doit être reporté après les prescriptions relatives à la corroierie, p. 514.	
528,	33,	au passe	en passe
533,	11,	.Tandis	, tandis
535,	13,	lait de chaux,	lait de chaux :

Pages.	Lignes.	Au lieu de :	Lisez :
557,	33,	dorage	dédorage.
561,	29,	Pyrites, grillées	Pyrites grillées,
580,	29,	Grenetiers	grainetiers
590,	15,	son emploi	leur emploi
592,	32,	Lettre du préfet de police	d'après l'ordonnance de police du 23 octobre 1846.
595,	1,	Encre	Encres
606,	25,	1937	1835.
618,	3,	au clos	aux clos.

TOME SECOND

Pages.	Lignes.	Au lieu de :	Lisez :
294,	33,	ajoute	agite
297,	36,	Arch. d'hygiène	Annales d'hygiène
313,	27,	litharge,	litharge;
327,	32,	dissout et oxyde, puce	dissout, et oxyde puce
344,	3b,	par la chaux,	par la chaux;
370,	33,	Eaux tièdes	Eaux acides
409,	15,	matériaux incombustibles	fer et briques
410,	1,	les fourneaux;	les fourneaux en briques et Ter;
434,	33,	suigeneris	sui generis
442,	35,	tout	toute
460,	35,	aisser	laisser
479,	14,	conseil central	conseil central de Lille (Nord)
568,	3,	. . . .	Considérants de la loi.
647,	12,	Varech	Warech.

TABLE DES MATIÈRES

PAR ORDRE ALPHABÉTIQUE

FIN DE LA TABLE DES MATIÈRES.

PARIS. — IMP. SIMON RAÇON ET COMP., RUE D'ERFURTH, 1.

FIN DE LA TABLE DES MATIÈRES

Sceaux. — Imp. M. et P.-E. Charaire.